よくわかるマスター

はじめに

Microsoft Office Specialist（以下MOSと記載）は、Officeの利用能力を証明する世界的な資格試験制度です。

本書は、MOS PowerPoint 365&2019に合格することを目的とした試験対策用教材です。出題範囲をすべて網羅しており、的確な解説と練習問題で試験に必要なPowerPointの機能と操作方法を学習できます。さらに、出題傾向を分析し、出題される可能性が高いと思われる問題からなる**「模擬試験」**を5回分用意しています。模擬試験で、さまざまな問題に挑戦し、実力を試しながら、合格に必要なPowerPointのスキルを習得できます。

また、添付の模擬試験プログラムを使うと、MOS 365&2019の試験形式**「マルチプロジェクト」**の試験を体験でき、試験システムに慣れることができます。試験結果は自動採点され、正答率や解答の正誤を表示できるばかりでなく、ナレーション付きのアニメーションで標準解答を確認することもできます。

本書をご活用いただき、MOS PowerPoint 365&2019に合格されますことを心よりお祈り申し上げます。

なお、基本操作の習得には、次のテキストをご利用ください。

●**「よくわかる Microsoft PowerPoint 2019 基礎」**（FPT1817）

●**「よくわかる Microsoft PowerPoint 2019 応用」**（FPT1818）

本書を購入される前に必ずご一読ください

本書に記載されている操作方法や模擬試験プログラムの動作確認は、2020年10月現在のPowerPoint 2019（16.0.10366.20016）またはMicrosoft 365（16.0.13231.20262）に基づいて行っています。本書発行後のWindowsやOfficeのアップデートによって機能が更新された場合には、本書の記載のとおりにならない、模擬試験プログラムの採点が正しく行われないなどの不整合が生じる可能性があります。あらかじめご了承ください。

2020年12月15日
FOM出版

本書を使った学習の進め方

本書やご購入者特典には、試験の合格に必要なPowerPointのスキルを習得するための秘密が詰まっています。
ここでは、それらをフル活用して、基本操作ができるレベルから試験に合格できるレベルまでスキルアップするための学習方法をご紹介します。これを参考に、前提知識や好みに応じて適宜アレンジし、自分にあったスタイルで学習を進めましょう。

STEP 01 PowerPointの基礎知識を確認！

MOSの学習を始める前に、PowerPointの基礎知識の習得状況を確認し、足りないスキルを事前に習得しましょう。

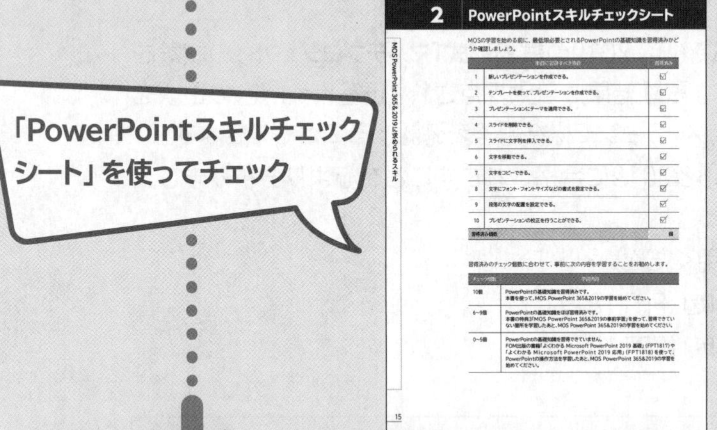

2 PowerPointスキルチェックシート

MOSの学習を始める前に、最低限必要とされるPowerPointの基礎知識を習得済みかどうか確認しましょう。

	事前に習得すべき項目	習得済み
1	新しいプレゼンテーションを作成できる。	☑
2	テンプレートを使って、プレゼンテーションを作成できる。	☑
3	プレゼンテーションにテーマを適用できる。	☑
4	スライドを削除できる。	☑
5	スライドに文字列を挿入できる。	☑
6	文字を移動できる。	☑
7	文字をコピーできる。	☑
8	文字にフォント・フォントサイズなどの書式を設定できる。	☑
9	段落の文字の配置を設定できる。	☑
10	プレゼンテーションの校正を行うことができる。	☑
習得済み個数		個

習得済みのチェック個数に合わせて、事前に次の内容を学習することをお勧めします。

チェック個数	学習内容
10個	PowerPointの基礎知識を習得済みです。 本書を使って、MOS PowerPoint 365&2019の学習を始めてください。
6～9個	PowerPointの基礎知識をほぼ習得済みです。 本書の特典3「MOS PowerPoint 365&2019の事前学習」を使って、習得できていない箇所を学習したあと、MOS PowerPoint 365&2019の学習を始めてください。
0～5個	PowerPointの基礎知識を習得できていません。 FOM出版の書籍「よくわかる Microsoft PowerPoint 2019 基礎」(FPT1817)や「よくわかる Microsoft PowerPoint 2019 応用」(FPT1818)を使って、PowerPointの操作方法を学習したあと、MOS PowerPoint 365&2019の学習を始めてください。

MOS PowerPoint 365&2019に求められるスキル

15

※PowerPointスキルチェックシートについては、P.15を参照してください。

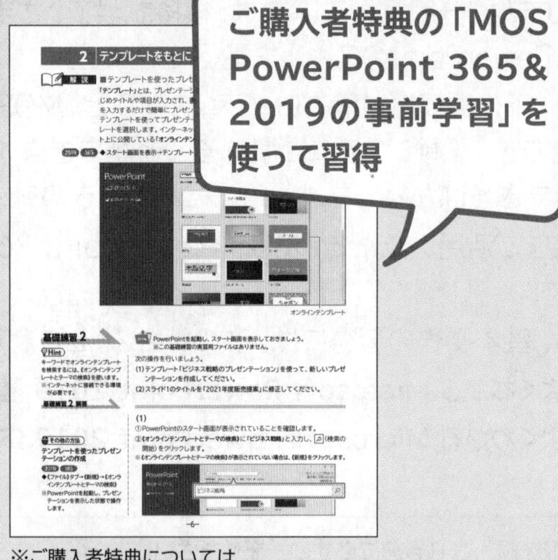

※ご購入者特典については、P.11を参照してください。

STEP 02 学習計画を立てる！

目標とする受験日を設定し、その受験日に照準を合わせて、どのような日程で学習を進めるかを考えます。

1-1 特典1 便利な学習ツール 学習スケジュール表

試験日に照準を合わせて、計画的に学習を進めましょう。
「学習予定日」を最初に設定し、「学習日」には実際に学習した日を記入します。
「チェック」には、計画どおりに学習できたら「○」、計画より遅れた場合は「×」を記入します。

●出題範囲の学習

出題範囲	内容	学習予定日	学習日	チェック
1 プレゼンテーションの管理	1-1 プレゼンテーションの表示やオプションを変更する	月 日( )	月 日( )	
	1-2 プレゼンテーションの印刷設定を行う	月 日( )	月 日( )	
	1-3 スライドショーを設定する、実行する	月 日( )	月 日( )	
	1-4 スライド、配布資料、ノートのマスターを変更する	月 日( )	月 日( )	
	1-5 共同作業用にプレゼンテーションを準備する	月 日( )	月 日( )	
	確認問題	月 日( )	月 日( )	
2 スライドの管理	2-1 スライドを挿入する	月 日( )	月 日( )	
	2-2 スライドを変更する	月 日( )	月 日( )	
	2-3 スライドを並べ替える、グループ化する	月 日( )	月 日( )	
	確認問題	月 日( )	月 日( )	
3 テキスト、図形、画像の挿入と書式設定	3-1 テキストを書式設定する	月 日( )	月 日( )	
	3-2 リンクを挿入する	月 日( )	月 日( )	
	3-3 図を挿入する、書式設定する	月 日( )	月 日( )	
	3-4 グラフィック要素を挿入する、書式設定する	月 日( )	月 日( )	
	3-5 スライド上の図形を並べ替える、グループ化する	月 日( )	月 日( )	
	確認問題	月 日( )	月 日( )	
4 表、グラフ、SmartArt、3Dモデル、メディアの挿入	4-1 表を挿入する、書式設定する	月 日( )	月 日( )	
	4-2 グラフを挿入する、変更する	月 日( )	月 日( )	
	4-3 SmartArtを挿入する、書式設定する	月 日( )	月 日( )	
	4-4 3Dモデルを挿入する、変更する	月 日( )	月 日( )	
	4-5 メディアを挿入する、管理する	月 日( )	月 日( )	
	確認問題	月 日( )	月 日( )	
5 画面切り替えやアニメーションの適用	5-1 画面切り替えを適用する、設定する	月 日( )	月 日( )	
	5-2 スライドのコンテンツにアニメーションを設定する	月 日( )	月 日( )	
	5-3 アニメーションと画面切り替えのタイミングを設定する	月 日( )	月 日( )	
	確認問題	月 日( )	月 日( )	

-2-

ご購入者特典の「学習スケジュール表」を使って、無理のない学習計画を立てよう

※ご購入者特典については、P.11を参照してください。

STEP 03

出題範囲の機能を理解し、操作方法をマスター！

出題範囲の機能をひとつずつ理解し、その機能を実行するための操作方法を確実に習得しましょう。

※出題範囲については、P.13を参照してください。

STEP 04

模擬試験で力試し！

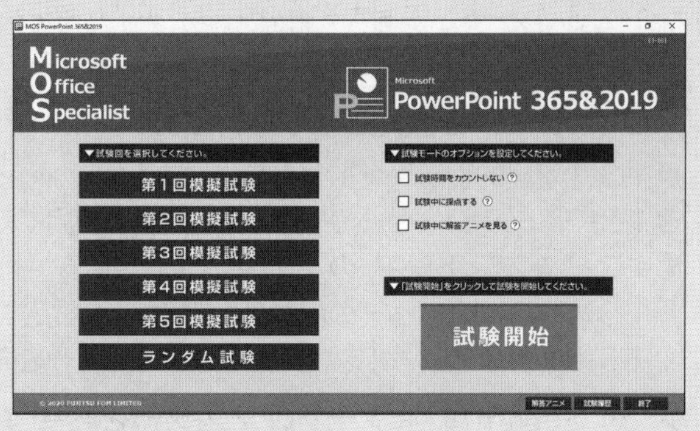

出題範囲をひととおり学習したら、模擬試験で実戦力を養います。
模擬試験は1回だけでなく、何度も繰り返して行って、自分が苦手な分野を克服しましょう。

※模擬試験については、P.258を参照してください。

STEP 05

出題範囲のコマンドを暗記する

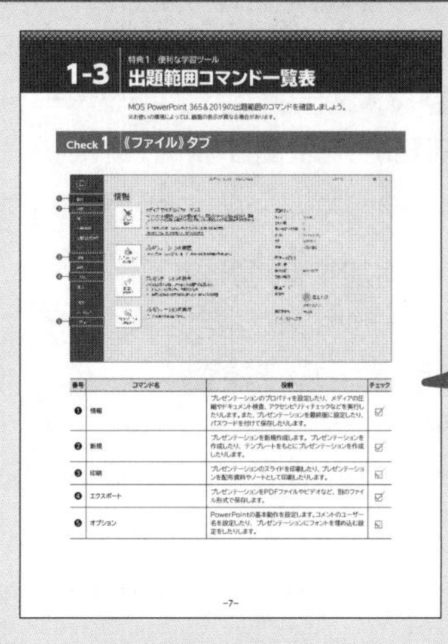

合格を確実にするために、出題範囲のコマンドをおさらいしましょう。

ご購入者特典の「出題範囲コマンド一覧表」を使って、出題範囲のコマンドとその使い方を確認

※ご購入者特典については、P.11を参照してください。

STEP 06

試験の合格を目指して！

ここまでやれば試験対策はバッチリ！自信をもって受験に臨みましょう。

Contents 目次

Contents

Introduction 本書をご利用いただく前に

1 製品名の記載について

本書では、次の名称を使用しています。

正式名称	本書で使用している名称
Windows 10	Windows 10 または Windows
Microsoft Office 2019	Office 2019 または Office
Microsoft PowerPoint 2019	PowerPoint 2019 または PowerPoint

※主な製品を挙げています。その他の製品も略称を使用している場合があります。

2 学習環境について

◆出題範囲の学習環境

出題範囲の各Lessonを学習するには、次のソフトウェアが必要です。

PowerPoint 2019 または Microsoft 365

※一部ExcelやWordを使うLessonがあります。

◆本書の開発環境

本書を開発した環境は、次のとおりです。

カテゴリ	動作環境
OS	Windows 10（ビルド19041.329）
アプリ	Microsoft Office 2019 Professional Plus（16.0.10366.20016）
グラフィックス表示	画面解像度　1280×768ピクセル
その他	インターネット接続環境

※お使いの環境によっては、画面の表示が異なる場合や記載の機能が操作できない場合があります。
※画面解像度によって、ボタンの形状やサイズが異なる場合があります。

◆模擬試験プログラムの動作環境

模擬試験プログラムを使って学習するには、次の環境が必要です。

カテゴリ	動作環境
OS	Windows 10 日本語版（32ビット、64ビット） ※Windows 10 Sモードでは動作しません。
アプリ	Office 2019 日本語版（32ビット、64ビット） Microsoft 365 日本語版（32ビット、64ビット） ※異なるバージョンのOffice（Office 2016、Office 2013など）が同時にインストールされていると、正しく動作しない可能性があります。
CPU	1GHz以上のプロセッサ
メモリ	OSが32ビットの場合：4GB以上 OSが64ビットの場合：8GB以上
グラフィックス表示	画面解像度　1280×768ピクセル以上
CD-ROMドライブ	24倍速以上のCD-ROMドライブ
サウンド	Windows互換サウンドカード（スピーカー必須）
ハードディスク	空き容量1GB以上

◆Officeの種類に伴う注意事項

Microsoftが提供するOfficeには**「ボリュームライセンス」「プレインストール版」「パッケージ版」「Microsoft 365版」**などがあり、種類によって画面が異なります。

※本書はOffice 2019 Professional Plusボリュームライセンス版をもとに開発しています。

●Office 2019 Professional Plusボリュームライセンス(2020年10月現在)

●Microsoft 365(2020年10月現在)

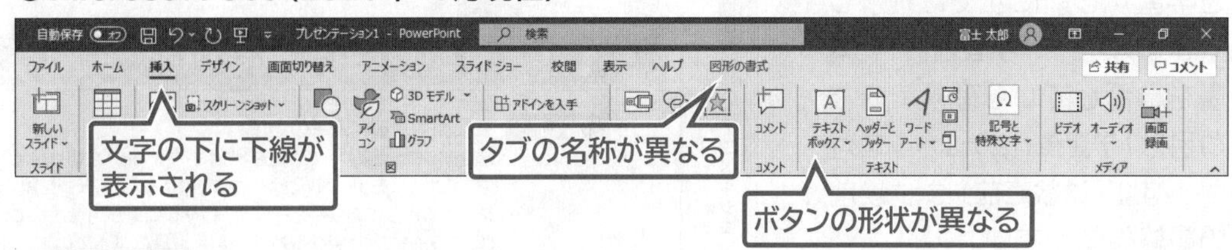

Point

ボタンの形状

ディスプレイの画面解像度やウィンドウのサイズなど、お使いの環境によって、ボタンの形状やサイズ、位置が異なる場合があります。ボタンの操作は、ポップヒントに表示されるボタン名を確認してください。

※本書に掲載しているボタンは、ディスプレイの画面解像度を「1280×768ピクセル」、ウィンドウを最大化した環境を基準にしています。

例:日付と時刻  

◆アップデートに伴う注意事項

Office 2019やMicrosoft 365は、自動アップデートによって定期的に不具合が修正され、機能が向上する仕様となっています。そのため、アップデート後に、コマンドの名称が変更されたり、リボンに新しいボタンが追加されたりする可能性があります。

今後のアップデートによってPowerPointの機能が更新された場合には、本書の記載のとおりにならない、模擬試験プログラムの採点が正しく行われないなどの不整合が生じる可能性があります。あらかじめご了承ください。

※本書の最新情報について、P.11に記載されているFOM出版のホームページにアクセスして確認してください。

Point

お使いのOfficeのビルド番号を確認する

Office 2019やMicrosoft 365をアップデートすることで、ビルド番号が変わります。

①PowerPointを起動します。

②《ファイル》タブ→《アカウント》→《PowerPointのバージョン情報》をクリックします。

③表示されるダイアログボックスで確認します。

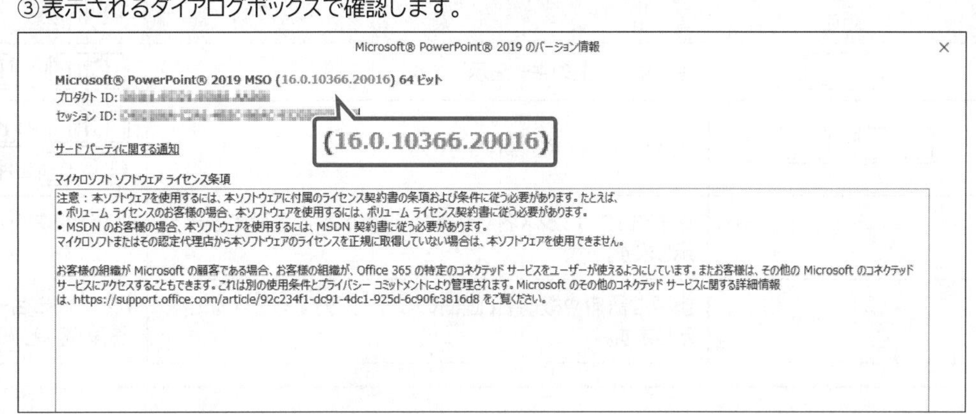

3 テキストの見方について

出題範囲5　画面切り替えやアニメーションの適用

5-1 画面切り替えを適用する、設定する

☑理解度チェック　習得すべき機能	参照Lesson	学習前	学習後	試験直前
■スライドに画面切り替え効果を適用できる。	➡Lesson92	☑	☑	☑
■スライドに変形の画面切り替え効果を適用できる。	➡Lesson93	☑	☑	☑
■画面切り替え効果のオプションを設定できる。	➡Lesson94	☑	☑	☑

5-1-1 基本的な3D画面切り替えを適用する

解説　■画面切り替え効果の適用

「画面切り替え効果」とは、スライドショーでスライドを切り替えるときに動きを付ける効果のことです。モザイク状に徐々に切り替える、カーテンを開くように切り替える、ページをめくるように切り替えるなど、様々な効果が用意されています。画面切り替え効果は、スライドごとに異なる効果を適用したり、すべてのスライドに同じ効果を適用したりできます。

2019 365 ◆《画面切り替え》タブ→《画面切り替え》グループ

Lesson 92

OPEN プレゼンテーション「Lesson92」を開いておきましょう。

次の操作を行いましょう。

(1) すべてのスライドに、画面切り替え効果「ピールオフ」を適用してください。次に、スライド5の画面切り替え効果を「時計」に変更します。

Hint
すべてのスライドに同じ画面切り替え効果を適用するには、《すべてに適用》(すべてに適用)を使います。

Lesson 92 Answer

(1)
①スライド1を選択します。
②《画面切り替え》タブ→《画面切り替え》グループの▼(その他)→《はなやか》の《ピールオフ》をクリックします。

221

❶理解度チェック
学習前後の理解度の伸長を把握するために使います。本書を学習する前にすでに理解している項目は**「学習前」**に、本書を学習してから理解できた項目は**「学習後」**にチェックを付けます。**「試験直前」**は試験前の最終確認用です。

❷解説
出題範囲で求められている機能を解説しています。

2019 : PowerPoint 2019での操作方法です。

365 : Microsoft 365での操作方法です。

❸Lesson
出題範囲で求められている機能が習得できているかどうかを確認する練習問題です。

❹Hint
問題を解くためのヒントです。

Point

本書の記述について

操作の説明のために使用している記号には、次のような意味があります。

記述	意味	例
[　]	キーボード上のキーを示します。	[Ctrl]　[F4]
[　]+[　]	複数のキーを押す操作を示します。	[Ctrl]+[K] ([Ctrl]を押しながら[K]を押す)
《　》	ダイアログボックス名やタブ名、項目名など画面の表示を示します。	《OK》をクリックします。 《アニメーション》タブを選択します。
「　」	重要な語句や機能名、画面の表示、入力する文字などを示します。	「スライドショー」といいます。 「短縮版」と入力します。

❺操作方法
一般的かつ効率的と考えられる操作方法です。

❻その他の方法
操作方法で紹介している以外の方法がある場合に記載しています。

❼Point
用語の解説や知っていると効率的に操作できる内容など、実力アップにつながるポイントです。

❽※印
補助的な内容や注意すべき内容を記載しています。

Lesson 18 Answer

(1)
①《表示》タブ→《マスター表示》グループの（スライドマスター表示）をクリックします。
②スライドマスター表示に切り替わります。
③サムネイルの一覧から《タイトルとコンテンツ レイアウト：スライド3-5で使用される》（上から3番目）を選択します。
④《スライドマスター》タブ→《マスターの編集》グループの（レイアウトの挿入）をクリックします。

⑤「タイトルとコンテンツ」レイアウトの後ろに、新しいレイアウトが挿入されます。

(2)
①サムネイルの一覧から新しいレイアウトが選択されていることを確認します。
②《スライドマスター》タブ→《マスターレイアウト》グループの（コンテンツ）の→《表》をクリックします。
※マウスポインターの形が＋に変わります。

その他の方法
レイアウトの挿入
2019 365
◆スライドマスター表示に切り替え→サムネイルのレイアウトを右クリック→《レイアウトの挿入》

Point
レイアウトの挿入位置
新しいレイアウトは、選択されているレイアウトの後ろに挿入されます。

54

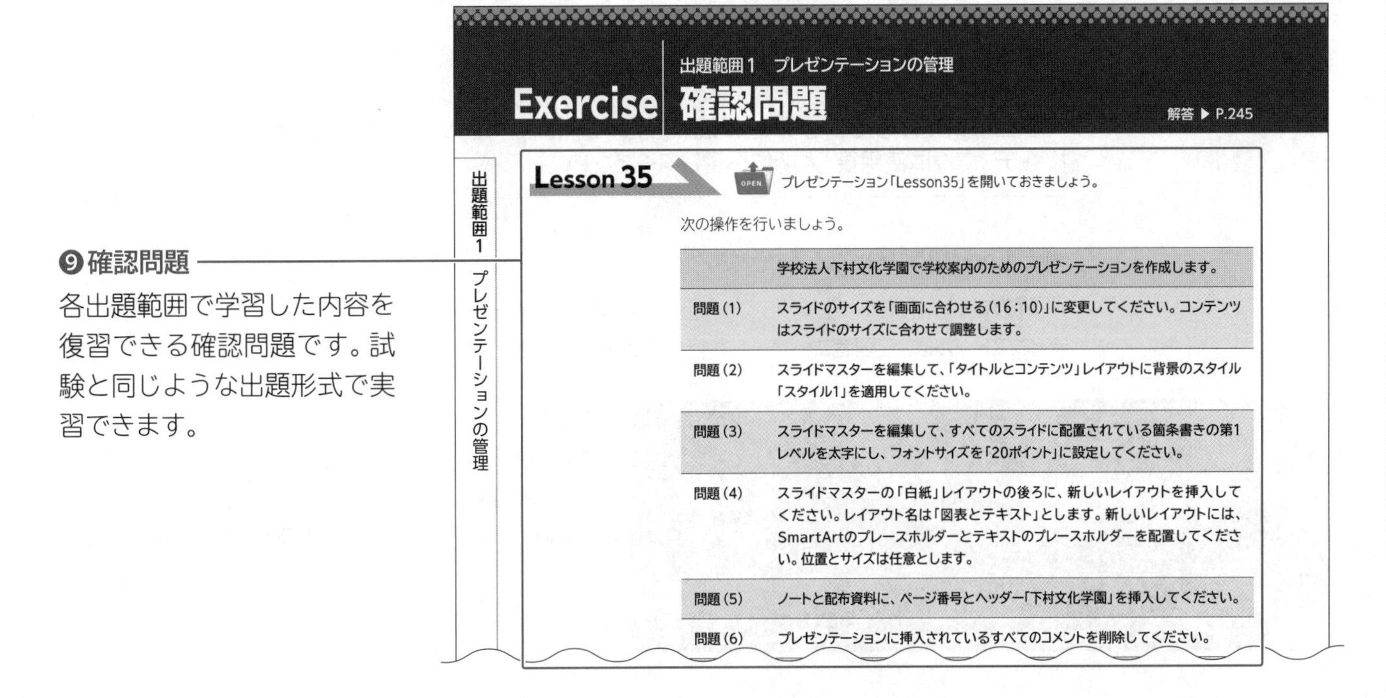

出題範囲1 プレゼンテーションの管理
Exercise 確認問題
解答 ▶ P.245

出題範囲1 プレゼンテーションの管理

Lesson 35
OPEN プレゼンテーション「Lesson35」を開いておきましょう。

次の操作を行いましょう。

	学校法人下村文化学園で学校案内のためのプレゼンテーションを作成します。
問題(1)	スライドのサイズを「画面に合わせる（16：10）」に変更してください。コンテンツはスライドのサイズに合わせて調整します。
問題(2)	スライドマスターを編集して、「タイトルとコンテンツ」レイアウトに背景のスタイル「スタイル1」を適用してください。
問題(3)	スライドマスターを編集して、すべてのスライドに配置されている箇条書きの第1レベルを太字にし、フォントサイズを「20ポイント」に設定してください。
問題(4)	スライドマスターの「白紙」レイアウトの後ろに、新しいレイアウトを挿入してください。レイアウト名は「図表とテキスト」とします。新しいレイアウトには、SmartArtのプレースホルダーとテキストのプレースホルダーを配置してください。位置とサイズは任意とします。
問題(5)	ノートと配布資料に、ページ番号とヘッダー「下村文化学園」を挿入してください。
問題(6)	プレゼンテーションに挿入されているすべてのコメントを削除してください。

❾確認問題
各出題範囲で学習した内容を復習できる確認問題です。試験と同じような出題形式で実習できます。

4 添付CD-ROMについて

◆CD-ROMの収録内容

添付のCD-ROMには、本書で使用する次のファイルが収録されています。

収録ファイル	説明
出題範囲の実習用データファイル	「出題範囲1」から「出題範囲5」の各Lessonで使用するファイルです。 初期の設定では、《ドキュメント》内にインストールされます。
模擬試験のプログラムファイル	模擬試験を起動し、実行するために必要なプログラムです。 初期の設定では、Cドライブのフォルダー「FOM Shuppan Program」内にインストールされます。
模擬試験の実習用データファイル	模擬試験の各問題で使用するファイルです。 初期の設定では、《ドキュメント》内にインストールされます。

◆利用上の注意事項

CD-ROMのご利用にあたって、次のような点にご注意ください。

- CD-ROMに収録されているファイルは、著作権法によって保護されています。CD-ROMを第三者へ譲渡・貸与することを禁止します。
- お使いの環境によって、CD-ROMに収録されているファイルが正しく動作しない場合があります。あらかじめご了承ください。
- お使いの環境によって、CD-ROMの読み込み中にコンピューターが振動する場合があります。あらかじめご了承ください。
- CD-ROMを使用して発生した損害について、富士通エフ・オー・エム株式会社では程度に関わらず一切責任を負いません。あらかじめご了承ください。

◆取り扱いおよび保管方法

CD-ROMの取り扱いおよび保管方法について、次のような点をご確認ください。

- ディスクは両面とも、指紋、汚れ、キズなどを付けないように取り扱ってください。
- ディスクが汚れたときは、メガネ拭きのような柔らかい布で内周から外周に向けて放射状に軽くふき取ってください。専用クリーナーや溶剤などは使用しないでください。
- ディスクは両面とも、鉛筆、ボールペン、油性ペンなどで文字や絵を書いたり、シールなどを貼付したりしないでください。
- ひび割れや変形、接着剤などで補修したディスクは危険ですから絶対に使用しないでください。
- 直射日光のあたる場所や、高温・多湿の場所には保管しないでください。
- ディスクは使用後、大切に保管してください。

◆CD-ROMのインストール

学習の前に、お使いのパソコンにCD-ROMの内容をインストールしてください。

※インストールは、管理者ユーザーしか行うことはできません。

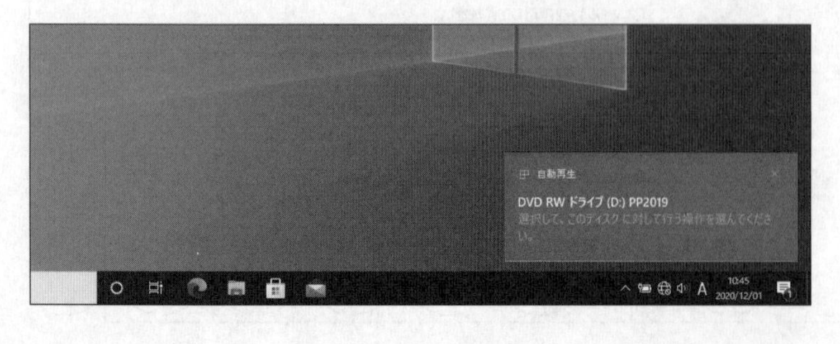

①CD-ROMをドライブにセットします。

②画面の右下に表示される**《DVD RWドライブ(D:) PP2019》**をクリックします。

※お使いのパソコンによって、ドライブ名は異なります。

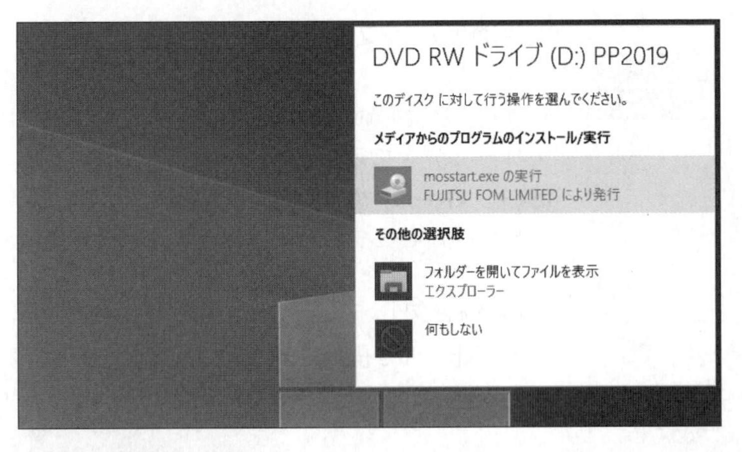

③《mosstart.exeの実行》をクリックします。

※《ユーザーアカウント制御》ダイアログボックスが表示される場合は、《はい》をクリックします。

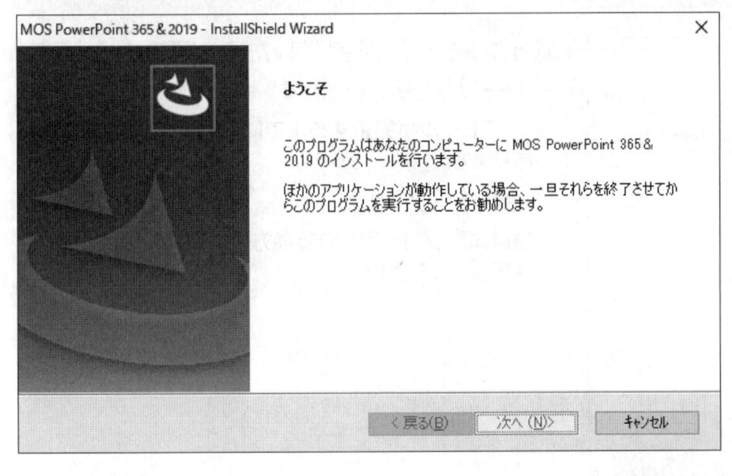

④インストールウィザードが起動し、《ようこそ》が表示されます。

⑤《次へ》をクリックします。

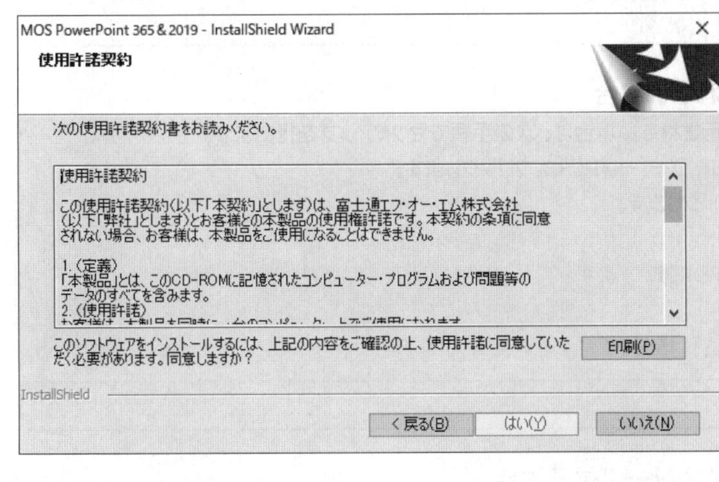

⑥《使用許諾契約》が表示されます。

⑦《はい》をクリックします。

※《いいえ》をクリックすると、セットアップが中止されます。

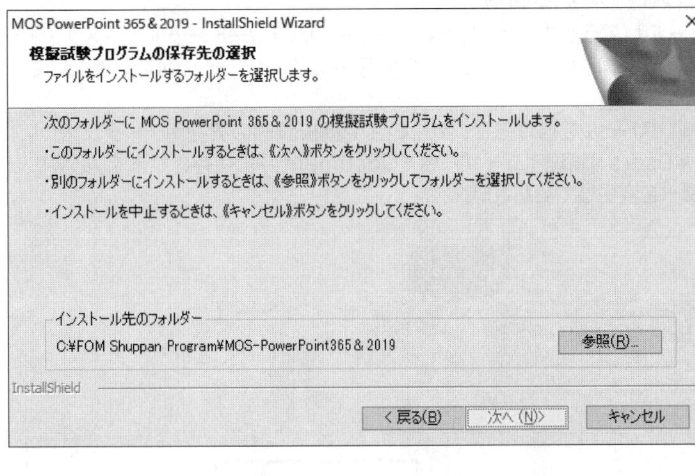

⑧《模擬試験プログラムの保存先の選択》が表示されます。

模擬試験のプログラムファイルのインストール先を指定します。

⑨《インストール先のフォルダー》を確認します。

※ほかの場所にインストールする場合は、《参照》をクリックします。

⑩《次へ》をクリックします。

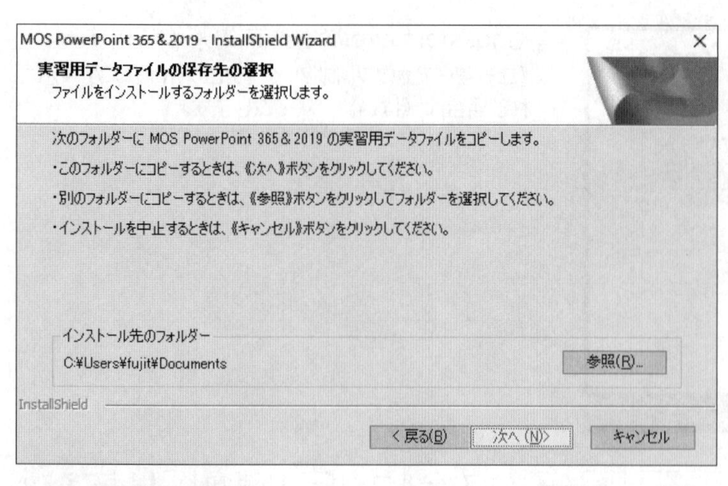

⑪《**実習用データファイルの保存先の選択**》が表示されます。

出題範囲と模擬試験の実習用データファイルのインストール先を指定します。

⑫《**インストール先のフォルダー**》を確認します。

※ほかの場所にインストールする場合は、《参照》をクリックします。

⑬《**次へ**》をクリックします。

⑭インストールが開始されます。

⑮インストールが完了したら、図のようなメッセージが表示されます。

※インストールが完了するまでに10分程度かかる場合があります。

⑯《**完了**》をクリックします。

※模擬試験プログラムの起動方法については、P.259を参照してください。

Point

セットアップ画面が表示されない場合

セットアップ画面が自動的に表示されない場合は、次の手順でセットアップを行います。

①タスクバーの（エクスプローラー）→《PC》をクリックします。

②《PP2019》ドライブを右クリックします。

③《開く》をクリックします。

④（mosstart）を右クリックします。

⑤《開く》をクリックします。

⑥指示に従って、セットアップを行います。

Point

管理者以外のユーザーがインストールする場合

管理者以外のユーザーがインストールしようとすると、管理者ユーザーのパスワードを要求するメッセージが表示されます。メッセージが表示される場合は、パソコンの管理者にインストールの可否を確認してください。

管理者のパスワードを入力してインストールを続けると、出題範囲や模擬試験の実習用データファイルは、管理者の《ドキュメント》（C：¥Users¥管理者ユーザー名¥Documents）に保存されます。必要に応じて、インストール先のフォルダーを変更してください。

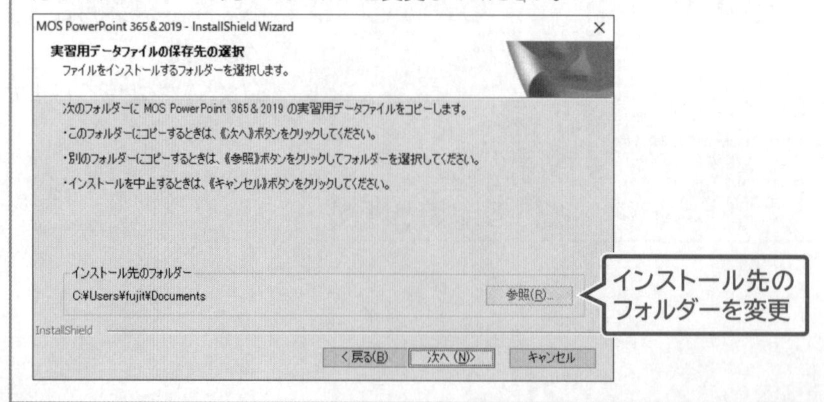

◆実習用データファイルの確認

インストールが完了すると、**《ドキュメント》**内にデータファイルがコピーされます。
《ドキュメント》の各フォルダーには、次のようなファイルが収録されています。

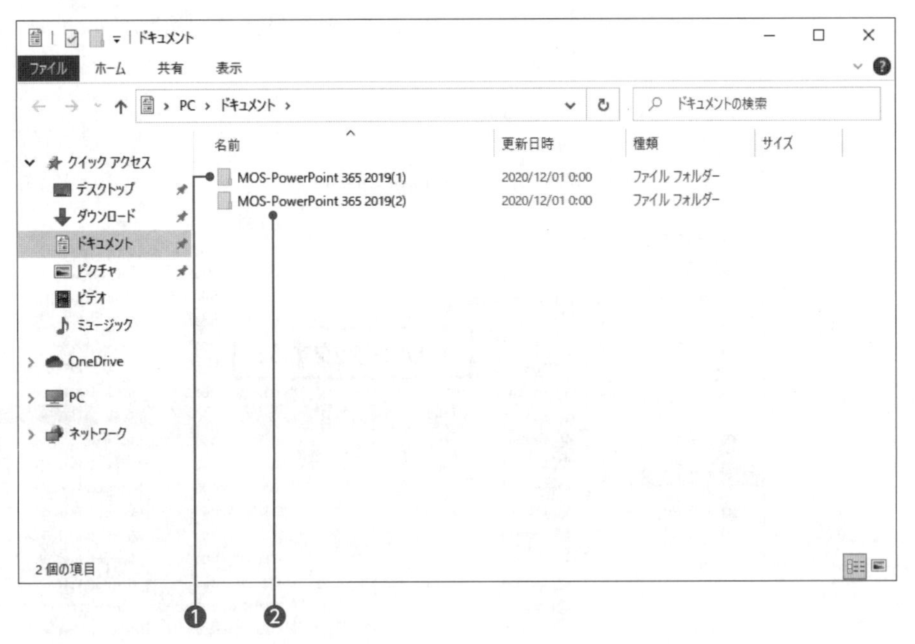

❶MOS-PowerPoint 365 2019(1)

「出題範囲1」から**「出題範囲5」**の各Lessonで使用するファイルがコピーされます。
これらのファイルは、**「出題範囲1」**から**「出題範囲5」**の学習に必須です。
Lesson1を学習するときは、ファイル**「Lesson1」**を開きます。

❷MOS-PowerPoint 365 2019(2)

模擬試験で使用するファイルがコピーされます。
これらのファイルは、模擬試験プログラムを使わずに学習される方のために用意したファイルで、各ファイルを直接開いて操作することが可能です。
第1回模擬試験のプロジェクト1を学習するときは、ファイル**「mogi1-project1」**を開きます。
模擬試験プログラムを使って学習する場合は、これらのファイルは不要です。

Point

データファイルの既定の場所

本書では、データファイルの場所を《ドキュメント》内としています。
《ドキュメント》以外の場所にセットアップした場合は、フォルダーを読み替えてください。

Point

データファイルのダウンロード

データファイルは、FOM出版のホームページで提供しています。ダウンロードしてご利用ください。

ホームページ・アドレス

https://www.fom.fujitsu.com/goods/

ホームページ検索用キーワード

FOM出版

ダウンロードしたデータファイルを開く際、そのファイルが安全かどうかを確認するメッセージが表示される場合があります。データファイルは安全なので、《編集を有効にする》をクリックして、編集可能な状態にしてください。

保護ビュー 注意—インターネットから入手したファイルは、ウイルスに感染している可能性があります。編集する必要がなければ、保護ビューのままにしておくことをお勧めします。 編集を有効にする(E) ×

◆ファイルの操作方法

「出題範囲1」から**「出題範囲5」**の各Lessonを学習する場合、**《ドキュメント》**内のフォルダー**「MOS-PowerPoint 365 2019(1)」**から学習するファイルを選択して開きます。
Lessonを実習する前に対象のファイルを開き、実習後はファイルを保存せずに閉じてください。

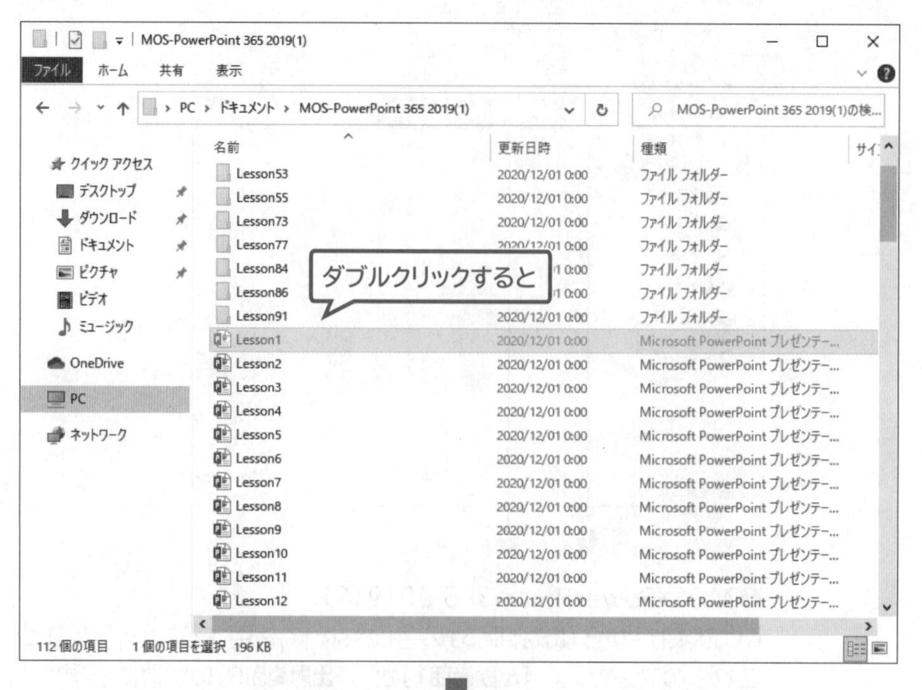

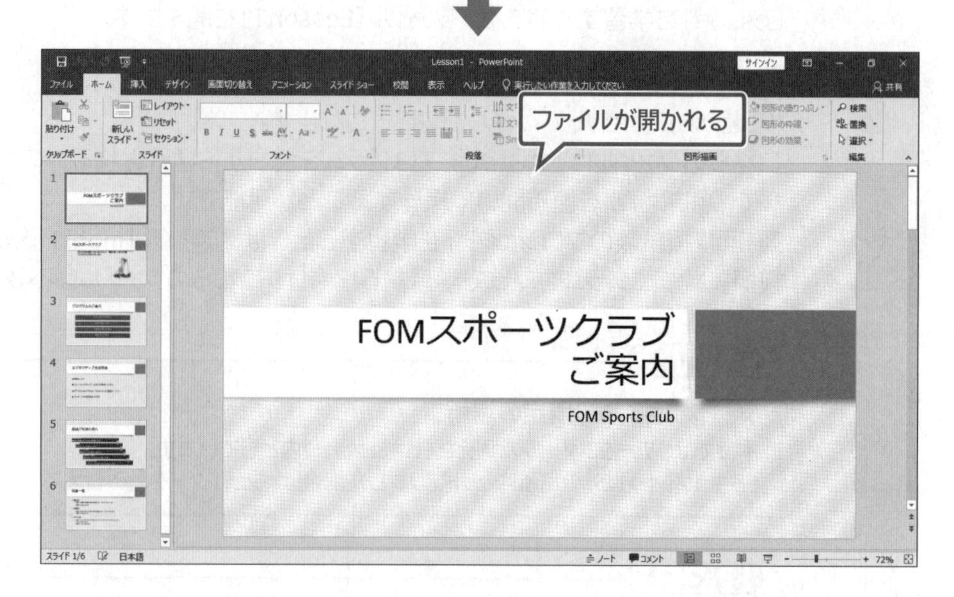

5 プリンターの設定について

本書の学習を開始する前に、プリンターが設定されていることを確認してください。
プリンターが設定されていないと、印刷に関する問題を解答することができません。また、模擬試験プログラムで印刷結果レポートを印刷することができません。あらかじめプリンターを設定しておきましょう。
プリンターの設定方法は、プリンターの取扱説明書を確認してください。
パソコンに設定されているプリンターを確認しましょう。

① (スタート)をクリックします。
② (設定)をクリックします。

③《**デバイス**》をクリックします。

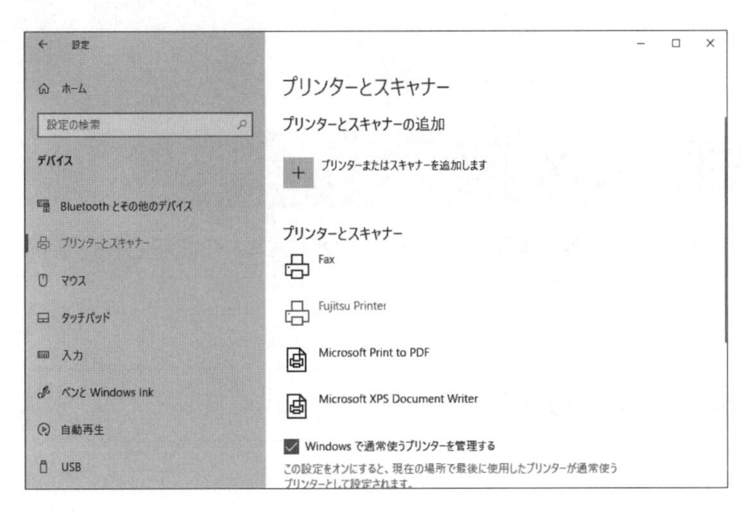

④左側の一覧から《**プリンターとスキャナー**》を選択します。
⑤《**プリンターとスキャナー**》に接続されているプリンターのアイコンが表示されていることを確認します。
※プリンターが接続されていない場合の対応については、P.327を参照してください。

Point

通常使うプリンターの設定

初期の設定では、最後に使用したプリンターが通常使うプリンターとして設定されます。
通常使うプリンターを固定する方法は、次のとおりです。
◆《□Windowsで通常使うプリンターを管理する》→プリンターを選択→《管理》→《既定として設定する》

6 ご購入者特典について

ご購入いただいた方への特典として、次のツールを提供しています。PDFファイルを表示してご利用ください。

- 特典1　便利な学習ツール（学習スケジュール表・習熟度チェック表・出題範囲コマンド一覧表）
- 特典2　MOSの概要
- 特典3　MOS PowerPoint 365&2019の事前学習

◆表示方法

パソコンで表示する

①ブラウザーを起動し、次のホームページにアクセスします。

https://www.fom.fujitsu.com/goods/eb/

②「MOS PowerPoint 365&2019対策テキスト&問題集（FPT2006）」の《特典PDF・学習データ・解答動画を入手する》を選択します。
③本書に関する質問に回答します。
④《特典PDFを見る》を選択します。
⑤ドキュメントを選択します。
⑥PDFファイルが表示されます。
※必要に応じて、印刷または保存してご利用ください。

スマートフォン・タブレットで表示する

①スマートフォン・タブレットで下のQRコードを読み取ります。

②「MOS PowerPoint 365&2019対策テキスト&問題集（FPT2006）」の《特典PDF・学習データ・解答動画を入手する》を選択します。
③本書に関する質問に回答します。
④《特典PDFを見る》を選択します。
⑤ドキュメントを選択します。
⑥PDFファイルが表示されます。

7 本書の最新情報について

本書に関する最新のQ&A情報や訂正情報、重要なお知らせなどについては、FOM出版のホームページでご確認ください。

ホームページ・アドレス

https://www.fom.fujitsu.com/goods/

ホームページ検索用キーワード

FOM出版

MOS PowerPoint
365＆2019

MOS PowerPoint 365＆2019に求められるスキル

1 MOS PowerPoint 365＆2019の出題範囲

MOS PowerPoint 365＆2019の出題範囲は、次のとおりです。
※出題範囲には次の内容が含まれますが、この内容以外からも出題される可能性があります。

1 プレゼンテーションの管理	
1-1 スライド、配布資料、ノートのマスターを変更する	・スライドマスターのテーマや背景を変更する ・スライドマスターのコンテンツを変更する ・スライドのレイアウトを作成する ・スライドのレイアウトを変更する ・配布資料マスターを変更する ・ノートマスターを変更する
1-2 プレゼンテーションのオプションや表示を変更する	・スライドのサイズを変更する ・プレゼンテーションの表示を変更する ・ファイルの基本的なプロパティを設定する
1-3 プレゼンテーションの印刷設定を行う	・プレゼンテーションの全体または一部を印刷する ・ノートを印刷する ・配布資料を印刷する ・カラー、グレースケール、白黒で印刷する
1-4 スライドショーを設定する、実行する	・目的別スライドショーを作成する ・スライドショーのオプションを設定する ・スライドショーのリハーサル機能を使用する ・スライドショーの記録のオプションを設定する ・発表者ツールを使用してスライドショーを発表する
1-5 共同作業用にプレゼンテーションを準備する	・編集を制限する ・パスワードを使用してプレゼンテーションを保護する ・プレゼンテーションを検査する ・コメントを追加する、管理する ・プレゼンテーションの内容を保持する ・プレゼンテーションを別の形式にエクスポートする
2 スライドの管理	
2-1 スライドを挿入する	・Wordのアウトラインをインポートする ・ほかのプレゼンテーションからスライドを挿入する ・スライドを挿入し、スライドのレイアウトを選択する ・サマリーズームのスライドを挿入する ・スライドを複製する
2-2 スライドを変更する	・スライドを表示する、非表示にする ・個々のスライドの背景を変更する ・スライドのヘッダー、フッター、ページ番号を挿入する
2-3 スライドを並べ替える、グループ化する	・セクションを作成する ・スライドの順番を変更する ・セクション名を変更する

3 テキスト、図形、画像の挿入と書式設定	
3-1 テキストを書式設定する	• テキストに組み込みスタイルを適用する • テキストに段組みを設定する • 箇条書きや段落番号を作成する
3-2 リンクを挿入する	• ハイパーリンクを挿入する • セクションズームやスライドズームのリンクを挿入する
3-3 図を挿入する、書式設定する	• 図のサイズを変更する、図をトリミングする • 図に組み込みスタイルや効果を適用する • スクリーンショットや画面の領域を挿入する
3-4 グラフィック要素を挿入する、書式設定する	• 図形を挿入する、変更する • デジタルインクを使用して描画する • 図形やテキストボックスにテキストを追加する • 図形やテキストボックスのサイズを変更する • 図形やテキストボックスの書式を設定する • 図形やテキストボックスに組み込みスタイルを適用する • アクセシビリティ向上のため、グラフィック要素に代替テキストを追加する
3-5 スライド上の図形を並べ替える、グループ化する	• 図形、画像、テキストボックスを並べ替える • 図形、画像、テキストボックスを配置する • 図形や画像をグループ化する • 配置用のツールを表示する
4 表、グラフ、SmartArt、3Dモデル、メディアの挿入	
4-1 表を挿入する、書式設定する	• 表を作成する、挿入する • 表に行や列を挿入する、削除する • 表の組み込みスタイルを適用する
4-2 グラフを挿入する、変更する	• グラフを作成する、挿入する • グラフを変更する
4-3 SmartArtを挿入する、書式設定する	• SmartArtを作成する • 箇条書きをSmartArtに変換する • SmartArtにコンテンツを追加する、変更する
4-4 3Dモデルを挿入する、変更する	• 3Dモデルを挿入する • 3Dモデルを変更する
4-5 メディアを挿入する、管理する	• サウンドやビデオを挿入する • 画面録画を作成する、挿入する • メディアの再生オプションを設定する
5 画面切り替えやアニメーションの適用	
5-1 画面切り替えを適用する、設定する	• 基本的な3D画面切り替えを適用する • 画面切り替えの効果を設定する
5-2 スライドのコンテンツにアニメーションを設定する	• テキストやグラフィック要素にアニメーションを適用する • 3D要素にアニメーションを適用する • アニメーションの効果を設定する • アニメーションの軌道効果を設定する • 同じスライドにあるアニメーションの順序を並べ替える
5-3 アニメーションと画面切り替えのタイミングを設定する	• 画面切り替えの効果の継続時間を設定する • 画面切り替えの開始と終了のオプションを設定する

2 PowerPointスキルチェックシート

MOSの学習を始める前に、最低限必要とされるPowerPointの基礎知識を習得済みかどうか確認しましょう。

	事前に習得すべき項目	習得済み
1	新しいプレゼンテーションを作成できる。	☑
2	テンプレートを使って、プレゼンテーションを作成できる。	☑
3	プレゼンテーションにテーマを適用できる。	☑
4	スライドを削除できる。	☑
5	スライドに文字列を挿入できる。	☑
6	文字を移動できる。	☑
7	文字をコピーできる。	☑
8	文字にフォント・フォントサイズなどの書式を設定できる。	☑
9	段落の文字の配置を設定できる。	☑
10	プレゼンテーションの校正を行うことができる。	☑
習得済み個数		個

習得済みのチェック個数に合わせて、事前に次の内容を学習することをお勧めします。

チェック個数	学習内容
10個	PowerPointの基礎知識を習得済みです。 本書を使って、MOS PowerPoint 365&2019の学習を始めてください。
6～9個	PowerPointの基礎知識をほぼ習得済みです。 本書の特典3「MOS PowerPoint 365&2019の事前学習」を使って、習得できていない箇所を学習したあと、MOS PowerPoint 365&2019の学習を始めてください。
0～5個	PowerPointの基礎知識を習得できていません。 FOM出版の書籍「よくわかる Microsoft PowerPoint 2019 基礎」(FPT1817)や「よくわかる Microsoft PowerPoint 2019 応用」(FPT1818)を使って、PowerPointの操作方法を学習したあと、MOS PowerPoint 365&2019の学習を始めてください。

MOS PowerPoint 365&2019

出題範囲 1

プレゼンテーションの管理

1-1 プレゼンテーションの表示やオプションを変更する

習得すべき機能	参照Lesson	学習前	学習後	試験直前
■スライドのサイズを変更できる。	➡Lesson1	☑	☑	☑
■表示モードを切り替えることができる。	➡Lesson2	☑	☑	☑
■スライドショーを実行できる。	➡Lesson2	☑	☑	☑
■スライドをグレースケールや白黒で表示できる。	➡Lesson3	☑	☑	☑
■プレゼンテーションのプロパティを設定できる。	➡Lesson4	☑	☑	☑

1-1-1 スライドのサイズを変更する

解説

■スライドのサイズ変更

スライドのサイズは、**「ワイド画面(16:9)」**または**「標準(4:3)」**から選択できます。このほか、A4やB4などの一般的な用紙サイズに設定したり、幅や高さを数値で指定したりすることもできます。

2019 365 ◆《デザイン》タブ→《ユーザー設定》グループの  (スライドのサイズ)

Lesson 1

OPEN プレゼンテーション「Lesson1」を開いておきましょう。

次の操作を行いましょう。

(1) スライドのサイズをA4の横向きに変更してください。コンテンツはスライドのサイズに合わせて調整します。

Lesson 1 Answer

(1)

①**《デザイン》**タブ→**《ユーザー設定》**グループの (スライドのサイズ)→**《ユーザー設定のスライドのサイズ》**をクリックします。

②**《スライドのサイズ》**ダイアログボックスが表示されます。

③**《スライドのサイズ指定》**の[v]をクリックし、一覧から**《A4》**を選択します。

④**《スライド》**の**《横》**を◉にします。

⑤**《OK》**をクリックします。

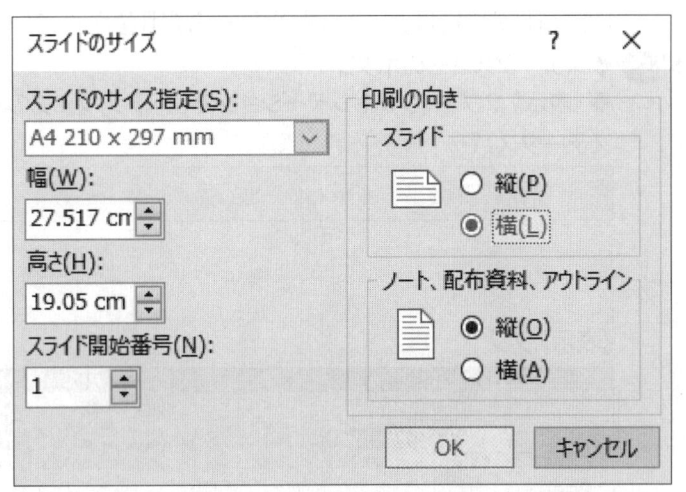

⑥**《サイズに合わせて調整》**をクリックします。

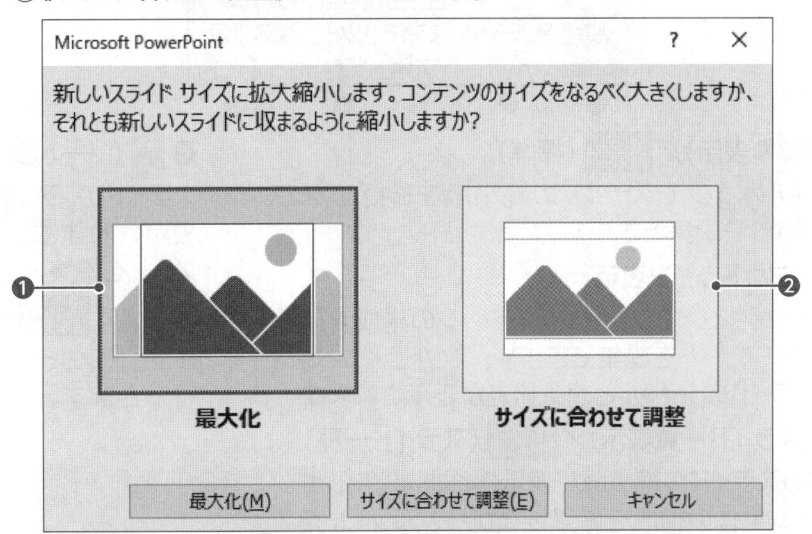

⑦スライドのサイズが変更されます。

Point

コンテンツの拡大縮小

図形や画像などのコンテンツを配置しているプレゼンテーションで、スライドのサイズを変更しようとすると、コンテンツのサイズをどのように調整するかを選択する画面が表示されます。

❶最大化

コンテンツをできるだけ拡大します。

❷サイズに合わせて調整

新しいスライドに収まるように、コンテンツを縮小します。

Point

テーマの個別設定

テーマのフォント、配色、効果、背景のスタイルを個別に設定している場合、スライドのサイズを変更すると、それらの設定がクリアされます。改めて、設定し直す必要があります。

1-1-2 プレゼンテーションの表示を変更する

■表示モードの切り替え

PowerPointには、5つの表示モードが用意されています。

2019 365 ◆ステータスバーのボタン
◆《表示》タブ→《プレゼンテーションの表示》グループのボタン

ステータスバー

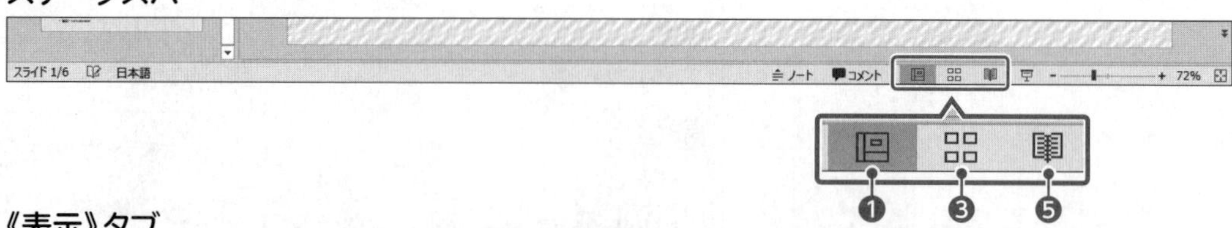

《表示》タブ

❶ (標準表示)/ (標準)
サムネイルペインでスライドの縮小版を確認しながら、スライドを編集できます。

❷ (アウトライン表示)
アウトラインペインでプレゼンテーションの構成を確認しながら、スライドを編集できます。アウトラインペインには、スライドのタイトルと箇条書きが表示されます。

❸ (スライド一覧表示)/ (スライド一覧)
すべてのスライドの縮小版が表示されます。プレゼンテーション全体の構成を確認しながら、スライドを並べ替えるのに適しています。

❹ (ノート表示)
スライドの下に補足説明などを入力するノートが表示されます。スライドの内容を確認しながら、ノートを編集できます。

❺ / (閲覧表示)
スライドショーをPowerPointのウィンドウ内で実行できます。

■スライドショーの実行

スライドを画面全体に表示して、順番に閲覧していくことを**「スライドショー」**といいます。

2019 365 ◆ステータスバーの (スライドショー)
◆《スライドショー》タブ→《スライドショーの開始》グループのボタン

ステータスバー

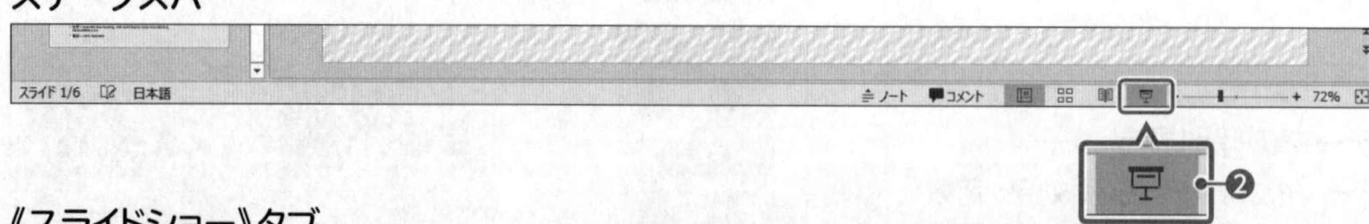

《スライドショー》タブ

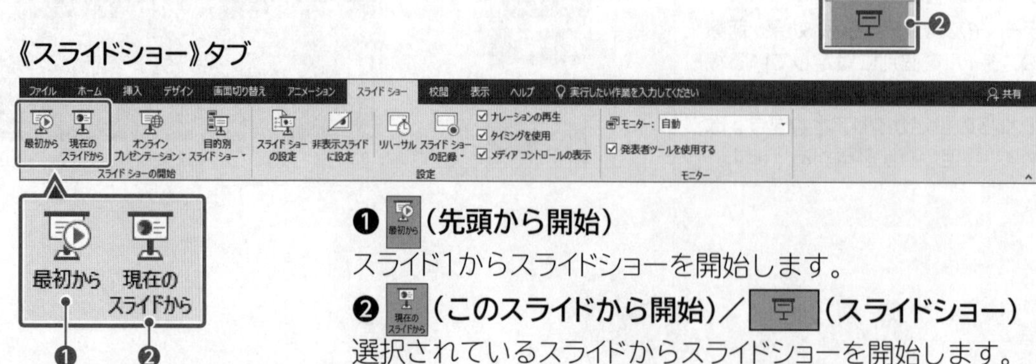

❶ (先頭から開始)
スライド1からスライドショーを開始します。

❷ (このスライドから開始)/ (スライドショー)
選択されているスライドからスライドショーを開始します。

Lesson 2

 プレゼンテーション「Lesson2」を開いておきましょう。

次の操作を行いましょう。

(1) スライド一覧表示に切り替えてください。

(2) スライドショーを実行し、スライド1から最後のスライドまで表示してください。

Lesson 2 Answer

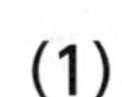

(1)

①ステータスバーの［スライド一覧］(スライド一覧)をクリックします。

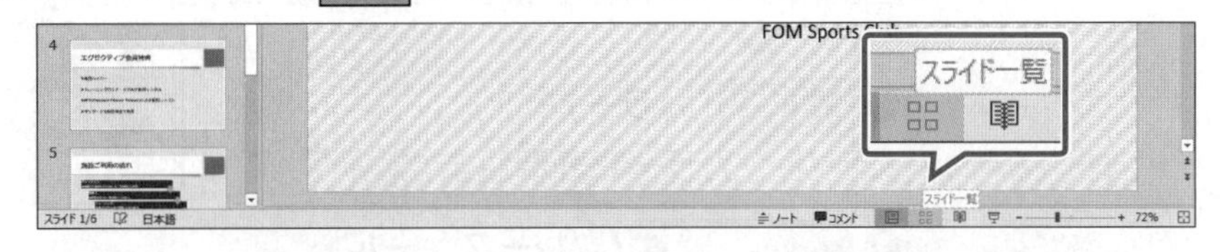

②スライド一覧表示に切り替わります。

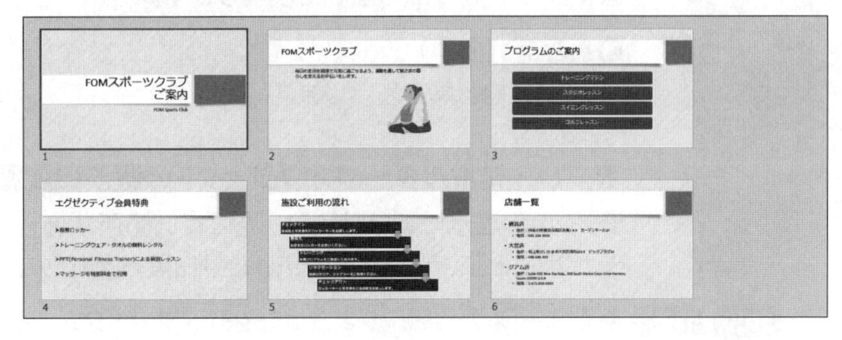

(2)

①スライド1を選択します。

②ステータスバーの［スライドショー］(スライドショー)をクリックします。

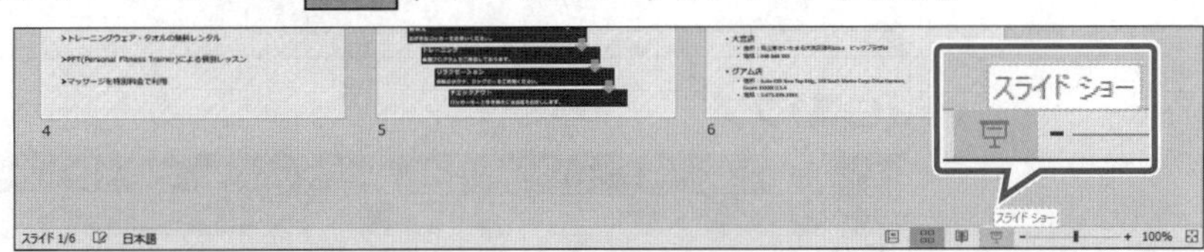

③スライドショーが実行され、スライド1が画面全体に表示されます。

④クリックします。

⑤次のスライドが表示されます。

⑥スライドショーを最後まで実行します。

その他の方法

スライドショーを先頭から開始

2019 365

◆クイックアクセスツールバーの［先頭から開始］(先頭から開始)

◆［F5］

■カラー/グレースケールの切り替え

カラーで作成したスライドをモノクロプリンターで印刷すると、文字やオブジェクトが見にくくなる場合があります。モノクロプリンターで印刷する際は、スライドをモノクロの表示に切り替えて、見にくい箇所がないかをあらかじめ確認するとよいでしょう。

※「オブジェクト」とは、図(画像)や図形、SmartArtグラフィックなどの総称です。

2019 365 ◆《表示》タブ→《カラー/グレースケール》グループのボタン

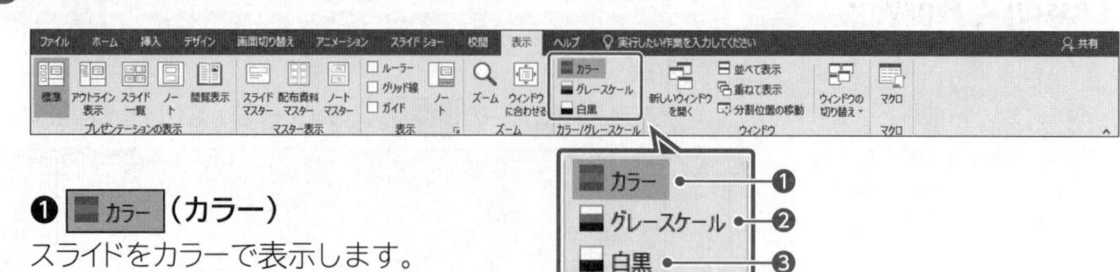

❶ カラー (カラー)

スライドをカラーで表示します。

❷ グレースケール (グレースケール)

スライドを白から黒の階調で表示します。

❸ 白黒 (白黒)

スライドを白と黒で表示します。

■プレースホルダーやオブジェクトの濃淡の調整

モノクロの表示に切り替えて、見にくい箇所があった場合は、プレースホルダーやオブジェクトごとに、明るさを調整したり白黒を反転したりして、濃淡を調整します。

2019 365 ◆《グレースケール》タブまたは《白黒》タブのボタン

《グレースケール》タブ

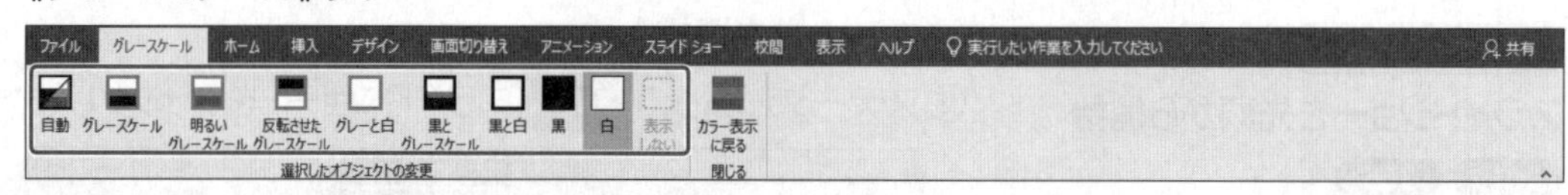

《白黒》タブ

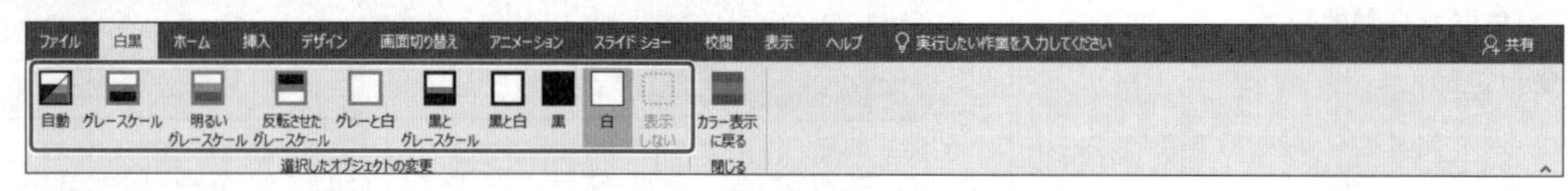

Lesson 3

プレゼンテーション「Lesson3」を開いておきましょう。

次の操作を行いましょう。

(1) スライドを白黒で表示してください。

(2) スライド3に配置されている4つの角丸四角形の図形を、「反転させたグレースケール」の表示に変更してください。

Lesson 3 Answer

(1)

①《表示》タブ→《カラー/グレースケール》グループの 白黒 (白黒)をクリックします。

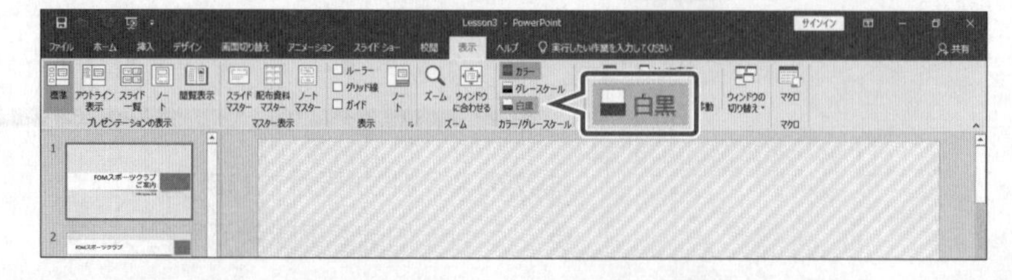

②スライドが白黒で表示されます。

(2)

①スライド3を選択します。

②1つ目の角丸四角形を選択します。

③ Shift を押しながら、2つ目から4つ目の角丸四角形を選択します。

※ Shift を使うと、複数の図形を選択できます。

④**《白黒》**タブ→**《選択したオブジェクトの変更》**グループの （反転させたグレースケール）をクリックします。

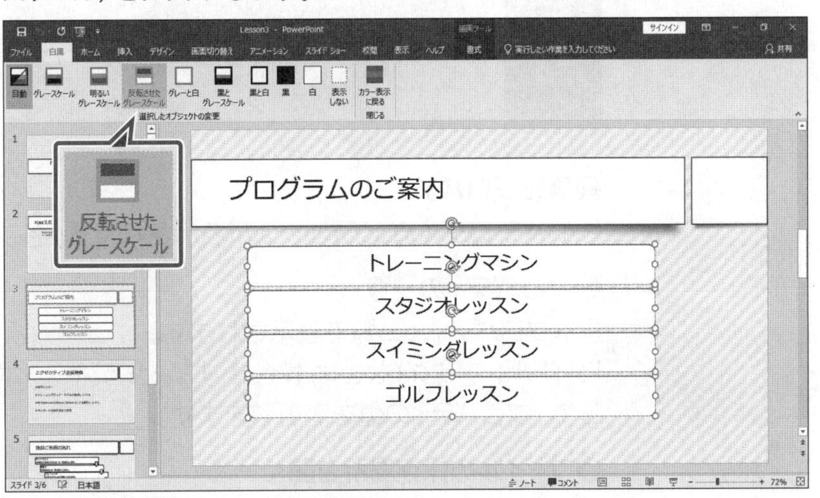

⑤角丸四角形の表示が変更されます。

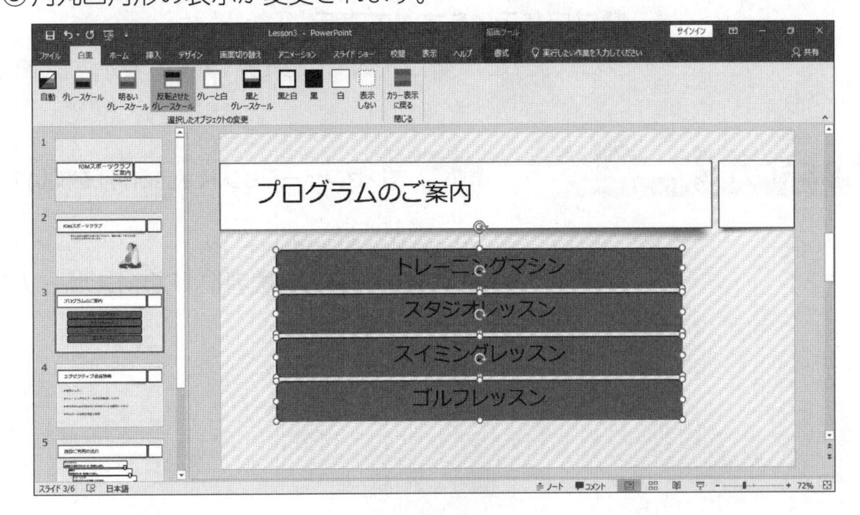

Point

カラー表示に戻る

グレースケールや白黒からカラー表示に戻る方法は、次のとおりです。

2019 365

◆《グレースケール》タブ／《白黒》タブ→《閉じる》グループの （カラー表示に戻る）

1-1-3 ファイルの基本的なプロパティを設定する

解 説 ■プレゼンテーションのプロパティの設定

「プロパティ」は一般に**「属性」**といわれ、性質や特性を表す言葉です。プレゼンテーションのプロパティには、ファイルサイズや作成日時、最終更新日時などがあります。プレゼンテーションにプロパティを設定しておくと、Windowsのファイル一覧でプロパティの内容を表示したり、プロパティの値をもとにプレゼンテーションを検索したりできます。

2019 365 ◆《ファイル》タブ→《情報》

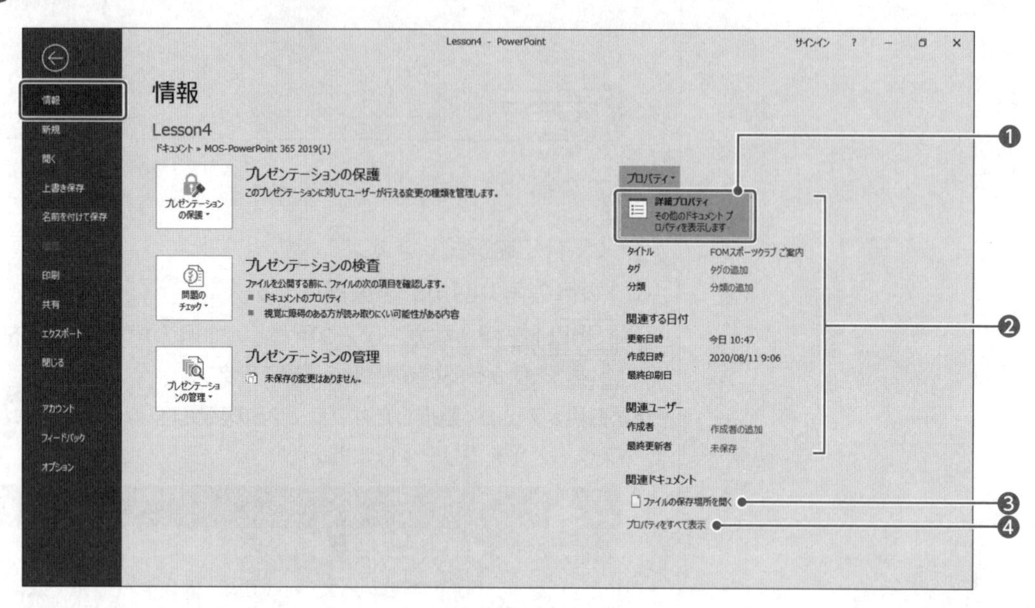

❶詳細プロパティ

《プロパティ》ダイアログボックスが表示されます。各プロパティの値を変更できます。

❷プロパティの一覧

主なプロパティが一覧で表示されます。
「タイトル」や**「タグ」**などはポイントすると、テキストボックスが表示されるので、直接入力して、プロパティの値を変更できます。

❸ファイルの保存場所を開く

プレゼンテーションが保存されている場所が開かれます。

❹プロパティをすべて表示

プロパティの一覧にすべてのプロパティが表示されます。

Lesson 4

プレゼンテーション「Lesson4」を開いておきましょう。

次の操作を行いましょう。

(1) プロパティの作成者に「FOMスポーツクラブ」、分類に「ご案内資料」を設定してください。

Lesson 4 Answer

プロパティの種類

プレゼンテーションのプロパティには、次のようなものがあります。

●標準プロパティ
作成者、タイトル、検索用のキーワードなど、ユーザーが値を設定できるプロパティです。

●自動更新プロパティ
ファイルサイズ、ファイルの作成日時、最終更新日時など、PowerPointが自動的に設定するプロパティです。ユーザーが値を変更することはできません。

●ユーザー設定プロパティ
ユーザーが独自に定義できるプロパティです。

(1)

①**《ファイル》**タブを選択します。

②**《情報》**→**《プロパティ》**→**《詳細プロパティ》**をクリックします。

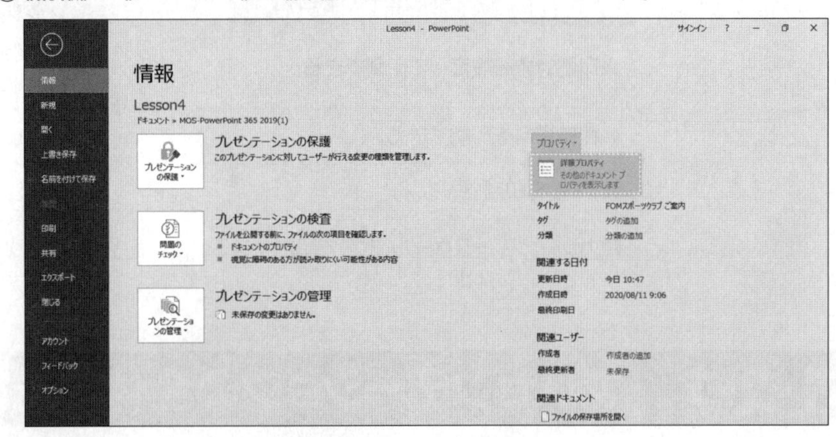

③**《Lesson4のプロパティ》**ダイアログボックスが表示されます。

④**《ファイルの概要》**タブを選択します。

⑤**《作成者》**に**「FOMスポーツクラブ」**と入力します。

⑥**《分類》**に**「ご案内資料」**と入力します。

⑦**《OK》**をクリックします。

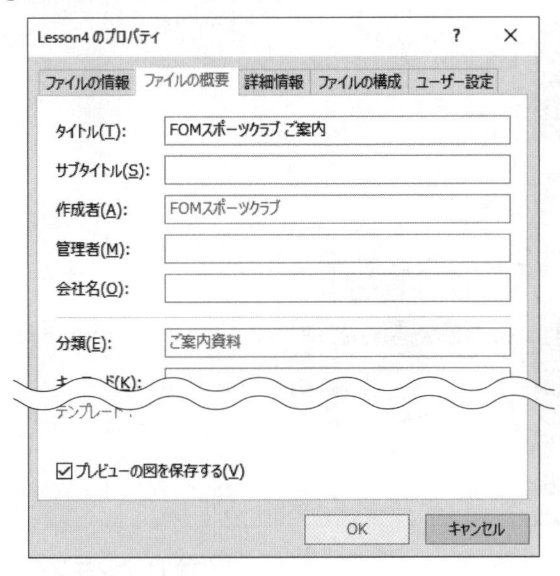

⑧**《情報》**の画面に戻ります。

⑨プロパティの一覧に設定した値が表示されていることを確認します。

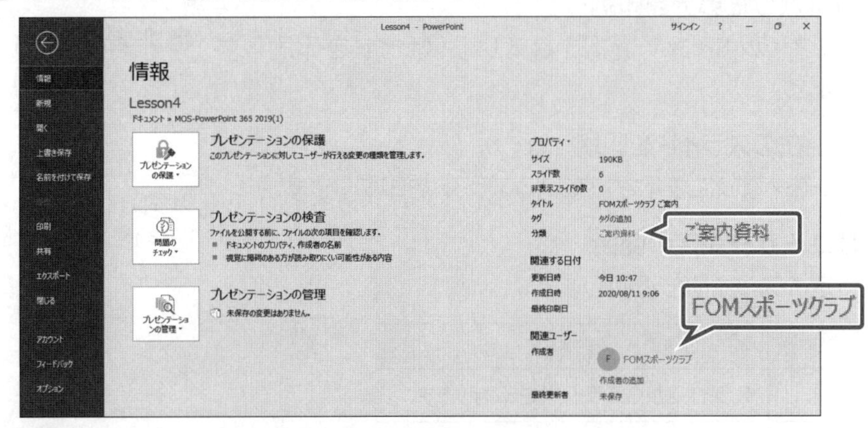

※ をクリックするか、Esc を押すと、標準表示に戻ります。

Point

ユーザー設定プロパティの定義

ユーザーが独自にプロパティの項目を定義して、値を設定できます。

2019 365

◆《ファイル》タブ→《情報》→《プロパティ》→《詳細プロパティ》→《ユーザー設定》タブ→《プロパティ名》と《種類》と《値》を設定→《追加》

1-2 プレゼンテーションの印刷設定を行う

理解度チェック

習得すべき機能	参照Lesson	学習前	学習後	試験直前
■印刷対象を設定して印刷できる。	➡Lesson5 ➡Lesson6	☑	☑	☑
■配布資料を印刷できる。	➡Lesson7	☑	☑	☑
■ノートを印刷できる。	➡Lesson8	☑	☑	☑
■カラー、グレースケール、白黒で印刷できる。	➡Lesson9	☑	☑	☑

1-2-1 プレゼンテーションの全体または一部を印刷する

解説

■印刷対象の設定

プレゼンテーションを印刷する際、印刷対象を設定できます。例えば、すべてのスライドをまとめて印刷したり、特定のスライドやセクションを指定して印刷したりできます。

2019 365 ◆《ファイル》タブ→《印刷》→《すべてのスライドを印刷》

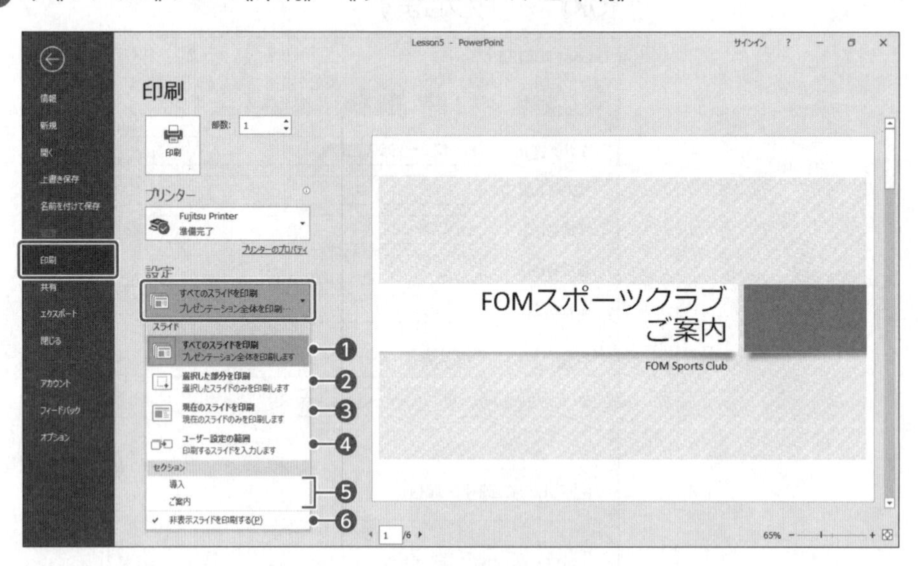

❶すべてのスライドを印刷

プレゼンテーション全体を印刷します。

❷選択した部分を印刷

サムネイルペインで選択されているスライドを印刷します。

❸現在のスライドを印刷

スライドペインに表示されているスライドを印刷します。

❹ユーザー設定の範囲

特定のスライドを印刷します。

設定例	説明
2-4	スライド2からスライド4を印刷します。
2,4	スライド2とスライド4を印刷します。

❺セクション

一覧からセクションを選択して、印刷します。

※「セクション」については、P.119を参照してください。

❻非表示スライドを印刷する

コマンド名の前に ✔ が付いているとき、非表示スライドが印刷されます。コマンド名をクリックするごとに、✔ のオン／オフが切り替わります。

※プレゼンテーション内に非表示スライドがない場合は、淡色で表示され選択できません。

Lesson 5

プレゼンテーション「Lesson5」を開いておきましょう。

次の操作を行いましょう。

(1) プレゼンテーション全体を印刷してください。

Lesson 5 Answer

その他の方法

印刷

2019 365

◆ Ctrl + P

(1)

①《**ファイル**》タブを選択します。

②《**印刷**》をクリックします。

③《**すべてのスライドを印刷**》になっていることを確認します。

④《**印刷**》をクリックします。

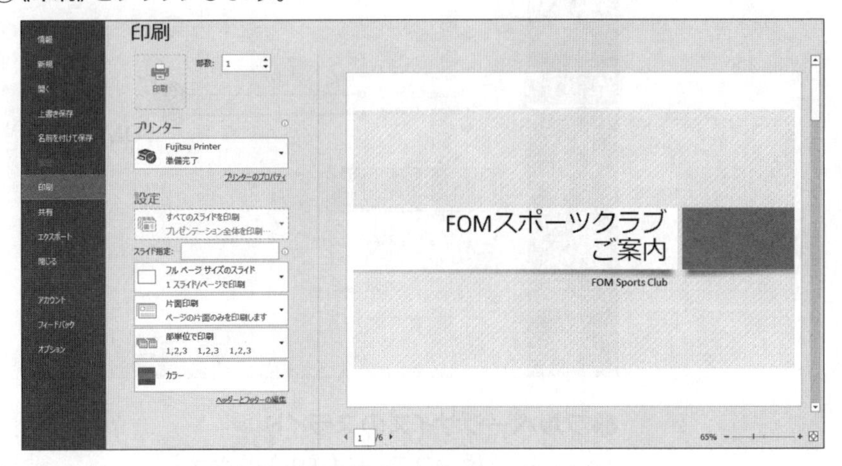

⑤プレゼンテーション全体が印刷されます。

Lesson 6

プレゼンテーション「Lesson6」を開いておきましょう。

次の操作を行いましょう。

(1) スライド2からスライド4を印刷してください。

Lesson 6 Answer

部単位・ページ単位で印刷

複数スライドのプレゼンテーションを複数部数印刷する場合、次の2つの方法から選択できます。

※初期の設定では、「部単位で印刷」に設定されています。

●部単位で印刷

1、2ページを1部印刷してから、2部目の1、2ページ、3部目の1、2ページを印刷します。

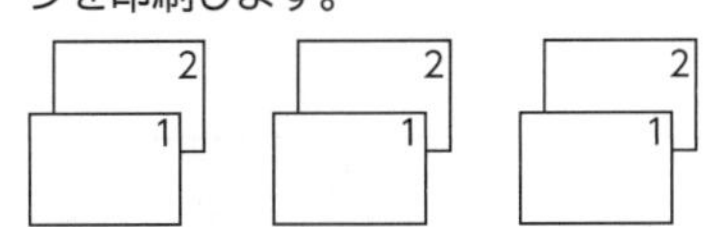

●ページ単位で印刷

1ページを3部印刷してから2ページ目を3部、3ページ目を3部印刷します。

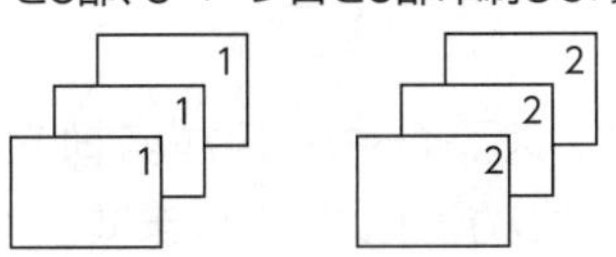

(1)

①《**ファイル**》タブを選択します。

②《**印刷**》→《**スライド指定**》に「**2-4**」と入力します。

③印刷対象が自動的に《**ユーザー設定の範囲**》に変更されます。

④《**印刷**》をクリックします。

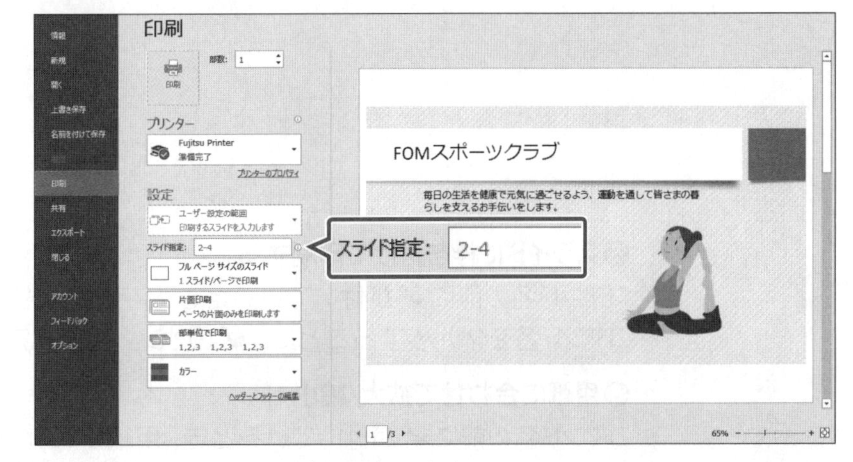

⑤スライド2からスライド4が印刷されます。

1-2-2 配布資料を印刷する

解 説

■配布資料の印刷

初期の設定では、1枚の用紙全体に1枚のスライドが印刷されますが、複数のスライドが印刷されるように印刷レイアウトを変更できます。

2019 365 ◆《ファイル》タブ→《印刷》→《フルページサイズのスライド》

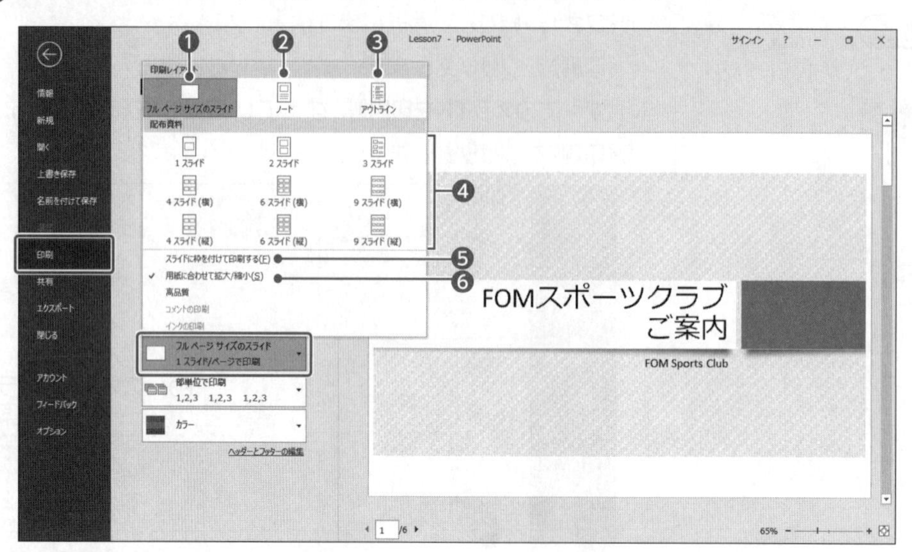

❶フルページサイズのスライド

1ページに1枚のスライドを印刷します。

❷ノート

スライドとノートペインに入力した補足説明を合わせて印刷します。

❸アウトライン

スライドのタイトルと箇条書きを印刷します。

❹配布資料

1ページに1枚または複数枚のスライドを印刷します。
配布資料の1ページに印刷できるスライドの枚数は、**「1枚」「2枚」「3枚」「4枚」「6枚」「9枚」**から選択できます。3枚を選択すると、スライドの右側にメモ欄が出力されます。

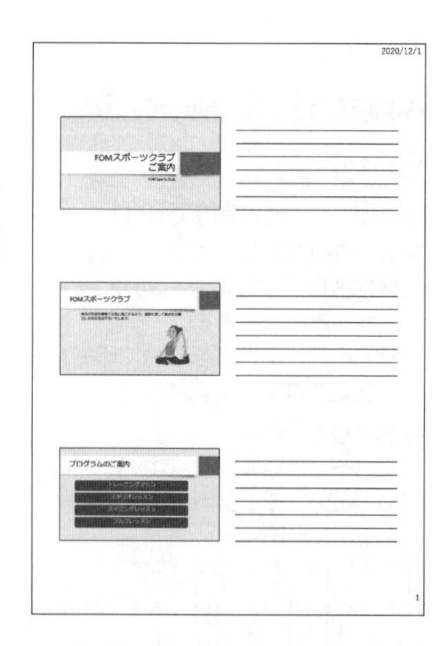

❺スライドに枠を付けて印刷する

コマンド名の前に ✔ が付いているとき、スライドに枠線が付いた状態で印刷されます。コマンド名をクリックするごとに、✔ のオン/オフが切り替わります。

❻用紙に合わせて拡大/縮小

コマンド名の前に ✔ が付いているとき、用紙サイズに合わせて、スライドサイズが自動的に調整されます。コマンド名をクリックするごとに、✔ のオン/オフが切り替わります。

Lesson 7

プレゼンテーション「Lesson7」を開いておきましょう。

次の操作を行いましょう。

(1) すべてのスライドを配布資料として印刷してください。配布資料のレイアウトは「3スライド」とします。

Lesson 7 Answer

(1)

①**《ファイル》**タブを選択します。

②**《印刷》**をクリックします。

③**《すべてのスライドを印刷》**になっていることを確認します。

④**《フルページサイズのスライド》**→**《配布資料》**の**《3スライド》**をクリックします。

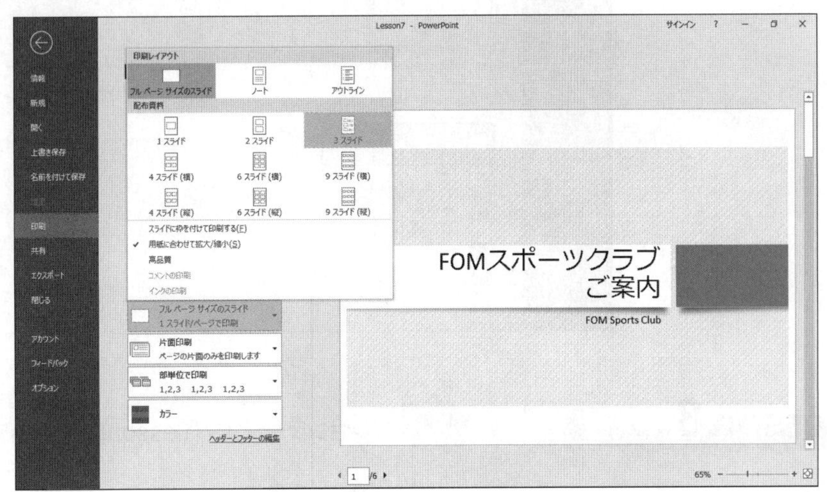

⑤**《印刷》**をクリックします。

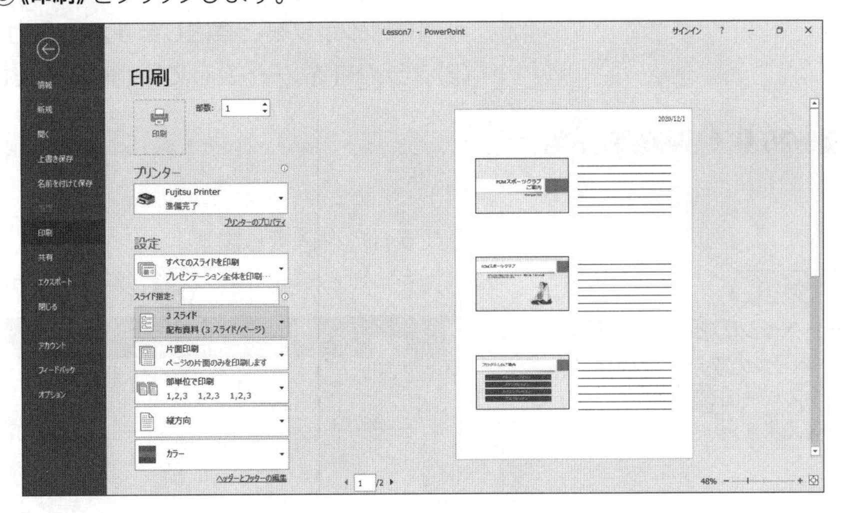

⑥配布資料が印刷されます。

1-2-3 ノートを印刷する

解説

■ノートの印刷

初期の設定では、1枚の用紙全体に1枚のスライドが印刷されますが、スライドとノートペインに入力した補足説明を合わせて印刷するように設定を変更できます。

2019 365 ◆《ファイル》タブ→《印刷》→《フルページサイズのスライド》→《ノート》

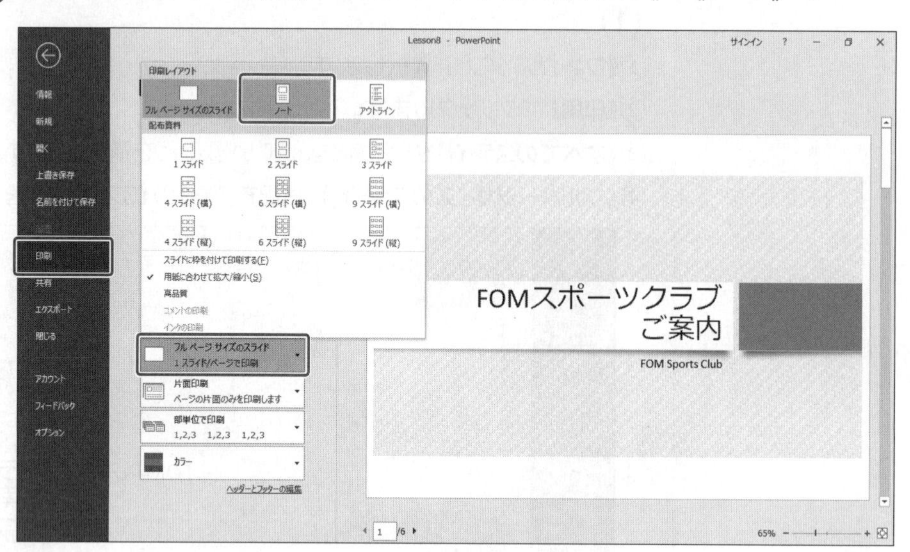

Lesson 8

プレゼンテーション「Lesson8」を開いておきましょう。

次の操作を行いましょう。

(1) スライド1のノートペインに、「皆さまの健康のためのお手伝いをするFOMスポーツクラブをご案内します。」と入力してください。

(2) スライド1をノートとして印刷してください。

Lesson 8 Answer

(1)

①スライド1を選択します。

②ステータスバーの ≜ノート (ノート)をクリックします。

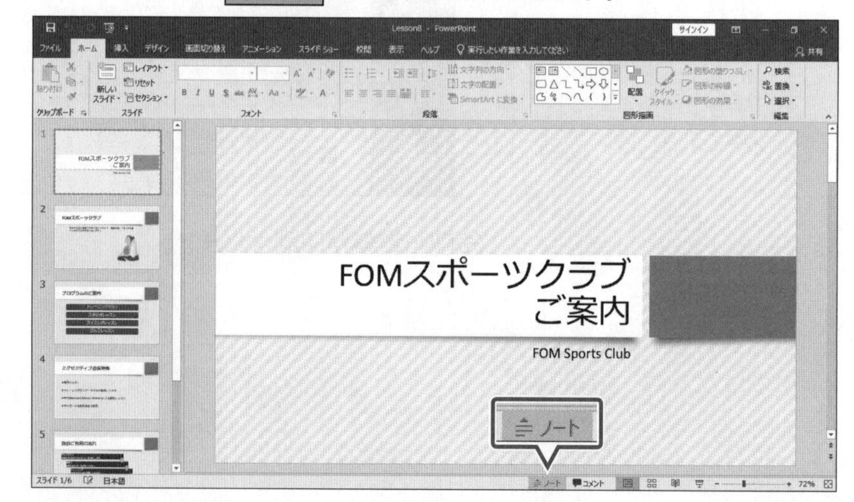

Point

ノートペインの表示/非表示

ノートペインの表示/非表示は、ステータスバーの  (ノート)で切り替えます。

Point

スライドペインとノートペインのサイズ変更

スライドペインとノートペインの境界線をドラッグすると、各ペインのサイズを変更できます。

③ノートペインが表示されます。

④ノートペインに**「皆さまの健康のためのお手伝いをするFOMスポーツクラブをご案内します。」**と入力します。

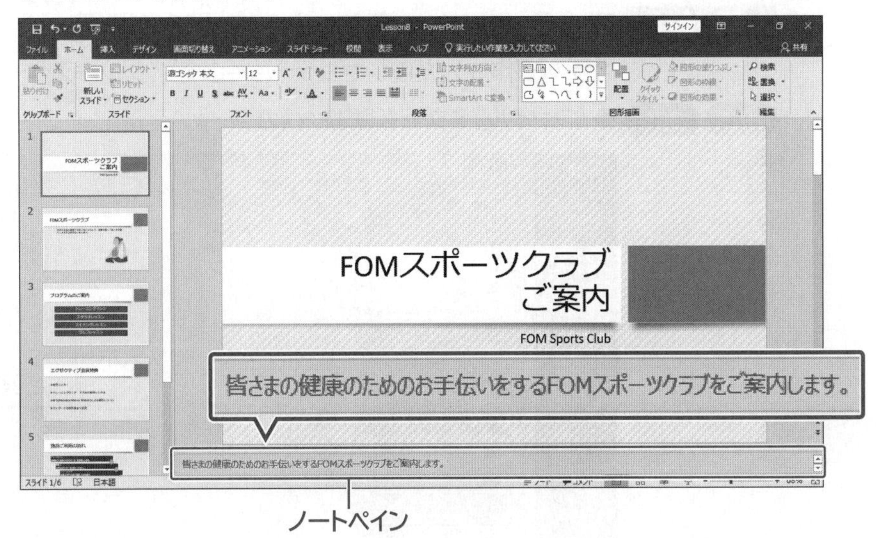

(2)

①**《ファイル》**タブを選択します。

②**《印刷》**→**《スライド指定》**に**「1」**と入力します。

③印刷対象が**《ユーザー設定の範囲》**に変更されます。

④**《フルページサイズのスライド》**→**《印刷レイアウト》**の**《ノート》**をクリックします。

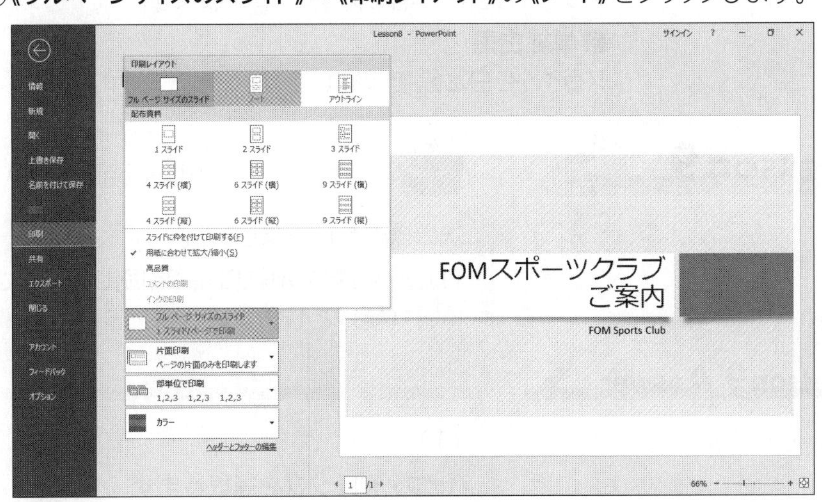

⑤**《印刷》**をクリックします。

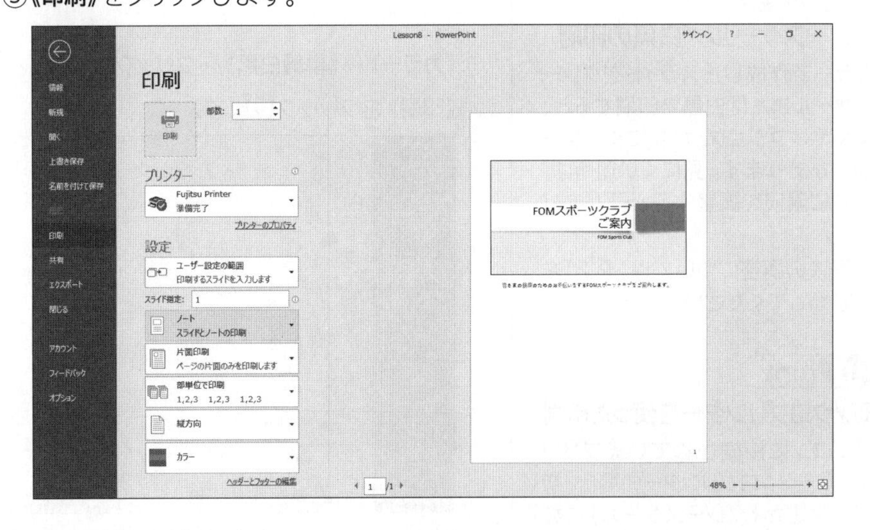

⑥ノートが印刷されます。

1-2-4 カラー、グレースケール、白黒で印刷する

 **解説** ■カラー、グレースケール、白黒での印刷

カラーで作成したプレゼンテーションを、グレースケールや白黒で印刷できます。

2019 365 ◆《ファイル》タブ→《印刷》→《カラー》

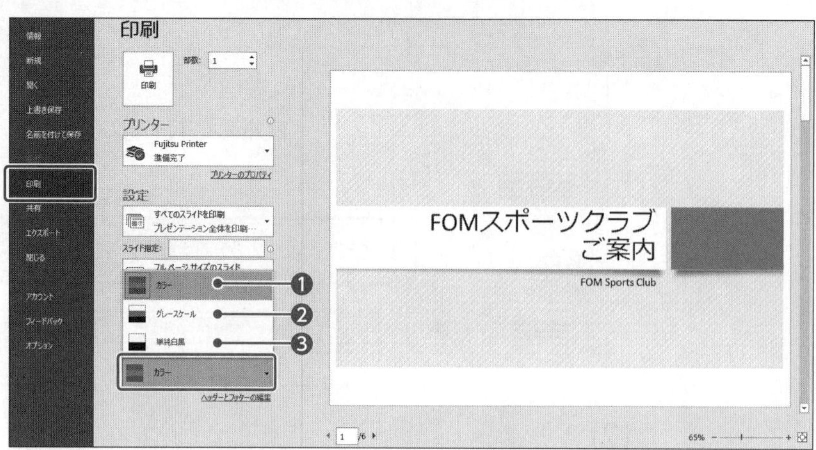

❶カラー

スライドをカラーで印刷します。

❷グレースケール

スライドを白から黒の階調で印刷します。

❸単純白黒

スライドを白と黒で印刷します。

Lesson 9

 プレゼンテーション「Lesson9」を開いておきましょう。

次の操作を行いましょう。

(1) 配布資料を単純白黒で印刷してください。配布資料のレイアウトは「6スライド(横)」とします。

Lesson 9 Answer

 **Point**

グレースケール／白黒の印刷

カラーで作成したスライドをグレースケールまたは白黒で印刷すると、文字やオブジェクトが見にくくなる場合があります。見にくい箇所は、個別に濃淡を調整する必要があります。

※濃淡の調整については、P.21を参照してください。

Point

モノクロプリンターを使った印刷

パソコンに接続されているプリンターがモノクロプリンターの場合、初期の設定が《グレースケール》になります。

(1)

①**《ファイル》**タブを選択します。

②**《印刷》**→**《フルページサイズのスライド》**→**《配布資料》**の**《6スライド(横)》**をクリックします。

③**《カラー》**→**《単純白黒》**をクリックします。

④**《印刷》**をクリックします。

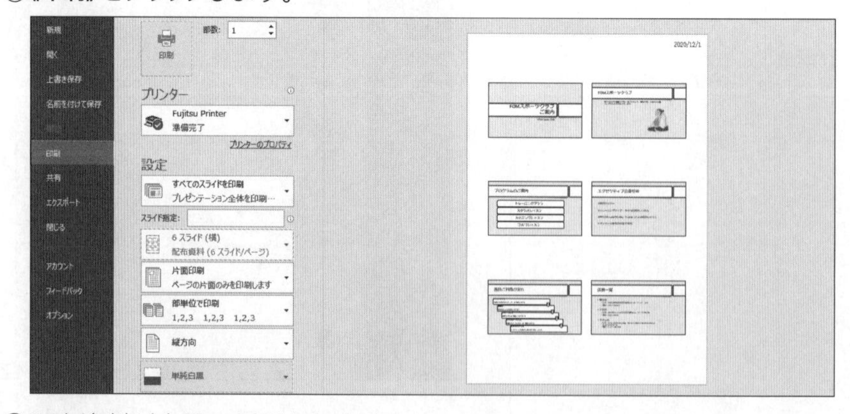

⑤配布資料が白黒で印刷されます。

1-3 スライドショーを設定する、実行する

☑ 理解度チェック

習得すべき機能	参照Lesson	学習前	学習後	試験直前
■目的別スライドショーを作成し、実行できる。	➡Lesson10	☑	☑	☑
■リハーサル機能を使用できる。	➡Lesson11	☑	☑	☑
■スライドショーのオプションを設定できる。	➡Lesson12	☑	☑	☑
■スライドショーの記録のオプションを設定できる。	➡Lesson13	☑	☑	☑
■発表者ツールを使って、スライドショーを実行できる。	➡Lesson14 ➡Lesson15	☑	☑	☑

1-3-1 目的別スライドショーを作成する

■目的別スライドショー

「目的別スライドショー」とは、既存のプレゼンテーションをもとに、目的に合わせて必要なスライドだけを選択したり、スライドの順序を入れ替えたりして独自のスライドショーを実行できる機能です。発表時間や出席者などに合わせて、スライドショーのパターンをいくつか用意する場合に便利です。

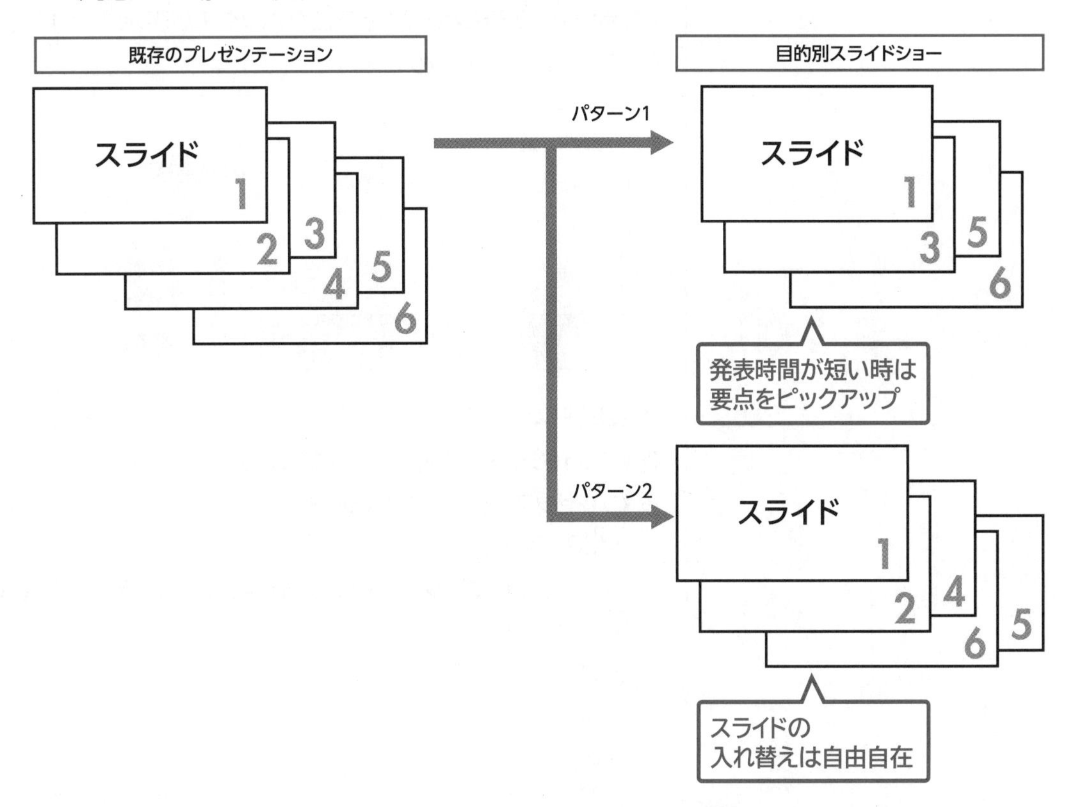

2019 365 ◆《スライドショー》タブ→《スライドショーの開始》グループの （目的別スライドショー）

Lesson 10

プレゼンテーション「Lesson10」を開いておきましょう。

次の操作を行いましょう。

(1) スライド1、3、4、6を選択して、「短縮版」という名前の目的別スライドショーを作成してください。

(2) 目的別スライドショー「短縮版」を実行してください。

Lesson 10 Answer

(1)

①《スライドショー》タブ→《スライドショーの開始》グループの（目的別スライドショー）→《目的別スライドショー》をクリックします。

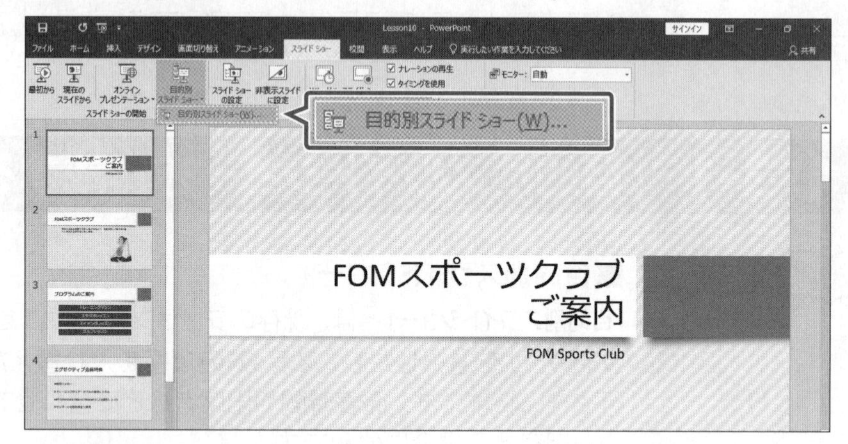

②《目的別スライドショー》ダイアログボックスが表示されます。

③《新規作成》をクリックします。

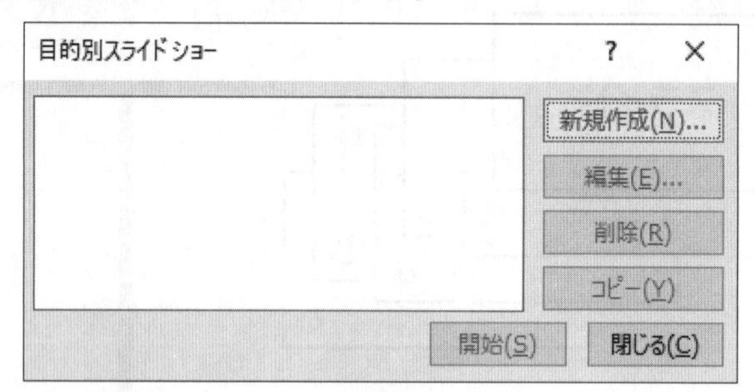

④《目的別スライドショーの定義》ダイアログボックスが表示されます。

⑤《スライドショーの名前》に「**短縮版**」と入力します。

⑥《プレゼンテーション中のスライド》の一覧から「**1. FOMスポーツクラブ ご案内**」を☑にします。

⑦同様に、「**3. プログラムのご案内**」「**4. エグゼクティブ会員特典**」「**6. 店舗一覧**」を☑にします。

⑧《追加》をクリックします。

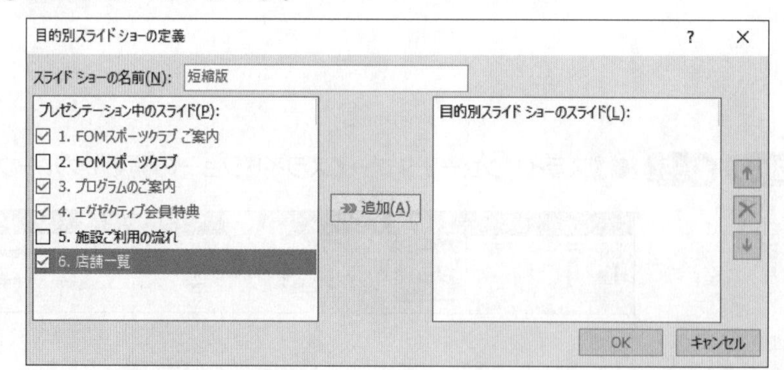

⑨《目的別スライドショーのスライド》に選択したスライドが表示されます。
※スライド番号は自動的に振り直されます。
⑩《OK》をクリックします。

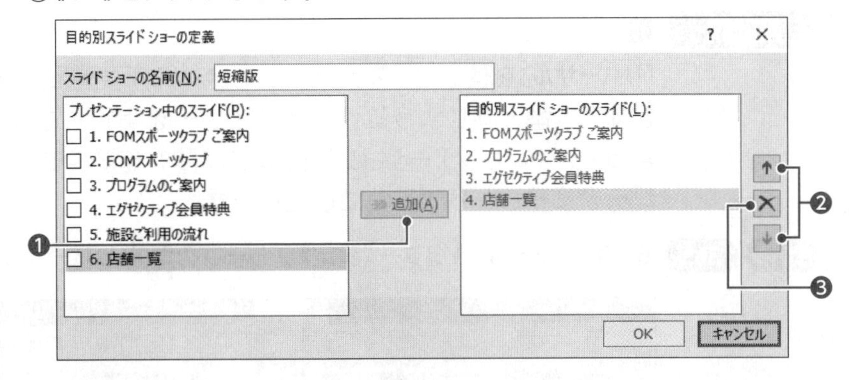

⑪《目的別スライドショー》ダイアログボックスに戻ります。
⑫一覧に**「短縮版」**が作成されていることを確認します。
⑬《閉じる》をクリックします。

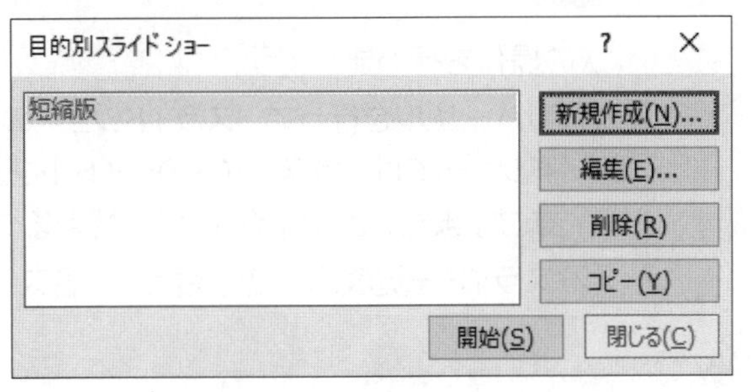

⑭目的別スライドショーが作成されます。

(2)

①《スライドショー》タブ→《スライドショーの開始》グループの（目的別スライドショー）→**「短縮版」**をクリックします。

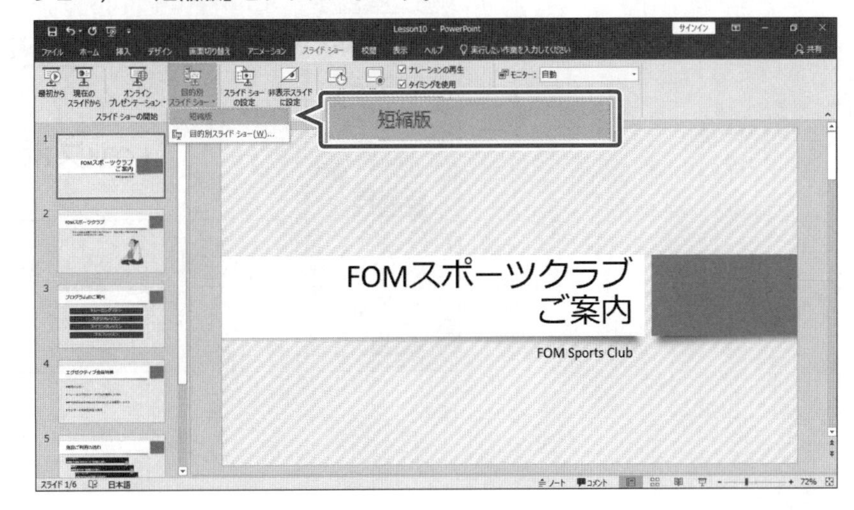

②目的別スライドショーが実行され、スライド1が画面全体に表示されます。
③クリックします。
④次のスライドが表示されます。
⑤スライドショーを最後まで実行します。

Point

《目的別スライドショーの定義》

❶追加
目的別のスライドショーにスライドを追加します。

❷ ↑（上へ）／ ↓（下）
目的別スライドショーのスライドの順番を入れ替えます。

❸ ×（削除）
目的別スライドショーからスライドを削除します。

その他の方法

目的別スライドショーの実行

2019 365

◆《スライドショー》タブ→《スライドショーの開始》グループの（目的別スライドショー）→《目的別スライドショー》→一覧から選択→《開始》

Point

目的別スライドショーの削除

2019 365

◆《スライドショー》タブ→《スライドショーの開始》グループの（目的別スライドショー）→《目的別スライドショー》→一覧から選択→《削除》

1-3-2 スライドショーのリハーサル機能を使用する

解説 ■リハーサル

「リハーサル」を使うと、スライドショー全体の所要時間や各スライドの再生時間を記録できます。本番と同じように、スライドショーを実行しながらシナリオを読み上げることによって、プレゼンテーションに必要な時間を確認できます。発表内容を増減したり時間配分を調整したりするのに役立ちます。

2019 365 ◆《スライドショー》タブ→《設定》グループの (リハーサル)

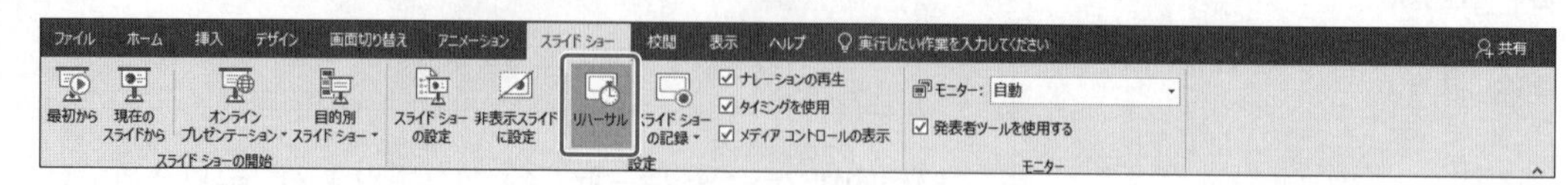

Lesson11

プレゼンテーション「Lesson11」を開いておきましょう。

次の操作を行いましょう。

(1) リハーサルを行って、スライドショーの所要時間を確認してください。スライドショーでは、各スライドのタイトルを読み上げて、次のスライドに切り替えます。また、各スライドに切り替えるタイミングを保存します。

(2) スライド一覧表示に切り替えて、各スライドの再生時間を確認してください。

Lesson 11 Answer

(1)

①**《スライドショー》**タブ→**《設定》**グループの (リハーサル)をクリックします。

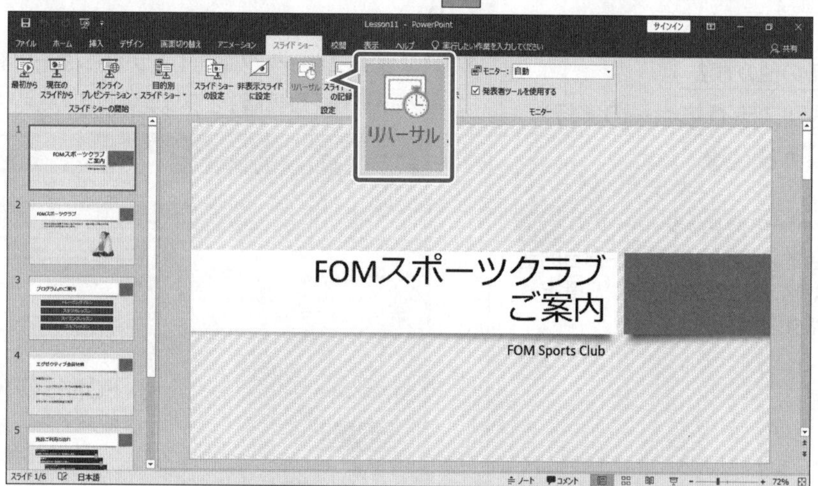

Point

《記録中》ツールバー

リハーサル中は、《記録中》ツールバーが表示されます。

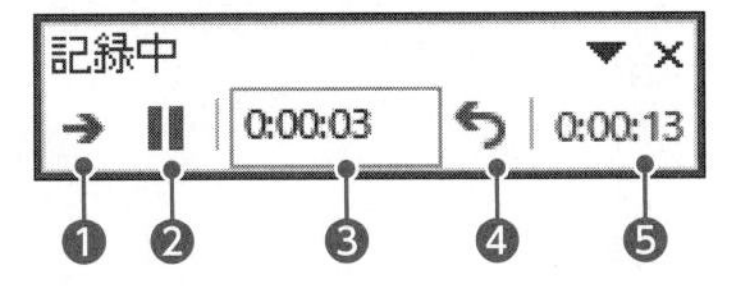

❶次へ
次のスライドに切り替えます。

❷記録の一時停止
リハーサル中に時間のカウントを一時的に停止します。

❸スライド表示時間
現在のスライドが表示されている時間をカウントします。

❹繰り返し
スライド表示時間をリセットし、再度カウントし直します。

❺所要時間
リハーサル全体の所要時間が表示されます。

②リハーサルが開始され、画面の左上に**《記録中》**ツールバーが表示されます。

③スライド1のタイトルを読み上げて、クリックします。

④各スライドのタイトルを読み上げながら、スライドショーを最後まで実行します。

⑤スライドショーが終了すると、メッセージが表示されます。

⑥所要時間を確認し、**《はい》**をクリックします。

⑦リハーサルが終了します。

(2)

①ステータスバーの［スライド一覧ボタン］(スライド一覧)をクリックします。

②スライド一覧表示に切り替わります。

③スライド右下の再生時間を確認します。

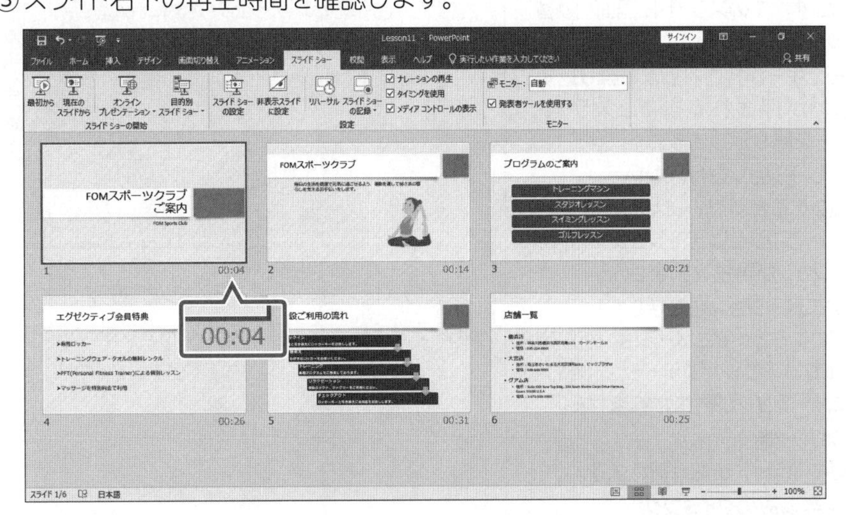

※スライドショーを実行し、記録した再生時間でスライドが自動的に切り替わることを確認しておきましょう。

Point

記録した再生時間の編集

2019 365

◆《画面切り替え》タブ→《タイミング》グループの《自動的に切り替え》/《自動》の時間を編集

※画面切り替え効果のタイミングについては、P.239を参照してください。

Point

記録した再生時間のクリア

2019 365

◆《スライドショー》タブ→《設定》グループの［スライドショーの記録］(現在のスライドから記録)の［スライドショーの記録▼］→《クリア》→《現在のスライドのタイミングをクリア》/《すべてのスライドのタイミングをクリア》

1-3-3 スライドショーのオプションを設定する

解説 ■スライドショーのオプションの設定

スライドショーのオプションを使うと、スライドショーを繰り返し実行したり、アニメーションを無効にしたりなど、スライドショーの再生方法を変更できます。

※アニメーションについては、P.227を参照してください。

2019 365 ◆《スライドショー》タブ→《設定》グループの  (スライドショーの設定)

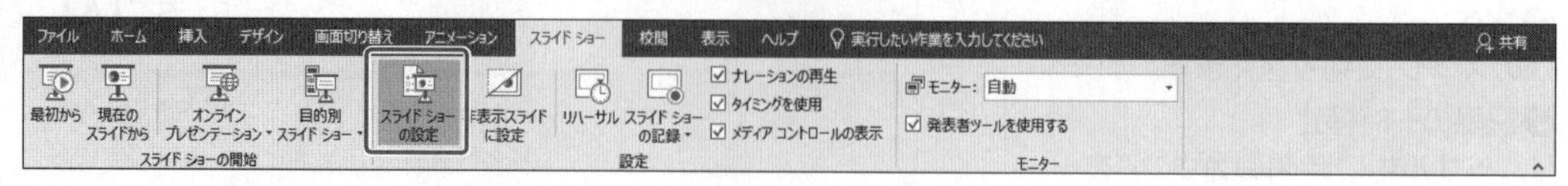

Lesson 12

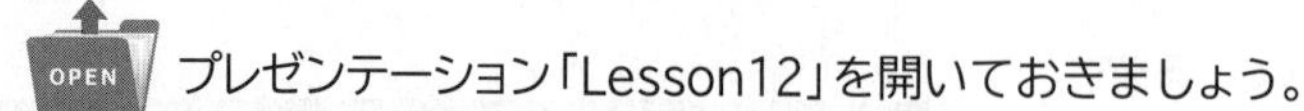

プレゼンテーション「Lesson12」を開いておきましょう。

Hint

プレゼンテーション「Lesson12」には、あらかじめ画面切り替えのタイミングとアニメーションが設定されています。

次の操作を行いましょう。

(1) スライドショーが繰り返し実行されるように、自動プレゼンテーションとして設定してください。

Lesson 12 Answer

Point

《スライドショーの設定》

❶発表者として使用する(フルスクリーン表示)
画面全体にスライドショーが実行されます。

❷出席者として閲覧する(ウィンドウ表示)
PowerPointのウィンドウ内でスライドショーが実行されます。

❸自動プレゼンテーション(フルスクリーン表示)
Escが押されるまで、スライドショーが自動的に繰り返し実行されます。
自動プレゼンテーションを有効にするには、すべてのスライドに画面切り替えのタイミングを設定しておきます。

❹Escキーが押されるまで繰り返す
Escが押されるまで、スライドショーを繰り返します。

❺ナレーションを付けない
☑にすると、ナレーションが挿入されているプレゼンテーションでも、ナレーションが再生されません。

❻アニメーションを表示しない
☑にすると、アニメーションが設定されているプレゼンテーションでも、アニメーションが再生されません。

❼クリック時
手動でスライドを切り替えます。

❽保存済みのタイミング
設定されている画面切り替えのタイミングでスライドを切り替えます。

(1)

①**《スライドショー》**タブ→**《設定》**グループの  (スライドショーの設定)をクリックします。

②**《スライドショーの設定》**ダイアログボックスが表示されます。

③**《種類》**の**《自動プレゼンテーション(フルスクリーン表示)》**を◉にします。

④**《OK》**をクリックします。

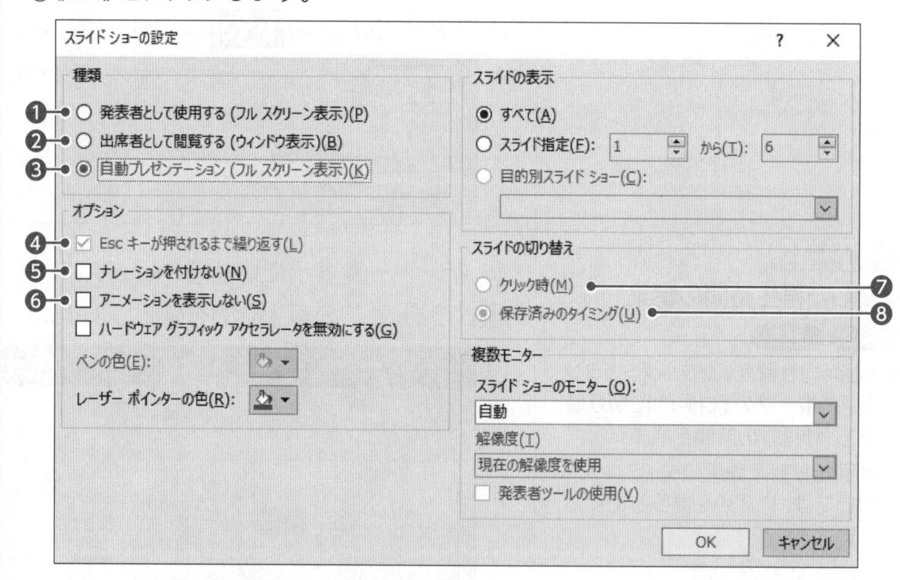

⑤スライドショーのオプションが設定されます。

※スライドショーを実行して、スライドショーが繰り返し実行されることを確認しておきましょう。

1-3-4 スライドショーの記録のオプションを設定する

解説

■スライドショーの記録

「スライドショーの記録」は、プレゼンテーションのスライドの切り替えやアニメーションのタイミング、ナレーション、ペンを使った書き込みなどを含めてプレゼンテーションを保存することができる機能です。パソコン内蔵や外付けのWebカメラを使って発表者の様子も録画できます。

2019 365 ◆《スライドショー》タブ→《設定》グループの （現在のスライドから記録）

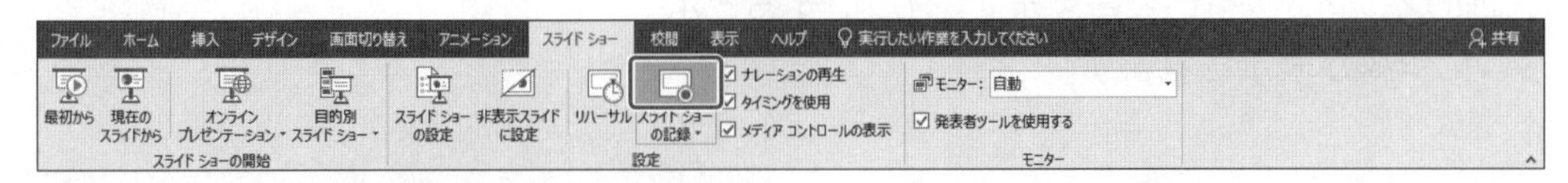

■スライドショーの記録画面の構成

スライドショーの記録画面の各部の名称と役割は、次のとおりです。

❶ （記録を開始）
3秒のカウントダウン後、録画を開始します。
※クリックすると が （記録を一時停止します）に変わります。

❷ （記録を停止します）
録画を終了します。

❸ （プレビューを開始します）
記録した録画を再生します。
※クリックすると が （プレビューを一時停止します）に変わります。

❹ ノート（スライドのノートの表示/非表示）
ノートの表示／非表示を切り替えます。

❺ クリア（既存の記録をクリアします）
記録した内容を削除します。

❻ （前のスライドに戻る）
前のスライドを表示します。

❼ （次のスライドを表示）
次のスライドを表示します。

❽スライド番号/全スライド枚数
表示中のスライドのスライド番号とすべてのスライドの枚数が表示されます。

❾現在のスライドの経過時間/全スライドの時間
表示中のスライドの経過時間とすべてのスライドの時間が表示されます。

❿ （消しゴム）
書き込んだペンや蛍光ペンの内容を削除します。

⑪ （ペン）
ペンを使って、スライドに書き込みできます。

⑫ （蛍光ペン）
蛍光ペンを使って、スライドに書き込みできます。

⑬ （マイクをオンにする/マイクをオフにする）
録音のオン／オフを切り替えます。オフにするとボタンに斜線が表示されます。

⑭ （カメラを有効にする/カメラを無効にする）
録画のオン／オフを切り替えます。オフにするとボタンに斜線が表示されます。

⑮ （カメラのプレビューをオンにする/オフにする）
カメラのプレビュー画面の表示／非表示を切り替えます。オフにするとボタンに斜線が表示されます。

⑯ カメラのプレビュー
現在、録画しているカメラの内容が表示されます。録画中は、左上に赤い●が表示されます。

Lesson 13

プレゼンテーション「Lesson13」を開いておきましょう。

次の操作を行いましょう。

(1) スライド1からスライドショーを記録し、スライド3の「トレーニングマシン」を蛍光ペンで強調してください。

Lesson 13 Answer

(1)

①スライド1を選択します。

②**《スライドショー》**タブ→**《設定》**グループの （現在のスライドから記録）をクリックします。

③スライドショーの記録画面が表示されます。

④ （記録を開始）をクリックします。

⑤3秒のカウントダウンの後、記録が開始されます。

⑥ (次のアニメーションまたはスライドに進む)をクリックします。

⑦スライド2が表示されます。

⑧ (次のアニメーションまたはスライドに進む)をクリックします。

⑨スライド3が表示されます。

⑩ (蛍光ペン)をクリックします。

※マウスポインターの形が に変わります。

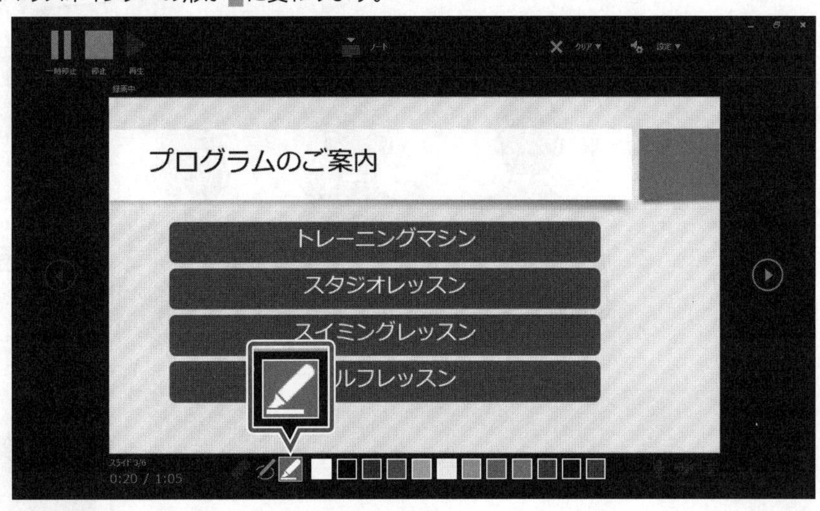

⑪**「トレーニングマシン」**の文字をドラッグします。

⑫ Esc を押して、蛍光ペンを解除します。

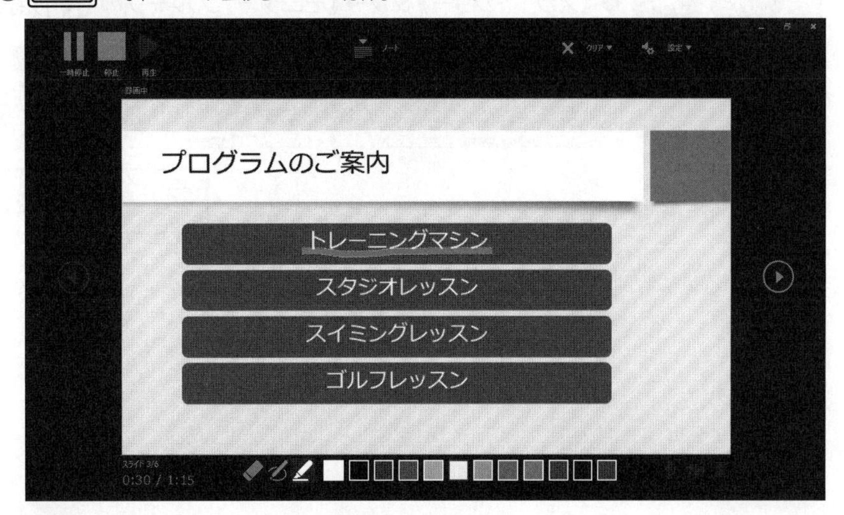

⑬ (次のアニメーションまたはスライドに進む)をクリックして、最後のスライドまで進めます。

1-3-5 発表者ツールを使用してスライドショーを発表する

解説

■発表者ツールの使用

「発表者ツール」とは、スライドショー中に発表者だけに表示される画面のことです。パソコンにプロジェクターや外付けモニターを接続して、プレゼンテーションを実施するような場合に使用します。

発表者ツールを使うと、ノートペインの補足説明やスライドショーの経過時間などを、出席者には見せずに、発表者だけが確認できる状態になります。出席者が見るプロジェクターには通常のスライドショーが表示され、発表者が見るパソコンのディスプレイには発表者ツールが表示されるという仕組みです。

2019 365 ◆《スライドショー》タブ→《モニター》グループの《☑発表者ツールを使用する》

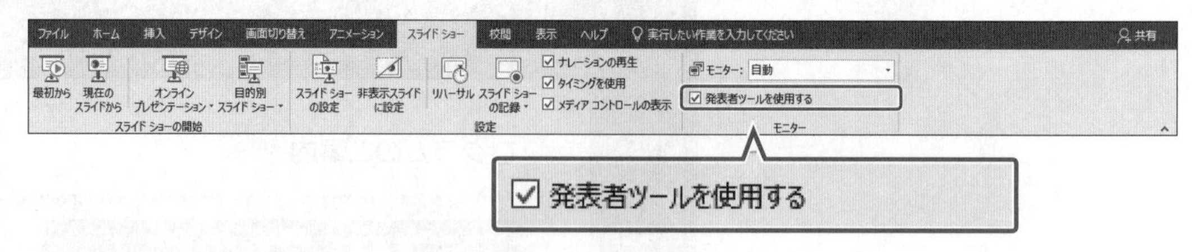

■発表者ツールの画面構成

発表者ツールの各部の名称と役割は、次のとおりです。

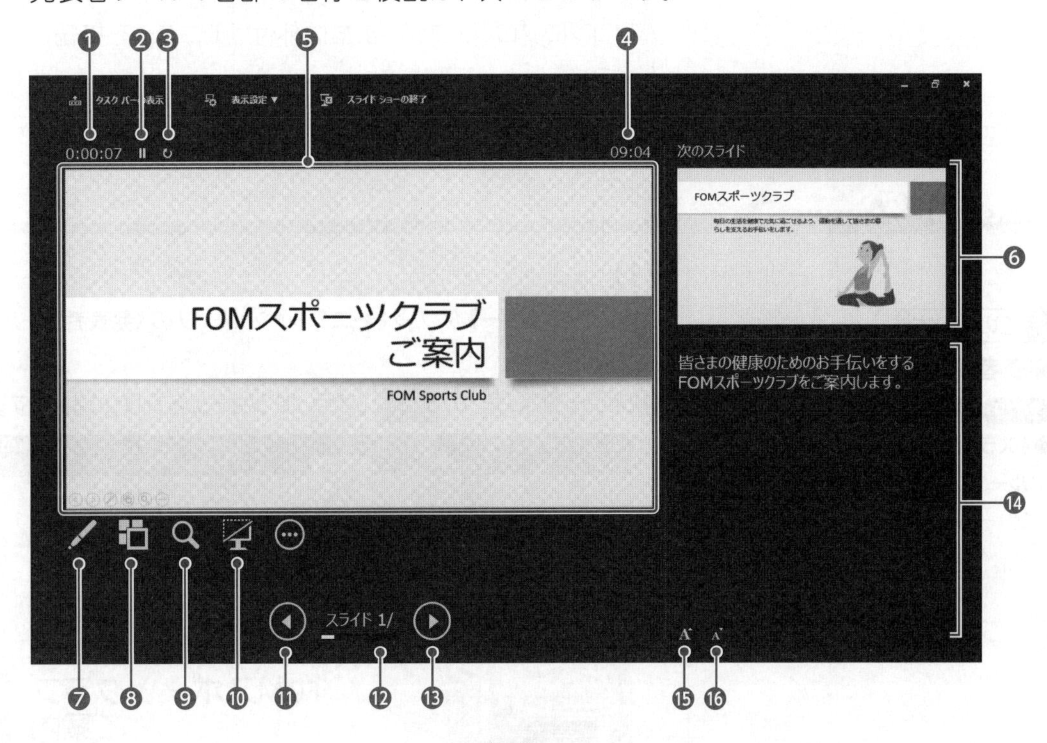

❶タイマー
スライドショーの経過時間が表示されます。

❷ Ⅱ（タイマーを停止します）
タイマーのカウントを一時的に停止します。クリックすると、▶（タイマーを再開します）に変わります。
※▶（タイマーを再開します）をクリックすると、タイマーのカウントが再開されます。

❸ ↻（タイマーを再スタートします）
タイマーをリセットして、「**0:00:00**」に戻します。

❹現在の時刻
現在の時刻が表示されます。

❺現在のスライド
現在、表示中のスライドです。

❻次のスライド
次に表示されるスライドです。

❼ （ペンとレーザーポインターツール）
ペンや蛍光ペンを使って、スライドに書き込みできます。

❽ （すべてのスライドを表示します）
すべてのスライドを一覧で表示します。

❾ （スライドを拡大します）
スライドの一部を拡大して表示します。

❿ （スライドショーをカットアウト/カットイン（ブラック）します）
画面を黒くして、表示中のスライドを一時的に非表示にします。

⓫ （前のアニメーションまたはスライドに戻る）
前のアニメーションを再生するか、前のスライドに切り替えます。

⓬スライド番号
表示中のスライド番号が表示されます。
クリックすると、すべてのスライドが一覧で表示されます。

⓭ （次のアニメーションまたはスライドに進む）
次のアニメーションを再生するか、次のスライドに切り替えます。

⓮ノート
ノートペインに入力した内容が表示されます。

⓯ （テキストを拡大します）
ノートの文字を拡大します。

⓰ （テキストを縮小します）
ノートの文字を縮小します。

Lesson 14

プレゼンテーション「Lesson14」を開いておきましょう。

パソコンにプロジェクターまたは外付けモニターを接続して、次の操作を行いましょう。

(1)発表者ツールを使って、スライドショーを実行してください。

※環境がない場合は操作できません。操作手順を確認しておきましょう。

Lesson 14 Answer

その他の方法

発表者ツールの使用

2019 365

◆《スライドショー》タブ→《設定》グループの（スライドショーの設定）→《☑発表者ツールの使用》

(1)

①**《スライドショー》**タブ→**《モニター》**グループの**《発表者ツールを使用する》**を☑にします。

②ステータスバーの（スライドショー）をクリックします。

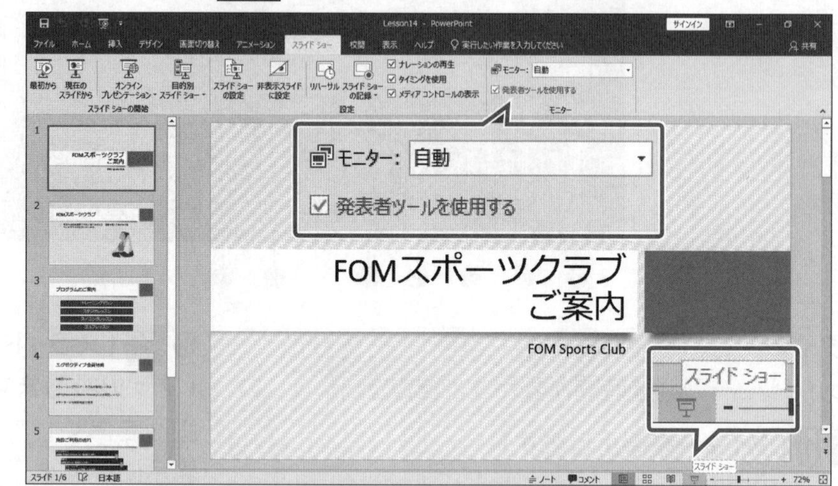

③発表者ツールが表示されます。

④（次のアニメーションまたはスライドに進む）をクリックします。

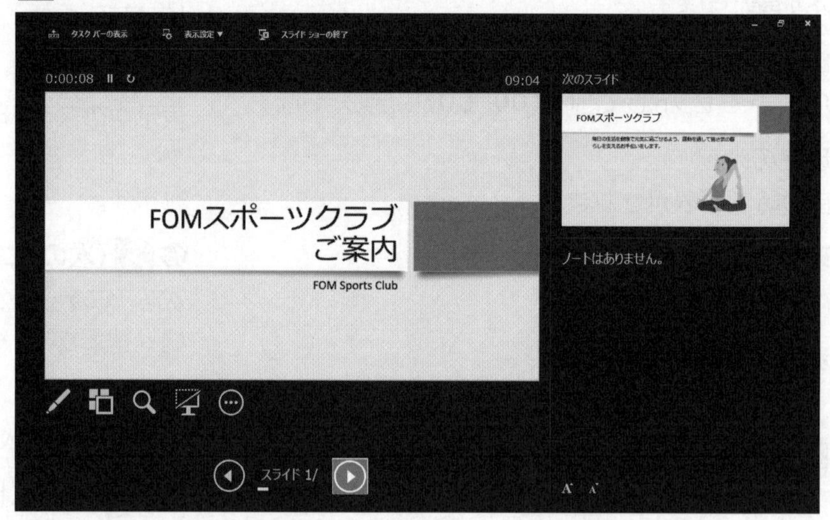

⑤次のスライドが表示されます。

⑥スライドショーを最後まで実行します。

出題範囲1 プレゼンテーションの管理

Lesson 15

プレゼンテーション「Lesson15」を開いておきましょう。

プロジェクターまたは外付けモニターがない環境で、発表者ツールを表示するには、スライドショー中にスライドを右クリック→《発表者ツールを表示》をクリックします。これは、本番前に練習するときの使い方です。

パソコンにプロジェクターまたは外付けモニターが接続されていない状態で、次の操作を行いましょう。

(1) 発表者ツールを表示してください。

(2) すべてのスライドを一覧で表示し、最後のスライドに移動してください。

(3) 最後のスライドの「横浜店」をペンで囲んでください。

(4) 発表者ツールを閉じてください。ペンで書き込んだ内容は破棄します。

Lesson 15 Answer

(1)

①ステータスバーの（スライドショー）をクリックします。

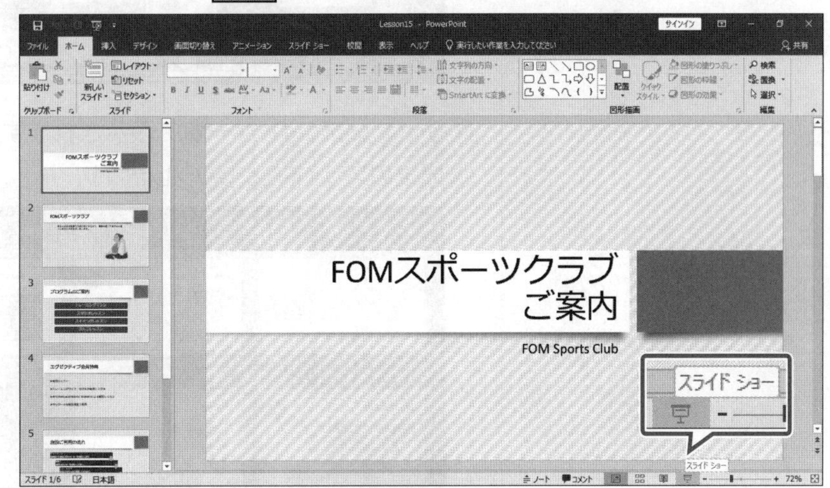

②スライドショーが実行され、スライド1が画面全体に表示されます。

③スライドを右クリックします。

④**《発表者ツールを表示》**をクリックします。

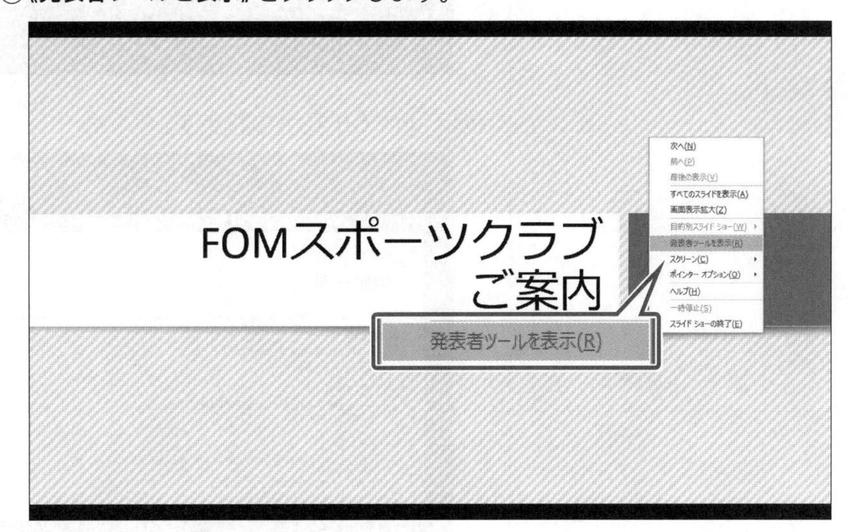

⑤発表者ツールが表示されます。

その他の方法

すべてのスライドを表示

2019 365

◆スライドを右クリック→《すべてのスライドを表示》
◆スライド番号をクリック

(2)

①（すべてのスライドを表示します）をクリックします。

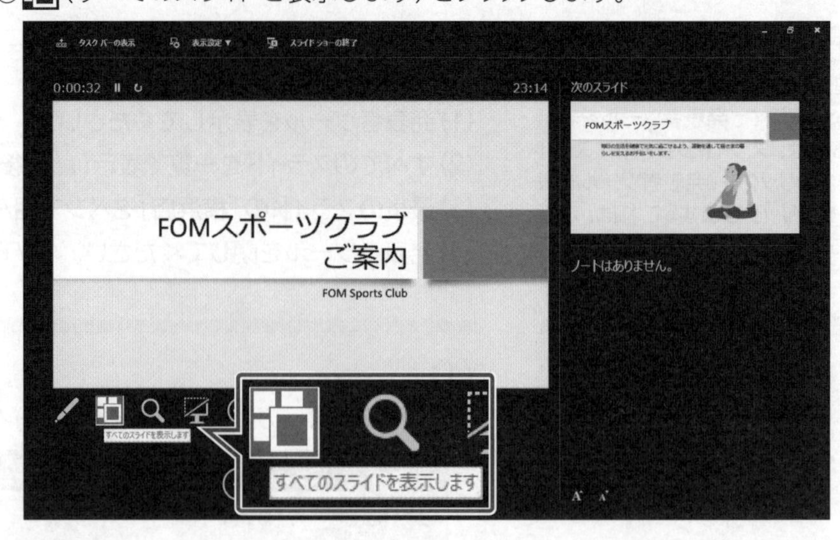

②すべてのスライドが一覧で表示されます。

③最後のスライドをクリックします。

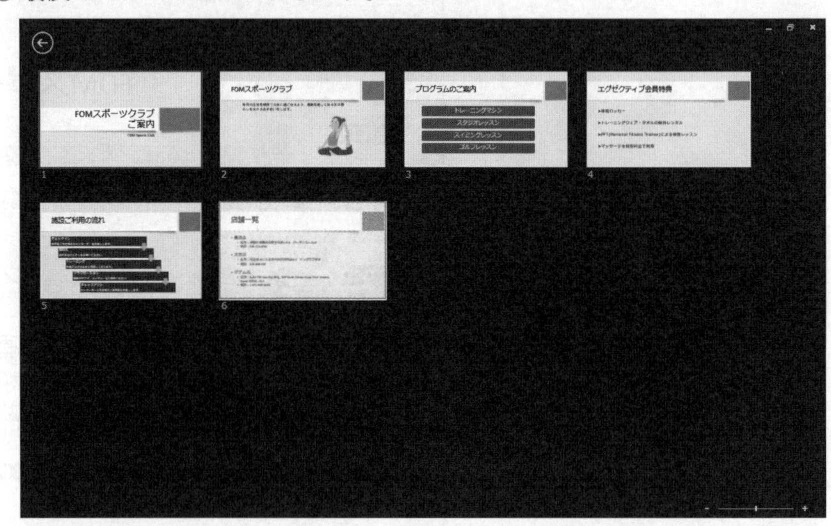

④スライド6が表示されます。

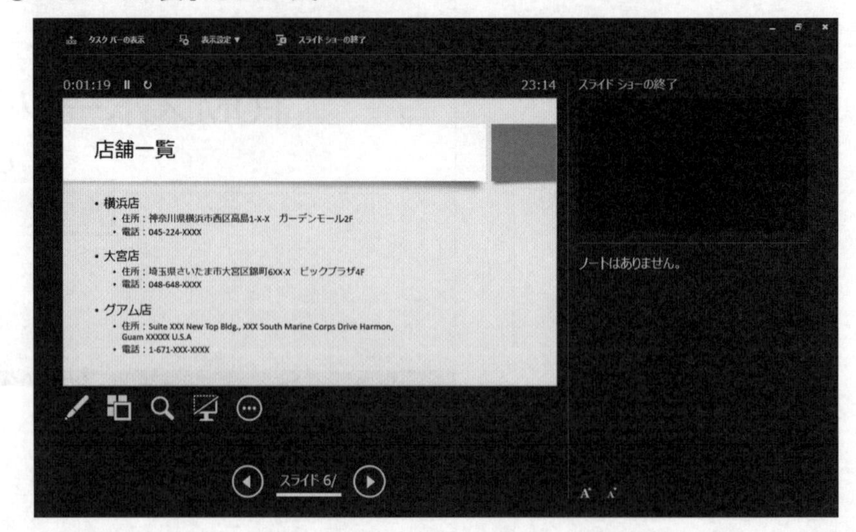

その他の方法

ペンの利用

2019 365

◆スライドを右クリック→《ポインターオプション》→《ペン》

(3)

①（ペンとレーザーポインターツール）をクリックします。

②**《ペン》**をクリックします。

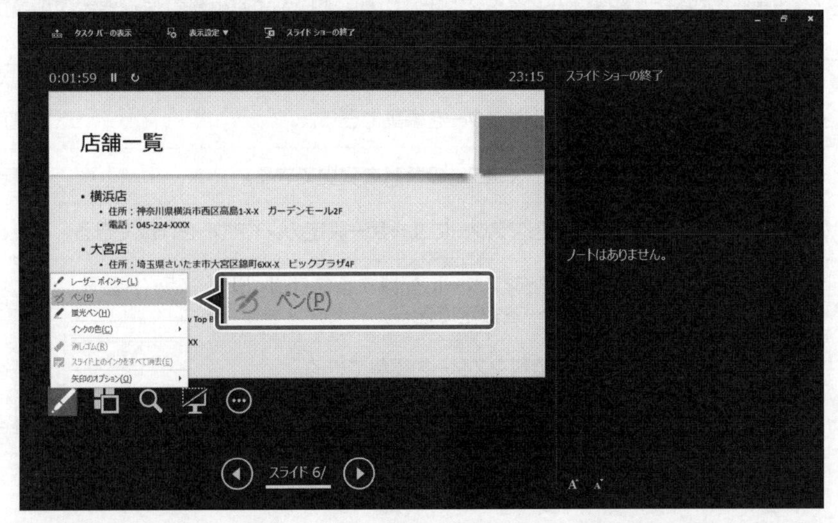

③**「横浜店」**の周囲をドラッグします。

※マウスポインターの形が・に変わります。

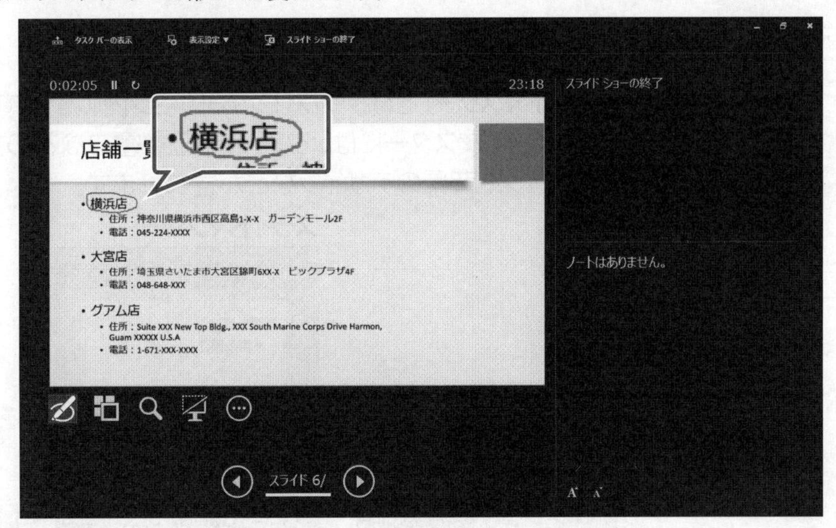

④ Esc を押して、ペンを解除します。

※マウスポインターの形が に戻ります。

(4)

①（閉じる）をクリックします。

②メッセージを確認し、**《破棄》**をクリックします。

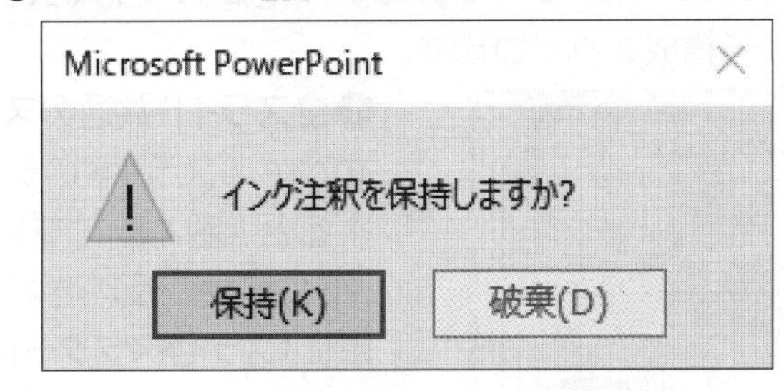

③発表者ツールが閉じられ、標準表示に戻ります。

1-4 スライド、配布資料、ノートのマスターを変更する

理解度チェック

習得すべき機能	参照Lesson	学習前	学習後	試験直前
■スライドマスターを編集できる。	➡Lesson16	☑	☑	☑
■スライドマスターの背景を変更できる。	➡Lesson17	☑	☑	☑
■スライドマスターにユーザー設定のレイアウトを作成できる。	➡Lesson18	☑	☑	☑
■スライドマスターに配置するタイトル、日付、スライド番号、フッターを設定できる。	➡Lesson19	☑	☑	☑
■配布資料マスターを編集できる。	➡Lesson20	☑	☑	☑
■ノートマスターを編集できる。	➡Lesson21	☑	☑	☑

1-4-1 スライドのレイアウトを変更する

解説

■スライドマスター

「スライドマスター」とは、プレゼンテーション内のすべてのスライドのもとになるデザインです。スライドマスターには、タイトルや箇条書きなどの文字の書式、プレースホルダーの位置やサイズ、背景のデザインなどが含まれます。

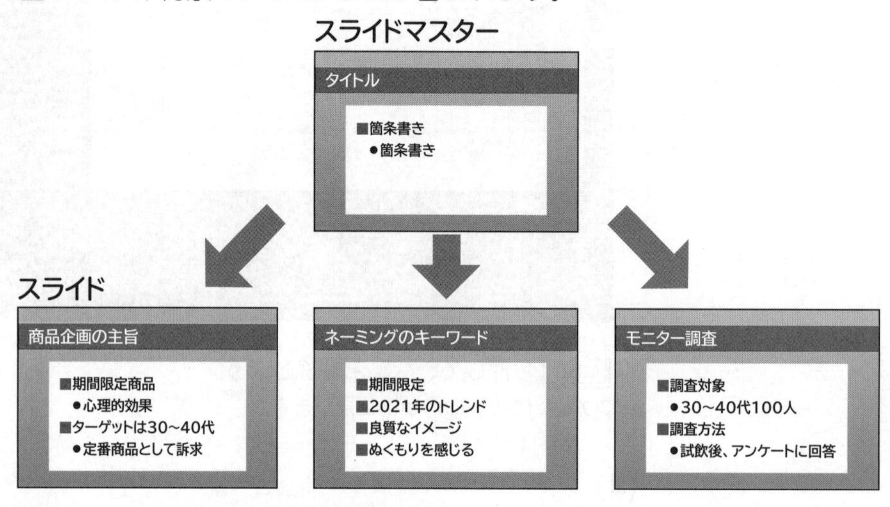

■スライドマスターの構成要素

スライドマスターは、すべてのスライドを管理するマスターと、レイアウトごとに管理するマスターから構成されています。

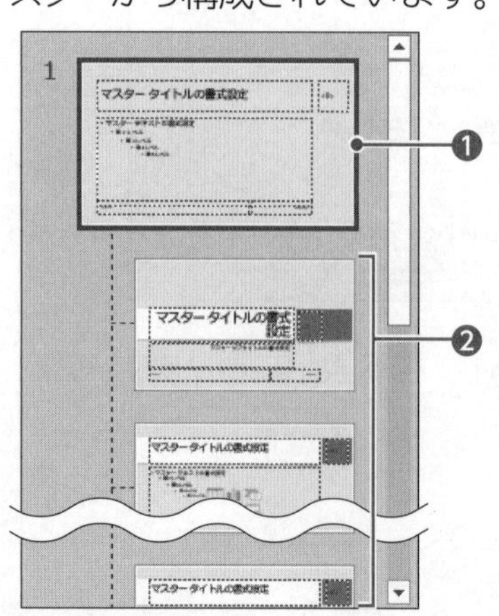

❶全スライド共通のスライドマスター

すべてのスライドのデザインを管理します。これを編集すると、基本的にプレゼンテーション内のすべてのスライドに変更が反映されます。

単に**「スライドマスター」**と呼ぶこともあります。

❷各レイアウトのスライドマスター

スライドのレイアウトごとにデザインを管理します。

これを編集すると、そのレイアウトが適用されているスライドだけに変更が反映されます。

単に**「レイアウト」**と呼ぶこともあります。

■スライドマスターの編集

すべてのスライドで共通してタイトルのフォントサイズを変更したい場合や、すべてのスライドに会社のロゴを挿入したい場合に、スライドを1枚ずつ修正していると時間がかかってしまいます。このようなとき、スライドマスターを編集すれば、すべてのスライドのデザインを一括して変更できます。

❶ スライドマスター表示に切り替える

スライドマスター表示に切り替えるには、**《表示》**タブ→**《マスター表示》**グループの（スライドマスター表示）を使います。

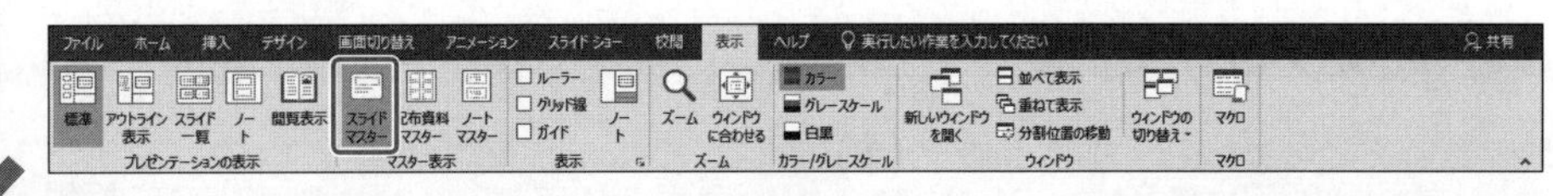

❷ 編集するスライドマスターを選択する

サムネイル（縮小版）の一覧から編集するスライドマスターを選択します。

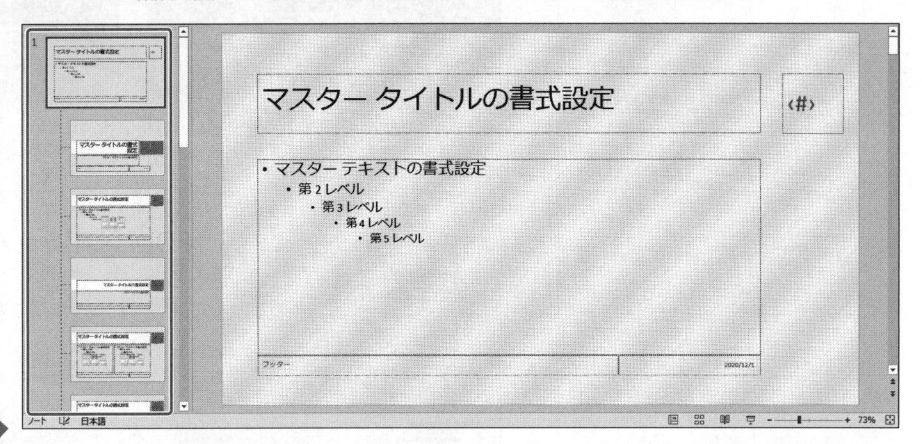

❸ スライドマスターを編集する

スライドマスター上の**「マスタータイトルの書式設定」**や**「マスターテキストの書式設定」**などを選択して書式を設定します。また、プレースホルダーの位置やサイズを変更したり、図形や画像を挿入したりします。

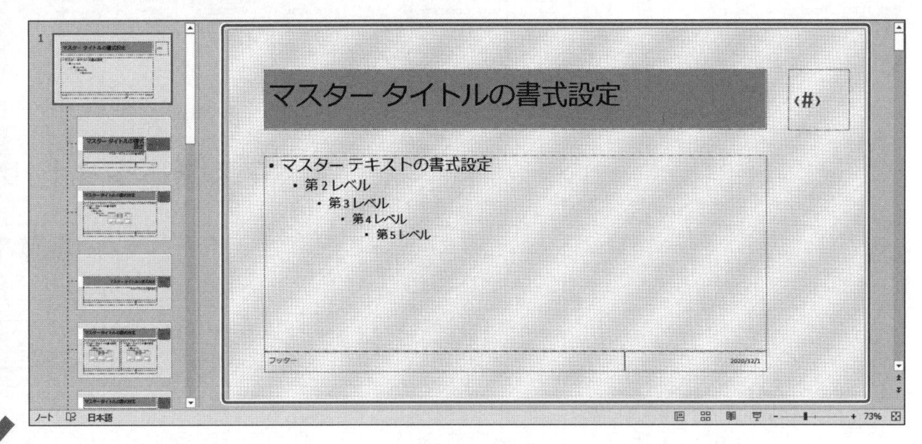

❹ スライドマスター表示を閉じる

スライドマスター表示を閉じるには、**《スライドマスター》**タブ→**《閉じる》**グループの（マスター表示を閉じる）を使います。

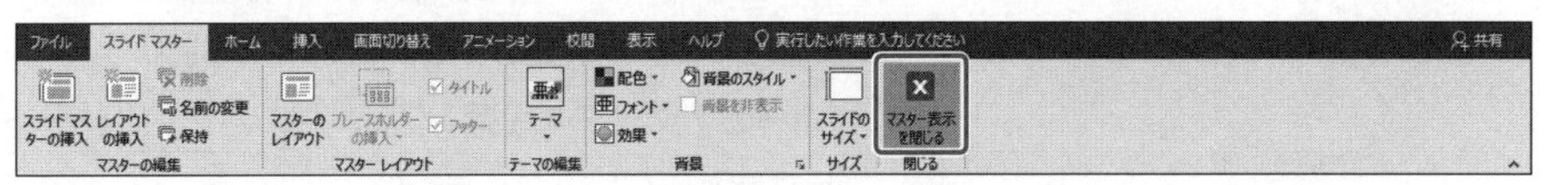

Lesson 16

プレゼンテーション「Lesson16」を開いておきましょう。

次の操作を行いましょう。

(1) スライドマスター表示に切り替えてください。

(2) スライドマスターのマスターテキストの第1レベルに、「塗りつぶし四角の行頭文字」を設定してください。

(3)「2つのコンテンツ」レイアウトに配置されているコンテンツのプレースホルダーを「濃い青、アクセント3」で塗りつぶしてください。

(4) スライドマスター表示を閉じてください。

Lesson 16 Answer

(1)

①**《表示》**タブ→**《マスター表示》**グループの（スライドマスター表示）をクリックします。

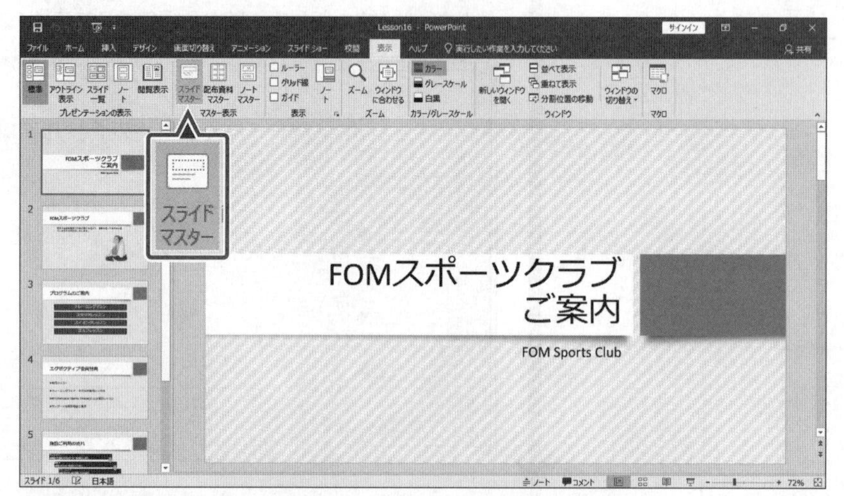

②スライドマスター表示に切り替わります。

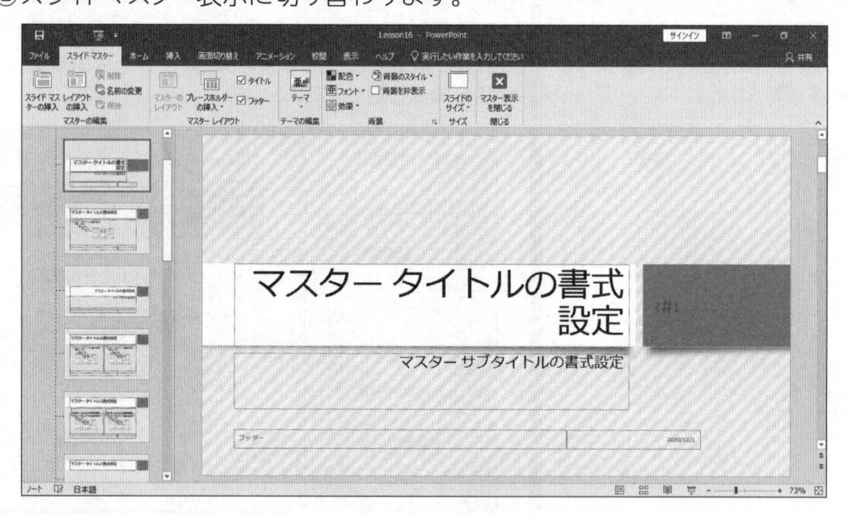

(2)

①サムネイルの一覧から**《ベルリン　スライドマスター：スライド1-6で使用される》**（上から1番目）を選択します。

②**《マスターテキストの書式設定》**の段落にカーソルを移動します。

※段落内であれば、どこでもかまいません。

③**《ホーム》**タブ→**《段落》**グループの（箇条書き）の→**《塗りつぶし四角の行頭文字》**をクリックします。

④マスターテキストの書式が設定されます。

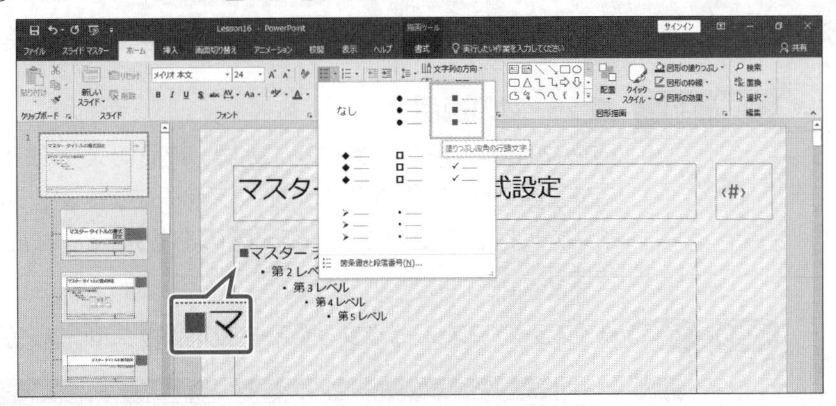

(3)

①サムネイルの一覧から**《2つのコンテンツ レイアウト：スライド6で使用される》**（上から5番目）を選択します。

②1つ目のコンテンツのプレースホルダーを選択します。

③ Shift を押しながら、2つ目のコンテンツのプレースホルダーを選択します。

※ Shift を使うと、複数のプレースホルダーを選択できます。

④**《書式》**タブ→**《図形のスタイル》**グループの 図形の塗りつぶし （図形の塗りつぶし）→**《テーマの色》**の**《濃い青、アクセント3》**をクリックします。

※お使いの環境によっては、《書式》タブが《図形の書式》タブと表示される場合があります。

⑤プレースホルダーの書式が設定されます。

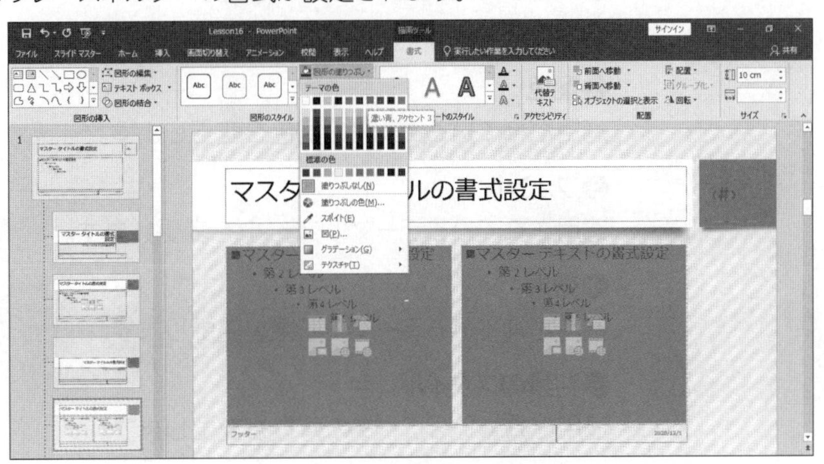

(4)

①**《スライドマスター》**タブ→**《閉じる》**グループの （マスター表示を閉じる）をクリックします。

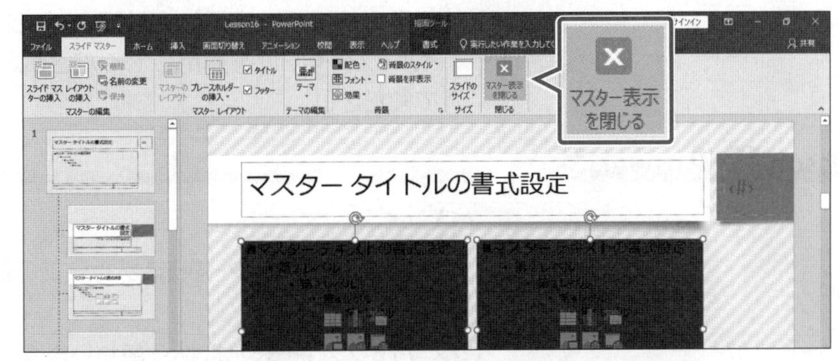

②スライドマスター表示が閉じられ、標準表示に戻ります。

※スライド4とスライド6の箇条書きに行頭文字が設定されていることを確認しておきましょう。

※スライド6の箇条書きのプレースホルダーが塗りつぶされていることを確認しておきましょう。

1-4-2 スライドマスターのテーマや背景を変更する

解説 ■テーマの適用

「テーマ」とは、配色、フォント、効果、背景のスタイルなどのデザインを組み合わせたものです。全スライド共通のスライドマスターにテーマを適用すると、すべてのスライドのデザインが一括して変更され、統一感のある洗練されたプレゼンテーションを簡単に作成できます。

2019 365 ◆《スライドマスター》タブ→《テーマの編集》グループ／《背景》グループ

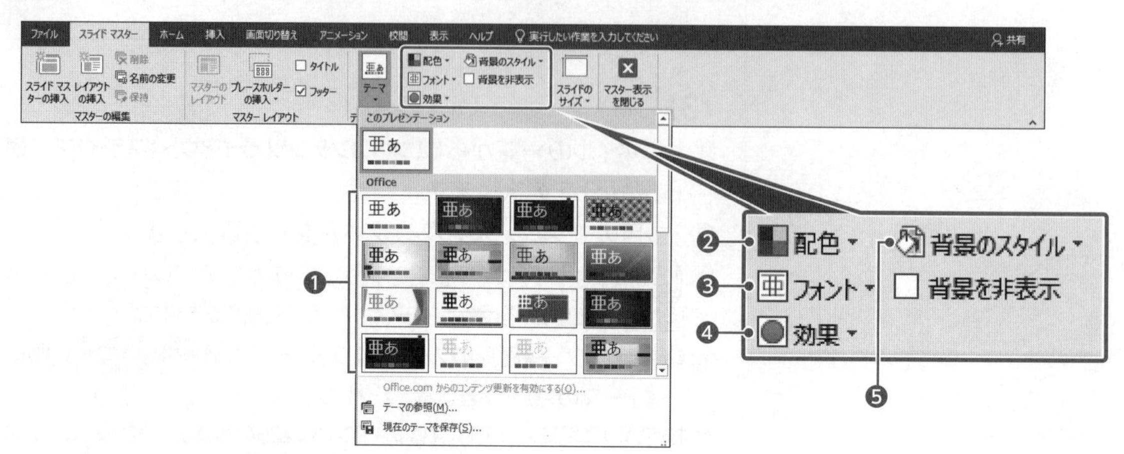

❶バリエーション
適用されているテーマを変更します。

❷配色
適用されているテーマの配色を変更します。

❸フォント
適用されているテーマのフォントを変更します。

❹効果
適用されているテーマの効果を変更します。

❺背景のスタイル
適用されているテーマの背景を変更します。

Lesson 17

プレゼンテーション「Lesson17」を開いておきましょう。

次の操作を行いましょう。

(1) スライドマスター表示に切り替えて、レイアウト「タイトルのみ」に背景のスタイル「スタイル7」を適用してください。設定後、スライドマスター表示を閉じてください。

Lesson 17 Answer

(1)

①**《表示》**タブ→**《マスター表示》**グループの（スライドマスター表示）をクリックします。

②スライドマスター表示に切り替わります。

③サムネイルの一覧から**《タイトルのみ レイアウト：スライド2で使用される》**（上から7番目）を選択します。

④**《スライドマスター》**タブ→**《背景》**グループの［背景のスタイル］（背景のスタイル）→**《スタイル7》**をクリックします。

⑤背景のスタイルが適用されます。

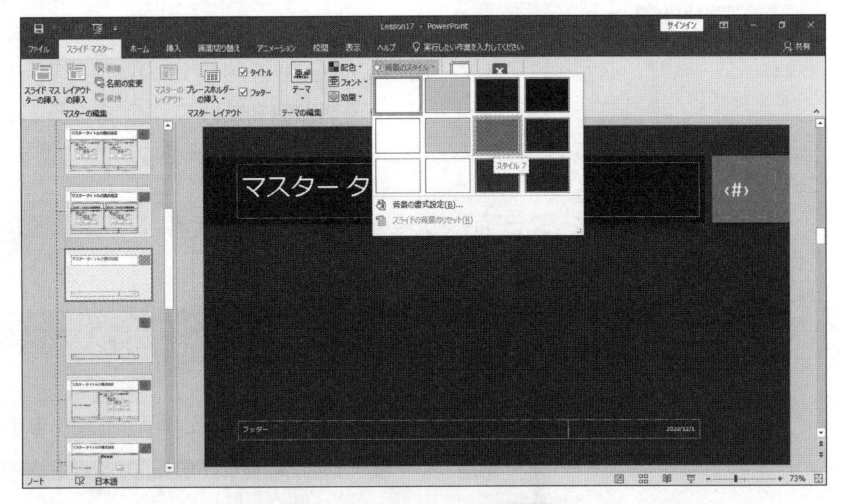

⑥**《スライドマスター》**タブ→**《閉じる》**グループの［マスター表示を閉じる］（マスター表示を閉じる）をクリックします。

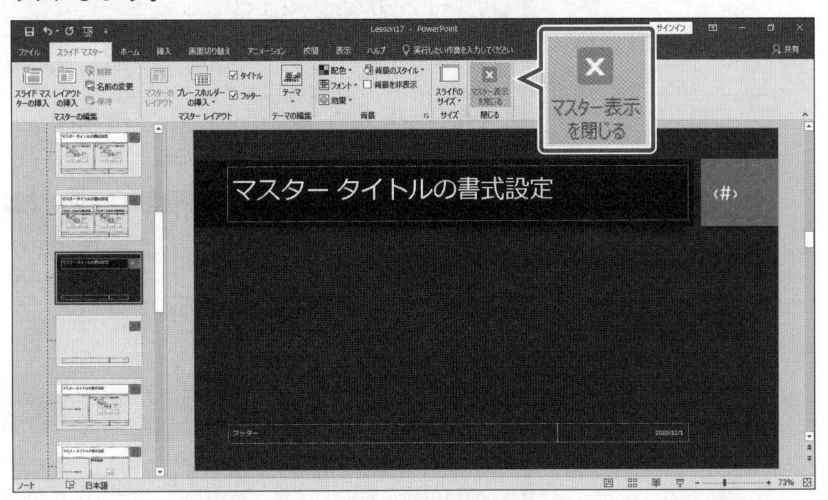

⑦スライドマスター表示が閉じられ、標準表示に戻ります。

※スライド2に、背景のスタイルが適用されていることを確認しておきましょう。

1-4-3 スライドのレイアウトを作成する

解説 ■ユーザー設定のレイアウトの作成

スライドマスターには、あらかじめ既定のレイアウトが用意されていますが、これ以外にユーザーが新しいレイアウトを作成して、追加することができます。
スライドマスターにユーザー設定のレイアウトを作成する手順は、次のとおりです。

❶ スライドマスター表示に切り替える

❷ スライドマスターに新しいレイアウトを挿入する

スライドマスターに新しいレイアウトを挿入するには、**《スライドマスター》**タブ→**《マスターの編集》**グループの（レイアウトの挿入）を使います。

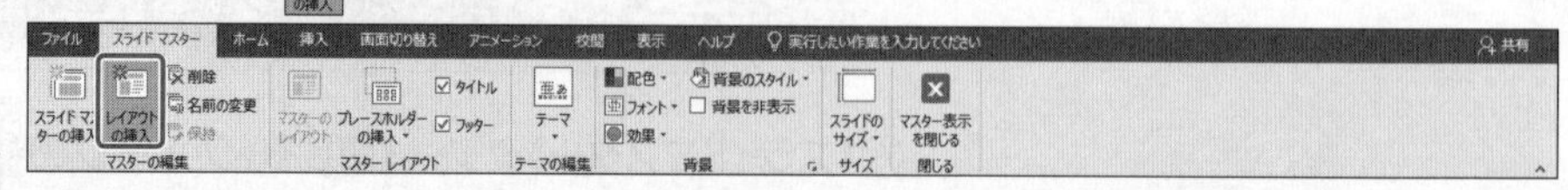

❸ 新しいレイアウトを作成する

新しいレイアウトにプレースホルダーを挿入したり、図形や画像を挿入したりして、オリジナルのレイアウトを作成します。
プレースホルダーを挿入するには、**《スライドマスター》**タブ→**《マスターレイアウト》**グループの プレースホルダーの挿入（コンテンツ）を使います。

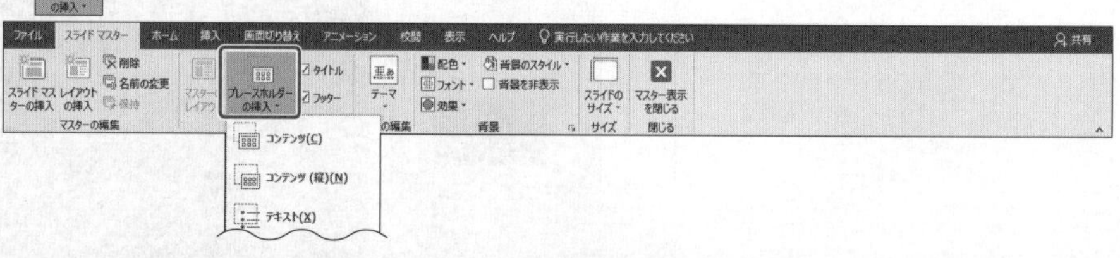

❹ レイアウト名を設定する

スライドマスターに追加したレイアウトには、初期の設定で**「ユーザー設定レイアウト」**という名前が付けられています。適切なレイアウト名を設定します。
レイアウト名を設定するには、**《スライドマスター》**タブ→**《マスターの編集》**グループの 名前の変更（名前の変更）を使います。

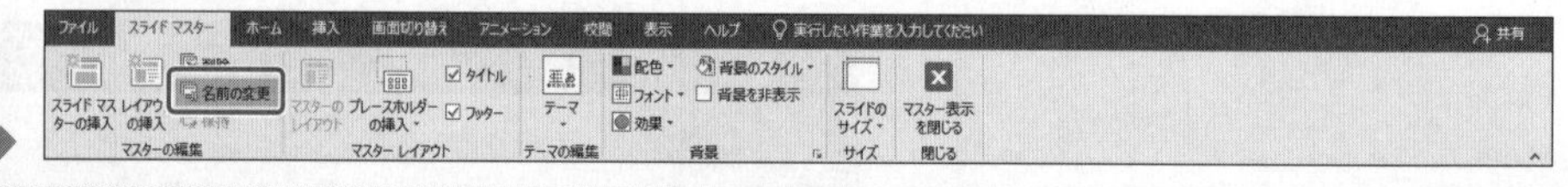

❺ スライドマスター表示を閉じる

Lesson 18

プレゼンテーション「Lesson18」を開いておきましょう。

次の操作を行いましょう。

(1) スライドマスター表示に切り替えて、「タイトルとコンテンツ」レイアウトの後ろに、新しいレイアウトを挿入してください。

(2) 新しいレイアウトに、表とグラフの2つのプレースホルダーを配置してください。位置とサイズは任意とします。

(3) 新しいレイアウトに、「表とグラフ」という名前を付けてください。
次に、スライドマスター表示を閉じてください。

(4) スライド1の後ろに、レイアウト「表とグラフ」のスライドを挿入してください。

Lesson 18 Answer

(1)

①《**表示**》タブ→《**マスター表示**》グループの（スライドマスター表示）をクリックします。

②スライドマスター表示に切り替わります。

③サムネイルの一覧から《**タイトルとコンテンツ レイアウト：スライド3-5で使用される**》（上から3番目）を選択します。

④《**スライドマスター**》タブ→《**マスターの編集**》グループの（レイアウトの挿入）をクリックします。

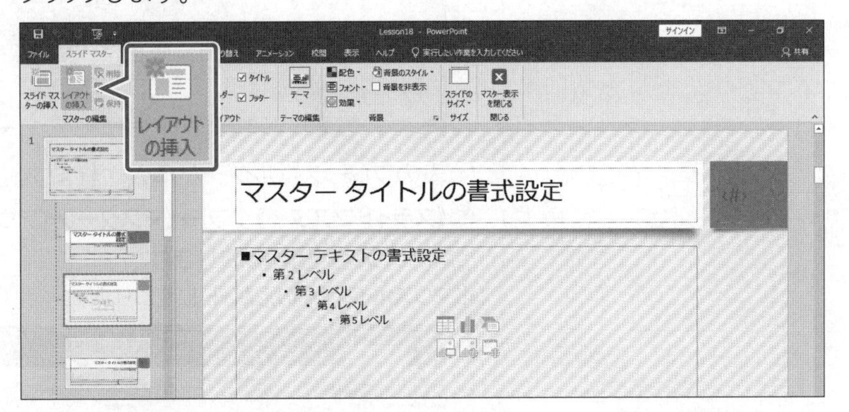

⑤「**タイトルとコンテンツ**」レイアウトの後ろに、新しいレイアウトが挿入されます。

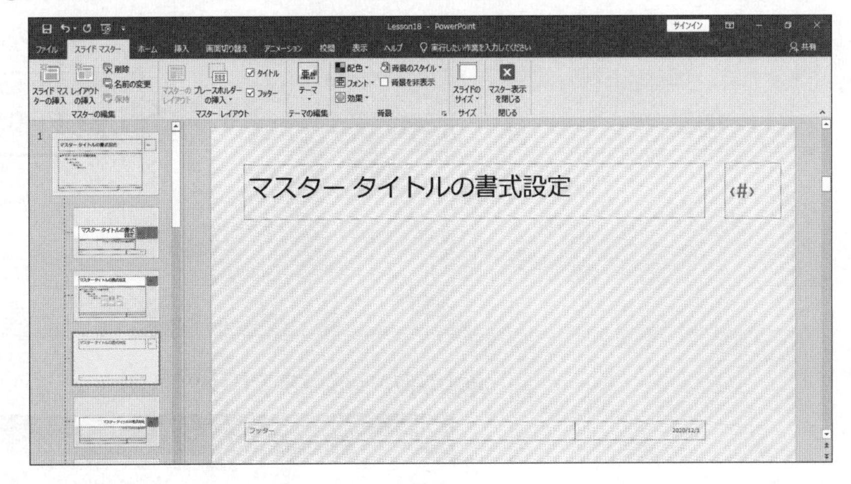

(2)

①サムネイルの一覧から新しいレイアウトが選択されていることを確認します。

②《**スライドマスター**》タブ→《**マスターレイアウト**》グループの（コンテンツ）の プレースホルダーの挿入 →《**表**》をクリックします。

※マウスポインターの形が＋に変わります。

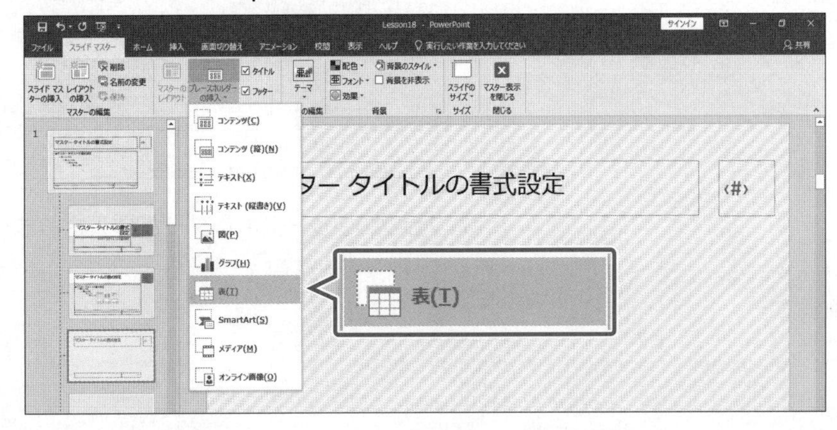

その他の方法

レイアウトの挿入

2019 365

◆スライドマスター表示に切り替え→サムネイルのレイアウトを右クリック→《レイアウトの挿入》

Point

レイアウトの挿入位置

新しいレイアウトは、選択されているレイアウトの後ろに挿入されます。

③始点から終点までドラッグします。

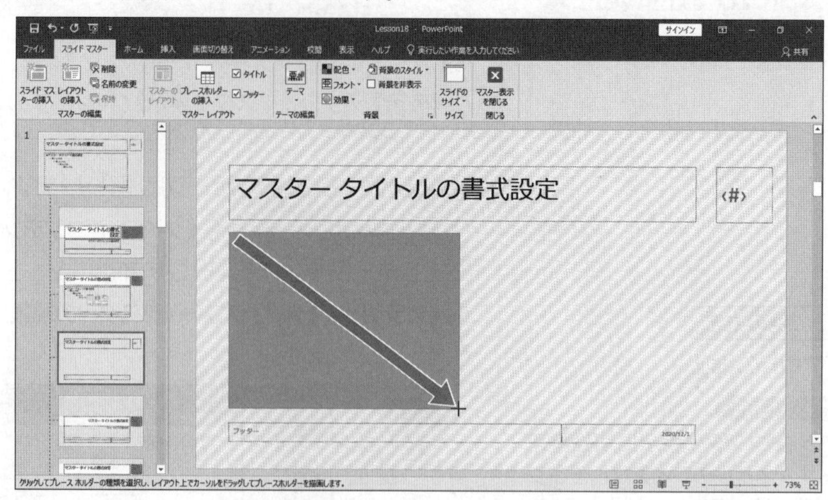

④表のプレースホルダーが挿入されます。

⑤**《スライドマスター》**タブ→**《マスターレイアウト》**グループの［プレースホルダーの挿入］(表)の［プレースホルダーの挿入］→**《グラフ》**をクリックします。

※マウスポインターの形が┼に変わります。

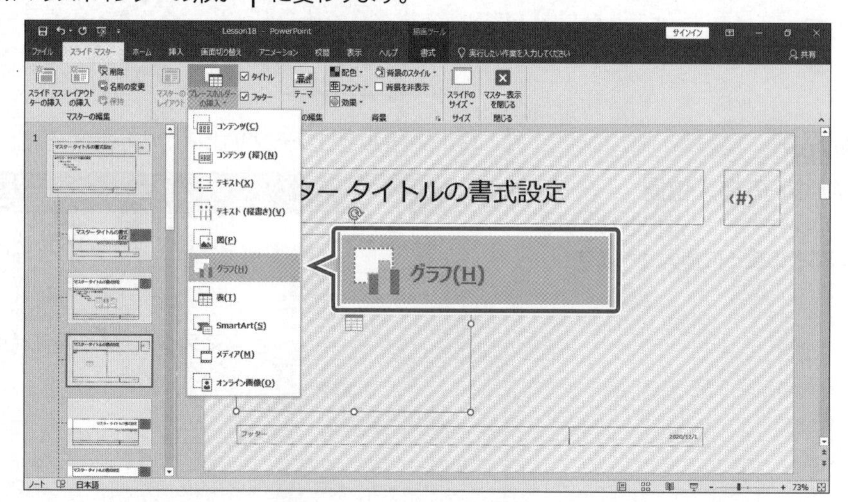

⑥始点から終点までドラッグします。

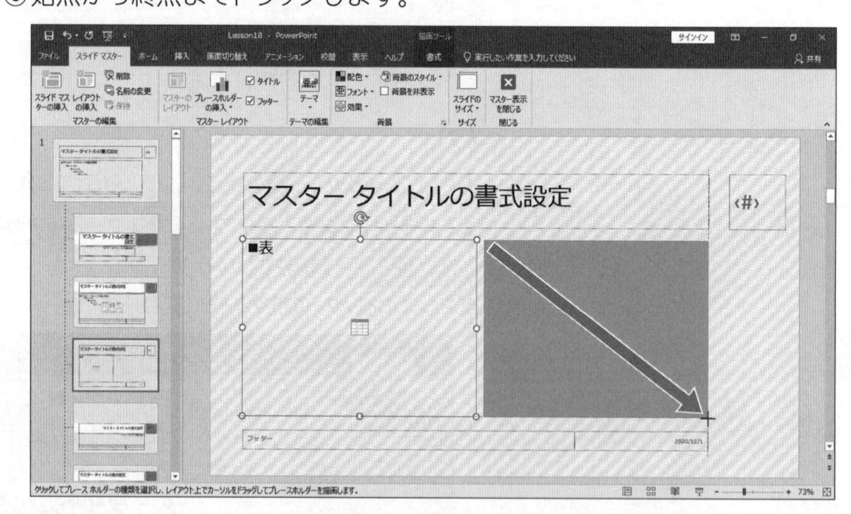

⑦グラフのプレースホルダーが挿入されます。

その他の方法

レイアウト名の変更

2019 365

◆スライドマスター表示に切り替え→サムネイルのレイアウトを右クリック→《レイアウト名の変更》

(3)

①サムネイルの一覧から新しいレイアウトが選択されていることを確認します。

②**《スライドマスター》**タブ→**《マスターの編集》**グループの 名前の変更 (名前の変更)をクリックします。

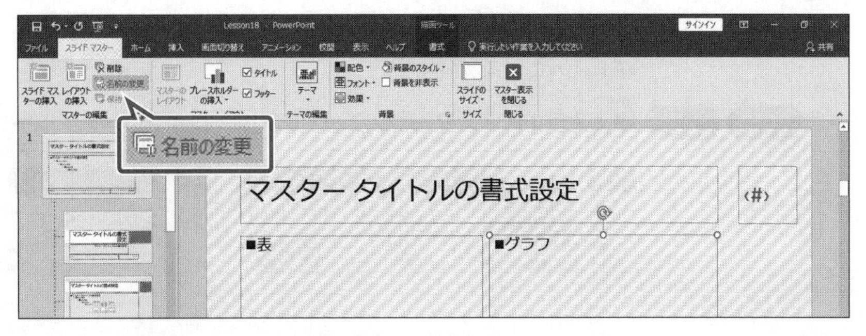

③**《レイアウト名の変更》**ダイアログボックスが表示されます。

④**《レイアウト名》**に**「表とグラフ」**と入力します。

⑤**《名前の変更》**をクリックします。

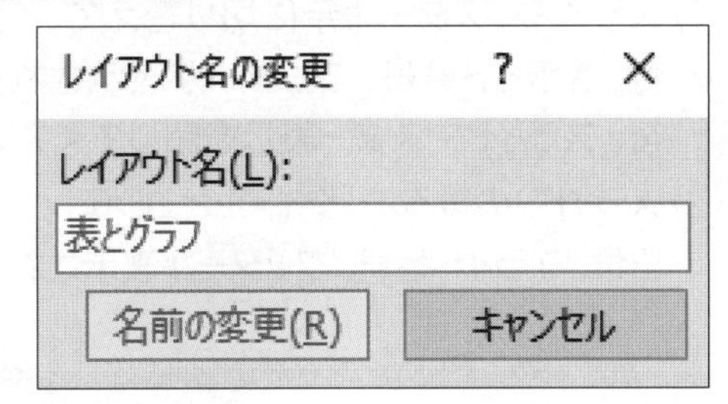

⑥**《スライドマスター》**タブ→**《閉じる》**グループの (マスター表示を閉じる)をクリックします。

⑦スライドマスター表示が閉じられ、標準表示に戻ります。

(4)

①スライド1を選択します。

②**《ホーム》**タブ→**《スライド》**グループの (新しいスライド)の 新しいスライド →**《表とグラフ》**をクリックします。

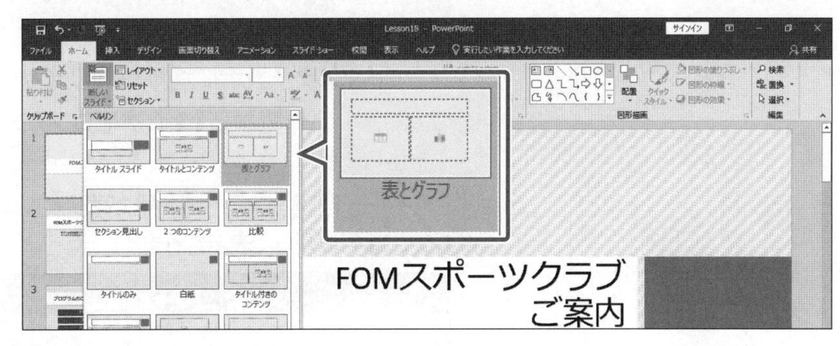

③新しく作成したレイアウトのスライドが挿入されます。

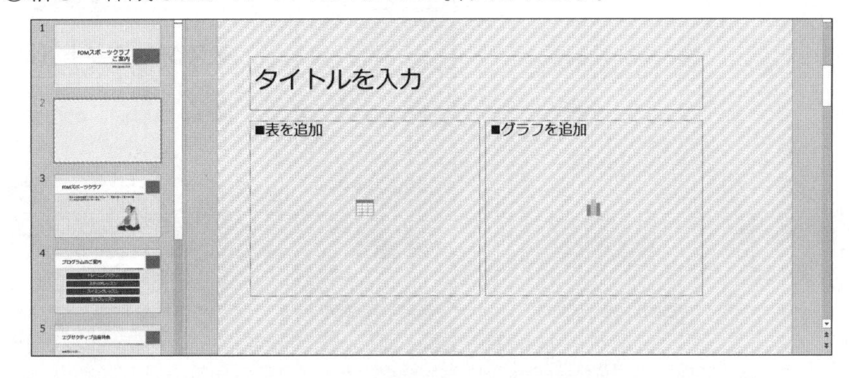

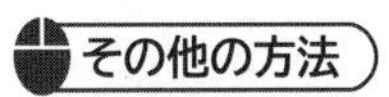
その他の方法

レイアウトの削除

2019 365

◆スライドマスター表示に切り替え→サムネイルのレイアウトを右クリック→《レイアウトの削除》

1-4-4 スライドマスターのコンテンツを変更する

解 説

■各レイアウトのタイトル、日付、スライド番号、フッターの設定

タイトル、日付、スライド番号、フッターなどの要素は、レイアウトごとに表示したり、非表示にしたりできます。

2019 365 ◆《スライドマスター》タブ→《マスターレイアウト》グループの《タイトル》/《フッター》

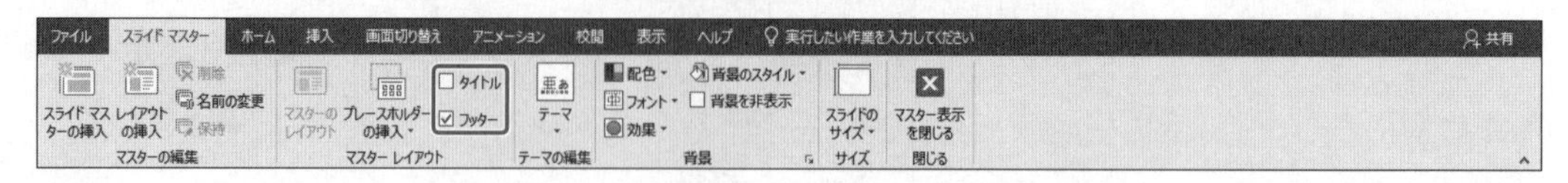

Lesson 19

プレゼンテーション「Lesson19」を開いておきましょう。

次の操作を行いましょう。

(1) スライドマスター表示に切り替えて、「タイトルとコンテンツ」レイアウトに日付、スライド番号、フッターが表示されないように設定してください。設定後、スライドマスター表示を閉じてください。

(2) スライド3の後ろに「タイトルとコンテンツ」レイアウトの新しいスライドを挿入し、日付、スライド番号、フッターが表示されていないことを確認してください。

Lesson 19 Answer

(1)

①**《表示》**タブ→**《マスター表示》**グループの（スライドマスター表示）をクリックします。

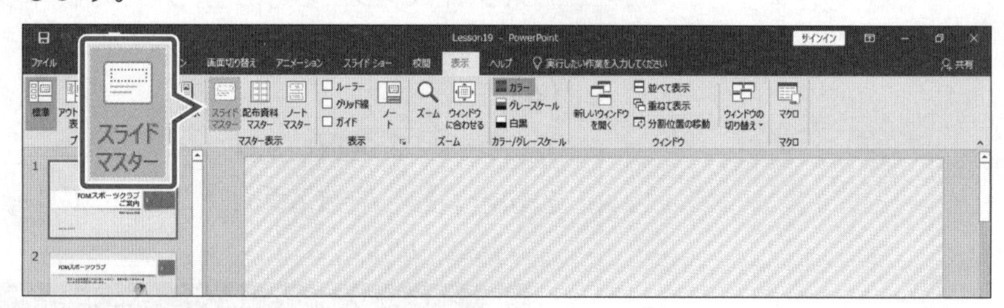

②スライドマスター表示に切り替わります。

③サムネイルの一覧から**《タイトルとコンテンツ レイアウト：スライド3-5で使用される》**（上から3番目）を選択します。

④フッター、日付、スライド番号が表示されていることを確認します。

※スライド番号は「#」で表示されます。

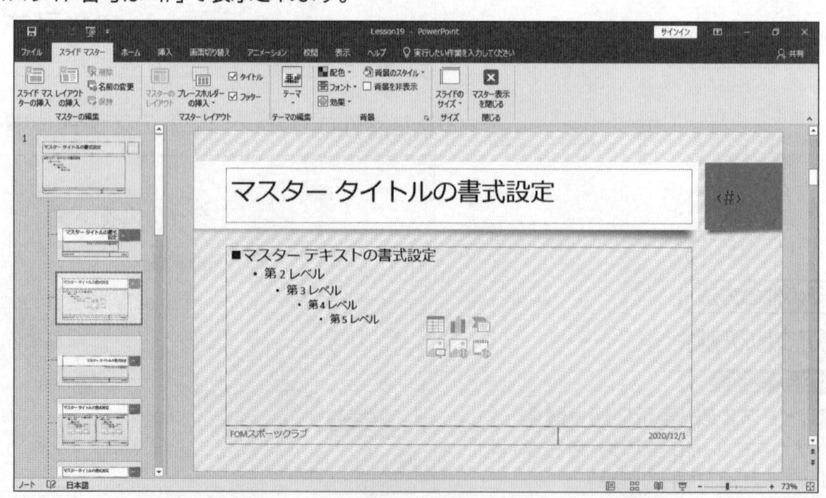

⑤《**スライドマスター**》タブ→《**マスターレイアウト**》グループの《**フッター**》を□にします。

⑥フッター、日付、スライド番号が非表示になります。

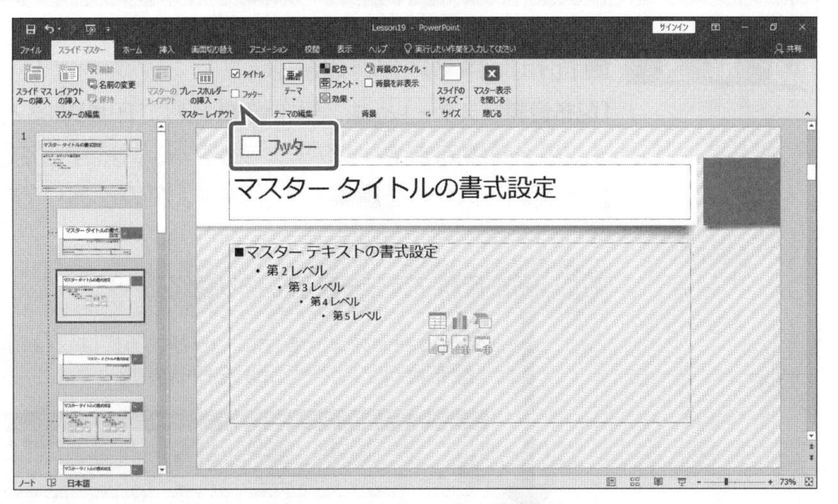

⑦《**スライドマスター**》タブ→《**閉じる**》グループの（マスター表示を閉じる）をクリックします。

⑧スライドマスター表示が閉じられ、標準表示に戻ります。

(2)

①スライド3を選択します。

②《**ホーム**》タブ→《**スライド**》グループの（新しいスライド）の新しいスライド→《**タイトルとコンテンツ**》をクリックします。

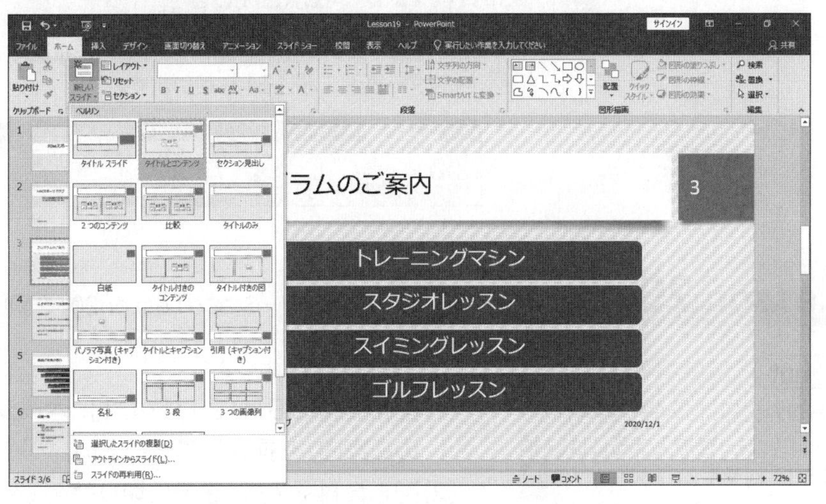

③新しいスライドが挿入されます。

④フッター、日付、スライド番号が表示されていないことを確認します。

Point

挿入済みのフッター

《スライドマスター》タブ→《マスターレイアウト》グループの《フッター》を□にしても、すでに配置されているフッター、日付、スライド番号は非表示になりません。設定を変更後、新しく挿入するスライドから非表示になります。

1-4-5 配布資料マスターを変更する

解 説

■配布資料マスターの編集

「配布資料マスター」とは、配布資料として印刷するときのデザインを管理するマスターです。ページの向きやヘッダー／フッター、背景などを設定できます。
配布資料マスターを編集する手順は、次のとおりです。

❶ 配布資料マスター表示に切り替える

配布資料マスター表示に切り替えるには、**《表示》**タブ→**《マスター表示》**グループの（配布資料マスター表示）を使います。

❷ 配布資料マスターを編集する

印刷したいイメージに合わせて、ページの向きや背景などを設定します。
ヘッダーやフッターには直接文字を入力することもできます。
配布資料マスターを編集するには、**《配布資料マスター》**タブのボタンを使います。

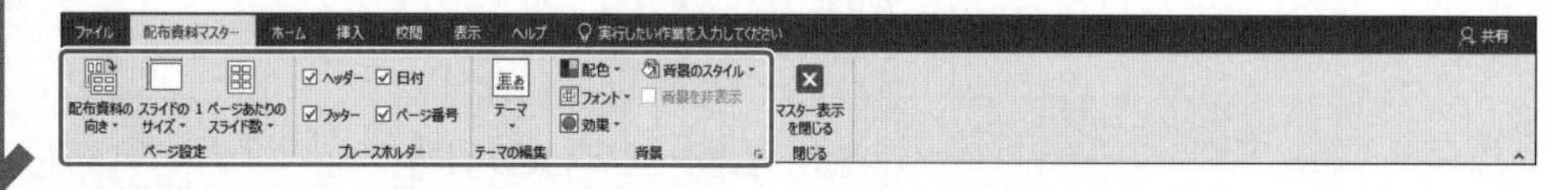

❸ 配布資料マスター表示を閉じる

配布資料マスター表示を閉じるには、**《配布資料マスター》**タブ→**《閉じる》**グループの（マスター表示を閉じる）を使います。

Lesson 20

プレゼンテーション「Lesson20」を開いておきましょう。

Hint
配布資料に日付、ページ番号、ヘッダー、フッターを挿入するには、《挿入》タブ→《テキスト》グループの（ヘッダーとフッター）→《ノートと配布資料》タブを使います。

次の操作を行いましょう。

(1) 配布資料に日付「2021/4/1」、ページ番号、ヘッダー「FOMスポーツクラブのご案内」を挿入してください。
(2) 配布資料マスター表示に切り替えてください。
(3) ページの向きを横に変更し、日付を非表示にしてください。
(4) 配布資料マスター表示を閉じてください。
(5) すべてのスライドを配布資料として印刷してください。配布資料のレイアウトは「4スライド（横）」にします。

Lesson 20 Answer

(1)

①**《挿入》**タブ→**《テキスト》**グループの（ヘッダーとフッター）をクリックします。

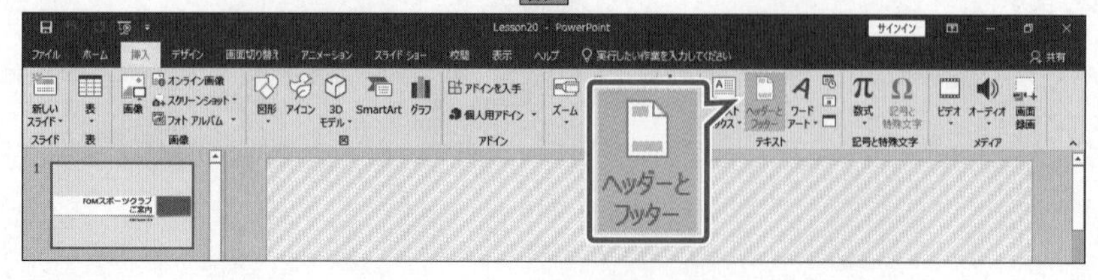

②**《ヘッダーとフッター》**ダイアログボックスが表示されます。
③**《ノートと配布資料》**タブを選択します。
④**《日付と時刻》**を☑にします。
⑤**《固定》**を◉にし、**「2021/4/1」**と入力します。
⑥**《ページ番号》**を☑にします。
⑦**《ヘッダー》**を☑にし、**「FOMスポーツクラブのご案内」**と入力します。
⑧**《すべてに適用》**をクリックします。

⑨配布資料に日付、ページ番号、ヘッダーが挿入されます。
※標準表示では、結果を確認できません。

(2)

①**《表示》**タブ→**《マスター表示》**グループの（配布資料マスター表示）をクリックします。

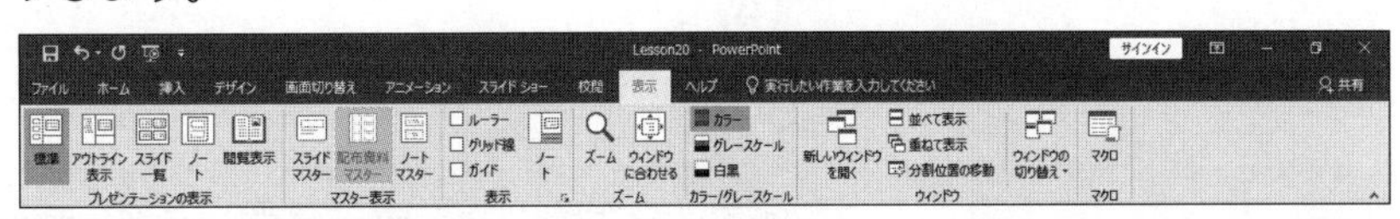

②配布資料マスター表示に切り替わります。
※ヘッダー、日付、ページ番号が挿入されていることを確認しておきましょう。

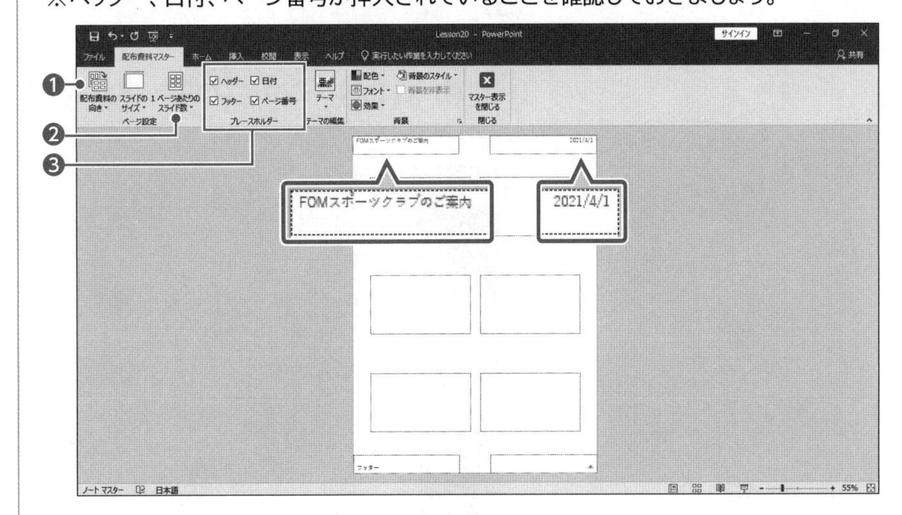

Point

《配布資料マスター》タブ

❶ **（配布資料の向き）**
配布資料のページの向きを設定します。

❷ **（1ページあたりのスライド数）**
配布資料マスターに表示される1ページあたりのスライド数を変更します。

❸**《プレースホルダー》グループ**
□にすると、それぞれのプレースホルダーが非表示になります。

(3)

①《**配布資料マスター**》タブ→《**ページ設定**》グループの（配布資料の向き）→《**横**》をクリックします。

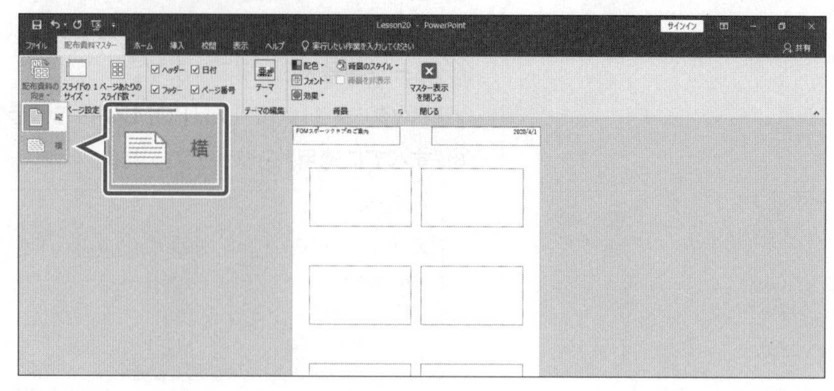

②ページの向きが変更されます。

③《**配布資料マスター**》タブ→《**プレースホルダー**》グループの《**日付**》を□にします。

④《**日付**》のプレースホルダーが非表示になります。

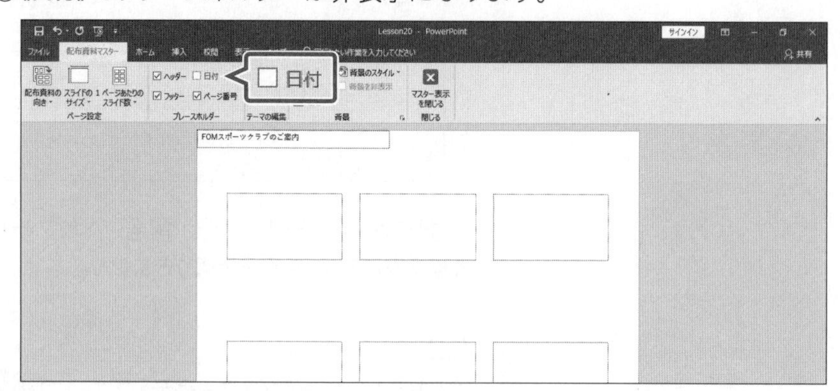

(4)

①《**配布資料マスター**》タブ→《**閉じる**》グループの（マスター表示を閉じる）をクリックします。

②配布資料マスター表示が閉じられ、標準表示に戻ります。

(5)

①《**ファイル**》タブを選択します。

②《**印刷**》→《**フルページサイズのスライド**》→《**配布資料**》の《**4スライド（横）**》をクリックします。

③《**印刷**》をクリックします。

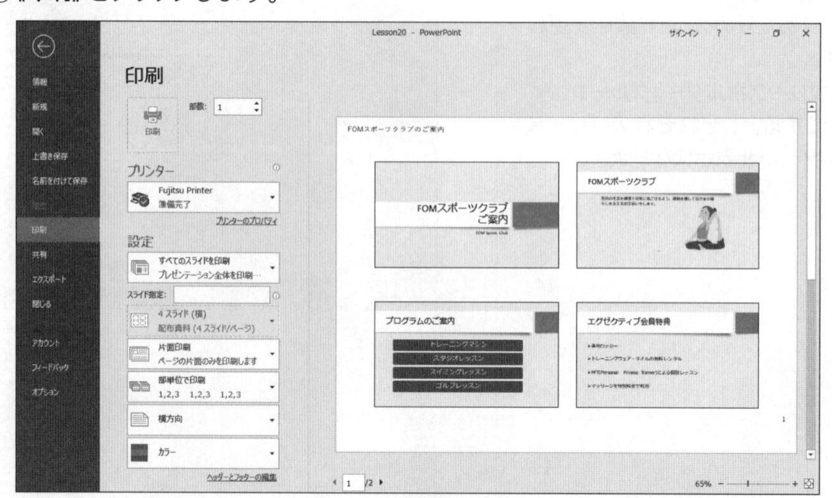

Point

配布資料マスターのスライド

配布資料マスターのページ中央に配置されているスライドのプレースホルダーは、位置やサイズを変更できません。目安で表示されているだけです。

1-4-6 ノートマスターを変更する

解 説 ■ノートマスターの編集

「ノートマスター」とは、ノートとして印刷するときのデザインを管理するマスターです。ページの向きやヘッダー、フッター、背景などを設定できます。
ノートマスターを編集する手順は、次のとおりです。

❶ ノートマスター表示に切り替える

ノートマスター表示に切り替えるには、**《表示》**タブ→**《マスター表示》**グループの（ノートマスター表示）を使います。

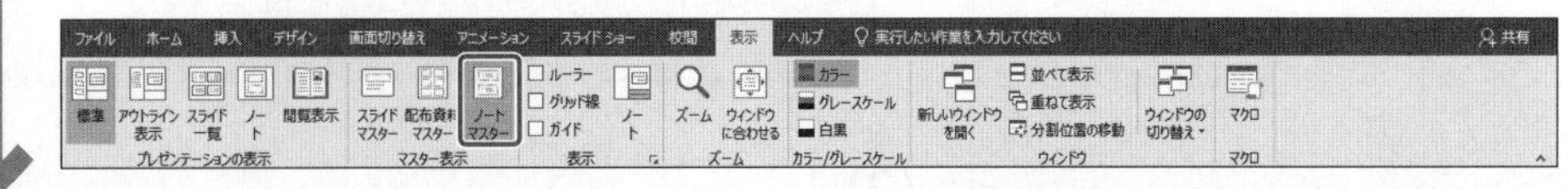

❷ ノートマスターを編集する

印刷したいイメージに合わせて、ページの向きや背景などを設定します。
ヘッダーやフッターには直接文字を入力することもできます。
ノートマスターを編集するには、**《ノートマスター》**タブのボタンを使います。

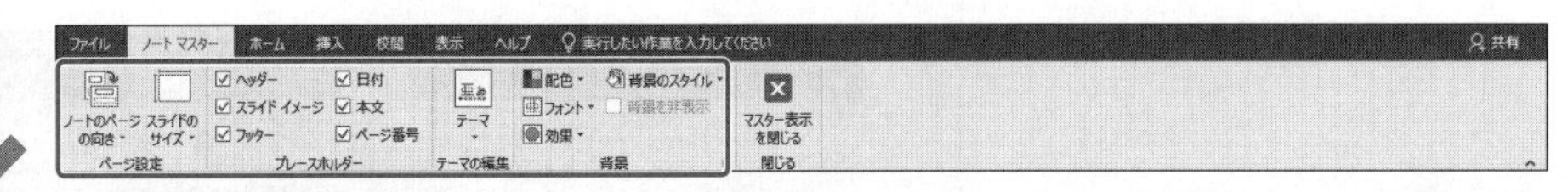

❸ ノートマスター表示を閉じる

ノートマスター表示を閉じるには、**《ノートマスター》**タブ→**《閉じる》**グループの（マスター表示を閉じる）を使います。

Lesson 21

プレゼンテーション「Lesson21」を開いておきましょう。

Hint
プレゼンテーション「Lesson21」のノートには、ヘッダー、日付、ページ番号があらかじめ挿入されています。

次の操作を行いましょう。

(1) ノートマスター表示に切り替えてください。

(2) 本文のプレースホルダーを枠線「黒、テキスト1」で囲み、ページ番号のフォントサイズを「24ポイント」に変更してください。

(3) ノートマスター表示を閉じてください。

Lesson 21 Answer

(1)

①**《表示》**タブ→**《マスター表示》**グループの（ノートマスター表示）をクリックします。

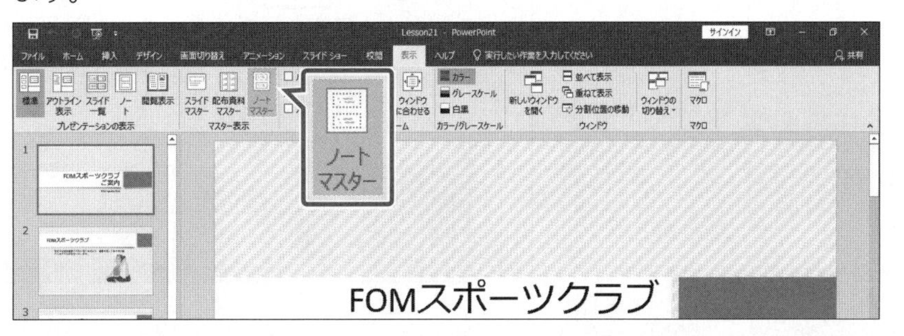

Point

《ノートマスター》タブ

❶ (ノートのページの向き)
ノートのページの向きを設定します。

❷《プレースホルダー》グループ
□にすると、それぞれのプレースホルダーが非表示になります。

②ノートマスター表示に切り替わります。

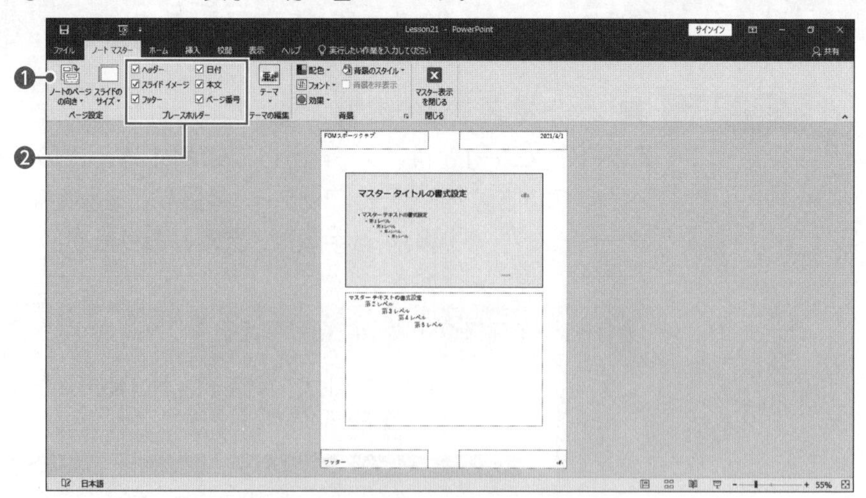

(2)

①本文のプレースホルダーを選択します。

②**《書式》**タブ→**《図形のスタイル》**グループの 図形の枠線 (図形の枠線)→**《テーマの色》**の**《黒、テキスト1》**をクリックします。

※お使いの環境によっては、《書式》タブが《図形の書式》タブと表示される場合があります。

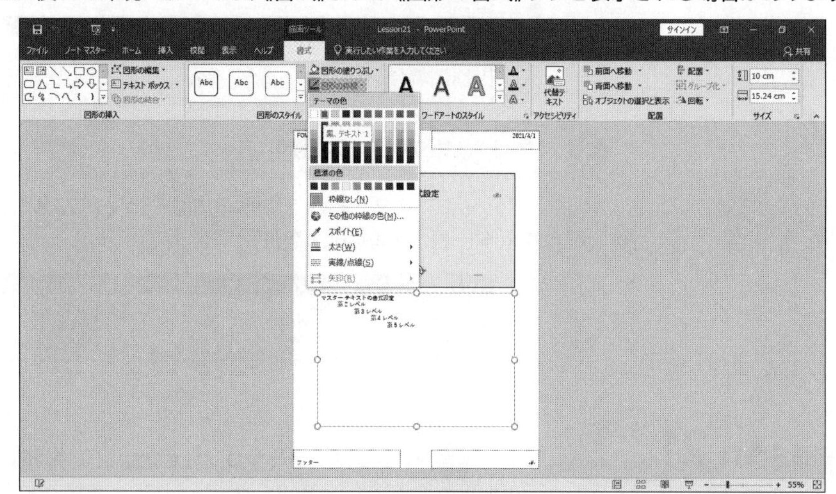

③本文のプレースホルダーが枠線で囲まれます。

④ページ番号のプレースホルダーを選択します。

⑤**《ホーム》**タブ→**《フォント》**グループの 12 (フォントサイズ)の →**《24》**をクリックします。

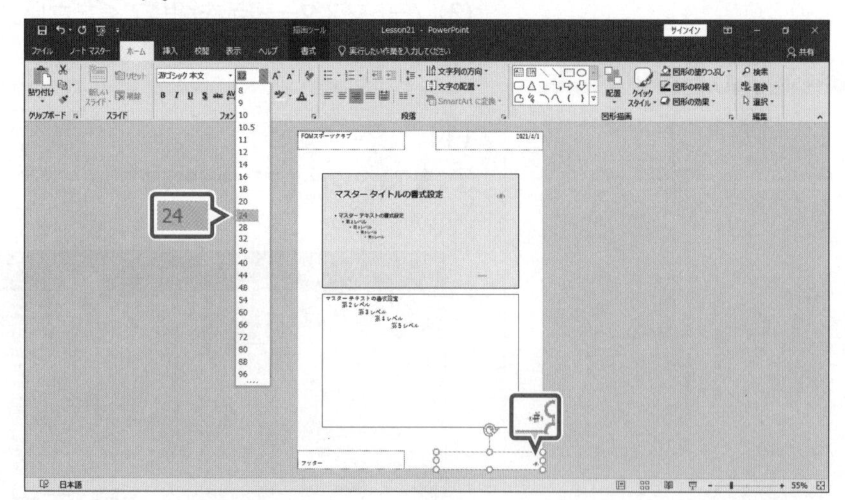

⑥ページ番号のフォントサイズが変更されます。

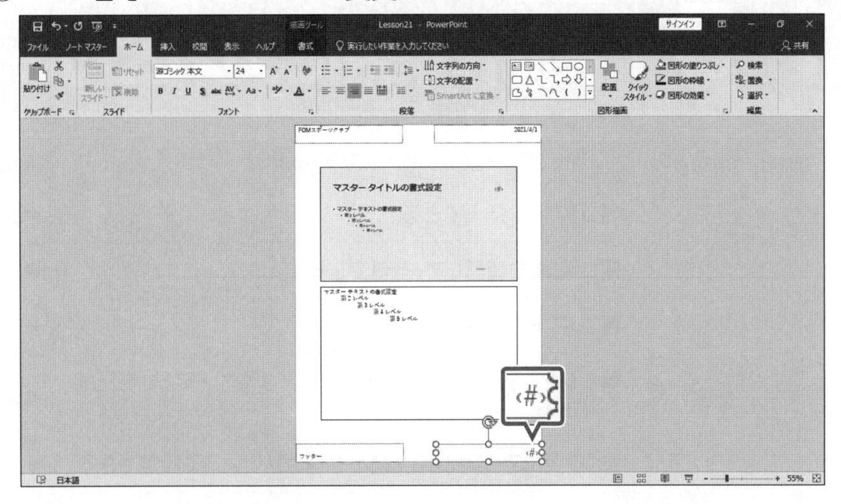

(3)

①**《ノートマスター》**タブ→**《閉じる》**グループの（マスター表示を閉じる）をクリックします。

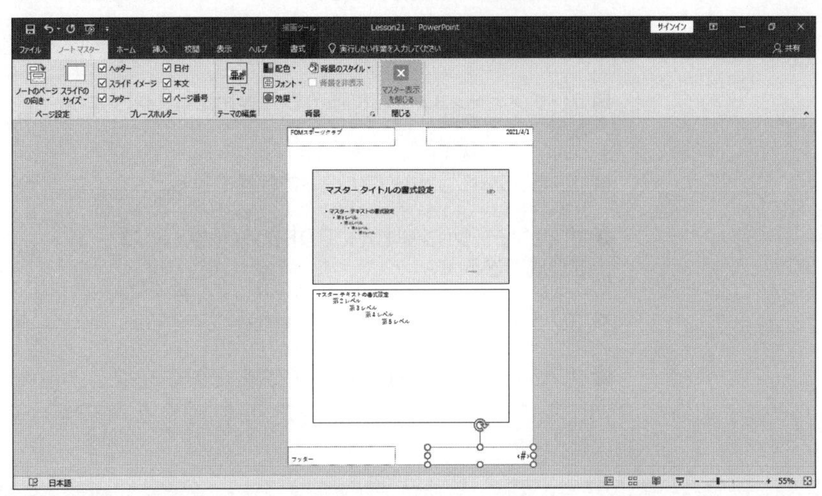

②ノートマスター表示が閉じられ、標準表示に戻ります。

※《ファイル》タブ→《印刷》→《フルページサイズのスライド》→《印刷レイアウト》の《ノート》を選択し、印刷イメージを確認しておきましょう。

Point

プレースホルダーのサイズ変更

2019 365

◆プレースホルダーを選択→《書式》タブ→《サイズ》グループで設定

1-5 共同作業用にプレゼンテーションを準備する

☑ 理解度チェック

習得すべき機能	参照Lesson	学習前	学習後	試験直前
■コメントを挿入できる。	➡Lesson22	☑	☑	☑
■コメントを確認して、返信できる。	➡Lesson23	☑	☑	☑
■コメントを削除できる。	➡Lesson23	☑	☑	☑
■プレゼンテーションに挿入したビデオやオーディオを圧縮できる。	➡Lesson24	☑	☑	☑
■プレゼンテーションにフォントを埋め込むように設定できる。	➡Lesson25	☑	☑	☑
■ドキュメント検査を実行できる。	➡Lesson26	☑	☑	☑
■アクセシビリティチェックを実行できる。	➡Lesson27	☑	☑	☑
■互換性チェックを実行できる。	➡Lesson28	☑	☑	☑
■プレゼンテーションを最終版にできる。	➡Lesson29	☑	☑	☑
■プレゼンテーションを常に読み取り専用として開くよう設定できる。	➡Lesson30	☑	☑	☑
■プレゼンテーションをパスワードで保護できる。	➡Lesson31	☑	☑	☑
■プレゼンテーションをもとにPDFファイルやXPSファイルを作成できる。	➡Lesson32	☑	☑	☑
■プレゼンテーションをもとにビデオを作成できる。	➡Lesson33	☑	☑	☑
■プレゼンテーションをもとにWord文書を作成できる。	➡Lesson34	☑	☑	☑

1-5-1 コメントを追加する、管理する

解 説

■コメントの挿入

スライドには**「コメント」**を付けて、メモのような情報を保存できます。
備忘録代わりにしたり、第三者に校閲した内容を書き込んでもらったりする場合に便利です。
コメントを付けた箇所には、 が表示されます。この は、スライドショー中は表示されません。

2019 365 ◆《校閲》タブ→《コメント》グループの （コメントの挿入）

Lesson 22

プレゼンテーション「Lesson22」を開いておきましょう。

次の操作を行いましょう。

(1) スライド1に、コメント「日付を記入してください。」を挿入してください。

Lesson 22 Answer

その他の方法

コメントの挿入

2019 365

◆《挿入》タブ→《コメント》グループの（コメントの挿入）

Point

《コメント》

❶ユーザー名
コメントを挿入したユーザーの名前が表示されます。

❷時間
コメントを挿入した時間が表示されます。

❸コメント
コメントの内容を入力します。

Point

コメントのユーザー名

コメントに表示されるユーザー名を変更する方法は、次のとおりです。

2019

◆《ファイル》タブ→《オプション》→《基本設定》／《全般》→《Microsoft Officeのユーザー設定》の《ユーザー名》を入力→《☑Officeへのサインイン状態にかかわらず、常にこれらの設定を使用する》

365

◆《ファイル》タブ→《オプション》→《全般》→《Microsoft Officeのユーザー設定》の《ユーザー名》を入力→《☑Officeへのサインイン状態にかかわらず、常にこれらの設定を使用する》

※挿入済みのコメントのユーザー名は変更されません。

Point

コメントの挿入対象

コメントは、スライドに対して挿入するほか、スライド上のプレースホルダーやオブジェクトに対して挿入することもできます。

(1)

①スライド1を選択します。

②**《校閲》**タブ→**《コメント》**グループの（コメントの挿入）をクリックします。

③**《コメント》**作業ウィンドウが表示されます。

④**「日付を記入してください。」**と入力します。

※スライドにが表示されます。

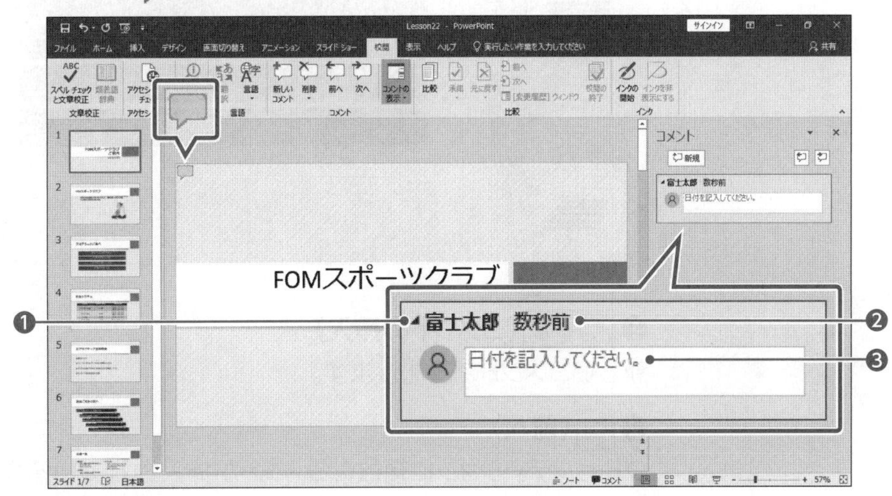

⑤Enterを押して、入力を確定します。

⑥コメントが挿入されます。

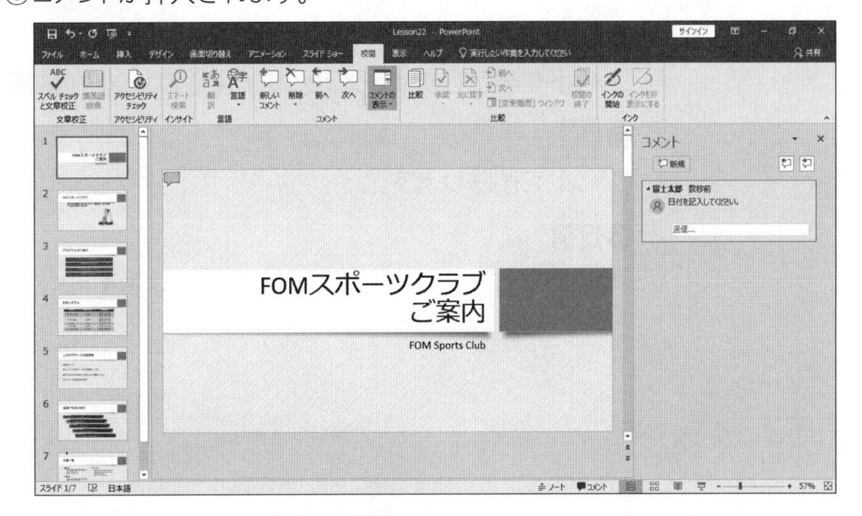

※《コメント》作業ウィンドウを閉じておきましょう。

解 説

■コメントの表示

プレゼンテーションに挿入されているコメントを確認するには、**《コメント》**作業ウィンドウを表示します。

2019 365 ◆《校閲》タブ→《コメント》グループの （コメントの表示）

■コメントの編集

《コメント》作業ウィンドウを使うと、新しいコメントを追加したり、不要なコメントを削除したりできます。また、ほかのユーザーからもらったコメントに対して、返信のコメントを挿入することもできます。

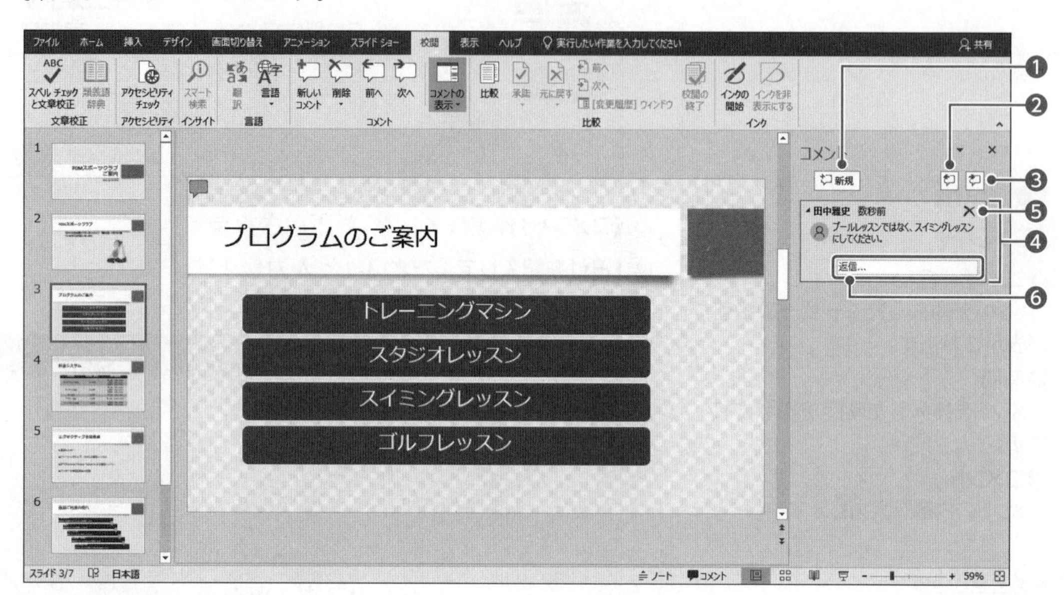

❶ 新規 （コメントの挿入）

新しいコメントを追加します。

❷ （前へ）

プレゼンテーションに複数のコメントが挿入されている場合、前のコメントに移動します。

❸ （次へ）

プレゼンテーションに複数のコメントが挿入されている場合、次のコメントに移動します。

❹コメント

コメントを表示します。クリックすると、コメントが編集できる状態になります。

❺ ×

コメントを削除します。

❻返信

コメントに対して、返信のコメントを挿入します。

Lesson 23

 プレゼンテーション「Lesson23」を開いておきましょう。

プレゼンテーション「Lesson23」には、あらかじめコメントが挿入されています。

次の操作を行いましょう。

(1) プレゼンテーションに挿入されているすべてのコメントを確認してください。

(2) スライド3のコメントを削除してください。

(3) スライド7のコメントに、「3月10日に直接グアム店に確認しました。」と返信してください。

Lesson 23 Answer

その他の方法

《コメント》作業ウィンドウの表示

2019 365

◆ をクリック

その他の方法

次のコメント

2019 365

◆《校閲》タブ→《コメント》グループの（次のコメント）

(1)

①**《校閲》**タブ→**《コメント》**グループの（コメントの表示）をクリックします。

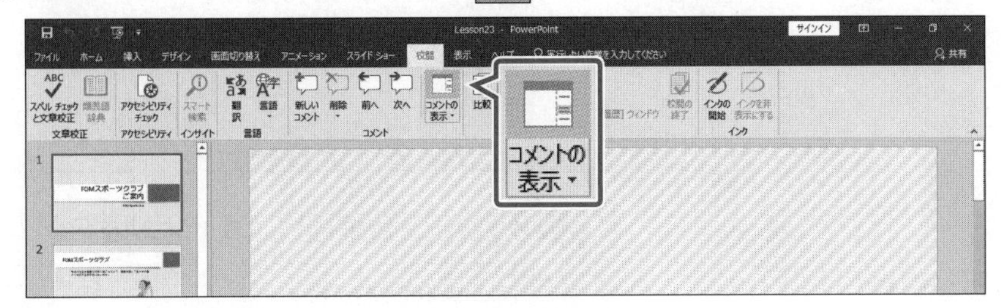

②**《コメント》**作業ウィンドウが表示されます。

③（次へ）をクリックします。

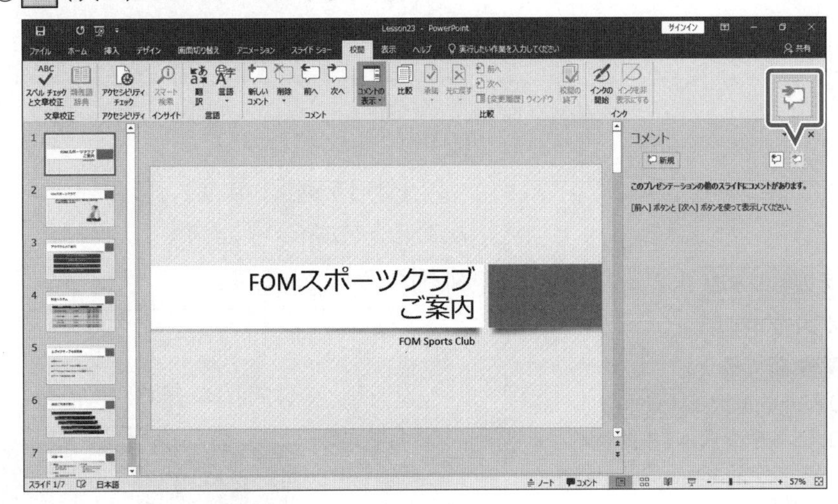

④1つ目のコメントに移動します。

⑤コメントを確認します。

⑥（次へ）をクリックします。

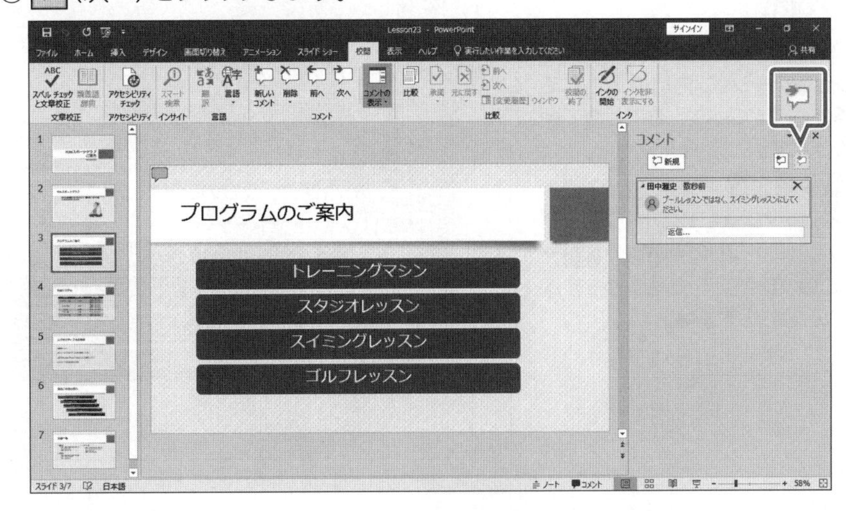

⑦2つ目のコメントに移動します。

⑧コメントを確認します。

⑨ (次へ)をクリックします。

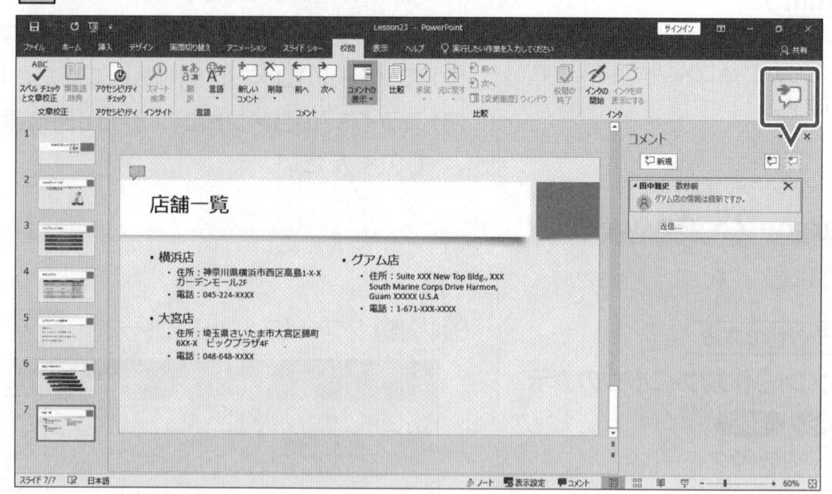

⑩メッセージを確認し、**《キャンセル》**をクリックします。

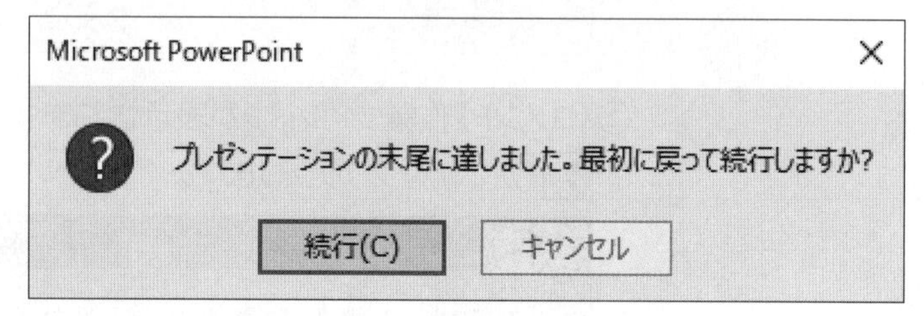

(2)

①スライド3を選択します。

②コメントをポイントします。

③ をクリックします。

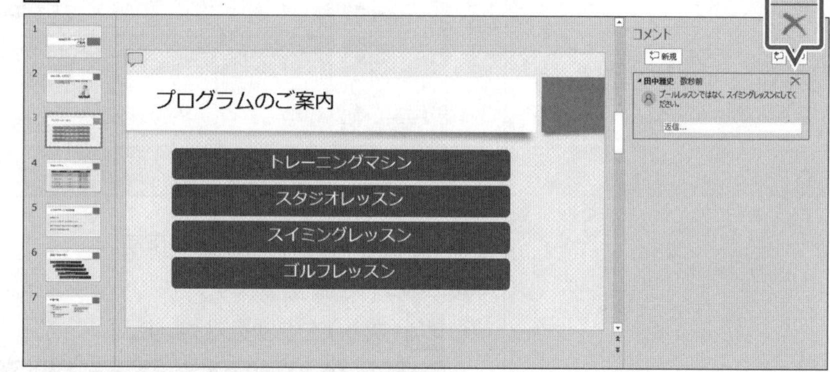

④コメントが削除されます。

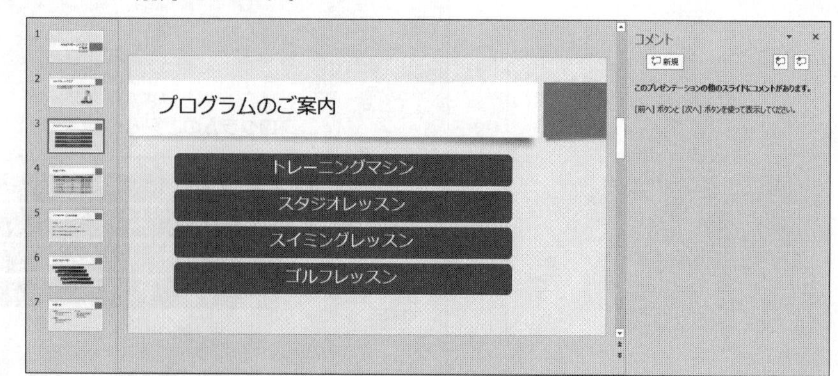

その他の方法

コメントの削除

2019 365

◆コメントを選択→Delete

◆コメントを選択→《校閲》タブ→《コメント》グループの (コメントの削除)

◆ を右クリック→《コメントの削除》

Point

すべてのコメントの削除

プレゼンテーション内に挿入されているすべてのコメントをまとめて削除できます。

2019 365

◆《校閲》タブ→《コメント》グループの (コメントの削除)の →《このプレゼンテーションからすべてのコメントを削除》

(3)

①スライド7を選択します。

②コメントの**《返信》**をクリックします。

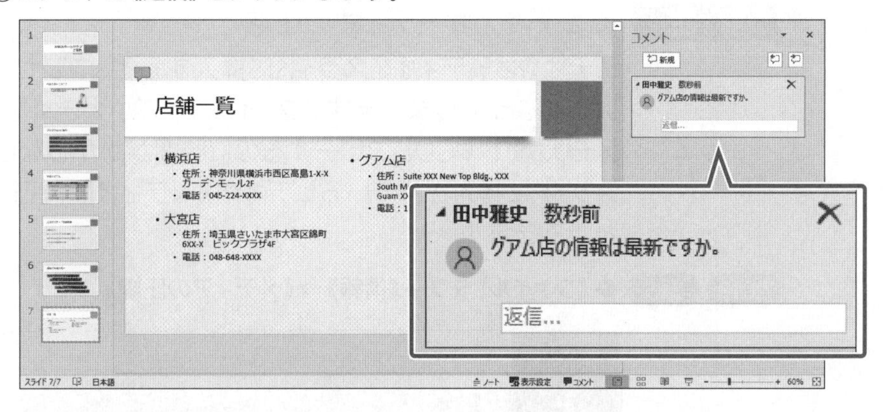

③**「3月10日に直接グアム店に確認しました。」**と入力します。

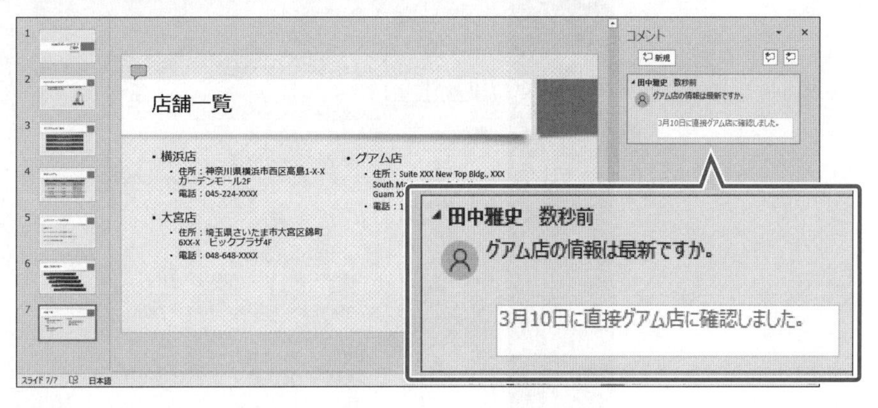

④ Enter を押して、入力を確定します。

⑤返信のコメントが挿入されます。

※ が に変わります。

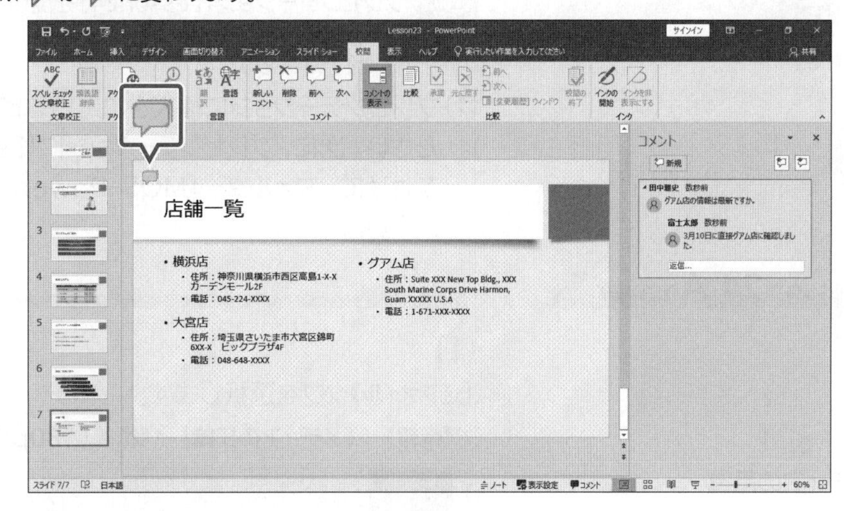

※《コメント》作業ウィンドウを閉じておきましょう。

Point

コメントの表示／非表示

は、表示／非表示を切り替えることができます。

2019 365

◆《校閲》タブ→《コメント》グループの（コメントの表示）の →《コメントと注釈の表示》

1-5-2 プレゼンテーションの内容を保持する

解 説

■ビデオ／オーディオの圧縮

ビデオやオーディオをスライドに挿入すると、プレゼンテーション全体のファイルサイズが大きくなってしまいます。ファイルサイズが大きくなると、電子メールに添付できない、メモリカードやCDにコピーするのに時間がかかるなどの支障が出ることがあります。
スライドに挿入されているビデオやオーディオは、圧縮してファイルサイズを小さくすることができます。

2019 365 ◆《ファイル》タブ→《情報》→《メディアの圧縮》

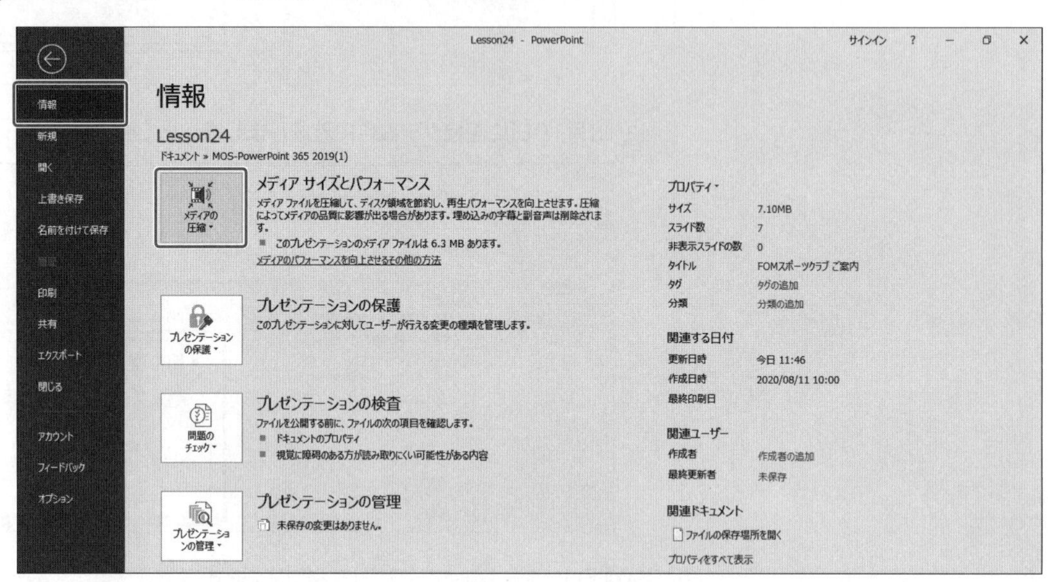

Lesson 24

プレゼンテーション「Lesson24」を開いておきましょう。

次の操作を行いましょう。

(1) プレゼンテーションに挿入されているビデオを、標準（480p）で圧縮してください。次に、プレゼンテーションに「Lesson24メール配信用」という名前を付けて、フォルダー「MOS-PowerPoint 365 2019（1）」に保存してください。

Lesson 24 Answer

(1)

①**《ファイル》**タブを選択します。

②**《情報》**→**《メディアの圧縮》**→**《標準（480p）》**をクリックします。

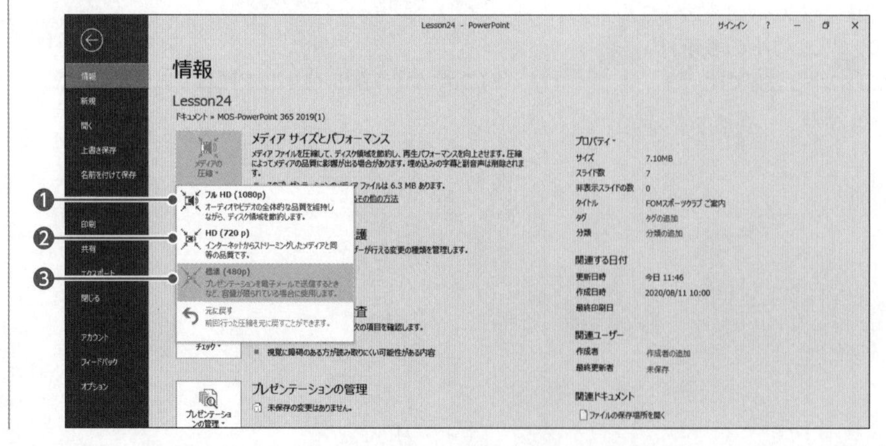

Point

メディアの品質

❶フルHD（1080p）
品質を最大限維持して圧縮します。ファイルサイズは大きくなります。

❷HD（720p）
インターネットで配信できる程度に圧縮します。

❸標準（480p）
電子メールで送信できる程度に圧縮します。ファイルサイズは小さくなります。

Point

《メディアの圧縮》

❶スライド
ビデオやオーディオが挿入されているスライド番号が表示されます。

❷名前
ビデオやオーディオの名前が表示されます。

❸初期サイズ
ビデオやオーディオの圧縮前のファイルサイズが表示されます。

❹状態
圧縮処理の進み具合が表示されます。

Point

圧縮を元に戻す

圧縮したビデオやオーディオは、プレゼンテーションを閉じる前であれば、元に戻すことができます。

2019 365

◆《ファイル》タブ→《情報》→《メディアの圧縮》→《元に戻す》

③**《メディアの圧縮》**ダイアログボックスが表示されます。

④自動的に圧縮が開始されます。

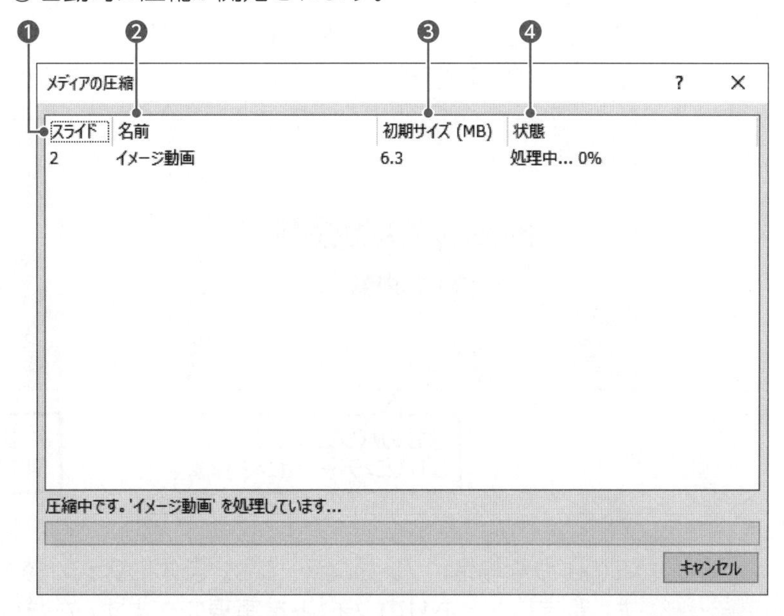

⑤しばらくすると、**「圧縮が完了しました。0.72MB節約できました。」**と表示されます。

※お使いの環境によって、圧縮されるサイズは異なります。

⑥**《閉じる》**をクリックします。

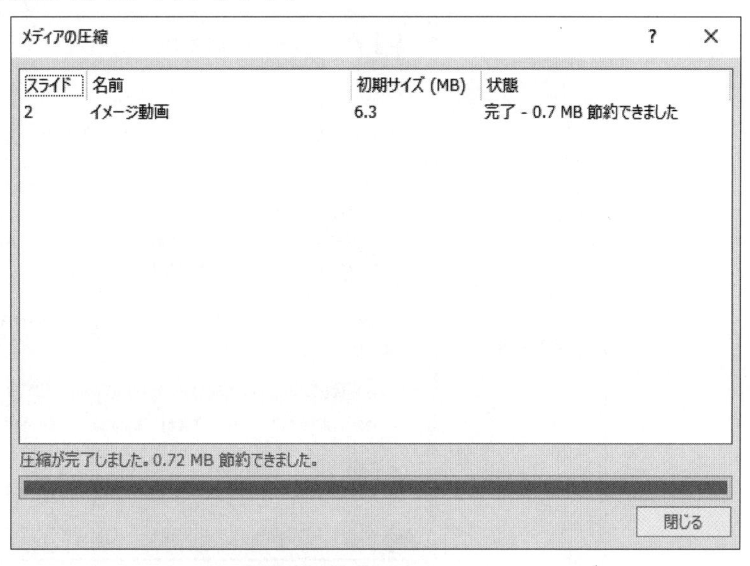

⑦**《名前を付けて保存》**→**《参照》**をクリックします。

⑧**《名前を付けて保存》**ダイアログボックスが表示されます。

⑨**「MOS-PowerPoint 365 2019(1)」**を開きます。

※《PC》→《ドキュメント》→「MOS-PowerPoint 365 2019(1)」を選択します。

⑩**《ファイル名》**に**「Lesson24メール配信用」**と入力します。

⑪**《保存》**をクリックします。

⑫プレゼンテーションが保存されます。

※プレゼンテーション「Lesson24」とプレゼンテーション「Lesson24メール配信用」のファイルサイズを比較しておきましょう。ファイルサイズは、ファイルのアイコンを右クリック→《プロパティ》で確認できます。

■フォントの埋め込み

作成したパソコンと別のパソコンでプレゼンテーションを開くと、フォントが設定したとおりに表示されないことがあります。これは、プレゼンテーションで使用しているフォントが、そのパソコンにインストールされていないためです。

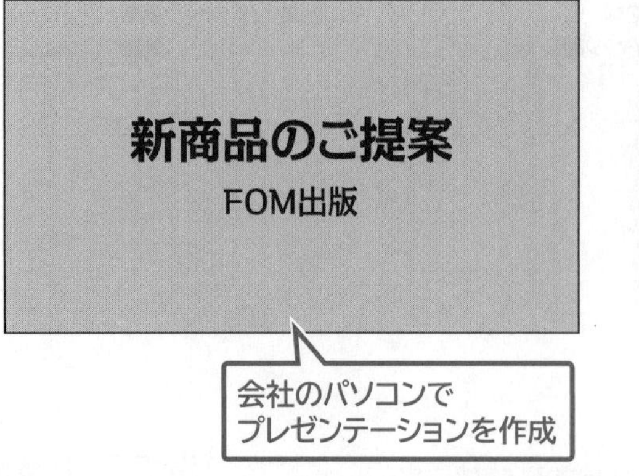

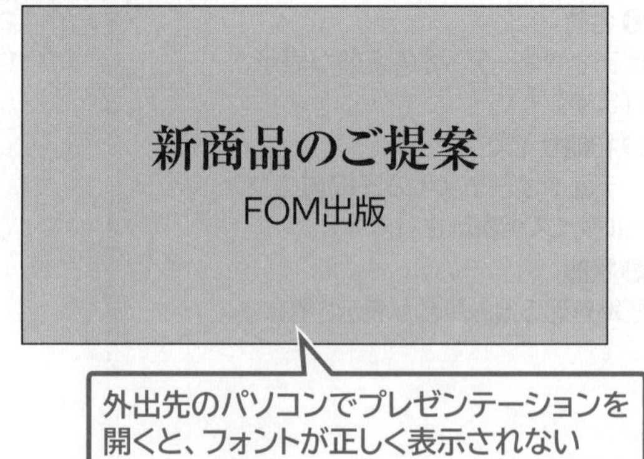

このような場合、プレゼンテーション自体にフォントを埋め込んでおくと、異なる環境でも、設定したとおりのフォントを再現できます。ただし、フォントを埋め込むと、ファイルサイズは大きくなるので、注意が必要です。

2019 365 ◆《ファイル》タブ→《オプション》→《保存》→《☑ファイルにフォントを埋め込む》

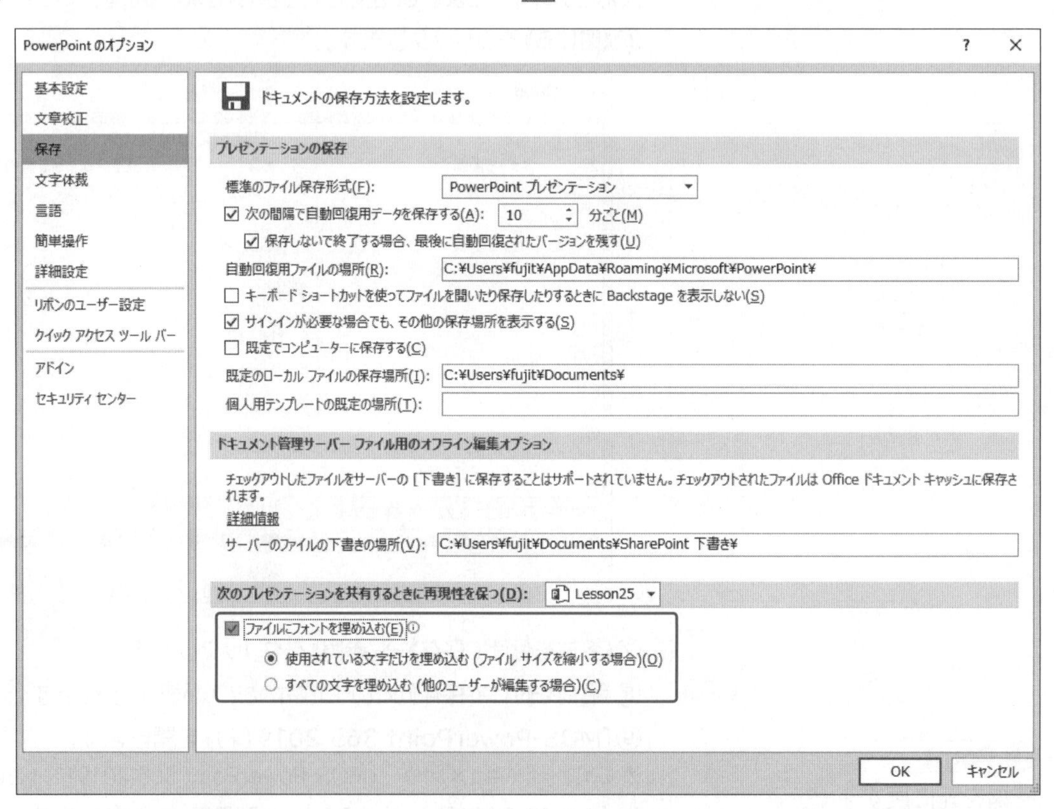

Lesson 25

プレゼンテーション「Lesson25」を開いておきましょう。

次の操作を行いましょう。

(1) プレゼンテーションに使用している文字のフォントだけが埋め込まれるように、PowerPointの基本設定を変更してください。次に、プレゼンテーションに「Lesson25会議プレゼン用」という名前を付けて、フォルダー「MOS-PowerPoint 365 2019(1)」に保存してください。

Lesson 25 Answer

(1)

①**《ファイル》**タブを選択します。

②**《オプション》**をクリックします。

③**《PowerPointのオプション》**ダイアログボックスが表示されます。

④左側の一覧から**《保存》**を選択します。

⑤**《ファイルにフォントを埋め込む》**を☑にします。

⑥**《使用されている文字だけを埋め込む(ファイルサイズを縮小する場合)》**を◉にします。

⑦**《OK》**をクリックします。

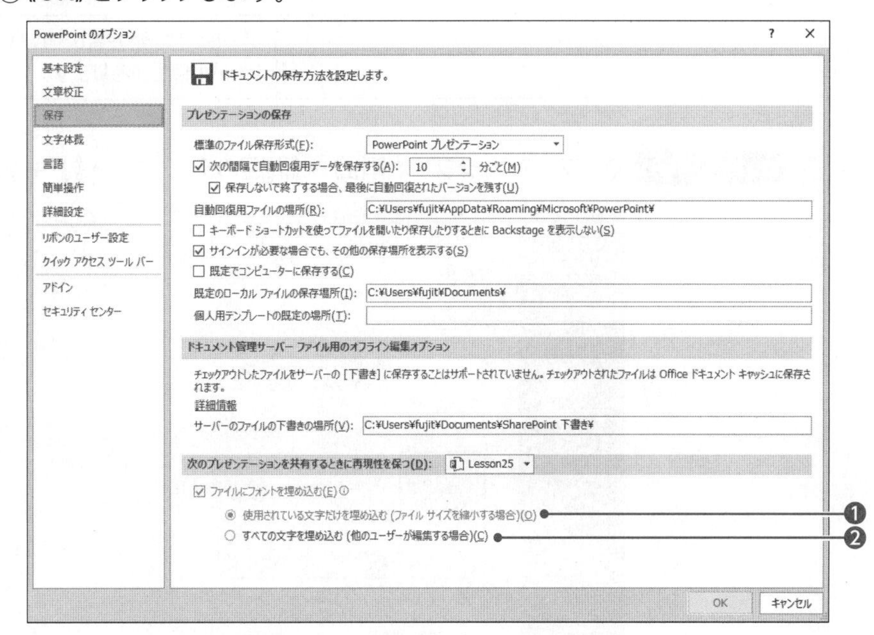

⑧PowerPointの基本設定が変更されます。

⑨**《ファイル》**タブを選択します。

⑩**《名前を付けて保存》**→**《参照》**をクリックします。

⑪**《名前を付けて保存》**ダイアログボックスが表示されます。

⑫**「MOS-PowerPoint 365 2019(1)」**を開きます。

※《PC》→《ドキュメント》→「MOS-PowerPoint 365 2019(1)」を選択します。

⑬**《ファイル名》**に**「Lesson25会議プレゼン用」**と入力します。

⑭**《保存》**をクリックします。

⑮プレゼンテーションが保存されます。

※プレゼンテーション「Lesson25」とプレゼンテーション「Lesson25会議プレゼン用」のファイルサイズを比較しておきましょう。ファイルサイズは、ファイルのアイコンを右クリック→《プロパティ》で確認できます。

Point

埋め込むフォントの種類

❶使用されている文字だけを埋め込む(ファイルサイズを縮小する場合)

開いているプレゼンテーションで使用している文字のフォントだけが埋め込まれます。別のパソコンでプレゼンテーションを表示するだけで、編集しない場合に選択します。

❷すべての文字を埋め込む(他のユーザーが編集する場合)

開いているプレゼンテーションで使用されていない文字のフォントがすべて埋め込まれます。別のパソコンでプレゼンテーションを編集する場合に選択します。

1-5-3 プレゼンテーションを検査する

解説 ■ドキュメント検査

「ドキュメント検査」を使うと、プレゼンテーションに個人情報や隠しておきたい情報などが含まれていないかどうかをチェックして、必要に応じてそれらの情報を削除できます。
作成したプレゼンテーションを第三者に配布する場合、事前にドキュメント検査を行うと、情報漏えいの防止につながります。
ドキュメント検査では、次のような内容をチェックします。

内容	説明
コメント	コメントには、それを入力したユーザー名や内容そのものが含まれています。
プロパティ	プレゼンテーションのプロパティには、作成者の情報や作成日時などが含まれています。
スライド上の非表示のオブジェクト	スライド上のプレースホルダーやオブジェクトを非表示にしている場合、第三者に知られたくない情報が含まれている可能性があります。
スライド外のコンテンツ	スライドの周りに配置されたプレースホルダーやオブジェクトがある場合、第三者に知られたくない情報が含まれている可能性があります。
ノート	ノートには、発表者の情報や第三者に知られたくない情報が含まれている可能性があります。

2019 365 ◆《ファイル》タブ→《情報》→《問題のチェック》→《ドキュメント検査》

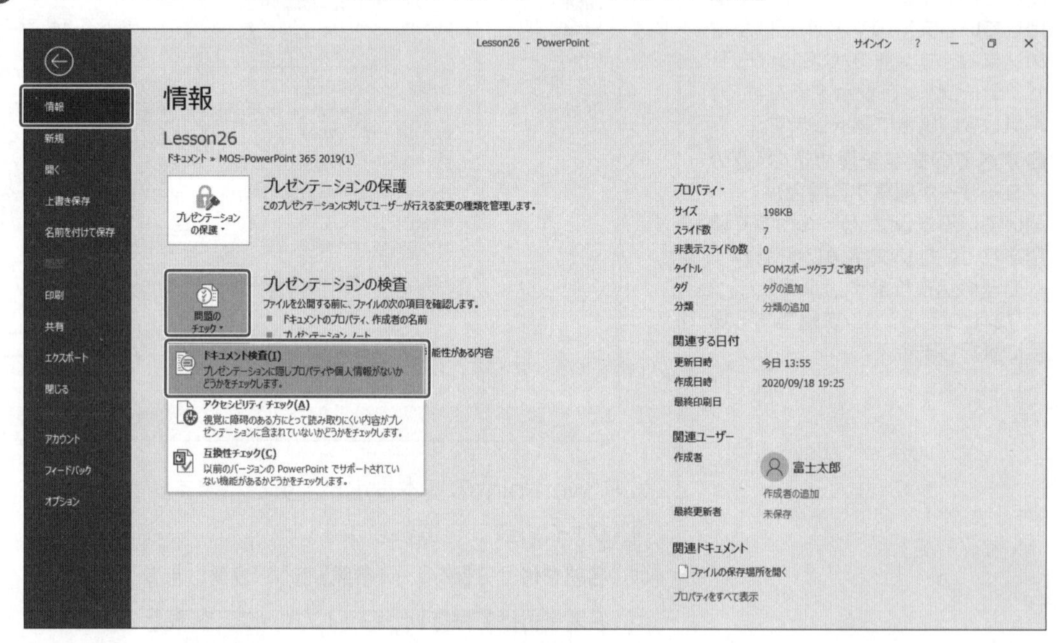

Lesson 26

プレゼンテーション「Lesson26」を開いておきましょう。

Hint
プレゼンテーション「Lesson26」には、あらかじめノートが入力されています。また、プレゼンテーションのプロパティにタイトルや作成者が設定されています。

次の操作を行いましょう。

(1) すべての項目を対象にドキュメントを検査し、検査結果からノートを削除してください。

(1)

①《ファイル》タブを選択します。

②《情報》→《問題のチェック》→《ドキュメント検査》をクリックします。

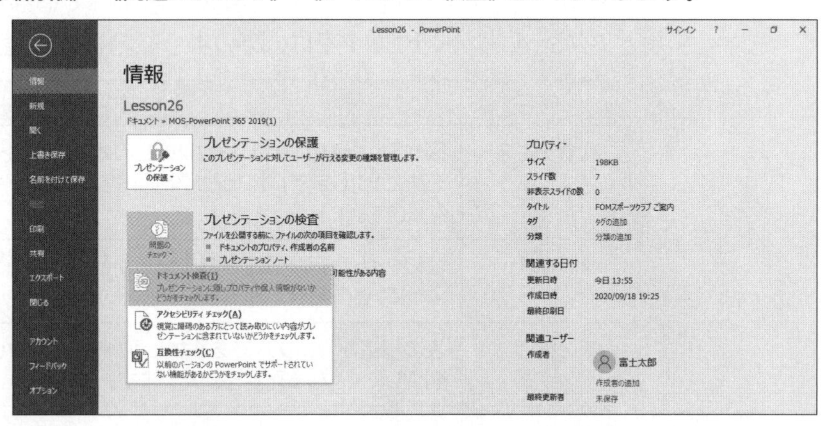

③《ドキュメントの検査》ダイアログボックスが表示されます。

④すべての項目を☑にします。

⑤《検査》をクリックします。

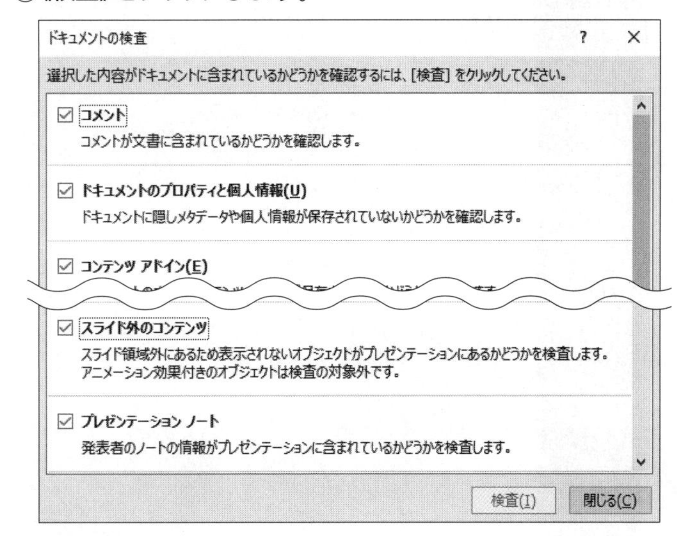

⑥検査結果が表示されます。

⑦《プレゼンテーションノート》の《すべて削除》をクリックします。

※《ドキュメントのプロパティと個人情報》は問題文に指示されていないので、削除しません。

⑧《閉じる》をクリックします。

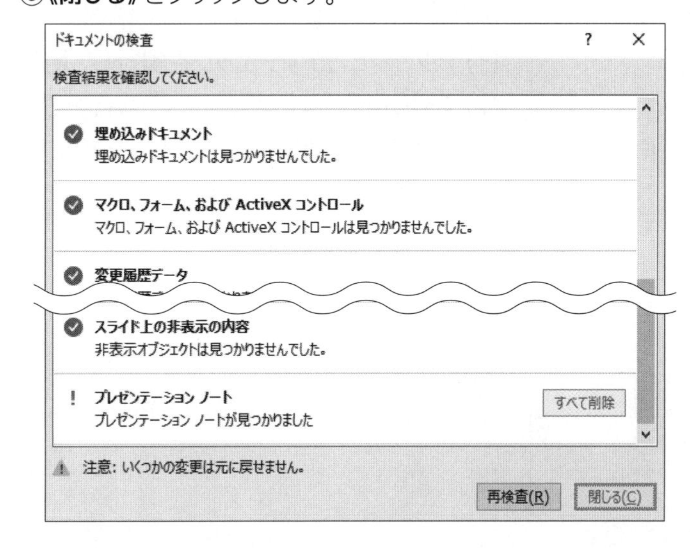

解説 ■アクセシビリティチェック

「アクセシビリティ」とは、すべての人が不自由なく情報を手に入れられるかどうか、使いこなせるかどうかを表す言葉です。
「アクセシビリティチェック」を使うと、視覚に障がいのある方などが音声読み上げソフトを利用するときに、判別しにくい情報が含まれていないかどうかをチェックできます。
アクセシビリティチェックでは、次のような内容を検査します。

内容	説明
代替テキスト	図やSmartArtグラフィックなどのオブジェクトに代替テキストが設定されているかどうかをチェックします。オブジェクトの内容を代替テキストで示しておくと、情報を理解しやすくなります。
タイトル行	表にタイトル行が設定されているかどうかをチェックします。適切な項目名を付けることによって、表の内容が理解しやすくなります。
表の構造	表の構造がシンプルであるかどうかをチェックします。結合されたセルが含まれていると、判別しにくくなる可能性があります。

2019 365 ◆《ファイル》タブ→《情報》→《問題のチェック》→《アクセシビリティチェック》

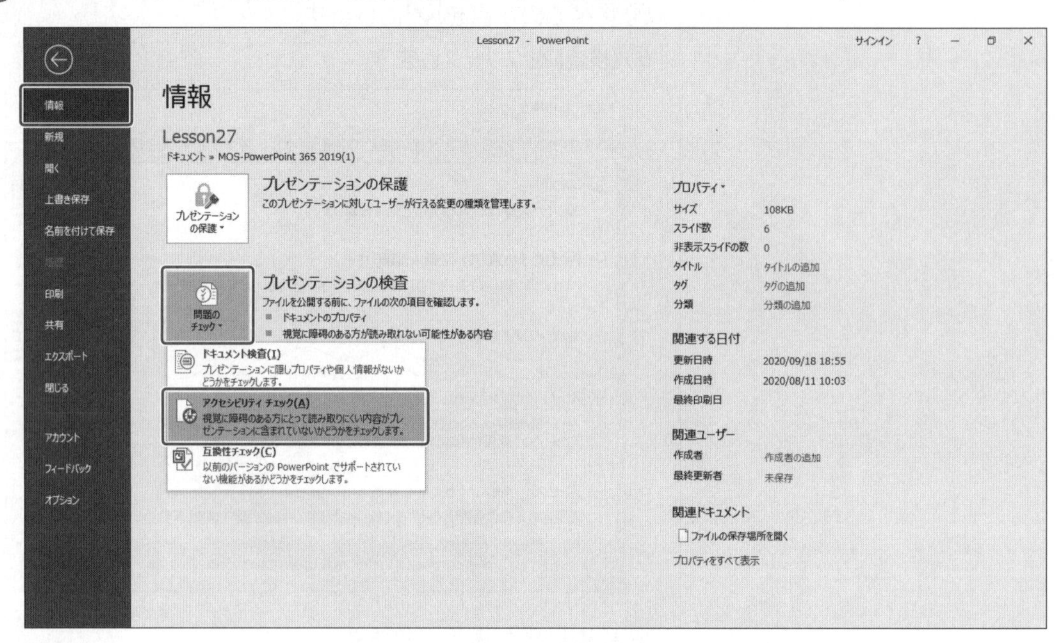

Lesson 27

プレゼンテーション「Lesson27」を開いておきましょう。

次の操作を行いましょう。

(1) アクセシビリティチェックを実行し、結果を確認してください。

(2) タイトル行がない表に、タイトル行を設定してください。

(3) 代替テキストがないSmartArtグラフィックに、代替テキスト「施設利用の流れ」を設定してください。

Lesson 27 Answer

その他の方法

アクセシビリティチェックの実行

2019 365

◆《校閲》タブ→《アクセシビリティ》グループの （アクセシビリティチェック）

Point

アクセシビリティチェックの結果

アクセシビリティチェックを実行して、問題があった場合には、次の3つのレベルに分類して表示されます。

レベル	説明
エラー	障がいがある方にとって、理解が難しい、または理解できないことを意味します。
警告	障がいがある方にとって、理解できない可能性が高いことを意味します。
ヒント	障がいがある方にとって、理解はできるが改善した方がよいことを意味します。

(1) (2) (3)

①**《ファイル》**タブを選択します。

②**《情報》**→**《問題のチェック》**→**《アクセシビリティチェック》**をクリックします。

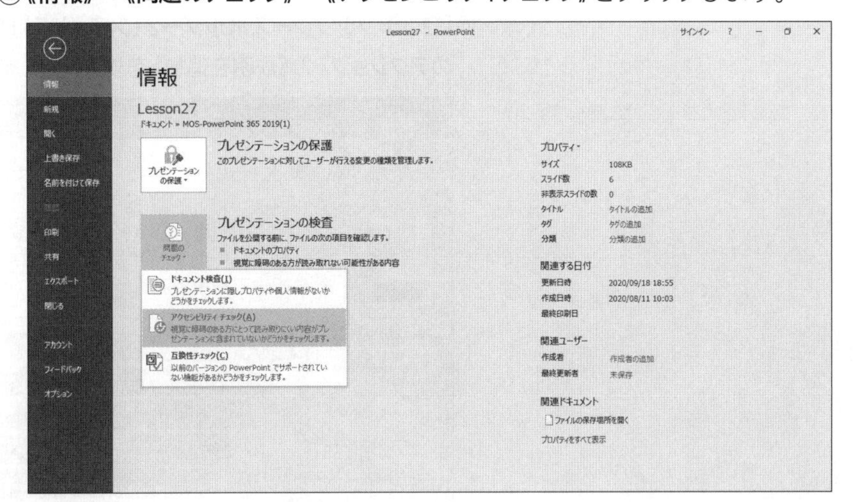

③アクセシビリティチェックが実行され、**《アクセシビリティチェック》**作業ウィンドウに検査結果が表示されます。

※2つのエラーが表示されます。

④**《エラー》**の**《表にタイトル行がありません》**の**「コンテンツプレースホルダー2（スライド3）」**をクリックします。

※「コンテンツプレースホルダー2（スライド3）」が表示されていない場合は、《表にタイトル行がありません》の ▶ をクリックします。

⑤スライド3の表が選択されます。

⑥**「コンテンツプレースホルダー2（スライド3）」**の をクリックし、一覧から**《おすすめアクション》**の**《最初の行をヘッダーとして使用》**を選択します。

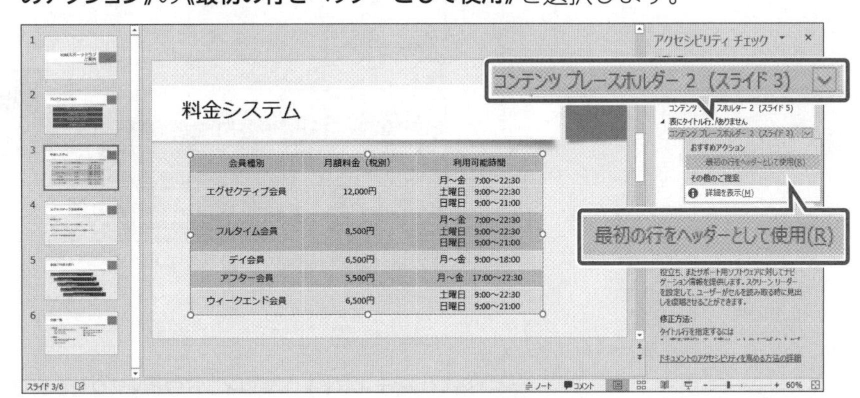

⑦**《アクセシビリティチェック》**作業ウィンドウの**《検査結果》**から表のエラーが表示されなくなります。

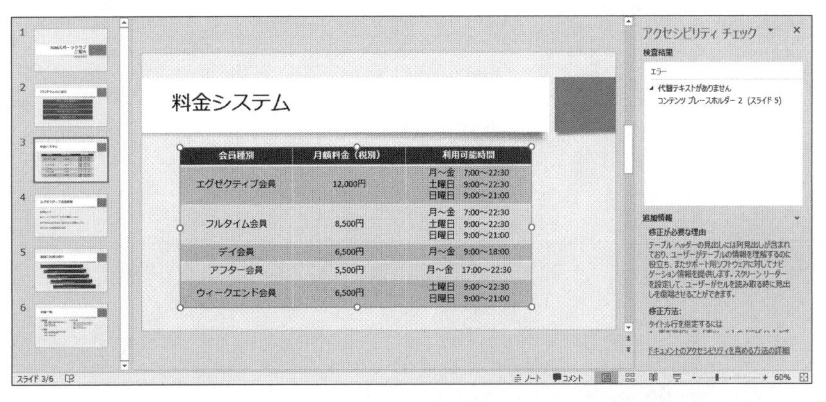

⑧**《エラー》**の**《代替テキストがありません》**の**「コンテンツプレースホルダー2（スライド5）」**をクリックします。

※「コンテンツプレースホルダー2（スライド5）」が表示されていない場合は、《代替テキストがありません》の ▶ をクリックします。

⑨スライド5のSmartArtグラフィックが選択されます。

⑩**「コンテンツプレースホルダー2（スライド5）」**の ∨ をクリックし、一覧から**《おすすめアクション》**の**《説明を追加》**を選択します。

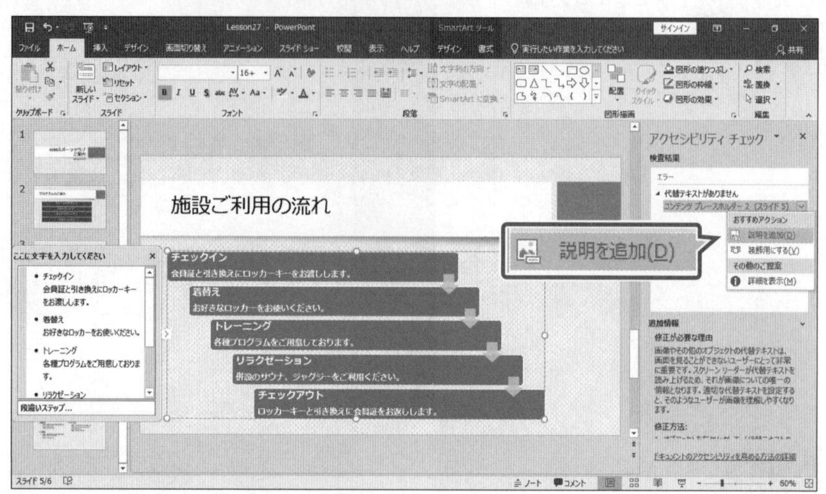

⑪**《代替テキスト》**作業ウィンドウが表示されます。

⑫**「施設利用の流れ」**と入力します。

⑬**《アクセシビリティチェック》**作業ウィンドウの**《検査結果》**から代替テキストのエラーと**《エラー》**のカテゴリが表示されなくなります。

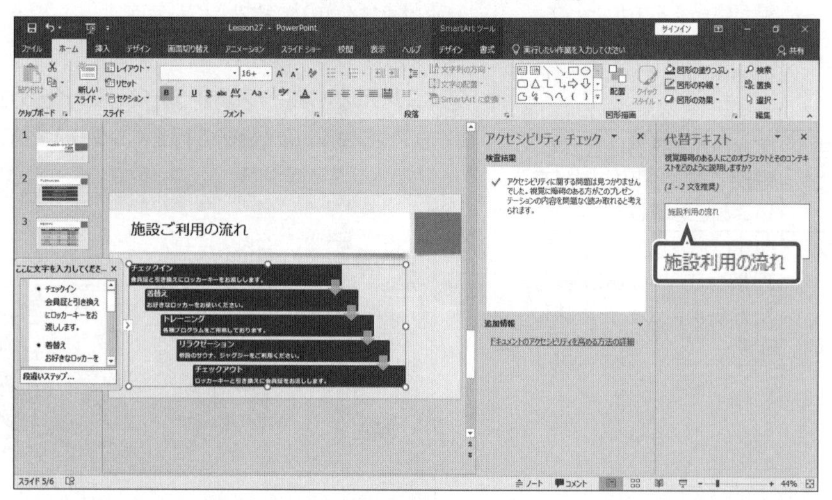

※《代替テキスト》作業ウィンドウと《アクセシビリティチェック》作業ウィンドウを閉じておきましょう。

解説 ■互換性チェック

ほかのユーザーとファイルをやり取りしたり、複数のパソコンでファイルをやり取りしたりする場合、ファイルの互換性を考慮しなければなりません。
「互換性チェック」を使うと、作成中のプレゼンテーションに、以前のバージョンのPowerPointでサポートされていない機能が含まれているかどうかをチェックできます。

2019 365 ◆《ファイル》タブ→《情報》→《問題のチェック》→《互換性チェック》

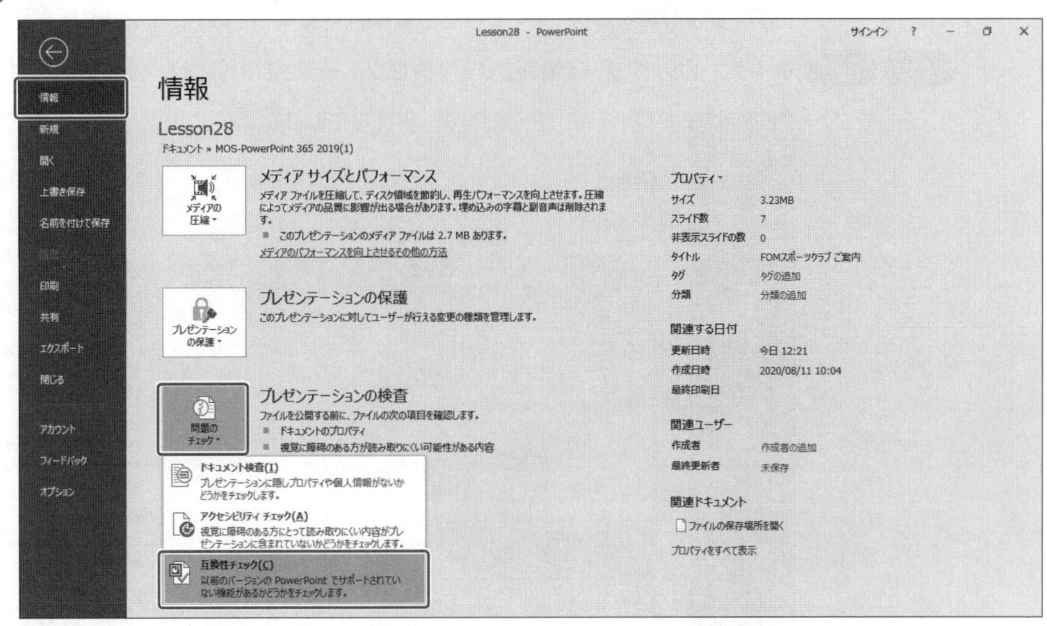

Lesson 28

 プレゼンテーション「Lesson28」を開いておきましょう。

次の操作を行いましょう。
(1) プレゼンテーションの互換性をチェックしてください。

Lesson 28 Answer

(1)

①**《ファイル》**タブを選択します。
②**《情報》**→**《問題のチェック》**→**《互換性チェック》**をクリックします。
③**《Microsoft PowerPoint互換性チェック》**ダイアログボックスが表示されます。
④**《概要》**にサポートされていない機能が表示されます。
⑤**《OK》**をクリックします。

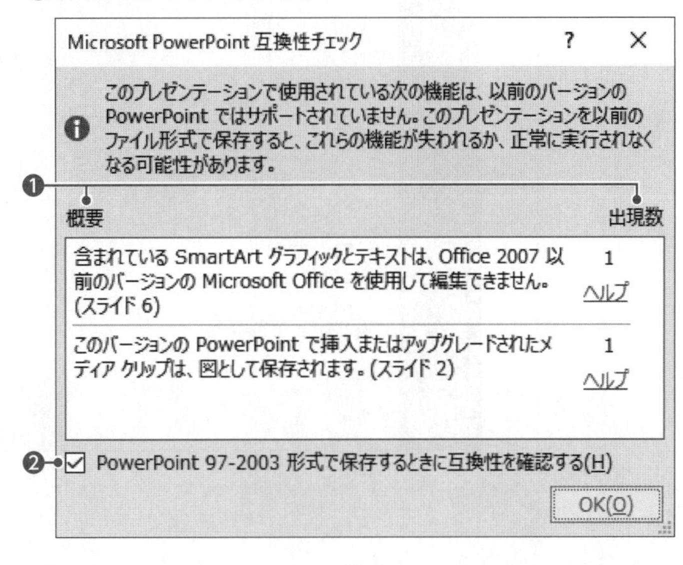

Point

《Microsoft PowerPoint互換性チェック》

❶概要と出現数
チェック結果の概要とプレゼンテーション内に該当する箇所がいくつあるかが表示されます。

❷PowerPoint 97-2003形式で保存するときに互換性を確認する
☑にしておくと、PowerPoint 97-2003形式で保存する際、常に互換性チェックが行われます。

1-5-4 編集を制限する

解 説 ■最終版にする

プレゼンテーションを最終版にすると、プレゼンテーションが読み取り専用になり、内容を変更できなくなります。プレゼンテーションが完成して、これ以上変更を加えない場合は、最終版にしておくと、内容が書き換えられることを防止できます。

2019 365 ◆《ファイル》タブ→《情報》→《プレゼンテーションの保護》→《最終版にする》

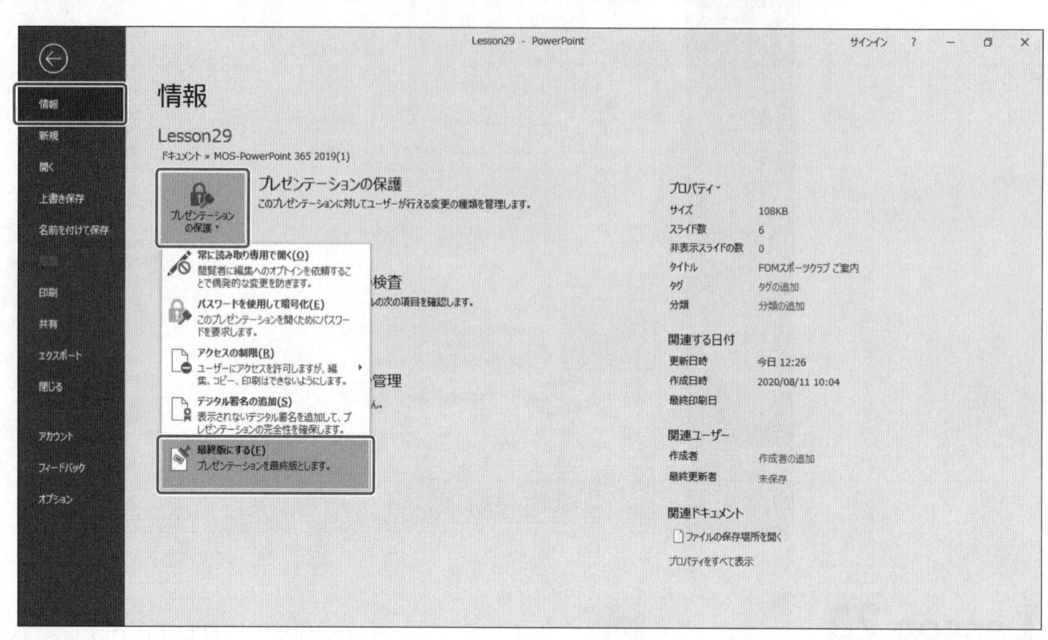

Lesson 29

プレゼンテーション「Lesson29」を開いておきましょう。

次の操作を行いましょう。

(1) プレゼンテーションを最終版として保存してください。

Lesson 29 Answer

(1)

①《ファイル》タブを選択します。

②《情報》→《プレゼンテーションの保護》→《最終版にする》をクリックします。

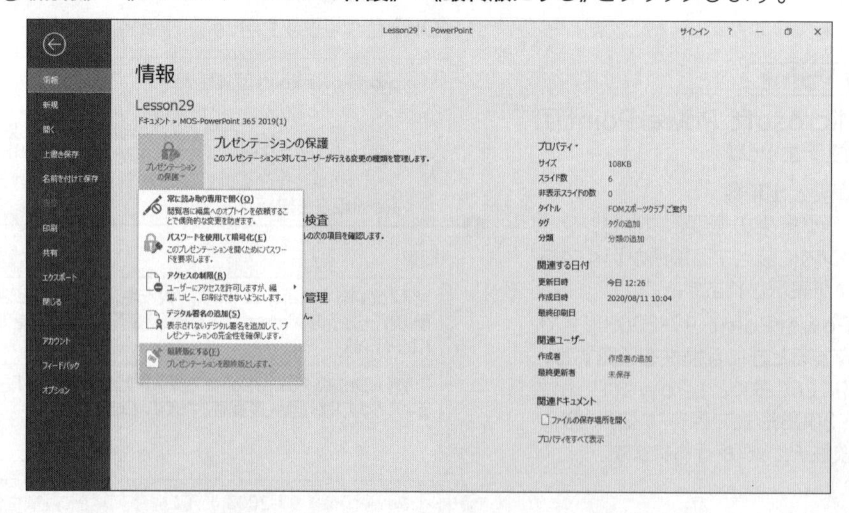

③メッセージを確認し、**《OK》**をクリックします。

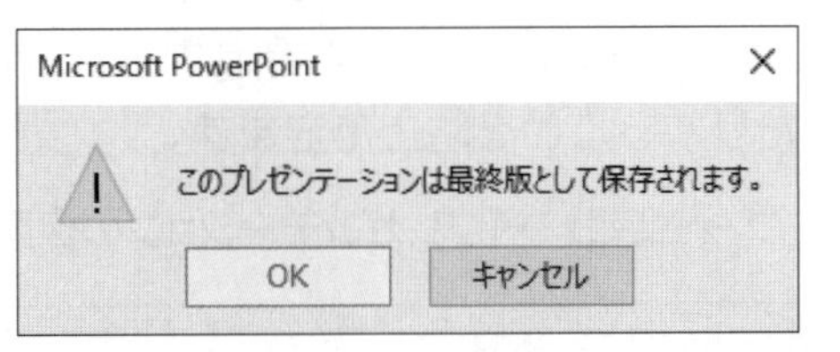

④メッセージを確認し、**《OK》**をクリックします。

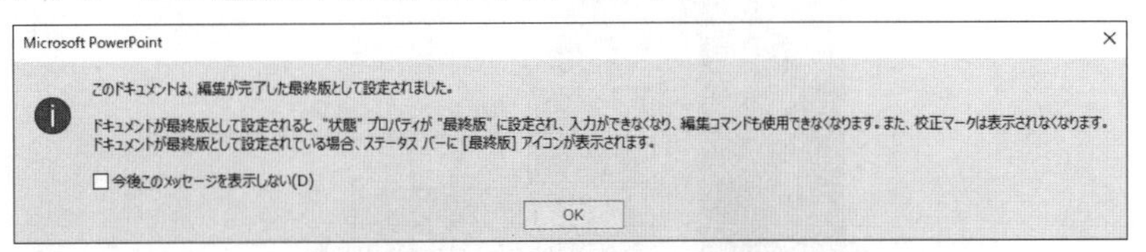

⑤プレゼンテーションが最終版として上書き保存されます。

⑥**《最終版》**のメッセージバーが表示されます。

⑦タイトルバーに**《[読み取り専用]》**が表示されます。

Point

最終版のプレゼンテーションの編集

最終版にしたプレゼンテーションを編集できる状態に戻すには、メッセージバーの《編集する》をクリックします。

解 説　■プレゼンテーションを常に読み取り専用で開く

プレゼンテーションを読み取り専用に設定すると、閲覧者が誤って内容を書き換えたり文字を削除したりすることを防止できます。

2019 365 ◆《ファイル》タブ→《情報》→《プレゼンテーションの保護》→《常に読み取り専用で開く》

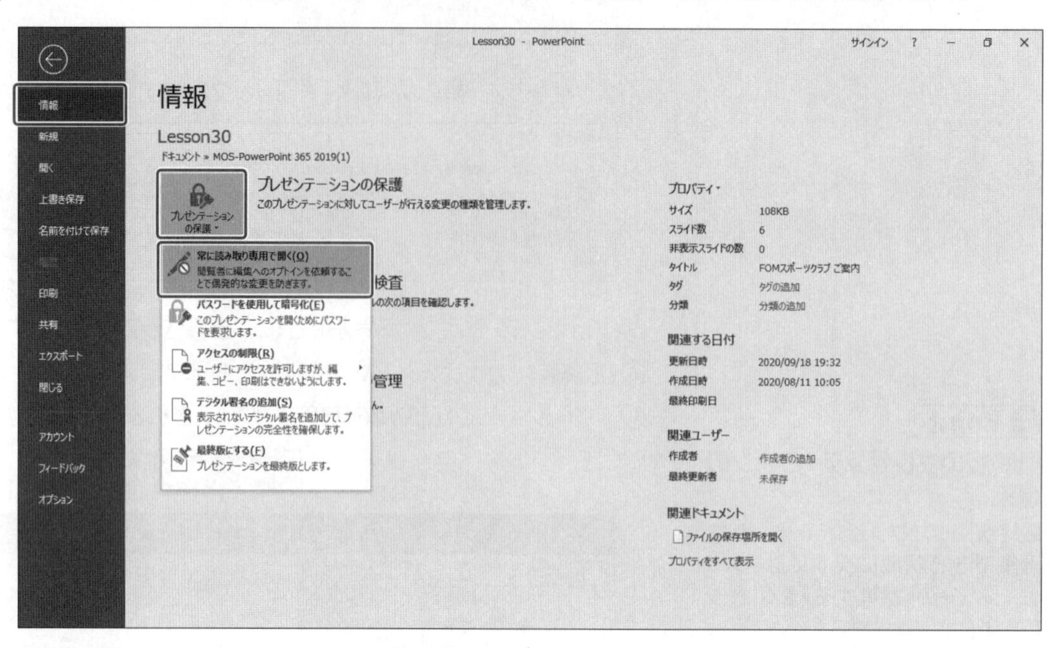

Lesson 30

 プレゼンテーション「Lesson30」を開いておきましょう。

次の操作を行いましょう。

(1) プレゼンテーションを常に読み取り専用で開くように設定し、「Lesson30読み取り専用」と名前を付けてフォルダー「MOS-PowerPoint 365 2019(1)」に保存してください。

(2) プレゼンテーション「Lesson30読み取り専用」を一旦閉じて、再度開いてください。

Lesson 30 Answer

(1)

①《ファイル》タブを選択します。

②《情報》→《プレゼンテーションの保護》→《常に読み取り専用で開く》をクリックします。

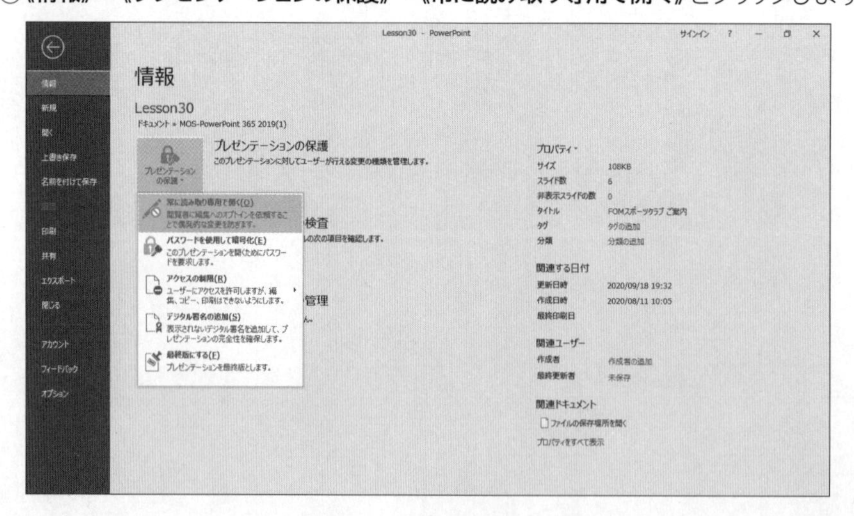

③読み取り専用に設定されます。

④**《名前を付けて保存》**→**《参照》**をクリックします。

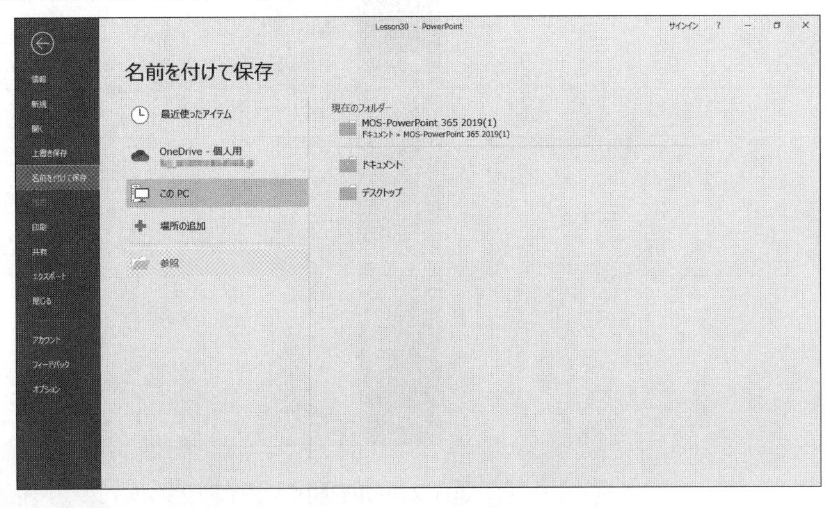

⑤**《名前を付けて保存》**ダイアログボックスが表示されます。

⑥フォルダー**「MOS-PowerPoint 365 2019(1)」**を開きます。

※《PC》→《ドキュメント》→「MOS-PowerPoint 365 2019(1)」を選択します。

⑦ファイル名に**「Lesson30読み取り専用」**と入力します。

⑧**《保存》**をクリックします。

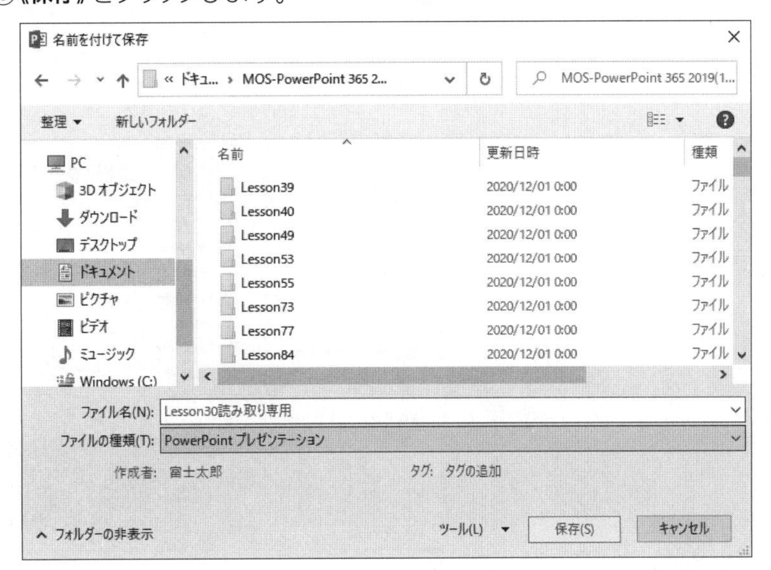

⑨プレゼンテーションが保存されます。

(2)

①**《ファイル》**タブを選択します。

②**《閉じる》**をクリックします。

③プレゼンテーションが閉じられます。

④**《ファイル》**タブを選択します。

⑤**《開く》**→**《参照》**をクリックします。

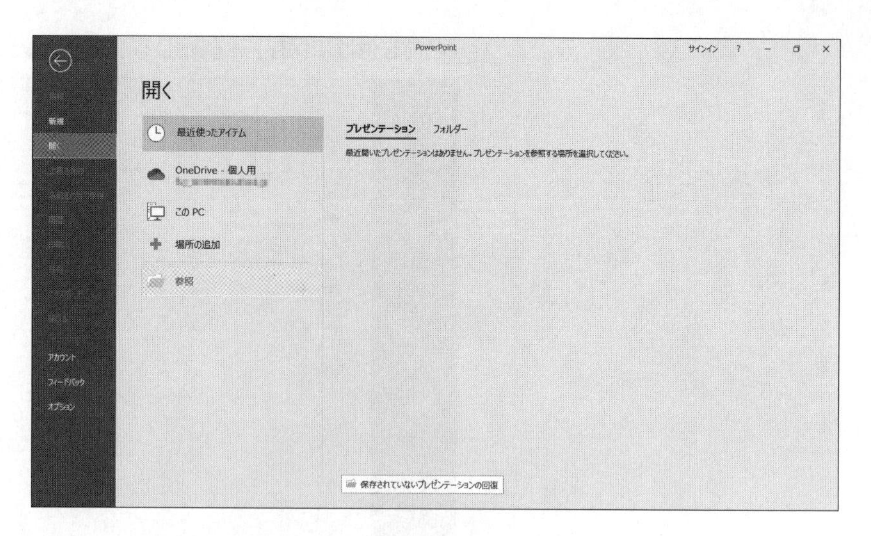

⑥**《ファイルを開く》**ダイアログボックスが表示されます。

⑦フォルダー**「MOS-PowerPoint 365 2019(1)」**を開きます。

※《PC》→《ドキュメント》→「MOS-PowerPoint 365 2019(1)」を選択します。

⑧一覧から**「Lesson30読み取り専用」**を選択します。

⑨**《開く》**をクリックします。

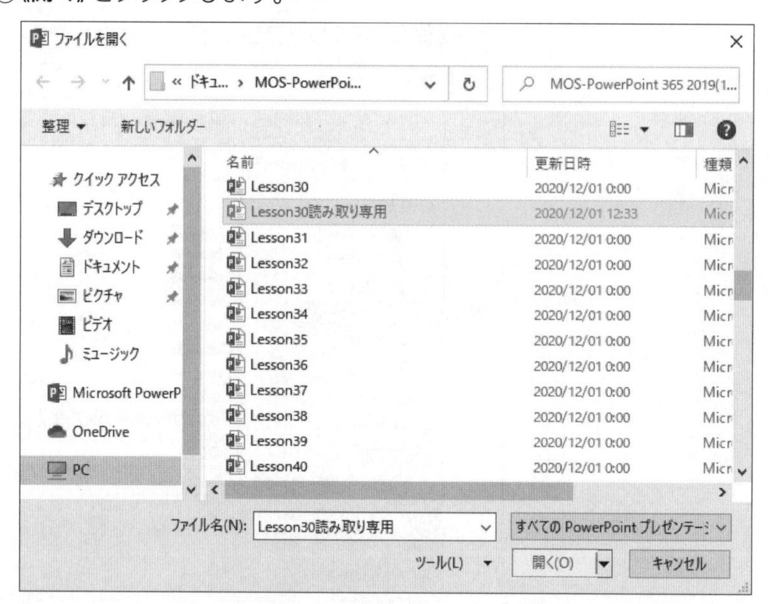

⑩プレゼンテーションが読み取り専用で開かれます。

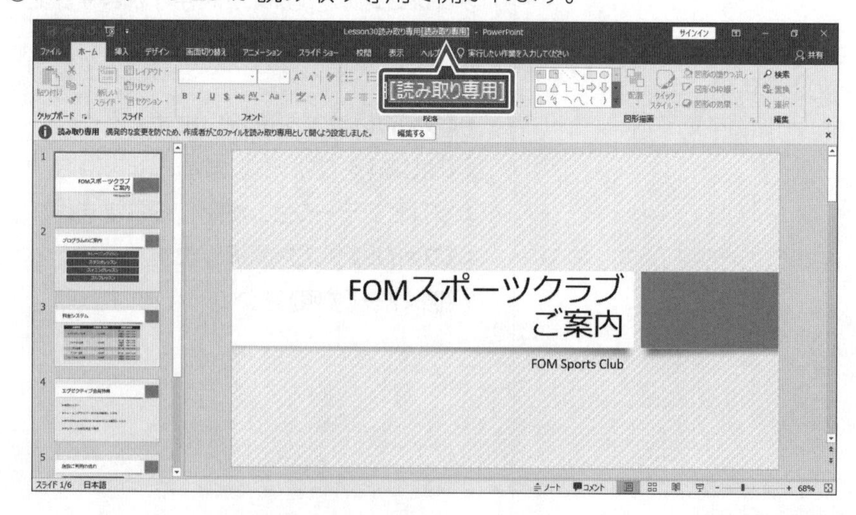

Point

読み取り専用の解除

読み取り専用に設定したプレゼンテーションには、《読み取り専用》の情報バーが表示されます。情報バーの《編集する》をクリックすると、読み取り専用が解除されます。

1-5-5 パスワードを使用してプレゼンテーションを保護する

解説

■パスワードを使用して暗号化

プレゼンテーションをパスワードで保護すると、プレゼンテーションを開くときにパスワードの入力が求められます。パスワードを知っているユーザーしかプレゼンテーションを開くことができなくなるので、機密性を高めることができます。

2019 365 ◆《ファイル》タブ→《情報》→《プレゼンテーションの保護》→《パスワードを使用して暗号化》

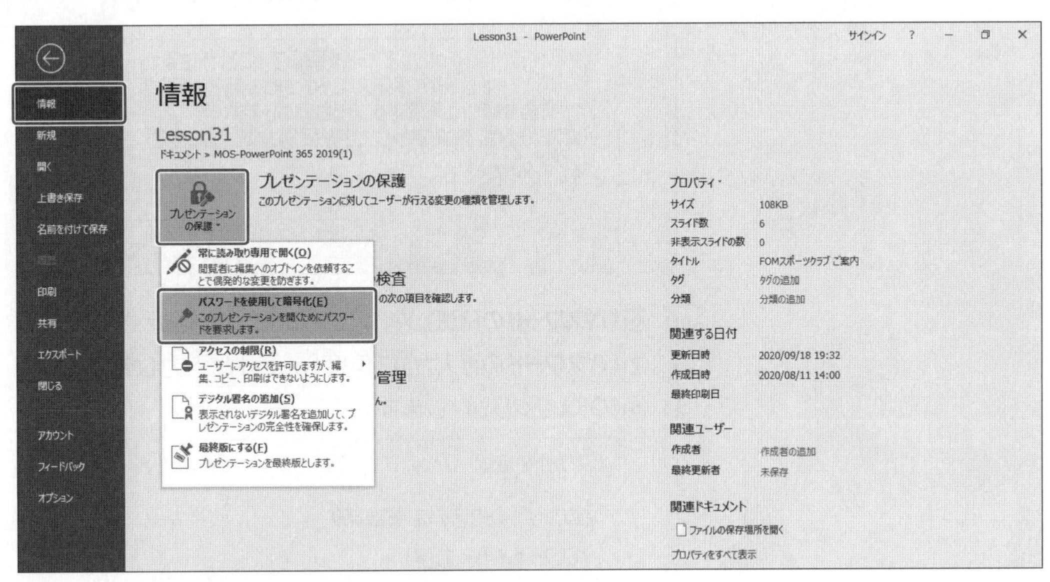

Lesson 31

プレゼンテーション「Lesson31」を開いておきましょう。

次の操作を行いましょう。

(1) 開いているプレゼンテーションをパスワード「pass」で保護してください。次に、プレゼンテーションに「Lesson31パスワード保護」と名前を付けて、フォルダー「MOS-PowerPoint 365 2019（1）」に保存してください。

(2) プレゼンテーション「Lesson31パスワード保護」を一旦閉じて、再度開いてください。

Lesson 31 Answer

(1)

①**《ファイル》**タブを選択します。

②**《情報》**→**《プレゼンテーションの保護》**→**《パスワードを使用して暗号化》**をクリックします。

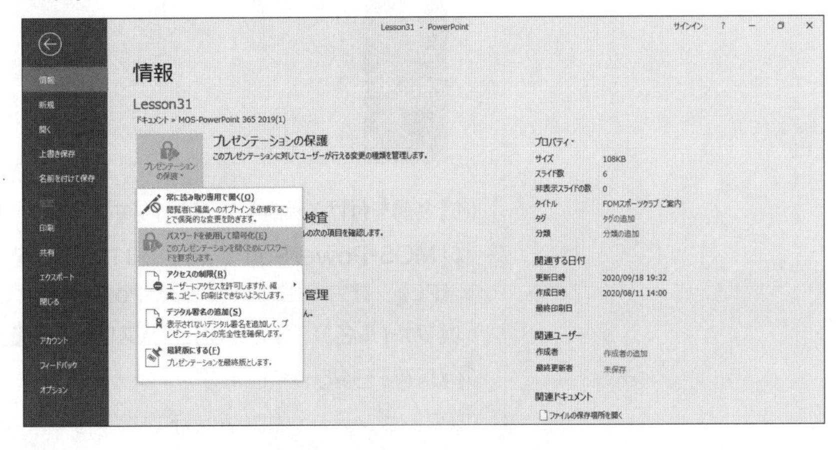

③**《ドキュメントの暗号化》**ダイアログボックスが表示されます。

④**《パスワード》**に**「pass」**と入力します。

※入力したパスワードは「●」で表示されます。

※大文字と小文字は区別されます。

⑤**《OK》**をクリックします。

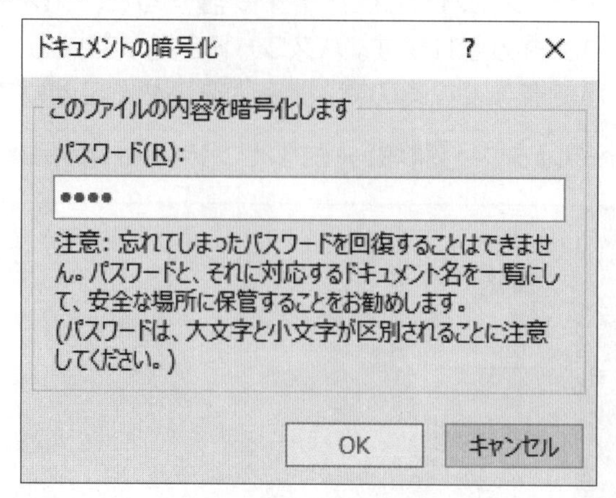

⑥**《パスワードの確認》**ダイアログボックスが表示されます。

⑦**《パスワードの再入力》**に再度**「pass」**と入力します。

⑧**《OK》**をクリックします。

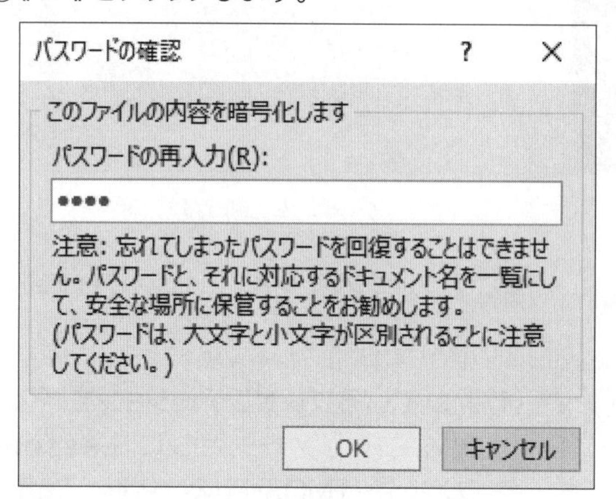

⑨パスワードが設定されます。

⑩**《名前を付けて保存》**→**《参照》**をクリックします。

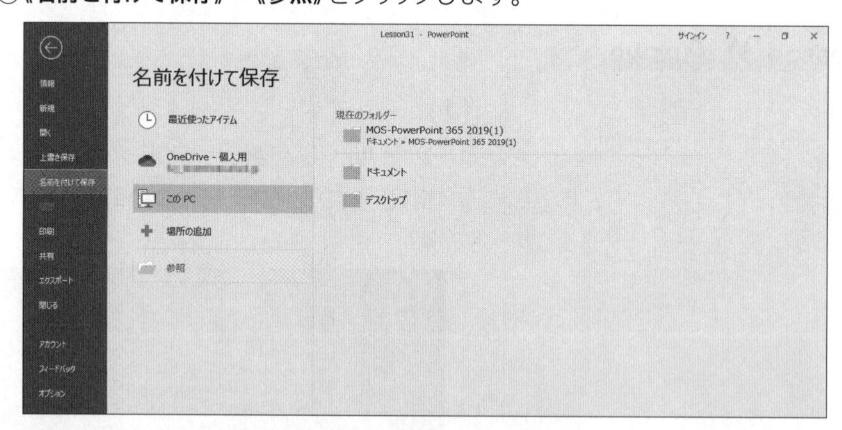

⑪**《名前を付けて保存》**ダイアログボックスが表示されます。

⑫**「MOS-PowerPoint 365 2019(1)」**を開きます。

※《PC》→《ドキュメント》→「MOS-PowerPoint 365 2019(1)」を選択します。

⑬**《ファイル名》**に**「Lesson31パスワード保護」**と入力します。

⑭**《保存》**をクリックします。

⑮プレゼンテーションが保存されます。

(2)

①**《ファイル》**タブを選択します。

②**《閉じる》**をクリックします。

③プレゼンテーションが閉じられます。

④**《ファイル》**タブを選択します。

⑤**《開く》**→**《参照》**をクリックします。

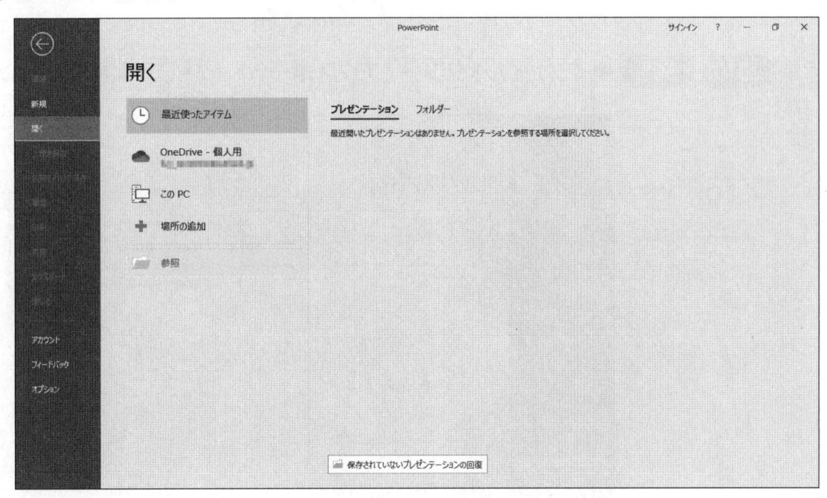

⑥**《ファイルを開く》**ダイアログボックスが表示されます。

⑦フォルダー**「MOS-PowerPoint 365 2019(1)」**を開きます。

※《PC》→《ドキュメント》→「MOS-PowerPoint 365 2019(1)」を選択します。

⑧一覧から**「Lesson31パスワード保護」**を選択します。

⑨**《開く》**をクリックします。

⑩**《パスワード》**ダイアログボックスが表示されます。

⑪**《パスワード》**に**「pass」**と入力します。

⑫**《OK》**をクリックします。

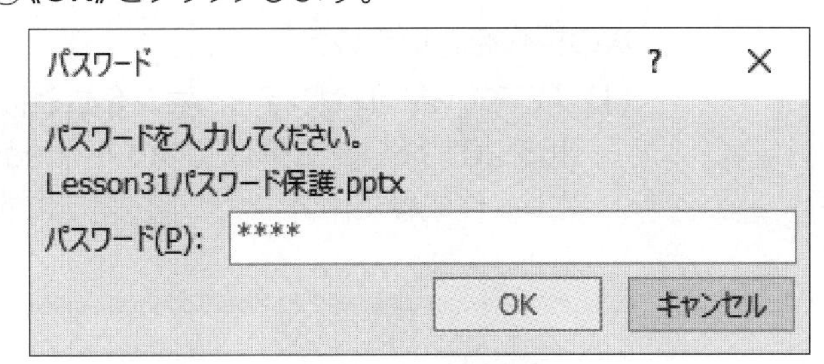

⑬プレゼンテーションが開かれます。

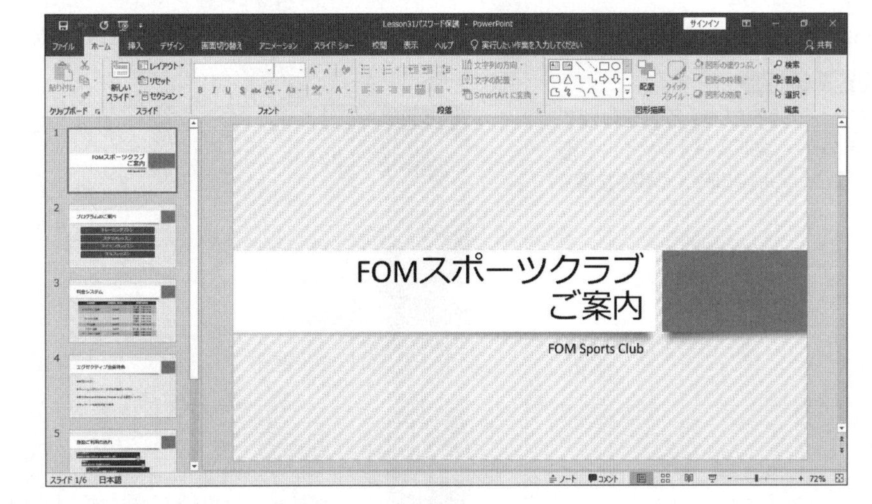

Point

パスワードの解除

2019 365

◆《ファイル》タブ→《情報》→《プレゼンテーションの保護》→《パスワードを使用して暗号化》→《パスワード》のパスワードを削除

1-5-6 プレゼンテーションを別の形式にエクスポートする

解 説

■PDF/XPSドキュメントの作成

作成したプレゼンテーションをもとに、PDFファイルやXPSファイルを作成できます。PDFファイルやXPSファイルは、パソコンの機種や環境に関わらず、アプリで作成したとおりに表示できるファイルです。

2019 365 ◆《ファイル》タブ→《エクスポート》→《PDF/XPSドキュメントの作成》

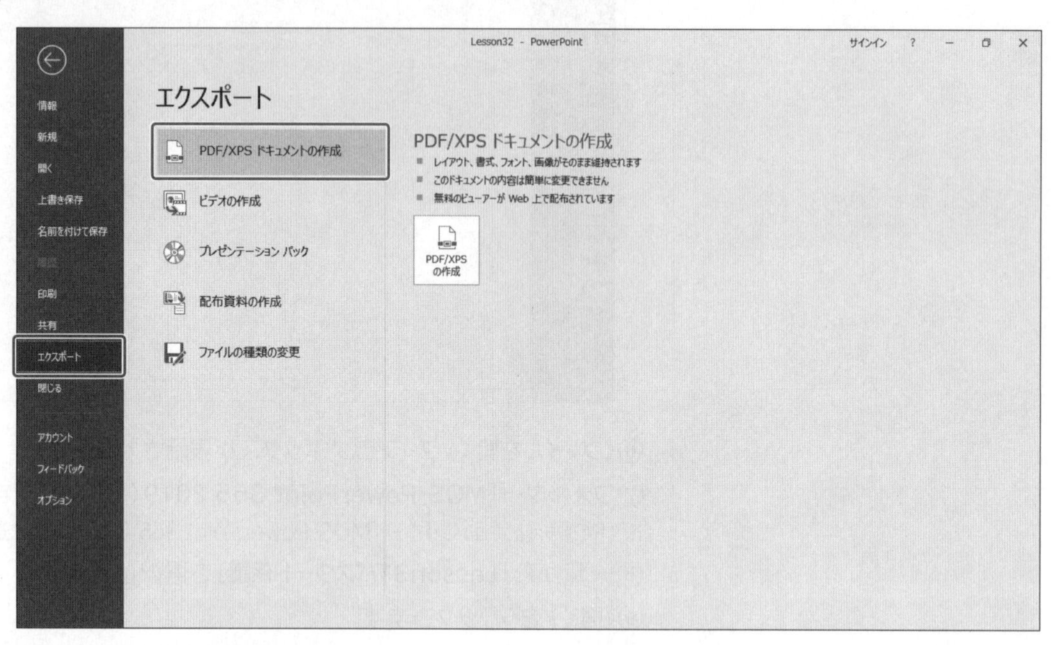

Lesson 32

プレゼンテーション「Lesson32」を開いておきましょう。

次の操作を行いましょう。

(1)開いているプレゼンテーションをもとに、フォルダー「MOS-PowerPoint 365 2019(1)」に、PDFファイル「Lesson32配布用PDF」を作成してください。作成後にPDFファイルを開きます。

Lesson 32 Answer

その他の方法

PDF/XPSドキュメントの作成

2019 365

◆《ファイル》タブ→《名前を付けて保存》→《参照》→《ファイルの種類》の▽→《PDF》/《XPS文書》

(1)

①**《ファイル》**タブを選択します。

②**《エクスポート》**→**《PDF/XPSドキュメントの作成》**→**《PDF/XPSの作成》**をクリックします。

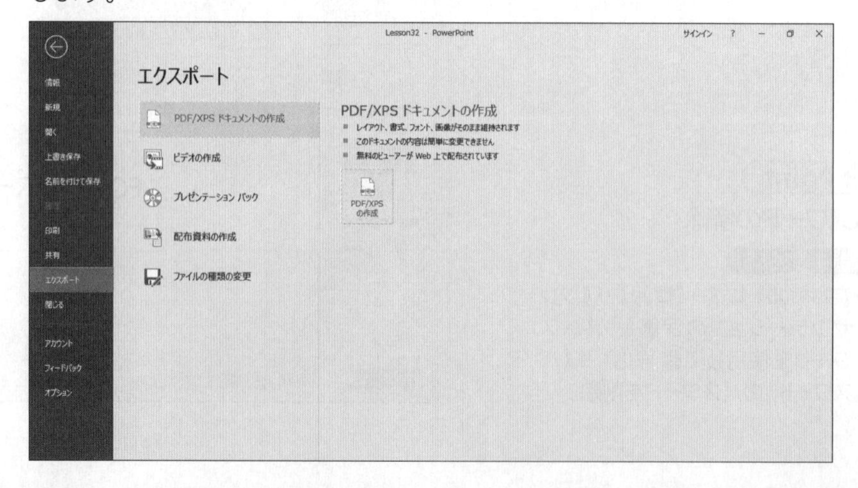

③**《PDFまたはXPS形式で発行》**ダイアログボックスが表示されます。

④**「MOS-PowerPoint 365 2019(1)」**を開きます。

※《PC》→《ドキュメント》→「MOS-PowerPoint 365 2019(1)」を選択します。

⑤**《ファイル名》**に**「Lesson32配布用PDF」**と入力します。

⑥**《ファイルの種類》**の[∨]をクリックし、一覧から**《PDF》**を選択します。

⑦**《発行後にファイルを開く》**を[✔]にします。

⑧**《発行》**をクリックします。

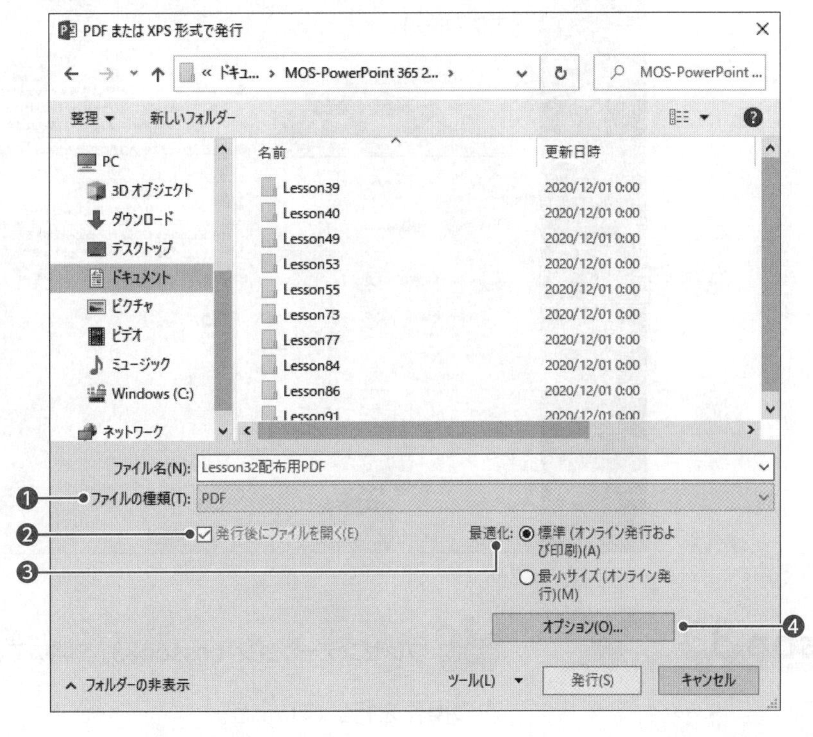

Point

《PDFまたはXPS形式で発行》

❶ファイルの種類

ファイル形式を《PDF》または《XPS文書》から選択します。

❷発行後にファイルを開く

[✔]にすると、閲覧用のアプリが起動して、ファイルが開かれます。

❸最適化

ファイルの品質を《標準》または《最小サイズ》から選択します。

❹オプション

プレゼンテーションの一部だけをファイルにしたり、配布資料やノートの形式でファイルにしたりなど、詳細を設定できます。

⑨PDFファイルを表示するアプリが起動し、PDFファイルが開かれます。

※PDFファイルを閉じておきましょう。

Point

ビデオ

ビデオが挿入されているスライドをもとにPDFファイルやXPSファイルを作成すると、ビデオの開始位置の映像が画像として保存されます。PDFファイルやXPSファイル上で、ビデオは再生できません。

解説 ■ビデオの作成

作成したプレゼンテーションをもとに、ビデオを作成できます。画面切り替え効果やアニメーションを適用しているプレゼンテーションでは、その動きがそのままビデオの映像になります。

2019 365 ◆《ファイル》タブ→《エクスポート》→《ビデオの作成》

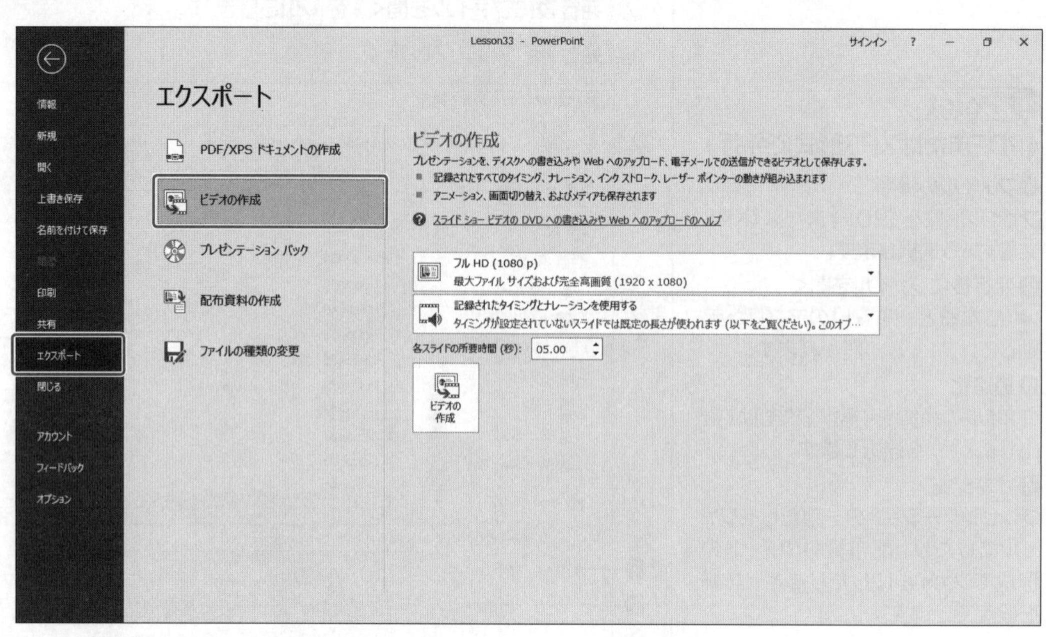

Lesson 33

プレゼンテーション「Lesson33」を開いておきましょう。

Hint

プレゼンテーション「Lesson33」には、画面切り替え効果やアニメーションが適用され、自動再生するように設定されています。

次の操作を行いましょう。

(1) 開いているプレゼンテーションをもとに、フォルダー「MOS-PowerPoint 365 2019(1)」に、MPEG-4ビデオ「Lesson33公開用ビデオ」を作成してください。ビデオの画質はHD(720p)にし、プレゼンテーションに記録されているタイミングを使用します。

Lesson 33 Answer

Point

ビデオの画質

❶Ultra HD(4K)
4K画質(3840×2160ピクセル)でビデオを作成します。ファイルサイズは一番大きくなります。
※お使いの環境によっては、表示されない場合があります。

❷フルHD(1080p)
フルHD画質(1920×1080ピクセル)でビデオを作成します。ファイルサイズは大きくなります。

❸HD(720p)
HD程度の画質(1280×720ピクセル)でビデオを作成します。ファイルサイズは中程度になります。

❹標準(480p)
標準画質(852×480ピクセル)でビデオを作成します。ファイルサイズは小さくなります。

(1)

①**《ファイル》**タブを選択します。

②**《エクスポート》**→**《ビデオの作成》**をクリックします。

③**《フルHD(1080p)》**をクリックし、一覧から**《HD(720p)》**を選択します。

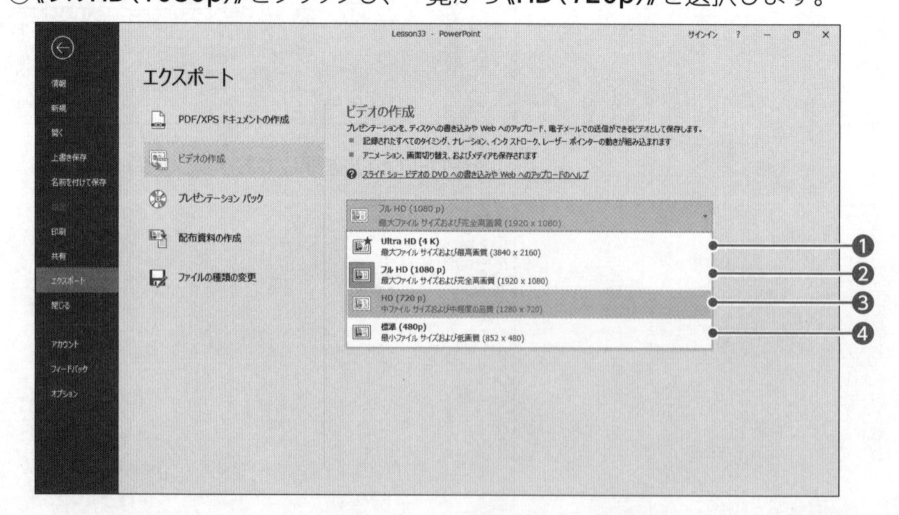

! Point

タイミングとナレーション

❶記録されたタイミングとナレーションを使用しない

すべてのスライドが《各スライドの所要時間》で切り替わります。ナレーションはビデオから削除されます。

❷記録されたタイミングとナレーションを使用する

記録されているタイミングでスライドが切り替わります。タイミングを設定していないスライドだけが、《各スライドの所要時間》で切り替わります。ナレーションもビデオに収録されます。

❸タイミングとナレーションの記録

タイミングとナレーションを記録する画面が表示されます。

これから記録するタイミングとナレーションでビデオを作成できます。

❹タイミングとナレーションのプレビュー

ビデオを作成する前に、タイミングとナレーションを確認できます。

! Point

ビデオのファイル形式

PowerPointで保存できるビデオのファイル形式は、《MPEG-4ビデオ》または《Windows Mediaビデオ》の2種類です。

④**《記録されたタイミングとナレーションを使用する》**になっていることを確認します。

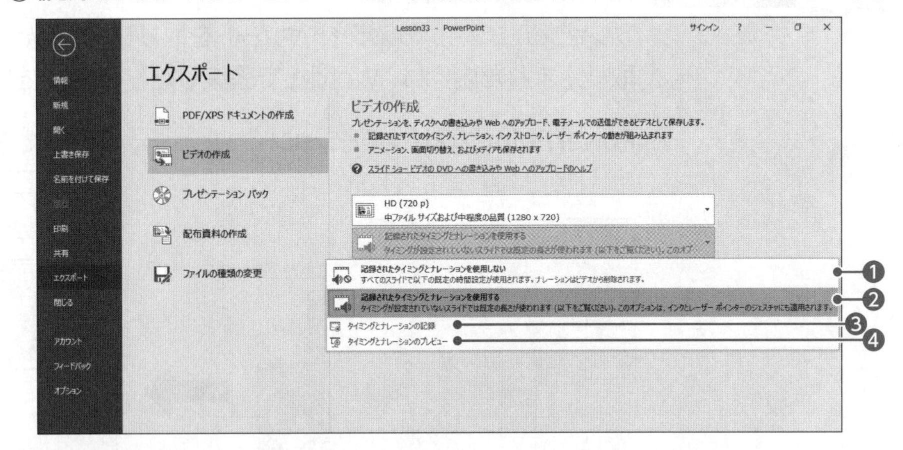

⑤**《ビデオの作成》**をクリックします。

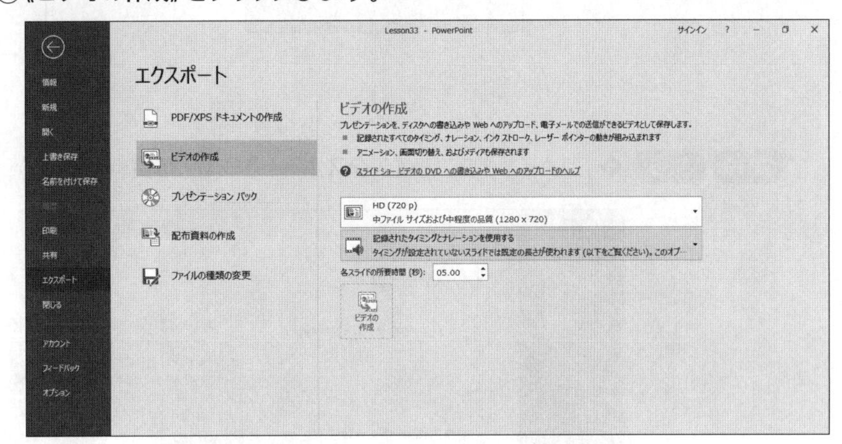

⑥**《名前を付けて保存》**ダイアログボックスが表示されます。

⑦**「MOS-PowerPoint 365 2019(1)」**を開きます。

※《PC》→《ドキュメント》→「MOS-PowerPoint 365 2019(1)」を選択します。

⑧**《ファイル名》**に**「Lesson33公開用ビデオ」**と入力します。

⑨**《ファイルの種類》**の ⌄ をクリックし、一覧から**《MPEG-4ビデオ》**を選択します。

⑩**《保存》**をクリックします。

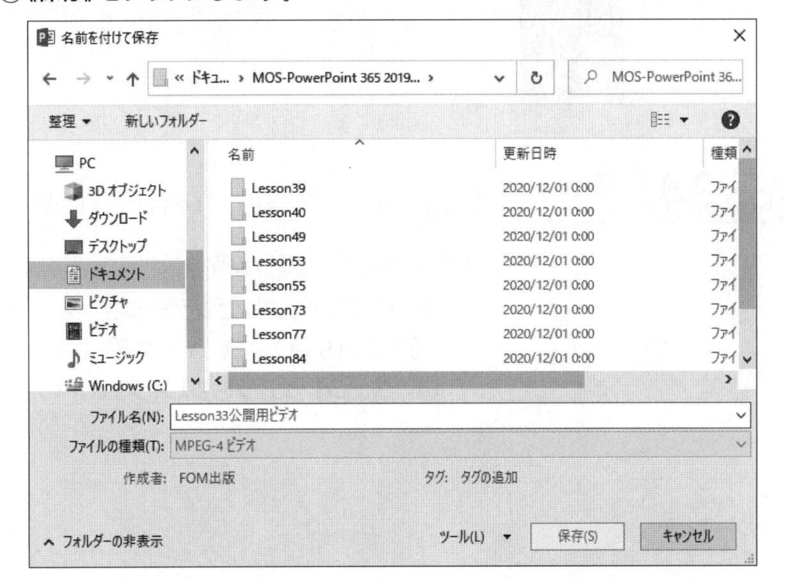

⑪ビデオが作成されます。

※ビデオの作成中は、ステータスバーにメッセージが表示されます。

※フォルダー「MOS-PowerPoint 365 2019(1)」のビデオ「Lesson33公開用ビデオ」をダブルクリックしてビデオを開き、映像を確認しておきましょう。

解説 ■Word文書の作成

プレゼンテーションのスライドやノートを取り込んだWord文書を作成できます。
取り込まれた内容は、Word上で編集したり印刷したりできます。

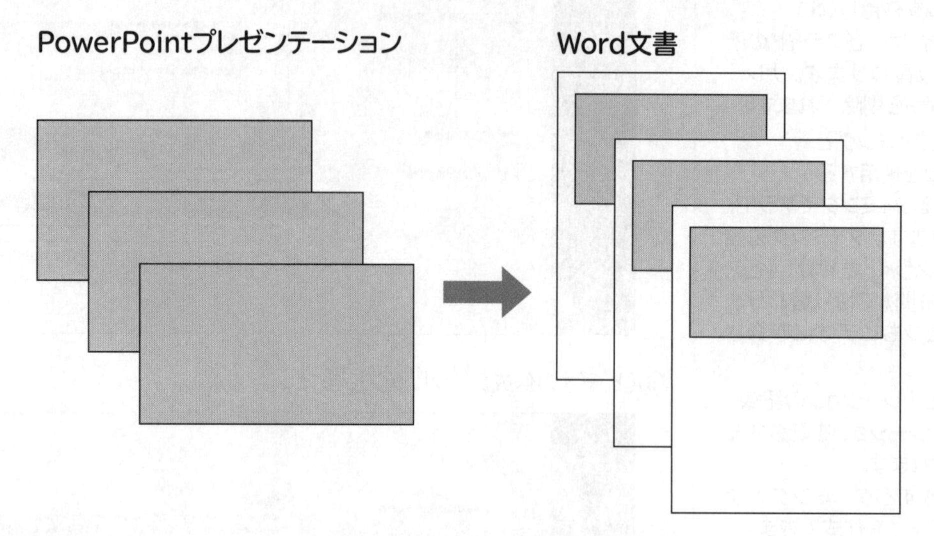

2019 365 ◆《ファイル》タブ→《エクスポート》→《配布資料の作成》

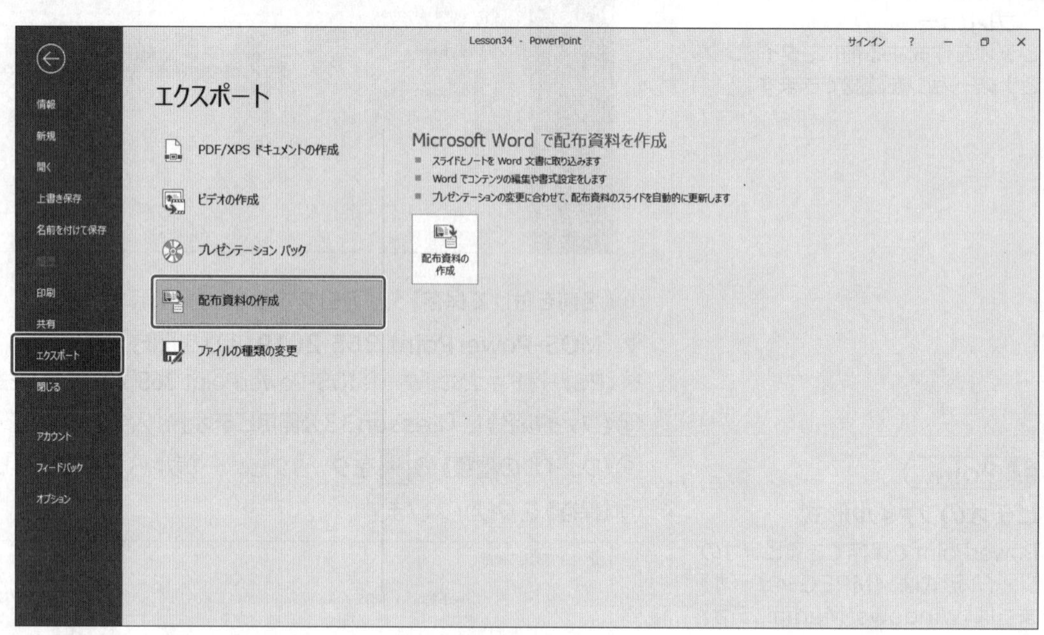

Lesson 34

 プレゼンテーション「Lesson34」を開いておきましょう。

次の操作を行いましょう。

(1) 開かれているプレゼンテーションをもとに、フォルダー「MOS-PowerPoint 365 2019(1)」にWord文書「Lesson34発表用台本」を作成してください。ページレイアウトは「スライド下の空白行」にします。

Lesson 34 Answer

Point

《Microsoft Wordに送る》

❶Microsoft Wordのページレイアウト

PowerPointのスライドを、Wordのページにどのように配置するかを選択します。

❷Microsoft Word文書にスライドを追加する

PowerPointのスライドをWordに貼り付ける形式を選択します。
《リンク貼り付け》を選択すると、PowerPointのスライドとWordのスライドがリンクされます。PowerPoint側でスライドを編集すると、Word側にも自動的に反映されます。

(1)

①**《ファイル》**タブを選択します。

②**《エクスポート》**→**《配布資料の作成》**→**《配布資料の作成》**をクリックします。

③**《Microsoft Wordに送る》**ダイアログボックスが表示されます。

④**《スライド下の空白行》**を◉にします。

⑤**《OK》**をクリックします。

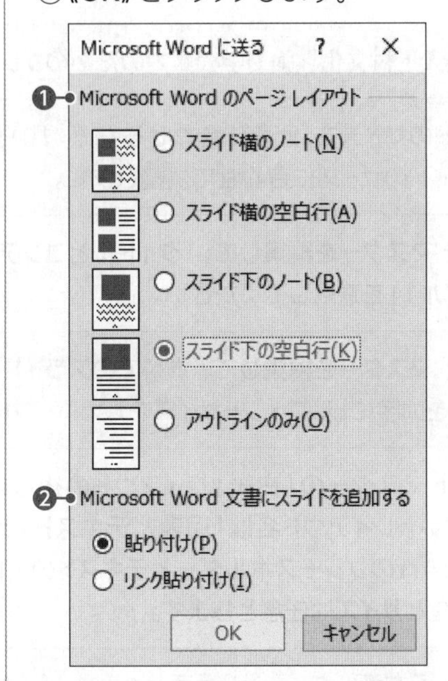

⑥Wordが起動し、Word文書が作成されます。

⑦タスクバーのWordのアイコンをクリックして、Wordに切り替えます。

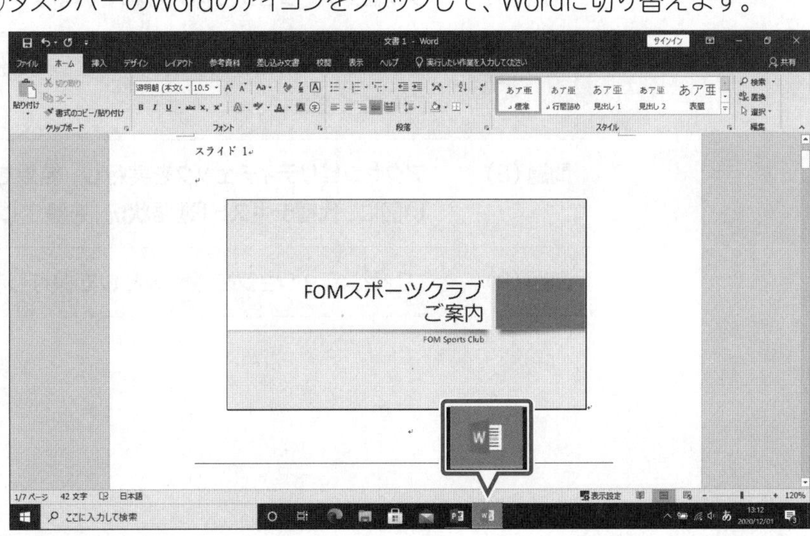

⑧**《ファイル》**タブを選択します。

⑨**《名前を付けて保存》**→**《参照》**をクリックします。

⑩**《名前を付けて保存》**ダイアログボックスが表示されます。

⑪**「MOS-PowerPoint 365 2019(1)」**を開きます。
※《PC》→《ドキュメント》→「MOS-PowerPoint 365 2019(1)」を選択します。

⑫**《ファイル名》**に**「Lesson34発表用台本」**と入力します。

⑬**《保存》**をクリックします。

⑭Word文書が保存されます。

Exercise 確認問題

解答 ▶ P.245

Lesson 35

プレゼンテーション「Lesson35」を開いておきましょう。

次の操作を行いましょう。

	学校法人下村文化学園で学校案内のためのプレゼンテーションを作成します。
問題(1)	スライドのサイズを「画面に合わせる(16：10)」に変更してください。コンテンツはスライドのサイズに合わせて調整します。
問題(2)	スライドマスターを編集して、「タイトルとコンテンツ」レイアウトに背景のスタイル「スタイル1」を適用してください。
問題(3)	スライドマスターを編集して、すべてのスライドに配置されている箇条書きの第1レベルを太字にし、フォントサイズを「20ポイント」に設定してください。
問題(4)	スライドマスターの「白紙」レイアウトの後ろに、新しいレイアウトを挿入してください。レイアウト名は「図表とテキスト」とします。新しいレイアウトには、SmartArtのプレースホルダーとテキストのプレースホルダーを配置してください。位置とサイズは任意とします。
問題(5)	ノートと配布資料に、ページ番号とヘッダー「下村文化学園」を挿入してください。
問題(6)	プレゼンテーションに挿入されているすべてのコメントを削除してください。
問題(7)	プレゼンテーションのプロパティとして、作成者「学生課」、分類「学校案内」を設定してください。
問題(8)	アクセシビリティチェックを実行し、結果を確認してください。代替テキストがない図に、代替テキスト「進路状況」を設定します。
問題(9)	プレゼンテーションを最終版として保存してください。

MOS PowerPoint 365&2019

出題範囲 2

スライドの管理

2-1 スライドを挿入する

出題範囲2　スライドの管理

☑ 理解度チェック

習得すべき機能	参照Lesson	学習前	学習後	試験直前
■新しいスライドを挿入できる。	➡Lesson36	☑	☑	☑
■スライドのレイアウトを変更できる。	➡Lesson37	☑	☑	☑
■スライドを複製できる。	➡Lesson38	☑	☑	☑
■ほかのプレゼンテーションからスライドを挿入できる。	➡Lesson39	☑	☑	☑
■Word文書をインポートできる。	➡Lesson40	☑	☑	☑
■サマリーズームのスライドを挿入できる。	➡Lesson41	☑	☑	☑

2-1-1 スライドを挿入し、スライドのレイアウトを選択する

解説

■スライドの挿入

プレゼンテーションには、**「タイトルとコンテンツ」「2つのコンテンツ」「タイトルのみ」**など、様々なレイアウトのスライドを挿入できます。

タイトルとコンテンツ

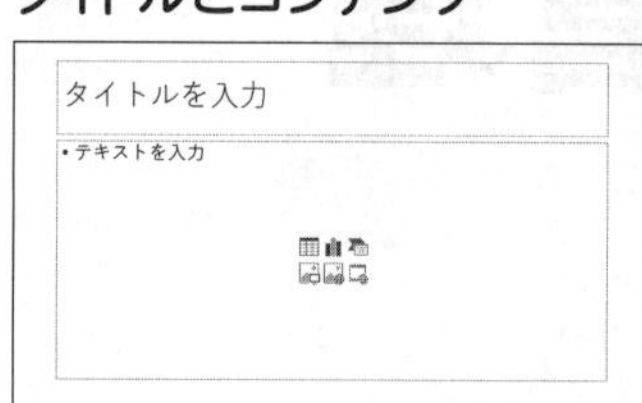

2つのコンテンツ

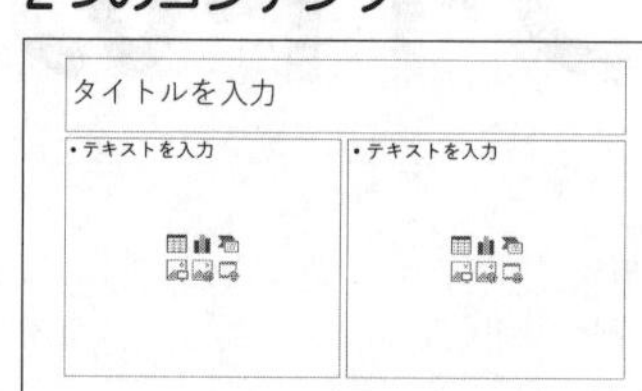

タイトルのみ

タイトルを入力

2019 365 ◆《ホーム》タブ→《スライド》グループの（新しいスライド）

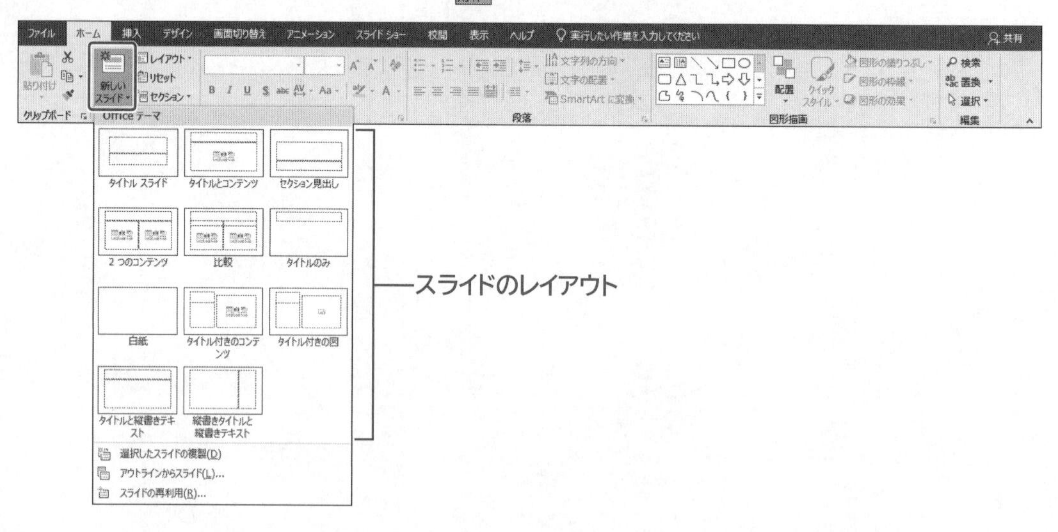

Lesson 36

 プレゼンテーション「Lesson36」を開いておきましょう。

次の操作を行いましょう。

(1) スライド10とスライド11の間に、レイアウトが「タイトルとコンテンツ」のスライドを挿入してください。

(2) 挿入したスライドにタイトル「考察□まとめ」を入力してください。

※□は全角空白を表します。

Lesson 36 Answer

(1)

①スライド10を選択します。

②**《ホーム》**タブ→**《スライド》**グループの（新しいスライド）の新しいスライド→**《タイトルとコンテンツ》**をクリックします。

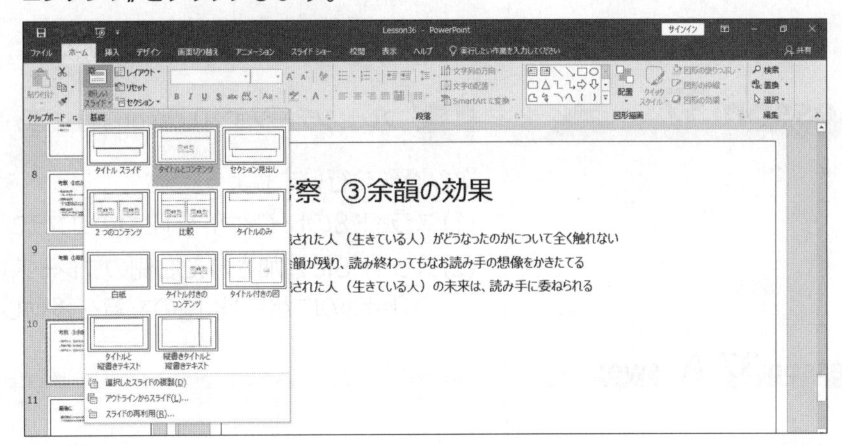

③スライド10の後ろに、新しいスライドが挿入されます。

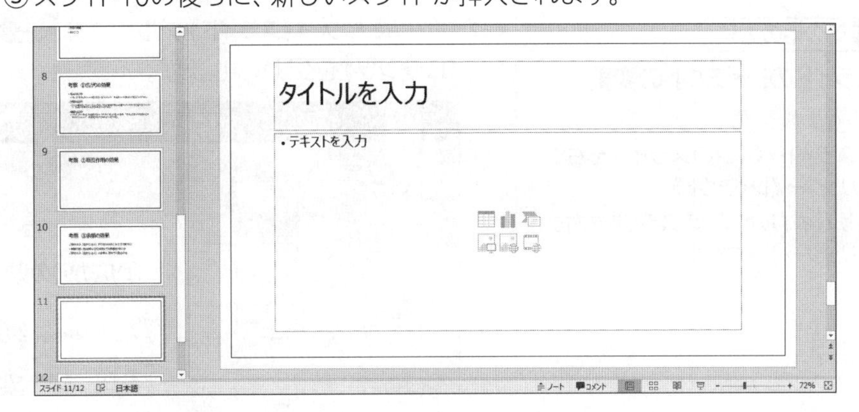

(2)

①スライド11を選択します。

②タイトルのプレースホルダーに**「考察　まとめ」**と入力します。

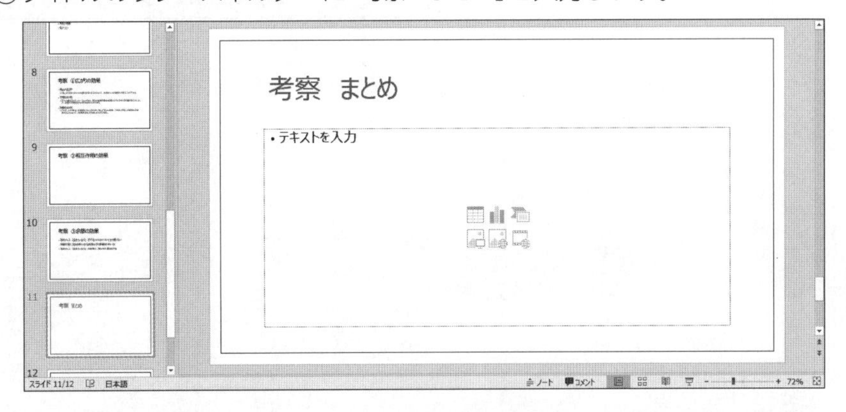

その他の方法

スライドの挿入

2019 365

◆スライドを選択→《挿入》タブ→《スライド》グループの（新しいスライド）の新しいスライド

◆サムネイルを右クリック→《新しいスライド》

◆Ctrl＋M

Point

スライドの挿入位置

新しいスライドは、選択されているスライドの後ろに挿入されます。

解説 ■スライドのレイアウトの変更

スライドを挿入したあとから、スライドのレイアウトを変更できます。

2019 365 ◆《ホーム》タブ→《スライド》グループの レイアウト (スライドのレイアウト)

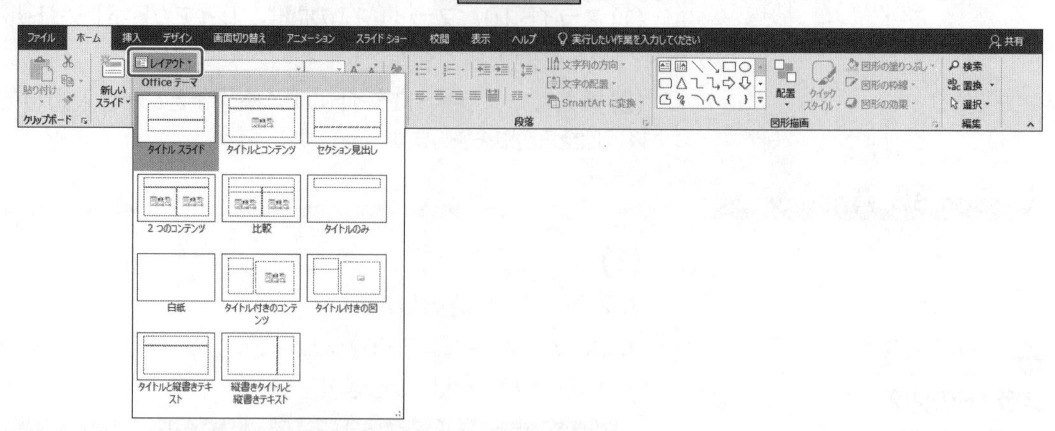

Lesson 37

プレゼンテーション「Lesson37」を開いておきましょう。

次の操作を行いましょう。

(1) スライド8のレイアウトを「2つのコンテンツ」に変更してください。

(2) スライド8に追加された右側のプレースホルダーに、左側のプレースホルダーの「時間の広がり」以降の文章を移動してください。

Lesson 37 Answer

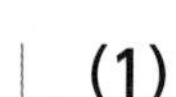

(1)

①スライド8を選択します。

②**《ホーム》**タブ→**《スライド》**グループの レイアウト (スライドのレイアウト)→**《2つのコンテンツ》**をクリックします。

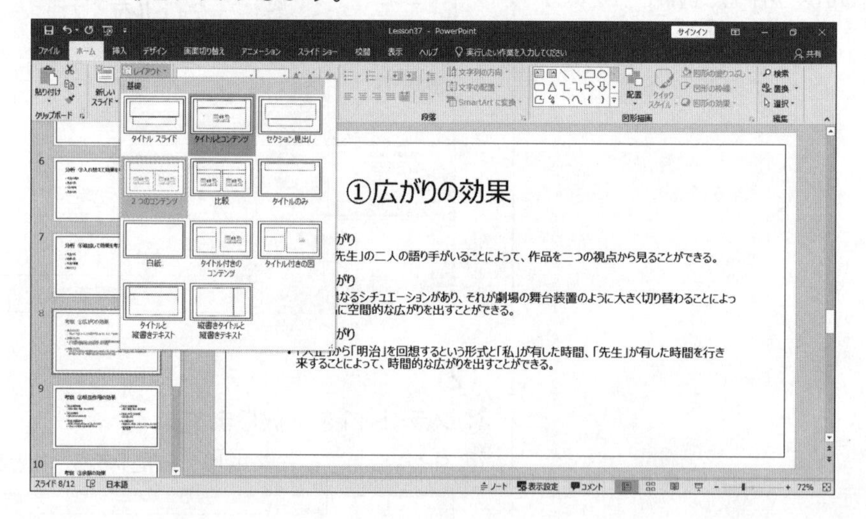

その他の方法

スライドのレイアウトの変更

2019 365

◆スライドペインのスライドを右クリック→《レイアウト》

◆サムネイルペインのスライドを右クリック→《レイアウト》

Point

プレースホルダー内のフォントサイズ

プレースホルダー内の文字のフォントサイズは、初期の設定でプレースホルダー内の行数によって自動的に変わります。

③スライドのレイアウトが変更されます。

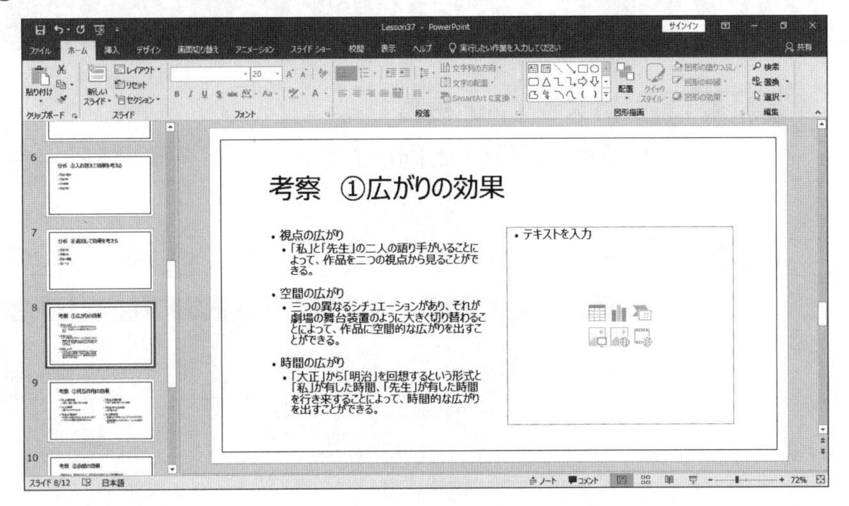

(2)

①スライド8を選択します。

②**「時間の広がり」**以降の文章を選択します。

③**《ホーム》**タブ→**《クリップボード》**グループの（切り取り）をクリックします。

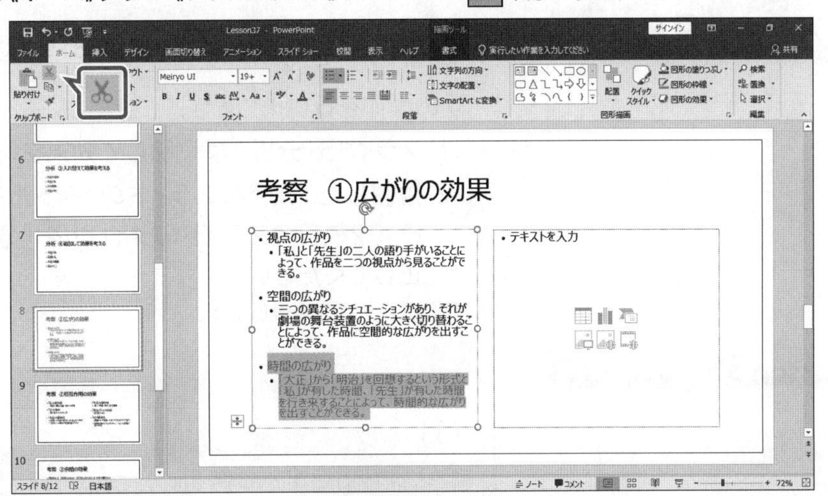

④右側のプレースホルダーを選択します。

⑤**《ホーム》**タブ→**《クリップボード》**グループの（貼り付け）をクリックします。

⑥文章が貼り付けられます。

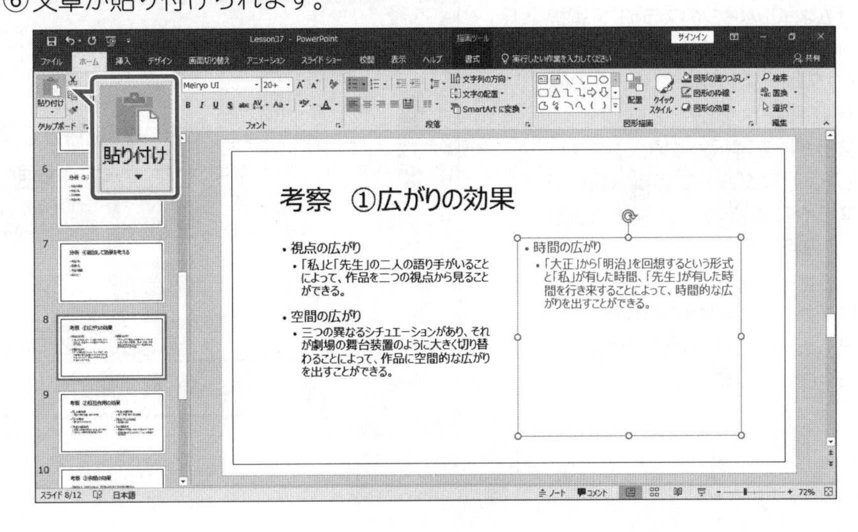

2-1-2 スライドを複製する

解説 ■スライドの複製

既存のスライドと同じようなスライドを作成する場合、スライドを複製して流用すると効率的です。

2019 365 ◆《ホーム》タブ→《スライド》グループの（新しいスライド）の新しいスライド→《選択したスライドの複製》

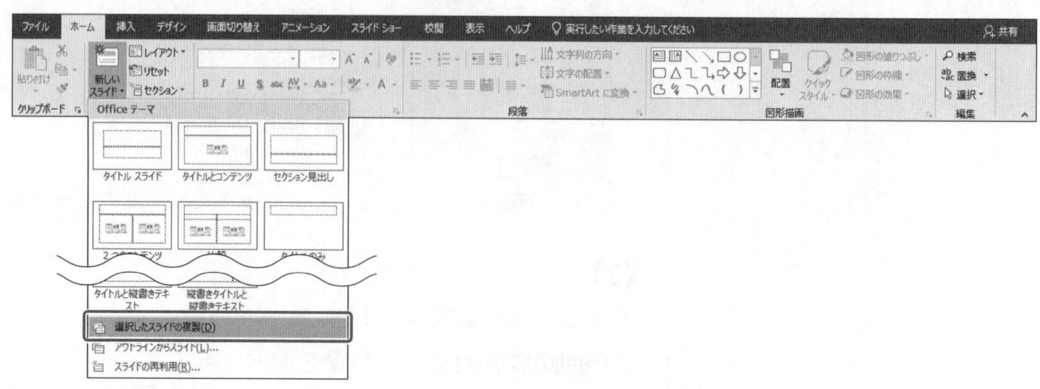

Lesson 38

OPEN プレゼンテーション「Lesson38」を開いておきましょう。

次の操作を行いましょう。

(1) スライド5「分析　②削除して効果を考える」を2枚複製してください。

(2) 複製した1枚目のスライドのタイトルを「分析□③入れ替えて効果を考える」、2枚目のスライドのタイトルを「分析□④追加して効果を考える」に修正してください。

※□は全角空白を表します。

Lesson 38 Answer

(1)

①スライド5を選択します。

②**《ホーム》**タブ→**《スライド》**グループの（新しいスライド）の新しいスライド→**《選択したスライドの複製》**をクリックします。

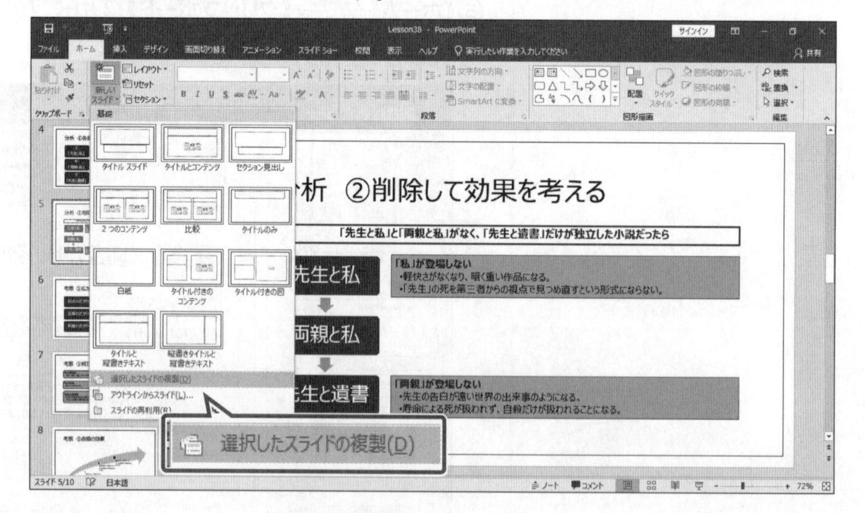

その他の方法

スライドの複製

2019 365

◆サムネイルペインのスライドを選択→《ホーム》タブ→《クリップボード》グループの（コピー）の→《複製》

◆スライドを選択→《挿入》タブ→《スライド》グループの（新しいスライド）の新しいスライド→《選択したスライドの複製》

◆サムネイルペインのスライドを右クリック→《スライドの複製》

◆サムネイルペインのスライドを選択→Ctrl＋D

Point

スライドの挿入位置

複製したスライドは、選択されているスライドの後ろに挿入されます。

Point

繰り返し

[F4]を押すと、直前に実行したコマンドを繰り返すことができます。ただし、[F4]を押しても繰り返し実行できない場合もあります。

③スライド5の後ろに、複製したスライドが挿入されます。

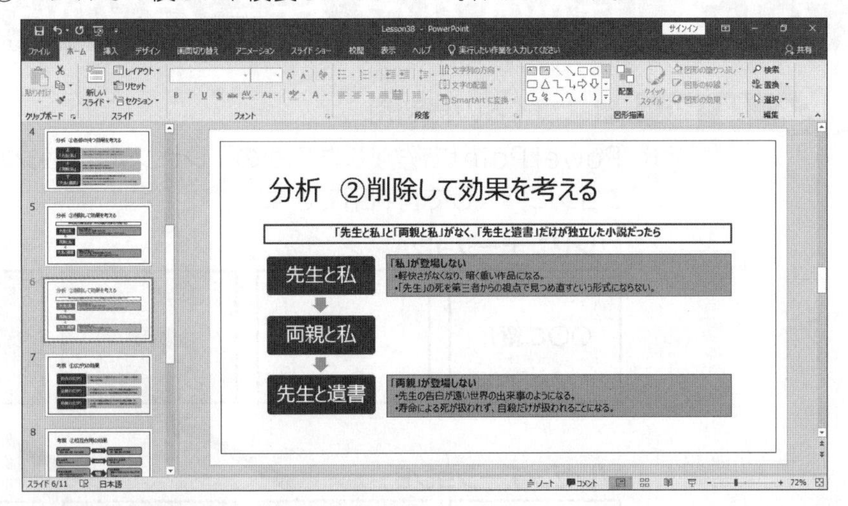

④[F4]を押します。

※[F4]を使うと、直前の操作を繰り返すことができます。

(2)

①スライド6を選択します。

②タイトルを**「分析　③入れ替えて効果を考える」**に修正します。

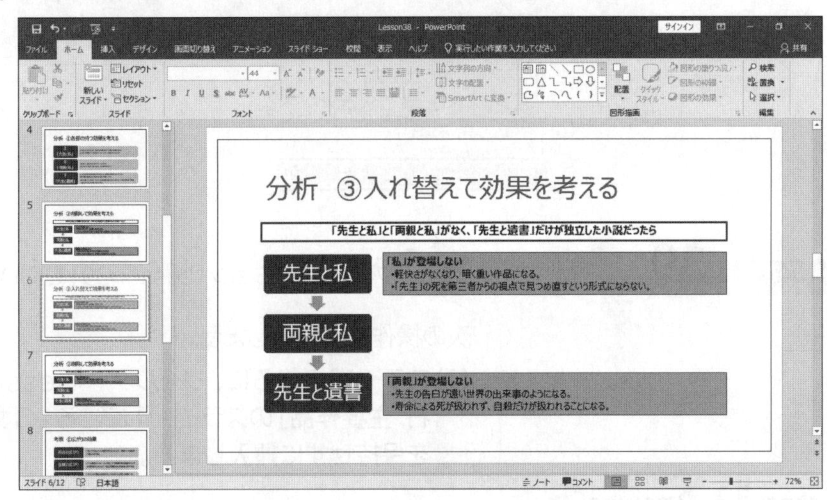

③スライド7を選択します。

④タイトルを**「分析　④追加して効果を考える」**に修正します。

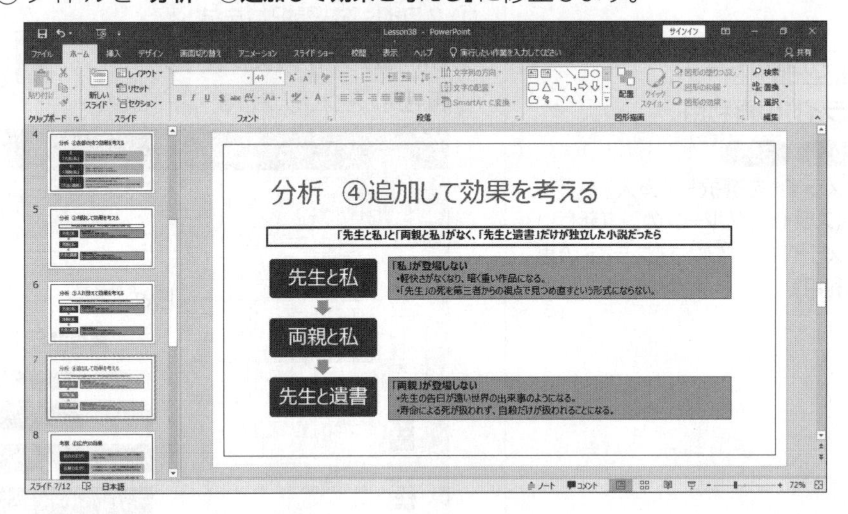

2-1-3 ほかのプレゼンテーションからスライドを挿入する

解説 ■スライドの再利用

PowerPointで作成したほかのプレゼンテーションのスライドを、作成中のプレゼンテーションに挿入して再利用できます。

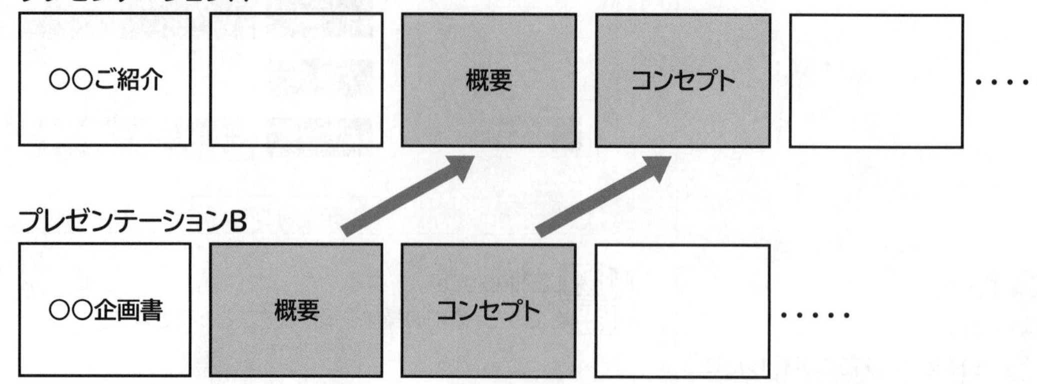

2019 365 ◆《ホーム》タブ→《スライド》グループの（新しいスライド）の 新しいスライド →《スライドの再利用》

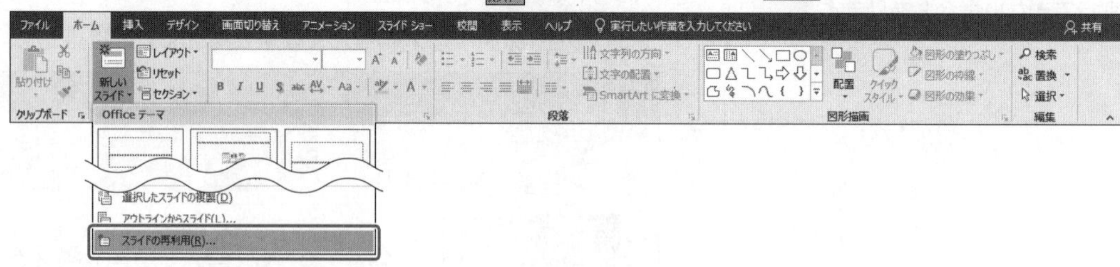

Lesson 39

プレゼンテーション「Lesson39」を開いておきましょう。

次の操作を行いましょう。

(1) スライド2の後ろに、フォルダー「Lesson39」のプレゼンテーション「夏目漱石 主要作品」のスライド「「こころ」の概略」を挿入してください。元の書式を保持せずに挿入します。

Lesson 39 Answer

その他の方法

スライドの再利用

2019 365

◆スライドを選択→《挿入》タブ→《スライド》グループの（新しいスライド）の 新しいスライド →《スライドの再利用》

(1)

①スライド2を選択します。

②**《ホーム》**タブ→**《スライド》**グループの（新しいスライド）の 新しいスライド →**《スライドの再利用》**をクリックします。

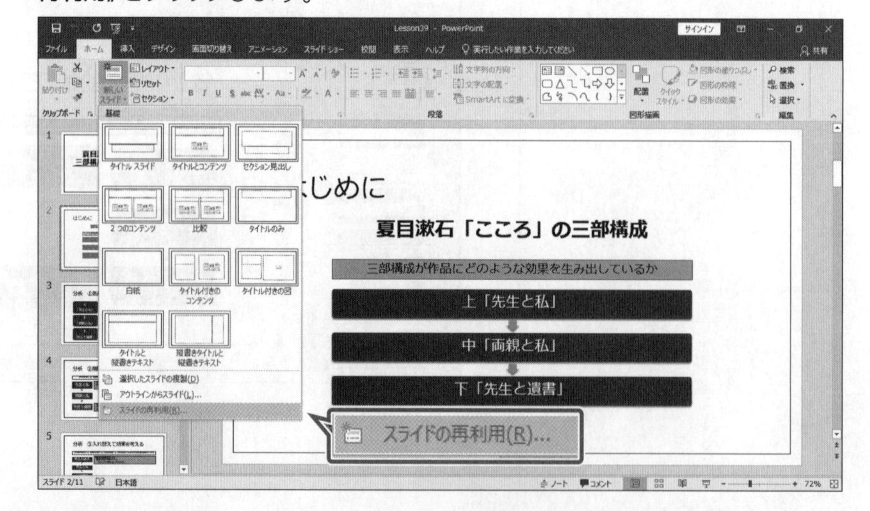

Point

スライドのコピー

ほかのプレゼンテーションのスライドをコピーして、作成中のプレゼンテーションに貼り付けることができます。

2019 365

◆ほかのプレゼンテーションを開く→コピー元のスライドを選択→《ホーム》タブ→《クリップボード》グループの（コピー）→作成中のプレゼンテーションのスライドを選択→《ホーム》タブ→《クリップボード》グループの（貼り付け）

◆ほかのプレゼンテーションを開く→コピー元のスライドを作成中のプレゼンテーションにドラッグ

③**《スライドの再利用》**作業ウィンドウが表示されます。

④**《参照》**をクリックします。

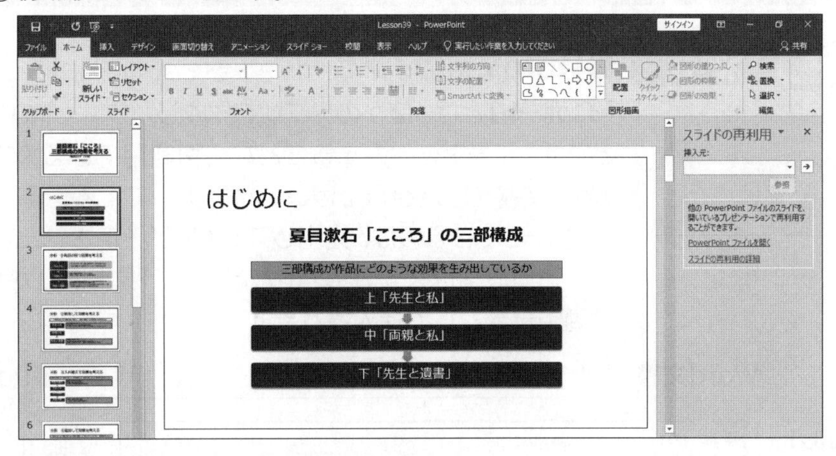

⑤**《参照》**ダイアログボックスが表示されます。

※お使いの環境によっては、《コンテンツの選択》ダイアログボックスが表示されます。

⑥フォルダー**「Lesson39」**を開きます。

※《PC》→《ドキュメント》→「MOS-PowerPoint 365 2019(1)」→「Lesson39」を選択します。

⑦一覧から**「夏目漱石 主要作品」**を選択します。

⑧**《開く》**をクリックします。

※お使いの環境によっては、《コンテンツの選択》をクリックします。

⑨**《スライドの再利用》**作業ウィンドウにスライドの一覧が表示されます。

⑩**《元の書式を保持する》**をオフにします。

⑪スライド**「「こころ」の概略」**をクリックします。

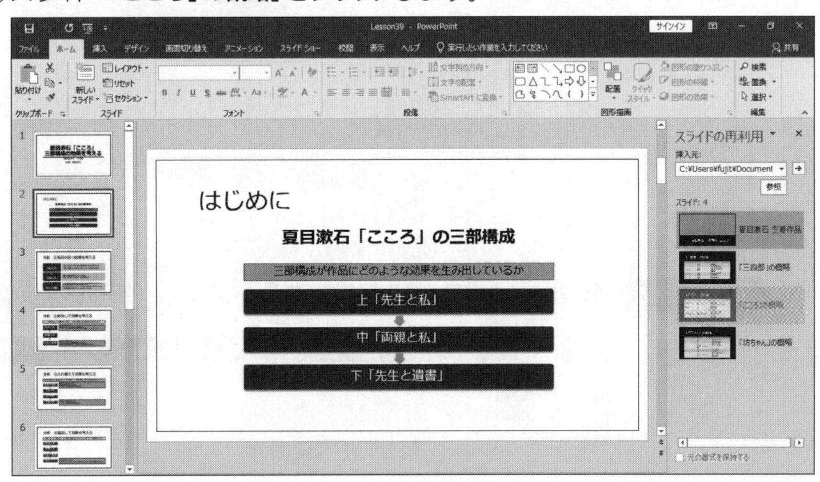

⑫スライド2の後ろにスライド**「「こころ」の概略」**が挿入されます。

※挿入されたスライドには、挿入先のプレゼンテーションのテーマが適用されます。

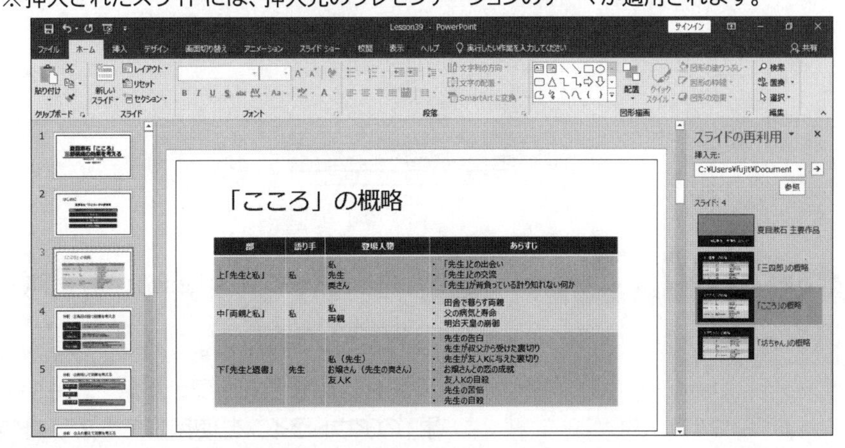

※《スライドの再利用》作業ウィンドウを閉じておきましょう。

Point

元の書式を保持する

《スライドの再利用》作業ウィンドウの《元の書式を保持する》を☑にすると、元のスライドの書式のまま挿入されます。

Point

スライドの挿入位置

再利用のスライドは、選択されているスライドの後ろに挿入されます。

2-1-4 Wordのアウトラインをインポートする

解 説 ■Word文書のインポート

「インポート」とは、ほかのアプリで作成したファイルのデータをPowerPointに取り込むことです。データを入力することなく再利用できるのでスライドを効率的に作成できます。
Word文書をPowerPointにインポートして、スライドを作成できます。
インポートできるのは、見出しスタイルが設定されたWord文書です。**「見出し1」**が設定されている段落はスライドタイトルとして、**「見出し2」**から**「見出し9」**が設定されている段落は箇条書きとして挿入されます。

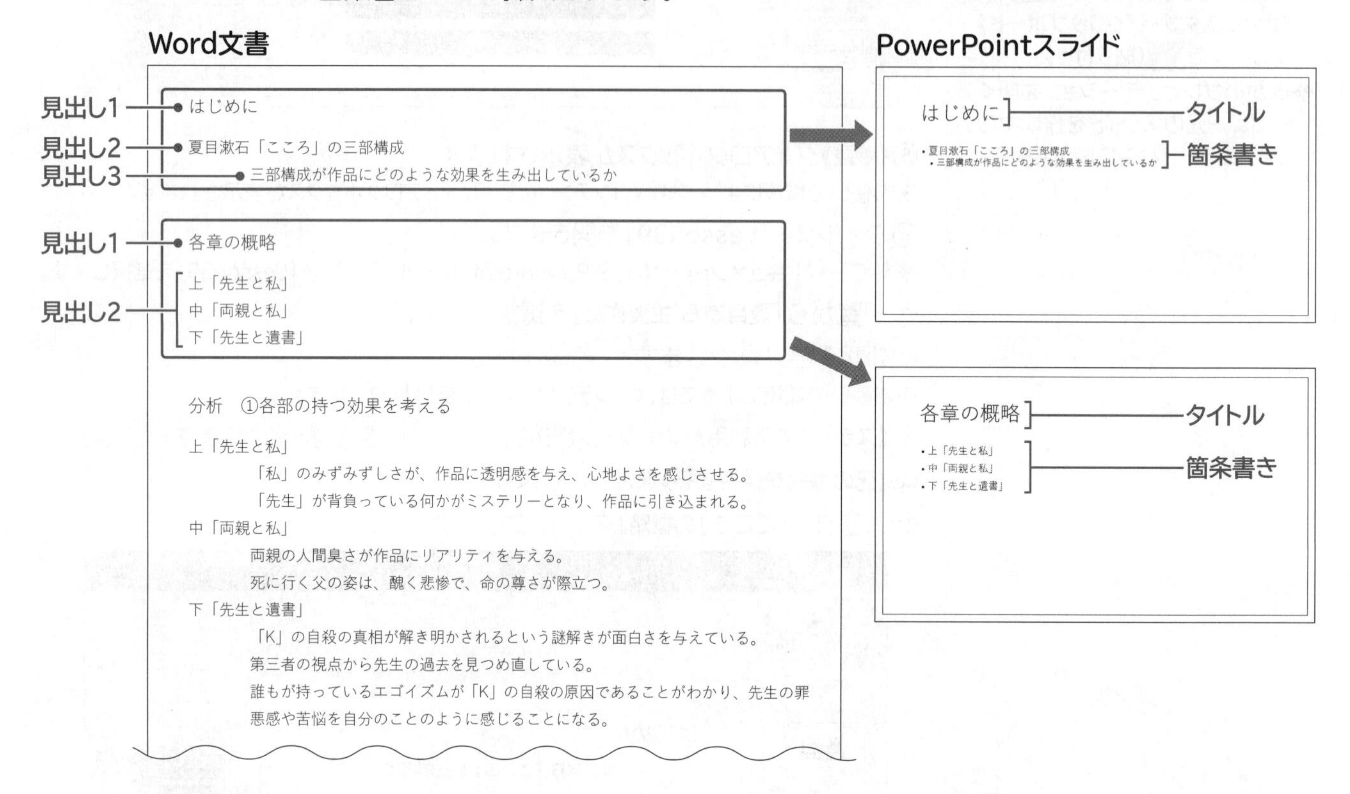

2019 365 ◆《ホーム》タブ→《スライド》グループの（新しいスライド）の 新しいスライド → 《アウトラインからスライド》

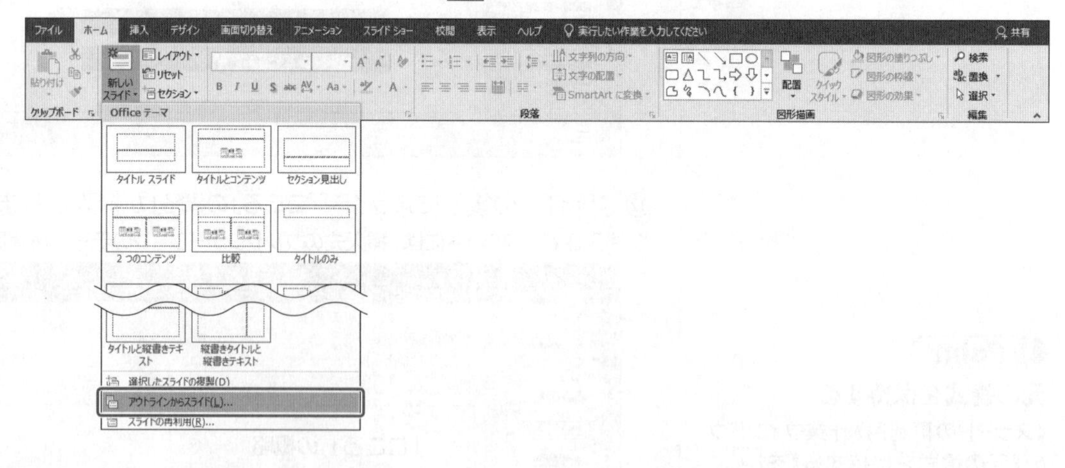

Lesson 40

プレゼンテーション「Lesson40」を開いておきましょう。

次の操作を行いましょう。

(1) スライド1の後ろに、フォルダー「Lesson40」のWord文書「三部構成の効果」のアウトラインを使用して、スライドを挿入してください。

Lesson 40 Answer

その他の方法

Word文書のインポート

2019 365

◆スライドを選択→《挿入》タブ→《スライド》グループの(新しいスライド)の 新しいスライド →《アウトラインからスライド》

(1)

①スライド1を選択します。

②**《ホーム》**タブ→**《スライド》**グループの(新しいスライド)の 新しいスライド →**《アウトラインからスライド》**をクリックします。

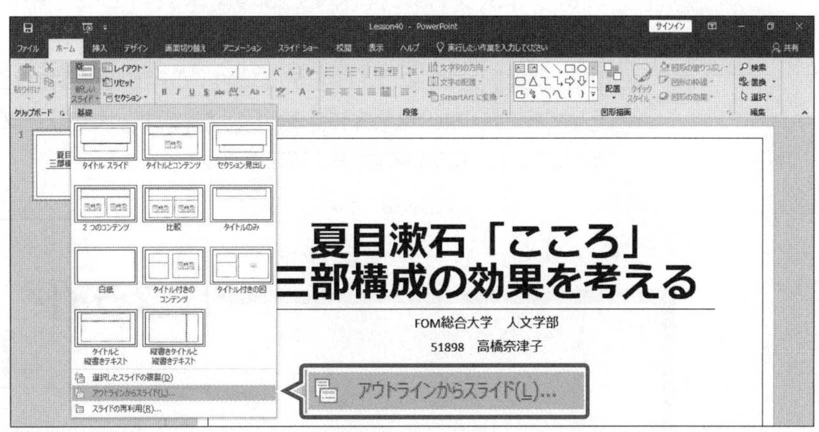

③**《アウトラインの挿入》**ダイアログボックスが表示されます。

④フォルダー**「Lesson40」**を開きます。

※《PC》→《ドキュメント》→「MOS-PowerPoint 365 2019(1)」→「Lesson40」を選択します。

⑤一覧から**「三部構成の効果」**を選択します。

⑥**《挿入》**をクリックします。

※お使いの環境によっては、エラーが発生してWord文書が挿入できない場合があります。その場合は、フォルダー「MOS-PowerPoint 365 2019(1)」にあるリッチテキスト「三部構成の効果(rtf)」を挿入してください。

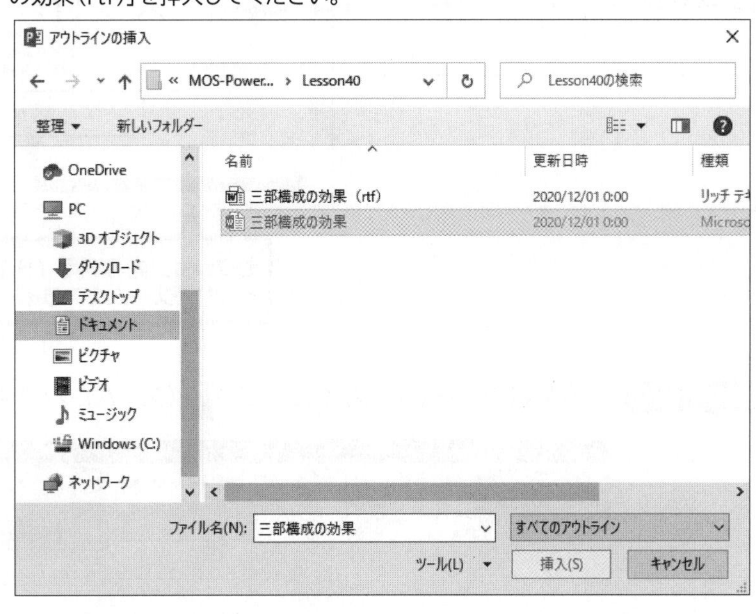

⑦Word文書がインポートされます。

※スライド1の後ろに、新しいスライドが挿入されます。

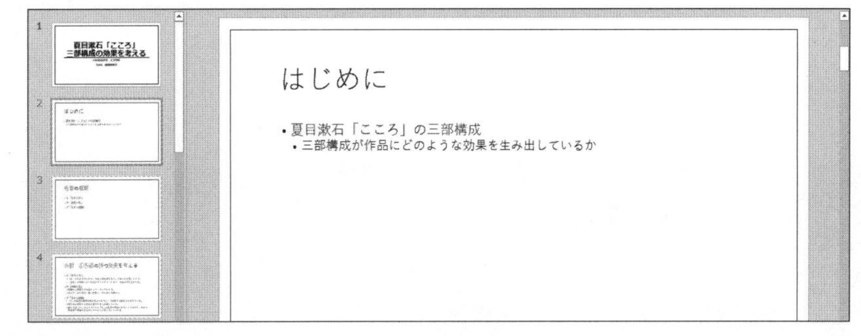

Point

スライドの挿入位置

インポートすると、選択されているスライドの後ろにスライドが挿入されます。

Point

スライドのリセット

Word文書をインポートして挿入されたスライドには、Word文書で設定した書式がそのまま適用されています。

作成中のプレゼンテーションに適用されているテーマの書式にそろえるためには、スライドをリセットします。

2019 365

◆スライドを選択→《ホーム》タブ→《スライド》グループの リセット (リセット)

2-1-5 サマリーズームのスライドを挿入する

解説 ■サマリーズームのスライドの挿入

「サマリーズーム」を使うと、選択したスライドのサムネイル（縮小画像）を一覧にした目次のようなスライドを挿入できます。スライドショー中にそのサムネイルをクリックするとスライドに移動することができます。

また、選択したスライドを先頭として自動的にセクションが設定されます。サムネイルからセクション内のスライドを表示した後は、サマリーズームのスライドに戻ります。

※「セクション」については、P.119を参照してください。

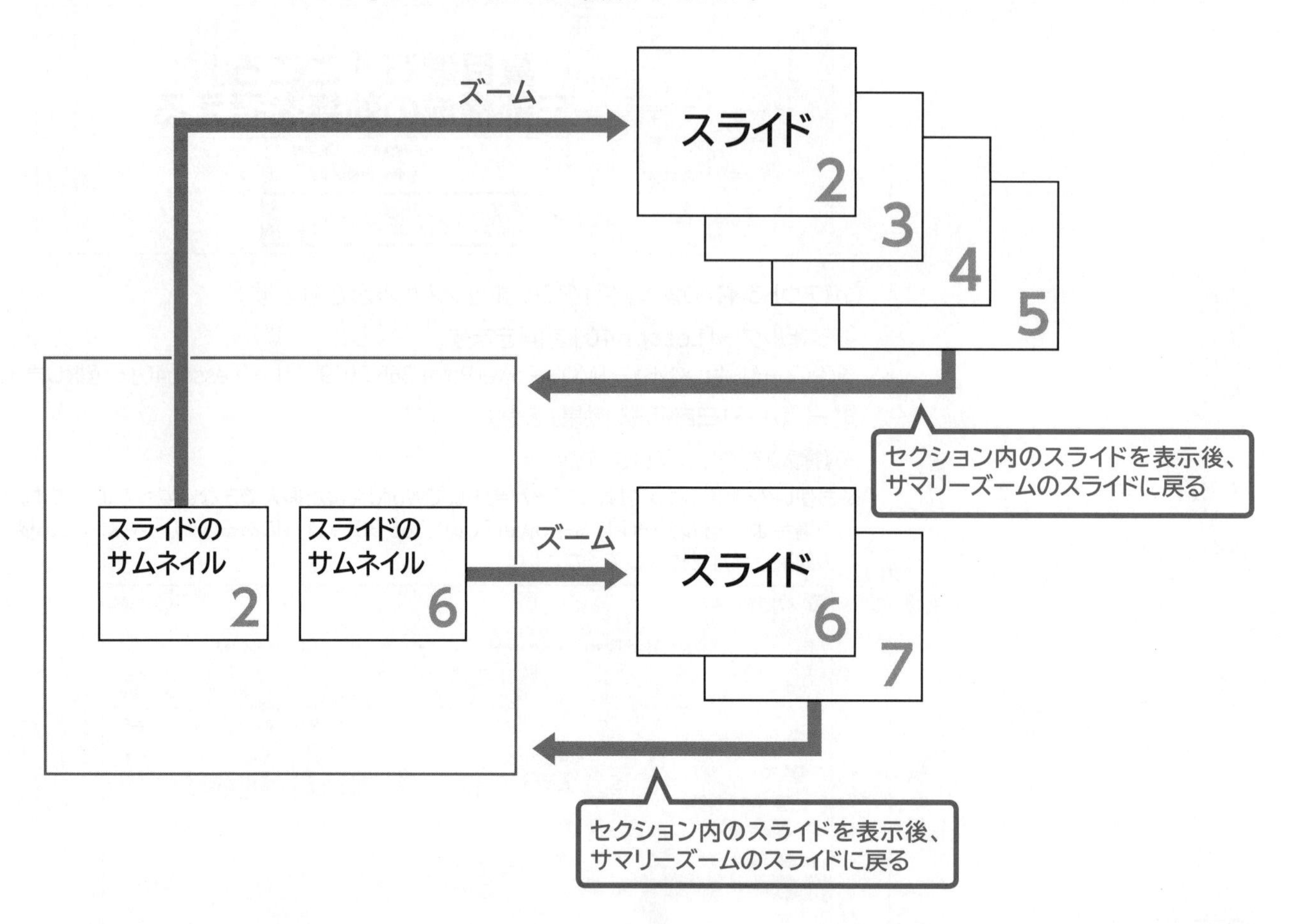

2019 365 ◆《挿入》タブ→《リンク》グループの（ズーム）→《サマリーズーム》

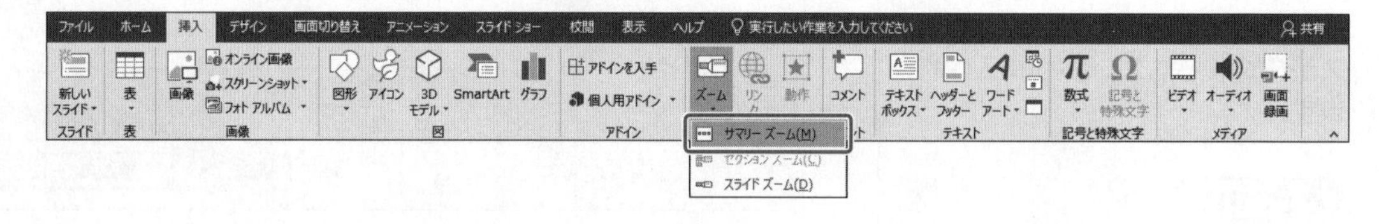

Lesson 41

プレゼンテーション「Lesson41」を開いておきましょう。

次の操作を行いましょう。

(1) スライド4の前に、サマリーズームのスライドを挿入してください。スライド4とスライド8にリンクするようにします。

(2) 挿入したスライドにタイトル「「こころ」の分析と考察」を入力してください。

(3) スライド1からスライドショーを実行してください。サマリーズームのサムネイルをクリックし、スライド「考察　①広がりの効果」を表示します。

Lesson 41 Answer

(1)

①スライド4を選択します。

②**《挿入》**タブ→**《リンク》**グループの（ズーム）→**《サマリーズーム》**をクリックします。

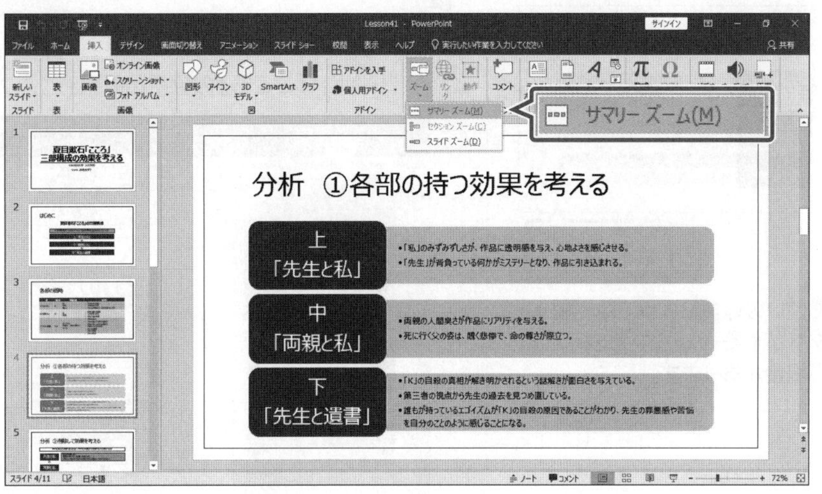

③**《サマリーズームの挿入》**ダイアログボックスが表示されます。

④スライド4とスライド8を✔にします。

⑤**《挿入》**をクリックします。

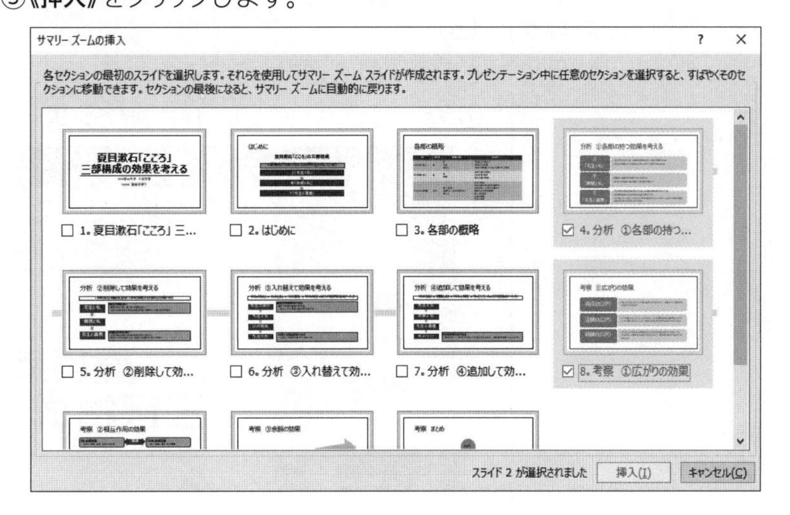

Point

サマリーセクション

サマリーズームのスライドは「サマリーセクション」に設定されます。また、選択したスライドを先頭として、自動的にセクションが設定されます。

Point

遷移先のスライド番号

サムネイルのスライドを選択すると、リボンに《書式》タブが表示されます。リボンの《書式》タブが選択されているときだけ、サムネイルの右下に遷移先のスライド番号が表示されます。スライドショー中やその他のタブが選択されているときは表示されません。

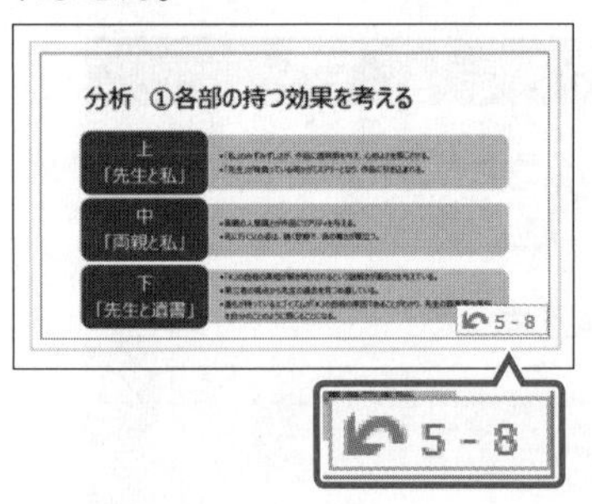

※お使いの環境によっては、《書式》タブが《ズーム》タブと表示される場合があります。

⑥サマリーズームのスライドが挿入されます。

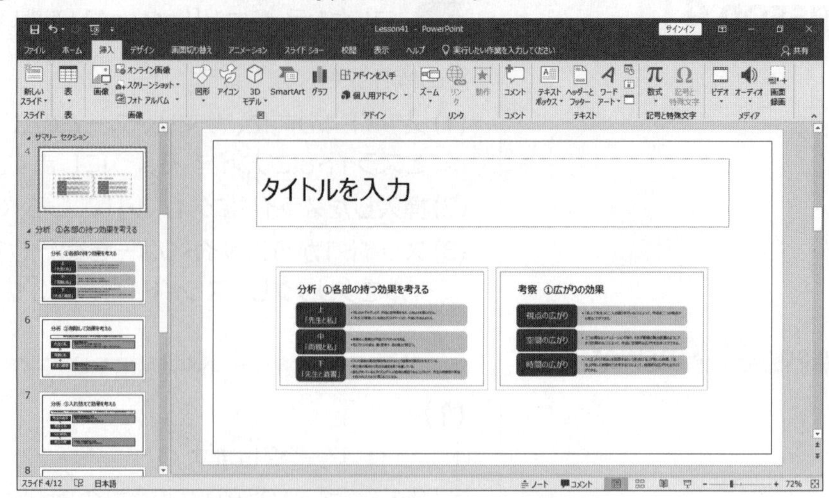

(2)

①スライド4を選択します。

②タイトルに**「「こころ」の分析と考察」**と入力します。

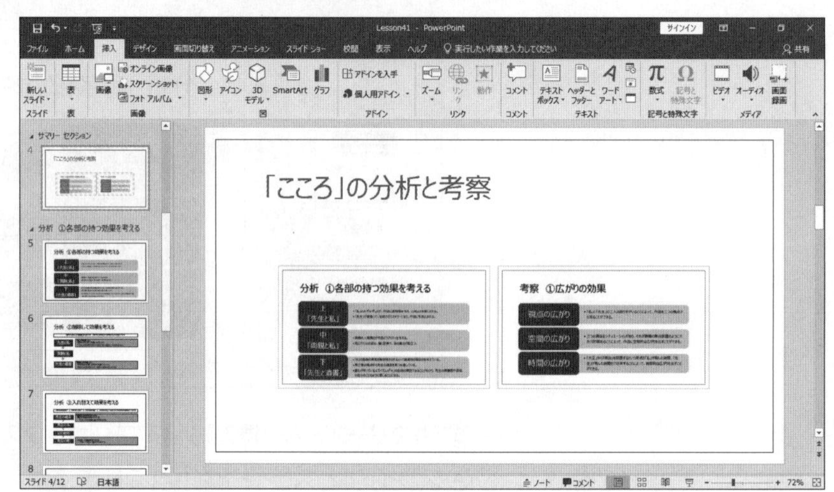

(3)

①スライド1を選択します。

②ステータスバーの （スライドショー）をクリックします。

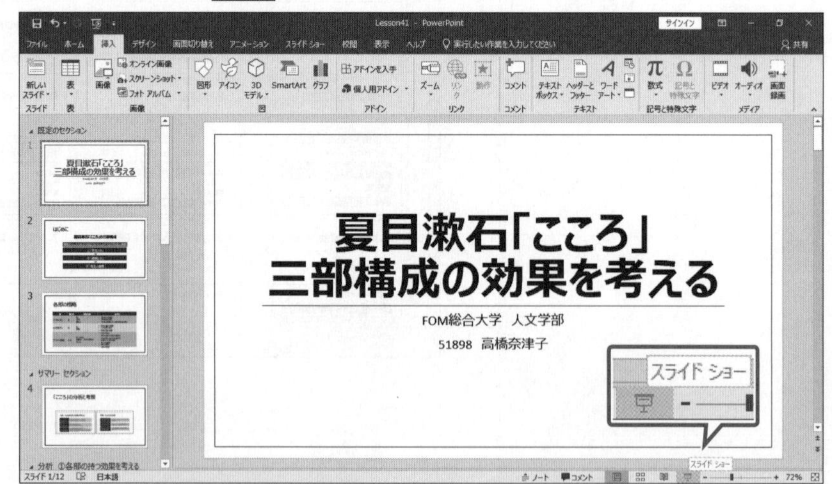

③スライドショーが実行され、スライド1が画面全体に表示されます。

夏目漱石「こころ」
三部構成の効果を考える

FOM総合大学　人文学部

51898　高橋奈津子

④3回クリックし、スライド4を表示します。

⑤**「考察　①広がりの効果」**のサムネイルをクリックします。

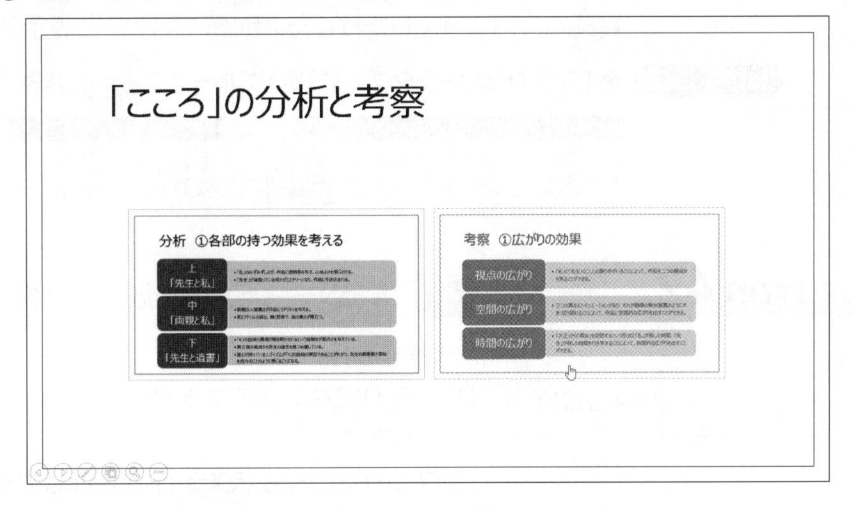

⑥**「考察　①広がりの効果」**のスライドがズームで表示されます。

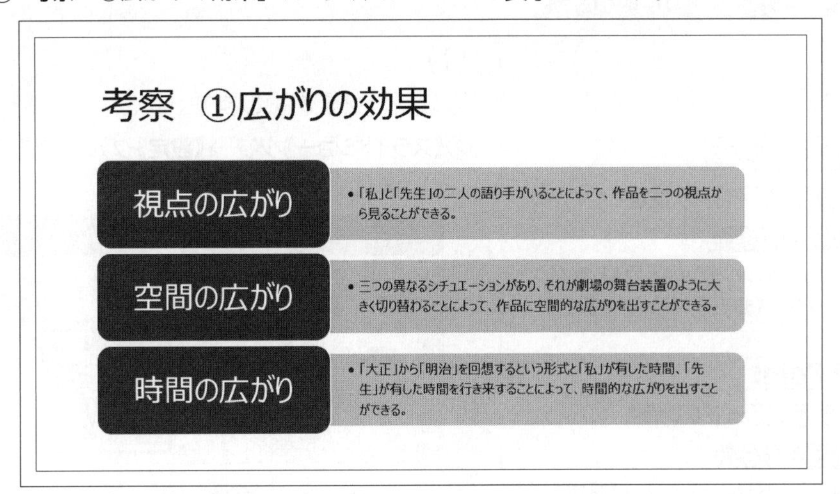

※セクション内のスライドが順に表示されます。セクションの最後のスライドまで表示されると、サマリーズームのスライドに戻ります。

※確認後、Esc を押して、スライドショーを終了しておきましょう。

Point

スライドショーの中断

スライドショーを途中で終了するには、Esc を押します。

2-2 スライドを変更する

理解度チェック

習得すべき機能	参照Lesson	学習前	学習後	試験直前
■非表示スライドに設定できる。	➡Lesson42	☑	☑	☑
■スライドの背景を変更できる。	➡Lesson43	☑	☑	☑
■スライドにヘッダーやフッター、ページ番号を挿入できる。	➡Lesson44	☑	☑	☑

2-2-1 スライドを表示する、非表示にする

解説

■非表示スライドの設定

特定のスライドを非表示にして、スライドショーから除外できます。補足説明を記載したり、質疑応答用に準備したりしたスライドなどは、非表示スライドに設定しておきましょう。

2019 365 ◆《スライドショー》タブ→《設定》グループの(非表示スライドに設定)

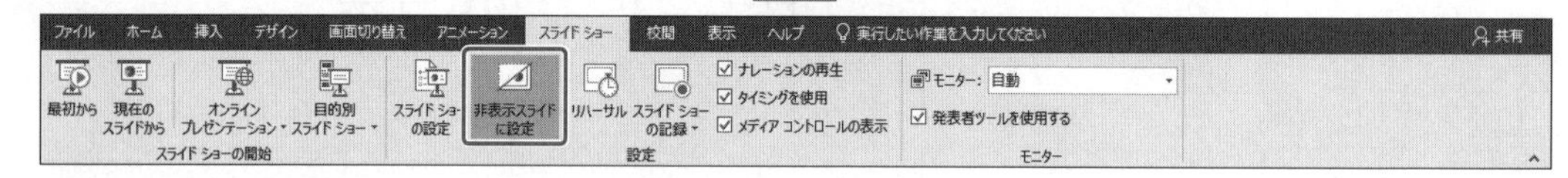

Lesson 42

OPEN プレゼンテーション「Lesson42」を開いておきましょう。

次の操作を行いましょう。

(1) スライド2を非表示スライドに設定し、スライド1からスライドショーを実行してください。

(2) スライド2の非表示スライドを解除してください。

Hint

非表示スライドの設定および解除は、同じボタンを使います。

Lesson 42 Answer

(1)

①スライド2を選択します。

②**《スライドショー》**タブ→**《設定》**グループの(非表示スライドに設定)をクリックします。

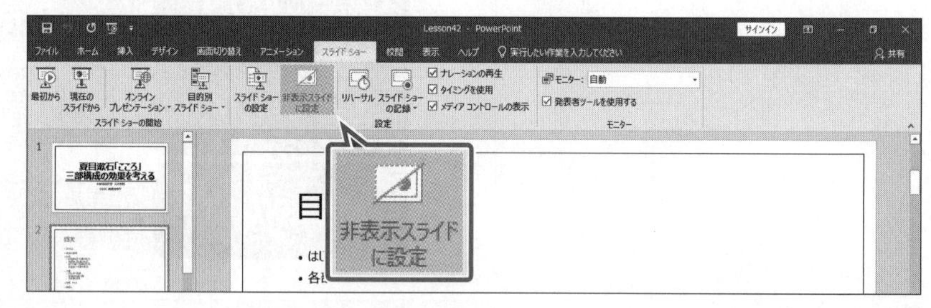

③非表示スライドに設定されます。

※サムネイルペインのスライドが淡色表示になり、スライド番号に斜線が表示されます。

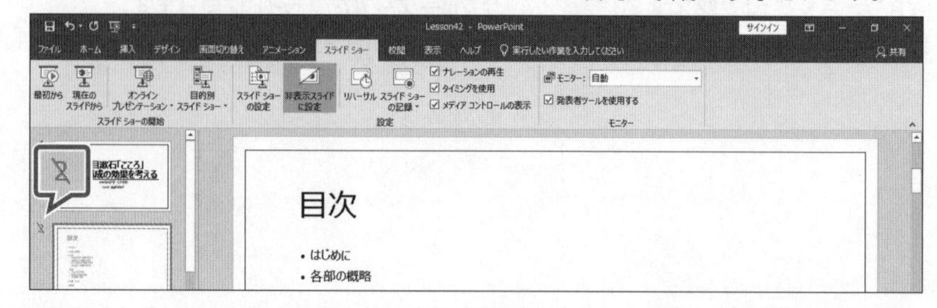

その他の方法

非表示スライドの設定

2019 365

◆サムネイルペインのスライドを右クリック→《非表示スライドに設定》

Point

非表示スライドの解除

2019 365

◆《スライドショー》タブ→《設定》グループの(非表示スライドに設定)

※ボタンが標準の色に戻ります。

④スライド1を選択します。
⑤ステータスバーの （スライドショー）をクリックします。
⑥スライドショーが実行され、スライド1が画面全体に表示されます。
⑦クリックします。

⑧スライド2は表示されず、スライド3が表示されます。

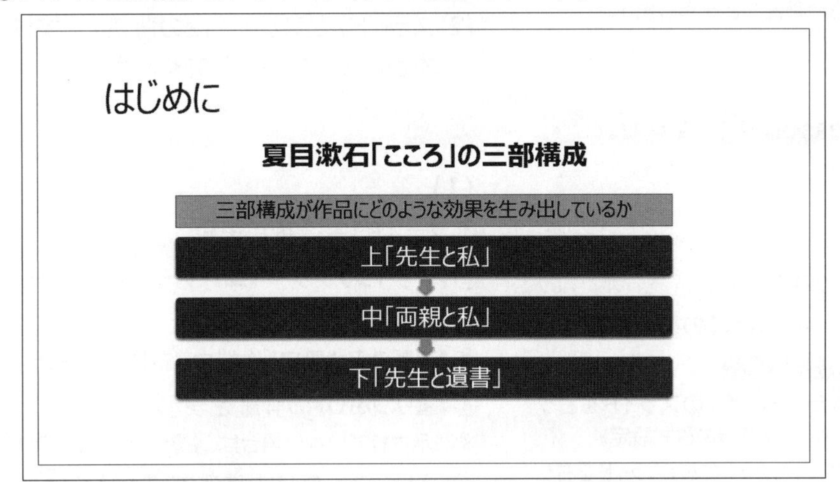

⑨スライドショーを最後まで実行します。

(2)

①スライド2を選択します。
②**《スライドショー》**タブ→**《設定》**グループの （非表示スライドに設定）をクリックします。

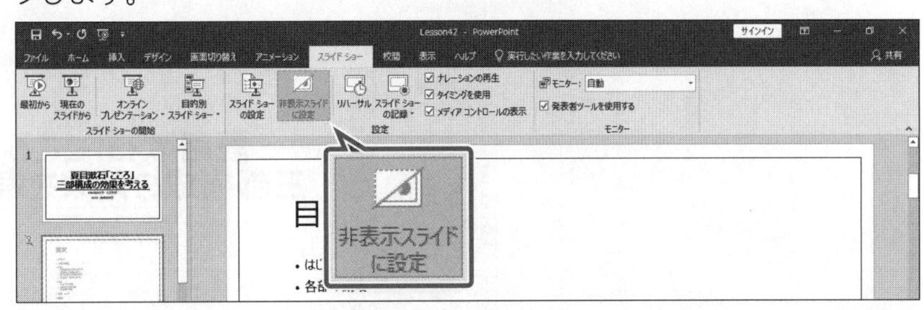

③非表示スライドの設定が解除されます。

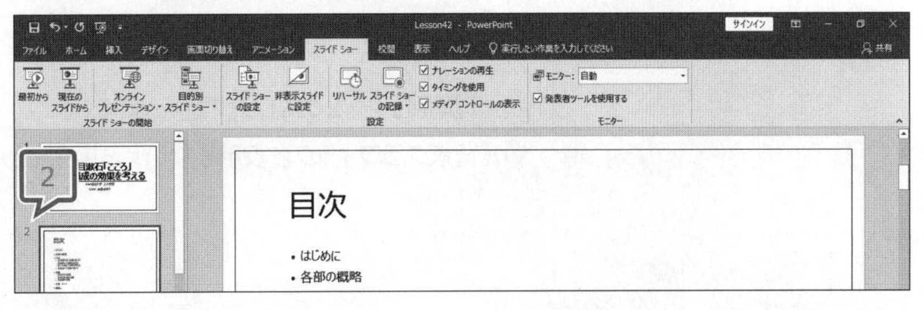

2-2-2 個々のスライドの背景を変更する

解説

■スライドの背景の書式設定

スライドの背景を特定の色やグラデーションで塗りつぶすことができます。また、自分で用意した画像をスライドの背景として表示することもできます。

2019 365 ◆《デザイン》タブ→《ユーザー設定》グループの（背景の書式設定）

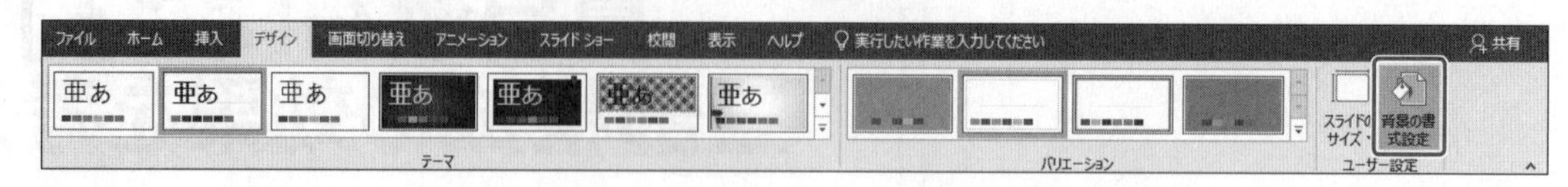

Lesson 43

プレゼンテーション「Lesson43」を開いておきましょう。

Hint

「背景グラフィック」とは、スライドの背景にあらかじめ配置されている図形や画像などを指します。

次の操作を行いましょう。

(1) スライド1の背景に、テクスチャ「デニム」を設定し、透明度を「50%」に変更してください。次に、背景グラフィックを非表示にします。

(2) スライド2とスライド12の背景に、塗りつぶし「濃い青、アクセント3、白+基本色40%」を設定してください。

Lesson 43 Answer

その他の方法

スライドの背景の書式設定

2019 365

- ◆スライドペインのスライドを右クリック→《背景の書式設定》
- ◆サムネイルペインのスライドを右クリック→《背景の書式設定》

(1)

①スライド1を選択します。

②**《デザイン》**タブ→**《ユーザー設定》**グループの（背景の書式設定）をクリックします。

③**《背景の書式設定》**作業ウィンドウが表示されます。

④**《塗りつぶし》**の詳細を表示します。

※表示されていない場合は、《塗りつぶし》をクリックします。

⑤**《塗りつぶし（図またはテクスチャ）》**を◉にします。

⑥**《テクスチャ》**の（テクスチャ）をクリックし、一覧から**《デニム》**を選択します。

⑦スライド1の背景にテクスチャが設定されます。

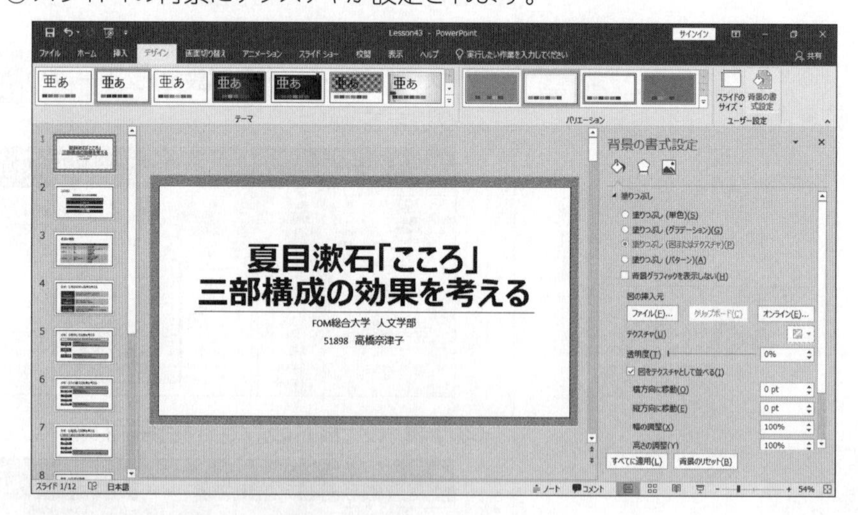

⑧**《透明度》**を**「50%」**に設定します。

⑨**《背景グラフィックを表示しない》**を☑にします。

Point
《背景の書式設定》

❶塗りつぶし（単色）
背景を単色で塗りつぶします。色や透明度を設定できます。

❷塗りつぶし（グラデーション）
既定のグラデーションから選択したり、種類や方向、色、分岐点など詳細を設定したりできます。

❸塗りつぶし（図またはテクスチャ）
背景に画像やテクスチャを設定します。テクスチャとは、PowerPointにあらかじめ用意されている素材です。

❹塗りつぶし（パターン）
背景に模様を設定します。模様の種類や色を設定できます。

❺背景グラフィックを表示しない
☑にすると、スライドの背景にあらかじめ配置されている図形や画像などが非表示になります。

❻すべてに適用
設定した書式をすべてのスライドに適用します。

❼背景のリセット
設定した書式をリセットします。

Point
連続するスライドの選択

2019 365

◆先頭のスライドを選択→Shiftを押しながら、最終のスライドを選択

Point
離れた場所にあるスライドの選択

2019 365

◆1枚目のスライドを選択→Ctrlを押しながら、2枚目以降のスライドを選択

⑩スライド1の背景にあらかじめ配置されている図形が非表示になり、スライド全体にテクスチャが表示されます。

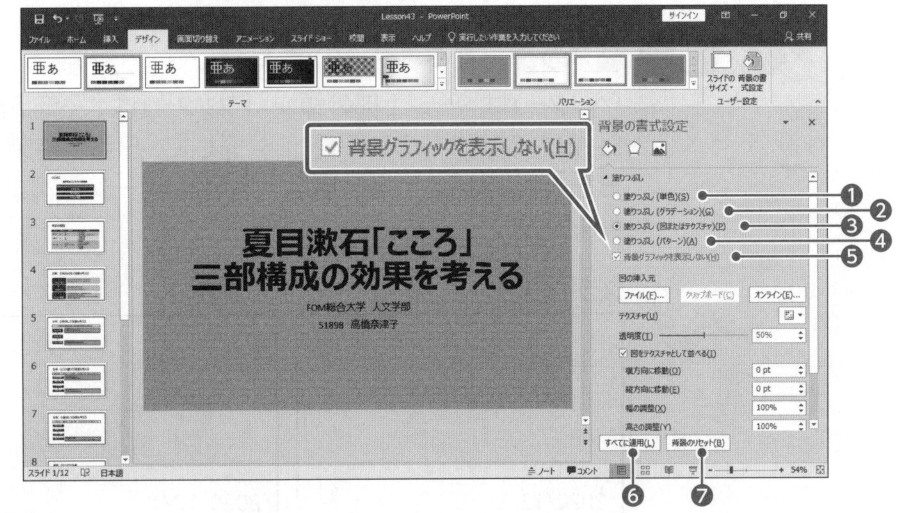

(2)

①スライド2を選択します。

②Ctrlを押しながら、スライド12を選択します。

※Ctrlを使うと、離れた場所にある複数のスライドを選択できます。

③**《背景の書式設定》**作業ウィンドウが表示されていることを確認します。

④**《塗りつぶし（単色）》**を◉にします。

⑤**《色》**の（塗りつぶしの色）をクリックし、一覧から**《テーマの色》**の**《濃い青、アクセント3、白＋基本色40%》**を選択します。

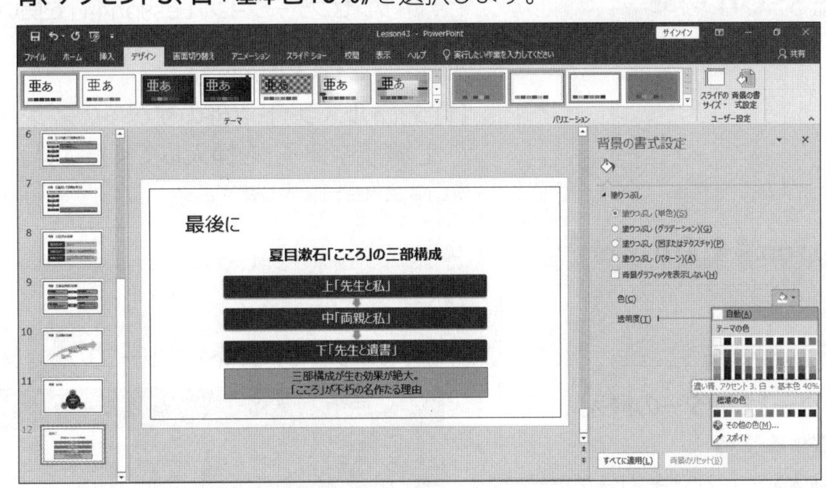

⑥スライド2とスライド12の背景に塗りつぶしが設定されます。

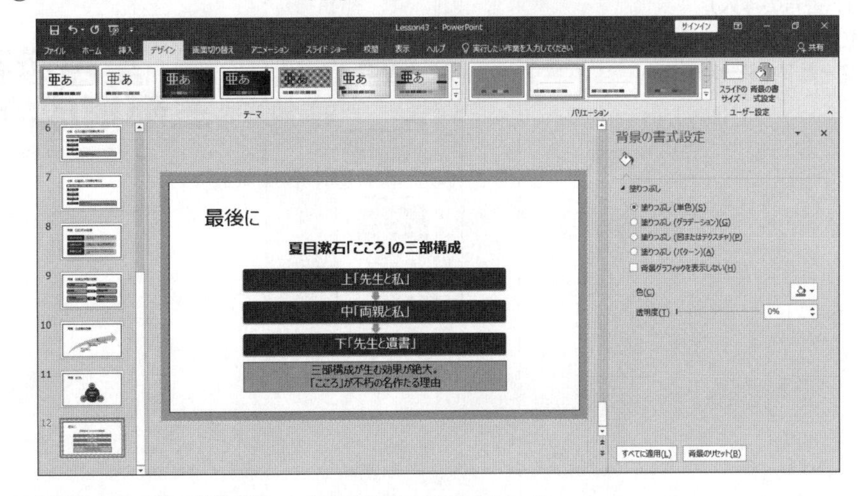

※《背景の書式設定》作業ウィンドウを閉じておきましょう。

2-2-3 スライドのヘッダー、フッター、ページ番号を挿入する

解説 ■ヘッダーとフッターの挿入

「ヘッダー」はページ上部の領域、**「フッター」**はページ下部の領域のことです。プレゼンテーション内のすべてのスライドに共通して、日付や時刻、スライド番号、特定の文字を表示できます。表示される位置は、プレゼンテーションに適用されているテーマによって異なります。

スライド1	スライド2	スライド3
FOM出版 2020/12/1　1	FOM出版 2020/12/1　2	FOM出版 2020/12/1　3

2019 365 ◆《挿入》タブ→《テキスト》グループの （ヘッダーとフッター）

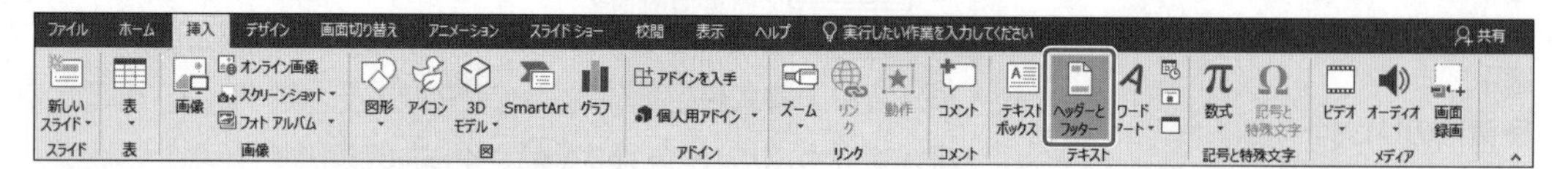

Lesson 44

OPEN プレゼンテーション「Lesson44」を開いておきましょう。

次の操作を行いましょう。

(1) タイトルスライド以外のすべてのスライドに、スライド番号とフッター「51898□高橋奈津子」を挿入してください。

※□は全角空白を表します。

Lesson 44 Answer

その他の方法

ヘッダーとフッターの挿入

2019 365

◆《挿入》タブ→《テキスト》グループの（日付と時刻）／（スライド番号の挿入）

◆《ファイル》タブ→《印刷》→《ヘッダーとフッターの編集》

(1)

①**《挿入》**タブ→**《テキスト》**グループの（ヘッダーとフッター）をクリックします。

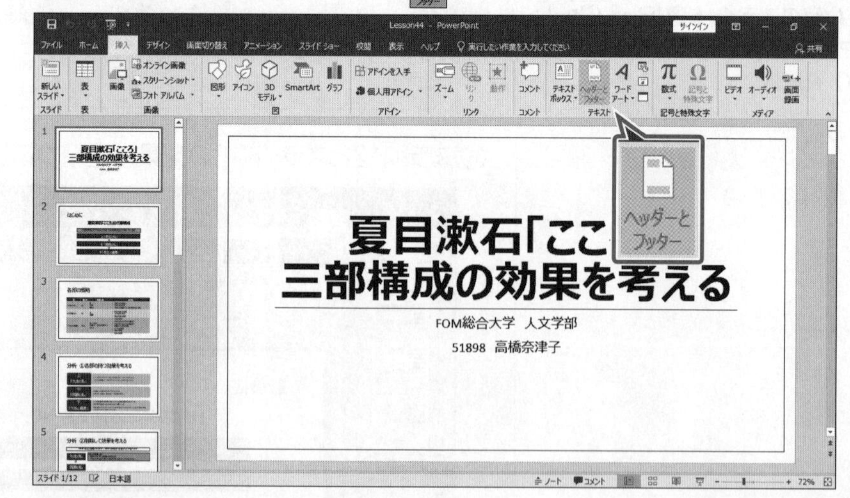

②**《ヘッダーとフッター》**ダイアログボックスが表示されます。

③**《スライド》**タブを選択します。

④**《スライド番号》**を☑にします。

⑤**《フッター》**を☑にし、**「51898　高橋奈津子」**と入力します。

⑥**《タイトルスライドに表示しない》**を☑にします。

⑦**《すべてに適用》**をクリックします。

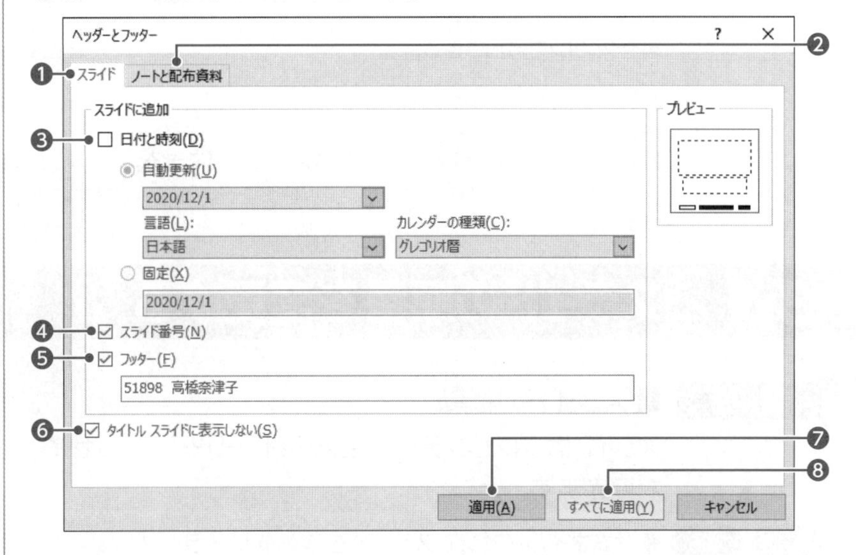

⑧タイトルスライド以外のすべてのスライドに、スライド番号とフッターが挿入されます。

※スライド2からスライド12に、スライド番号とフッターが挿入されていることを確認しておきましょう。

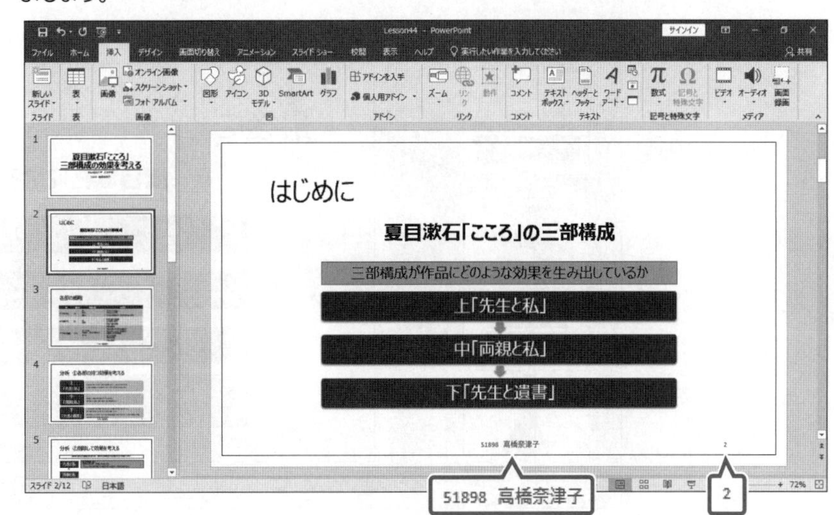

Point

《ヘッダーとフッター》

❶《スライド》タブ
スライドのヘッダーとフッターを設定します。

❷《ノートと配布資料》タブ
ノートと配布資料のヘッダーとフッターを設定します。

❸日付と時刻
日付や時刻を挿入します。プレゼンテーションを開くたびに日付や時刻を自動更新するか、常に固定の日付や時刻を表示するかを選択できます。

❹スライド番号
スライド番号を挿入します。

❺フッター
入力した文字を挿入します。

❻タイトルスライドに表示しない
☑にすると、❸～❺で設定した内容がタイトルスライドに表示されません。

❼適用
選択されているスライドに設定した内容を適用します。

❽すべてに適用
すべてのスライドに設定した内容を適用します。

出題範囲2　スライドの管理

2-3 スライドを並べ替える、グループ化する

理解度チェック

習得すべき機能	参照Lesson	学習前	学習後	試験直前
■スライドを移動して順番を入れ替えることができる。	➡Lesson45	☑	☑	☑
■セクションを追加できる。	➡Lesson46	☑	☑	☑
■セクション名を変更できる。	➡Lesson47	☑	☑	☑
■セクションを移動して順番を入れ替えることができる。	➡Lesson48	☑	☑	☑

2-3-1 スライドの順番を変更する

解説

■スライドの移動

スライドはプレゼンテーションのストーリーに合わせて、移動して順番を入れ替えることができます。

2019 365 ◆サムネイルペインでスライドを移動先にドラッグ

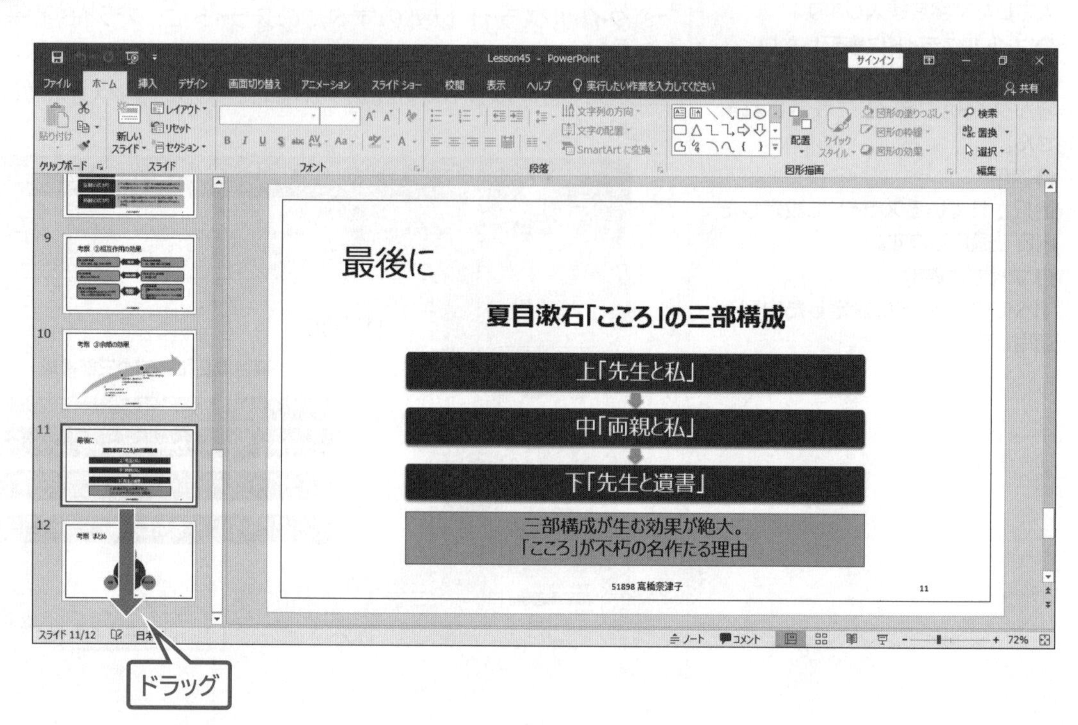

Lesson 45

OPEN プレゼンテーション「Lesson45」を開いておきましょう。

次の操作を行いましょう。

(1) スライド11とスライド12を入れ替えてください。

Lesson 45 Answer

(1)

①スライド11を選択します。

②スライド12の下にドラッグします。

※ドラッグ中、マウスポインターの形が に変わります。

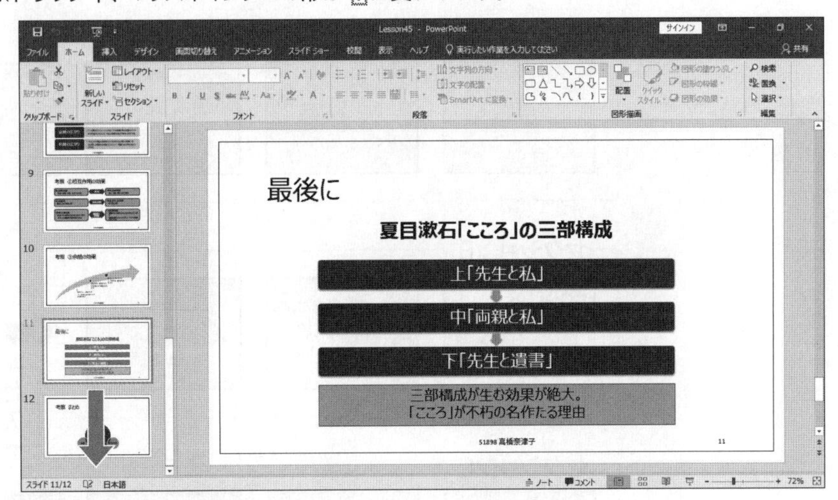

③スライドが移動します。

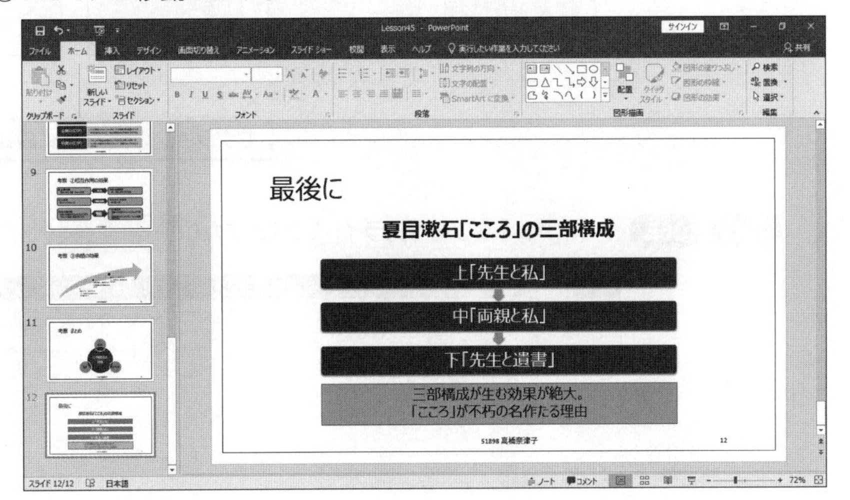

Point

スライド一覧表示の利用

スライド枚数が多い場合や移動元と移動先が離れている場合には、スライド一覧表示に切り替えると、プレゼンテーション全体を確認しながら、スライドを移動できます。

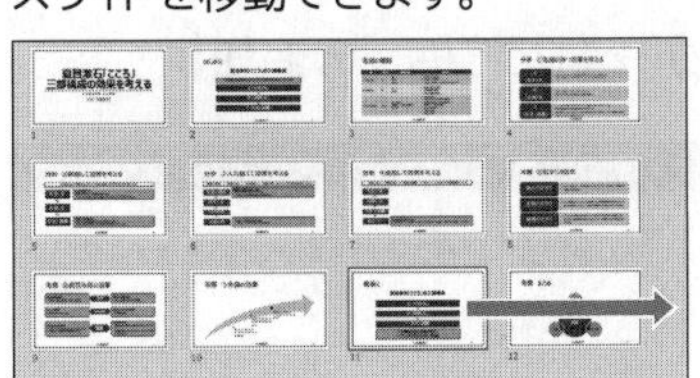

2-3-2 セクションを作成する

解説 ■セクションの追加

スライド枚数が多いプレゼンテーションやストーリー展開が複雑なプレゼンテーションは、内容の区切りに応じて**「セクション」**に分割すると、管理しやすくなります。例えば、セクションを入れ替えてプレゼンテーションの構成を変更したり、セクション単位で書式設定や印刷を行ったりできます。
初期の設定では、プレゼンテーションはひとつのセクションから構成されていますが、セクションを追加すると、複数のセクションに分割されます。

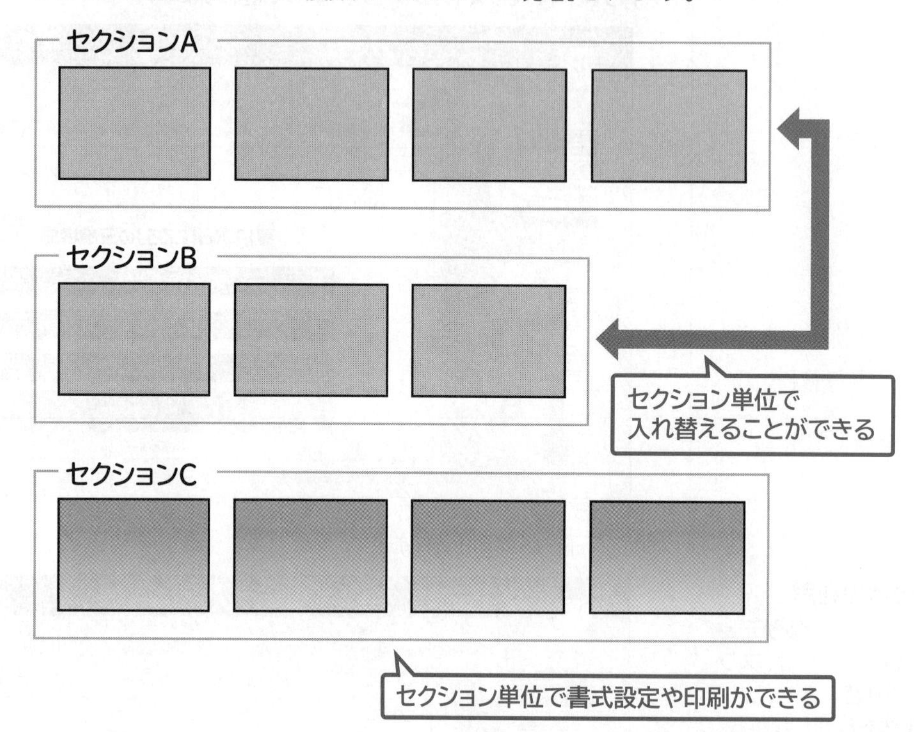

2019 365 ◆《ホーム》タブ→《スライド》グループの セクション (セクション)→《セクションの追加》

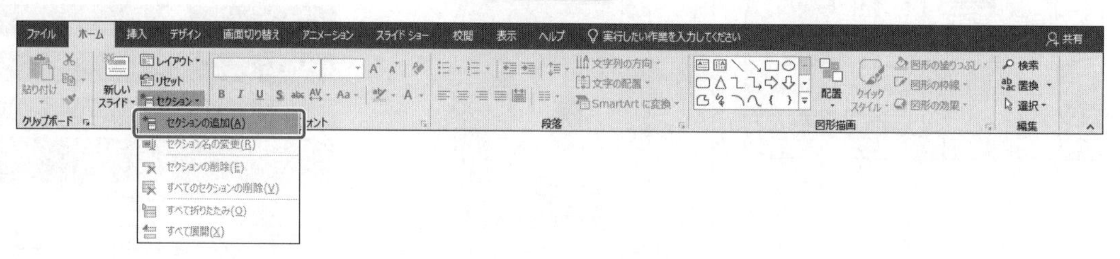

Lesson 46

 プレゼンテーション「Lesson46」を開いておきましょう。

次の操作を行いましょう。

(1) スライド2、スライド4、スライド8、スライド12の前に、セクションを追加してください。

Lesson 46 Answer

その他の方法

セクションの追加

2019 365

◆サムネイルペインのスライドを右クリック→《セクションの追加》

(1)

①スライド2を選択します。

②**《ホーム》**タブ→**《スライド》**グループの セクション (セクション)→**《セクションの追加》**をクリックします。

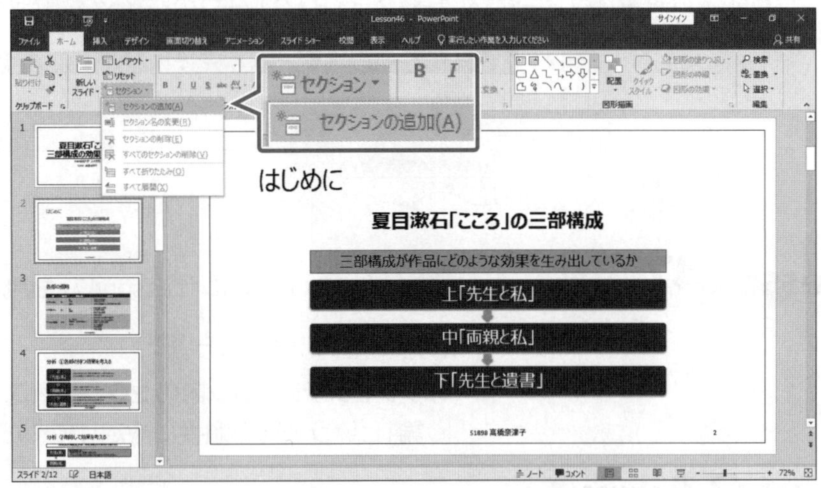

③**《セクション名の変更》**ダイアログボックスが表示されます。

④**《キャンセル》**をクリックします。

⑤新しいセクションが追加され、プレゼンテーションが**「既定のセクション」**と**「タイトルなしのセクション」**に分割されます。

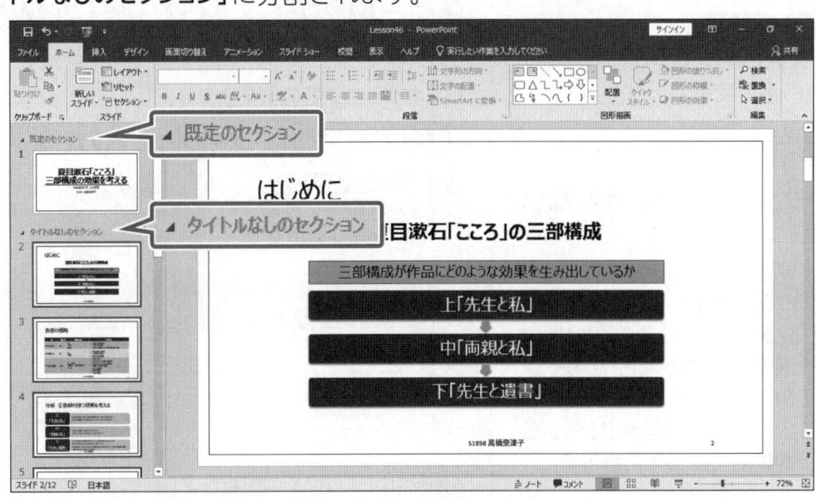

⑥同様に、スライド4、スライド8、スライド12の前にセクションを追加します。

※ F4 を使うと、直前の操作を繰り返すことができます。

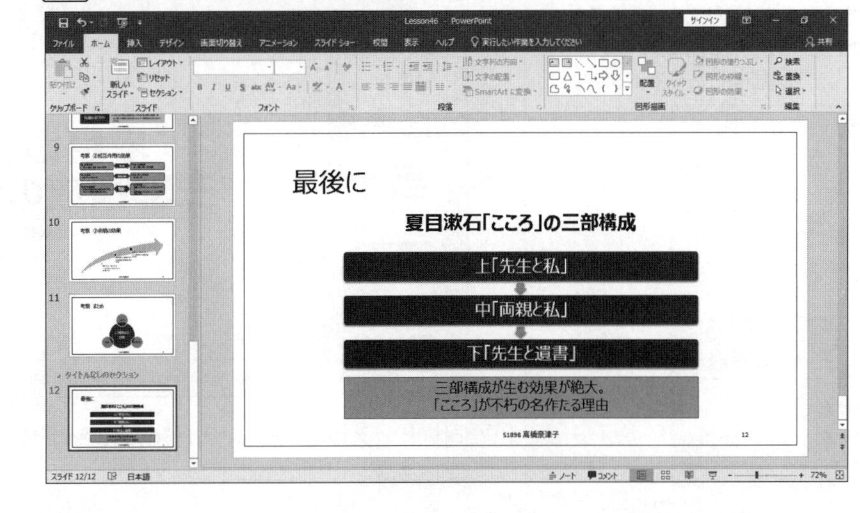

Point

セクションの削除

2019 365

◆《ホーム》タブ→《スライド》グループの セクション (セクション)→《セクションの削除》/《すべてのセクションの削除》

Point

セクションとスライドの削除

セクションとセクション内のスライドをまとめて削除できます。

2019 365

◆セクションを選択→ Delete

2-3-3 セクション名を変更する

解説 ■セクション名の変更

セクションにわかりやすい名前を設定しておくと、スライドが管理しやすくなります。

2019 365 ◆《ホーム》タブ→《スライド》グループの セクション (セクション)→《セクション名の変更》

Lesson 47

プレゼンテーション「Lesson47」を開いておきましょう。

次の操作を行いましょう。

(1) プレゼンテーション内のセクションに、「タイトル」「導入」「分析」「考察」「結論」という名前を順番に設定してください。

Lesson 47 Answer

その他の方法

セクション名の変更

2019 365

◆セクション名を右クリック→《セクション名の変更》

Point

セクション名が変更されない場合

お使いのパソコンによっては、日本語でセクション名を入力して、《名前の変更》をクリックしても、セクション名が変更されない場合があります。そのような場合は、《セクション名》に入力されているセクション名を一旦削除してから入力します。

Point

セクションの折りたたみと展開

セクション名をダブルクリックすると、セクションに含まれるスライドを折りたたんだり、展開したりできます。

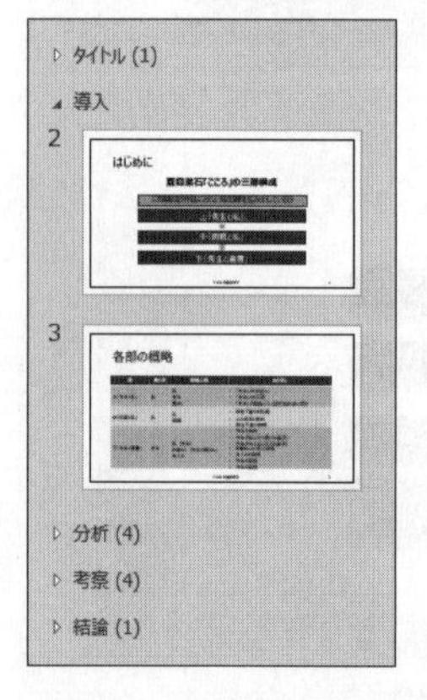

(1)

①スライド1の前の**《既定のセクション》**を選択します。

※セクションに含まれるスライドも選択されます。

②**《ホーム》**タブ→**《スライド》**グループの セクション (セクション)→**《セクション名の変更》**をクリックします。

③**《セクション名の変更》**ダイアログボックスが表示されます。

④**《セクション名》**に**「タイトル」**と入力します。

⑤**《名前の変更》**をクリックします。

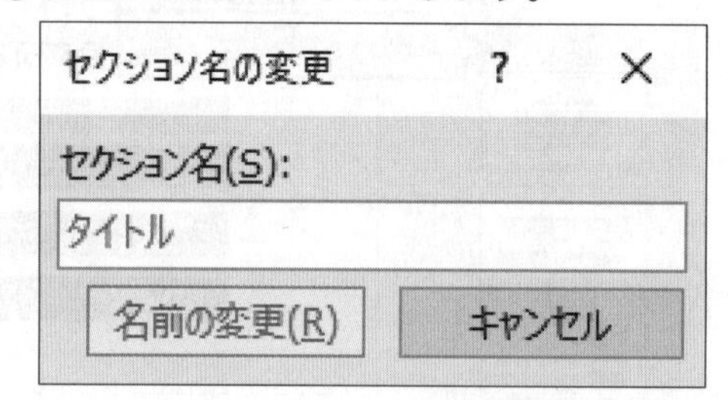

⑥セクション名が変更されます。

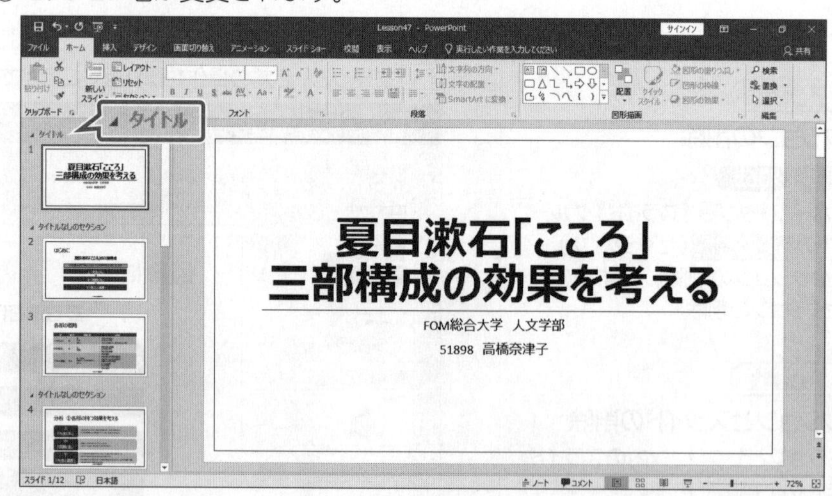

⑦同様に、スライド2、スライド4、スライド8、スライド12の前のセクション名を変更します。

2-3-4 セクションの順番を変更する

解説

■セクションの移動

セクションを移動して順番を入れ替えることができます。セクションを移動すると、セクションに含まれるスライドをまとめて移動できます。

2019 365 ◆セクション名を右クリック→《セクションを上へ移動》／《セクションを下へ移動》

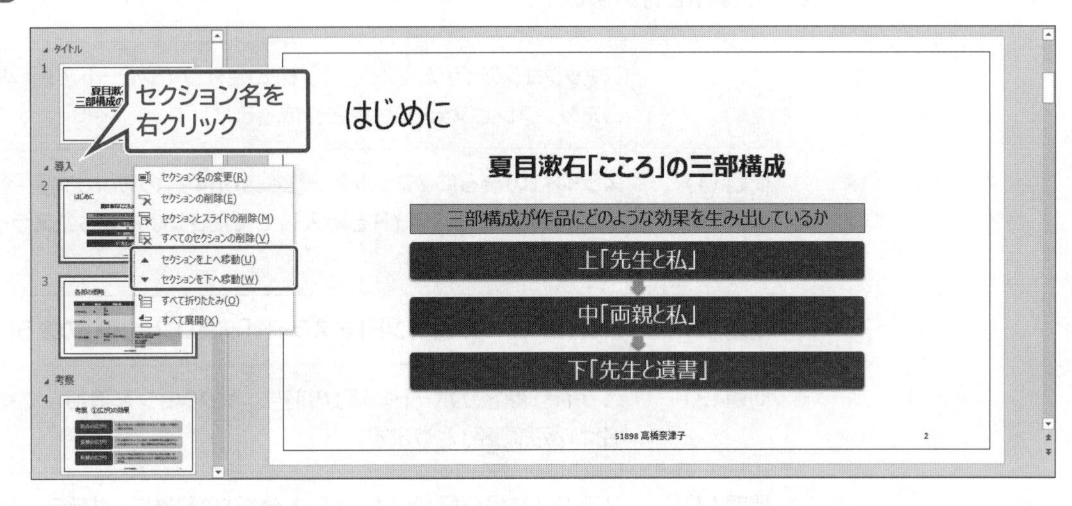

Lesson 48

プレゼンテーション「Lesson48」を開いておきましょう。

次の操作を行いましょう。

(1) セクション「考察」とセクション「分析」を入れ替えてください。

Lesson 48 Answer

(1)

①セクション**「考察」**を右クリックします。

②**《セクションを下へ移動》**をクリックします。

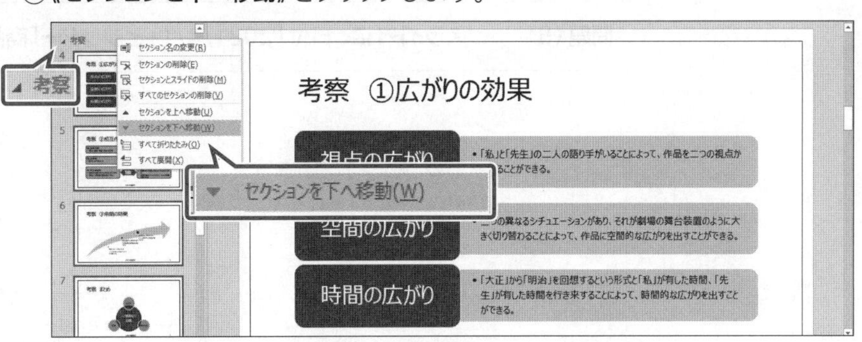

③セクション**「考察」**がセクション**「分析」**の下に移動します。

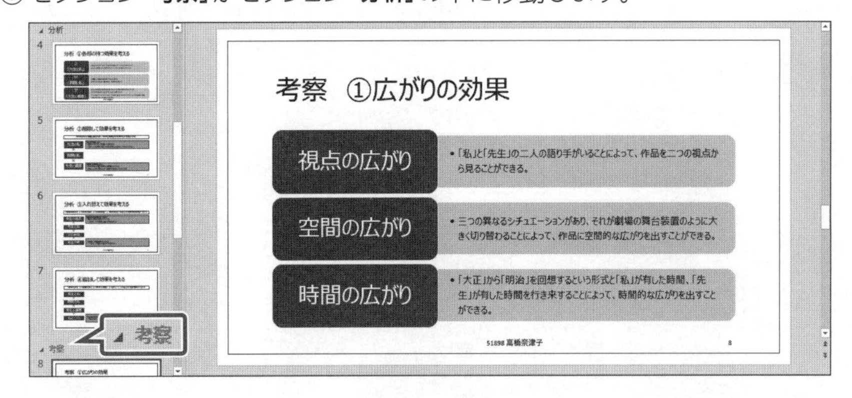

その他の方法

セクションの移動

2019 365

◆セクション名を移動先までドラッグ

※ドラッグ中は、すべてのセクションが折りたたまれます。

Point

スライド一覧表示の利用

スライド一覧表示でセクション名をドラッグして移動することもできます。

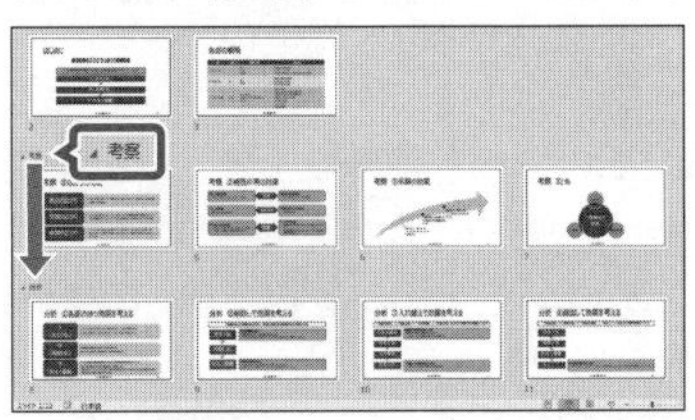

Exercise 確認問題

解答 ▶ P.247

Lesson 49

プレゼンテーション「Lesson49」を開いておきましょう。

次の操作を行いましょう。

	ファッションアイテムを取り扱う株式会社ライラモードで新シリーズを提案するにあたり、プレゼンテーションを作成します。
問題（1）	スライド1の後ろに、フォルダー「Lesson49」のWord文書「企画骨子」のアウトラインを使用して、スライドを挿入してください。挿入したスライドの書式はリセットします。
問題（2）	スライド「セールスポイント」をスライド「商品コンセプト」の後ろに移動してください。
問題（3）	スライド「顧客サポート戦略」の前に、セクションを追加してください。セクション名は「販売戦略」とします。
問題（4）	スライド「市場分析」と「ターゲット分析」の背景に、グラデーションを設定してください。種類「線形」、方向「斜め方向-左上から右下」とします。
問題（5）	スライド「商品コンセプト」とスライド「セールスポイント」のレイアウトを「2つのコンテンツ」に変更してください。
問題（6）	スライド「値ごろ感調査結果」を非表示スライドに設定してください。
問題（7）	スライド1の後ろに、サマリーズームのスライドを挿入してください。スライド2、スライド4、スライド8にリンクするようにします。 次に、挿入したスライドにタイトル「アジェンダ」を入力してください。
問題（8）	スライド1に、日付「2021/4/1」とフッター「商品企画部」を挿入してください。

MOS PowerPoint 365&2019

出題範囲 3

テキスト、図形、画像の挿入と書式設定

3-1 テキストを書式設定する

理解度チェック

習得すべき機能	参照Lesson	学習前	学習後	試験直前
■箇条書きや段落番号を設定できる。	➡Lesson50	☑	☑	☑
■段組みを設定できる。	➡Lesson51	☑	☑	☑
■文字にワードアートのスタイルを適用できる。	➡Lesson52	☑	☑	☑

3-1-1 箇条書きや段落番号を作成する

解 説

■箇条書きの設定

「箇条書き」を使うと、段落の先頭に**「●」**や**「◆」**などの**「行頭文字」**を付けることができます。また、あらかじめ設定されている行頭文字の種類を変更したり、サイズや色を変更したりできます。

●地球環境を守る
●社会に貢献する
●豊かで安全な暮らしを提供す
●お客様を大切にする

◆地球環境を守る
◆社会に貢献する
◆豊かで安全な暮らしを提供する
◆お客様を大切にする

2019 365 ◆《ホーム》タブ→《段落》グループの（箇条書き）

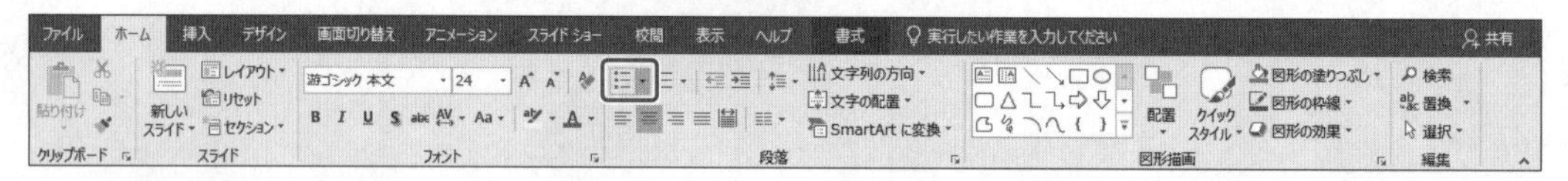

■段落番号の設定

「段落番号」を使うと、段落の先頭に**「1.2.3.」**や**「①②③」**などの連続した番号を付けることができます。

1. 不動産売買仲介業務
2. 新築・中古不動産の受託販売
3. 賃貸住宅の仲介業務

① 不動産売買仲介業務
② 新築・中古不動産の受託販売業務
③ 賃貸住宅の仲介業務

2019 365 ◆《ホーム》タブ→《段落》グループの（段落番号）

Lesson 50

プレゼンテーション「Lesson50」を開いておきましょう。

次の操作を行いましょう。

(1) スライド2に配置されている第1レベルの箇条書きの行頭文字を、矢印の行頭文字に変更してください。行頭文字のサイズは150%、色は「アクア、アクセント1」にします。

(2) スライド6とスライド7の箇条書きの第1レベルの行頭文字を、段落番号「1.2.3.」に変更してください。スライド7の段落番号は「4」から開始します。

Lesson 50 Answer

(1)

①スライド2を選択します。

②**「社名」**の段落にカーソルを移動します。

※段落内であれば、どこでもかまいません。

③**《ホーム》**タブ→**《段落》**グループの（箇条書き）の→**《箇条書きと段落番号》**をクリックします。

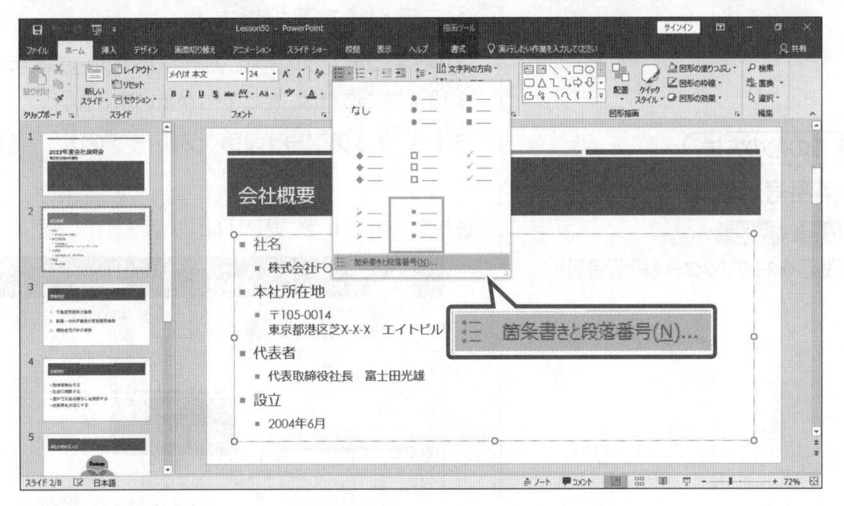

④**《箇条書きと段落番号》**ダイアログボックスが表示されます。

⑤**《箇条書き》**タブを選択します。

⑥一覧から**《矢印の行頭文字》**を選択します。

⑦**《サイズ》**を**「150」**%に設定します。

⑧**《色》**の（色）→**《テーマの色》**の**《アクア、アクセント1》**をクリックします。

⑨**《OK》**をクリックします。

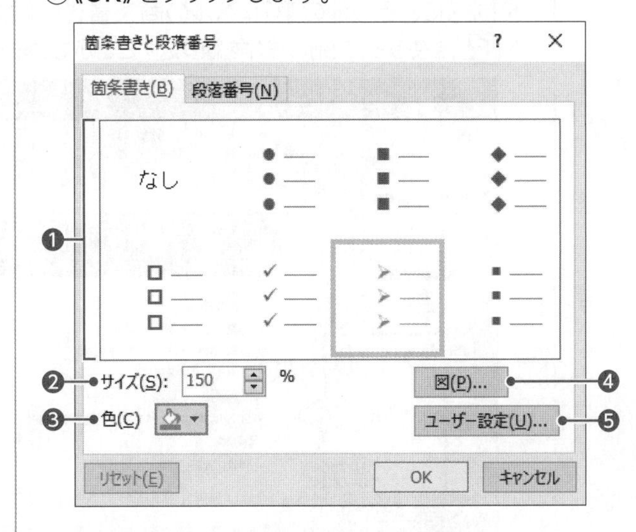

その他の方法

箇条書きの設定

2019 365

◆段落を右クリック→《箇条書き》

Point

《箇条書きと段落番号》の《箇条書き》タブ

❶行頭文字
行頭文字を設定します。

❷サイズ
行頭文字のサイズを設定します。段落のフォントサイズに対する割合で指定します。

❸色
行頭文字の色を設定します。

❹図
画像を行頭文字にします。

❺ユーザー設定
記号や特殊記号を行頭文字にします。

⑩矢印の行頭文字に変更されます。

⑪同様に、その他の第1レベルの箇条書きの行頭文字を変更します。

※F4を使うと、直前の操作を繰り返すことができます。

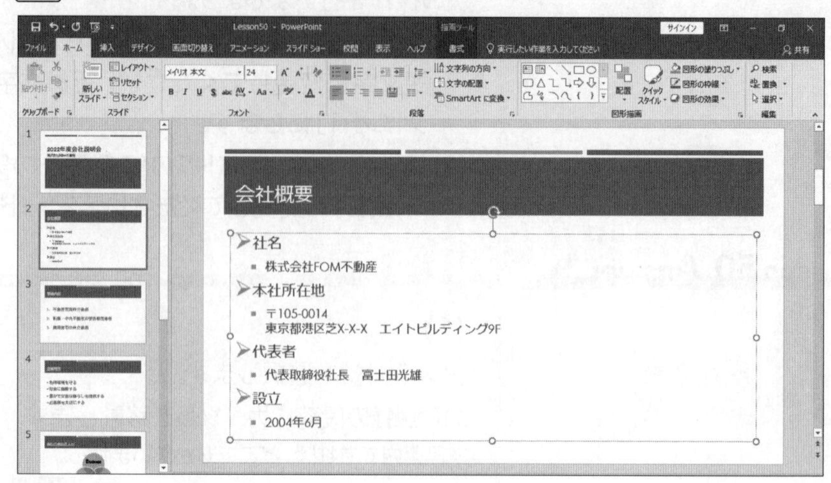

(2)

①スライド6を選択します。

②「**募集職種**」の段落にカーソルを移動します。

※段落内であれば、どこでもかまいません。

③《**ホーム**》タブ→《**段落**》グループの(段落番号)の→《**1.2.3.**》をクリックします。

④段落番号に変更されます。

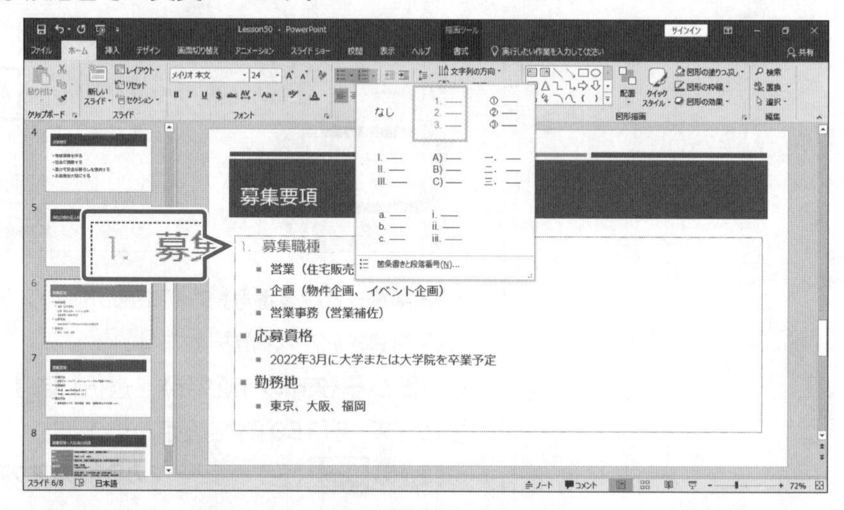

⑤同様に、その他の第1レベルの箇条書きを段落番号に変更します。

※F4を使うと、直前の操作を繰り返すことができます。

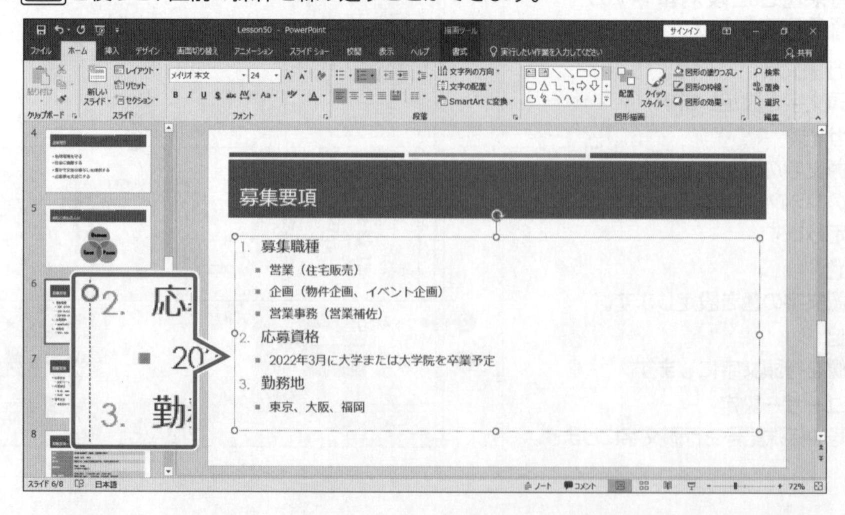

Point

箇条書きの解除

2019 365

◆段落を選択→《ホーム》タブ→《段落》グループの(箇条書き)

※ボタンが標準の色に戻ります。

その他の方法

段落番号の設定

2019 365

◆段落を右クリック→《段落番号》

⑥スライド7を選択します。

⑦**「応募方法」**の段落にカーソルを移動します。

※段落内であれば、どこでもかまいません。

⑧**《ホーム》**タブ→**《段落》**グループの［段落番号ボタン］（段落番号）の［▼］→**《箇条書きと段落番号》**をクリックします。

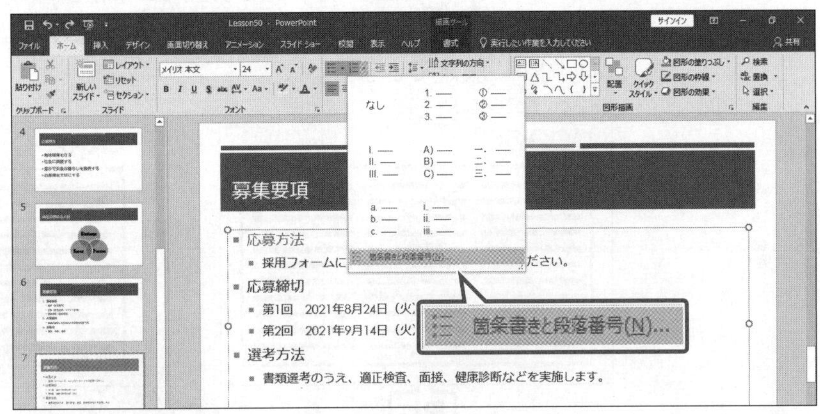

⑨**《箇条書きと段落番号》**ダイアログボックスが表示されます。

⑩**《段落番号》**タブを選択します。

⑪一覧から**《1.2.3.》**を選択します。

⑫**《開始》**を**「4」**に設定します。

⑬**《OK》**をクリックします。

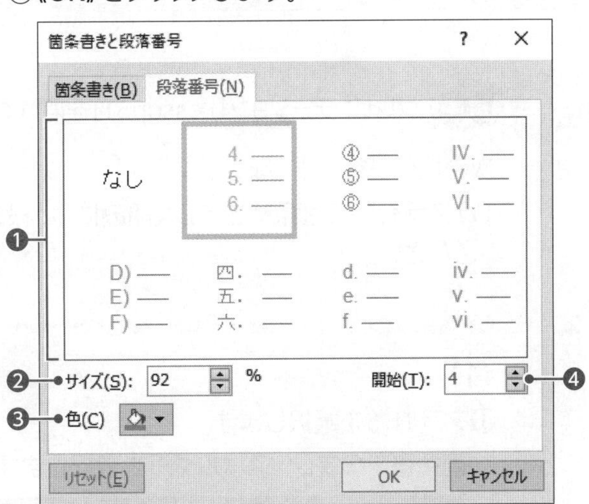

Point

《箇条書きと段落番号》の《段落番号》タブ

❶段落番号
段落番号を設定します。

❷サイズ
段落番号のサイズを設定します。段落のフォントサイズに対する割合で指定します。

❸色
段落番号の色を設定します。

❹開始
開始する番号を設定します。

⑭段落番号に変更され、**「4.」**が表示されます。

⑮同様に、その他の第1レベルの箇条書きを段落番号に変更します。

※［F4］を使うと、直前の操作を繰り返すことができます。

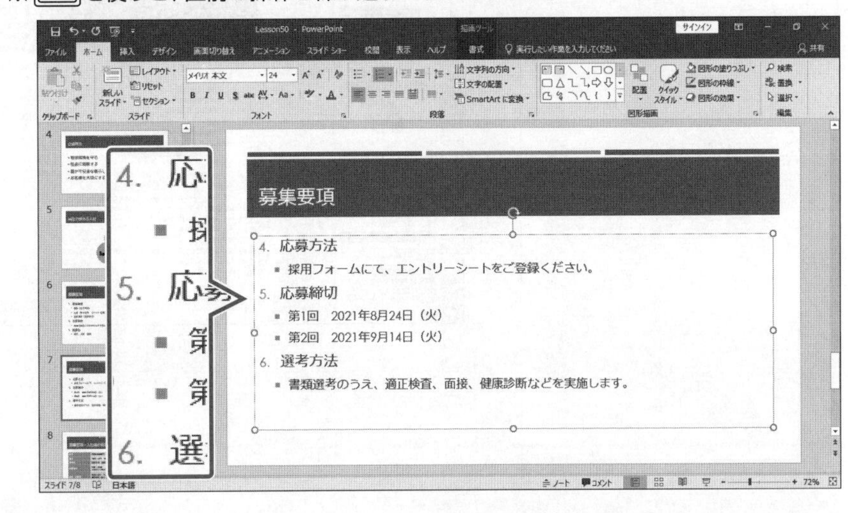

Point

段落番号の解除

2019 365

◆段落を選択→《ホーム》タブ→《段落》グループの［段落番号ボタン］（段落番号）

※ボタンが標準の色に戻ります。

3-1-2 テキストに段組みを設定する

解説

■段組みの設定

プレースホルダー内の1行の文字数が長い場合や、スライド全体の文字量が多い場合は、**「段組み」**を設定して、複数の段に分けると読みやすくなります。段数や段と段の間隔は、個々に設定できます。

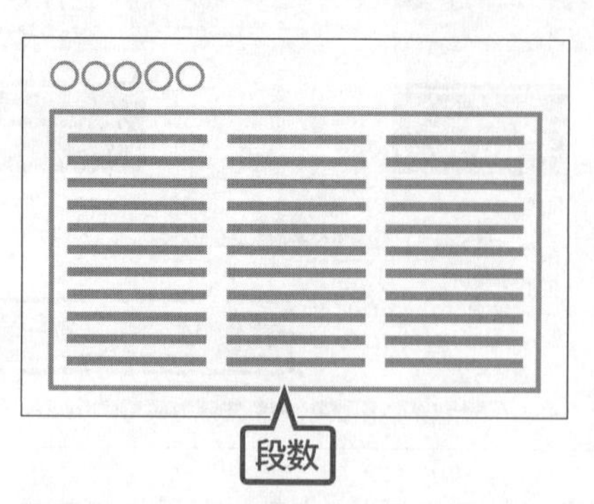

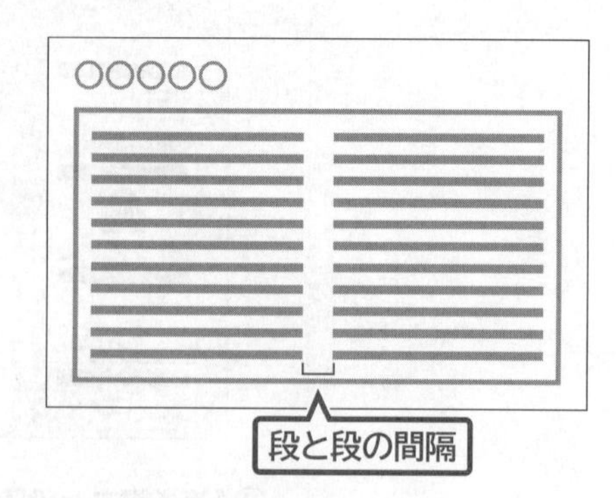

2019 365 ◆《ホーム》タブ→《段落》グループの （段の追加または削除）

Lesson 51

OPEN プレゼンテーション「Lesson51」を開いておきましょう。

次の操作を行いましょう。

(1) スライド6の箇条書きを2段組みにし、段と段の間隔を「1cm」に設定してください。

Lesson 51 Answer

(1)

①スライド6を選択します。

②箇条書きのプレースホルダーを選択します。

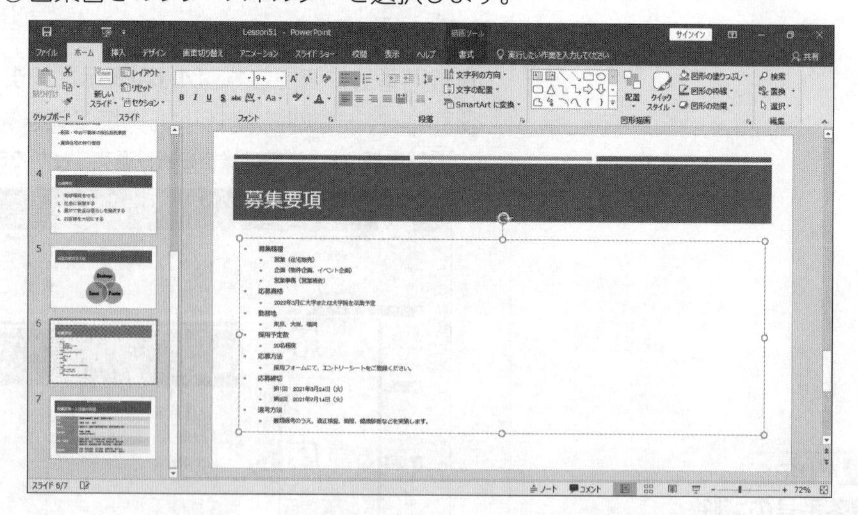

③**《ホーム》**タブ→**《段落》**グループの[ボタン](段の追加または削除)→**《段組みの詳細設定》**をクリックします。

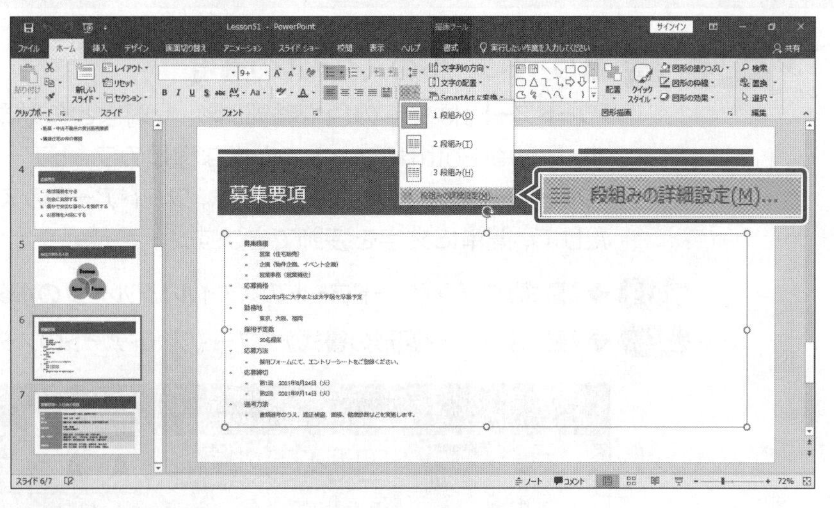

④**《段組み》**ダイアログボックスが表示されます。

⑤**《数》**を**「2」**に設定します。

⑥**《間隔》**を**「1cm」**に設定します。

⑦**《OK》**をクリックします。

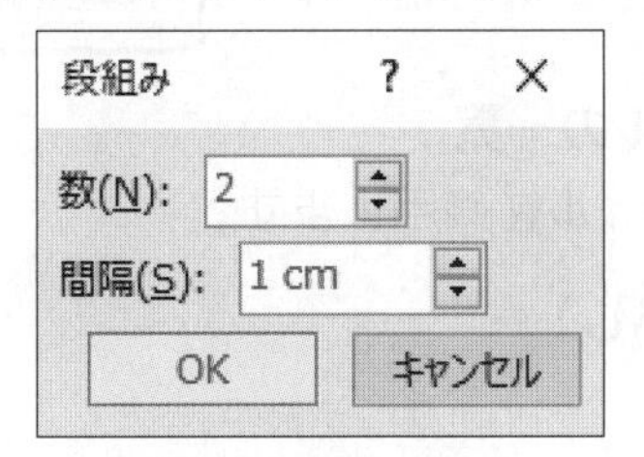

⑧段組みが設定されます。

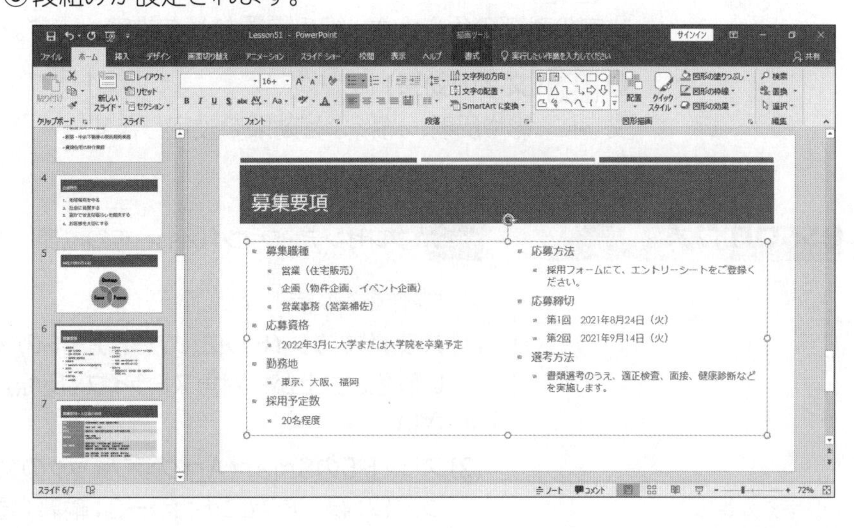

Point

段組みの解除

2019 365

◆プレースホルダーを選択→《ホーム》タブ→《段落》グループの[ボタン](段の追加または削除)→《1段組み》

3-1-3 テキストに組み込みスタイルを適用する

解説 ■ワードアートのスタイルの適用

「ワードアート」は文字の色や輪郭、影、反射などの効果を組み合わせた装飾文字のことです。PowerPointには、さまざまな種類のワードアートの書式が用意されていて、これを**「ワードアートのスタイル」**といいます。ワードアートのスタイルを使うと、一覧から選択するだけで、簡単に文字を装飾できます。

2019 ◆《書式》タブ→《ワードアートのスタイル》グループのボタン

365 ◆《書式》タブ/《図形の書式》タブ→《ワードアートのスタイル》グループのボタン

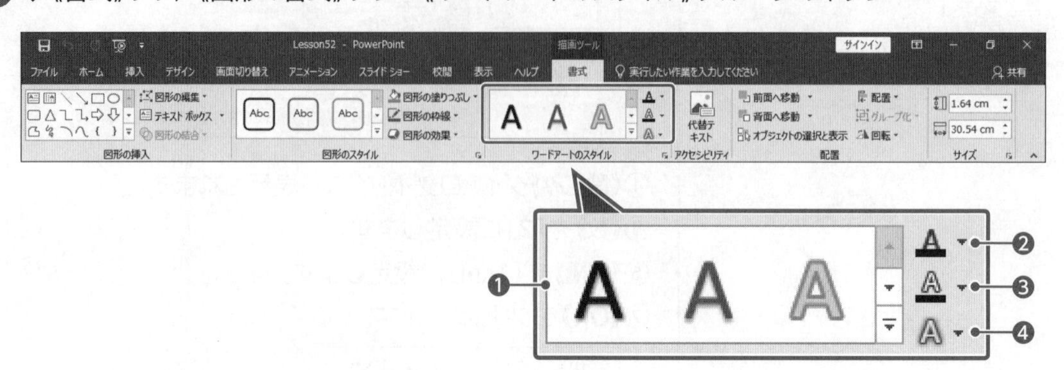

❶ワードアートのスタイルの一覧

文字にワードアートのスタイルを適用します。

❷ (文字の塗りつぶし)

文字の色を設定します。

❸ (文字の輪郭)

文字の輪郭の色や太さ、線の種類などを設定します。

❹ (文字の効果)

文字に、影や反射、光彩など効果を設定します。

Lesson 52

プレゼンテーション「Lesson52」を開いておきましょう。

次の操作を行いましょう。

(1) スライド1のタイトルに、ワードアートのスタイル「塗りつぶし(パターン):濃い灰色、右上がり対角ストライプ(反転);影(ぼかしなし)」を適用してください。

(2) スライド5のSmartArtグラフィックの文字に、ワードアートのスタイル「塗りつぶし:緑、アクセントカラー2;輪郭:緑、アクセントカラー2」を適用してください。ワードアートの塗りつぶしの色を「赤、アクセント6、白+基本色60%」、輪郭の色を「赤、アクセント6」、輪郭の太さを「2.25pt」、文字の効果を「影」の「オフセット:下」に設定してください。

Lesson 52 Answer

(1)

① スライド1を選択します。

② タイトルのプレースホルダーを選択します。

③《**書式**》タブ→《**ワードアートのスタイル**》グループの（その他）→《**塗りつぶし（パターン）：濃い灰色、右上がり対角ストライプ（反転）；影（ぼかしなし）**》をクリックします。

④タイトルにワードアートのスタイルが適用されます。

(2)

①スライド5を選択します。

②SmartArtグラフィックを選択します。

③《**書式**》タブ→《**ワードアートのスタイル**》グループの（その他）→《**塗りつぶし：緑、アクセントカラー2；輪郭：緑、アクセントカラー2**》をクリックします。

④SmartArtグラフィックの文字にワードアートのスタイルが適用されます。

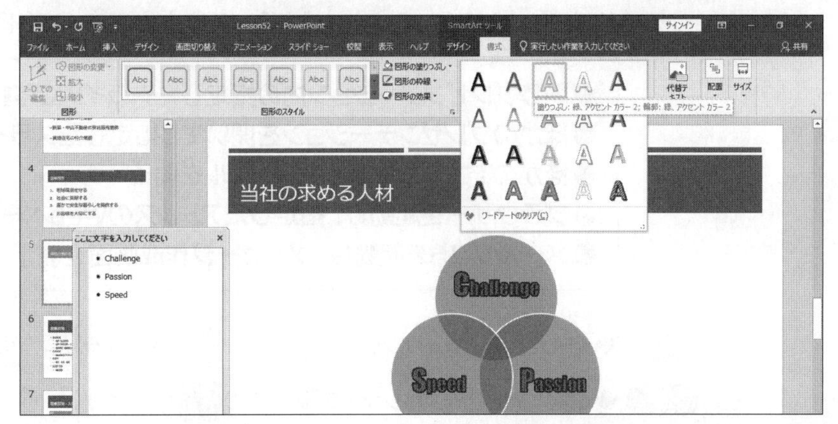

⑤《**書式**》タブ→《**ワードアートのスタイル**》グループの 文字の塗りつぶし（文字の塗りつぶし）→《**テーマの色**》の《**赤、アクセント6、白+基本色60%**》をクリックします。

⑥《**書式**》タブ→《**ワードアートのスタイル**》グループの 文字の輪郭（文字の輪郭）→《**テーマの色**》の《**赤、アクセント6**》をクリックします。

⑦《**書式**》タブ→《**ワードアートのスタイル**》グループの 文字の輪郭（文字の輪郭）→《**太さ**》→《**2.25pt**》をクリックします。

⑧《**書式**》タブ→《**ワードアートのスタイル**》グループの 文字の効果（文字の効果）→《**影**》→《**外側**》の《**オフセット：下**》をクリックします。

⑨ワードアートの書式が変更されます。

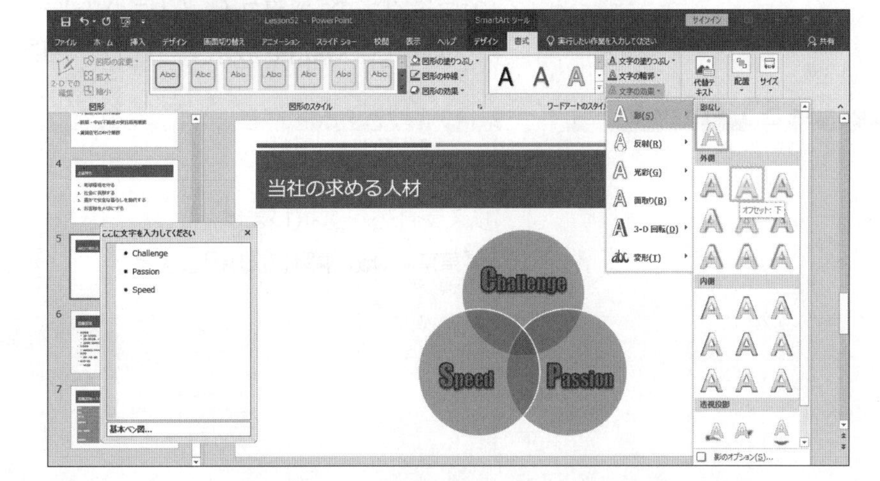

Point

文字の色の変更

プレースホルダーを選択すると、入力されている文字の色を変更できます。また、プレースホルダー内の一部の文字を選択すると、選択した文字のみに書式を設定することができます。

2019 365

◆《ホーム》タブ→《フォント》グループの（フォントの色）

Point

ワードアートのクリア

2019

◆文字を選択→《書式》タブ→《ワードアートのスタイル》グループの（その他）→《ワードアートのクリア》

365

◆文字を選択→《書式》タブ／《図形の書式》タブ→《ワードアートのスタイル》グループの（その他）→《ワードアートのクリア》

出題範囲3 テキスト、図形、画像の挿入と書式設定

3-2 リンクを挿入する

☑ 理解度チェック

習得すべき機能	参照Lesson	学習前	学習後	試験直前
■ハイパーリンクを挿入できる。	➡Lesson53	☑	☑	☑
■セクションズームやスライドズームのリンクを挿入できる。	➡Lesson54	☑	☑	☑

3-2-1 ハイパーリンクを挿入する

解説

■ハイパーリンクの挿入

「ハイパーリンク」を使うと、スライドに配置されている文字やオブジェクトに、別の場所の情報を結び付ける（リンクする）ことができます。ハイパーリンクを挿入すると、クリックするだけで、目的の場所に移動できます。
ハイパーリンクのリンク先として、次のようなものを指定できます。

- **●同じプレゼンテーション内の指定したスライドに移動する**
- **●ほかのプレゼンテーションを開いて、指定したスライドに移動する**
- **●ほかのアプリで作成したファイルを開く**
- **●ブラウザーを起動し、指定したアドレスのWebページを表示する**
- **●メールソフトを起動し、メッセージ作成画面を表示する**

2019 ◆《挿入》タブ→《リンク》グループの（ハイパーリンクの追加）

365 ◆《挿入》タブ→《リンク》グループの（リンク）

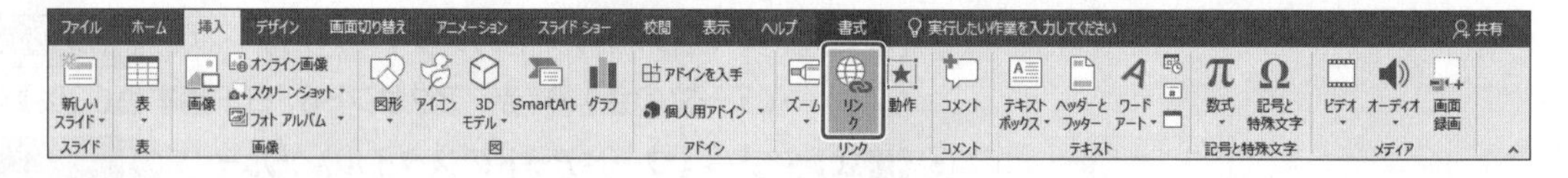

Lesson 53

プレゼンテーション「Lesson53」を開いておきましょう。

次の操作を行いましょう。

(1) スライド6の「東京、大阪、福岡」に、フォルダー「Lesson53」のプレゼンテーション「営業所一覧」を表示するハイパーリンクを挿入してください。

(2) スライド6の「採用フォーム」に、Webページ「https://www.fom.fujitsu.com/goods/」を表示するハイパーリンクを挿入してください。

Lesson 53 Answer

(1)

①スライド6を選択します。

②**「東京、大阪、福岡」**を選択します。

その他の方法

ハイパーリンクの挿入

2019 365

◆文字やオブジェクトを選択して右クリック→《リンク》

◆文字やオブジェクトを選択→Ctrl+K

Point

《ハイパーリンクの挿入》

❶ファイル、Webページ
ほかのファイルやWebページをリンク先として指定します。

❷このドキュメント内
同じプレゼンテーション内のスライドをリンク先として指定します。

❸新規作成
新規プレゼンテーションをリンク先として指定します。

❹電子メールアドレス
電子メールアドレスをリンク先として指定します。

❺表示文字列
リンク元に表示する文字を設定します。

❻ヒント設定
リンク元をポイントしたときに表示する文字を設定します。

❼ブックマーク
選択したプレゼンテーションにあるスライドをリンク先として指定します。
※ほかのプレゼンテーションの指定したスライドに移動できるのは、スライドショー中だけです。

Point

リンク先に移動

スライドショーの実行中にリンク先に移動するには、リンク元の文字やオブジェクトをクリックします。
標準表示でリンク先に移動するには、リンク元の文字やオブジェクトをCtrlを押しながらクリックします。

③**《挿入》**タブ→**《リンク》**グループの（ハイパーリンクの追加）をクリックします。

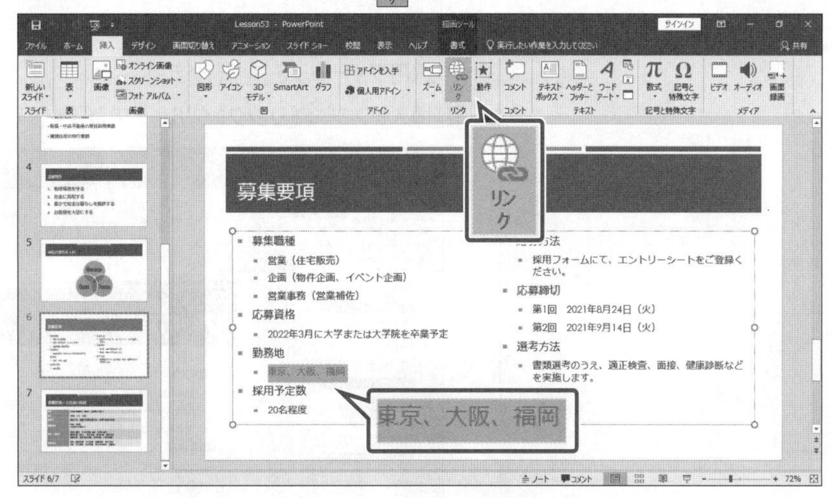

④**《ハイパーリンクの挿入》**ダイアログボックスが表示されます。

⑤**《リンク先》**の**《ファイル、Webページ》**をクリックします。

⑥**《現在のフォルダー》**が選択されていることを確認します。

⑦フォルダー「**Lesson53**」をダブルクリックします。

⑧一覧から「**営業所一覧**」を選択します。

⑨**《OK》**をクリックします。

⑩「**東京、大阪、福岡**」にハイパーリンクが挿入されます。
※文字をポイントすると、ポップヒントにリンク先が表示されます。

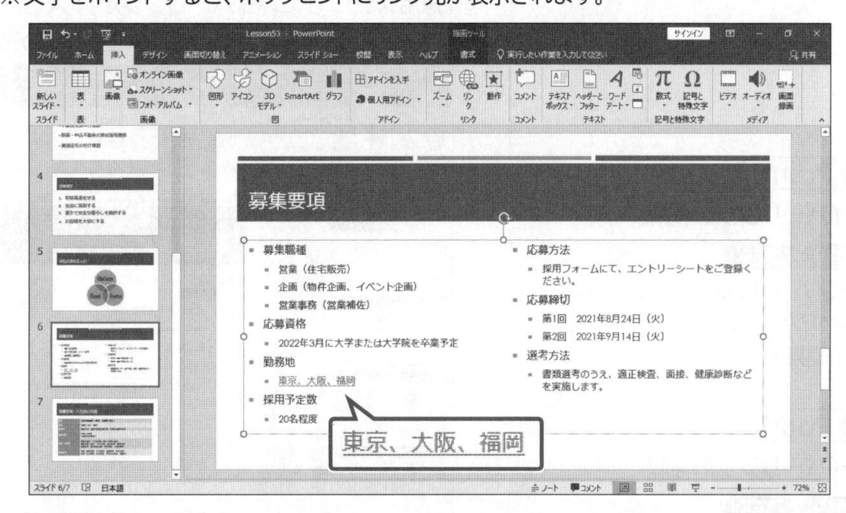

※Ctrlを押しながら文字をクリックし、リンク先に移動することを確認しておきましょう。

(2)

①スライド6を選択します。

②**「採用フォーム」**を選択します。

③**《挿入》**タブ→**《リンク》**グループの (ハイパーリンクの追加)をクリックします。

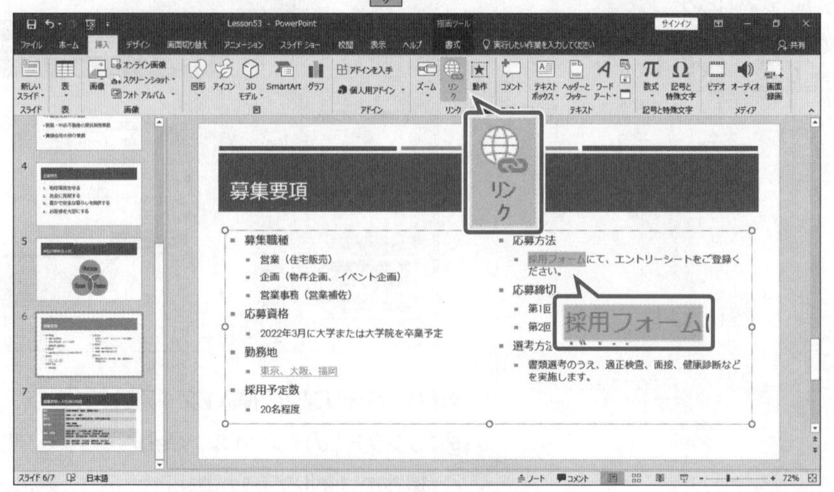

④**《ハイパーリンクの挿入》**ダイアログボックスが表示されます。

⑤**《リンク先》**の**《ファイル、Webページ》**を選択します。

⑥**《アドレス》**に**「https://www.fom.fujitsu.com/goods/」**と入力します。

⑦**《OK》**をクリックします。

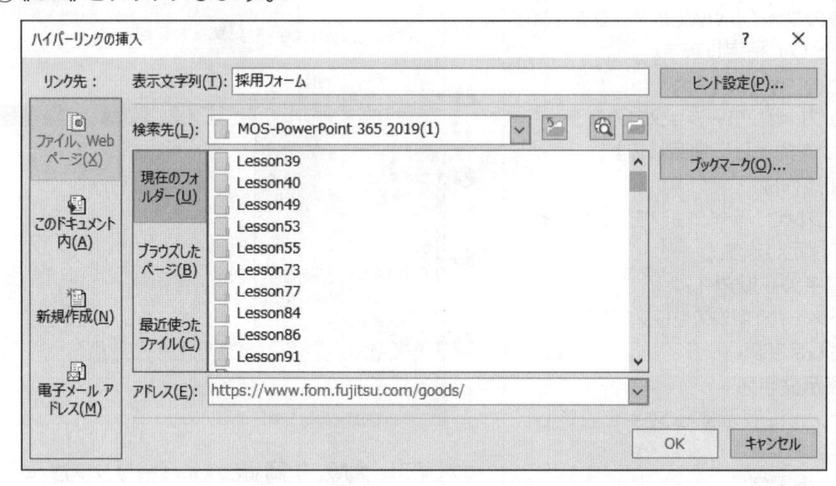

⑧**「採用フォーム」**にハイパーリンクが挿入されます。

※文字をポイントすると、ポップヒントにリンク先が表示されます。

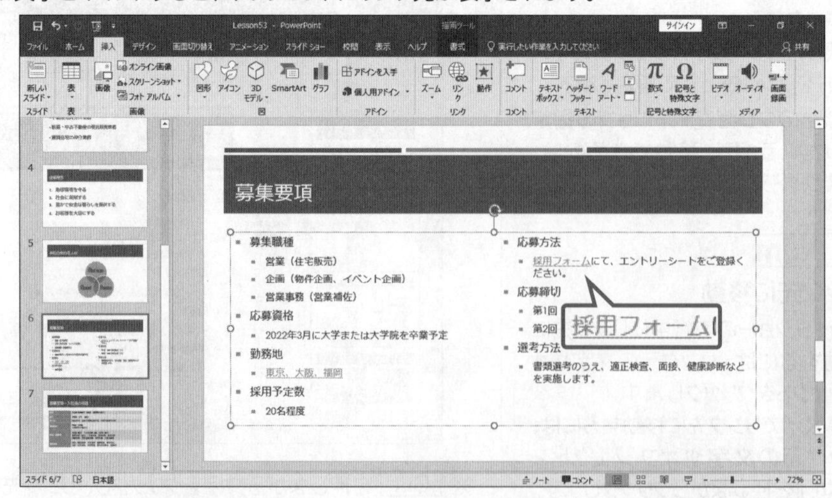

※ Ctrl を押しながら文字をクリックし、リンク先に移動することを確認しておきましょう。

※インターネットに接続できる環境が必要です。

Point

ハイパーリンクの編集

2019 365

◆ハイパーリンクを設定した文字やオブジェクトを右クリック→《リンクの編集》

Point

ハイパーリンクの削除

2019 365

◆ハイパーリンクを設定した文字やオブジェクトを右クリック→《リンクの削除》

3-2-2 セクションズームやスライドズームのリンクを挿入する

解 説

■セクションズームとスライドズーム

「ズーム」を使うと、既存のスライド上にサムネイルを追加し、目的のスライドに移動できます。セクションやスライドに対するリンクを挿入できます。

2019 365 ◆《挿入》タブ→《リンク》グループの（ズーム）

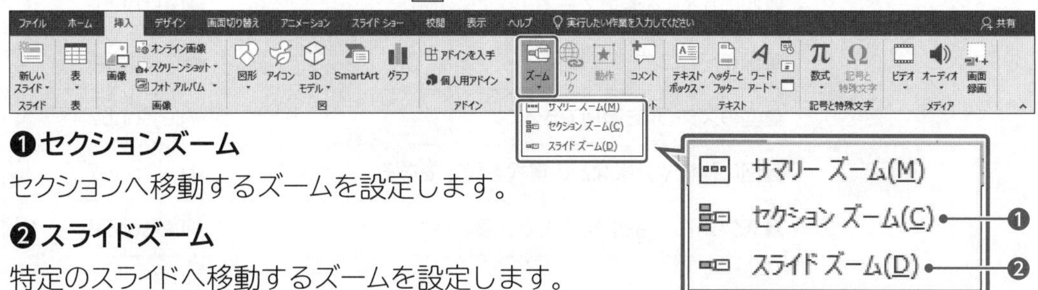

❶セクションズーム

セクションへ移動するズームを設定します。

❷スライドズーム

特定のスライドへ移動するズームを設定します。

Lesson 54

プレゼンテーション「Lesson54」を開いておきましょう。

Hint

サムネイルを移動するには、サムネイルを選択して移動先にドラッグします。

次の操作を行いましょう。

(1) スライド2にセクション「会社説明」「募集要項」へリンクするセクションズームを挿入してください。挿入されたサムネイルは各箇条書きの下側に配置します。

Lesson 54 Answer

(1)

①スライド2を選択します。

②**《挿入》**タブ→**《リンク》**グループの（ズーム）→**《セクションズーム》**をクリックします。

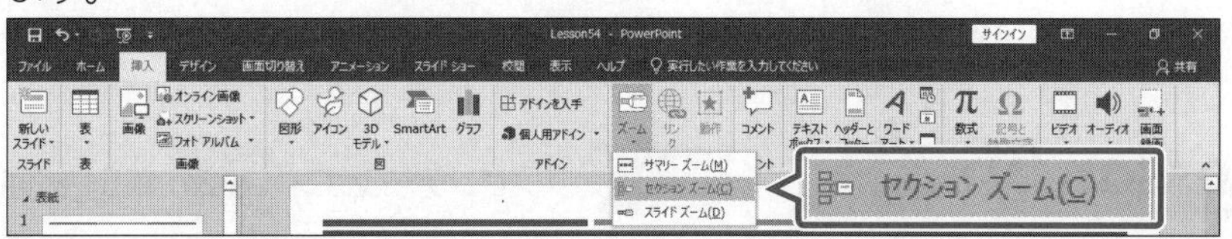

③**《セクションズームの挿入》**ダイアログボックスが表示されます。

④**「セクション2：会社説明」**と**「セクション3：募集要項」**を☑にします。

⑤**《挿入》**をクリックします。

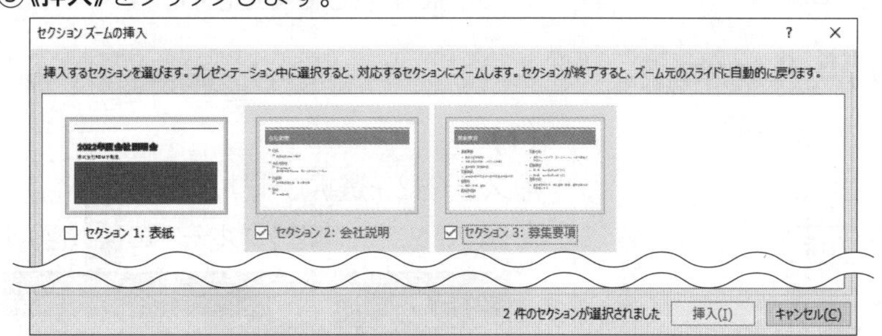

⑥セクションズームが挿入されます。

⑦サムネイルを移動先にドラッグして移動します。

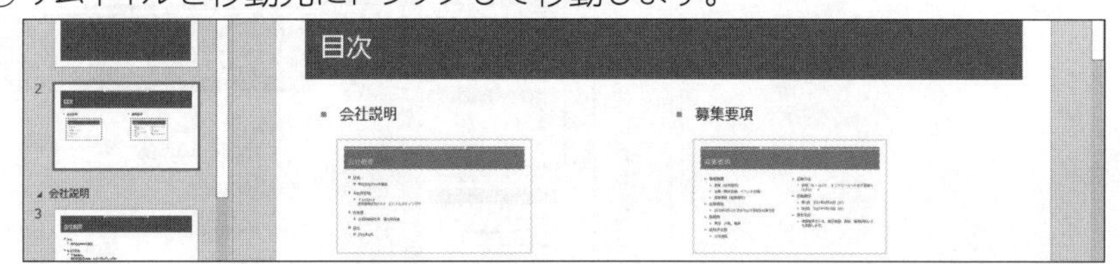

※スライドショーを実行し、サムネイルをクリックして、セクションに移動することを確認しておきましょう。

3-3 出題範囲3 テキスト、図形、画像の挿入と書式設定
図を挿入する、書式設定する

☑ 理解度チェック

習得すべき機能	参照Lesson	学習前	学習後	試験直前
■図を挿入できる。	➡Lesson55	☑	☑	☑
■図のサイズを変更できる。	➡Lesson56	☑	☑	☑
■図をトリミングできる。	➡Lesson56	☑	☑	☑
■図のスタイルを適用できる。	➡Lesson57	☑	☑	☑
■図に枠線や効果などの書式を設定できる。	➡Lesson57	☑	☑	☑
■スクリーンショットを挿入できる。	➡Lesson58	☑	☑	☑

3-3-1 図を挿入する

解 説

■図の挿入

デジタルカメラで撮影した写真やイメージスキャナで取り込んだイラストなどの画像をスライドに挿入できます。PowerPointでは、画像のことを**「図」**といいます。

◆《挿入》タブ→《画像》グループの (図)

◆《挿入》タブ→《画像》グループの (画像を挿入します)→《このデバイス》

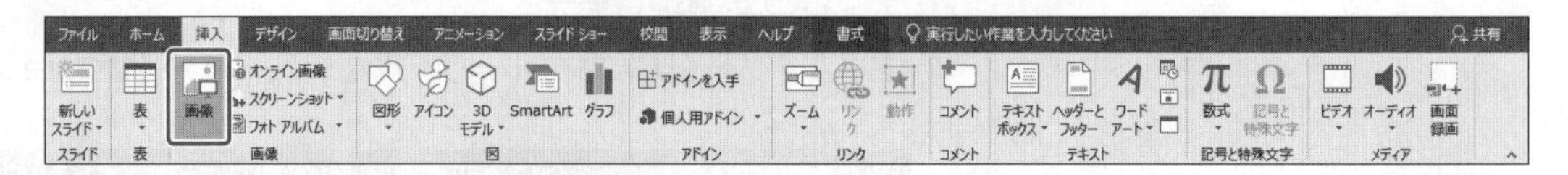

Lesson 55

プレゼンテーション「Lesson55」を開いておきましょう。

Hint

図を移動するには、図を選択して移動先にドラッグします。

次の操作を行いましょう。

(1) スライド2に、フォルダー「Lesson55」の画像「社長」を挿入し、箇条書きの右側に配置してください。

Lesson 55 Answer

その他の方法

図の挿入

2019 365

◆コンテンツのプレースホルダーの (図)

(1)

①スライド2を選択します。

②**《挿入》**タブ→**《画像》**グループの (図)をクリックします。

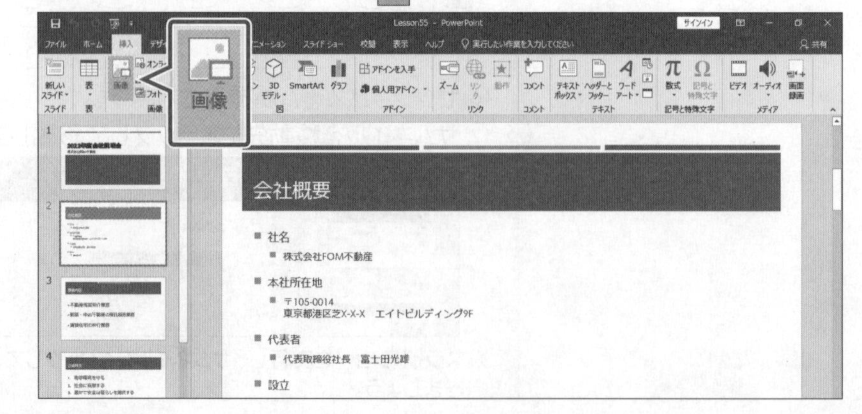

③**《図の挿入》**ダイアログボックスが表示されます。

④フォルダー**「Lesson55」**を開きます。

※《PC》→《ドキュメント》→「MOS-PowerPoint 365 2019(1)」→「Lesson55」を選択します。

⑤一覧から**「社長」**を選択します。

⑥**《挿入》**をクリックします。

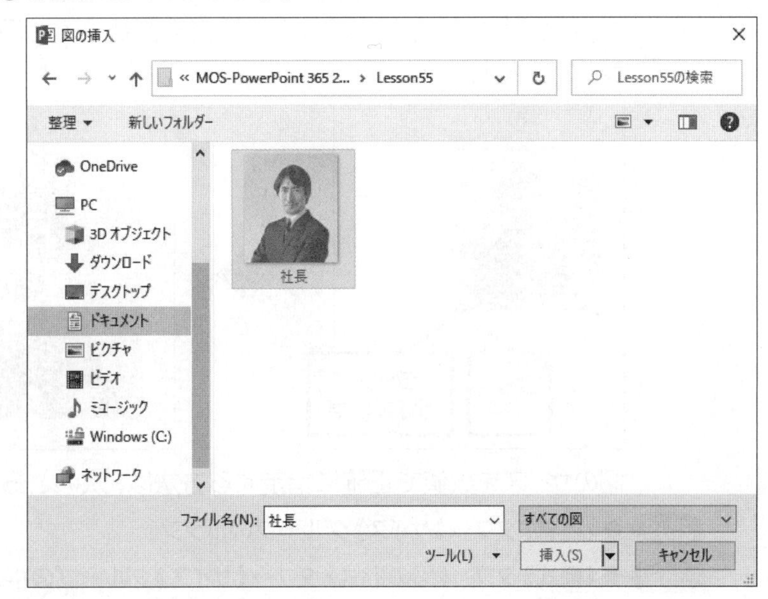

⑦図が挿入されます。

⑧図をドラッグして移動します。

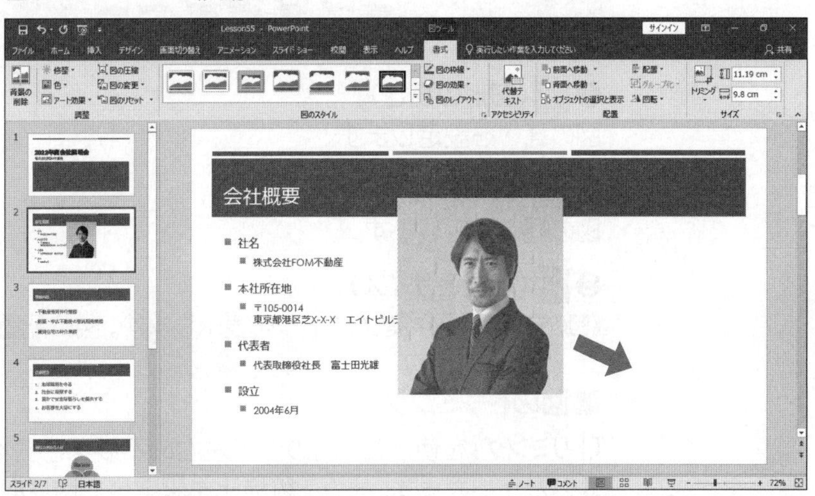

⑨図が移動されます。

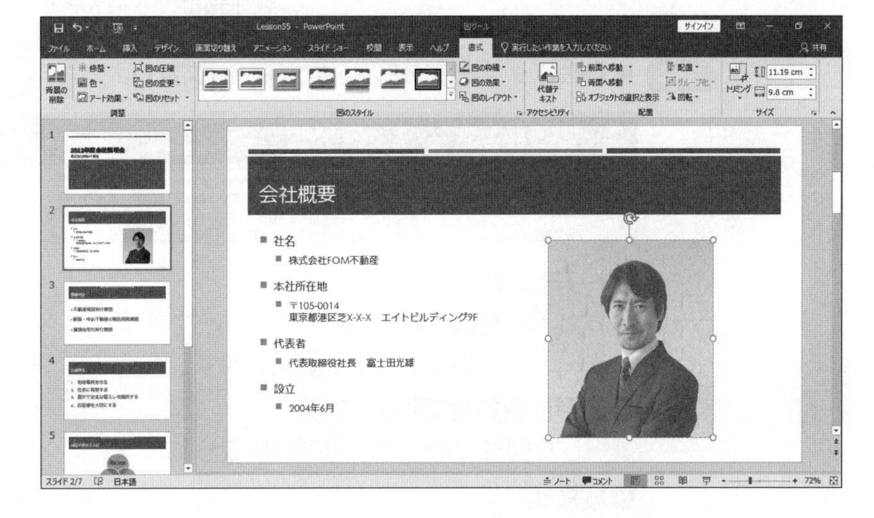

図の削除

2019 365

◆図を選択→[Delete]

3-3-2 図のサイズを変更する、図をトリミングする

解説

■図のサイズ変更

スライドに挿入した図が意図するサイズで表示されない場合、適切なサイズに変更します。図のサイズを変更するには、図形を選択すると周囲に表示される○（ハンドル）をドラッグします。

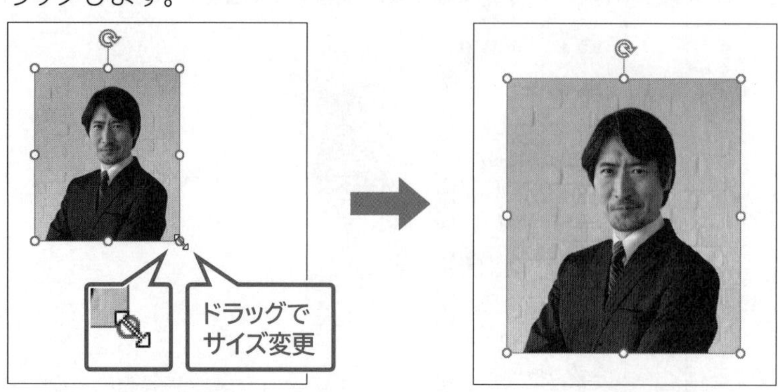

図のサイズを数値で正確に指定する方法は、次のとおりです。

2019 ◆《書式》タブ→《サイズ》グループのボタン

365 ◆《書式》タブ／《図の形式》タブ→《サイズ》グループのボタン

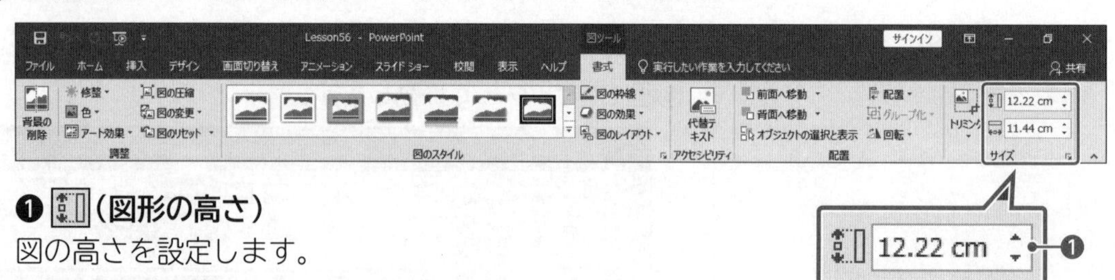

❶（図形の高さ）

図の高さを設定します。

❷（図形の幅）

図の幅を設定します。

❸（配置とサイズ）

《図の書式設定》作業ウィンドウを表示します。図の配置やサイズなど、詳細を設定できます。

■図のトリミング

「トリミング」を使うと、図の上下左右の不要な部分を切り取って、必要な部分だけを残すことができます。また、縦横比を設定して切り取ったり、円や吹き出しなどの図形の形状に合わせて切り取ったりすることもできます。

2019 ◆《書式》タブ→《サイズ》グループの（トリミング）

365 ◆《書式》タブ／《図の形式》タブ→《サイズ》グループの（トリミング）

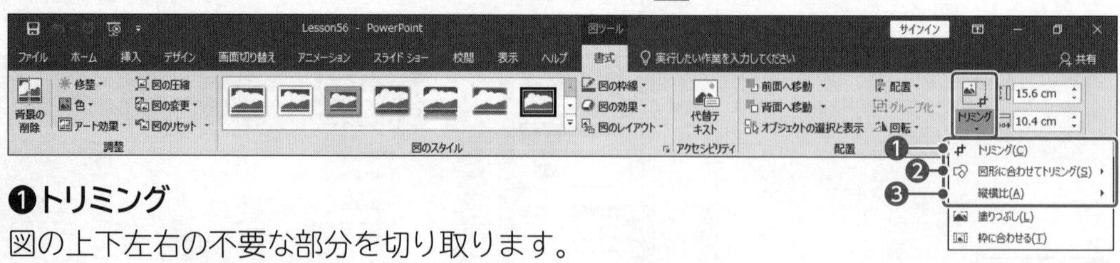

❶トリミング

図の上下左右の不要な部分を切り取ります。
ユーザーが切り取る範囲を設定します。

❷図形に合わせてトリミング

選択した図形の形状で、図が切り取られます。

❸縦横比

選択した縦横比で、図が切り取られます。

Lesson 56

Hint

トリミングの詳細を設定するには、《書式》タブ→《サイズ》グループの（配置とサイズ）を使います。

プレゼンテーション「Lesson56」を開いておきましょう。

次の操作を行いましょう。

(1) スライド3の図の高さを「6.5cm」、幅を「19cm」に設定してください。

(2) スライド4の図の上側をトリミングしてください。スライドのタイトルが見えるようにします。

(3) スライド2の図の幅を「9cm」、高さを「11cm」でトリミングしてください。トリミングする画像の位置は、横方向に移動を「0cm」、縦方向に移動を「0cm」に設定します。

Lesson 56 Answer

その他の方法

図のサイズ変更

2019

◆図を選択→《書式》タブ→《サイズ》グループの（配置とサイズ）→（サイズとプロパティ）→《サイズ》→《高さ》／《幅》

◆図を右クリック→《配置とサイズ》→（サイズとプロパティ）→《サイズ》→《高さ》／《幅》

◆図を選択→○（ハンドル）をドラッグ

365

◆図を選択→《書式》タブ／《図の形式》タブ→《サイズ》グループの（配置とサイズ）→（サイズとプロパティ）→《サイズ》→《高さ》／《幅》

◆図を右クリック→《配置とサイズ》→（サイズとプロパティ）→《サイズ》→《高さ》／《幅》

◆図を選択→○（ハンドル）をドラッグ

Point

縦横比を固定する

図の高さを変更すると、幅も自動的に変更されます。逆に、図の幅を変更すると、高さも自動的に変更されます。これは、挿入した図が、元々の画像の高さと幅の比率を崩さない設定になっているためです。

高さや幅を個別に変更する方法は、次のとおりです。

2019

◆図を選択→《書式》タブ→《サイズ》グループの（配置とサイズ）→（サイズとプロパティ）→《サイズ》→《□縦横比を固定する》→図の高さや幅を設定

365

◆図を選択→《書式》タブ／《図の形式》タブ→《サイズ》グループの（配置とサイズ）→（サイズとプロパティ）→《サイズ》→《□縦横比を固定する》→図の高さや幅を設定

(1)

①スライド3を選択します。

②図を選択します。

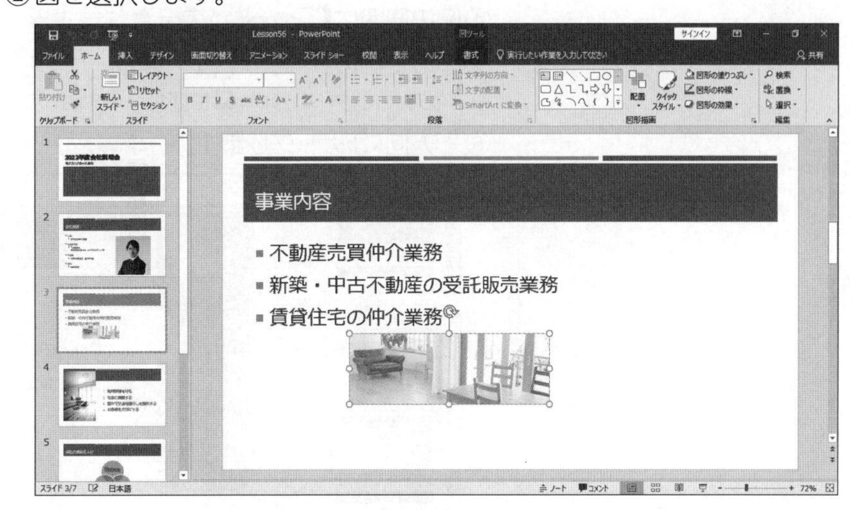

③**《書式》**タブ→**《サイズ》**グループの（図形の高さ）を**「6.5cm」**に設定します。

④**《書式》**タブ→**《サイズ》**グループの（図形の幅）が自動的に**「19cm」**に変更されます。

⑤図のサイズが変更されます。

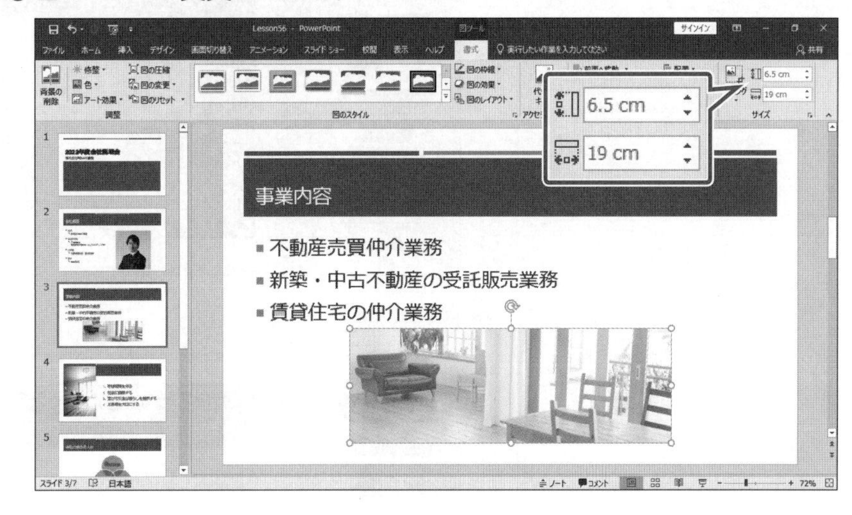

(2)

①スライド4を選択します。

②図を選択します。

③**《書式》**タブ→**《サイズ》**グループの［トリミング］（トリミング）をクリックします。

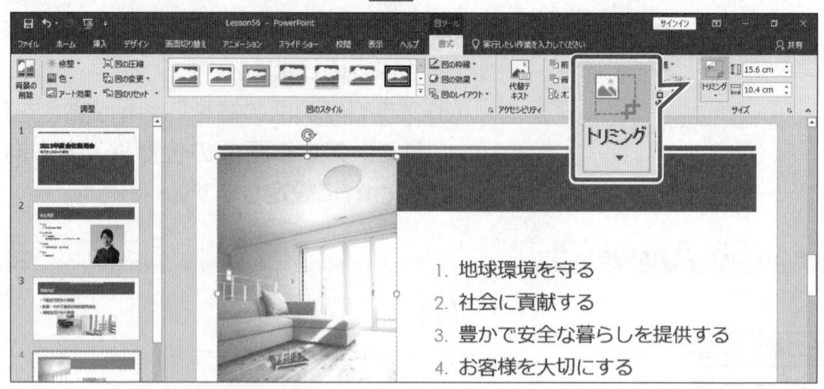

④図の周囲に┏や━が表示されます。

⑤図の上側の━をポイントします。

※マウスポインターの形が┻に変わります。

⑥下方向にドラッグします。

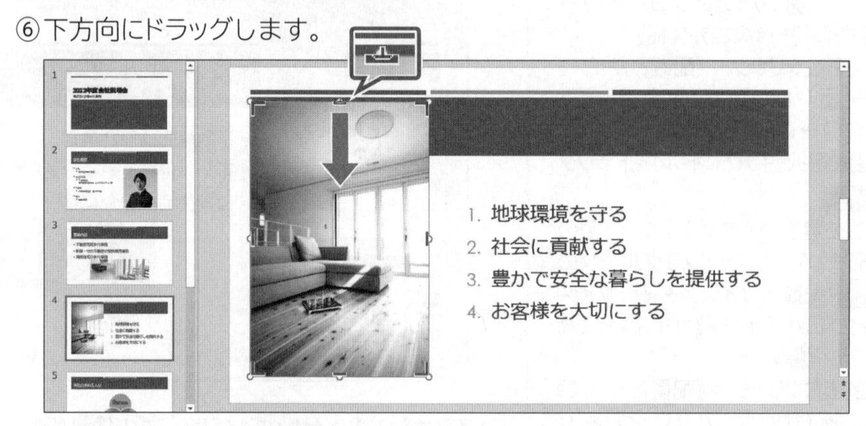

⑦図以外の場所をクリックします。

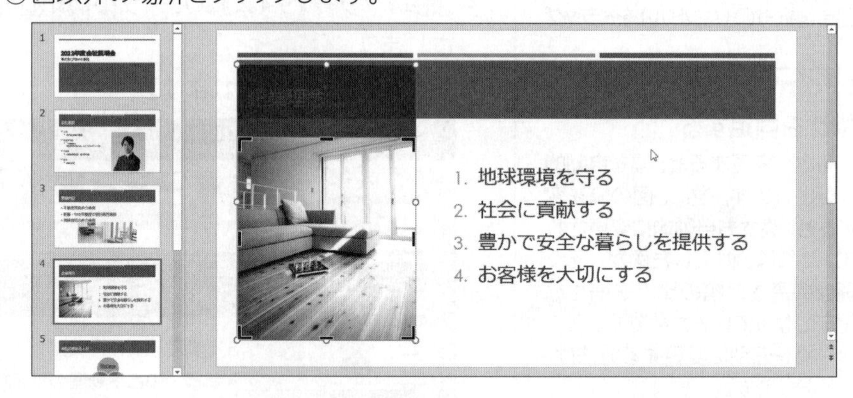

⑧図がトリミングされます。

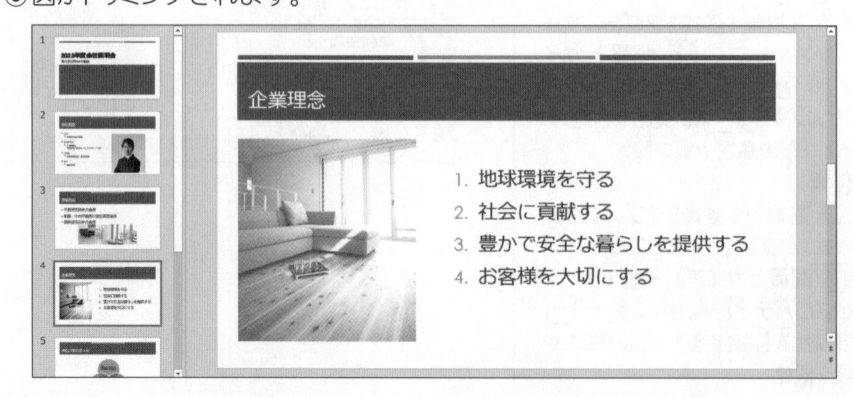

(3)

①スライド2を選択します。

②図を選択します。

③**《書式》**タブ→**《サイズ》**グループの（配置とサイズ）をクリックします。

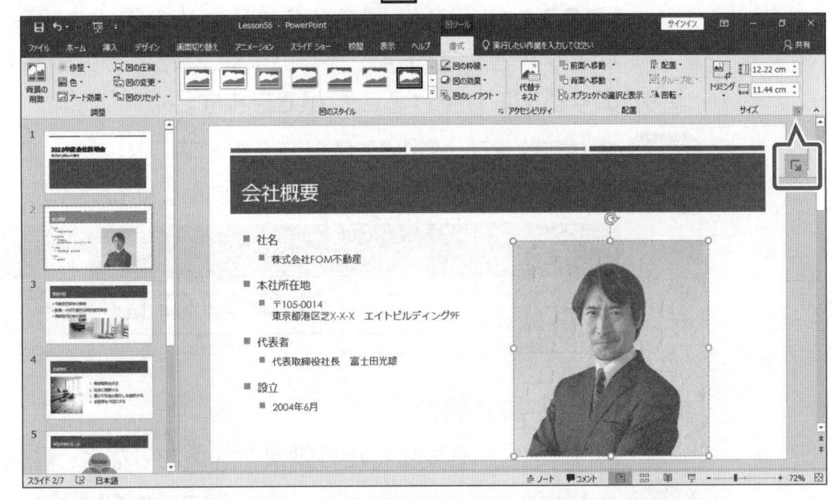

④**《図の書式設定》**作業ウィンドウが表示されます。

⑤（図）をクリックします。

⑥**《トリミング》**の詳細を表示します。

※表示されていない場合は、《トリミング》をクリックします。

⑦**《トリミング位置》**の**《幅》**を**「9cm」**に設定します。

⑧**《トリミング位置》**の**《高さ》**を**「11cm」**に設定します。

⑨**《画像の位置》**の**《横方向に移動》**を**「0cm」**に設定します。

⑩**《画像の位置》**の**《縦方向に移動》**を**「0cm」**に設定します。

⑪図がトリミングされます。

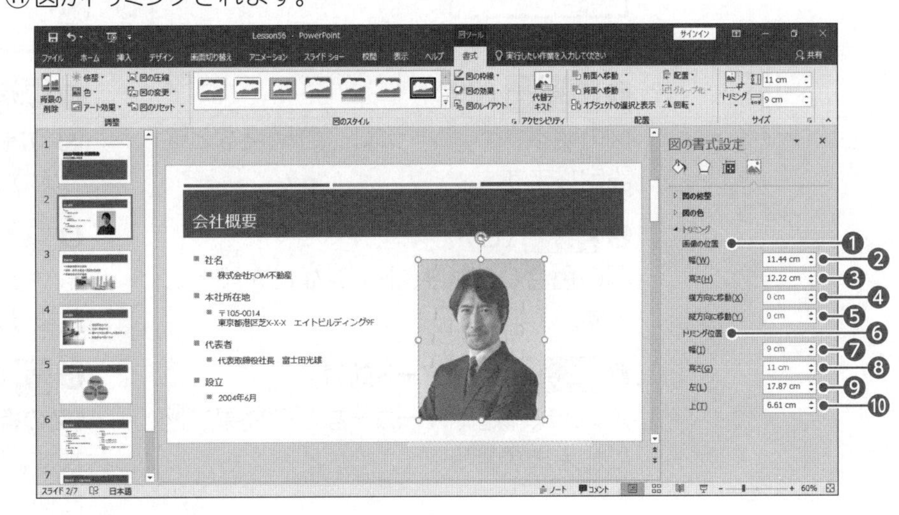

※《図の書式設定》作業ウィンドウを閉じておきましょう。

その他の方法

図の書式設定

2019　365

◆図を右クリック→《図の書式設定》

Point

《図の書式設定》

❶画像の位置
図のサイズや位置を設定します。

❷幅
図の幅を設定します。

❸高さ
図の高さを設定します。

❹横方向に移動
図の中心から横方向に移動する距離を設定します。
正の数を設定すると右方向に、負の数を設定すると左方向に移動します。

❺縦方向に移動
図の中心から縦方向に移動する距離を設定します。
正の数を設定すると下方向に、負の数を設定すると上方向に移動します。

❻トリミング位置
トリミング範囲のサイズや位置を設定します。

❼幅
トリミング後の図の幅を設定します。

❽高さ
トリミング後の図の高さを設定します。

❾左
スライドの左端から図までの距離を設定します。

❿上
スライドの上端から図までの距離を設定します。

3-3-3 図に組み込みスタイルや効果を適用する

■図のスタイルの適用

「図のスタイル」とは、図を装飾するための書式の組み合わせのことで、枠線や形状、効果などがまとめて設定されています。スタイルの一覧から選択するだけで、瞬時に見栄えのする図に仕上げることができます。

2019 ◆《書式》タブ→《図のスタイル》グループ

365 ◆《書式》タブ／《図の形式》タブ→《図のスタイル》グループ

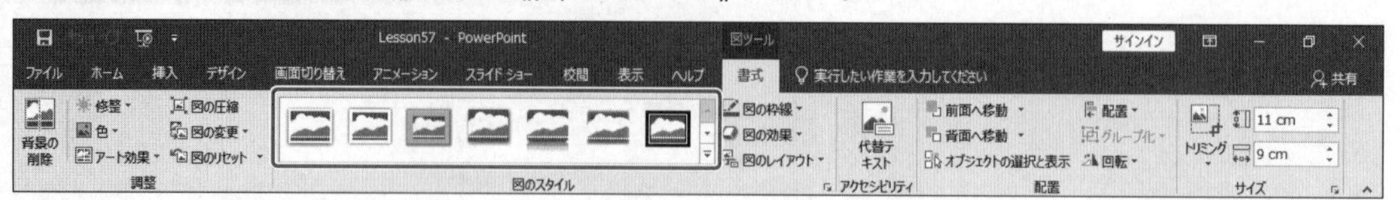

■図の書式設定

図は、色合いを変更したり効果を加えたりなど、書式を設定して見栄えを調整できます。

2019 ◆《書式》タブ→《調整》グループや《図のスタイル》グループのボタン

365 ◆《書式》タブ／《図の形式》タブ→《調整》グループや《図のスタイル》グループのボタン

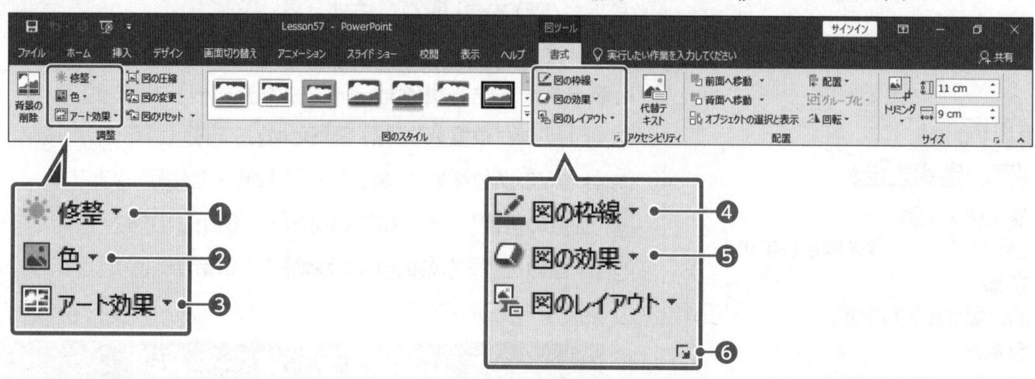

❶ 修整 （修整）
図の明るさやコントラスト、鮮明度などを設定します。

❷ 色 （色）
図の色合い、彩度、トーンなどを設定します。

❸ アート効果 （アート効果）
スケッチ、線画、マーカーなどの効果を図に加えます。

❹ 図の枠線 （図の枠線）
図の周囲に枠線を付けます。枠線の色や太さ、種類を選択できます。

❺ 図の効果 （図の効果）
影や反射、ぼかしなどの効果を図に加えます。

❻ （図の書式設定）
《図の書式設定》作業ウィンドウを表示します。図の書式を詳細に設定する場合に使います。

Lesson 57

プレゼンテーション「Lesson57」を開いておきましょう。

次の操作を行いましょう。

(1) スライド2の図に、図のスタイル「四角形、右下方向の影付き」を適用してください。次に、適用した図のスタイルのうち、影の透明度を「0%」、影のぼかしを「0pt」、影の距離を「20pt」に変更してください。

(2) スライド3の図に、アート効果「カットアウト」を適用してください。次に、図の周囲に枠線を付けてください。枠線の色は「オレンジ、アクセント3」、枠線の太さは「4.5pt」にします。

(1)

①スライド2を選択します。

②図を選択します。

③《**書式**》タブ→《**図のスタイル**》グループの ▼（その他）→《**四角形、右下方向の影付き**》をクリックします。

④図のスタイルが適用されます。

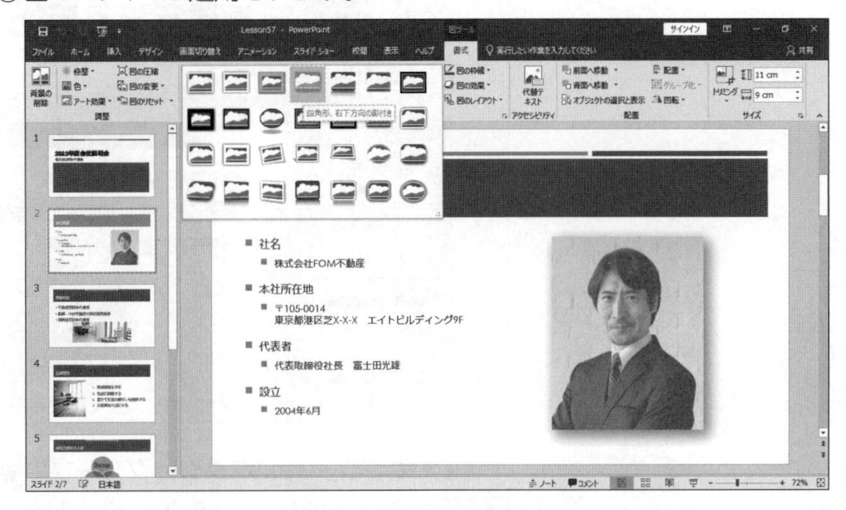

⑤《**書式**》タブ→《**図のスタイル**》グループの 図の効果▼（図の効果）→《**影**》→《**影のオプション**》をクリックします。

⑥《**図の書式設定**》作業ウィンドウが表示されます。

⑦《**影**》の詳細が表示されていることを確認します。

※表示されていない場合は、《**影**》をクリックします。

⑧《**透明度**》を「**0%**」に設定します。

⑨《**ぼかし**》を「**0pt**」に設定します。

⑩《**距離**》を「**20pt**」に設定します。

⑪影の書式が設定されます。

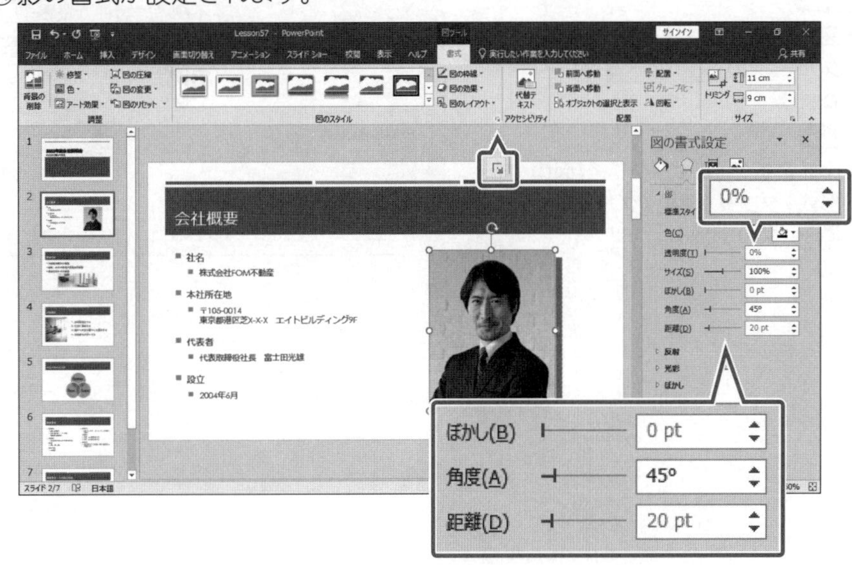

※《図の書式設定》作業ウィンドウを閉じておきましょう。

(2)

①スライド3を選択します。

②図を選択します。

③《書式》タブ→《調整》グループの アート効果 （アート効果）→《カットアウト》をクリックします。

④図にアート効果が設定されます。

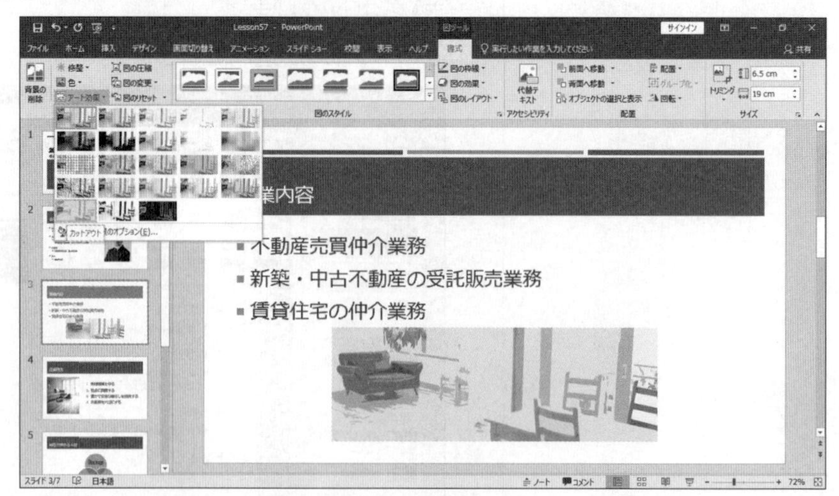

⑤《書式》タブ→《図のスタイル》グループの 図の枠線 （図の枠線）→《テーマの色》の《オレンジ、アクセント3》をクリックします。

⑥《書式》タブ→《図のスタイル》グループの 図の枠線 （図の枠線）→《太さ》→《4.5pt》をクリックします。

⑦図の周囲に枠線が表示されます。

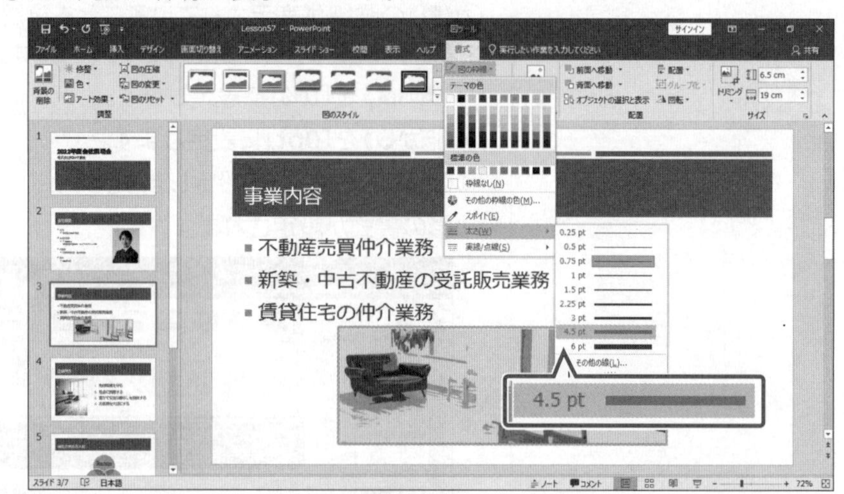

Point

図のリセット

図に設定した書式をすべてリセットし、初期の状態に戻す方法は、次のとおりです。

2019

◆図を選択→《書式》タブ→《調整》グループの 図のリセット （図のリセット）

365

◆図を選択→《書式》タブ／《図の形式》タブ→《調整》グループの （図のリセット）

3-3-4 スクリーンショットや画面の領域を挿入する

解 説

■スクリーンショットの挿入

「スクリーンショット」とは、ディスプレイに表示されている画面を、画像として保存したものです。PowerPointには、スクリーンショットを取得して、プレゼンテーションに図として挿入できる機能が備わっています。PowerPointの画面に限らず、表示されている画面をそのまま図として挿入することができます。

2019 365 ◆《挿入》タブ→《画像》グループの スクリーンショット (スクリーンショットをとる)

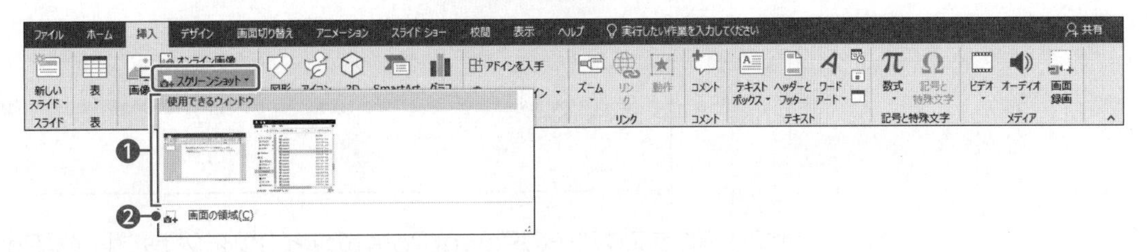

❶使用できるウィンドウ

現在表示しているPowerPointのウィンドウ以外で、デスクトップに開かれているウィンドウが表示されます。一覧から選択すると、ウィンドウが図として挿入されます。
※一部のアプリは、一覧に表示されません。

❷画面の領域

デスクトップ全体が淡色で表示されます。開始位置から終了位置までドラッグすると、その範囲が図として挿入されます。

Lesson 58

プレゼンテーション「Lesson58」を開いておきましょう。

Hint
あらかじめスクリーンショットとして挿入する画面を表示しておきます。

次の操作を行いましょう。

(1) スライド1にExcelのバージョン情報のスクリーンショットを挿入してください。図は箇条書きの下側に配置されるように、サイズと位置を調整します。

Lesson 58 Answer

(1)

①Excelを起動し、新しいブックを作成します。

②**《ファイル》**タブを選択します。

③**《アカウント》**→**《Excelのバージョン情報》**をクリックします。

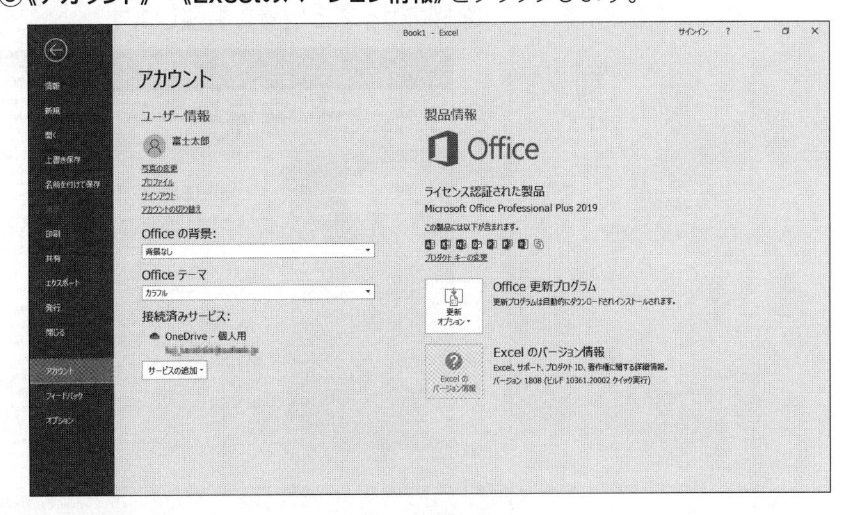

④Excelのバージョン情報が表示されます。

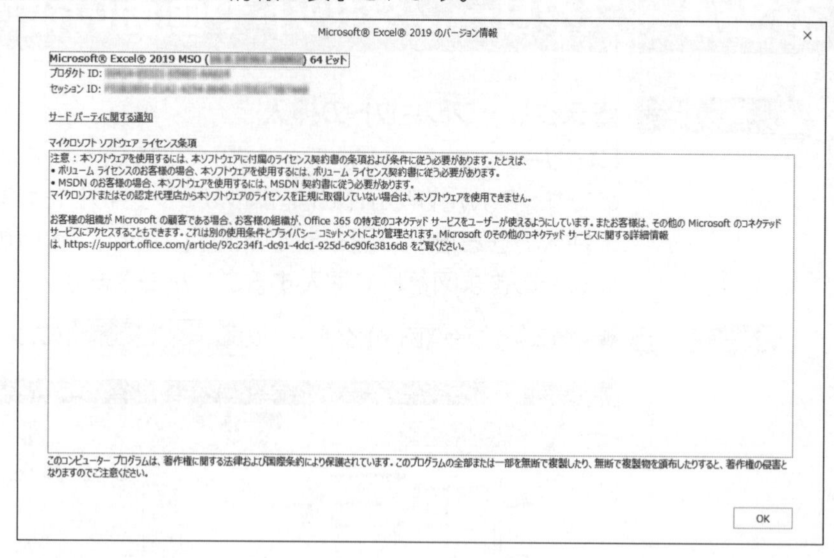

⑤タスクバーのPowerPointのアイコンをクリックして、PowerPointウィンドウに切り替えます。

⑥スライド1を表示します。

⑦**《挿入》**タブ→**《画像》**グループの スクリーンショット (スクリーンショットをとる)→**《使用できるウィンドウ》**の**《Microsoft® Excel® 2019のバージョン情報》**をクリックします。

※お使いの環境によって、ウィンドウの名称が異なる場合があります。

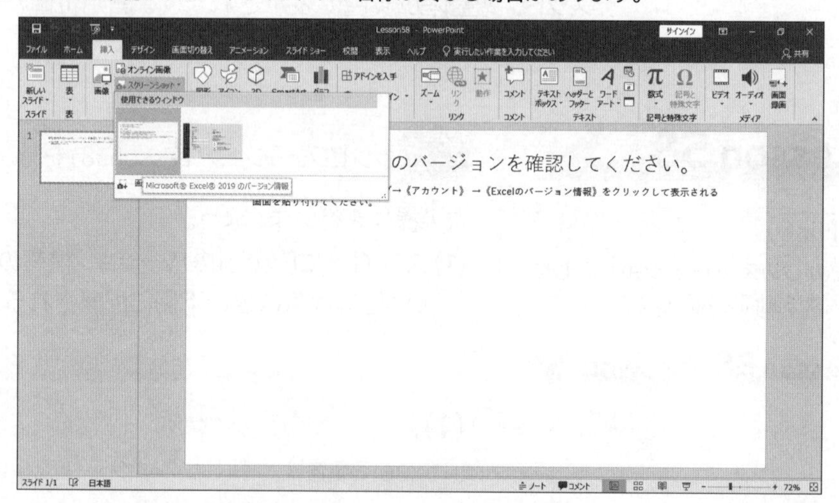

⑧Excelのバージョン情報の画面が挿入されます。

⑨図のサイズと位置を調整します。

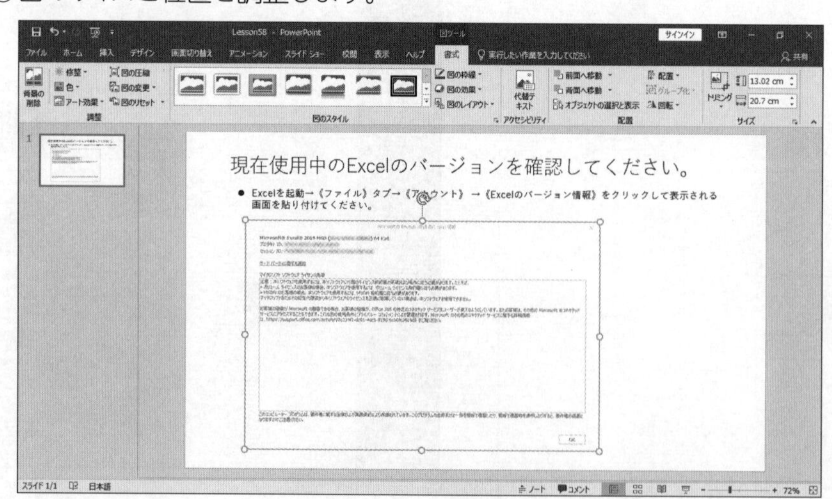

3-4 グラフィック要素を挿入する、書式設定する

☑ 理解度チェック

習得すべき機能	参照Lesson	学習前	学習後	試験直前
■図形を挿入できる。	➡Lesson59	☑	☑	☑
■図形を変更できる。	➡Lesson59	☑	☑	☑
■図形に文字を追加できる。	➡Lesson60	☑	☑	☑
■図形の位置やサイズを変更できる。	➡Lesson61	☑	☑	☑
■図形のスタイルを適用できる。	➡Lesson62	☑	☑	☑
■図形に塗りつぶしや枠線などの書式を設定できる。	➡Lesson63	☑	☑	☑
■デジタルインクを使って描画できる。	➡Lesson64	☑	☑	☑
■オブジェクトに代替テキストを追加できる。	➡Lesson65	☑	☑	☑

3-4-1 図形を挿入する、変更する

解説

■図形の挿入

PowerPointには、あらかじめ豊富な種類の**「図形」**が用意されています。図形は、形状によって線や基本図形、ブロック矢印、吹き出しなどに分類されており、目的に合わせて種類を選択できます。また、線以外の図形には、文字を入力することができます。

2019 365 ◆《挿入》タブ→《図》グループの（図形）

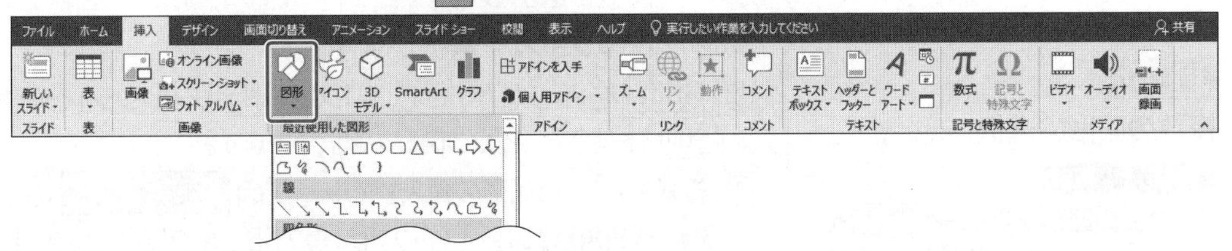

■図形の変更

図形はスライドに挿入したあとでも、異なる種類に変更できます。

2019 ◆《書式》タブ→《図形の挿入》グループの 図形の編集 （図形の編集）→《図形の変更》

365 ◆《書式》タブ／《図形の書式》タブ→《図形の挿入》グループの（図形の編集）→《図形の変更》

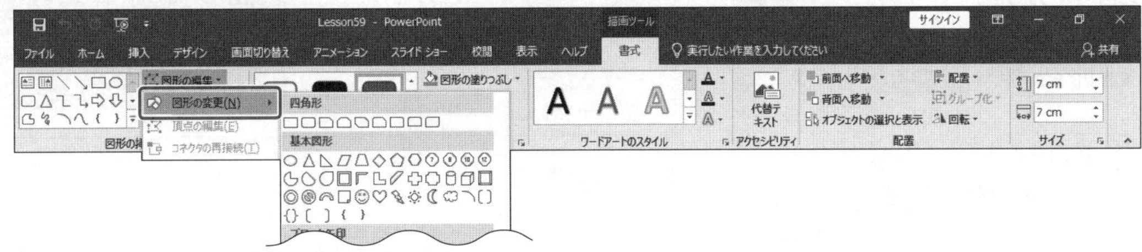

Lesson 59

プレゼンテーション「Lesson59」を開いておきましょう。

次の操作を行いましょう。

(1) スライド5のタイトルの下側に、図形「四角形：角を丸くする」を挿入してください。

(2) スライド5に配置されている「パッション」「スピード」「チャレンジ」の3つの図形を、「正方形/長方形」に変更してください。

Lesson 59 Answer

その他の方法

図形の挿入

2019 365

◆《ホーム》タブ→《図形描画》グループの（その他）／（図形）

Point

縦横比1対1の図形

Shiftを押しながらドラッグすると、縦横比が1対1の図形を作成できます。真円や正方形を作成する場合に使います。

Point

複数の図形の選択

2019 365

◆1つ目の図形を選択→Shiftを押しながら、2つ目以降の図形を選択

◆図形を囲むようにドラッグ

Point

図形の削除

2019 365

◆図形を選択→Delete

Point

テキストボックスの挿入

「テキストボックス」を使うと、プレースホルダーとは別の独立した場所に文字を配置できます。テキストボックスには縦書きと横書きがあります。テキストボックスは、図形の一種です。

2019 365

◆《挿入》タブ→《テキスト》グループの（横書きテキストボックスの描画）

(1)

①スライド5を選択します。

②**《挿入》**タブ→**《図》**グループの（図形）→**《四角形》**の（四角形：角を丸くする）をクリックします。

※マウスポインターの形が＋に変わります。

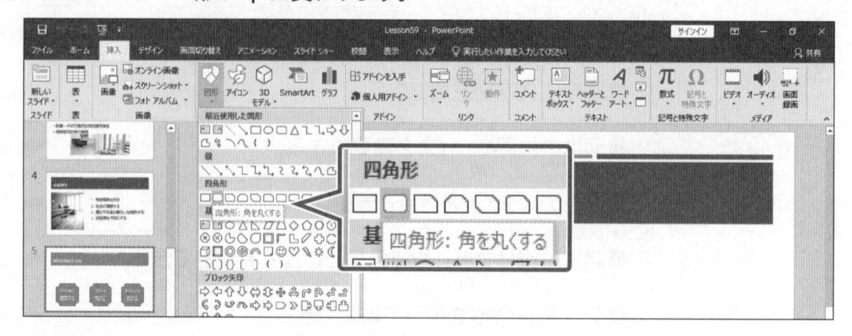

③始点から終点までドラッグします。

④図形が作成されます。

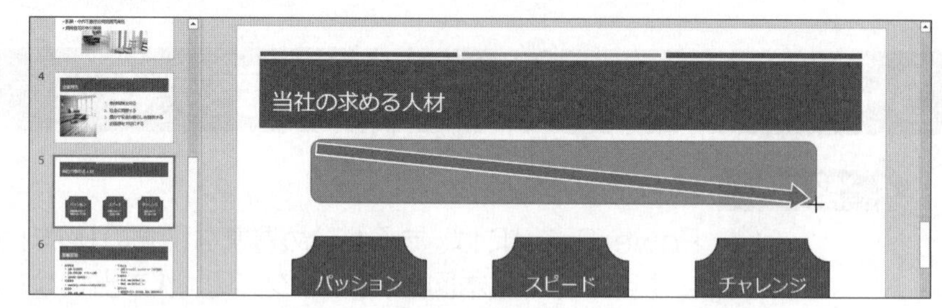

(2)

①スライド5を選択します。

②図形**「パッション」**を選択します。

③Shiftを押しながら、図形**「スピード」「チャレンジ」**を選択します。

※Shiftを使うと、複数の図形を選択できます。

④**《書式》**タブ→**《図形の挿入》**グループの 図形の編集（図形の編集）→**《図形の変更》**→**《四角形》**の（正方形/長方形）をクリックします。

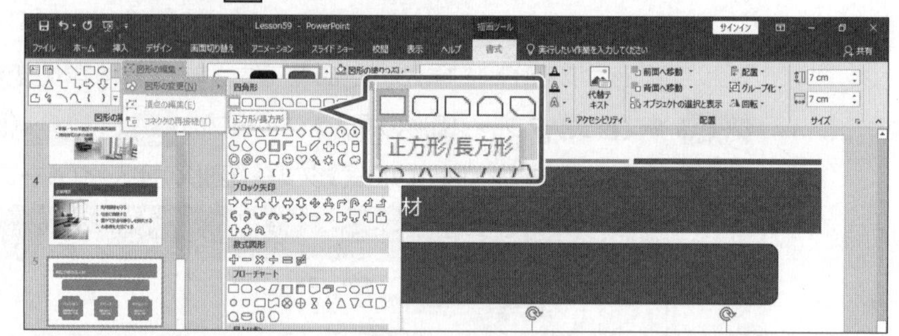

⑤図形が変更されます。

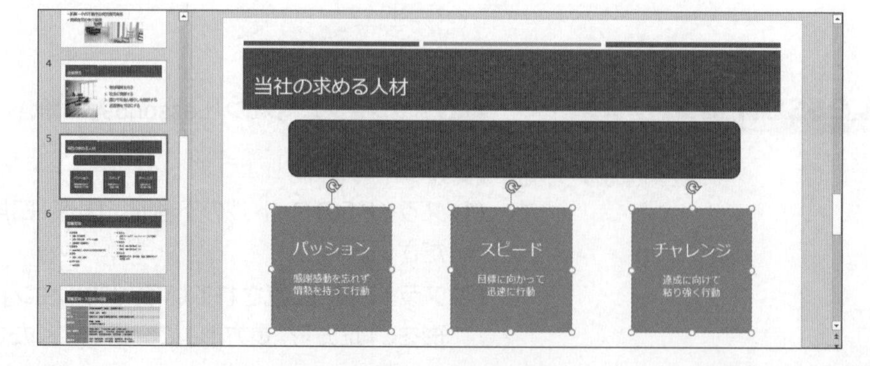

3-4-2 図形やテキストボックスにテキストを追加する

 解説

■図形への文字の追加

線以外の図形に文字を追加することができます。
また、図形に入力された文字はあとから変更することができます。

2019 365 ◆図形を選択→文字を入力

Lesson 60

 プレゼンテーション「Lesson60」を開いておきましょう。

次の操作を行いましょう。

(1) スライド5の上の図形に、「お客様の満足を獲得するために誠意を持って行動できる人」と入力してください。

Lesson 60 Answer

Point

テキストボックスへの文字の追加

テキストボックスは図形の一種で、図形と同じ方法で、文字を追加できます。

その他の方法

図形への文字の追加

2019 365

◆図形を右クリック→《テキストの編集》→文字を入力

Point

文字が追加された図形の選択

文字が追加された図形内をクリックすると、カーソルが表示され、周囲に点線(……)の囲みが表示されます。この点線上をクリックすると、図形が選択され、周囲に実線(──)の囲みが表示されます。この状態のとき、図形や図形内のすべての文字に書式を設定できます。

図形内にカーソルがある状態　図形が選択されている状態

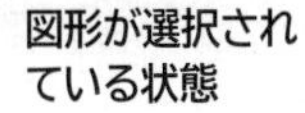

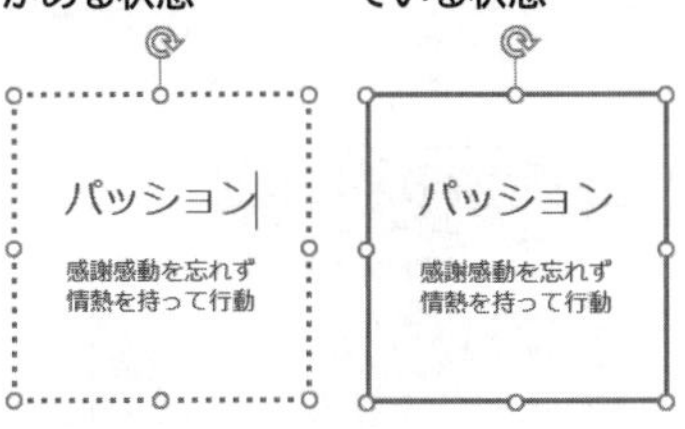

Point

図形内のテキストの編集

2019

◆図形を右クリック→《テキストの編集》

(1)

①スライド5を選択します。

②上の図形を選択します。

③**「お客様の満足を獲得するために誠意を持って行動できる人」**と入力します。

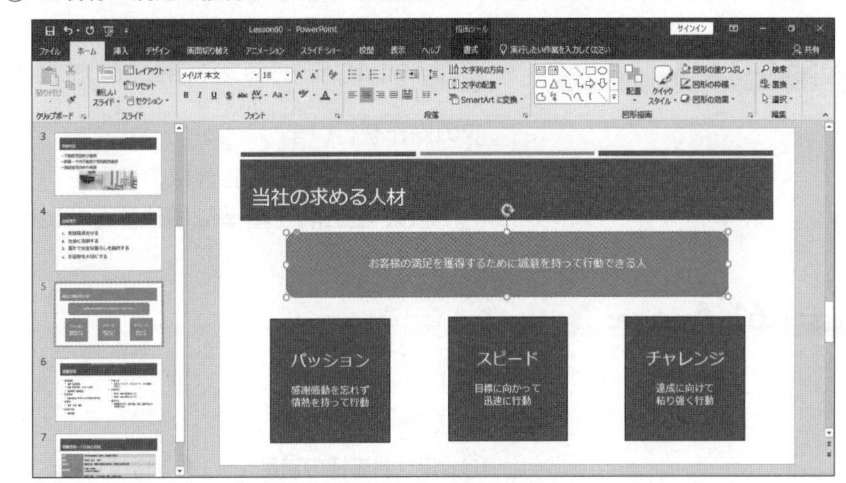

④図形以外の場所をクリックし、選択を解除します。

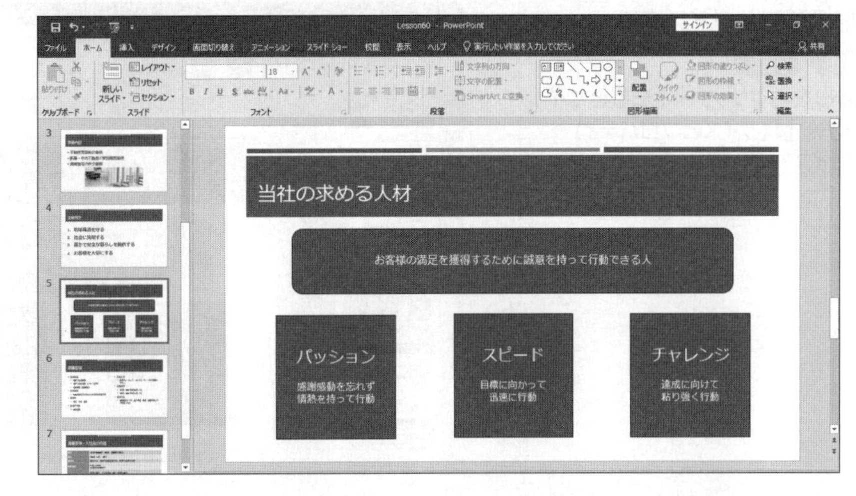

3-4-3 図形やテキストボックスのサイズを変更する

解 説

■図形の移動とサイズ変更

図形を移動するには、図形をドラッグします。
図形のサイズを変更するには、図形を選択すると周囲に表示される○（ハンドル）をドラッグします。
図形の位置やサイズを数値で正確に指定する方法は、次のとおりです。

2019 ◆《書式》タブ→《サイズ》グループのボタン

365 ◆《書式》タブ／《図形の書式》タブ→《サイズ》グループのボタン

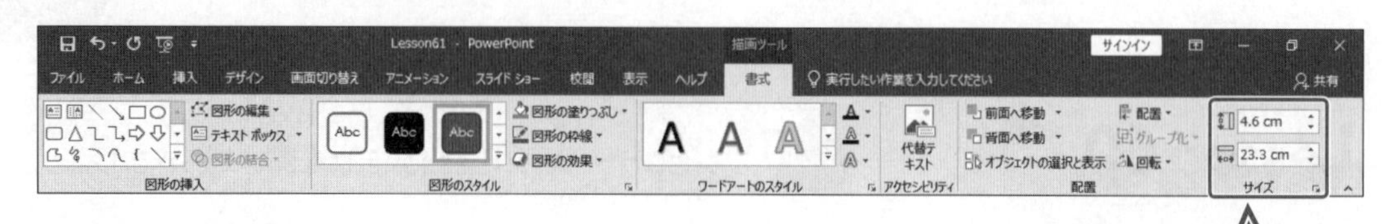

❶ （図形の高さ）
図形の高さを設定します。

❷ （図形の幅）
図形の幅を設定します。

❸ （配置とサイズ）
《図形の書式設定》作業ウィンドウを表示します。
図形の配置やサイズなど、詳細を設定できます。

Lesson 61

OPEN プレゼンテーション「Lesson61」を開いておきましょう。

次の操作を行いましょう。

(1) スライド5の図形「お客様の満足を…」の高さを「2cm」、幅を「28cm」に変更し、左上隅を基準に横位置を「3cm」、縦位置を「7cm」に配置してください。

Lesson 61 Answer

(1)

①スライド5を選択します。

②図形**「お客様の満足を…」**を選択します。

③**《書式》**タブ→**《サイズ》**グループの （配置とサイズ）をクリックします。

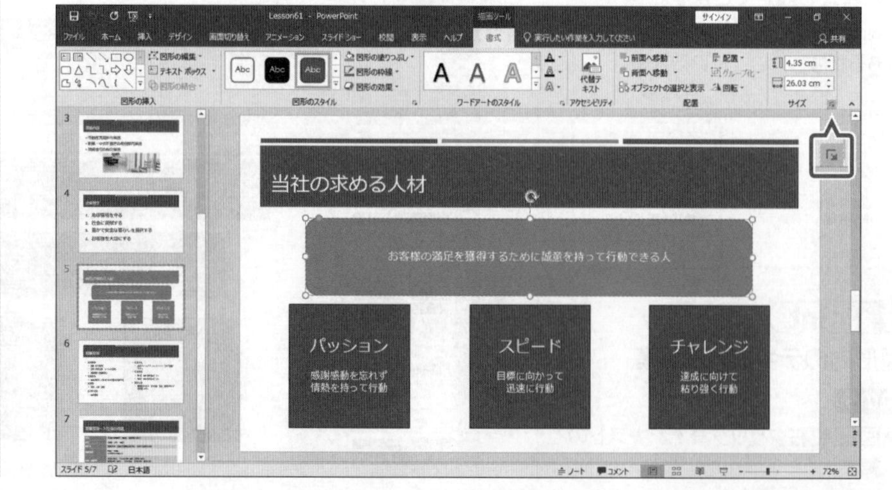

その他の方法

図形の移動とサイズ変更

2019 365

◆図形を右クリック→《配置とサイズ》→ （サイズとプロパティ）→《サイズ》／《位置》

④《図形の書式設定》作業ウィンドウが表示されます。

⑤《図形のオプション》の（サイズとプロパティ）をクリックします。

⑥《サイズ》の詳細を表示します。

※表示されていない場合は、《サイズ》をクリックします。

⑦《高さ》を「2cm」に設定します。

⑧《幅》を「28cm」に設定します。

⑨図形のサイズが変更されます。

⑩《位置》の詳細が表示されていることを確認します。

※表示されていない場合は、《位置》をクリックします。

⑪《横位置》の《始点》が《左上隅》になっていることを確認します。

⑫《横位置》を「3cm」に設定します。

⑬《縦位置》の《始点》が《左上隅》になっていることを確認します。

⑭《縦位置》を「7cm」に設定します。

⑮図形の配置が変更されます。

※《図形の書式設定》作業ウィンドウを閉じておきましょう。

Point

《図形の書式設定》の《サイズ》

❶高さ
図形の高さを設定します。

❷幅
図形の幅を設定します。

❸回転
図形を回転する角度を設定します。

❹高さの倍率
図形の高さを倍率で設定します。

❺幅の倍率
図形の幅を倍率で設定します。

❻縦横比を固定する
☑にすると、元々の図形の高さと幅の比率を崩さずに、図形の高さや幅を設定します。

Point

図形の回転

図形を回転するには、図形を選択すると表示される（回転ハンドル）をドラッグします。

回転ハンドル

お客様の満足を獲得するために誠意を持って行動できる人

また、図形を回転する方向や角度を指定する方法は次のとおりです。

2019

◆《書式》タブ→《配置》グループの 回転（オブジェクトの回転）

365

◆《書式》タブ／《図形の書式》タブ→《サイズ》グループの 回転（オブジェクトの回転）

Point

テキストボックスの移動とサイズ変更

テキストボックスは図形の一種で、図形と同じ方法で、位置やサイズを変更できます。
ただし、テキストボックスのサイズはドラッグ操作で変更できません。ドラッグ操作で、テキストボックスのサイズを変更できるようにするには、設定を変更します。

2019

◆テキストボックスを選択→《書式》タブ→《サイズ》グループの（配置とサイズ）→《図形のオプション》の（サイズとプロパティ）→《テキストボックス》→《◉自動調整なし》

365

◆テキストボックスを選択→《書式》タブ／《図形の書式》タブ→《サイズ》グループの（配置とサイズ）→《図形のオプション》の（サイズとプロパティ）→《テキストボックス》→《◉自動調整なし》

3-4-4 図形やテキストボックスに組み込みスタイルを適用する

解説

■図形のスタイルの適用

「図形のスタイル」とは、塗りつぶしや枠線の色、効果など、図形を装飾するための書式を組み合わせたものです。あらかじめ用意されている一覧から選択するだけで、簡単に図形の見栄えを変更できます。

2019 ◆《書式》タブ→《図形のスタイル》グループ

365 ◆《書式》タブ/《図形の書式》タブ→《図形のスタイル》グループ

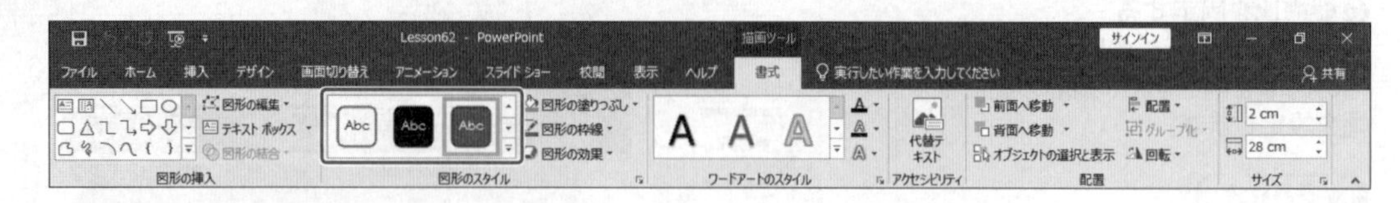

Lesson 62

プレゼンテーション「Lesson62」を開いておきましょう。

次の操作を行いましょう。

(1) スライド5の図形「お客様の満足を…」に、図形のスタイル「塗りつぶし-赤、アクセント6」を適用してください。

(2) スライド5の図形「パッション」「スピード」「チャレンジ」に、図形のスタイル「グラデーション-赤、アクセント6」を適用してください。

Lesson 62 Answer

(1)

①スライド5を選択します。

②図形**「お客様の満足を…」**を選択します。

③**《書式》**タブ→**《図形のスタイル》**グループの(その他)→**《テーマスタイル》**の**《塗りつぶし-赤、アクセント6》**をクリックします。

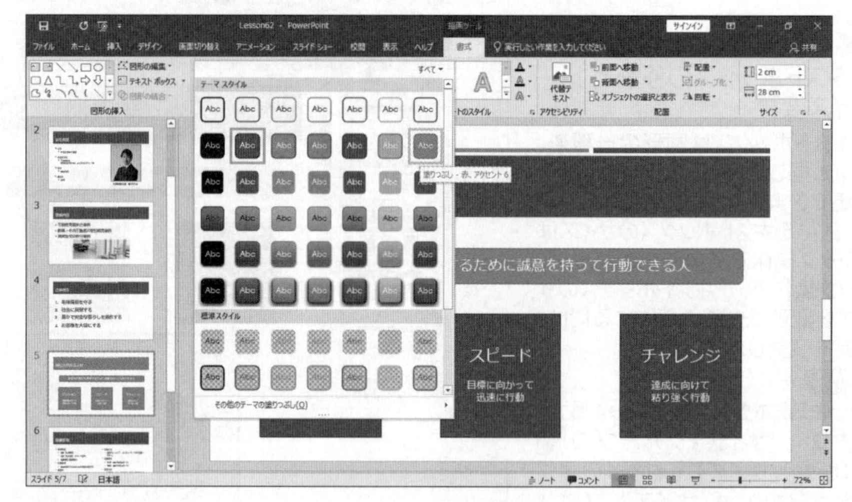

その他の方法

図形のスタイルの適用

2019 365

◆図形を選択→《ホーム》タブ→《図形描画》グループの(図形クイックスタイル)

◆図形を右クリック→ミニツールバーの(図形クイックスタイル)

Point

テキストボックスのスタイルの適用

テキストボックスは図形の一種で、図形と同じ方法で、図形のスタイルを適用できます。

④図形のスタイルが適用されます。

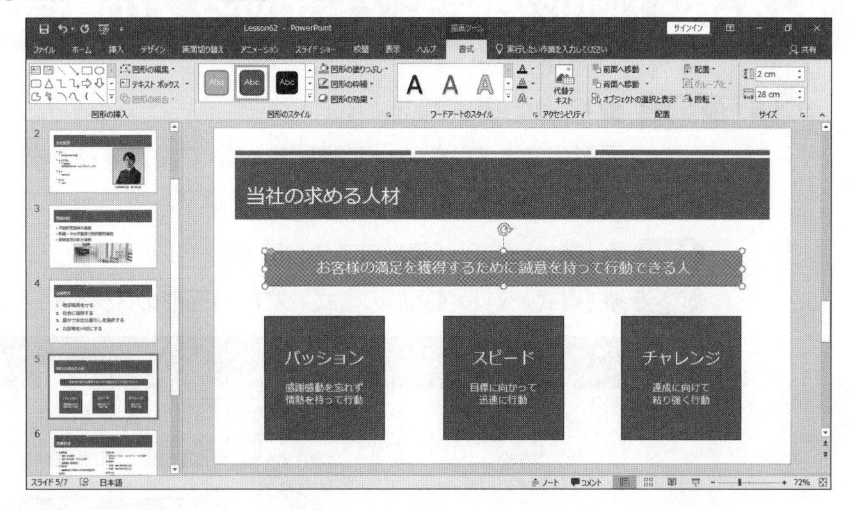

(2)

①スライド5を選択します。

②図形**「パッション」**を選択します。

③ Shift を押しながら、図形**「スピード」「チャレンジ」**を選択します。

※ Shift を使うと、複数の図形を選択できます。

④**《書式》**タブ→**《図形のスタイル》**グループの (その他)→**《テーマスタイル》**の**《グラデーション-赤、アクセント6》**をクリックします。

⑤図形のスタイルが適用されます。

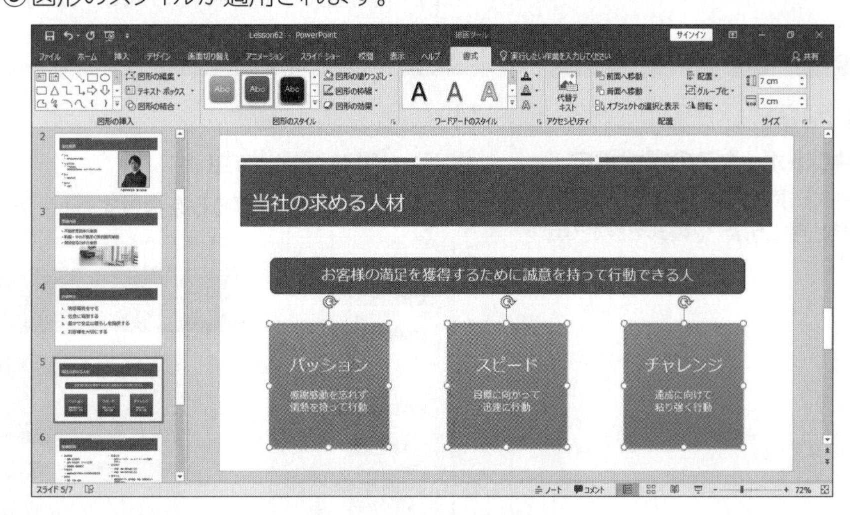

3-4-5 図形やテキストボックスの書式を設定する

解説 ■図形の書式設定

図形のスタイルを使って書式を一括で設定する以外に、塗りつぶしや枠線、効果などの書式を個別に設定することもできます。

2019 ◆《書式》タブ→《図形のスタイル》グループのボタン

365 ◆《書式》タブ／《図形の書式》タブ→《図形のスタイル》グループのボタン

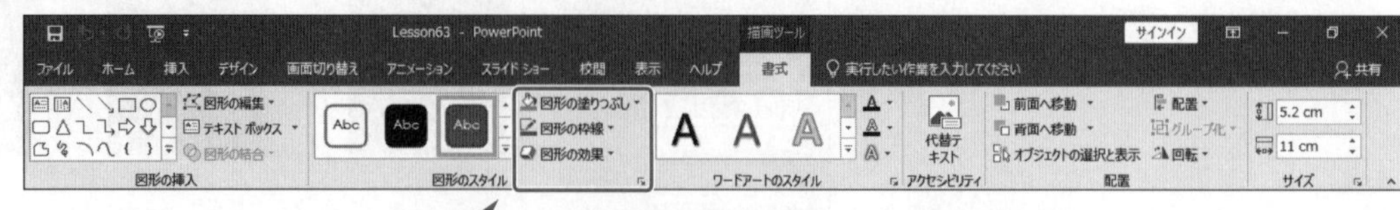

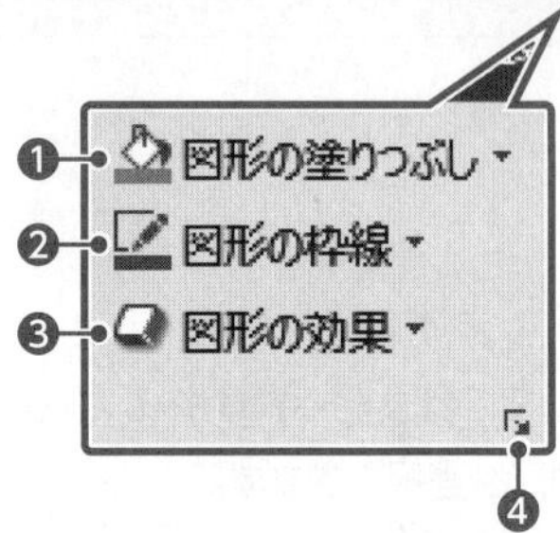

❶ 図形の塗りつぶし （図形の塗りつぶし）
図形を塗りつぶす色を設定します。グラデーションにしたり模様を付けたりすることもできます。

❷ 図形の枠線 （図形の枠線）
図形の周囲の枠線の色や太さ、種類を設定します。

❸ 図形の効果 （図形の効果）
図形に影やぼかし、面取りなどの効果を設定します。効果の種類とその詳細を設定します。

❹ （図形の書式設定）
《図形の書式設定》作業ウィンドウを表示します。図形の塗りつぶし、枠線、効果など、詳細を設定できます。

Lesson 63

プレゼンテーション「Lesson63」を開いておきましょう。

次の操作を行いましょう。

(1) スライド4の図形「豊かで安全な暮らしを提供する」に、塗りつぶしの色「ゴールド、アクセント5」、枠線の色「ゴールド、アクセント5、白＋基本色60％」、枠線の太さ「6pt」を設定してください。次に、図形「お客様を大切にする」に、塗りつぶしの色「赤、アクセント6」、枠線の色「赤、アクセント6、白＋基本色60％」、枠線の太さ「6pt」を設定してください。

Lesson 63 Answer

Point

テキストボックスの書式設定

テキストボックスは図形の一種で、図形と同じ方法で、書式を設定できます。

(1)

①スライド4を選択します。

②図形**「豊かで安全な暮らしを提供する」**を選択します。

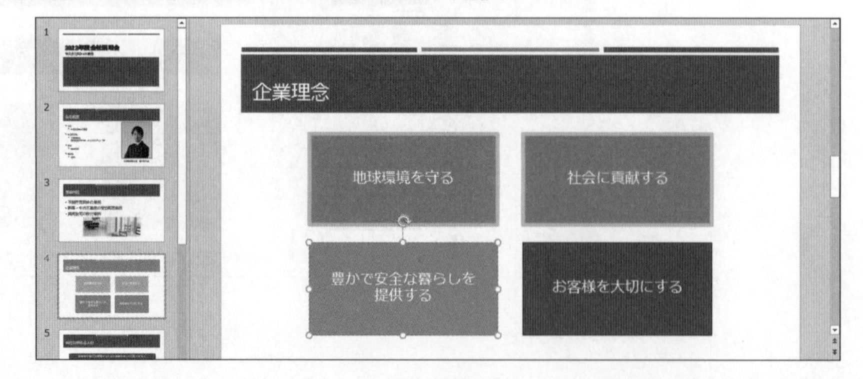

その他の方法

図形の塗りつぶし

2019 365

◆図形を選択→《ホーム》タブ→《図形描画》グループの 図形の塗りつぶし (図形の塗りつぶし)

◆図形を右クリック→ミニツールバーの 塗りつぶし (図形の塗りつぶし)

Point

《図形の塗りつぶし》

❶テーマの色
適用されているテーマに応じた色で図形を塗りつぶします。

❷標準の色
テーマに関係なく、どのプレゼンテーションでも使用できる色で図形を塗りつぶします。

❸塗りつぶしなし
色が設定されず、図形を透明にします。

❹塗りつぶしの色
《テーマの色》と《標準の色》に表示されていない色を選択して、図形を塗りつぶします。

❺スポイト
画面上にある色を選択して、図形を塗りつぶします。

❻図
ユーザーが用意した図を図形内に表示します。

❼グラデーション
図形内にグラデーションを設定します。

❽テクスチャ
PowerPointであらかじめ用意されている「テクスチャ」という図を図形内に表示します。

その他の方法

図形の枠線と太さ

2019 365

◆図形を選択→《ホーム》タブ→《図形描画》グループの 図形の枠線 (図形の枠線)

◆図形を右クリック→ミニツールバーの 枠線 (枠線)

③**《書式》**タブ→**《図形のスタイル》**グループの 図形の塗りつぶし (図形の塗りつぶし)→**《テーマの色》**の**《ゴールド、アクセント5》**をクリックします。

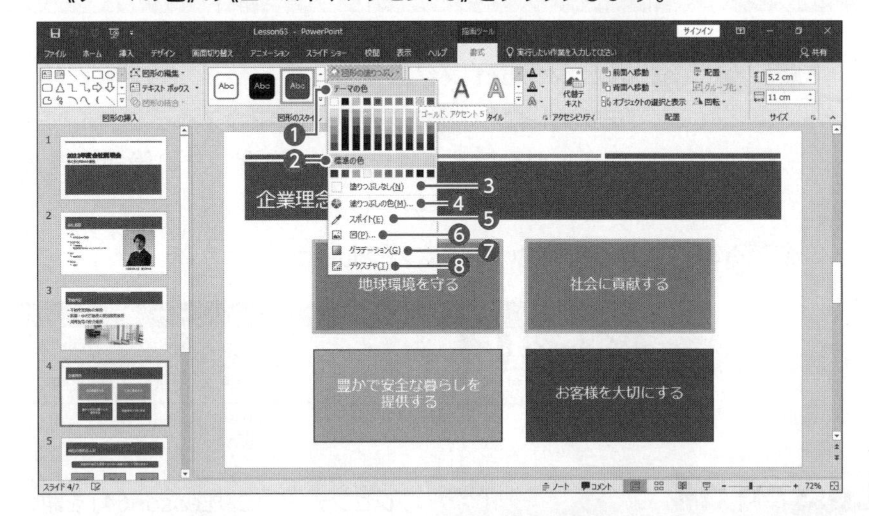

④**《書式》**タブ→**《図形のスタイル》**グループの 図形の枠線 (図形の枠線)→**《テーマの色》**の**《ゴールド、アクセント5、白+基本色60%》**をクリックします。

⑤**《書式》**タブ→**《図形のスタイル》**グループの 図形の枠線 (図形の枠線)→**《太さ》**→**《6pt》**をクリックします。

⑥図形に書式が設定されます。

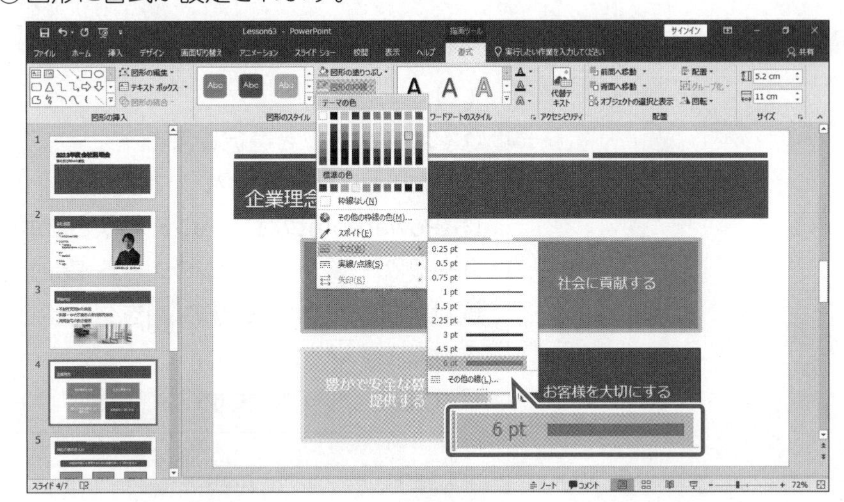

⑦同様に、図形**「お客様を大切にする」**に書式を設定します。

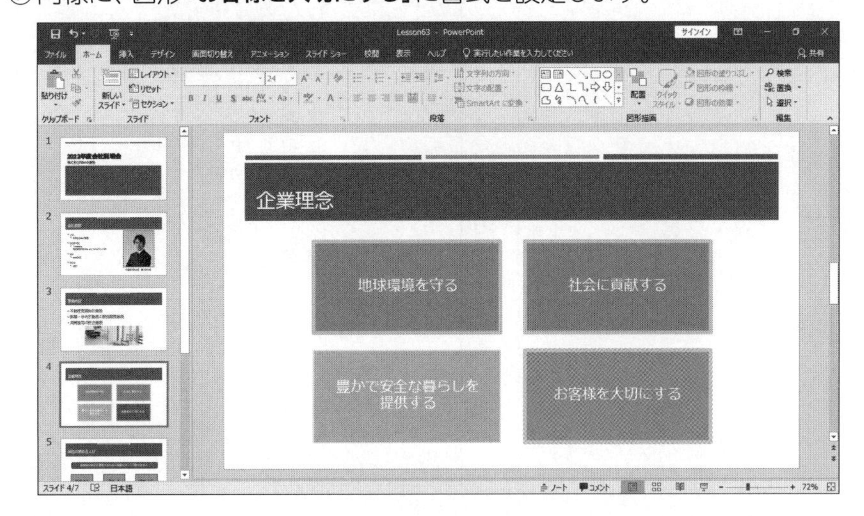

3-4-6 デジタルインクを使用して描画する

解説

■デジタルインクの使用

「デジタルインク」機能を使うと、マウスやデジタルペンなどを使って、スライド上に手書きで描画することができます。強調したい箇所を蛍光ペンで囲んで目立たせたいときなどに利用するとよいでしょう。

2019 365 ◆《描画》タブ→《ペン》グループ

Lesson 64

プレゼンテーション「Lesson64」を開いておきましょう。

次の操作を行いましょう。

(1)《描画》タブを表示してください。

(2)スライド5の図形「パッション」「スピード」「チャレンジ」を、「蛍光ペン：黄、6mm」でそれぞれ囲むように描画してください。

Lesson 64 Answer

(1)

①**《ファイル》**タブを選択します。

②**《オプション》**をクリックします。

③**《PowerPointのオプション》**ダイアログボックスが表示されます。

④左側の一覧から**《リボンのユーザー設定》**を選択します。

⑤**《リボンのユーザー設定》**の ▼ をクリックし、一覧から**《メインタブ》**を選択します。

⑥**《描画》**を ✔ にします。

⑦**《OK》**をクリックします。

⑧《**描画**》タブが表示されます。

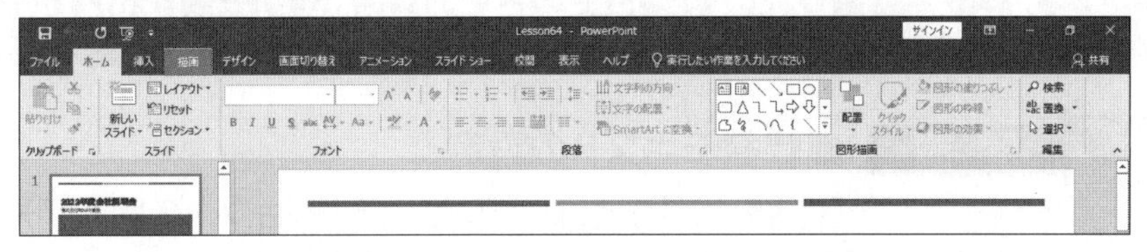

(2)

①スライド5を選択します。

②《**描画**》タブ→《**ペン**》グループの《**蛍光ペン：黄、6mm**》をクリックします。

※マウスポインターの形が▮に変わります。お使いの環境によっては、マウスポインターの形が変わらない場合があります。

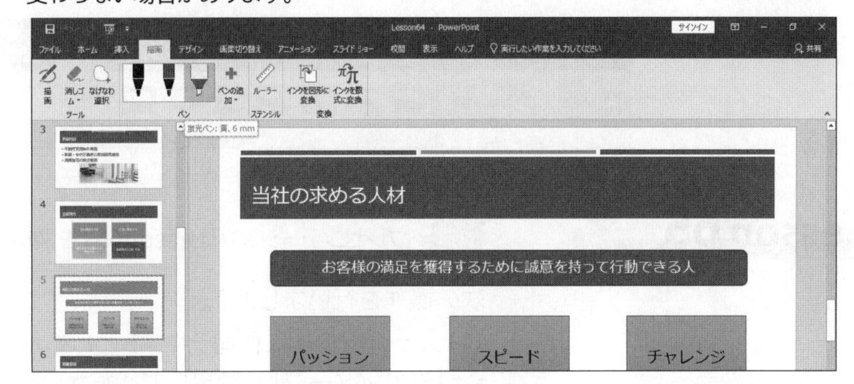

③図形「**パッション**」の周囲をドラッグします。

④蛍光ペンで図形が囲まれます。

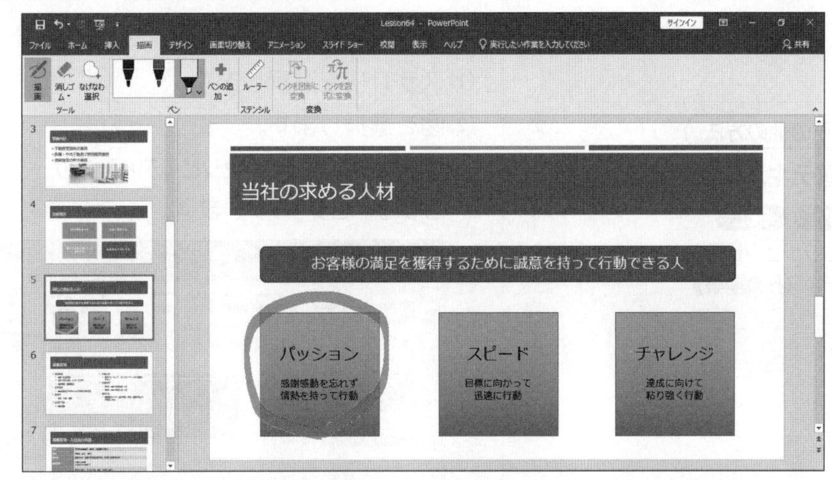

⑤同様に、図形「**スピード**」「**チャレンジ**」の周囲を囲みます。

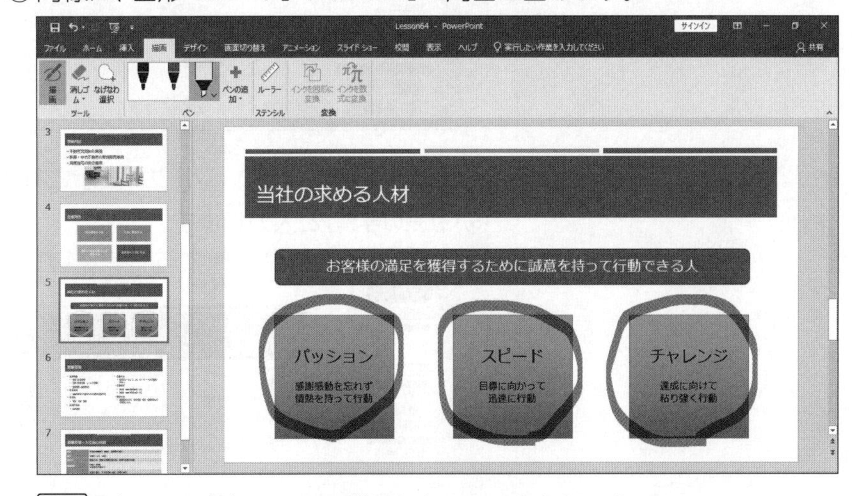

※ Esc を押して、デジタルインクの描画をオフにしておきましょう。

※《描画》タブを非表示にしておきましょう。

Point

線の太さ・色の変更

デジタルインクの線の太さや色を変更することができます。

2019 365

◆《描画》タブの《ペン》グループにあるペンを選択→右下の▼をクリック

Point

ペンの追加

一覧にない鉛筆やペンなどを追加できます。

2019

◆《描画》タブ→《ペン》グループの（ペンの追加）

365

◆《描画》タブ→《描画ツール》グループのペン／蛍光ペンを右クリック→《別のペンを追加》／《別の蛍光ペンを追加》

◆《描画》タブ→《ペン》グループの（ペンの追加）

Point

インクの削除

2019

◆《描画》タブ→《ツール》グループの（消しゴム（ストローク））

365

◆《描画》タブ→《描画ツール》グループの（ページに描画したインクを消しゴムで消します。）

◆《描画》タブ→《ツール》グループの（消しゴム（ストローク））

Point

消しゴムの違い

消しゴムには「消しゴム（ストローク）」「消しゴム（小）」「消しゴム（中）」「セグメント消しゴム」の4種類があります。

●消しゴム（ストローク）

描画したインクを一筆で書いた単位（ストローク単位）で削除します。

●消しゴム（小）・消しゴム（中）

消しゴムでこするように削除します。

●セグメント消しゴム

ストロークが交差する場所まで削除します。

3-4-7 アクセシビリティ向上のため、グラフィック要素に代替テキストを追加する

 解説

■代替テキストの設定

「代替テキスト」とは、プレゼンテーション内の図や図形などのオブジェクトを説明する文字のことです。代替テキストを設定しておくと、ユーザーがプレゼンテーションの情報を理解するのに役立ちます。

2019 ◆《書式》タブ→《アクセシビリティ》グループの(代替テキストウィンドウを表示します)

365 ◆《書式》タブ/《図の形式》タブ/《図形の書式》タブ→《アクセシビリティ》グループの (代替テキストウィンドウを表示します)

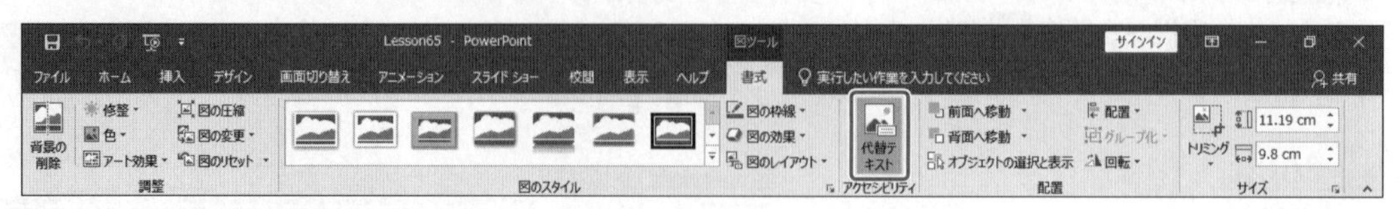

Lesson 65

OPEN プレゼンテーション「Lesson65」を開いておきましょう。

次の操作を行いましょう。

(1) スライド2の図に代替テキストとして「社長の写真」、スライド3の図に「インテリアのイメージ」を設定してください。

Lesson 65 Answer

(1)

①スライド2を選択します。

②図を選択します。

③**《書式》**タブ→**《アクセシビリティ》**グループの (代替テキストウィンドウを表示します) をクリックします。

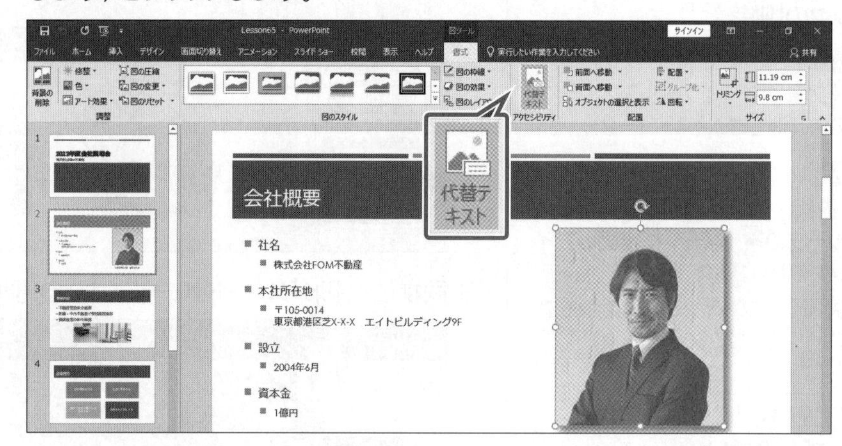

④**《代替テキスト》**作業ウィンドウが表示されます。

⑤**「社長の写真」**と入力します。

⑥同様に、スライド3の図に代替テキスト**「インテリアのイメージ」**を設定します。

※《代替テキスト》作業ウィンドウを閉じておきましょう。

その他の方法

代替テキストの設定

2019 365

◆オブジェクトを右クリック→《代替テキストの編集》

3-5 出題範囲3　テキスト、図形、画像の挿入と書式設定
スライド上の図形を並べ替える、グループ化する

理解度チェック

習得すべき機能	参照Lesson	学習前	学習後	試験直前
■オブジェクトの重なり順を変更できる。	➡Lesson66	☑	☑	☑
■オブジェクトの配置を設定できる。	➡Lesson67	☑	☑	☑
■オブジェクトをグループ化できる。	➡Lesson68	☑	☑	☑
■グリッド線を表示して、オブジェクトを配置できる。	➡Lesson69	☑	☑	☑
■ガイドを表示して、オブジェクトを配置できる。	➡Lesson70	☑	☑	☑

3-5-1 図形、画像、テキストボックスを並べ替える

解説

■オブジェクトの重なり順の変更

スライドに複数のオブジェクトを挿入すると、あとから挿入したオブジェクトが前面に表示されます。

2019 ◆《書式》タブ→《配置》グループの 前面へ移動 (前面へ移動)／ 背面へ移動 (背面へ移動)

365 ◆《書式》タブ／《図の形式》タブ／《図形の書式》タブ→《配置》グループの 前面へ移動 (前面へ移動)／ 背面へ移動 (背面へ移動)

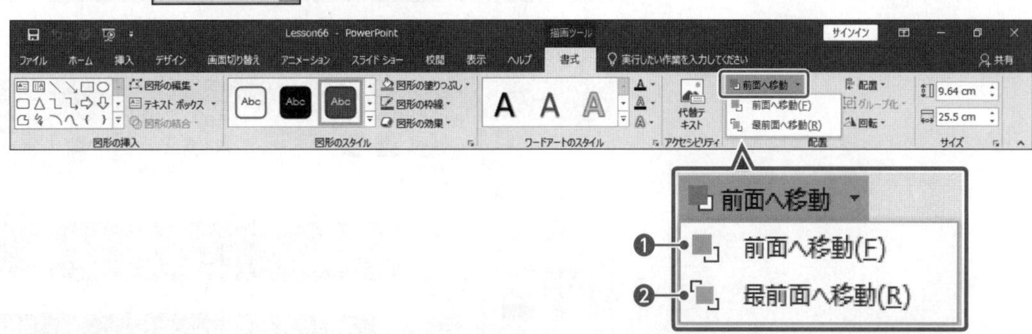

❶前面へ移動

選択したオブジェクトを現在の表示順より1つ手前に移動します。

❷最前面へ移動

選択したオブジェクトをすべてのオブジェクトの一番手前に移動します。

❸背面へ移動

選択したオブジェクトを現在の表示順より1つ後ろに移動します。

❹最背面へ移動

選択したオブジェクトをすべてのオブジェクトの一番後ろに移動します。

Lesson 66

プレゼンテーション「Lesson66」を開いておきましょう。

次の操作を行いましょう。

(1) スライド5の三角形を最背面に移動してください。

Lesson 66 Answer

(1)

①スライド5を選択します。

②三角形を選択します。

③**《書式》**タブ→**《配置》**グループの 背面へ移動 (背面へ移動)の ▾ →**《最背面へ移動》**をクリックします。

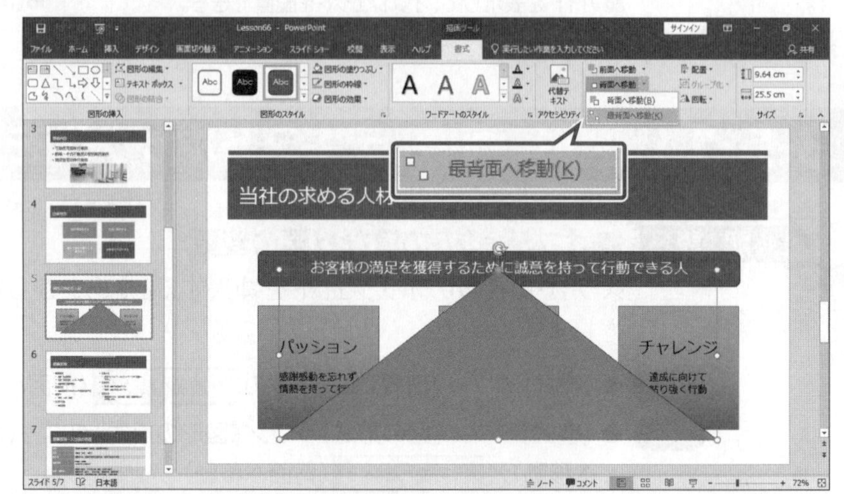

④三角形が最背面に移動します。

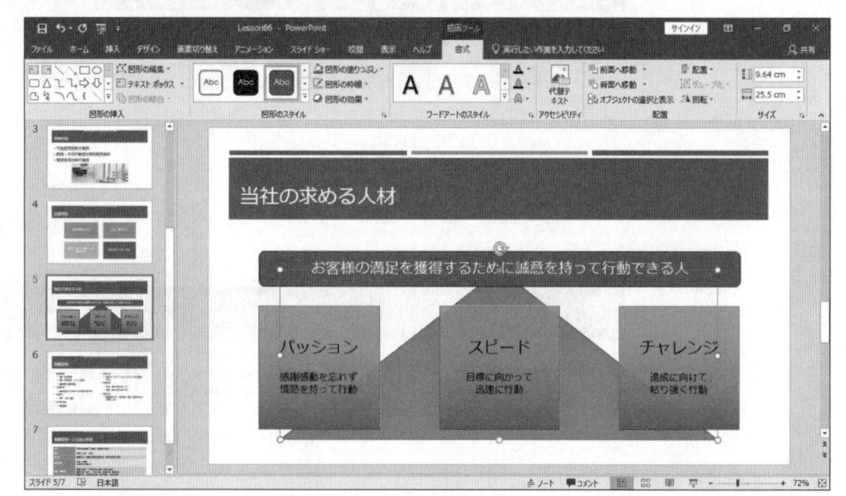

その他の方法

最背面へ移動

2019 365

◆オブジェクトを選択→《ホーム》タブ→《図形描画》グループの 配置 (配置)→《最背面へ移動》

◆オブジェクトを右クリック→《最背面へ移動》

3-5-2 図形、画像、テキストボックスを配置する

解説

■オブジェクトの配置

複数のオブジェクトを中心線でそろえたり、オブジェクト同士の間隔を均等にそろえたりなど、オブジェクトが整然ときれいに並ぶように配置を設定できます。

2019 ◆《書式》タブ→《配置》グループの 配置 （オブジェクトの配置）

365 ◆《書式》タブ／《図の形式》タブ／《図形の書式》タブ→《配置》グループの 配置 （オブジェクトの配置）

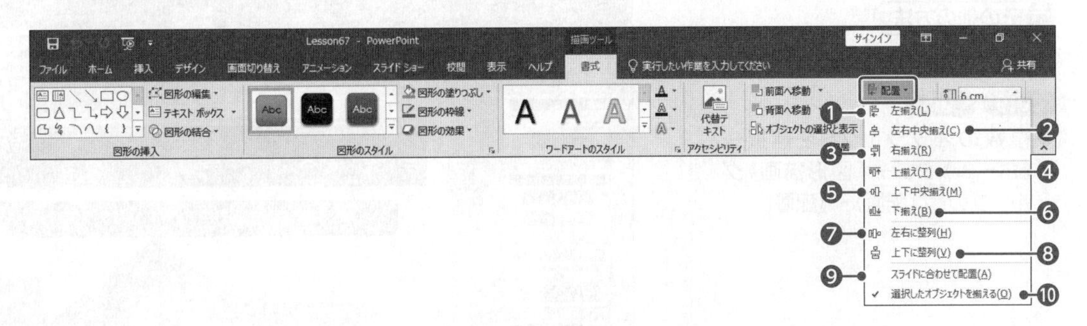

❶左揃え

複数のオブジェクトの左端をそろえます。または、オブジェクトの左端とスライドの左端をそろえます。

❷左右中央揃え

複数のオブジェクトを左右中央にそろえます。または、オブジェクトをスライドの左右中央に配置します。

❸右揃え

複数のオブジェクトの右端をそろえます。または、オブジェクトの右端とスライドの右端をそろえます。

❹上揃え

複数のオブジェクトの上端をそろえます。または、オブジェクトの上端とスライドの上端をそろえます。

❺上下中央揃え

複数のオブジェクトを上下中央にそろえます。または、オブジェクトをスライドの上下中央に配置します。

❻下揃え

複数のオブジェクトの下端をそろえます。または、オブジェクトの下端とスライドの下端をそろえます。

❼左右に整列

複数のオブジェクトを左右方向で等間隔に配置します。または、オブジェクトをスライドの左右中央に配置します。

❽上下に整列

複数のオブジェクトを上下方向で等間隔に配置します。または、オブジェクトをスライドの上下中央に配置します。

❾スライドに合わせて配置

コマンド名の前に✔が付いているとき、選択しているオブジェクトをスライドに合わせてそろえます。

❿選択したオブジェクトを揃える

コマンド名の前に✔が付いているとき、選択しているオブジェクト同士の配置をそろえます。

Lesson 67

プレゼンテーション「Lesson67」を開いておきましょう。

次の操作を行いましょう。

(1) スライド5の図形「パッション」「スピード」「チャレンジ」の上端をそろえてください。さらに、3つの図形を左右方向に等間隔で配置してください。

Lesson 67 Answer

Point

オブジェクトとスライドの配置

オブジェクトをひとつだけ選択して、配置（オブジェクトの配置）を使うと、スライドを基準に配置されます。例えば、ひとつの図形を選択して、《上揃え》を実行すると、図形の上端がスライドの上端にそろえられます。

その他の方法

オブジェクトの配置

2019 365

◆複数のオブジェクトを選択→《ホーム》タブ→《図形描画》グループの（配置）→《配置》

(1)

①スライド5を選択します。

②図形**「パッション」**を選択します。

③Shiftを押しながら、図形**「スピード」「チャレンジ」**を選択します。

※Shiftを使うと、複数の図形を選択できます。

④**《書式》**タブ→**《配置》**グループの配置（オブジェクトの配置）→**《上揃え》**をクリックします。

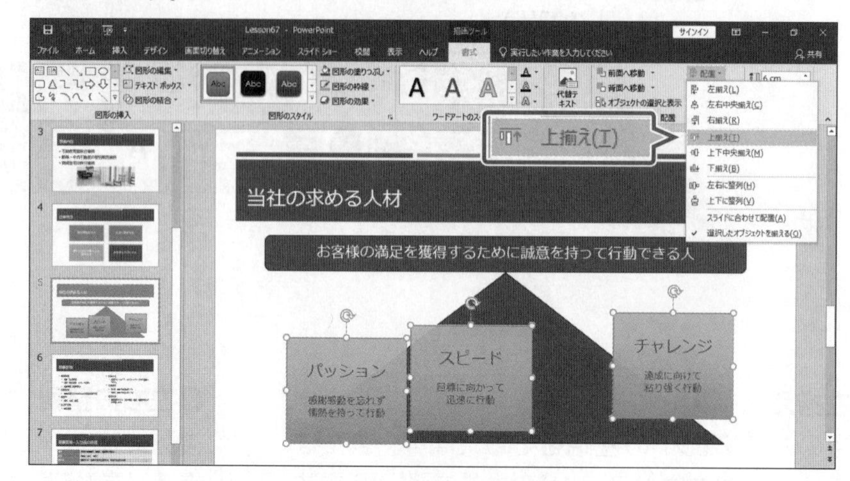

⑤3つの図形の上端がそろえられます。

⑥**《書式》**タブ→**《配置》**グループの配置（オブジェクトの配置）→**《左右に整列》**をクリックします。

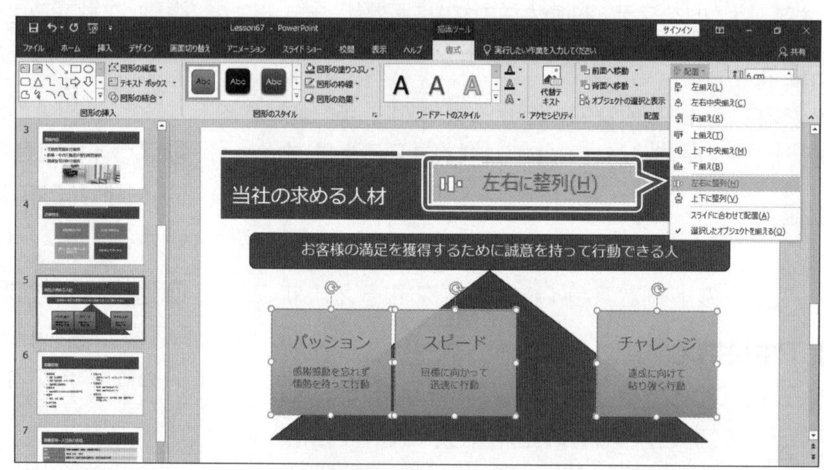

⑦3つの図形が左右方向で等間隔に配置されます。

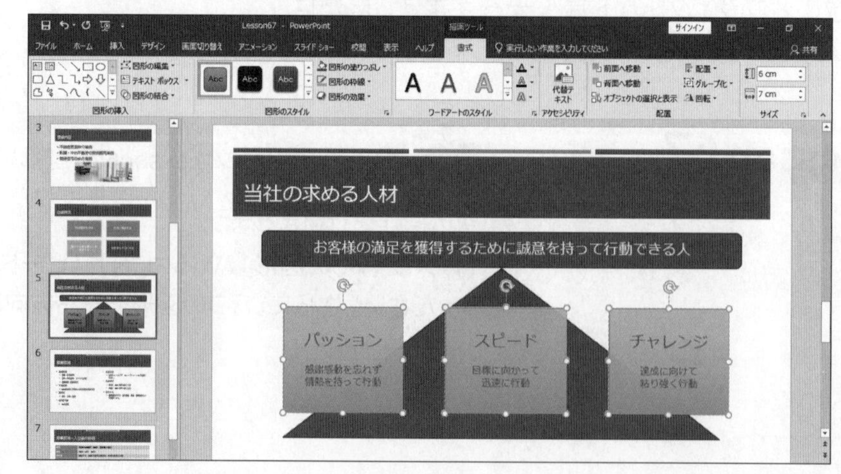

3-5-3 図形や画像をグループ化する

解説

■オブジェクトのグループ化

複数のオブジェクトを**「グループ化」**すると、ひとつのオブジェクトとして扱うことができます。複数のオブジェクトに同じ書式を設定したり、まとめて移動したりする場合に便利です。

2019 ◆《書式》タブ→《配置》グループの グループ化 (オブジェクトのグループ化)→《グループ化》

365 ◆《書式》タブ／《図の形式》タブ／《図形の書式》タブ→《配置》グループの グループ化 (オブジェクトのグループ化)→《グループ化》

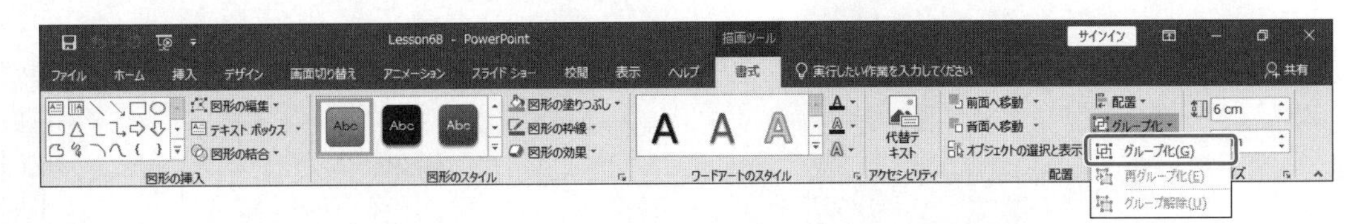

Lesson 68

プレゼンテーション「Lesson68」を開いておきましょう。

次の操作を行いましょう。

(1) スライド5の図形「パッション」「スピード」「チャレンジ」をグループ化してください。

Lesson 68 Answer

(1)

① スライド5を選択します。

② 図形**「パッション」**を選択します。

③ Shift を押しながら、図形**「スピード」「チャレンジ」**を選択します。

※ Shift を使うと、複数の図形を選択できます。

④ **《書式》**タブ→**《配置》**グループの グループ化 (オブジェクトのグループ化)→**《グループ化》**をクリックします。

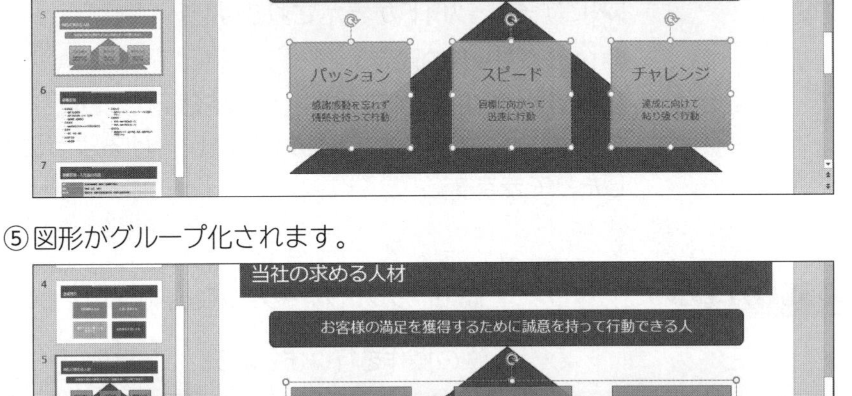

⑤ 図形がグループ化されます。

その他の方法

オブジェクトのグループ化

2019 365

◆複数のオブジェクトを選択して右クリック→《グループ化》→《グループ化》

◆複数のオブジェクトを選択→《ホーム》タブ→《図形描画》グループの (配置)→《グループ化》

Point

グループ化の解除

2019

◆《書式》タブ→《配置》グループの グループ化 (オブジェクトのグループ化)→《グループ解除》

365

◆《書式》タブ／《図の形式》タブ／《図形の書式》タブ→《配置》グループの グループ化 (オブジェクトのグループ化)→《グループ解除》

3-5-4 配置用のツールを表示する

■グリッド線やガイドの表示

スライド上に**「グリッド線」**や**「ガイド」**を表示して、オブジェクトを配置する際の目安にできます。

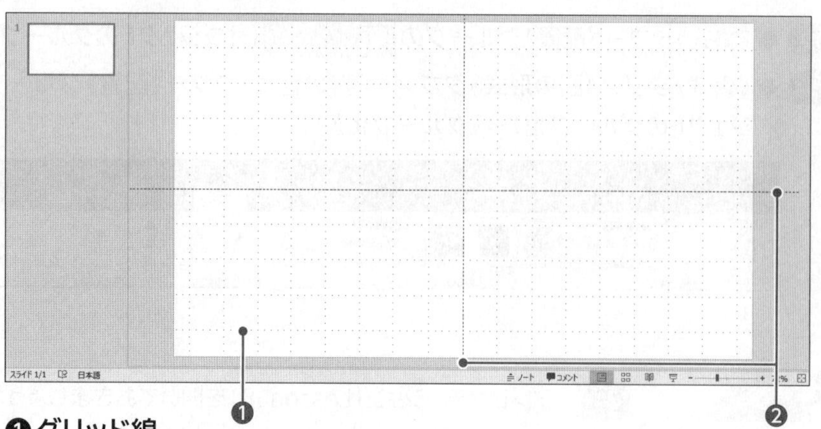

❶グリッド線

スライド上に等間隔で表示される点を**「グリッド」**、その集まりを**「グリッド線」**といいます。
グリッドの間隔は変更できます。

❷ガイド

スライドを上下左右に4分割する線を**「ガイド」**といいます。
ガイドはドラッグして移動できます。

2019 365 ◆《表示》タブ→《表示》グループ

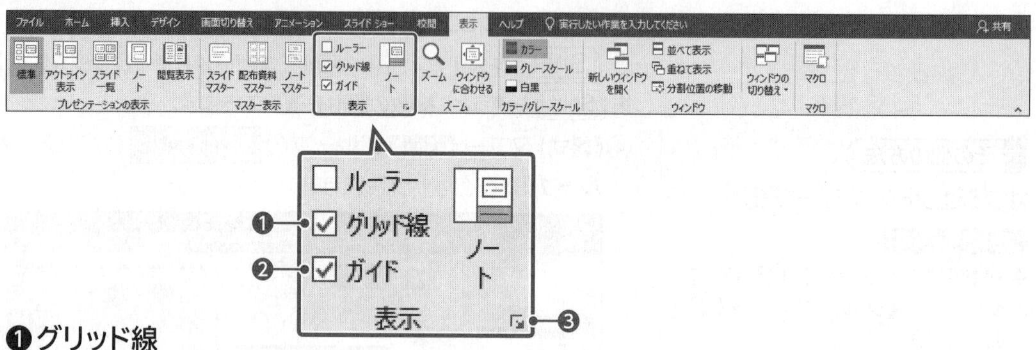

❶グリッド線

☑にすると、グリッド線が表示されます。

❷ガイド

☑にすると、ガイドが表示されます。

❸ ⧉(グリッドの設定)

《グリッドとガイド》ダイアログボックスを表示します。
グリッド線の位置にオブジェクトを吸い付けるように配置したり、グリッドの間隔を設定したりできます。

Lesson 69

プレゼンテーション「Lesson69」を開いておきましょう。

次の操作を行いましょう。

(1) グリッド線を表示し、描画オブジェクトをグリッド線に合わせるように設定してください。グリッドの間隔は「2cm」とします。

(2) スライド7の図形「二次面接」の右側に、グリッド線を目安に図形「正方形/長方形」を挿入してください。図形のサイズは2×6グリッドとします。

Lesson 69 Answer

その他の方法

グリッド線の表示

2019 365

- ◆《表示》タブ→《表示》グループの（グリッドの設定）→《☑グリッドを表示》
- ◆スライドの背景を右クリック→《グリッドとガイド》→《グリッド線》
- ◆ Shift + F9

Point

グリッド線の間隔が正しく表示されない場合

スライドの表示倍率によって、グリッド線の間隔が正しく表示されない場合があります。その場合は、表示倍率を拡大して確認しましょう。

(1)

①**《表示》**タブ→**《表示》**グループの**《グリッド線》**を☑にします。

②グリッド線が表示されます。

③**《表示》**タブ→**《表示》**グループの（グリッドの設定）をクリックします。

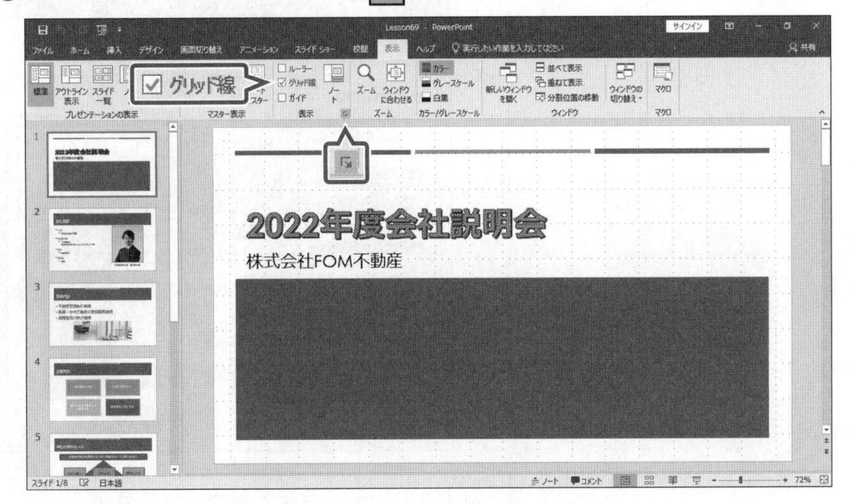

④**《グリッドとガイド》**ダイアログボックスが表示されます。

⑤**《描画オブジェクトをグリッド線に合わせる》**を☑にします。

⑥**《グリッドの設定》**の**《間隔》**の∨をクリックし、一覧から**《2cm》**を選択します。

⑦**《OK》**をクリックします。

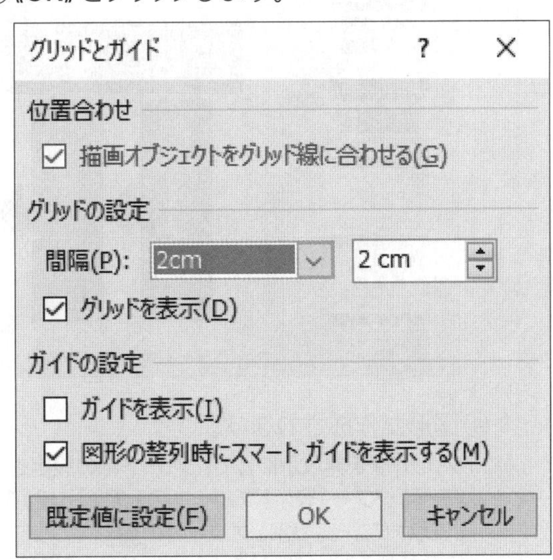

⑧グリッド線が設定した間隔で表示されます。

(2)

①スライド7を選択します。

②**《挿入》**タブ→**《図》**グループの（図形）→**《四角形》**の（正方形/長方形）をクリックします。

※マウスポインターの形が＋に変わります。

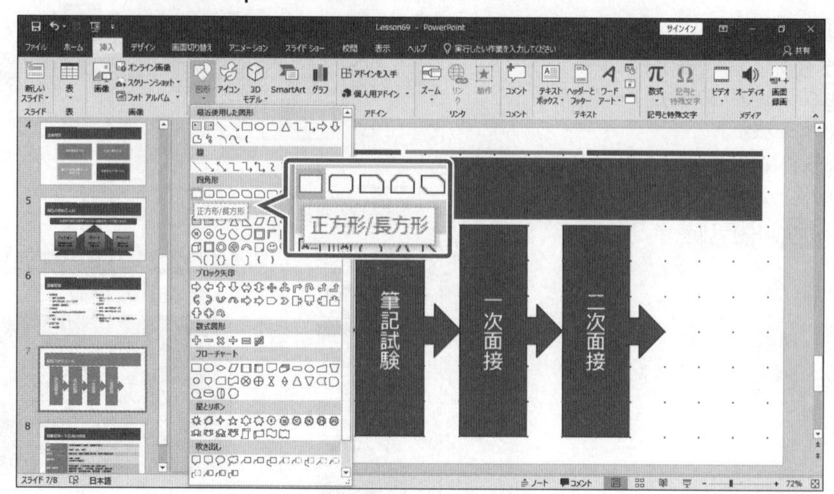

③始点から終点までドラッグします。

※グリッド線に沿ってマウスポインターが動きます。

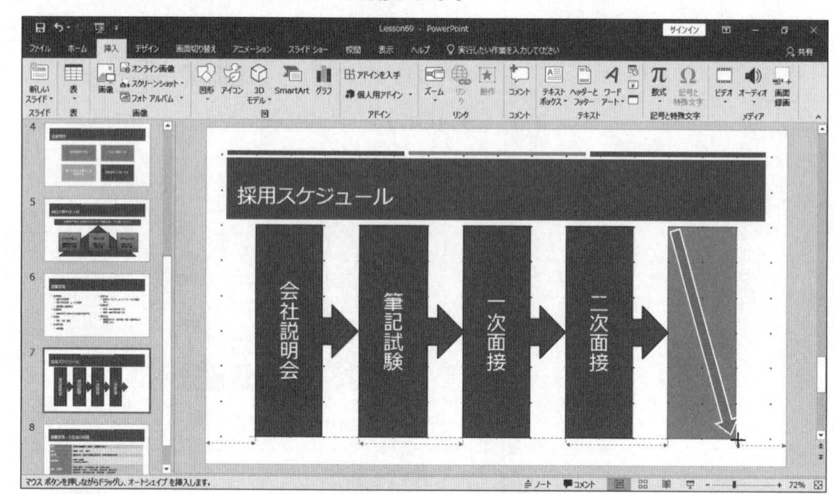

④図形が作成されます。

※グリッド線を非表示にして、グリッド線の設定を元に戻しておきましょう。
《表示》タブ→《表示》グループの《グリッド線》を☐にします。
《表示》タブ→《表示》グループの（グリッドの設定）→《☐描画オブジェクトをグリッド線に合わせる》→《間隔》を《5グリッド/cm》に設定→《OK》をクリックします。

Lesson 70

Hint

ガイドをドラッグすると、ポップヒントに中心からの距離が表示されます。

プレゼンテーション「Lesson70」を開いておきましょう。

次の操作を行いましょう。

(1) ガイドを表示し、水平方向のガイドを中心から下方向に「2.00」移動してください。

(2) スライド7の一番右の矢印を、ガイドを目安に移動してください。矢印の先端を水平方向のガイドに合わせます。

Lesson 70 Answer

その他の方法

ガイドの表示

2019 365

◆《表示》タブ→《表示》グループの [ ]（グリッドの設定）→《☑ガイドを表示》

◆スライドの背景を右クリック→《グリッドとガイド》→《ガイド》

◆ Alt + F9

(1)

①《**表示**》タブ→《**表示**》グループの《**ガイド**》を☑にします。

②ガイドが表示されます。

③水平方向のガイドを下方向にドラッグします。

※ガイドをポイントすると、マウスポインターの形が÷に変わります。

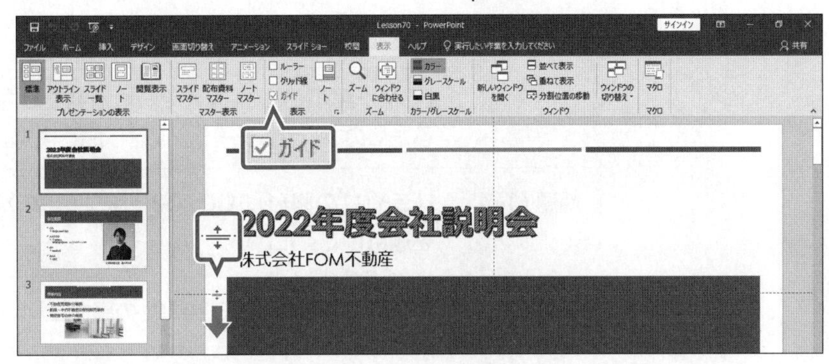

④ポップヒントに「**2.00**」と表示される位置で手を離します。

⑤水平方向のガイドが移動されます。

(2)

①スライド7を選択します。

②一番右の矢印をドラッグし、矢印の先端を水平方向のガイドに合わせます。

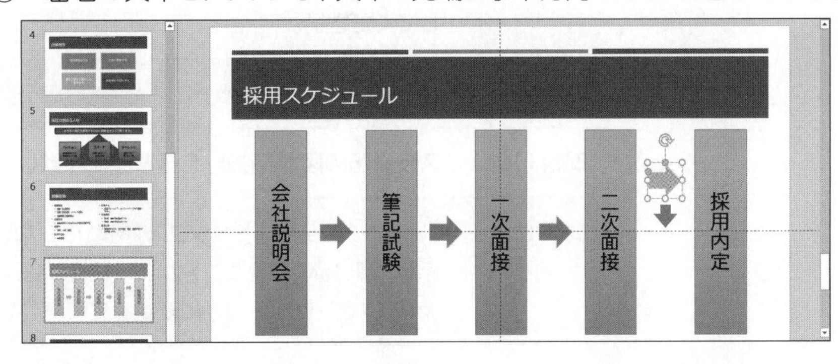

③矢印が移動されます。

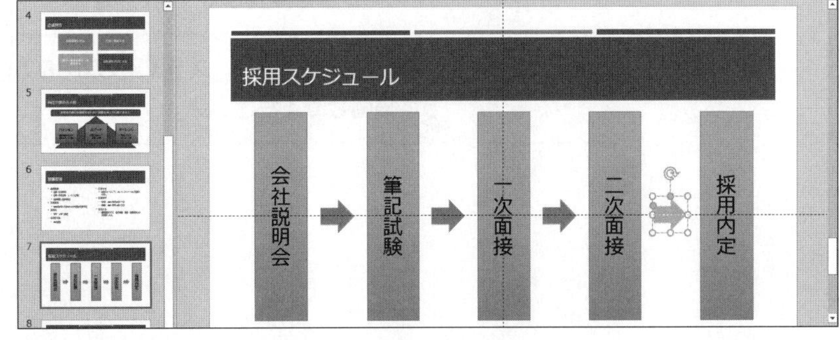

※ガイドを非表示にしておきましょう。
《表示》タブ→《表示》グループの《ガイド》を□にします。

Point

配置ガイド

プレースホルダーや画像など複数のオブジェクトが配置されているスライドで、オブジェクトを移動する際、赤い点線が表示されます。これを「配置ガイド」といいます。配置されているオブジェクトの位置をそろえるのに役立ちます。

Exercise 確認問題

解答 ▶ P.249

Lesson 71

プレゼンテーション「Lesson71」を開いておきましょう。

次の操作を行いましょう。

	FOM FAMILY株式会社で環境活動を社内で推進するにあたり、従業員を啓発するためのプレゼンテーションを作成します。
問題（1）	スライド1の図形「ECO2020」に、図形のスタイル「光沢-オレンジ、アクセント2」を適用してください。
問題（2）	スライド1の図形「ECO2020」の高さを「4cm」、幅を「14cm」に設定してください。
問題（3）	スライド2に配置されている第1レベルの箇条書きの行頭文字を、段落番号「1.2.3.」に変更してください。段落番号のサイズは「100%」にします。
問題（4）	スライド2に配置されている図形「CO_2」と図形「30%」を左右中央にそろえ、グループ化してください。
問題（5）	スライド3にスライド「具体的施策（1）」へリンクするスライドズームを挿入してください。スライドのサムネイルは「具体的な施策はこちら」の下側に配置します。
問題（6）	スライド4に、第2レベルの箇条書き「グリーン製品の使用」を追加してください。最終行に追加します。
問題（7）	スライド5に配置されている図を、楕円の形状でトリミングしてください。
問題（8）	スライド5に配置されている図に代替テキストとして「パソコンのイメージ」を設定してください。
問題（9）	スライド6の図形「用紙」に、「再生紙」のテクスチャを設定してください。
問題（10）	スライド6の図形「用紙」を最背面に移動し、図形「×」を手前に表示してください。
問題（11）	スライド6のテキストボックス「無駄にしない」に、ワードアートのスタイル「塗りつぶし：濃い赤、アクセントカラー1；影」を適用し、文字の効果を「光彩：18pt；青緑、アクセントカラー5」に変更してください。
問題（12）	スライド1の「環境活動ワーキンググループ」に、最後のスライドにジャンプするハイパーリンクを挿入してください。
問題（13）	《描画》タブを使って、スライド3の「3Rの推進」を、「ペン：赤、0.5mm」で囲むように描画してください。

MOS PowerPoint 365&2019

出題範囲 4

表、グラフ、SmartArt、3Dモデル、メディアの挿入

4-1 表を挿入する、書式設定する

出題範囲4　表、グラフ、SmartArt、3Dモデル、メディアの挿入

理解度チェック 習得すべき機能	参照Lesson	学習前	学習後	試験直前
■表を挿入できる。	➡Lesson72	☑	☑	☑
■Excelの表をPowerPointのスライドに貼り付け・リンク貼り付けができる。	➡Lesson73	☑	☑	☑
■表に行や列を挿入できる。	➡Lesson74	☑	☑	☑
■表から行や列を削除できる。	➡Lesson74	☑	☑	☑
■表のスタイルを適用できる。	➡Lesson75	☑	☑	☑

4-1-1 表を作成する、挿入する

■表の挿入

スライドにコンテンツのプレースホルダーが配置されている場合、表を直接作成できます。

2019 365 ◆プレースホルダー内の（表の挿入）

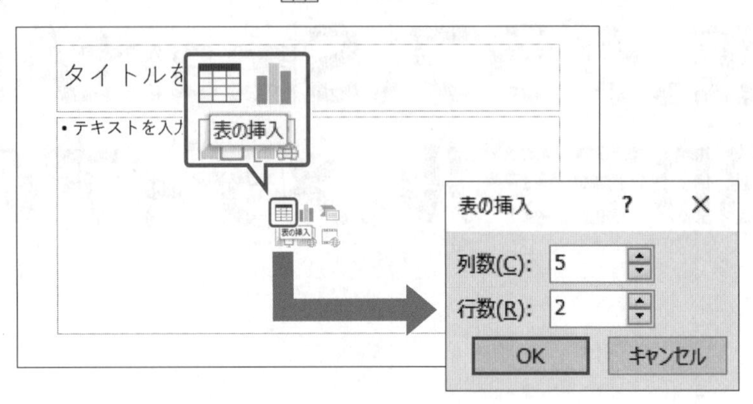

2019 365 ◆《挿入》タブ→《表》グループの（表の追加）

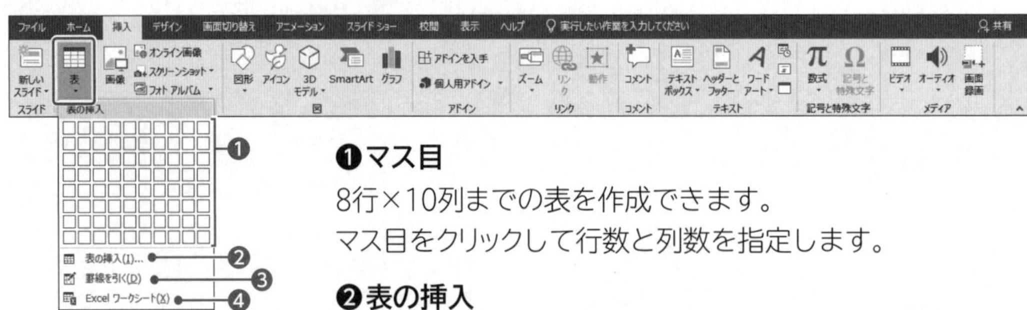

❶マス目

8行×10列までの表を作成できます。
マス目をクリックして行数と列数を指定します。

❷表の挿入

マス目を使うより、行数や列数が多い表を作成できます。

❸罫線を引く

ドラッグ操作で罫線を引いて表を作成できます。

❹Excelワークシート

Excelで編集できるワークシートを挿入できます。

Lesson 72

プレゼンテーション「Lesson72」を開いておきましょう。

次の操作を行いましょう。

(1) スライド2に2列6行の表を挿入して、1行目に左から「分類」「構成比」と入力してください。

(2) スライド6にExcelのワークシートを挿入し、セル【A1】に「達成率」と入力してください。スライドに5列7行のセルが表示されるように調整します。

(3) スライド6に挿入した表の高さを「10cm」に変更し、スライドの中央付近に移動してください。

ワークシートの表示領域を変更するには、ワークシートが編集できる状態で周囲の■（ハンドル）をドラッグします。

Hint

ワークシートのサイズを変更するには、《書式》タブ／《図形の書式》タブ→《サイズ》グループを使います。

Lesson 72 Answer

(1)

①スライド2を選択します。

②コンテンツのプレースホルダーの（表の挿入）をクリックします。

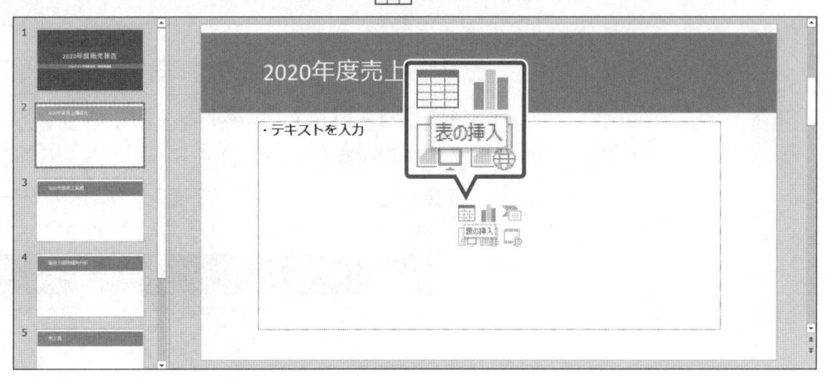

③**《表の挿入》**ダイアログボックスが表示されます。

④**《列数》**を**「2」**に設定します。

⑤**《行数》**を**「6」**に設定します。

⑥**《OK》**をクリックします。

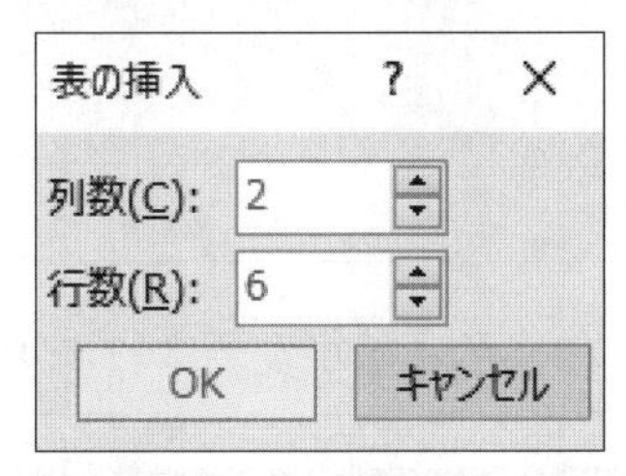

⑦表が挿入されます。

※表にはあらかじめスタイルが適用されています。

⑧1行目に左から**「分類」「構成比」**と入力します。

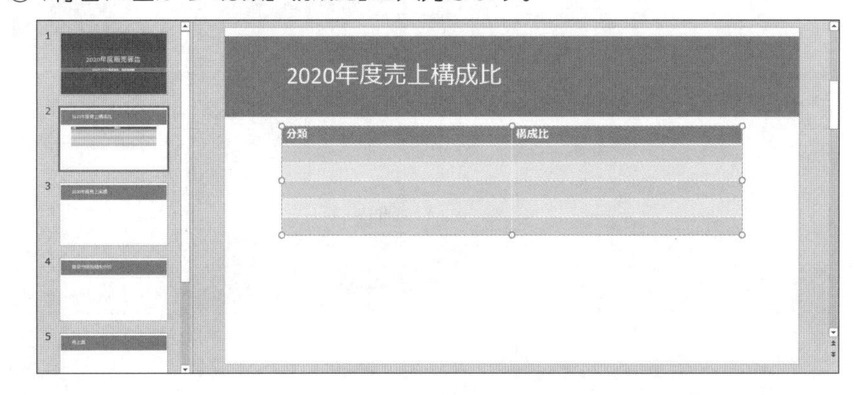

Point

カーソル移動

キーを使って表内でカーソルを移動する方法は、次のとおりです。

移動方向	キー
右のセルへ移動	[Tab]または[→]
左のセルへ移動	[Shift]+[Tab]または[←]
上のセルへ移動	[↑]
下のセルへ移動	[↓]

求められるスキル / 出題範囲1 / 出題範囲2 / 出題範囲3 / 出題範囲4 / 出題範囲5 / 確認問題 標準解答

(2)

①スライド6を選択します。

②《挿入》タブ→《表》グループの（表の追加）→《Excelワークシート》をクリックします。

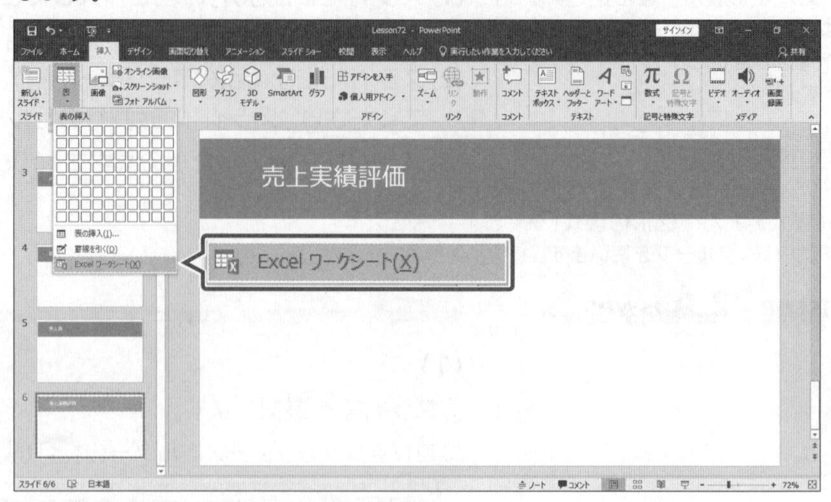

③ワークシートが挿入されます。

④セル【A1】に「達成率」と入力します。

⑤右下の■（ハンドル）をドラッグし、5列7行のセルを表示します。

※■（ハンドル）をポイントすると、マウスポインターの形が⤡に変わります。

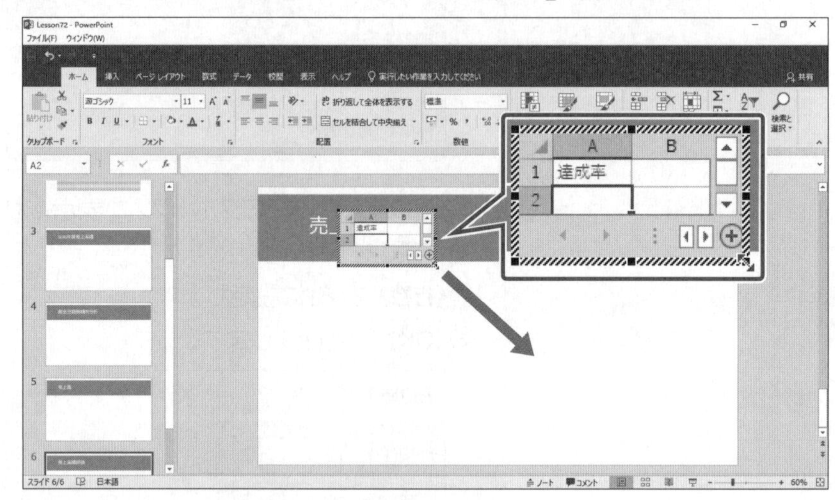

⑥ワークシートの表示領域が変更されます。

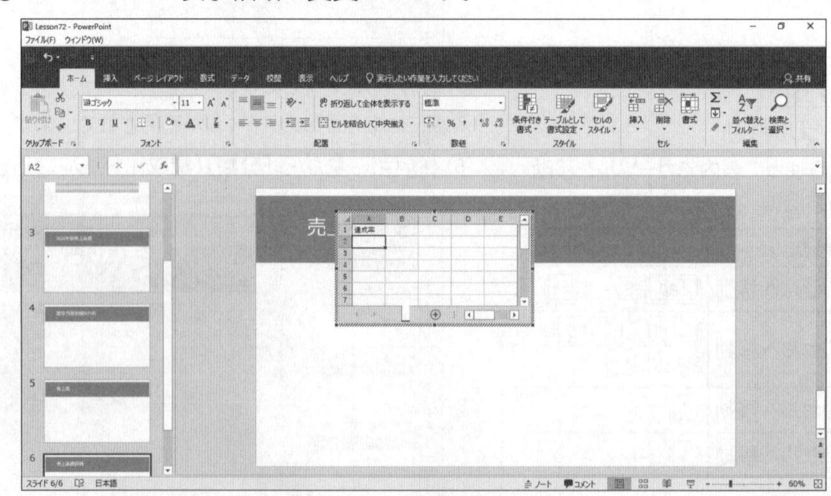

⑦表以外の場所をクリックし、ワークシートの編集を確定します。

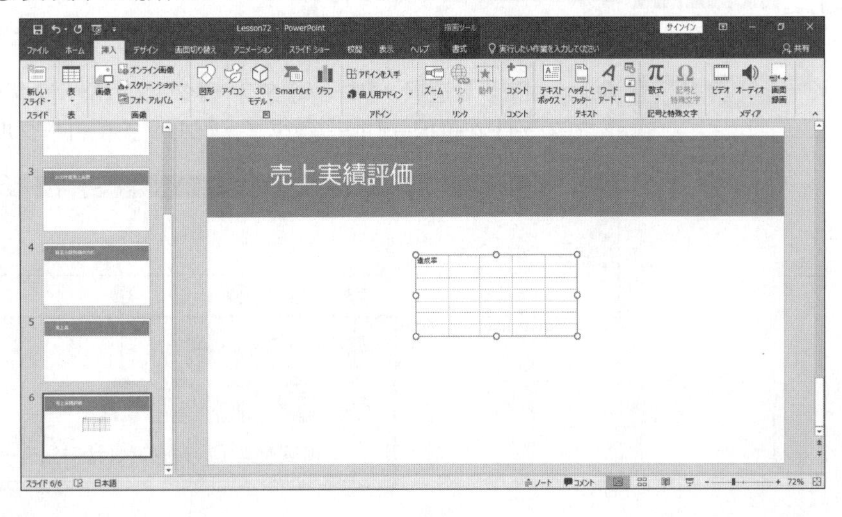

(3)

①スライド6を選択します。

②表を選択します。

③**《書式》**タブ→**《サイズ》**グループの[図形の高さ]（図形の高さ）を**「10cm」**に設定します。

※表の幅も自動的に変更されます。

④表のサイズが変更されます。

⑤表をスライドの中央付近にドラッグして移動します。

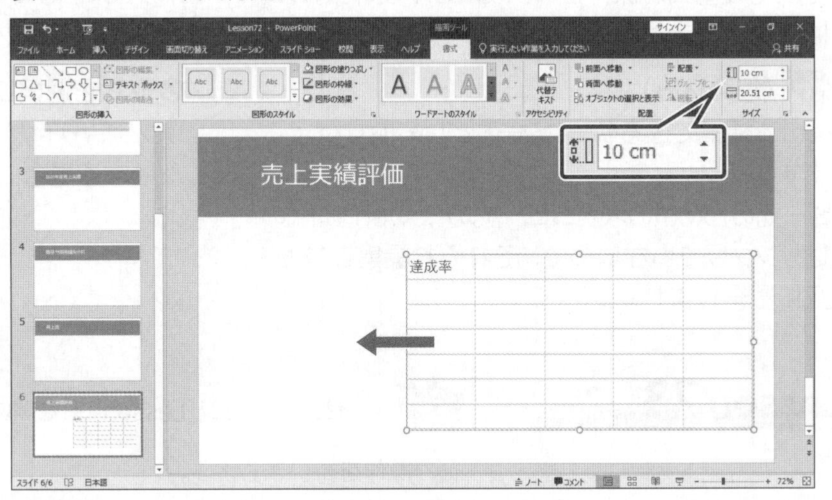

⑥表が移動されます。

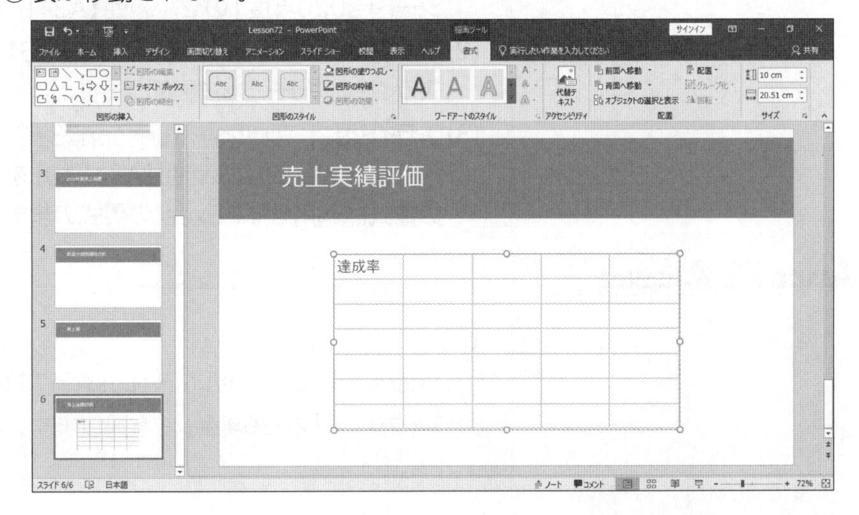

Point

表の高さと幅の設定

ワークシートは《書式》タブ／《図形の書式》タブの《サイズ》グループで設定しますが、標準の表は《レイアウト》タブ→《表のサイズ》グループで設定します。

Point

表の削除

表を削除するには、表を選択して[Delete]を押します。

■Excelの表の貼り付け

Excelの表を、PowerPointに挿入する場合は、**「コピー」**と**「貼り付け」**を使います。

2019 365 ◆Excelで表を選択→《ホーム》タブ→《クリップボード》グループの（コピー）→PowerPointでスライドを選択→《ホーム》タブ→《クリップボード》グループの（貼り付け）

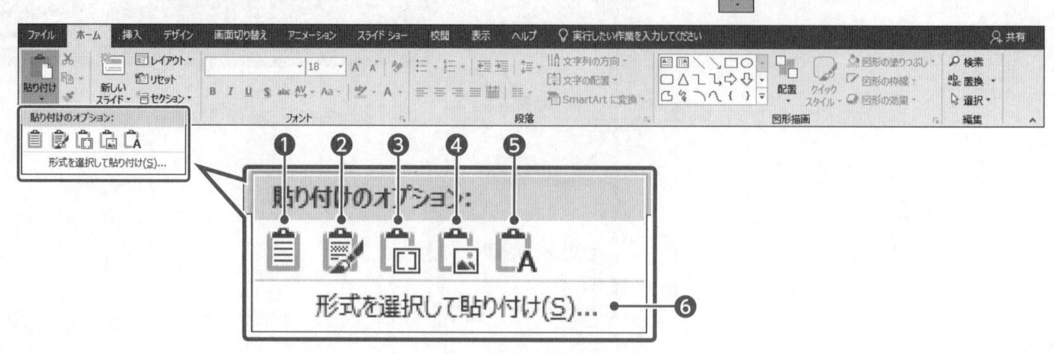

❶（貼り付け先のスタイルを使用）
PowerPointの標準の表として貼り付けられます。Excel側の書式はクリアされ、PowerPoint側の書式が適用されます。

❷（元の書式を保持）
PowerPointの標準の表として貼り付けられます。Excel側の書式が保持され、PowerPoint側の書式は適用されません。

❸（埋め込み）
Excelで編集できるワークシートとして貼り付けられます。
コピー元のExcelの表とコピー先のPowerPointの表はリンクしていないので、それぞれ編集しても、相互に影響しません。

❹（図）
Excelの表が画像に変換され、図として貼り付けられます。
表のデータは編集できなくなります。

❺（テキストのみ保持）
Excelの表から文字データを取り出して、テキストボックスとして貼り付けられます。
表ではなく、文字データの羅列になります。

❻形式を選択して貼り付け
リンク貼り付けしたり、貼り付ける形式を選択したりする場合に使います。

Lesson 73

プレゼンテーション「Lesson73」を開いておきましょう。

次の操作を行いましょう。

(1) スライド3に、フォルダー「Lesson73」のExcelブック「売上集計」のワークシート「2020年度」のセル範囲【A3：F10】をリンク貼り付けしてください。

(2) ワークシート「2020年度」のセル【D5】を「10,000」に修正してください。スライド上でデータを編集します。

(3) スライド4に、フォルダー「Lesson73」のExcelブック「売上集計」のワークシート「2019年度」のセル範囲【A3：F10】を貼り付けてください。PowerPointの書式は適用せず、Excelの書式のままにします。

Lesson 73 Answer

(1)

①Excelを起動し、フォルダー**「Lesson73」**のブック**「売上集計」**を開きます。

②ワークシート**「2020年度」**を選択します。

Point

Wordの表の貼り付け

Excelと同様の操作方法で、Wordの表もPowerPointのスライドに貼り付けることができます。

③セル範囲【A3:F10】を選択します。

④**《ホーム》**タブ→**《クリップボード》**グループの（コピー）をクリックします。

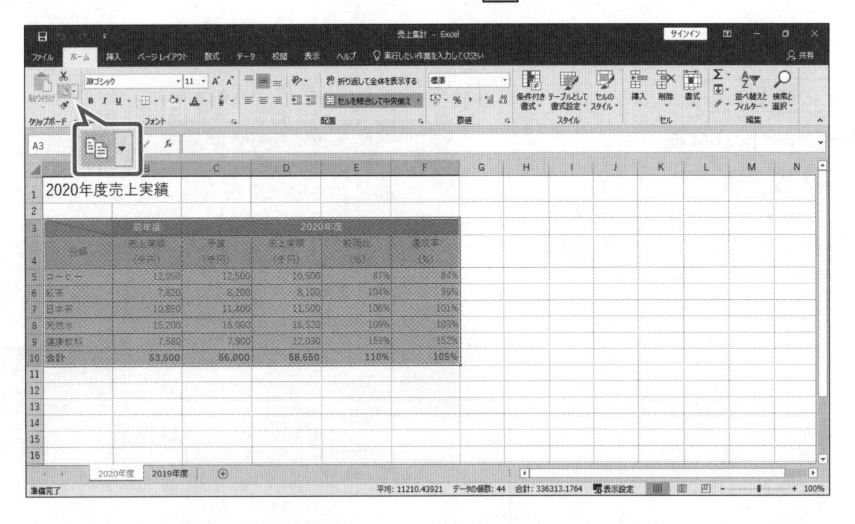

⑤タスクバーのPowerPointのアイコンをクリックして、PowerPointウィンドウに切り替えます。

⑥スライド3を選択します。

⑦**《ホーム》**タブ→**《クリップボード》**グループの（貼り付け）の貼り付け→**《形式を選択して貼り付け》**をクリックします。

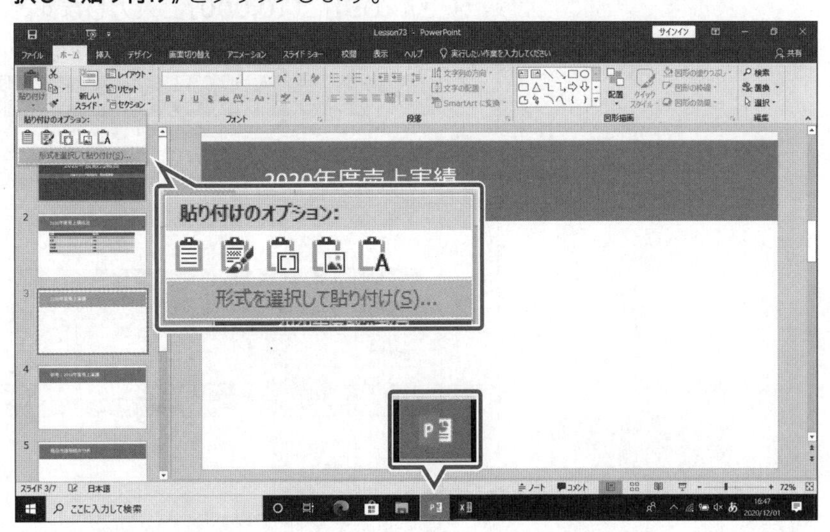

⑧**《形式を選択して貼り付け》**ダイアログボックスが表示されます。

⑨**《リンク貼り付け》**を◉にします。

⑩**《貼り付ける形式》**の一覧から**《Microsoft Excel ワークシートオブジェクト》**を選択します。

⑪**《OK》**をクリックします。

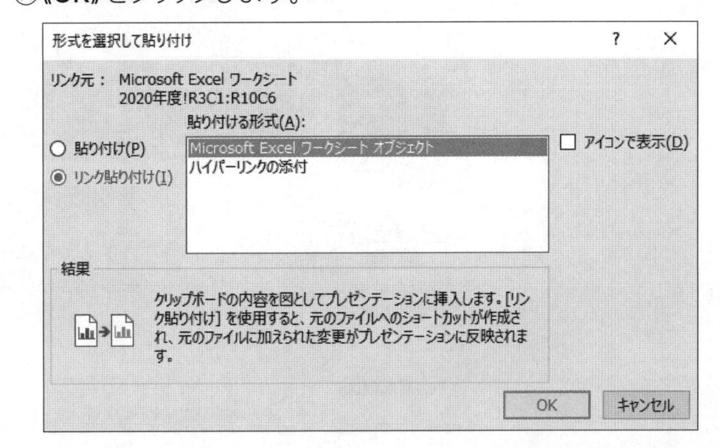

Point

リンク貼り付け

《リンク貼り付け》を◉すると、コピー元のデータとコピー先のデータがリンクした状態で貼り付けられます。リンク貼り付けした表をダブルクリックすると、Excelが起動しリンク元のファイルを編集できるようになります。

⑫表が貼り付けられます。
※Excelブックを閉じておきましょう。

(2)

①表をダブルクリックします。

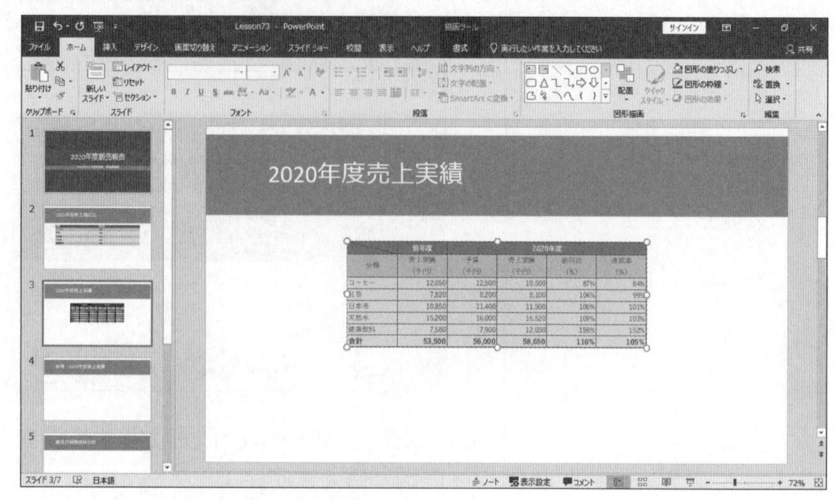

②Excelでデータが編集できる状態になります。
③ワークシート**「2020年度」**が選択されていることを確認します。
④セル**【D5】**に**「10,000」**と入力します。
※「合計」や「達成率」が自動的に更新されていることを確認しておきましょう。

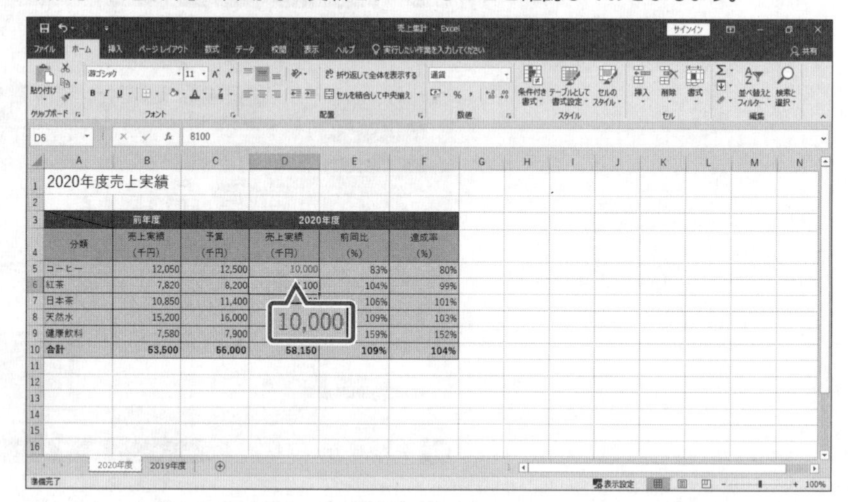

⑤タスクバーのPowerPointのアイコンをクリックして、PowerPointウィンドウに切り替えます。
⑥コーヒーの2020年度売上実績が**「10,000」**になっていることを確認します。

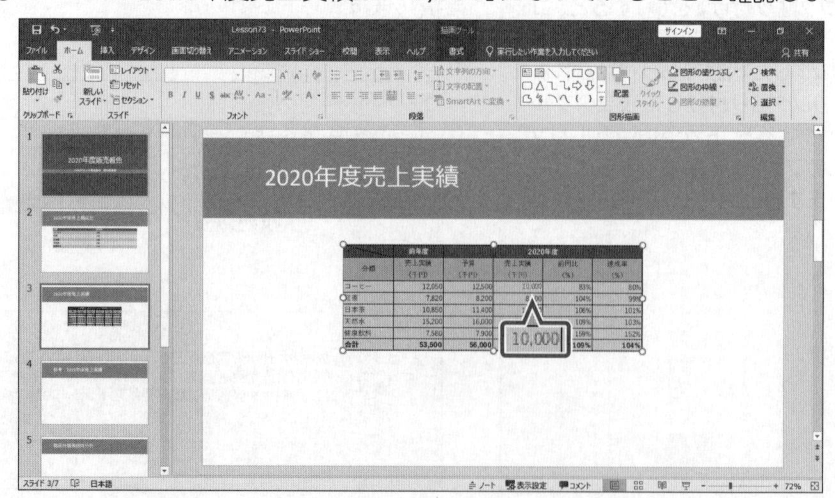

その他の方法

ワークシートの編集

2019 365

◆表を右クリック→《リンクされたWorksheetオブジェクト》→《編集》

(3)

①タスクバーのExcelのアイコンをクリックして、Excelウィンドウに切り替えます。

②ワークシート**「2019年度」**を選択します。

③セル範囲**【A3：F10】**を選択します。

④**《ホーム》**タブ→**《クリップボード》**グループの（コピー）をクリックします。

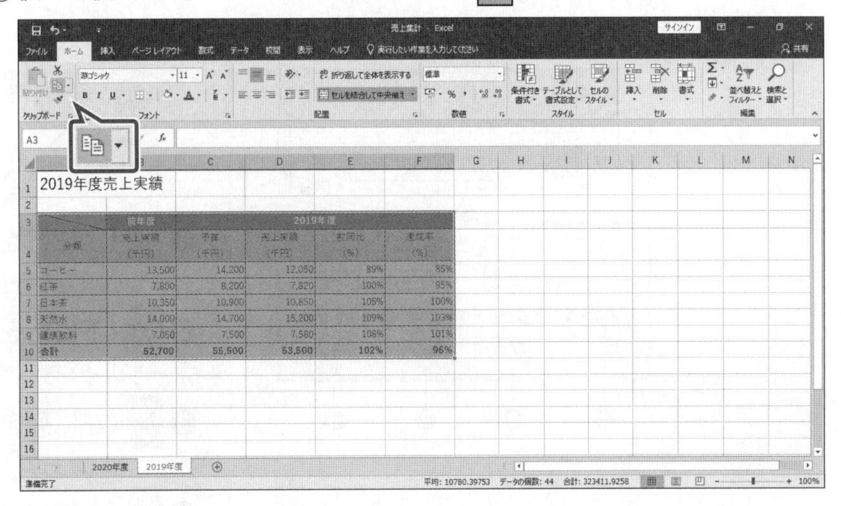

⑤タスクバーのPowerPointのアイコンをクリックして、PowerPointウィンドウに切り替えます。

⑥スライド4を選択します。

⑦**《ホーム》**タブ→**《クリップボード》**グループの（貼り付け）の 貼り付け → （元の書式を保持）をクリックします。

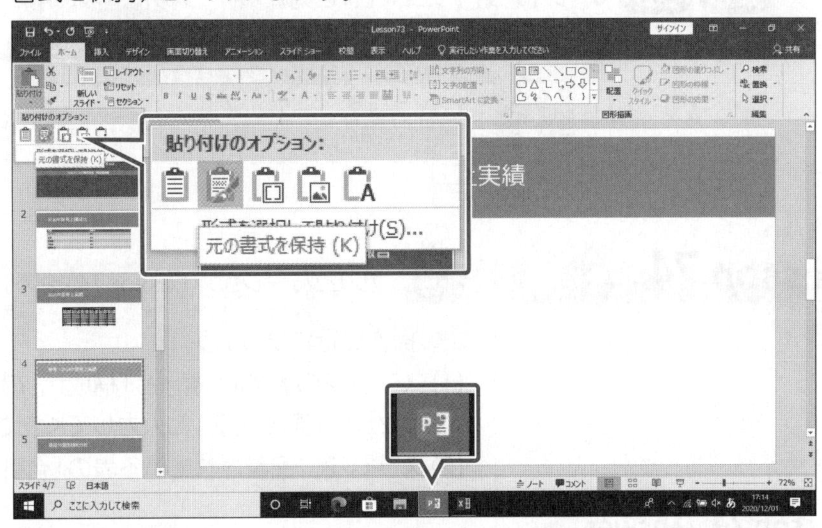

⑧表が貼り付けられます。

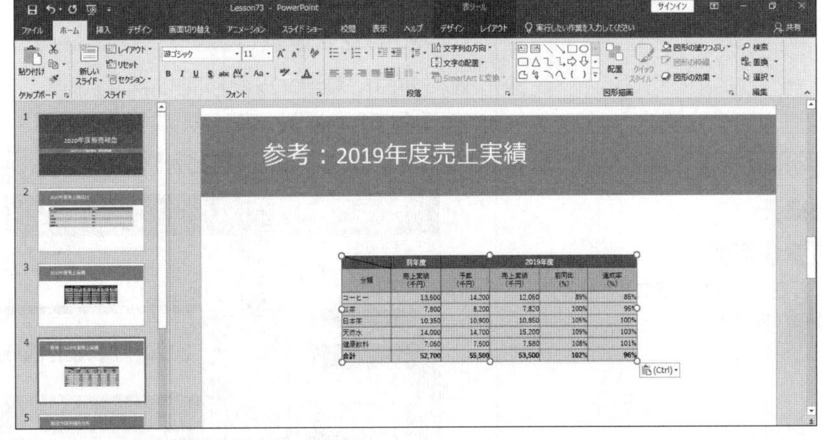

※Excelブックを閉じておきましょう。

Excelの表の貼り付け

2019 365

◆貼り付け先を右クリック→《貼り付けのオプション》

◆貼り付け先を選択→Ctrl+V→(Ctrl)▾（貼り付けのオプション）

4-1-2 表に行や列を挿入する、削除する

解 説

■行や列の挿入

作成した表に行や列が足りない場合は、挿入して追加できます。

2019 365 ◆《レイアウト》タブ→《行と列》グループのボタン

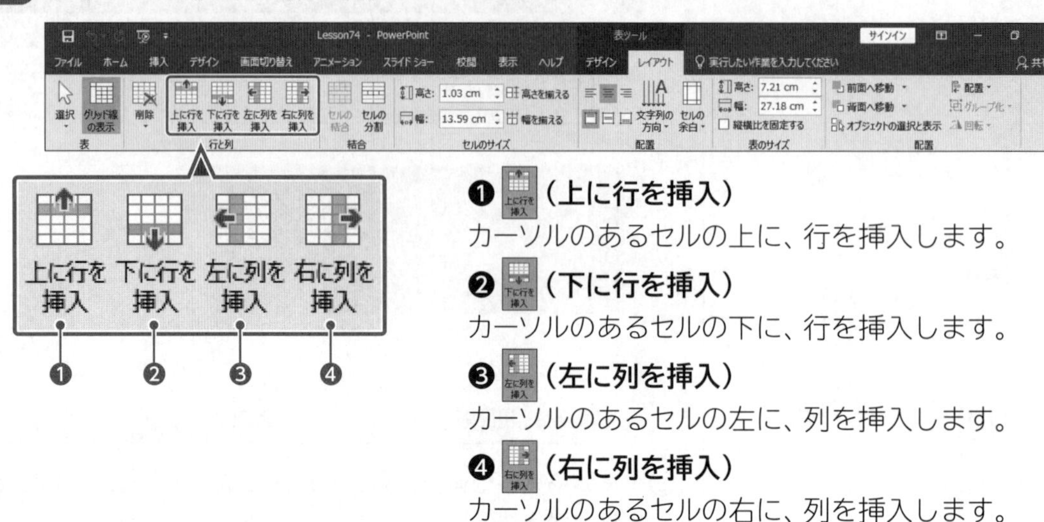

❶ (上に行を挿入)

カーソルのあるセルの上に、行を挿入します。

❷ (下に行を挿入)

カーソルのあるセルの下に、行を挿入します。

❸ (左に列を挿入)

カーソルのあるセルの左に、列を挿入します。

❹ (右に列を挿入)

カーソルのあるセルの右に、列を挿入します。

■行や列の削除

作成した表から余分な行や列を削除できます。

2019 365 ◆《レイアウト》タブ→《行と列》グループの (表の削除)→《列の削除》/《行の削除》

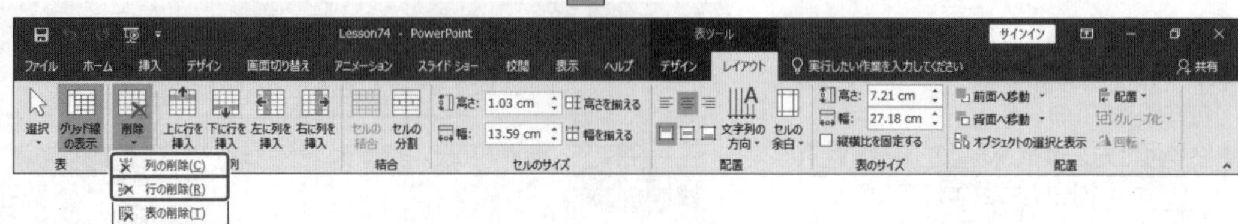

Lesson 74

プレゼンテーション「Lesson74」を開いておきましょう。

次の操作を行いましょう。

(1) スライド2の表の「分類」と「構成比」の間に1列挿入し、挿入した列の1番上のセルに「売上実績」と入力してください。

(2) スライド2に配置されている表の「合計」の行を削除してください。

Lesson 74 Answer

(1)

①スライド2を選択します。

②2列目にカーソルを移動します。

※2列目であれば、どこでもかまいません。

③《レイアウト》タブ→《行と列》グループの (左に列を挿入)をクリックします。

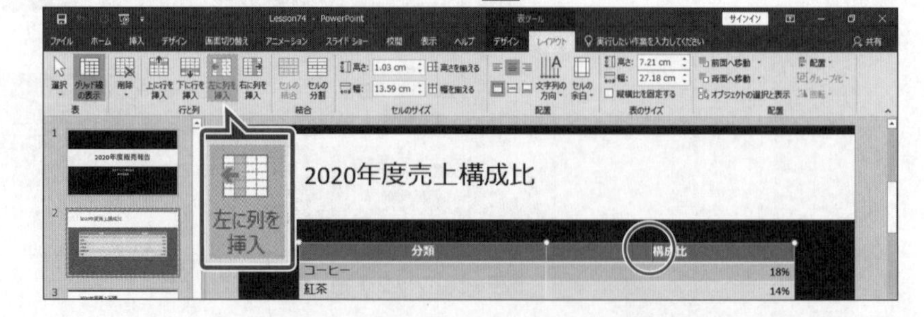

列の挿入

2019 365

◆列を右クリック→ミニツールバーの (挿入)

④列が挿入されます。

⑤1番上のセルに**「売上実績」**と入力します。

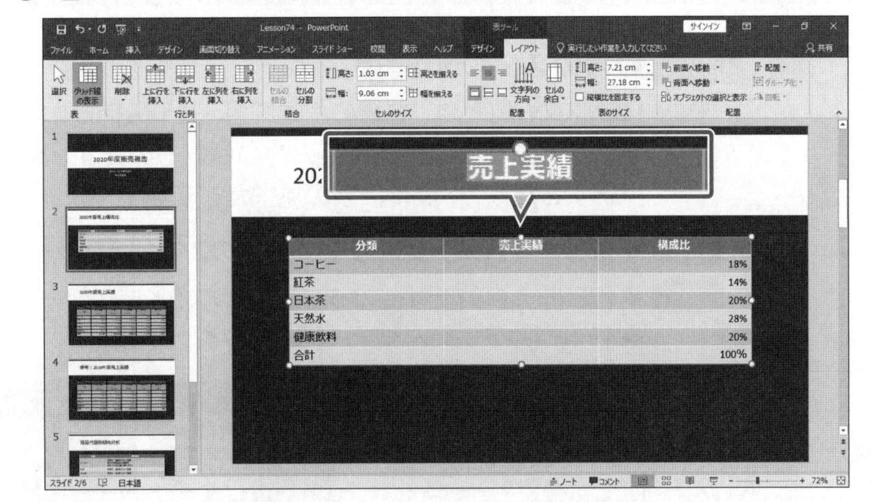

(2)

①スライド2を選択します。

②7行目にカーソルを移動します。

※7行目であれば、どこでもかまいません。

③**《レイアウト》**タブ→**《行と列》**グループの（表の削除）→**《行の削除》**をクリックします。

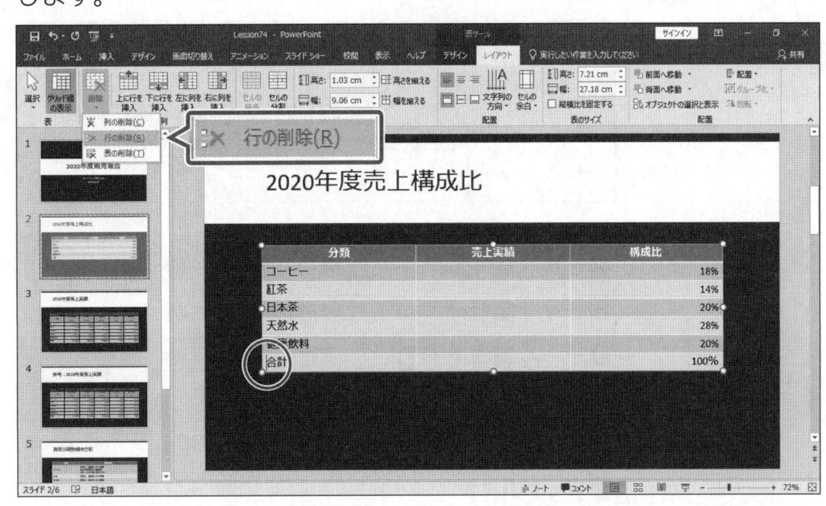

④行が削除されます。

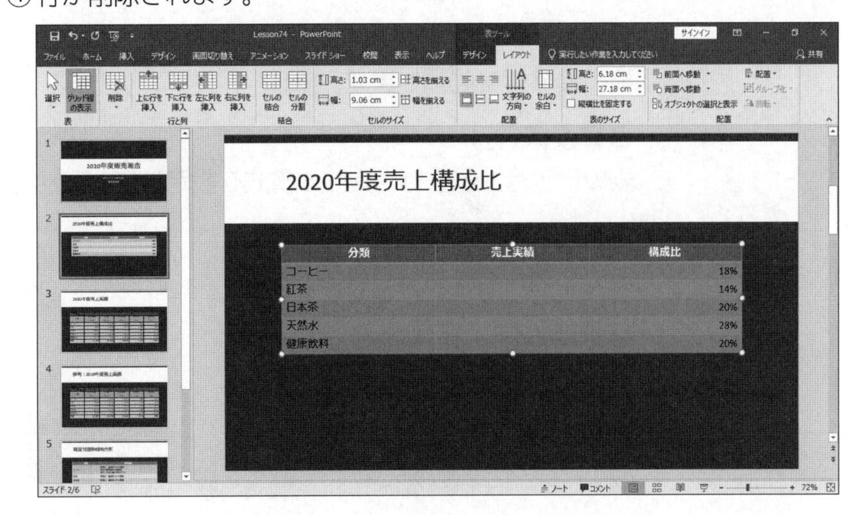

その他の方法

行の削除

2019 365

◆行を右クリック→ミニツールバーの（表の削除）→《行の削除》

◆行を選択→Back Space

Point

行の高さや列の幅の変更

2019 365

◆行の下側や列の右側の境界線をドラッグ

◆行または列にカーソルを移動→《レイアウト》タブ→《セルのサイズ》グループの 高さ:（行の高さの設定）／ 幅:（列の幅の設定）

Point

列の幅の自動調整

2019 365

◆列の右側の境界線をダブルクリック

Point

表の選択

表の各要素を選択する方法は、次のとおりです。

要素	操作方法
行	行の左側をマウスポインターが➡の状態でクリック
列	列の上側をマウスポインターが⬇の状態でクリック
セル	セル内の左端をマウスポインターが➚の状態でクリック
複数のセル	開始セルから終了セルまでドラッグ
表全体	表の周囲の枠線をクリック

Point

セル内の文字の配置

セル内の文字は、水平方向および垂直方向でそれぞれ配置を変更できます。

セル内で文字の配置を変更するには、《レイアウト》タブの《配置》グループの（中央揃え）や（上下中央揃え）などのボタンを使います。

4-1-3 表の組み込みスタイルを適用する

解説

■表のスタイルの適用

「表のスタイル」とは、罫線の種類や色、セルの網かけ、表内の文字のフォントなど、表全体を装飾するための書式を組み合わせたものです。あらかじめ用意されている一覧から選択するだけで、簡単に表の見栄えを変更できます。

2019 ◆《表ツール》の《デザイン》タブ→《表のスタイル》グループ

365 ◆《表ツール》の《デザイン》タブ→《表のスタイル》グループ
◆《テーブルデザイン》タブ→《表のスタイル》グループ

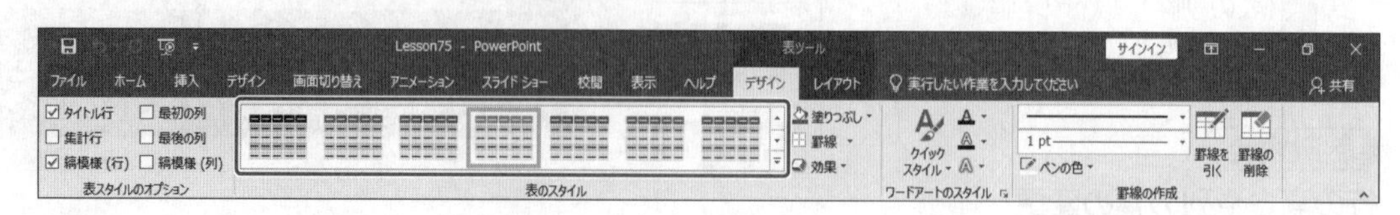

■表スタイルのオプションの設定

表のスタイルを適用したあとで、タイトル行や最初の列を強調したり、縞模様を表示したりなど、オプションを設定できます。

2019 ◆《表ツール》の《デザイン》タブ→《表スタイルのオプション》グループ

365 ◆《表ツール》の《デザイン》タブ→《表スタイルのオプション》グループ
◆《テーブルデザイン》タブ→《表スタイルのオプション》グループ

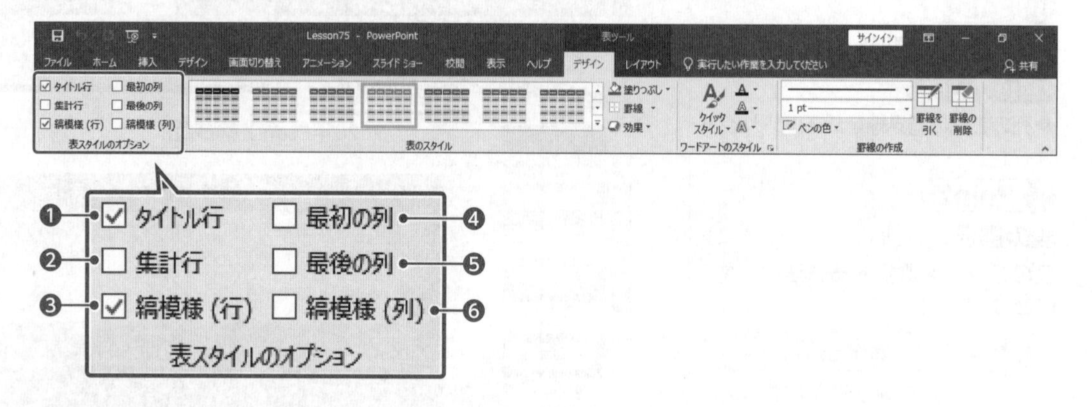

❶タイトル行
表の1行目を強調します。

❷集計行
表の最終行を強調します。

❸縞模様（行）
表の奇数行と偶数行に異なる書式を設定して、横方向の縞模様になるように表示します。

❹最初の列
表の左端の列を強調します。

❺最後の列
表の右端の列を強調します。

❻縞模様（列）
表の奇数列と偶数列に異なる書式を設定して、縦方向の縞模様になるように表示します。

Lesson 75

OPEN プレゼンテーション「Lesson75」を開いておきましょう。

次の操作を行いましょう。

(1) スライド5の表に、表のスタイル「テーマスタイル1-アクセント3」を適用してください。最初の列を強調し、行の縞模様を解除します。

Lesson 75 Answer

(1)

①スライド5を選択します。

②表を選択します。

③**《表ツール》**の**《デザイン》**タブ→**《表のスタイル》**グループの[▼](その他)→**《ドキュメントに最適なスタイル》**の**《テーマスタイル1-アクセント3》**をクリックします。

④表のスタイルが適用されます。

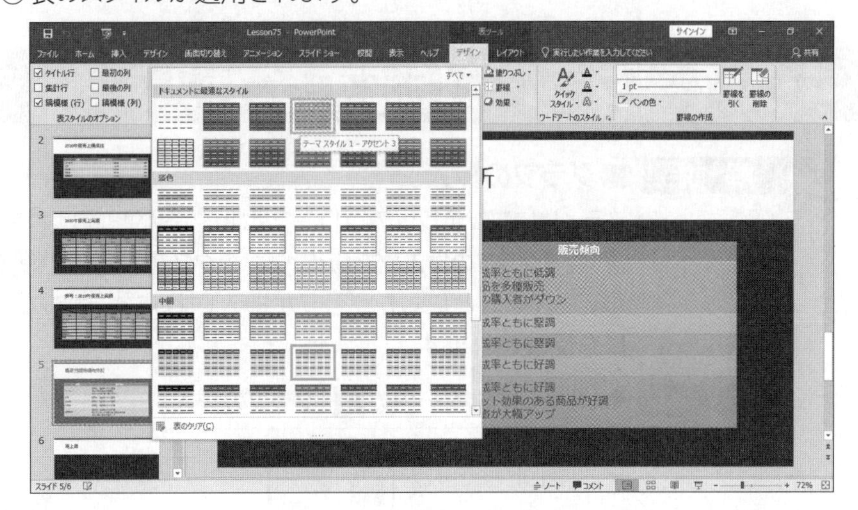

⑤**《表ツール》**の**《デザイン》**タブ→**《表スタイルのオプション》**グループの**《最初の列》**を☑にします。

⑥**《表ツール》**の**《デザイン》**タブ→**《表スタイルのオプション》**グループの**《縞模様(行)》**を☐にします。

⑦表スタイルのオプションが設定されます。

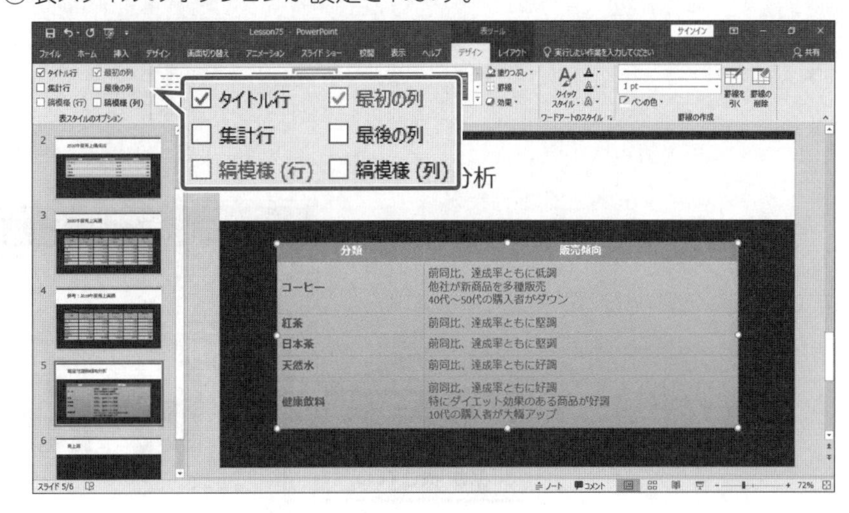

Point

表の書式設定

表のスタイルを使って書式を一括で設定する以外に、塗りつぶしや枠線、効果などの書式を個別に設定することもできます。

2019

◆セルを選択→《表ツール》の《デザイン》タブ→《表のスタイル》グループの[塗りつぶし▼](塗りつぶし)/[罫線▼](枠なし)/[効果▼](効果)

365

◆セルを選択→《表ツール》の《デザイン》タブ→《表のスタイル》グループの[▼](塗りつぶし)/[▼](枠なし)/[効果▼](効果)

◆セルを選択→《テーブルデザイン》タブ→《表のスタイル》グループの[▼](塗りつぶし)/[▼](枠なし)/[効果▼](効果)

Point

表の書式のクリア

2019

◆表を選択→《表ツール》の《デザイン》タブ→《表のスタイル》グループの[▼](その他)→《表のクリア》

365

◆表を選択→《表ツール》の《デザイン》タブ/《テーブルデザイン》タブ→《表のスタイル》グループの[▼](その他)→《表のクリア》

出題範囲4　表、グラフ、SmartArt、3Dモデル、メディアの挿入

4-2 グラフを挿入する、変更する

理解度チェック

習得すべき機能	参照Lesson	学習前	学習後	試験直前
■グラフを挿入できる。	➡Lesson76	☑	☑	☑
■ExcelのグラフをPowerPointのスライドに貼り付け・リンク貼り付けができる。	➡Lesson77	☑	☑	☑
■グラフの種類を変更できる。	➡Lesson78	☑	☑	☑
■グラフスタイルを適用できる。	➡Lesson78	☑	☑	☑
■グラフの凡例を表示できる。	➡Lesson79	☑	☑	☑

4-2-1 グラフを作成する、挿入する

解説

■グラフの挿入

スライドにコンテンツのプレースホルダーが配置されている場合、グラフを直接作成できます。《**グラフの挿入**》ダイアログボックスでグラフの種類を選択すると、スライドにサンプルデータをもとにしたグラフが挿入されます。サンプルデータの値を変更すると、グラフにも反映されます。

2019 365 ◆プレースホルダー内の（グラフの挿入）

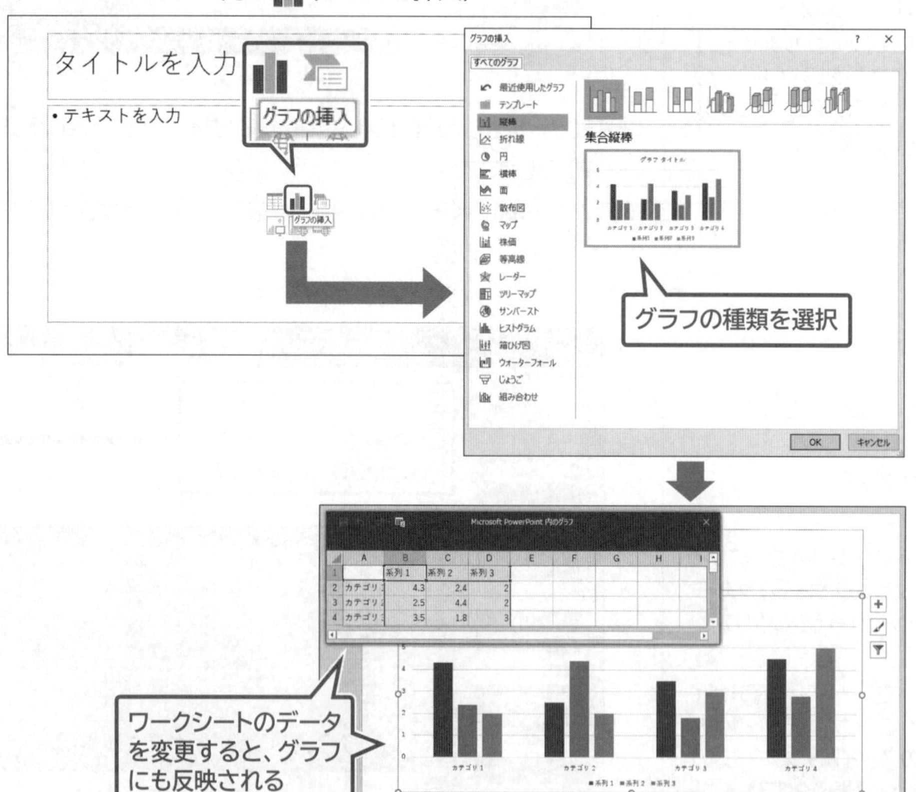

2019 365 ◆《挿入》タブ→《図》グループの（グラフの追加）

■グラフのデータの編集

作成したグラフのもとになるデータを編集するには、ワークシートを再表示して、データを入力し直します。

2019 ◆《グラフツール》の《デザイン》タブ→《データ》グループの（データを編集します）

365 ◆《グラフツール》の《デザイン》タブ→《データ》グループの（データを編集します）

◆《グラフのデザイン》タブ→《データ》グループの（データを編集します）

❶データの編集
簡易なワークシート上で、データを編集します。

❷Excelでデータを編集
Excelを起動して、データを編集します。Excelの機能を利用できます。

Lesson 76

OPEN プレゼンテーション「Lesson76」を開いておきましょう。

次の操作を行いましょう。

(1) スライド2に円グラフを挿入してください。グラフのデータは、スライド左側の表をコピーして使います。

Lesson 76 Answer

(1)

①スライド2を選択します。

②コンテンツのプレースホルダーの（グラフの挿入）をクリックします。

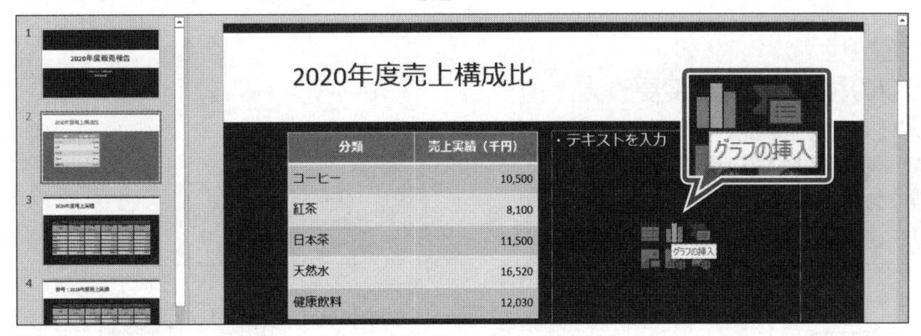

③**《グラフの挿入》**ダイアログボックスが表示されます。

④左側の一覧から**《円》**を選択します。

⑤右側の一覧から（円）を選択します。

⑥**《OK》**をクリックします。

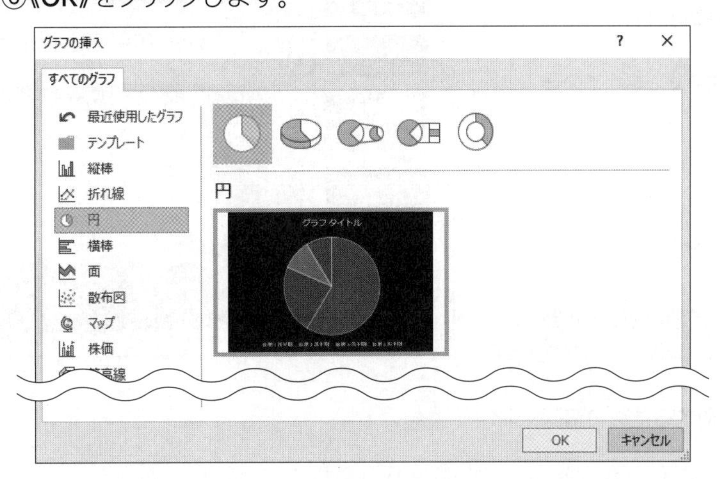

⑦サンプルデータが入力されたワークシートが表示されます。

⑧左の表を選択します。

⑨**《ホーム》**タブ→**《クリップボード》**グループの（コピー）をクリックします。

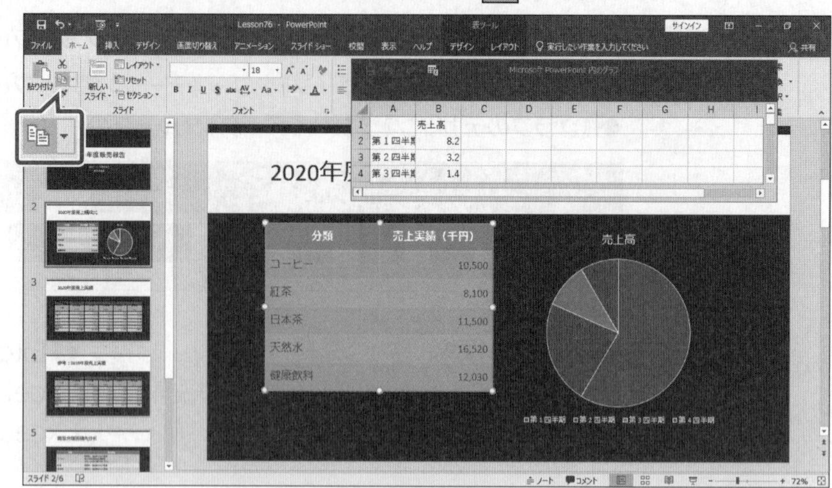

⑩ワークシートのセル**【A1】**を右クリックします。

⑪**《貼り付けのオプション》**の（貼り付け先の書式に合わせる）をクリックします。

※あらかじめ入力されているデータは上書きします。

※ウィンドウのサイズを大きくすると、操作しやすくなります。

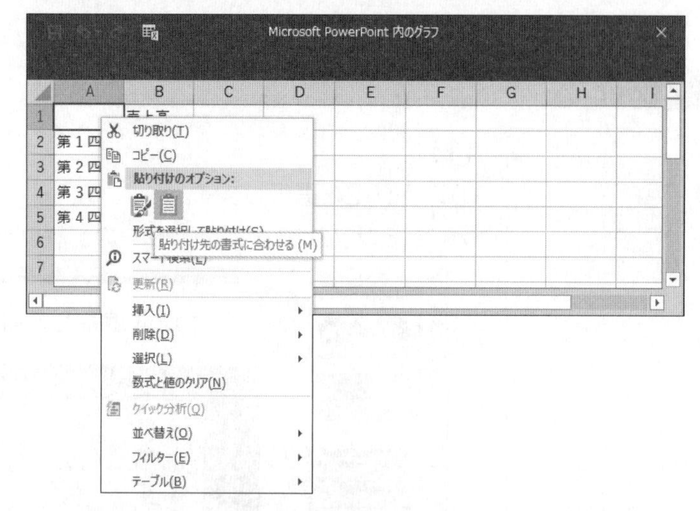

⑫ワークシートのウィンドウの（閉じる）をクリックします。

⑬入力したデータがグラフに反映されます。

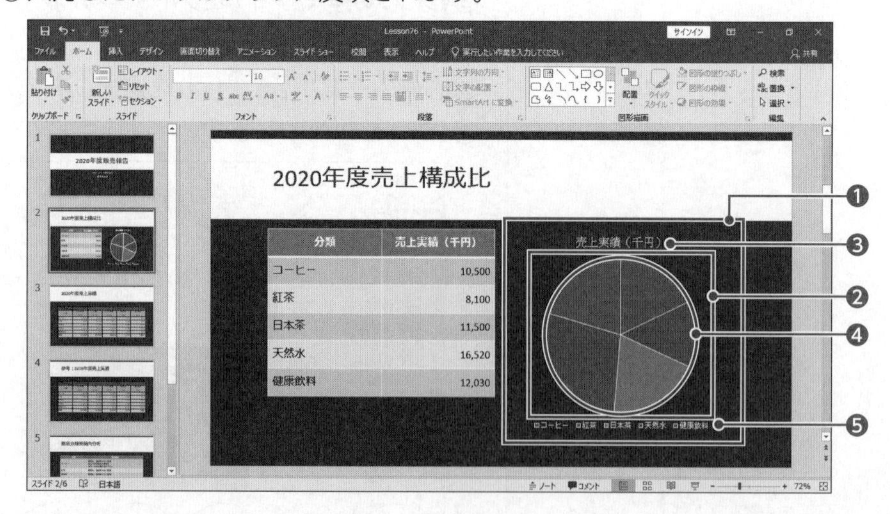

Point

データ範囲の調整

グラフのもとになるデータ範囲を調整するには、範囲の右下の▟（ハンドル）または■（ハンドル）をドラッグします。

Point

グラフの選択

グラフを選択するには、グラフ内をクリックし、周囲の枠線をクリックします。

Point

グラフの移動とサイズ変更

グラフを移動するには、グラフを選択して、周囲の枠線をドラッグします。

グラフのサイズを変更するには、グラフを選択して、周囲の○（ハンドル）をドラッグします。

Point

グラフの構成要素

グラフは次のような要素で構成されています。

各要素をポイントすると、ポップヒントに要素名が表示されます。

❶グラフエリア

グラフ全体の領域です。すべての要素が含まれます。

❷プロットエリア

グラフの領域です。

❸グラフタイトル

グラフのタイトルです。

❹データ系列

もとになる数値を視覚的に表す部品です。

❺凡例

データ系列を識別するための情報です。

■Excelのグラフの貼り付け

ExcelのグラフをPowerPointに貼り付けるとき、（貼り付け）に次のようなボタンが表示され、貼り付ける形式を選択できます。

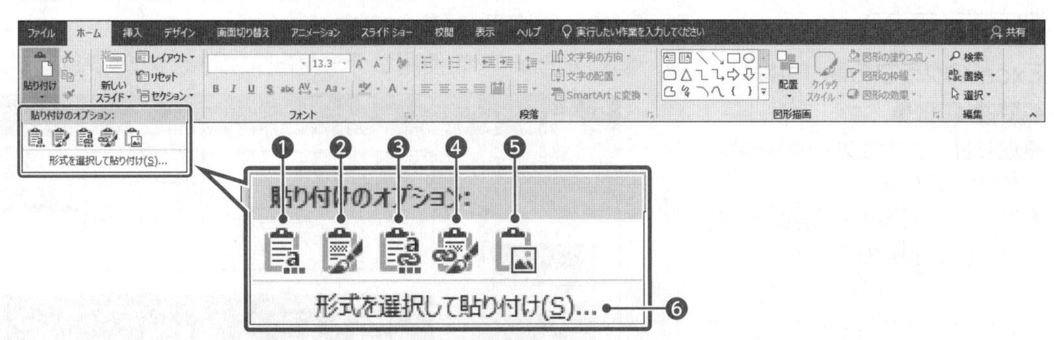

❶（貼り付け先のテーマを使用しブックを埋め込む）
ExcelのグラフがPowerPointに貼り付けられます。
Excel側の書式はクリアされ、PowerPoint側の書式が適用されます。

❷（元の書式を保持しブックを埋め込む）
ExcelのグラフがPowerPointに貼り付けられます。
Excel側の書式が保持され、PowerPoint側の書式は適用されません。

❸（貼り付け先テーマを使用しデータをリンク）
ExcelのグラフがPowerPointにリンク貼り付けされます。
Excel側の書式はクリアされ、PowerPoint側の書式が適用されます。

❹（元の書式を保持しデータをリンク）
ExcelのグラフがPowerPointにリンク貼り付けされます。
Excel側の書式が保持され、PowerPoint側の書式は適用されません。

❺（図）
Excelのグラフが画像に変換され、図として貼り付けられます。
グラフのデータは編集できなくなります。

❻形式を選択して貼り付け
貼り付ける形式を選択する場合に使います。

Lesson 77

プレゼンテーション「Lesson77」を開いておきましょう。

次の操作を行いましょう。

(1) スライド2に、フォルダー「Lesson77」のExcelブック「売上集計」のワークシート「2020年度」のグラフをリンク貼り付けしてください。PowerPointの書式を適用します。次に、ワークシート「2020年度」のセル【D5】を「20,000」に修正してください。スライド上でデータを編集します。

(2) スライド3に、フォルダー「Lesson77」のExcelブック「売上集計」のワークシート「2019年度」のグラフを貼り付けてください。PowerPointの書式を適用します。

Lesson 77 Answer

Point

Wordのグラフの貼り付け

Excelと同様の操作方法で、WordのグラフもPowerPointのスライドに貼り付けることができます。

(1)

①Excelを起動し、フォルダー**「Lesson77」**のブック**「売上集計」**を開きます。

②ワークシート**「2020年度」**を選択します。

③グラフを選択します。

④**《ホーム》**タブ→**《クリップボード》**グループの（コピー）をクリックします。

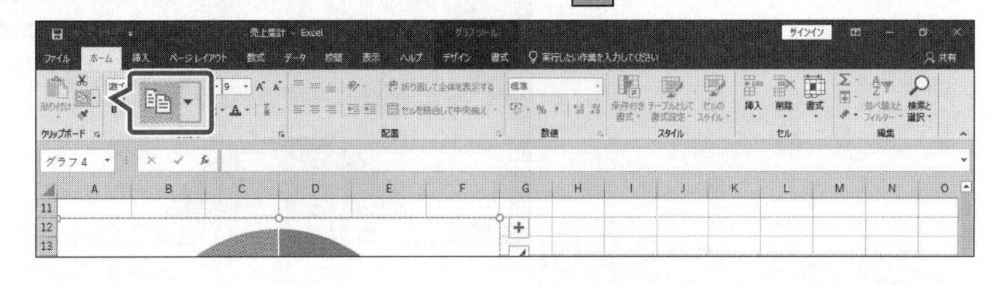

⑤タスクバーのPowerPointのアイコンをクリックして、PowerPointウィンドウに切り替えます。

⑥スライド2を選択します。

⑦**《ホーム》**タブ→**《クリップボード》**グループの（貼り付け）の 貼り付け → （貼り付け先テーマを使用しデータをリンク）をクリックします。

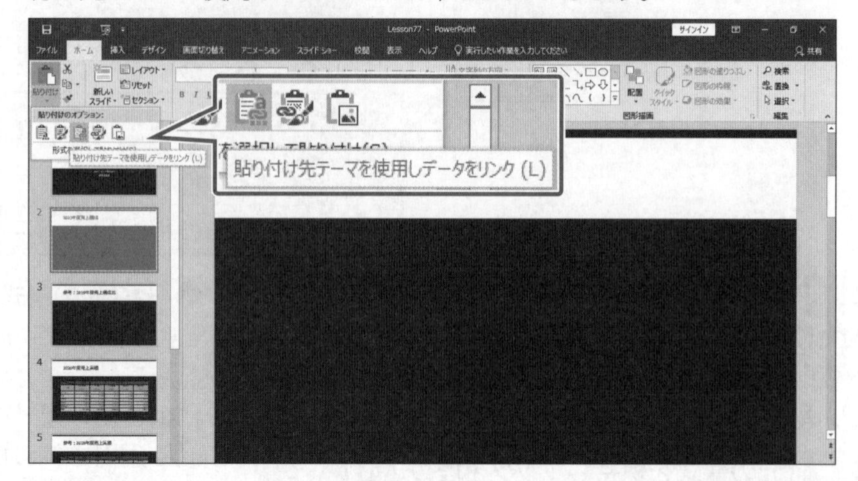

⑧グラフが貼り付けられます。

※Excelブックを閉じておきましょう。

⑨**《グラフツール》**の**《デザイン》**タブ→**《データ》**グループの（データを編集します）をクリックします。

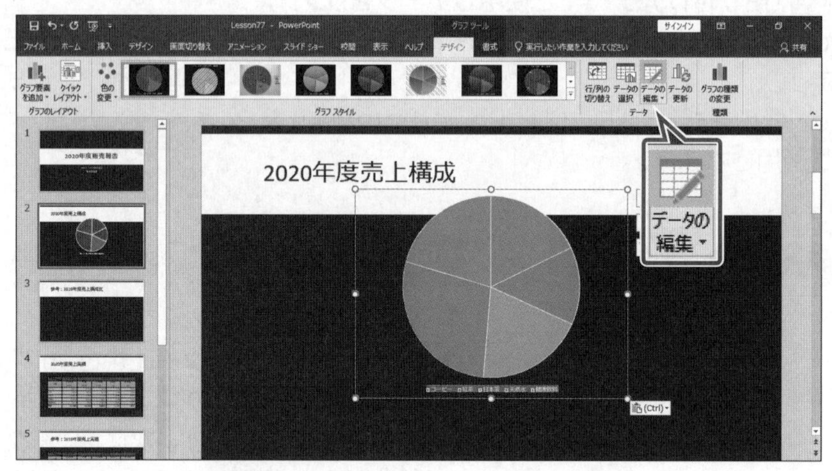

⑩Excelでデータが編集できる状態になります。

⑪ワークシート**「2020年度」**が選択されていることを確認します。

⑫セル**【D5】**に**「20,000」**と入力します。

※「合計」や「達成率」が自動的に更新されていることを確認しておきましょう。

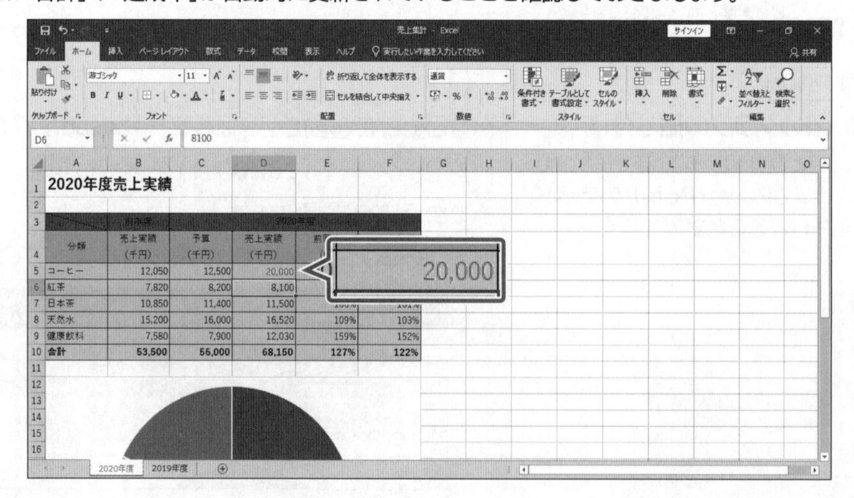

その他の方法

Excelのグラフの貼り付け

2019 365

◆貼り付け先を右クリック→《貼り付けのオプション》

◆貼り付け先を選択→Ctrl+V→(Ctrl)（貼り付けのオプション）

⑬ タスクバーのPowerPointのアイコンをクリックして、PowerPointウィンドウに切り替えます。

⑭ グラフが更新されます。

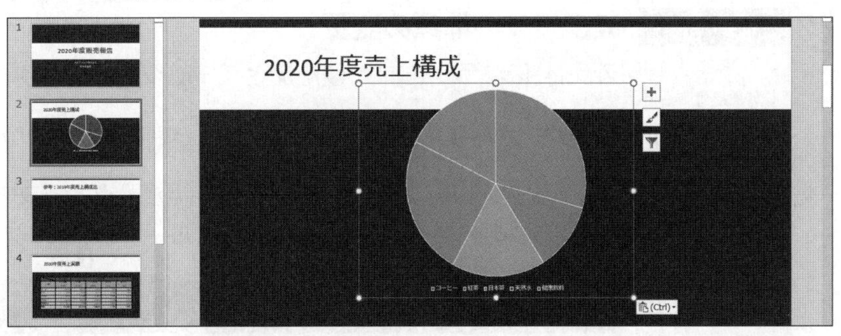

(2)

①タスクバーのExcelのアイコンをクリックして、Excelウィンドウに切り替えます。

②ワークシート**「2019年度」**を選択します。

③グラフを選択します。

④**《ホーム》**タブ→**《クリップボード》**グループの（コピー）をクリックします。

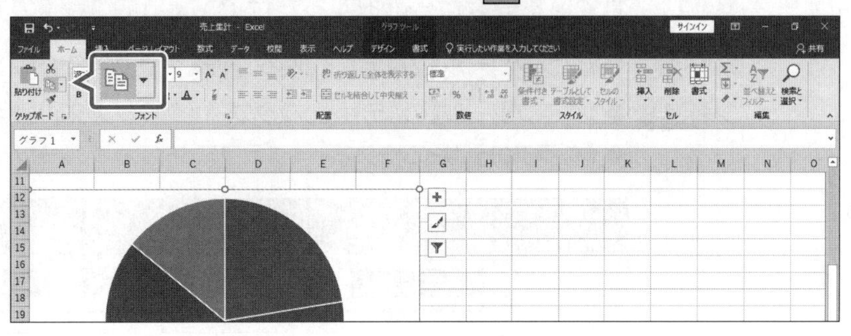

⑤タスクバーのPowerPointのアイコンをクリックして、PowerPointウィンドウに切り替えます。

⑥スライド3を選択します。

⑦**《ホーム》**タブ→**《クリップボード》**グループの（貼り付け）の 貼り付け →（貼り付け先のテーマを使用しブックを埋め込む）をクリックします。

⑧グラフが貼り付けられます。

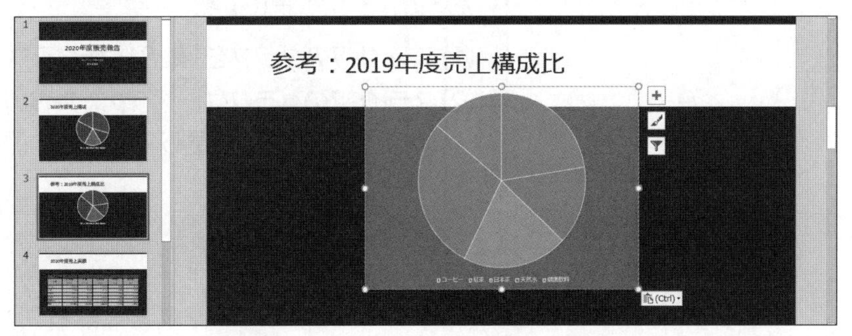

※Excelブックを閉じておきましょう。

4-2-2 グラフを変更する

解説

■グラフの種類の変更

スライドにグラフを挿入したあとでも、グラフの種類は変更できます。

2019 ◆《グラフツール》の《デザイン》タブ→《種類》グループの（グラフの種類の変更）

365 ◆《グラフツール》の《デザイン》タブ→《種類》グループの（グラフの種類の変更）

◆《グラフのデザイン》タブ→《種類》グループの（グラフの種類の変更）

■グラフスタイルの適用

「グラフスタイル」とは、グラフ全体を装飾する書式の組み合わせです。あらかじめ用意されている一覧から選択するだけで、簡単にグラフの見栄えを変更できます。

2019 ◆《グラフツール》の《デザイン》タブ→《グラフスタイル》グループ

365 ◆《グラフツール》の《デザイン》タブ→《グラフスタイル》グループ

◆《グラフのデザイン》タブ→《グラフスタイル》グループ

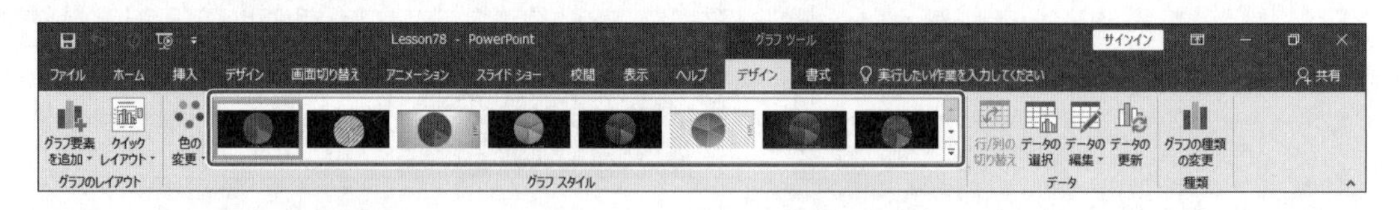

■グラフの配色の変更

グラフを挿入すると、プレゼンテーションのテーマに応じて、各データ系列に自動的に色が付きます。データ系列の配色は変更することもできます。

2019 ◆《グラフツール》の《デザイン》タブ→《グラフスタイル》グループの（グラフクイックカラー）

365 ◆《グラフツール》の《デザイン》タブ→《グラフスタイル》グループの（グラフクイックカラー）

◆《グラフのデザイン》タブ→《グラフスタイル》グループの（グラフクイックカラー）

Lesson 78

プレゼンテーション「Lesson78」を開いておきましょう。

次の操作を行いましょう。

(1) スライド7のグラフを「集合縦棒グラフ」に変更してください。

(2) スライド7のグラフに、グラフスタイル「スタイル5」を適用し、配色を「カラフルなパレット2」に変更してください。

Lesson 78 Answer

その他の方法

グラフの種類の変更

2019 365

◆グラフを右クリック→《グラフの種類の変更》

(1)

①スライド7を選択します。

②グラフを選択します。

③**《グラフツール》**の**《デザイン》**タブ→**《種類》**グループの（グラフの種類の変更）をクリックします。

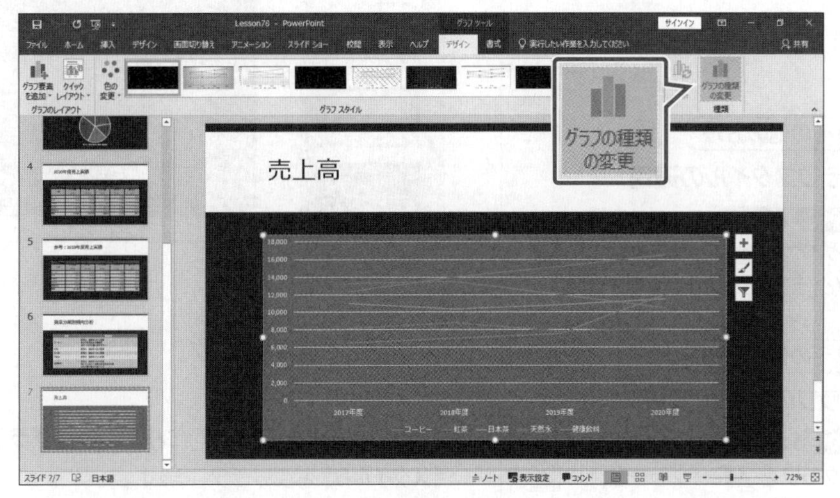

④**《グラフの種類の変更》**ダイアログボックスが表示されます。

⑤左側の一覧から**《縦棒》**を選択します。

⑥右側の一覧から（集合縦棒）を選択します。

⑦**《OK》**をクリックします。

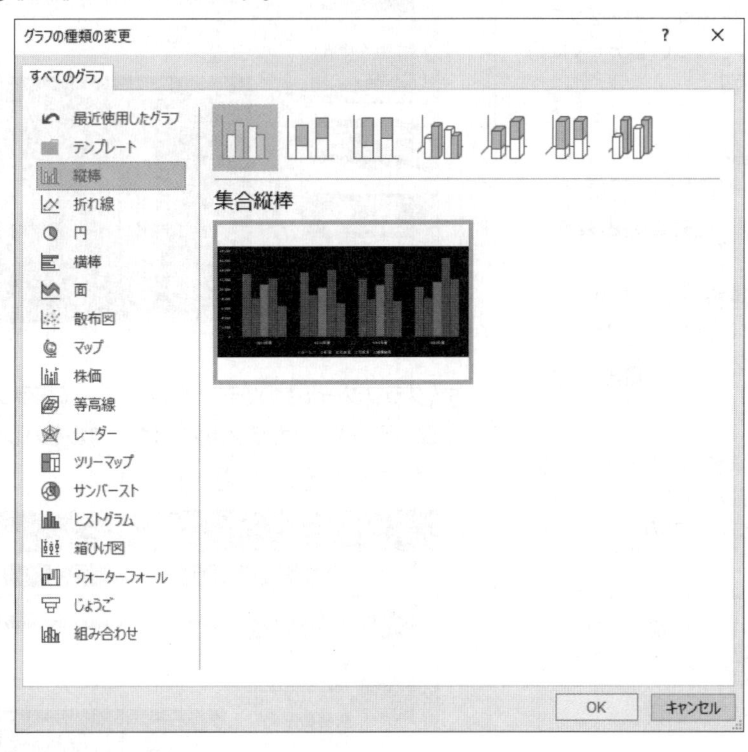

⑧グラフの種類が変更されます。

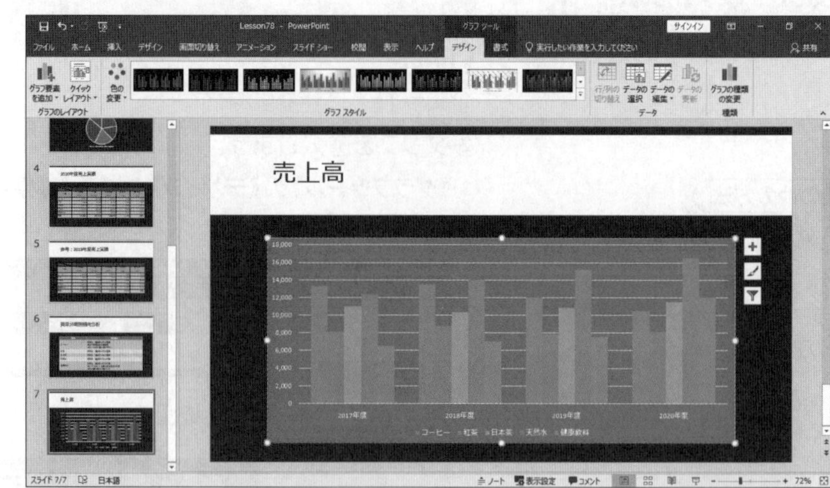

(2)

①スライド7を選択します。

②グラフを選択します。

③**《グラフツール》**の**《デザイン》**タブ→**《グラフスタイル》**グループの［ボタン画像］（その他）→**《スタイル5》**をクリックします。

④グラフスタイルが適用されます。

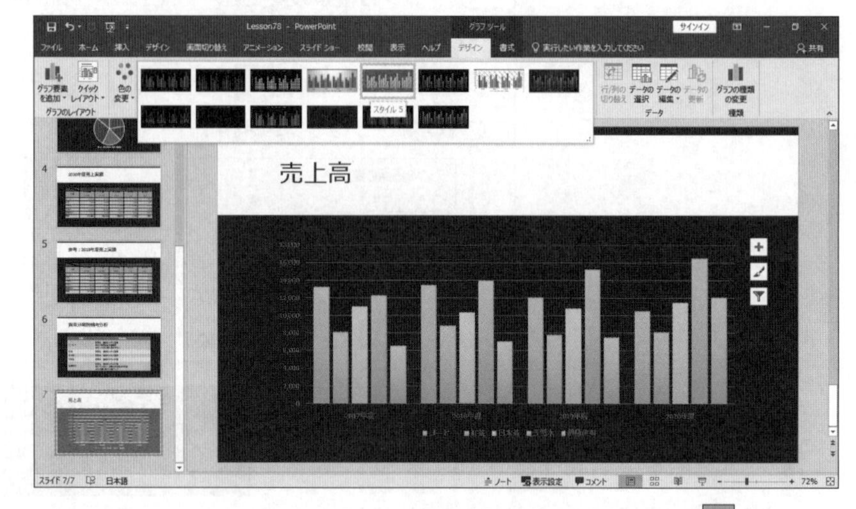

⑤**《グラフツール》**の**《デザイン》**タブ→**《グラフスタイル》**グループの［ボタン画像］（グラフクイックカラー）→**《カラフル》**の**《カラフルなパレット2》**をクリックします。

⑥グラフの配色が変更されます。

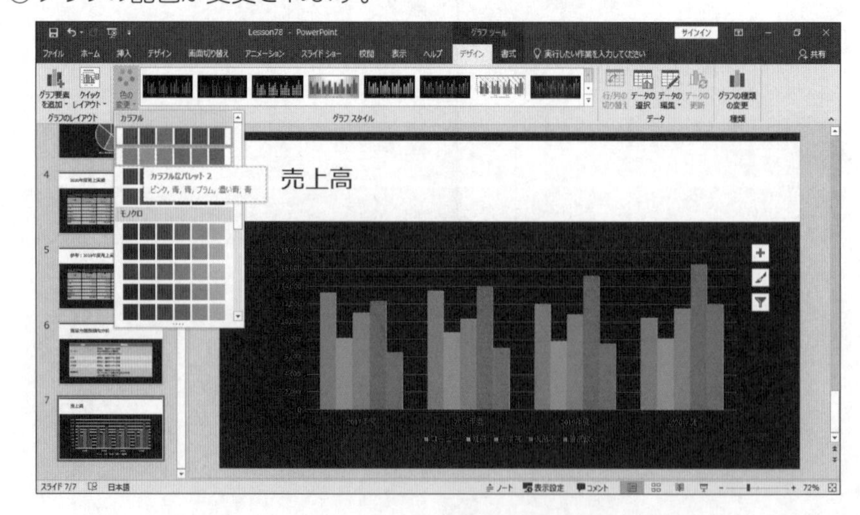

その他の方法

グラフスタイルの適用

2019　365

◆グラフを選択→グラフ右上の［ボタン画像］（グラフスタイル）→《スタイル》

その他の方法

グラフの配色の変更

2019　365

◆グラフを選択→グラフ右上の［ボタン画像］（グラフスタイル）→《色》

Point

色の一覧

［ボタン画像］（グラフクイックカラー）の一覧に表示される配色は、プレゼンテーションに適用されているテーマに応じて変わります。

Point

グラフのレイアウトの変更

グラフの要素の配置を変更します。

2019

◆グラフを選択→《グラフツール》の《デザイン》タブ→《グラフのレイアウト》グループの［ボタン画像］（クイックレイアウト）

365

◆グラフを選択→《グラフツール》の《デザイン》タブ→《グラフのレイアウト》グループの［ボタン画像］（クイックレイアウト）

◆グラフを選択→《グラフのデザイン》タブ→《グラフのレイアウト》グループの［ボタン画像］（クイックレイアウト）

Point

グラフ要素の書式設定

グラフの各要素は個別に書式を設定できます。

2019　365

◆グラフ要素を選択→《書式》タブ→《現在の選択範囲》グループの［選択対象の書式設定］（選択対象の書式設定）

解説 ■グラフ要素の追加

凡例や軸ラベルや、グラフタイトル、データテーブルなどのグラフの各要素の表示／非表示を切り替えることができます。

2019 ◆《グラフツール》の《デザイン》タブ→《グラフのレイアウト》グループの（グラフ要素を追加）

365 ◆《グラフツール》の《デザイン》タブ→《グラフのレイアウト》グループの（グラフ要素を追加）

◆《グラフのデザイン》タブ→《グラフのレイアウト》グループの（グラフ要素を追加）

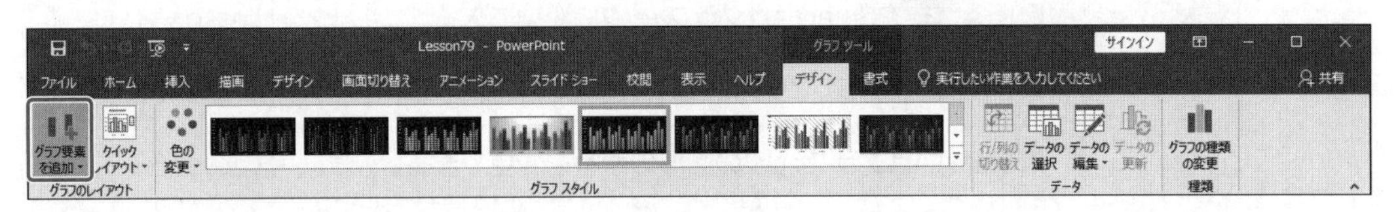

Lesson 79

プレゼンテーション「Lesson79」を開いておきましょう。

次の操作を行いましょう。

(1) スライド7のグラフの下に、凡例を表示してください。

Lesson 79 Answer

その他の方法

凡例の表示

2019

◆グラフを選択→グラフ右上の（グラフ要素）→《☑凡例》

Point

凡例の非表示

2019

◆グラフを選択→《グラフツール》の《デザイン》タブ→《グラフのレイアウト》グループの（グラフ要素を追加）→《凡例》→《なし》

365

◆グラフを選択→《グラフツール》の《デザイン》タブ→《グラフのレイアウト》グループの（グラフ要素を追加）→《凡例》→《なし》

◆グラフを選択→《グラフのデザイン》タブ→《グラフのレイアウト》グループの（グラフ要素を追加）→《凡例》→《なし》

(1)

①スライド7を選択します。

②グラフを選択します。

③**《グラフツール》**の**《デザイン》**タブ→**《グラフのレイアウト》**グループの（グラフ要素を追加）→**《凡例》**→**《下》**をクリックします。

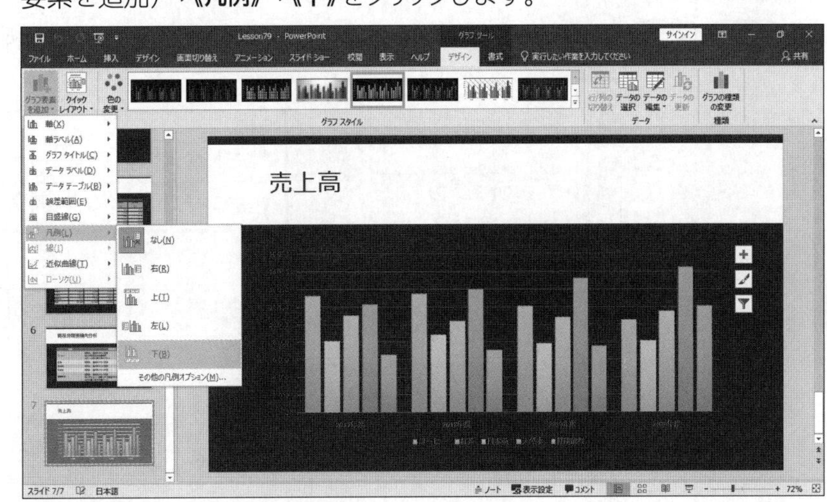

④グラフの下に凡例が表示されます。

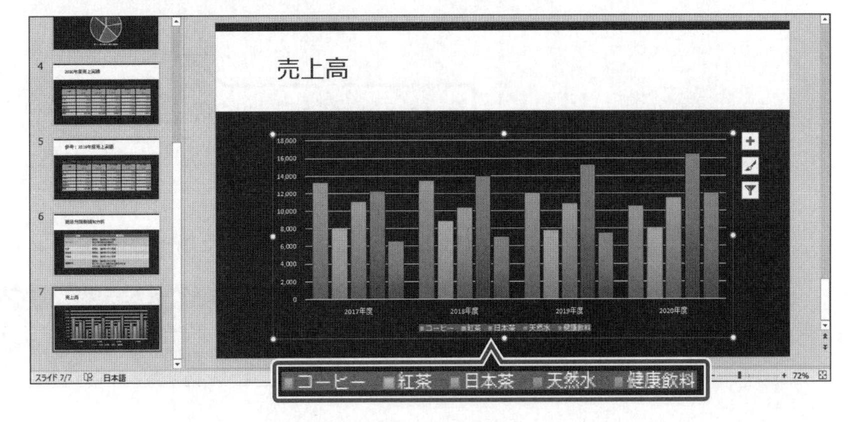

4-3 SmartArtを挿入する、書式設定する

理解度チェック

習得すべき機能	参照Lesson	学習前	学習後	試験直前
■SmartArtグラフィックを挿入できる。	➡Lesson80	☑	☑	☑
■箇条書きをSmartArtグラフィックに変換できる。	➡Lesson81	☑	☑	☑
■SmartArtグラフィックに図形を追加できる。	➡Lesson82	☑	☑	☑
■SmartArtグラフィックの図形の順番を変更できる。	➡Lesson83	☑	☑	☑
■SmartArtグラフィックの配色を変更できる。	➡Lesson83	☑	☑	☑

4-3-1 SmartArtを作成する

解説

■SmartArtグラフィックの挿入

「SmartArtグラフィック」とは、複数の図形を組み合わせて、情報の相互関係を視覚的にわかりやすく表現した図解のことです。PowerPointには、さまざまな種類のSmartArtグラフィックがあらかじめ用意されています。
スライドにコンテンツのプレースホルダーが配置されている場合、SmartArtグラフィックを直接作成できます。

2019 365 ◆プレースホルダー内の（SmartArtグラフィックの挿入）

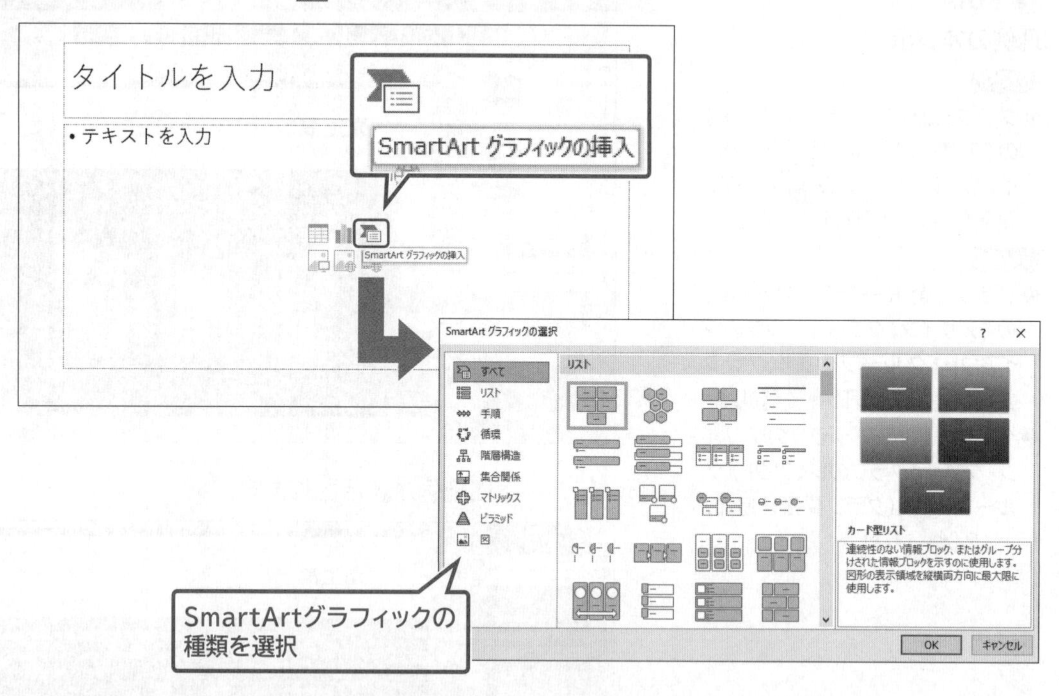

2019 365 ◆《挿入》タブ→《図》グループの（SmartArtグラフィックの挿入）

Lesson 80

プレゼンテーション「Lesson80」を開いておきましょう。

次の操作を行いましょう。

(1) スライド3に、SmartArtグラフィック「基本ベン図」を挿入してください。
SmartArtグラフィックの図形には、「早い」「安い」「正確」と入力します。

Lesson 80 Answer

(1)

①スライド3を選択します。

②コンテンツのプレースホルダーの（SmartArtグラフィックの挿入）をクリックします。

③《SmartArtグラフィックの選択》ダイアログボックスが表示されます。

④左側の一覧から《集合関係》を選択します。

⑤中央の一覧から《基本ベン図》を選択します。

⑥《OK》をクリックします。

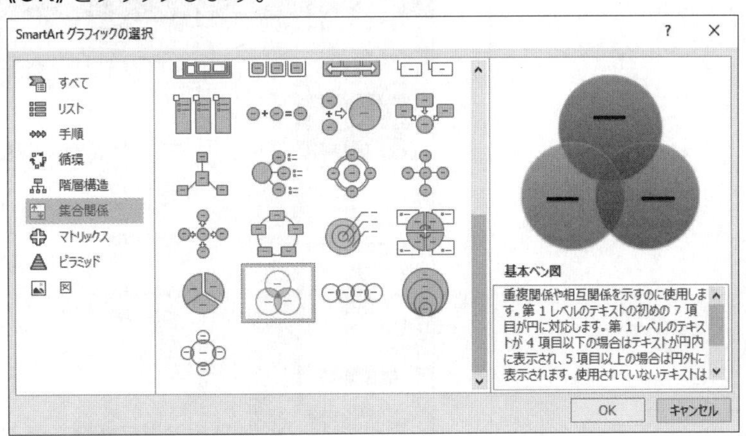

⑦SmartArtグラフィックが挿入されます。

※SmartArtグラフィックの横にテキストウィンドウが表示されます。

※テキストウィンドウが表示されていない場合は、SmartArtグラフィックを選択し、《SmartArtツール》の《デザイン》タブ→《グラフィックの作成》グループの［テキスト ウィンドウ］（テキストウィンドウ）をクリックします。

⑧テキストウィンドウの1行目に「**早い**」、2行目に「**安い**」、3行目に「**正確**」と入力します。

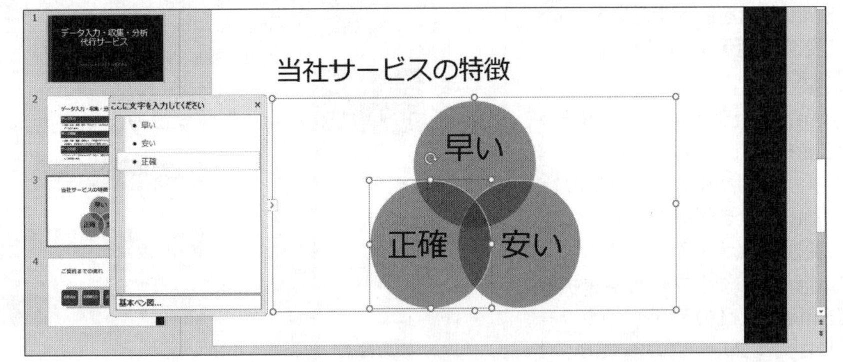

⑨SmartArtグラフィック以外の場所をクリックし、入力を確定します。

Point

テキストウィンドウ

「テキストウィンドウ」を使うと、SmartArtグラフィックの図形内に効率よく文字を追加できます。
テキストウィンドウとSmartArtグラフィックは連動しているので、テキストウィンドウに文字を入力すれば、SmartArtグラフィックの図形にも文字が表示されます。

Point

SmartArtグラフィックの削除

2019 365

◆SmartArtグラフィックを選択→［Delete］

4-3-2 箇条書きをSmartArtに変換する

解説

■箇条書きをSmartArtグラフィックに変換

スライドに入力されている箇条書きをSmartArtグラフィックに変換できます。

2019 365 ◆《ホーム》タブ→《段落》グループの SmartArt に変換 (SmartArtグラフィックに変換)

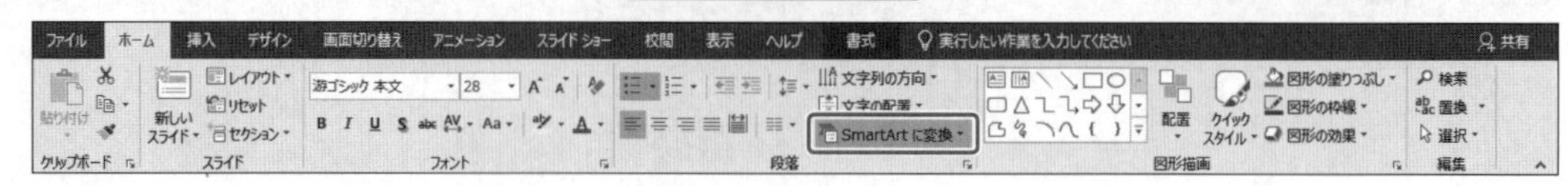

Lesson 81

プレゼンテーション「Lesson81」を開いておきましょう。

次の操作を行いましょう。

(1) スライド2の箇条書きをSmartArtグラフィック「縦方向箇条書きリスト」に変換してください。

Lesson 81 Answer

(1)

①スライド2を選択します。

②箇条書きのプレースホルダーを選択します。

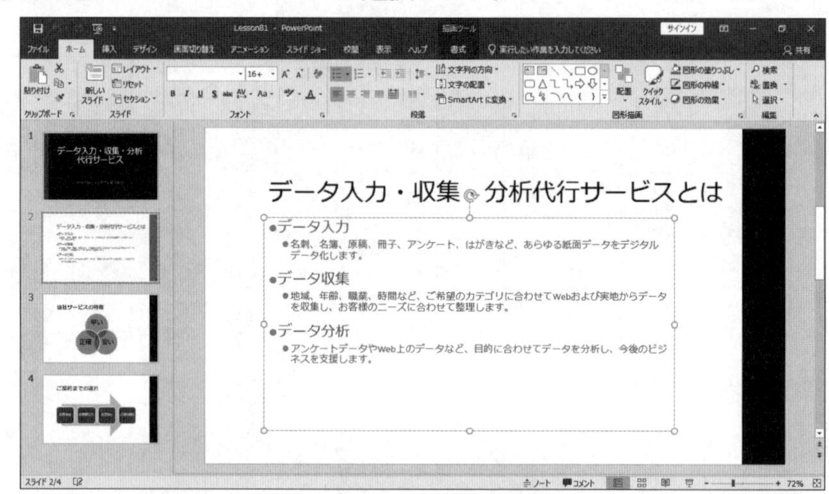

③**《ホーム》**タブ→**《段落》**グループの SmartArt に変換 (SmartArtグラフィックに変換)→**《縦方向箇条書きリスト》**をクリックします。

④箇条書きがSmartArtグラフィックに変換されます。

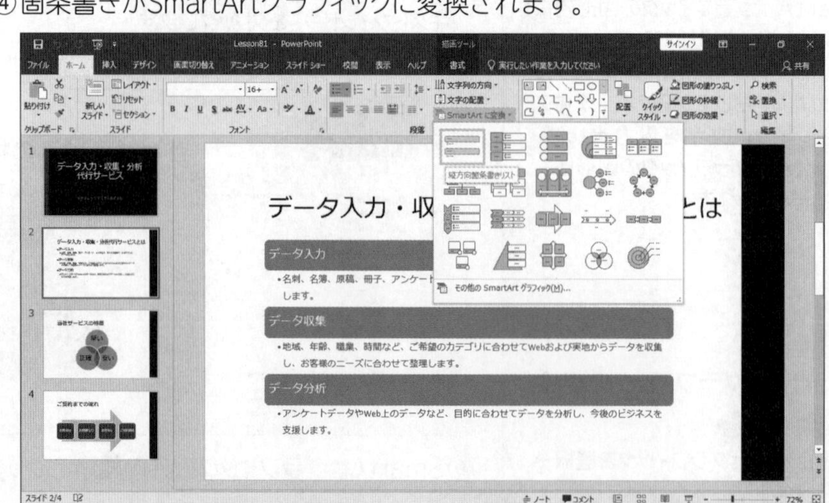

Point

SmartArtグラフィックを箇条書きに変換

2019

◆SmartArtグラフィックを選択→《SmartArtツール》の《デザイン》タブ→《リセット》グループの (SmartArtを図形またはテキストに変換)→《テキストに変換》

365

◆SmartArtグラフィックを選択→《SmartArtツール》の《デザイン》タブ→《リセット》グループの (SmartArtを図形またはテキストに変換)→《テキストに変換》

◆SmartArtグラフィックを選択→《SmartArtのデザイン》タブ→《リセット》グループの (SmartArtを図形またはテキストに変換)→《テキストに変換》

4-3-3 SmartArtにコンテンツを追加する、変更する

解説

■SmartArtグラフィックへの図形の追加

SmartArtグラフィックにあらかじめ用意されている図形の数では足りない場合、図形を追加できます。

2019 ◆《SmartArtツール》の《デザイン》タブ→《グラフィックの作成》グループの[図形の追加]（図形の追加）

365 ◆《SmartArtツール》の《デザイン》タブ→《グラフィックの作成》グループの[図形の追加]（図形の追加）

◆《SmartArtのデザイン》タブ→《グラフィックの作成》グループの[図形の追加]（図形の追加）

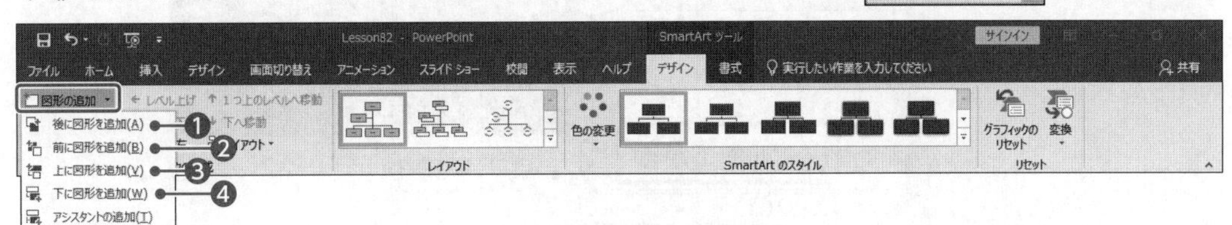

❶後に図形を追加

選択している図形の後ろに、新しい図形を追加します。

❷前に図形を追加

選択している図形の前に、新しい図形を追加します。

❸上に図形を追加

選択している図形の上に、上位レベルの図形を追加します。

※SmartArtグラフィックの種類によって、利用できない場合があります。

❹下に図形を追加

選択している図形の下に、下位レベルの図形を追加します。

※SmartArtグラフィックの種類によって、利用できない場合があります。

テキストウィンドウに箇条書きを追加して、SmartArtグラフィックに図形を追加することもできます。テキストウィンドウに箇条書きを追加するには、行の最後にカーソルを移動して、[Enter]を押します。次の行に新しい箇条書きが追加されます。

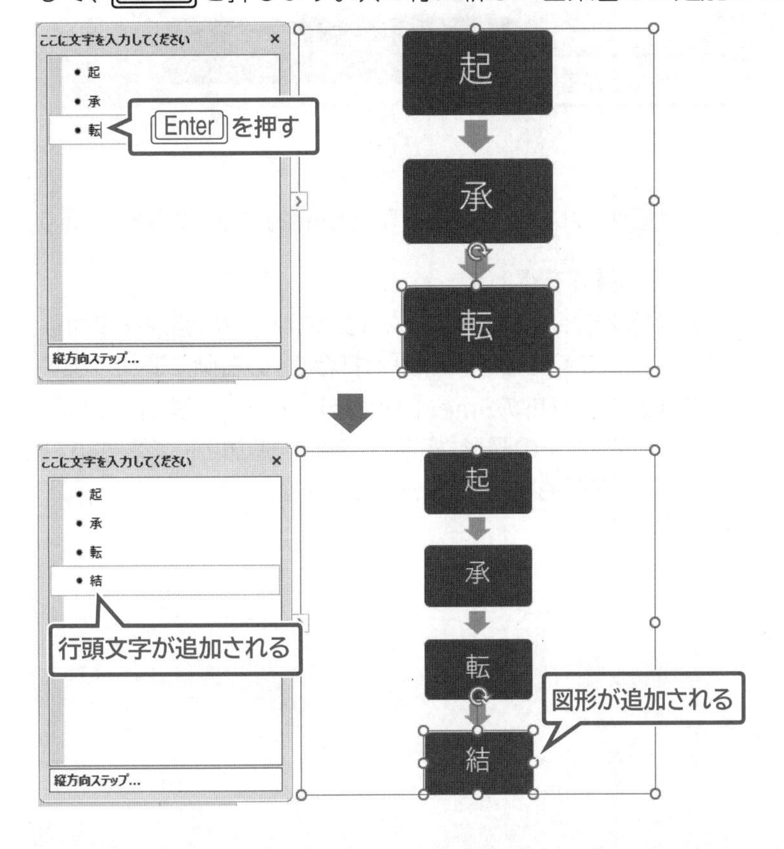

テキストウィンドウで箇条書きのレベルを下げるには、Tab を押します。逆に、レベルを上げるには、Shift + Tab を押します。

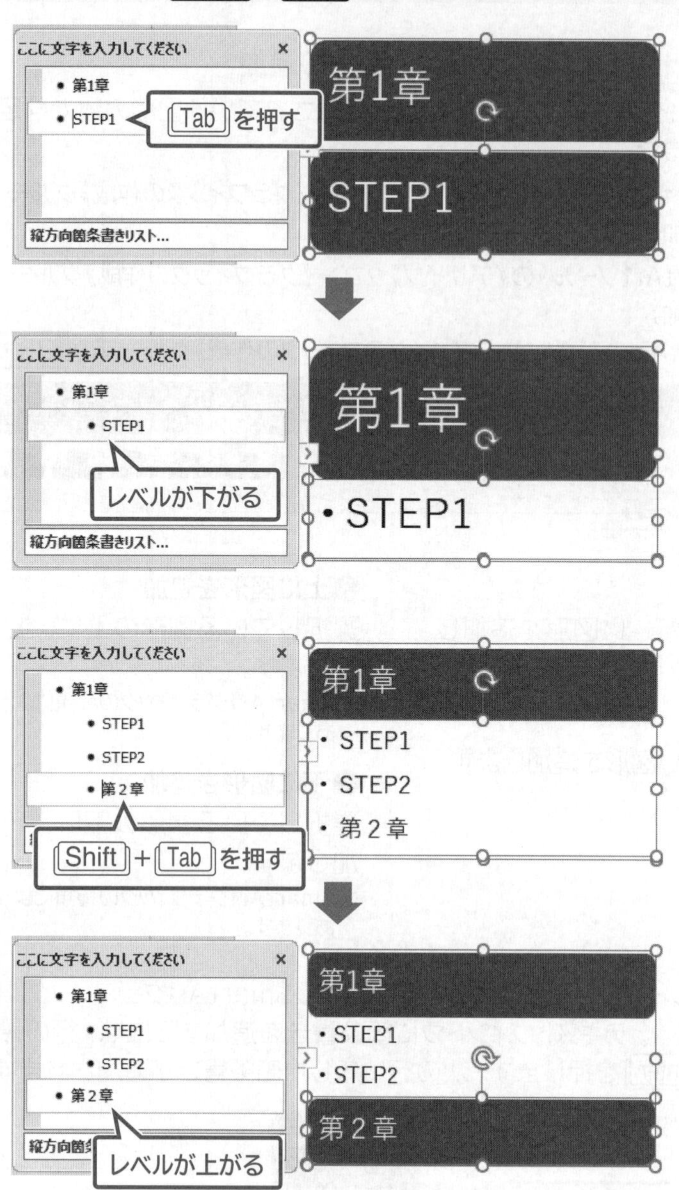

Lesson 82

プレゼンテーション「Lesson82」を開いておきましょう。

次の操作を行いましょう。

(1) スライド4のSmartArtグラフィックに図形を追加し、「ご契約締結」と入力してください。図形「お打合せ」の右側に追加します。

(2) スライド5のSmartArtグラフィックに、第1レベルの図形「神奈川地区」と第2レベルの図形「横浜」「川崎」を追加してください。図形「東京地区」と図形「関西地区」の間に追加します。

(1)

①スライド4を選択します。

②SmartArtグラフィックを選択します。

③テキストウィンドウの**「お打合せ」**の後ろにカーソルを移動します。

※テキストウィンドウが表示されていない場合は、《SmartArtツール》の《デザイン》タブ→《グラフィックの作成》グループの テキスト ウィンドウ （テキストウィンドウ）をクリックします。

④ Enter を押して、改行します。

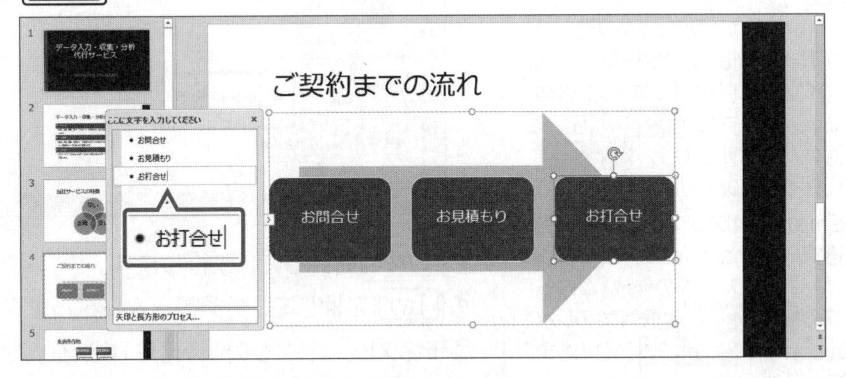

⑤テキストウィンドウに行頭文字が追加され、SmartArtグラフィックにも図形が追加されます。

⑥テキストウィンドウの4行目に**「ご契約締結」**と入力します。

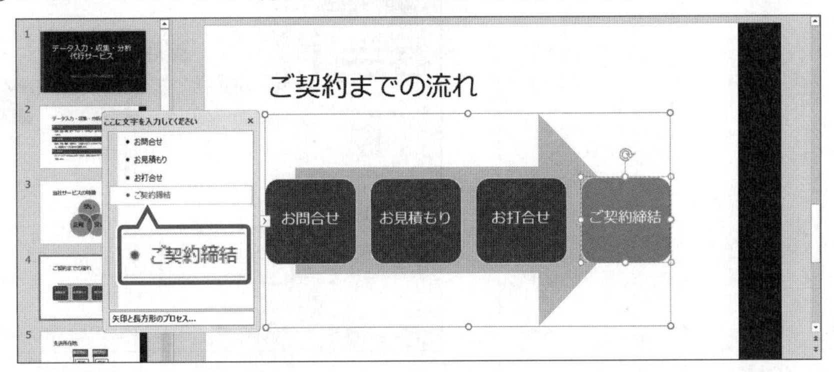

⑦SmartArtグラフィック以外の場所をクリックし、入力を確定します。

(2)

①スライド5を選択します。

②SmartArtグラフィックを選択します。

③テキストウィンドウの**「品川」**の後ろにカーソルを移動します。

④ Enter を押して、改行します。

⑤テキストウィンドウに行頭文字が追加され、SmartArtグラフィックにも図形が追加されます。

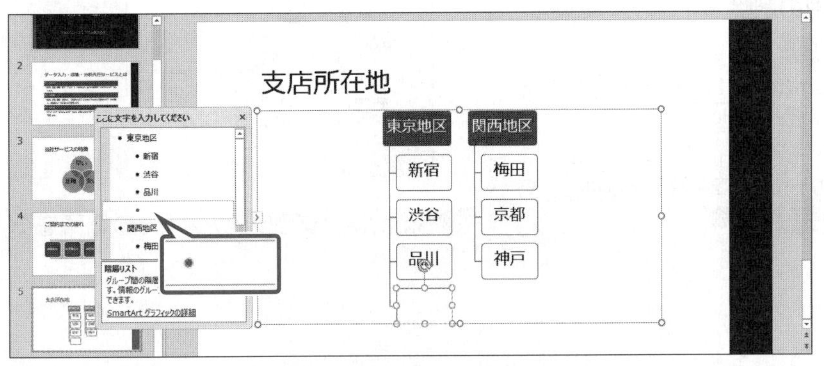

その他の方法

SmartArtグラフィックへの図形の追加

2019

◆SmartArtグラフィックの図形を選択→《SmartArtツール》の《デザイン》タブ→《グラフィックの作成》グループの 図形の追加 （図形の追加）

◆SmartArtグラフィックの図形を右クリック→《図形の追加》

365

◆SmartArtグラフィックの図形を選択→《SmartArtツール》の《デザイン》タブ→《グラフィックの作成》グループの 図形の追加 （図形の追加）

◆SmartArtグラフィックの図形を選択→《SmartArtのデザイン》タブ→《グラフィックの作成》グループの 図形の追加 （図形の追加）

◆SmartArtグラフィックの図形を右クリック→《図形の追加》

⑥ Shift + Tab を押して、箇条書きのレベルを上げます。

⑦テキストウィンドウの5行目に**「神奈川地区」**と入力します。

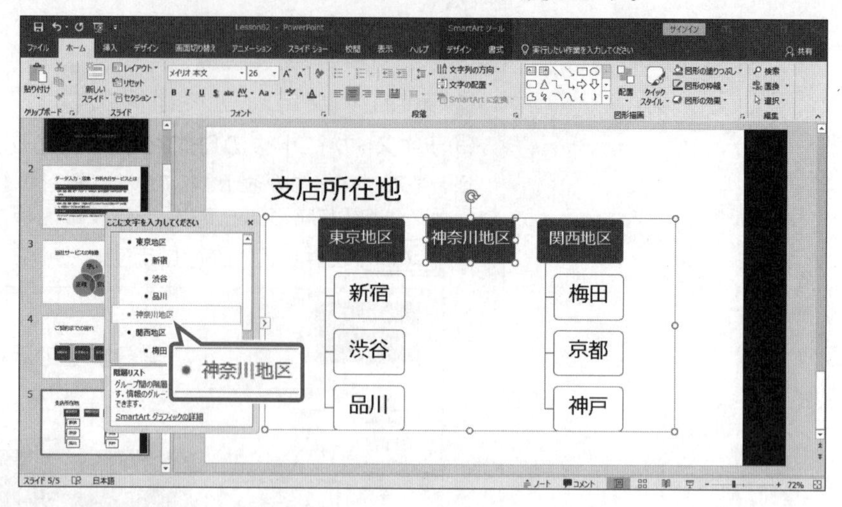

⑧ Enter を押して、改行します。

⑨ Tab を押して、箇条書きのレベルを下げます。

⑩テキストウィンドウの6行目に**「横浜」**と入力します。

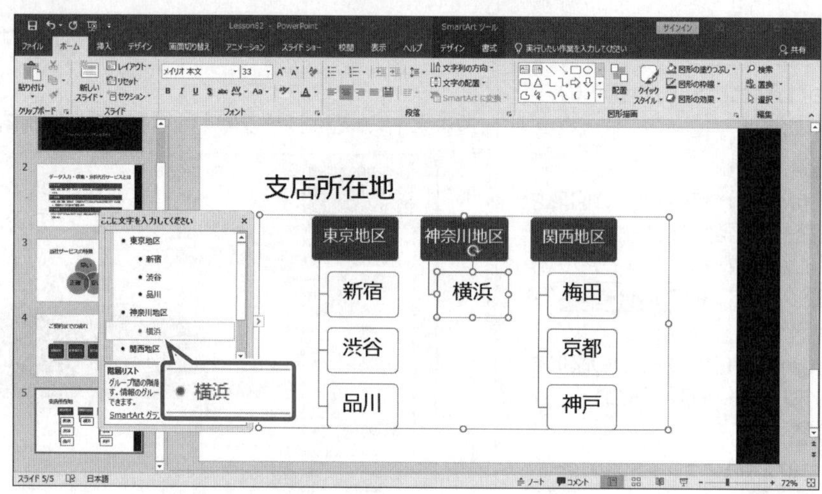

⑪ Enter を押して、改行します。

⑫テキストウィンドウの7行目に**「川崎」**と入力します。

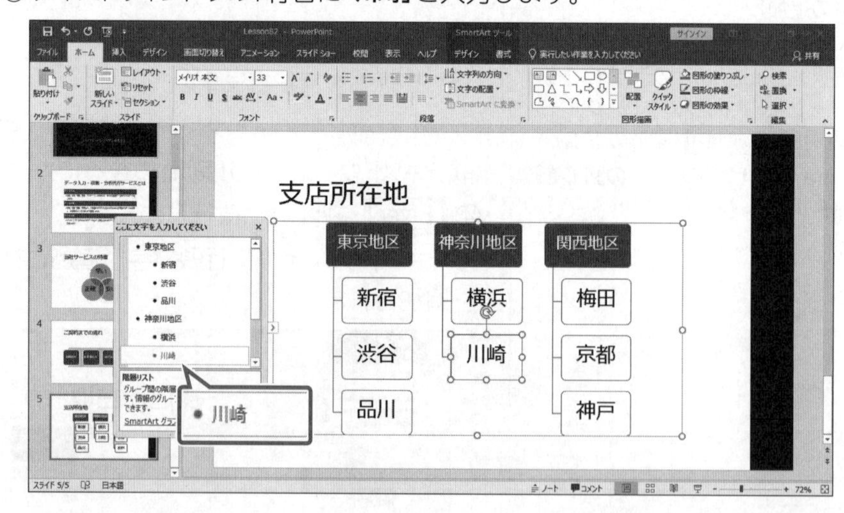

⑬SmartArtグラフィック以外の場所をクリックし、入力を確定します。

その他の方法

図形のレベル上げ／レベル下げ

2019

◆SmartArtグラフィックの図形を選択→《SmartArtツール》の《デザイン》タブ→《グラフィックの作成》グループの ← レベル上げ （選択対象のレベル上げ）／ → レベル下げ （選択対象のレベル下げ）

365

◆SmartArtグラフィックの図形を選択→《SmartArtツール》の《デザイン》タブ→《グラフィックの作成》グループの ← レベル上げ （選択対象のレベル上げ）／ → レベル下げ （選択対象のレベル下げ）

◆SmartArtグラフィックの図形を選択→《SmartArtのデザイン》タブ→《グラフィックの作成》グループの ← レベル上げ （選択対象のレベル上げ）／ → レベル下げ （選択対象のレベル下げ）

Point

SmartArtグラフィックの図形の削除

2019

◆SmartArtグラフィックの図形を選択→ Delete

◆テキストウィンドウの箇条書きにカーソルを移動→ Delete や Back Space で削除

解説

■図形の順番の変更

SmartArtグラフィックの図形は入れ替えて、順番を変更できます。

2019 ◆《SmartArtツール》の《デザイン》タブ→《グラフィックの作成》グループの ↑1つ上のレベルへ移動 (選択したアイテムを上へ移動)/ ↓下へ移動 (選択したアイテムを下へ移動)

365 ◆《SmartArtツール》の《デザイン》タブ→《グラフィックの作成》グループの ↑1つ上のレベルへ移動 (選択したアイテムを上へ移動)/ ↓下へ移動 (選択したアイテムを下へ移動)

◆《SmartArtのデザイン》タブ→《グラフィックの作成》グループの ↑1つ上のレベルへ移動 (選択したアイテムを上へ移動)/ ↓下へ移動 (選択したアイテムを下へ移動)

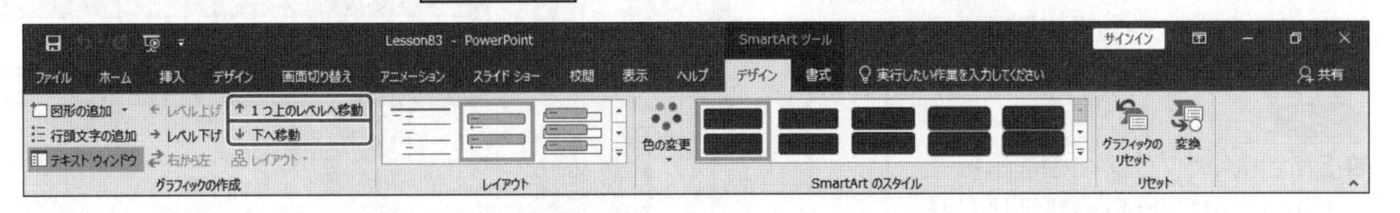

■SmartArtグラフィックの配色の変更

SmartArtグラフィックを挿入すると、プレゼンテーションのテーマに応じて、各図形に自動的に色が付きます。図形の配色は変更することもできます。

2019 ◆《SmartArtツール》の《デザイン》タブ→《SmartArtのスタイル》グループの 色の変更 (色の変更)

365 ◆《SmartArtツール》の《デザイン》タブ→《SmartArtのスタイル》グループの 色の変更 (色の変更)

◆《SmartArtのデザイン》タブ→《SmartArtのスタイル》グループの 色の変更 (色の変更)

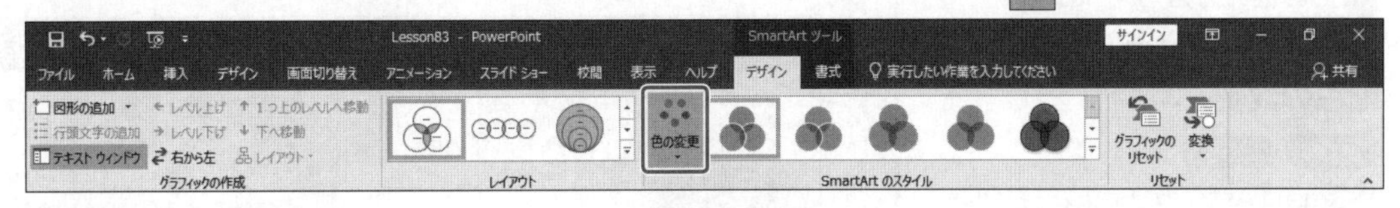

Lesson 83

プレゼンテーション「Lesson83」を開いておきましょう。

次の操作を行いましょう。

(1) スライド2のSmartArtグラフィックの図形が、上から「データ入力」「データ収集」「データ分析」と表示されるように順番を変更してください。

(2) スライド3のSmartArtグラフィックの配色を「カラフル-アクセント5から6」に変更してください。

Lesson 83 Answer

(1)

①スライド2を選択します。

②図形**「データ入力」**を選択します。

③**《SmartArtツール》**の**《デザイン》**タブ→**《グラフィックの作成》**グループの ↑1つ上のレベルへ移動 (選択したアイテムを上へ移動)を2回クリックします。

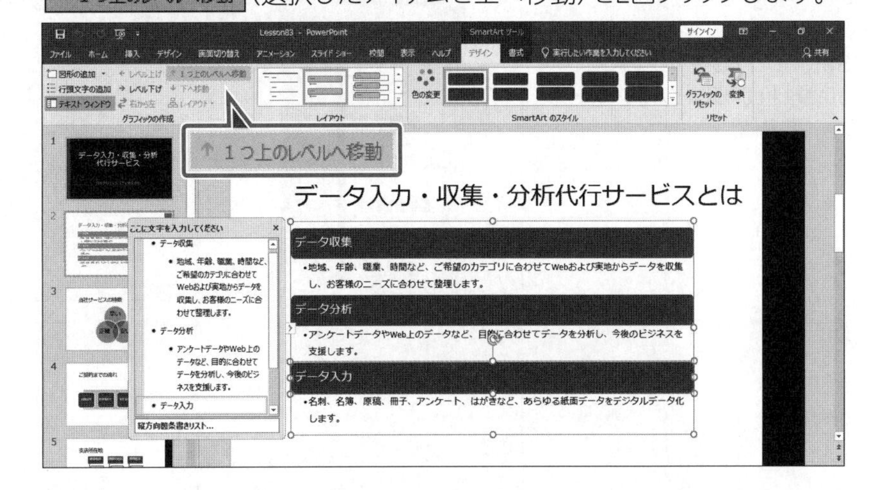

Point

下位レベルの図形の移動

上位レベルの図形(箇条書き)を移動すると、下位レベルの図形(箇条書き)も合わせて移動されます。

④SmartArtグラフィックの図形の順番が変更されます。

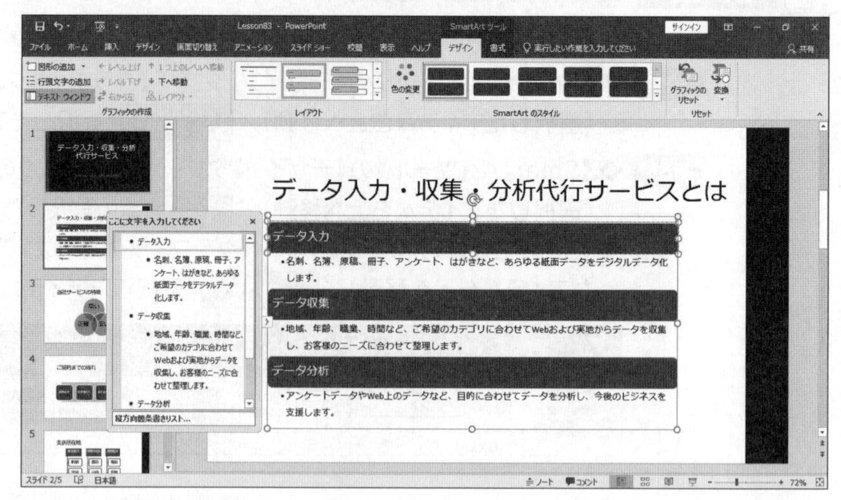

(2)

①スライド3を選択します。

②SmartArtグラフィックを選択します。

③**《SmartArtツール》**の**《デザイン》**タブ→**《SmartArtのスタイル》**グループの（色の変更）→**《カラフル》**の**《カラフル-アクセント5から6》**をクリックします。

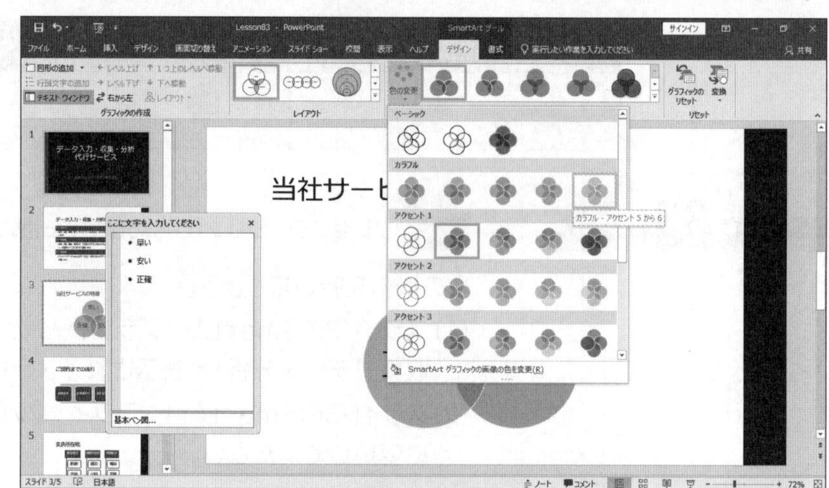

④SmartArtグラフィックの配色が変更されます。

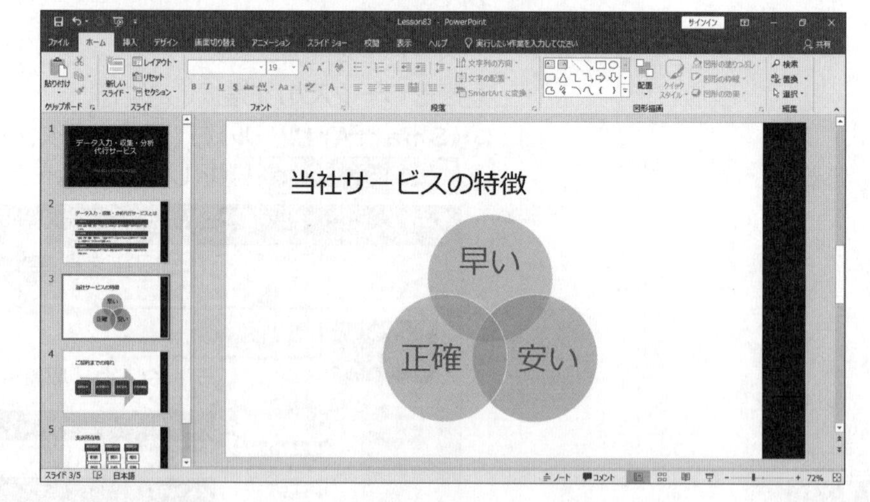

Point

SmartArtグラフィックの向きの変更

横向きのレイアウトのSmartArtグラフィックの場合、図形は左から右方向に配置されますが、右から左方向に変更することもできます。

2019

◆SmartArtグラフィックを選択→《SmartArtツール》の《デザイン》タブ→《グラフィックの作成》グループの 右から左（右から左）

365

◆SmartArtグラフィックを選択→《SmartArtツール》の《デザイン》タブ→《グラフィックの作成》グループの 右から左（右から左）

◆SmartArtグラフィックを選択→《SmartArtのデザイン》タブ→《グラフィックの作成》グループの 右から左（右から左）

その他の方法

SmartArtグラフィックの配色の変更

2019 365

◆SmartArtグラフィックを右クリック→ミニツールバーの（色）

Point

SmartArtグラフィックのスタイルの適用

SmartArtグラフィックのスタイルを変更できます。

2019

◆SmartArtグラフィックを選択→《SmartArtツール》の《デザイン》タブ→《SmartArtのスタイル》グループの（その他）

365

◆SmartArtグラフィックを選択→《SmartArtツール》の《デザイン》タブ→《SmartArtのスタイル》グループの（その他）

◆SmartArtグラフィックを選択→《SmartArtのデザイン》タブ→《SmartArtのスタイル》グループの（その他）

4-4 3Dモデルを挿入する、変更する

理解度チェック

習得すべき機能	参照Lesson	学習前	学習後	試験直前
■3Dモデルを挿入できる。	➡Lesson84	☑	☑	☑
■3Dモデルのサイズを調整できる。	➡Lesson84	☑	☑	☑
■3Dモデルのビューを変更できる。	➡Lesson85	☑	☑	☑
■3Dモデルのカメラの位置を設定できる。	➡Lesson85	☑	☑	☑

4-4-1 3Dモデルを挿入する

解説

■3Dモデルの挿入

「3Dモデル」とは、360度回転させて、あらゆる角度から表示できる立体的なモデルのことです。3Dモデルを使うと、奥行きや細かい形状などを表現できるので、平面の画像とは異なる効果を生み出すことができます。

2019 365 ◆《挿入》タブ→《図》グループの（3Dモデル）の→《ファイルから》／《このデバイス》

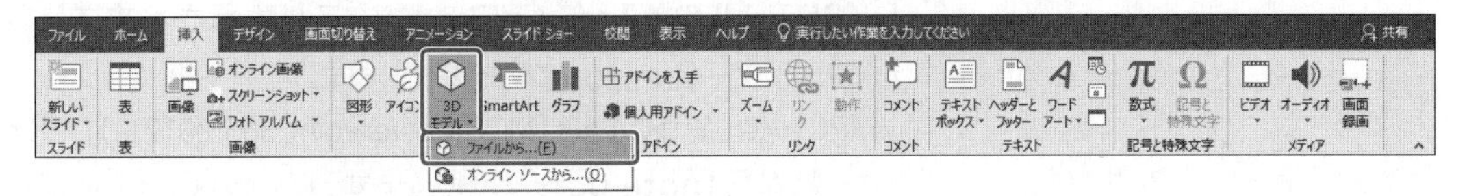

■3Dモデルのサイズ変更

プレゼンテーションに3Dモデルを挿入したあとに、サイズを変更できます。
3Dモデルのサイズを変更するには、3Dモデルを選択すると周囲に表示される○（ハンドル）をドラッグします。
3Dモデルの位置やサイズを数値で正確に指定する方法は、次のとおりです。

2019 ◆《書式設定》タブ→《サイズ》グループの 高さ:（図形の高さ）や 幅:（図形の幅）

365 ◆《書式》タブ／《3Dモデル》タブ→《サイズ》グループの 高さ:（図形の高さ）や 幅:（図形の幅）

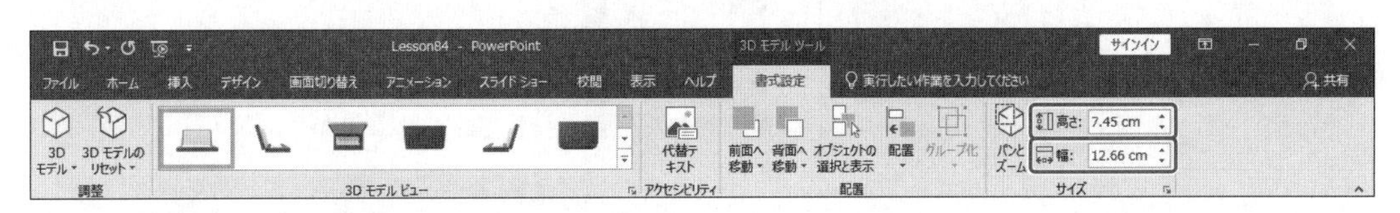

Lesson 84

 プレゼンテーション「Lesson84」を開いておきましょう。

次の操作を行いましょう。

(1) スライド3の右側に、フォルダー「Lesson84」の3Dモデル「note pc」を挿入してください。

(2) 挿入した3Dモデルの高さを「6cm」、幅を「10.2cm」に設定してください。

Lesson 84 Answer

(1)

①スライド3を選択します。

②**《挿入》**タブ→**《図》**グループの（3Dモデル）の→**《ファイルから》**をクリックします。

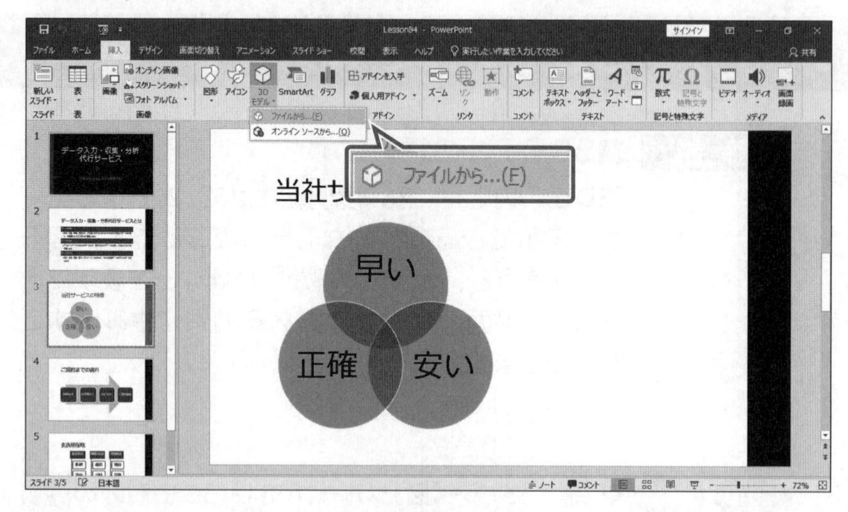

③**《3Dモデルの挿入》**ダイアログボックスが表示されます。

④フォルダー**「Lesson84」**を開きます。

※《PC》→《ドキュメント》→「MOS-PowerPoint 365 2019(1)」→「Lesson84」を選択します。

⑤一覧から**「note pc」**を選択します。

⑥**《挿入》**をクリックします。

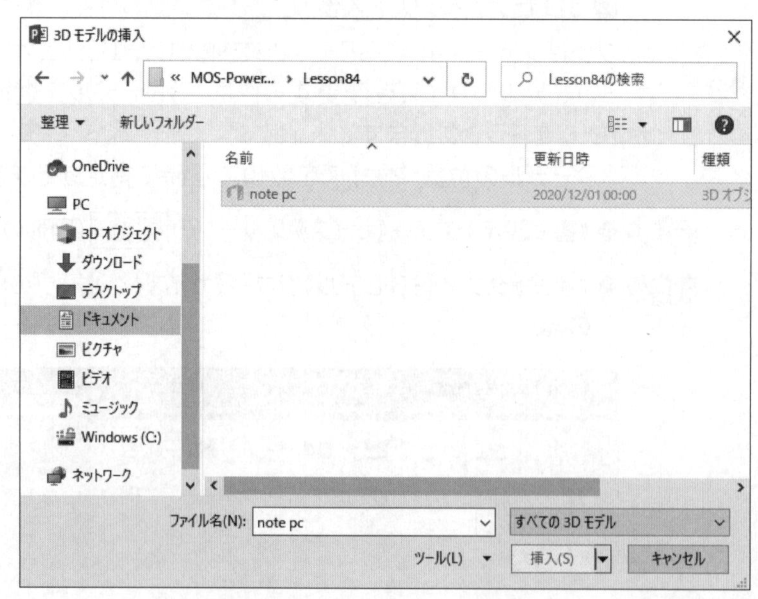

Point

3Dモデルを挿入できない場合

《ドキュメント》がOneDriveの同期の対象になっているなど、お使いの環境によって、フォルダー「Lesson84」内の3Dモデルを挿入するとエラーが表示される場合があります。そのような場合は、フォルダー「3Dオブジェクト」内に3Dモデルを移動してから挿入してください。

⑦3Dモデルが挿入されます。

⑧3Dモデルをポイントします。

※マウスポインターの形が✥に変わります。

⑨スライドの右側にドラッグします。

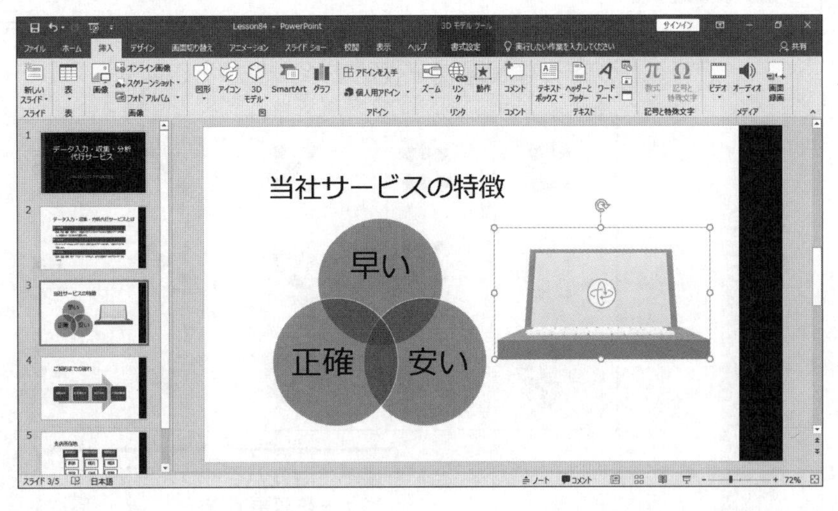

(2)

①スライド3を選択します。

②3Dモデルを選択します。

③**《書式設定》**タブ→**《サイズ》**グループの[高さ:]（図形の高さ）を**「6cm」**に設定します。

④**《書式設定》**タブ→**《サイズ》**グループの[幅:]（図形の幅）が**「10.2cm」**になっていることを確認します。

※高さを変更すると、自動的に幅も調整されます。

⑤3Dモデルのサイズが調整されます。

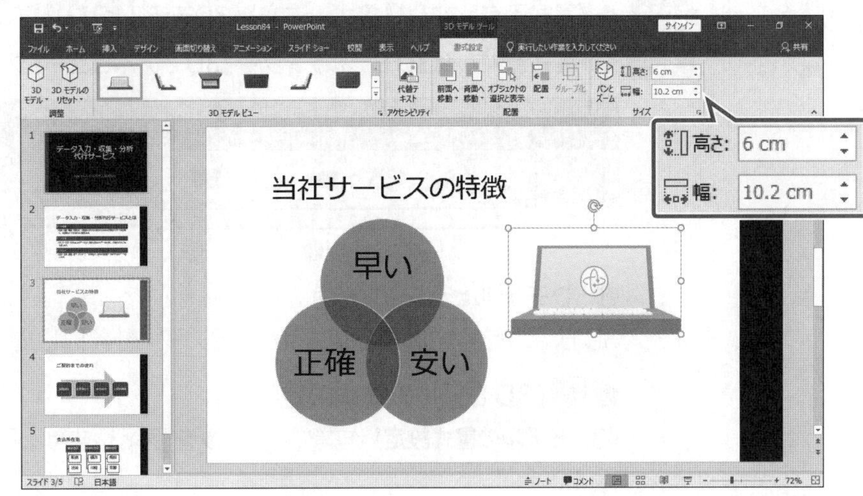

Point

3Dモデルの削除

2019 365

◆3Dモデルを選択→[Delete]

4-4-2 3Dモデルを変更する

解説

■3Dモデルの書式設定

3Dモデルは、枠内で360度自由に回転したり、カメラの位置を変更して枠内で移動したりするなど書式を設定することができます。

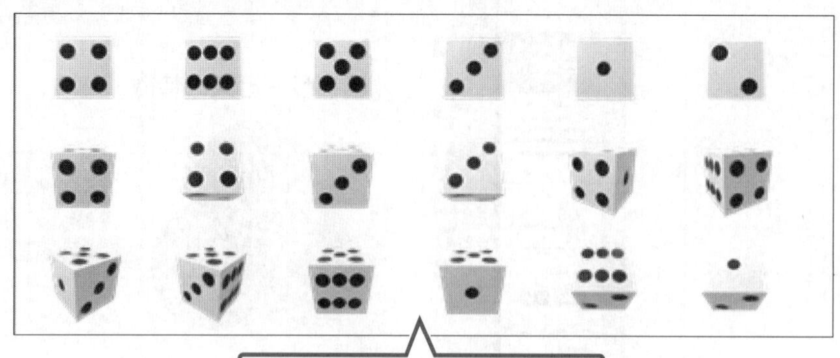

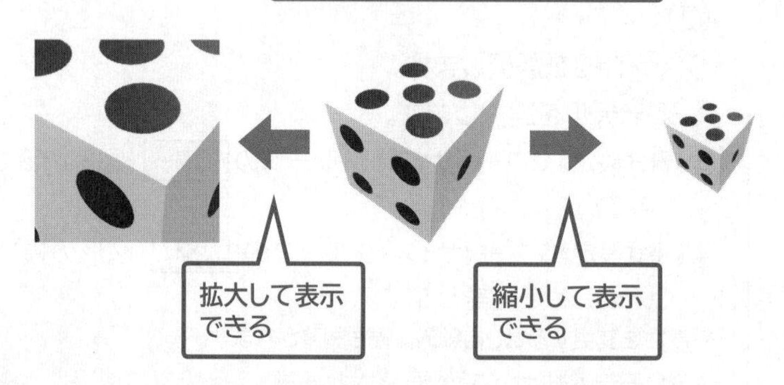

2019 ◆《書式設定》タブ／《書式》タブ→《3Dモデルビュー》グループのボタン

365 ◆《書式》タブ／《3Dモデル》タブ→《3Dモデルビュー》グループのボタン

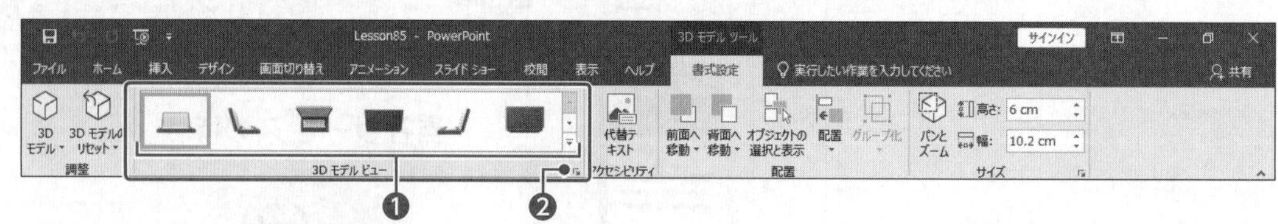

❶3Dモデルビューの一覧

3Dモデルを各方向に回転させたパターンを選択して、ビューを変更します。

❷（3Dモデルの書式設定）

《3Dモデルの書式設定》作業ウィンドウを表示します。回転の角度やカメラの位置などを設定できます。

Lesson 85

OPEN プレゼンテーション「Lesson85」を開いておきましょう。

次の操作を行いましょう。

(1) スライド3の3Dモデルのビューを「左上前面」に変更してください。

(2) スライド3の3DモデルのZ方向のカメラの位置を「2.5」に設定してください。

Lesson 85 Answer

その他の方法

3Dモデルのビューの変更

2019

◆《書式設定》タブ／《書式》タブ→《3Dモデルビュー》グループの（3Dモデルの書式設定）→（3Dモデル）→《モデルの回転》→《標準スタイル》の（3Dモデルビュー）

365

◆《書式》タブ／《3Dモデル》タブ→《3Dモデルビュー》グループの（3Dモデルの書式設定）→（3Dモデル）→《モデルの回転》→《標準スタイル》の（3Dモデルビュー）

Point

3Dモデルの回転

3Dモデルの中央に表示されるをドラッグすると、任意の方向に回転させることができます。

Point

《3Dモデルの書式設定》

❶モデルの回転

回転角度を設定します。

❷カメラ

カメラの位置を上下・左右・前後に移動します。

Point

3Dモデルのリセット

3Dモデルの書式をすべてリセットし、元に戻す方法は、次のとおりです。

2019

◆3Dモデルを選択→《書式設定》タブ／《書式》タブ→《調整》グループの（3Dモデルのリセット）

365

◆《書式》タブ／《3Dモデル》タブ→《調整》グループの（3Dモデルのリセット）

(1)

①スライド3を選択します。

②3Dモデルを選択します。

③《書式設定》タブ→《3Dモデルビュー》グループの（その他）→《左上前面》をクリックします。

④3Dモデルのビューが変更されます。

(2)

①スライド3を選択します。

②3Dモデルを選択します。

③《書式設定》タブ→《3Dモデルビュー》グループの（3Dモデルの書式設定）をクリックします。

④《3Dモデルの書式設定》作業ウィンドウが表示されます。

⑤（3Dモデル）をクリックします。

⑥《カメラ》の詳細を表示します。

※表示されていない場合は、《カメラ》をクリックします。

⑦《位置》の《Z方向の位置》を「2.5」に設定します。

⑧カメラの位置が調整されます。

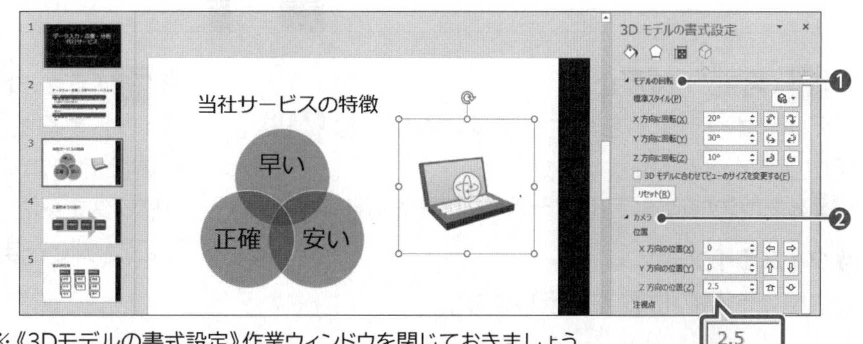

※《3Dモデルの書式設定》作業ウィンドウを閉じておきましょう。

4-5 メディアを挿入する、管理する

理解度チェック

習得すべき機能	参照Lesson	学習前	学習後	試験直前
■スライドにビデオやオーディオを挿入できる。	➡Lesson86	☑	☑	☑
■ビデオのサイズを変更できる。	➡Lesson86	☑	☑	☑
■操作画面を録画して、スライドにビデオとして挿入できる。	➡Lesson87	☑	☑	☑
■ビデオやオーディオのタイミングを設定できる。	➡Lesson88	☑	☑	☑
■ビデオやオーディオの再生オプションを設定できる。	➡Lesson89	☑	☑	☑
■ビデオやオーディオの開始時間や終了時間を設定できる。	➡Lesson90	☑	☑	☑

4-5-1 サウンドやビデオを挿入する

解説

■ビデオ／オーディオの挿入

スライドには、MP4やWMVなどの動画ファイルや、MP3やWAVなどの音声・音楽ファイルを挿入できます。PowerPointでは、動画ファイルを**「ビデオ」**、音声・音楽ファイルを**「オーディオ」**といいます。

2019 365 ◆《挿入》タブ→《メディア》グループの（ビデオの挿入）／（オーディオの挿入）

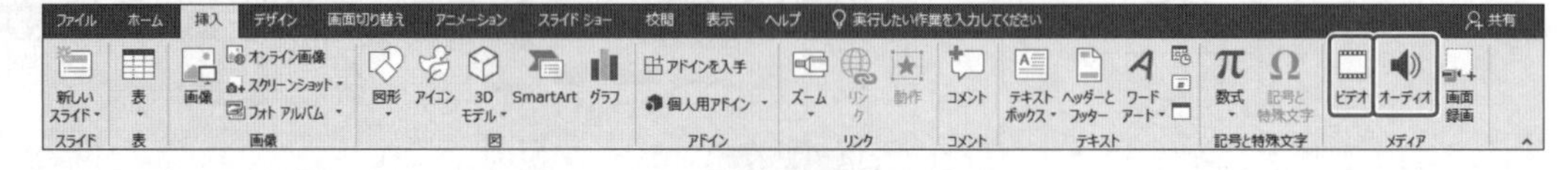

■ビデオ／オーディオのコントロール

挿入したビデオやオーディオは、スライドショー実行中に表示されるコントロールを使って、再生したり、音量を調整したりできます。

ビデオコントロール

オーディオコントロール

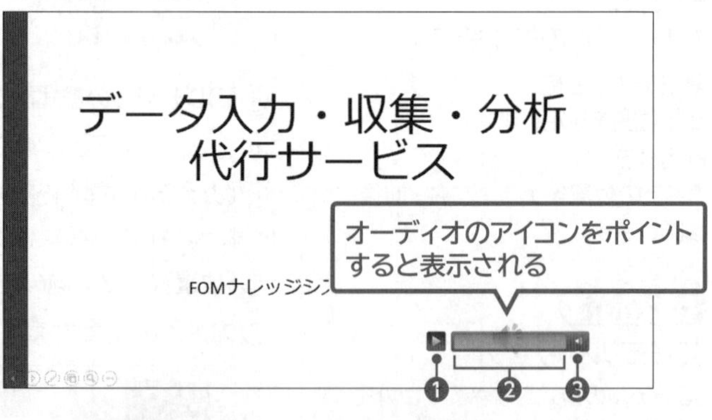

❶（再生/一時停止）
ビデオやオーディオを再生します。再生中は に変わります。
※ をクリックすると、ビデオやオーディオが一時的に停止します。

❷タイムライン
再生箇所を帯の位置で表示します。

❸（ミュート/ミュート解除）
ポイントすると、音量スライダーが表示され、音量を調節できます。
クリックすると、音声ありと音声なしを切り替えることができます。

■ビデオの移動とサイズ変更

ビデオを移動するには、ビデオを選択して移動先にドラッグします。
サイズを変更するには、ビデオを選択すると周囲に表示される○（ハンドル）をドラッグします。
※オーディオのアイコンも、ビデオと同じ方法で、位置やサイズを変更できます。

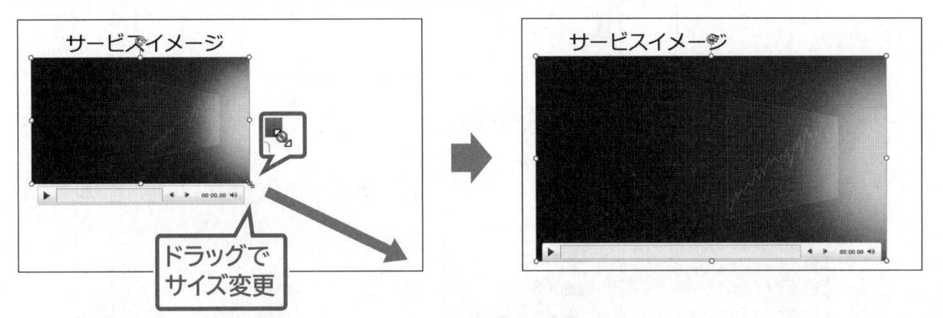

また、数値で正確に指定してビデオのサイズを変更する方法は、次のとおりです。

2019 ◆《書式》タブ→《サイズ》グループの 高さ:（ビデオの縦）／ 幅:（ビデオの横）

365 ◆《書式》タブ／《ビデオ形式》タブ→《サイズ》グループの （ビデオの縦）／ 幅:（ビデオの横）

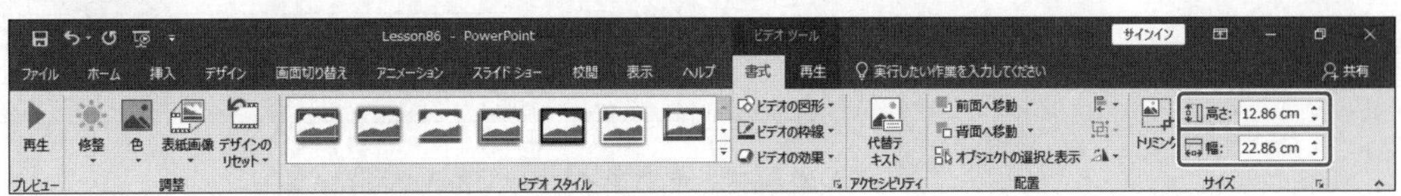

Lesson 86

OPEN プレゼンテーション「Lesson86」を開いておきましょう。

次の操作を行いましょう。

(1) スライド1に、フォルダー「Lesson86」のオーディオ「プレサウンド」を挿入してください。
(2) スライド5に、フォルダー「Lesson86」のビデオ「イメージ動画」を挿入してください。
(3) スライド5のビデオの幅を「21cm」に変更してください。
(4) スライド1からスライドショーを実行し、オーディオとビデオをそれぞれ再生してください。

Lesson 86 Answer

(1)

①スライド1を選択します。
②**《挿入》**タブ→**《メディア》**グループの （オーディオの挿入）→**《このコンピューター上のオーディオ》**をクリックします。

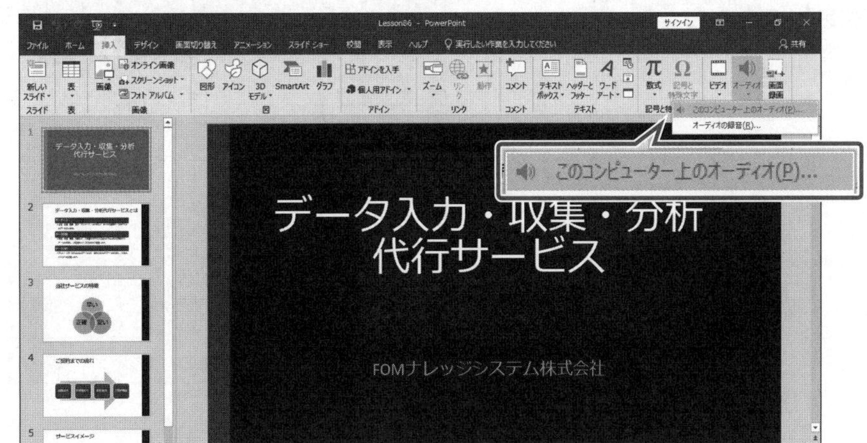

③**《オーディオの挿入》**ダイアログボックスが表示されます。

④フォルダー**「Lesson86」**を開きます。

※《PC》→《ドキュメント》→「MOS-PowerPoint 365 2019(1)」→「Lesson86」を選択します。

⑤一覧から**「プレサウンド」**を選択します。

⑥**《挿入》**をクリックします。

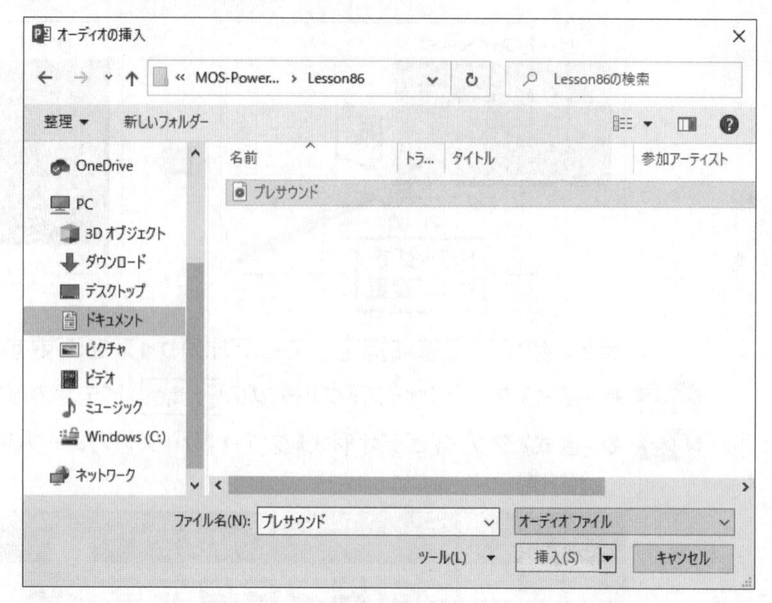

⑦オーディオのアイコンが挿入されます。

(2)

①スライド5を選択します。

②**《挿入》**タブ→**《メディア》**グループの（ビデオの挿入）→**《このコンピューター上のビデオ》**をクリックします。

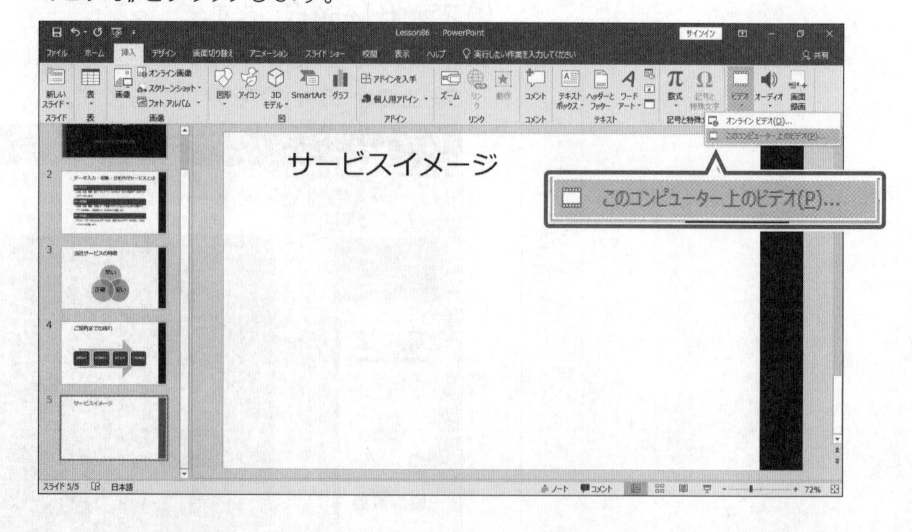

Point

ビデオの挿入

スライドにコンテンツのプレースホルダーが配置されている場合、（ビデオの挿入）を使ってビデオを直接挿入できます。

③**《ビデオの挿入》**ダイアログボックスが表示されます。

④フォルダー**「Lesson86」**を開きます。

※《PC》→《ドキュメント》→「MOS-PowerPoint 365 2019(1)」→「Lesson86」を選択します。

⑤一覧から**「イメージ動画」**を選択します。

⑥**《挿入》**をクリックします。

⑦ビデオが挿入されます。

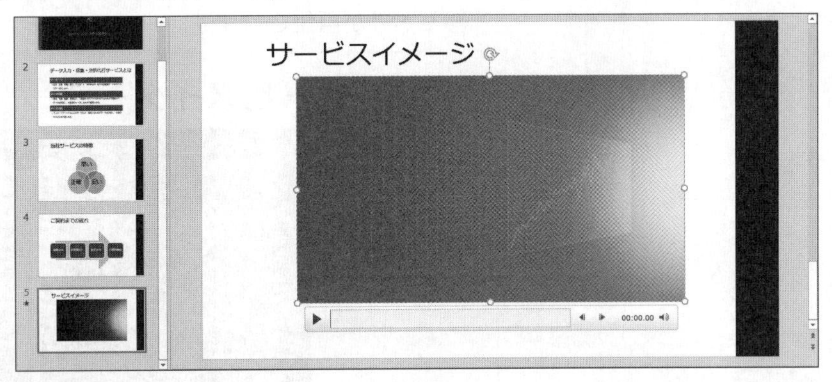

(3)

①スライド5を選択します。

②ビデオを選択します。

③**《書式》**タブ→**《サイズ》**グループの**幅:**(ビデオの横)を**「21cm」**に設定します。

※ビデオの高さも自動的に変更されます。

④ビデオのサイズが変更されます。

Point

ビデオ領域のトリミング

図(画像)と同じように、ビデオも不要な領域をトリミングできます。

2019

◆ビデオを選択→《書式》タブ→《サイズ》グループの(トリミング)

365

◆ビデオを選択→《書式》タブ/《ビデオ形式》タブ→《サイズ》グループの(トリミング)

※図のトリミングについては、P.139を参照してください。

Point

オーディオやビデオのプレビュー

標準表示でもオーディオやビデオを再生できます。

2019 365

◆オーディオのアイコンまたはビデオをポイント→▶(再生/一時停止)

(4)

①スライド1を選択します。
②ステータスバーの [スライドショー] (スライドショー)をクリックします。
③スライドショーが実行され、スライド1が画面全体に表示されます。
④スライド内をクリックします。
⑤オーディオが再生されます。

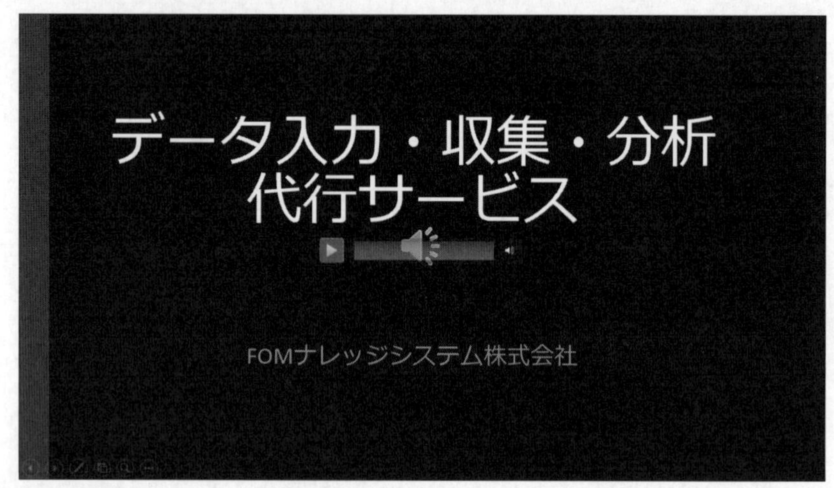

⑥何度かクリックして、スライド5を表示します。
⑦スライド内をクリックします。
⑧ビデオが再生されます。

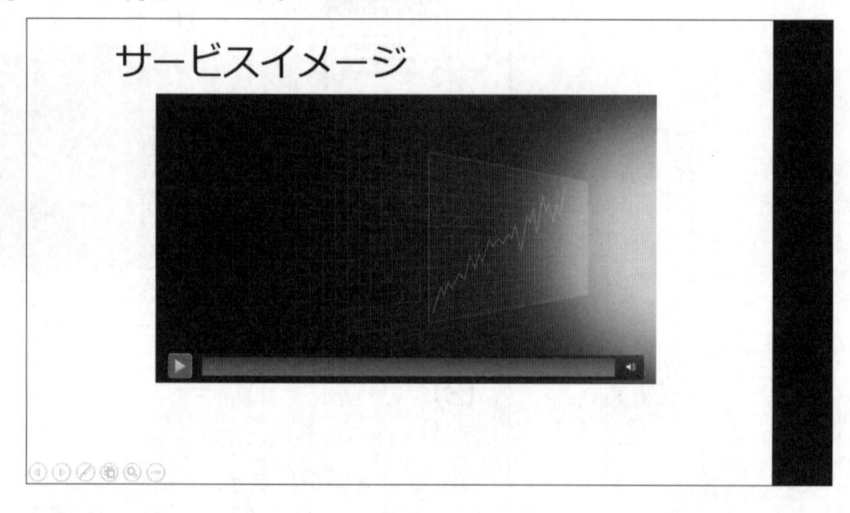

⑨クリックして、スライドショーを最後まで確認します。

4-5-2 画面録画を作成する、挿入する

解説

■画面録画の挿入

パソコンを操作する画面をそのまま録画して、ビデオとしてスライドに挿入できます。音声やマウスポインターの動きも一緒に録音・録画されます。

2019 365 ◆《挿入》タブ→《メディア》グループの（画面録画の挿入）

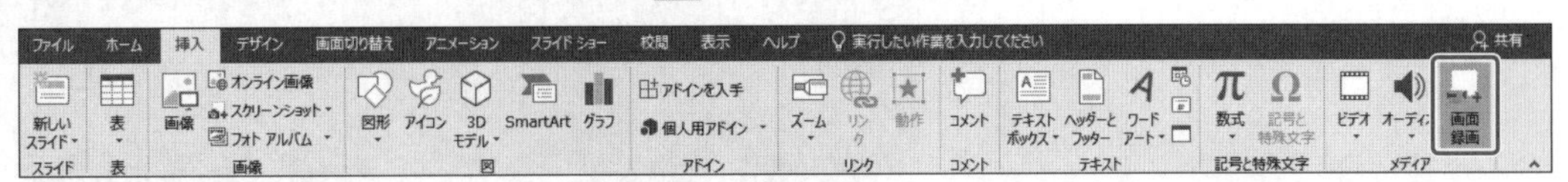

（画面録画の挿入）をクリックすると、PowerPointのウィンドウが閉じられて、デスクトップに録画用のコントロールが表示されます。

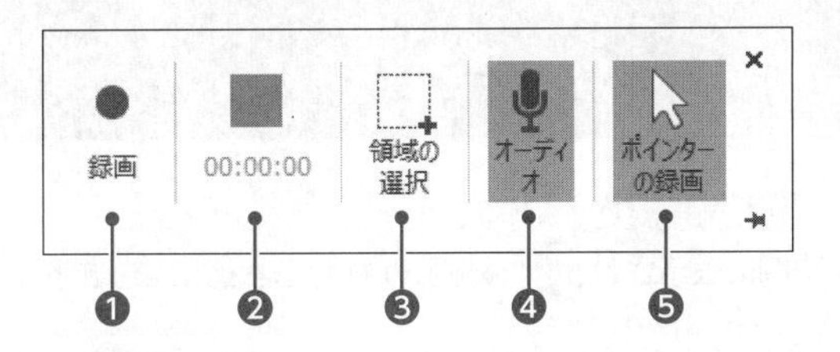

❶ （録画）
録画を開始します。

❷ （停止）
録画を停止し、スライドに録画した画面を挿入します。
録画が開始されると、録画時間がカウントされます。

❸ （カスタム領域の選択）
録画する範囲を選択します。

❹ （通信デバイスの録音）
音声も一緒に録音するかどうかを設定します。
初期の設定では、録音されます。

❺ （ポインターのキャプチャ）
マウスポインターの動きも一緒に録画するかどうかを設定します。
初期の設定では、録画されます。

Lesson 87

OPEN プレゼンテーション「Lesson87」を開いておきましょう。

Windowsのカレンダーは、タスクバーの日付をクリックすると表示されます。

次の操作を行いましょう。

(1) Windowsのカレンダーを表示して、翌月に切り替える操作を録画し、スライド5に挿入してください。録画範囲は全画面とします。

Lesson 87 Answer

(1)

①スライド5を選択します。

②《挿入》タブ→《メディア》グループの（画面録画の挿入）をクリックします。

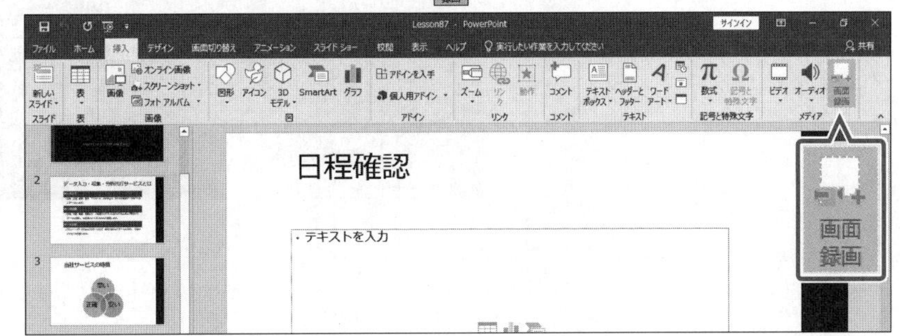

③PowerPointウィンドウが閉じられ、デスクトップに切り替わります。
④録画用のコントロールが表示されます。
⑤デスクトップの左上から右下までドラッグして、画面全体を選択します。

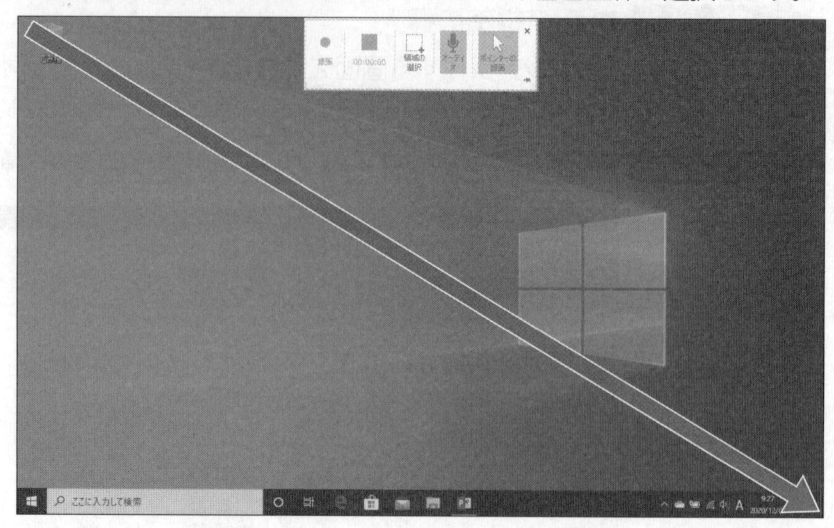

⑥録画する範囲が選択されます。
※画面全体が鮮明に表示され、(録画)が押せる状態になります。
⑦(録画)をクリックします。

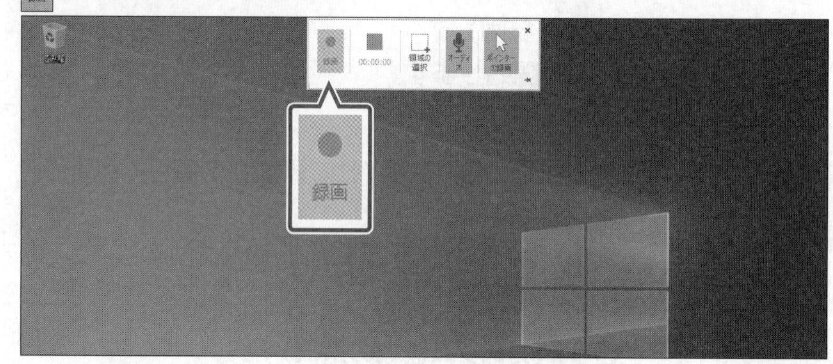

⑧カウントダウンのあと、録画が開始されます。
⑨タスクバーの日付をクリックします。
⑩カレンダーが表示されます。
⑪をクリックします。

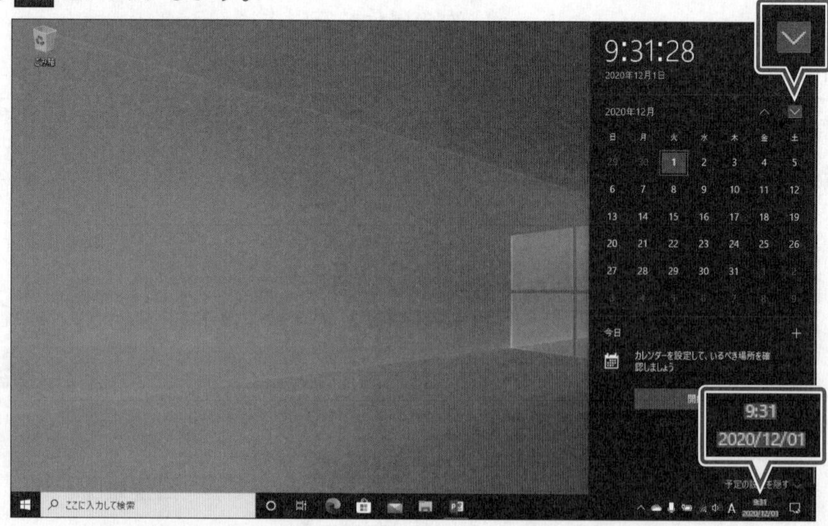

その他の方法

全画面の選択

2019 365
◆ ⊞ + Shift + F

その他の方法

録画の開始

2019 365
◆ ⊞ + Shift + R

⑫翌月に切り替わります。

⑬画面上端をポイントします。

⑭録画コントロールが再表示されます。

⑮ (停止)をクリックします。

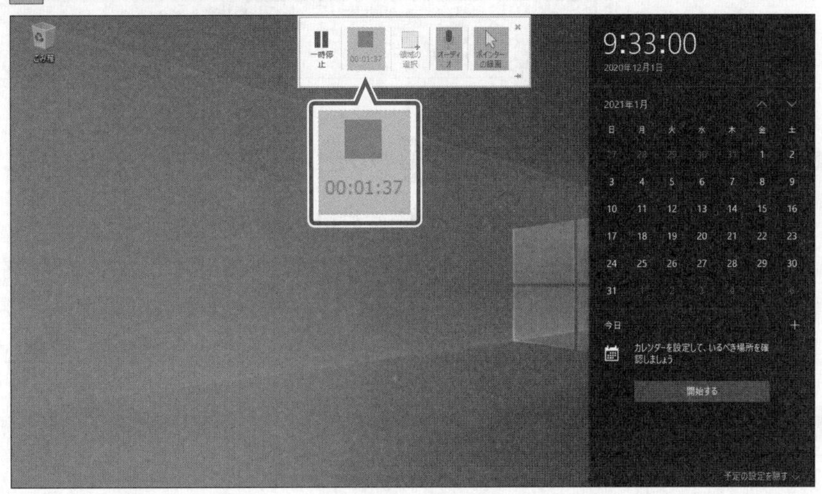

⑯録画が停止され、スライドにビデオが挿入されます。

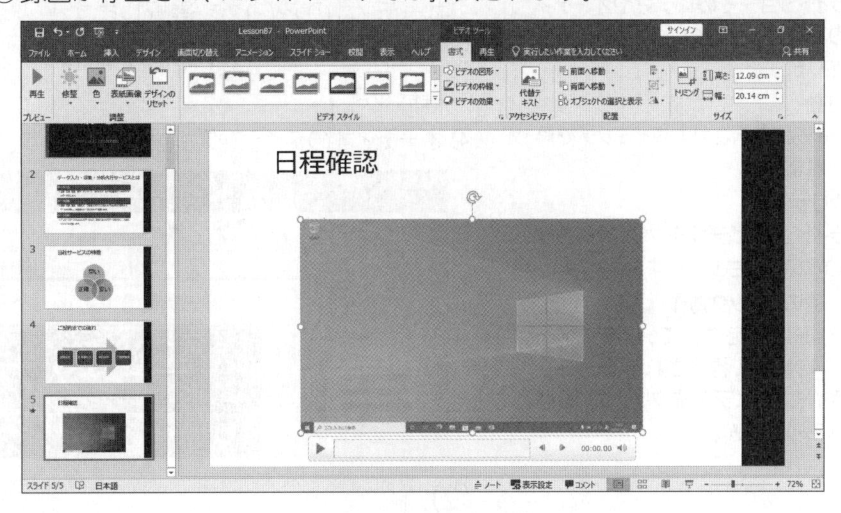

※スライドショーを実行して、ビデオが再生されることを確認しておきましょう。

その他の方法

録画の停止

2019 365

◆ [Windows] + [Shift] + [Q]

4-5-3 メディアの再生オプションを設定する

解説

■ビデオ／オーディオのタイミングの設定

ビデオやオーディオは、スライドショー実行中にクリックすると再生されますが、自動的に再生されるように設定を変更できます。

ビデオを再生するタイミングを設定する方法は、次のとおりです。

2019 365 ◆《再生》タブ→《ビデオのオプション》グループの《開始》

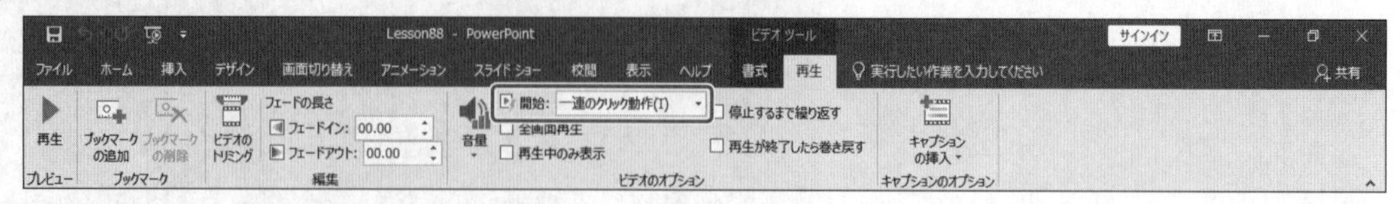

オーディオを再生するタイミングを設定する方法は、次のとおりです。

2019 365 ◆《再生》タブ→《オーディオのオプション》グループの《開始》

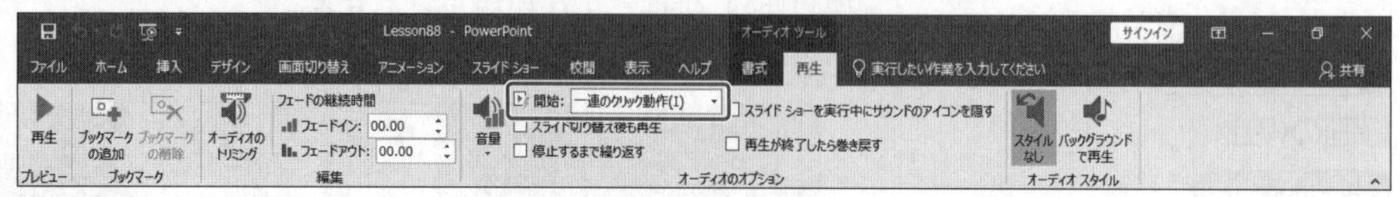

Lesson 88

プレゼンテーション「Lesson88」を開いておきましょう。

次の操作を行いましょう。

(1) スライド1のオーディオが、オーディオアイコンをクリックしたときに、オーディオが再生されるように設定してください。

(2) スライド5のビデオが、自動的に再生されるように設定してください。

Lesson 88 Answer

Point

ビデオやオーディオのタイミング

スライドショーでのビデオやオーディオの再生には、次の3つのタイミングがあります。

●自動

スライドが表示されたタイミングで再生されます。

●クリック時

スライド上のビデオをクリックしたタイミングで再生されます。

●一連のクリック動作

スライドに設定されているアニメーションの順番で再生されます。

スライド上のビデオをクリックする必要はありません。

(1)

①スライド1を選択します。

②オーディオのアイコンを選択します。

③**《再生》**タブ→**《オーディオのオプション》**グループの**《開始》**の ▾ →**《クリック時》**を選択します。

④オーディオのタイミングが設定されます。

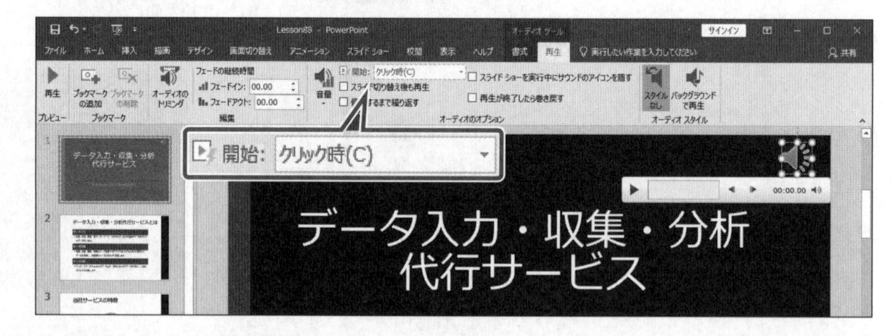

(2)

①スライド5を選択します。

②ビデオを選択します。

③**《再生》**タブ→**《ビデオのオプション》**グループの**《開始》**の ▾ →**《自動》**を選択します。

④ビデオのタイミングが設定されます。

※スライドショーを実行して、オーディオのアイコンをクリックしたときにオーディオが再生されること、スライドを切り替えたときにビデオが自動的に再生されることを確認しておきましょう。

■ビデオ／オーディオの再生オプションの設定

ビデオやオーディオは、再生するタイミングを設定するほかに、全画面に拡大して再生したり、繰り返し再生したりなど、オプションを設定できます。
ビデオの再生オプションを設定する方法は、次のとおりです。

2019 365 ◆《再生》タブ→《ビデオのオプション》グループ

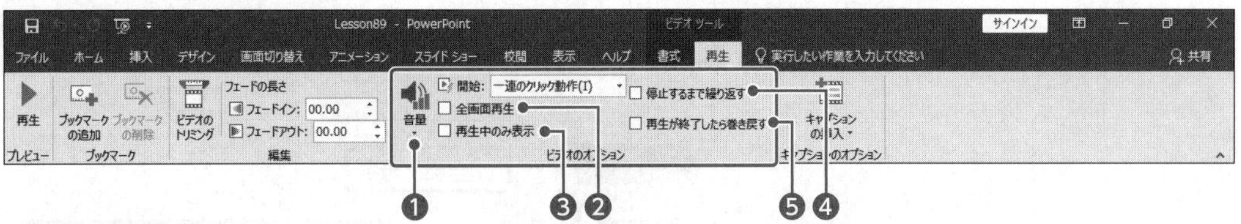

オーディオの再生オプションを設定する方法は、次のとおりです。

2019 365 ◆《再生》タブ→《オーディオのオプション》グループ

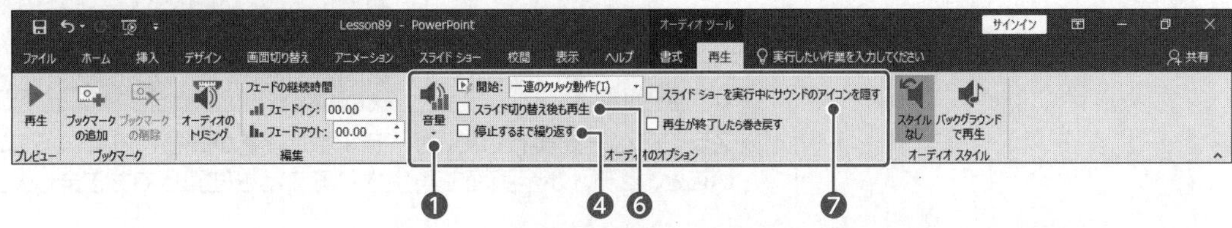

❶ （音量）
再生時の音量を設定します。

❷全画面再生
☑にすると、ビデオを全画面で再生します。

❸再生中のみ表示
☑にすると、再生中だけビデオを表示します。

❹停止するまで繰り返す
☑にすると、ビデオやオーディオを停止するまで繰り返し再生します。

❺再生が終了したら巻き戻す
☑にすると、再生後に巻き戻して開始位置の映像を表示します。

❻スライド切り替え後も再生
☑にすると、スライドを切り替えても、最後までオーディオを再生します。

❼スライドショーを実行中にサウンドのアイコンを隠す
☑にすると、スライドショー実行中にアイコンを非表示にします。

Lesson 89

プレゼンテーション「Lesson89」を開いておきましょう。

次の操作を行いましょう。

(1) スライド1のオーディオの音量を「小」に設定してください。また、オーディオのアイコンが、スライドショー実行中は表示されないように設定してください。
(2) スライド5のビデオが、全画面で再生されるように設定してください。

Lesson 89 Answer

(1)

①スライド1を選択します。
②オーディオのアイコンを選択します。
③**《再生》**タブ→**《オーディオのオプション》**グループの（音量）→**《小》**をクリックします。
④**《再生》**タブ→**《オーディオのオプション》**グループの**《スライドショーを実行中にサウンドのアイコンを隠す》**を☑にします。
⑤オーディオの再生オプションが設定されます。

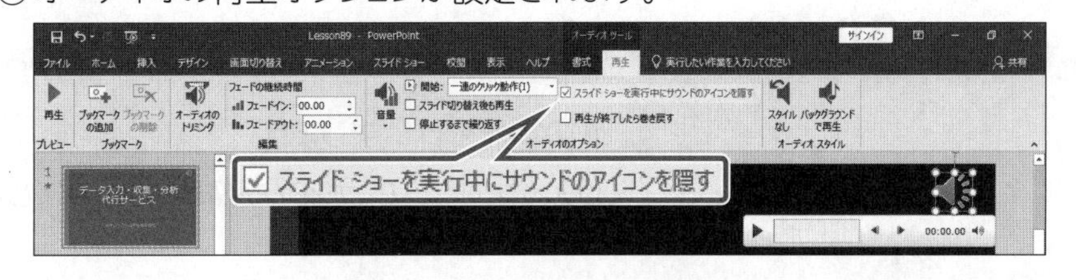

(2)

①スライド5を選択します。

②ビデオを選択します。

③**《再生》**タブ→**《ビデオのオプション》**グループの**《全画面再生》**を☑にします。

④ビデオの再生オプションが設定されます。

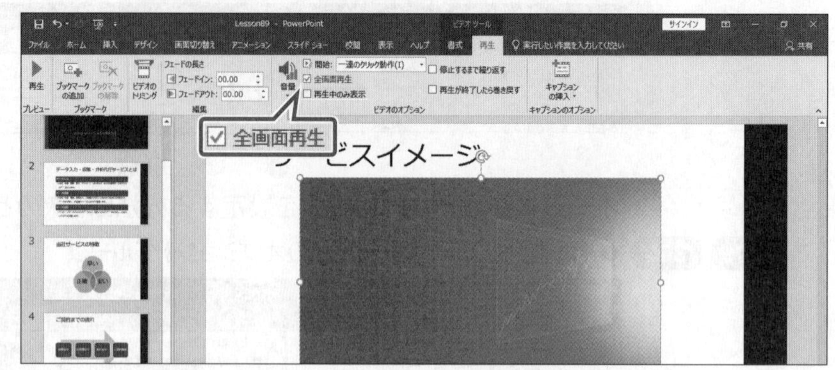

※スライドショーを実行して、オーディオの音量が調整されていることやアイコンが表示されないこと、ビデオが全画面で再生されることを確認しておきましょう。

解説 ■ビデオ/オーディオの開始時間と終了時間の設定

ビデオやオーディオの先頭部分や末尾部分に再生したくない映像が含まれている場合、**「開始時間」**と**「終了時間」**を設定すれば、再生されなくなります。
開始時間を設定すると、それより前の映像は再生されなくなり、終了時間を設定すると、それより後ろの映像が再生されなくなります。

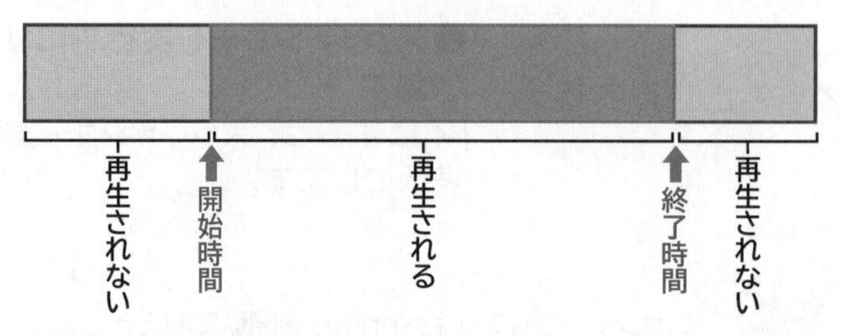

ビデオの開始時間と終了時間を設定する方法は、次のとおりです。

2019 365 ◆《再生》タブ→《編集》グループの（ビデオのトリミング）

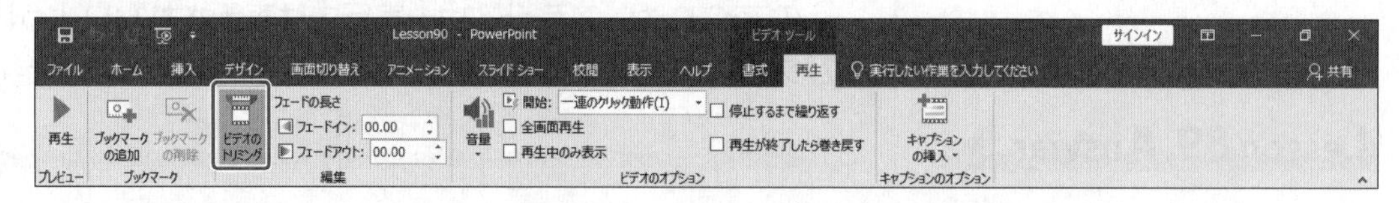

オーディオの開始時間と終了時間を設定する方法は、次のとおりです。

2019 365 ◆《再生》タブ→《編集》グループの（オーディオのトリミング）

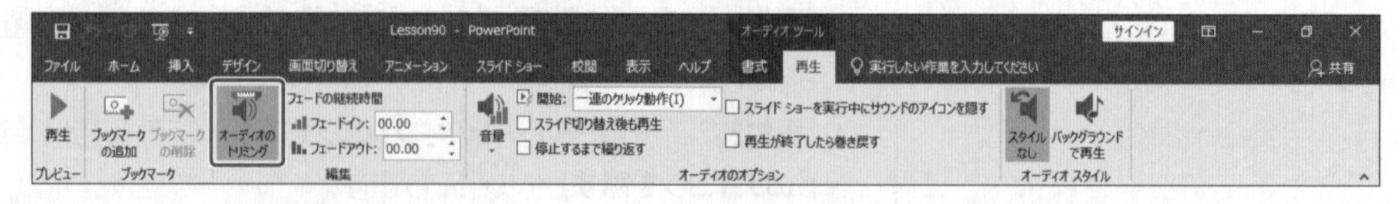

Lesson 90

 プレゼンテーション「Lesson90」を開いておきましょう。

次の操作を行いましょう。

(1) スライド5のビデオの開始時間を「2秒」、終了時間を「8秒」に設定してください。

Lesson 90 Answer

(1)

①スライド5を選択します。

②ビデオを選択します。

③《再生》タブ→《編集》グループの（ビデオのトリミング）をクリックします。

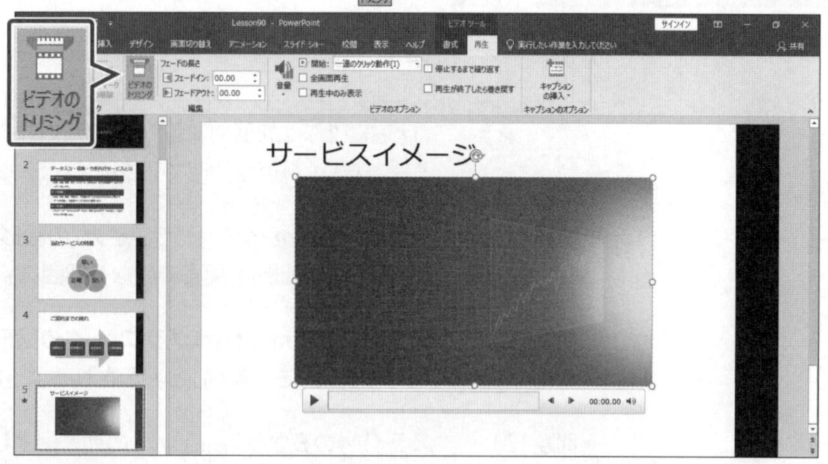

④《ビデオのトリミング》ダイアログボックスが表示されます。

※ ▶（再生）をクリックして、ビデオ映像を確認しておきましょう。

⑤《開始時間》に「00:02」と入力します。

⑥《終了時間》に「00:08」と入力します。

※ ▶（再生）をクリックして、ビデオ映像の前後が再生されないことを確認しておきましょう。

⑦《OK》をクリックします。

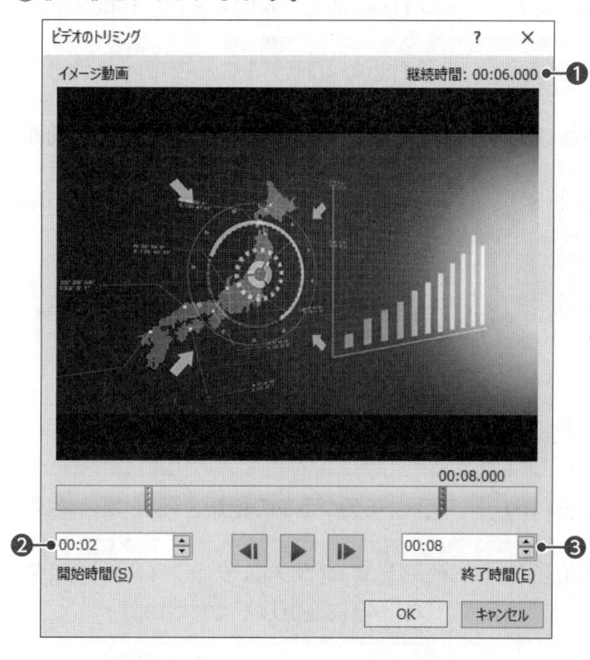

⑧ビデオの開始時間と終了時間が設定されます。

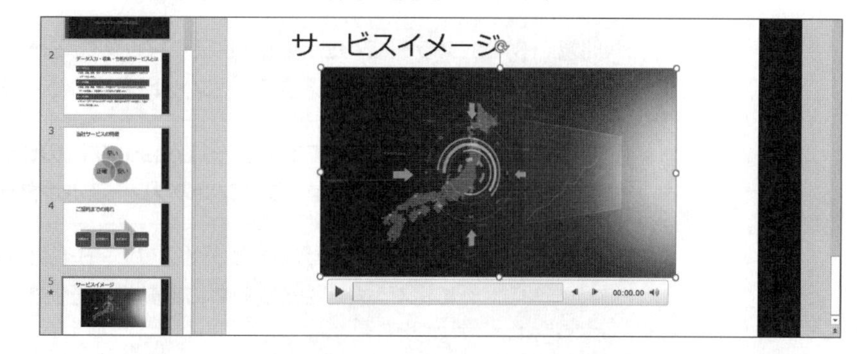

Point

《ビデオのトリミング》

❶継続時間
ビデオ全体の再生時間が表示されます。

❷開始時間
開始時間を設定します。
をドラッグするか、ボックスに直接入力します。

❸終了時間
終了時間を設定します。
をドラッグするか、ボックスに直接入力します。

Point

フェードイン・フェードアウトの設定

ビデオやオーディオには「フェードイン」や「フェードアウト」の時間を設定できます。
ビデオの場合は、フェードインやフェードアウトを指定した時間分、残像が残るような動画が表示されます。
また、オーディオの場合は、フェードインを指定した時間で徐々に音量が大きくなり、フェードアウトを指定した時間で徐々に音量が小さくなります。

2019 365

◆ビデオ／オーディオのアイコンを選択→《再生》タブ→《編集》グループの《フェードイン》／《フェードアウト》

Exercise 確認問題

解答 ▶ P.252

Lesson 91

プレゼンテーション「Lesson91」を開いておきましょう。

次の操作を行いましょう。

	首都圏でカフェを展開するFOMクリエイトコーポレーションで新しい店舗を出店するにあたり、概略を説明するプレゼンテーションを作成します。
問題(1)	スライド2のSmartArtグラフィックの図形「ゆったりと過ごせる居心地の良い空間」の下に、図形「時間帯で異なる雰囲気」を追加してください。
問題(2)	スライド3のSmartArtグラフィックの図形が、上から「広い店舗」「海が見える」「リラックスできる空間」と表示されるように順番を変更してください。
問題(3)	スライド4の表から「候補No.」の列を削除してください。
問題(4)	スライド4に配置されている表の最終行に、1行挿入してください。挿入した行には、左から「横浜市みなとみらい」、「海に面していて、眺めがとても良い」、「やや狭い」と入力します。
問題(5)	スライド4の表の幅を「28cm」に変更してください。
問題(6)	スライド4の表に、表のスタイル「中間スタイル2-アクセント2」を適用してください。
問題(7)	スライド5の3Dモデルの高さを「6.4cm」、幅を「6.6cm」に設定してください。
問題(8)	スライド5の3Dモデルのビューを「右上前面」に変更してください。
問題(9)	スライド6のグラフに、次のデータ系列を追加してください。

	28日
10代	234
20代	428
30代	560
40代	326
50代以上	213

問題(10)	スライド6のグラフの種類を「3-D集合縦棒」に変更してください。
問題(11)	スライド6のグラフに、グラフスタイル「スタイル11」を適用し、配色を「カラフルなパレット4」に変更してください。
問題(12)	スライド7の箇条書きをSmartArtグラフィック「基本放射」に変換してください。
問題(13)	スライド7のSmartArtグラフィックに、SmartArtのスタイル「光沢」を適用し、配色を「カラフル-全アクセント」に変更してください。
問題(14)	スライド8に、フォルダー「Lesson91」のビデオ「店舗予定地からの眺め」を挿入してください。コンテンツのプレースホルダーのボタンを使います。
問題(15)	スライド8に挿入したビデオのフェードインの時間を8秒に設定してください。さらに、スライドショー実行中に自動的に再生されるように設定します。

MOS PowerPoint 365&2019

出題範囲 5

画面切り替えや アニメーションの適用

5-1 画面切り替えを適用する、設定する

理解度チェック

習得すべき機能	参照Lesson	学習前	学習後	試験直前
■スライドに画面切り替え効果を適用できる。	➡Lesson92	☑	☑	☑
■スライドに変形の画面切り替え効果を適用できる。	➡Lesson93	☑	☑	☑
■画面切り替え効果のオプションを設定できる。	➡Lesson94	☑	☑	☑

5-1-1 基本的な3D画面切り替えを適用する

解説

■画面切り替え効果の適用

「画面切り替え効果」とは、スライドショーでスライドを切り替えるときに動きを付ける効果のことです。モザイク状に徐々に切り替える、カーテンを開くように切り替える、ページをめくるように切り替えるなど、様々な効果が用意されています。画面切り替え効果は、スライドごとに異なる効果を適用したり、すべてのスライドに同じ効果を適用したりできます。

2019 365 ◆《画面切り替え》タブ→《画面切り替え》グループ

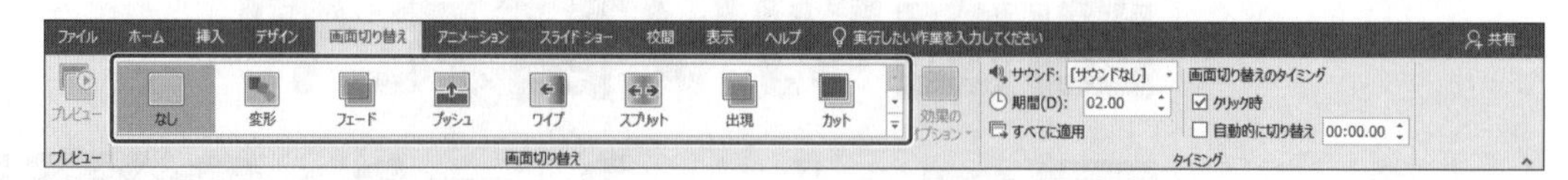

Lesson 92

プレゼンテーション「Lesson92」を開いておきましょう。

すべてのスライドに同じ画面切り替え効果を適用するには、「すべてに適用」（すべてに適用）を使います。

次の操作を行いましょう。

(1) すべてのスライドに、画面切り替え効果「ピールオフ」を適用してください。
次に、スライド5の画面切り替え効果を「時計」に変更します。

Lesson 92 Answer

(1)

①スライド1を選択します。

②**《画面切り替え》**タブ→**《画面切り替え》**グループの ▼（その他）→**《はなやか》**の**《ピールオフ》**をクリックします。

③スライド1に画面切り替え効果が適用されます。

※サムネイルペインのスライド番号の下に★が表示されます。

④《**画面切り替え**》タブ→《**タイミング**》グループの すべてに適用 (すべてに適用)をクリックします。

⑤すべてのスライドに画面切り替え効果が適用されます。

※サムネイルペインのすべてのスライド番号の下に★が表示されます。

⑥スライド5を選択します。

⑦《**画面切り替え**》タブ→《**画面切り替え**》グループの ▼ (その他)→《**はなやか**》の《**時計**》をクリックします。

⑧スライド5の画面切り替え効果が変更されます。

※スライド1からスライドショーを実行して、画面切り替え効果を確認しておきましょう。

Point

画面切り替え効果のプレビュー

2019 365

◆スライドを選択→《画面切り替え》タブ→《プレビュー》グループの プレビュー (画面切り替えのプレビュー)

Point

画面切り替え効果の解除

2019 365

◆スライドを選択→《画面切り替え》タブ→《画面切り替え》グループの ▼ (その他)→《弱》の《なし》

※すべて解除するには、すべてに適用 (すべてに適用)をクリックします。

■変形の画面切り替え効果

「変形」の画面切り替え効果を設定すると、スライドショーでスライドが切り替わるときに、前後のスライドの違いを認識し、3Dモデルや画像、単語、文字などを動かして、アニメーションのような動きを付けることができます。

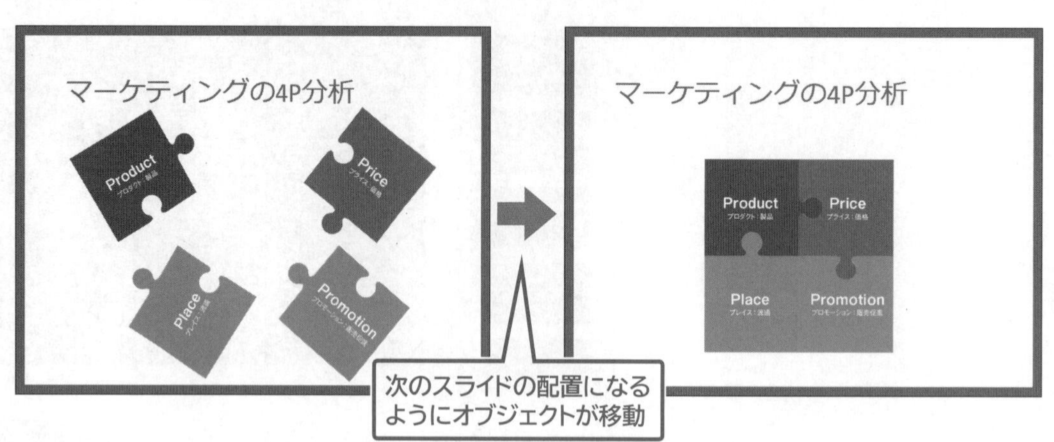

Lesson 93

プレゼンテーション「Lesson93」を開いておきましょう。

次の操作を行いましょう。

(1)スライド5を複製してください。

(2)複製したスライド6の3Dモデル「バス」を矢印先の下に移動し、ビューを「背面」に変更します。

(3)複製したスライド6に画面切り替え効果「変形」を適用してください。

Lesson 93 Answer

(1)

①スライド5を選択します。

②**《ホーム》**タブ→**《スライド》**グループの（新しいスライド）の新しいスライド→**《選択したスライドの複製》**をクリックします。

③スライド5の後ろに、複製したスライドが挿入されます。

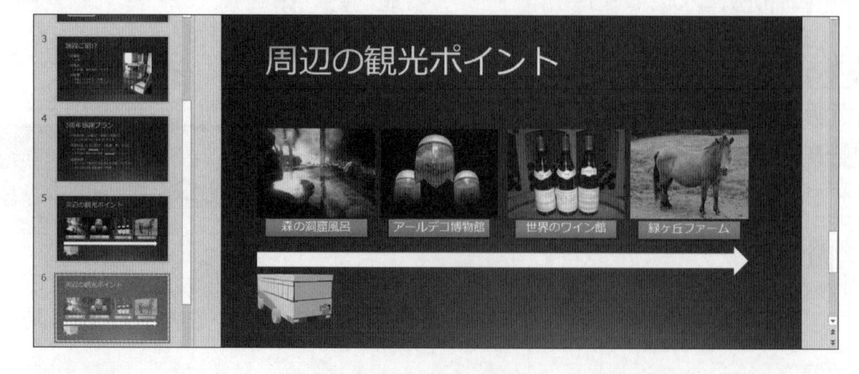

Point

スライドの複製

スライドの一部を変更した同じようなスライドを作成するときは、スライドを複製して編集すると効率的です。

(2)

①スライド6を選択します。

②3Dモデルを選択し、移動先にドラッグします。

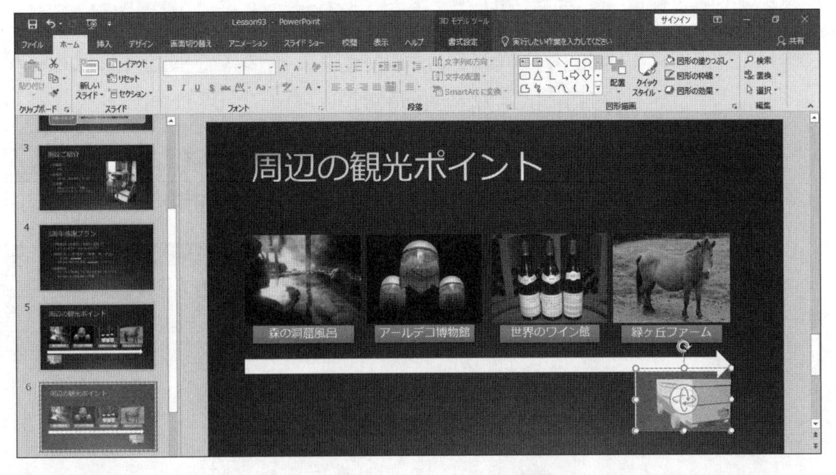

③**《書式設定》**タブ→**《3Dモデルビュー》**グループの ▼（その他）→**《背面》**をクリックします。

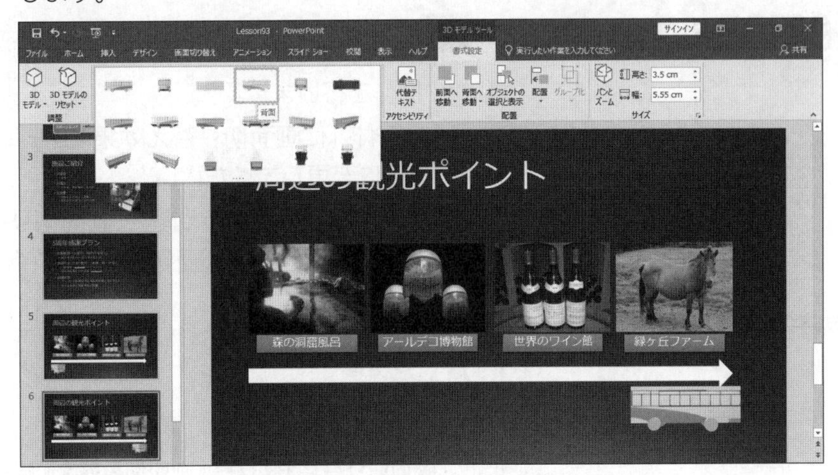

④3Dモデルのビューが変更されます。

(3)

①スライド6を選択します。

②**《画面切り替え》**タブ→**《画面切り替え》**グループの ▼（その他）→**《弱》**の**《変形》**をクリックします。

③スライド6に画面切り替え効果が適用されます。

※サムネイルペインのすべてのスライド番号の下に★が表示されます。

※スライドショーを実行して、画面切り替え効果を確認しておきましょう。

5-1-2 画面切り替えの効果を設定する

解 説

■画面切り替え効果のオプションの設定

画面切り替え効果の種類によって、動きをアレンジできるものがあります。右方向から左方向にしたり、時計回りから反時計回りにしたりなど、動きをアレンジできます。

2019 365 ◆《画面切り替え》タブ→《画面切り替え》グループの （効果のオプション）

※ボタンの絵柄やドロップダウンの一覧は、適用している画面切り替え効果によって異なります。

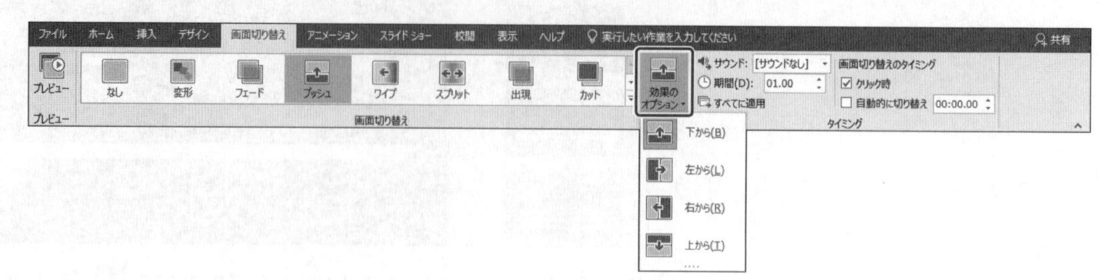

Lesson 94

プレゼンテーション「Lesson94」を開いておきましょう。

次の操作を行いましょう。

(1) スライド1に画面切り替え効果「コーム」を適用し、効果のオプションの向きを縦に変更してください。

(2) スライド1以外のスライドに、画面切り替え効果「図形」を適用し、効果のオプションの形状をひし形に変更してください。

Lesson 94 Answer

(1)

①スライド1を選択します。

②**《画面切り替え》**タブ→**《画面切り替え》**グループの （その他）→**《はなやか》**の**《コーム》**をクリックします。

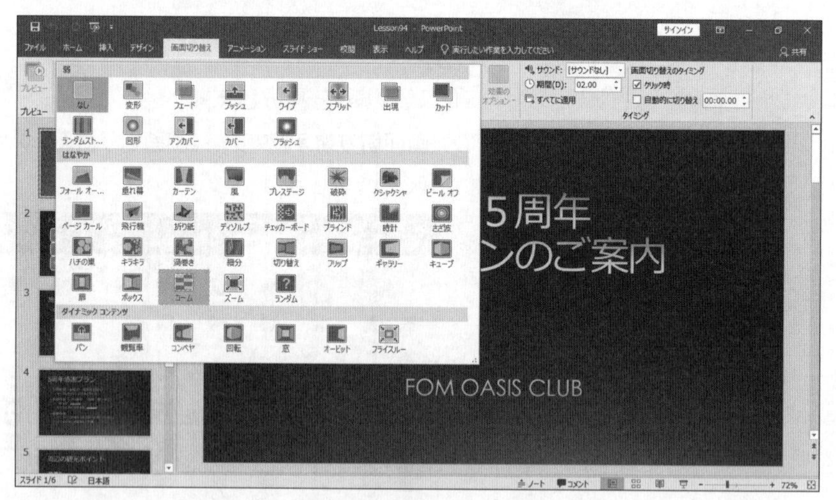

③スライド1に画面切り替え効果が適用されます。

※ （画面切り替えのプレビュー）をクリックして、画面切り替え効果を確認しておきましょう。

④《**画面切り替え**》タブ→《**画面切り替え**》グループの（効果のオプション）→《**縦**》をクリックします。

⑤画面切り替え効果のオプションが設定されます。

※（画面切り替えのプレビュー）をクリックして、変化を確認しておきましょう。

(2)

①スライド2を選択します。

②Shiftを押しながら、スライド6を選択します。

※Shiftを使うと、連続する複数のスライドを選択できます。

③《**画面切り替え**》タブ→《**画面切り替え**》グループの（その他）→《**弱**》の《**図形**》をクリックします。

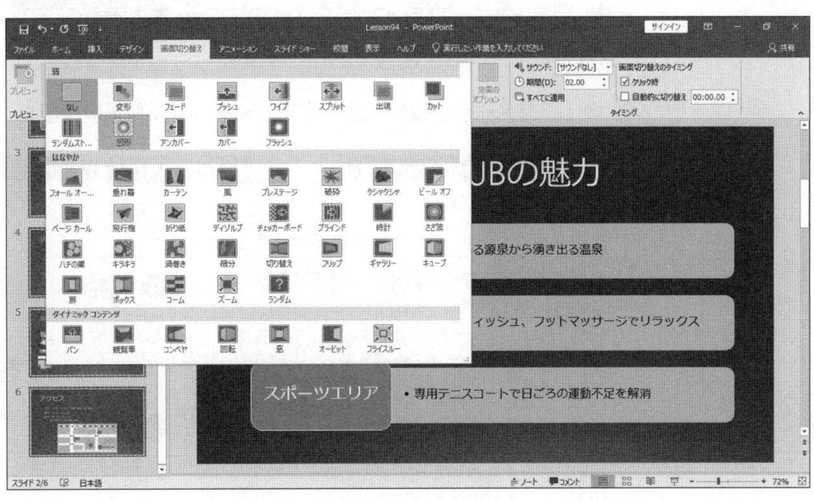

④スライド2からスライド6に画面切り替え効果が適用されます。

※（画面切り替えのプレビュー）をクリックして、画面切り替え効果を確認しておきましょう。

⑤《**画面切り替え**》タブ→《**画面切り替え**》グループの（効果のオプション）→《**ひし形**》をクリックします。

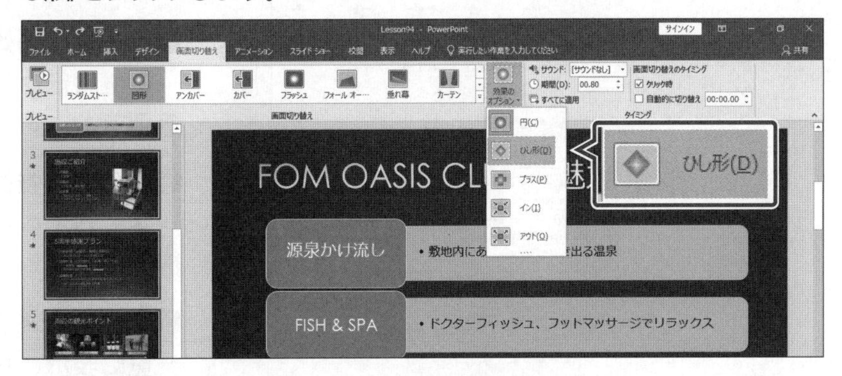

⑥画面切り替え効果のオプションが設定されます。

※（画面切り替えのプレビュー）をクリックして、変化を確認しておきましょう。

※スライド1からスライドショーを実行して、画面切り替え効果を確認しておきましょう。

Point

効果のオプションの解除

画面切り替え効果を再適用すると、効果のオプションは初期の設定に戻ります。

5-2 スライドのコンテンツにアニメーションを設定する

☑ 理解度チェック

習得すべき機能	参照Lesson	学習前	学習後	試験直前
■文字やオブジェクトにアニメーションを適用できる。	➡Lesson95	☑	☑	☑
■3Dモデルにアニメーションを適用できる。	➡Lesson96	☑	☑	☑
■アニメーションの効果のオプションを設定できる。	➡Lesson97	☑	☑	☑
■アニメーションの軌跡効果を適用できる。	➡Lesson98	☑	☑	☑
■アニメーションの再生順序を変更できる。	➡Lesson99	☑	☑	☑

5-2-1 テキストやグラフィック要素にアニメーションを適用する

解説

■アニメーションの適用

スライドに配置されているタイトルや箇条書きなどの文字、また、図形やSmartArtグラフィックなどのオブジェクトに対して、**「アニメーション」**を適用できます。アニメーションを適用すると、文字やオブジェクトに動きが出て、プレゼンテーションの聞き手の注目を集めることができます。

2019 365 ◆《アニメーション》タブ→《アニメーション》グループ

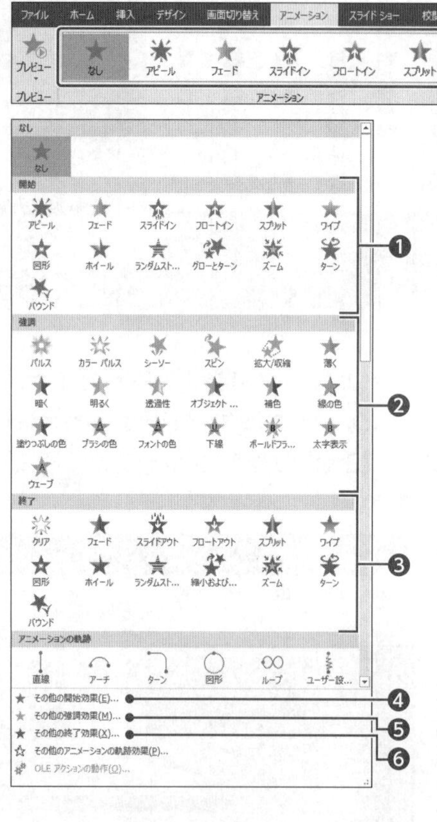

❶開始

文字やオブジェクトをスライドに表示するときのアニメーションを適用できます。

❷強調

スライドに表示されている文字やオブジェクトを目立たせるアニメーションを適用できます。

❸終了

文字やオブジェクトをスライドから非表示にするときのアニメーションを適用できます。

❹その他の開始効果

一覧に表示されていない開始のアニメーションを適用できます。

❺その他の強調効果

一覧に表示されていない強調のアニメーションを適用できます。

❻その他の終了効果

一覧に表示されていない終了のアニメーションを適用できます。

Lesson 95

 プレゼンテーション「Lesson95」を開いておきましょう。

アニメーションを追加するには、《アニメーション》タブ→《アニメーションの詳細設定》グループの（アニメーションの追加）を使います。

次の操作を行いましょう。

(1) スライド1のタイトルに、強調のアニメーション「太字表示」を適用してください。

(2) スライド2の箇条書きに、開始のアニメーション「スライドイン」を適用してください。

(3) スライド3の図に、開始のアニメーション「フェード」を適用してください。

(4) スライド3の図に、終了のアニメーション「フェード」を追加してください。

Lesson 95 Answer

(1)

①スライド1を選択します。

②タイトルのプレースホルダーを選択します。

③**《アニメーション》**タブ→**《アニメーション》**グループの（その他）→**《強調》**の**《太字表示》**をクリックします。

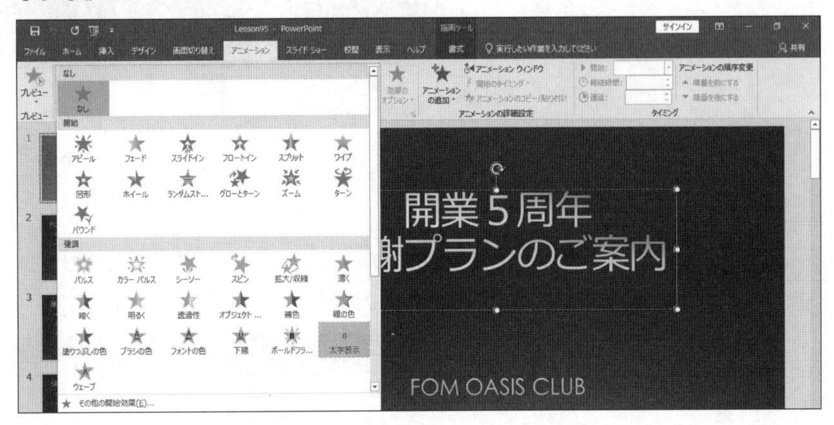

④タイトルのプレースホルダーにアニメーションが適用されます。

※タイトルにアニメーションの再生番号が表示されます。

※サムネイルペインのスライド番号の下に★が表示されます。

Point

アニメーションのプレビュー

スライドごとのアニメーションは、標準表示で確認できます。

2019 365

◆スライドを選択→《アニメーション》タブ→《プレビュー》グループの（アニメーションのプレビュー）

Point

アニメーションの再生番号

アニメーションの再生番号は、《アニメーション》タブが選択されているときだけ表示されます。その他のタブが選択されているときや、スライドショーを実行しているときには表示されません。

(2)

①スライド2を選択します。

②箇条書きのプレースホルダーを選択します。

③**《アニメーション》**タブ→**《アニメーション》**グループの（その他）→**《開始》**の**《スライドイン》**をクリックします。

④箇条書きのプレースホルダーにアニメーションが適用されます。

※箇条書きにアニメーションの再生番号が表示されます。同じ番号は、同時に再生されることを意味します。

※サムネイルペインのスライド番号の下に★が表示されます。

(3)

①スライド3を選択します。

②図を選択します。

③《**アニメーション**》タブ→《**アニメーション**》グループの ▼（その他）→《**開始**》の《**フェード**》をクリックします。

④図にアニメーションが適用されます。

※図にアニメーションの再生番号が表示されます。

※サムネイルペインのスライド番号の下に ★ が表示されます。

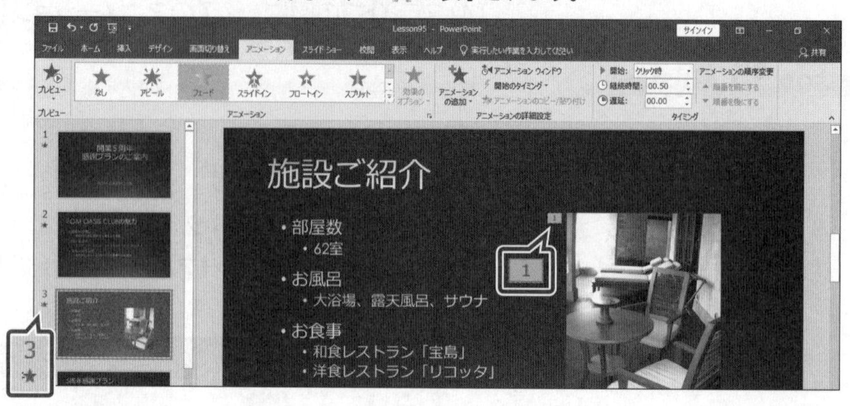

(4)

①スライド3を選択します。

②図を選択します。

③《**アニメーション**》タブ→《**アニメーションの詳細設定**》グループの ★（アニメーションの追加）→《**終了**》の《**フェード**》をクリックします。

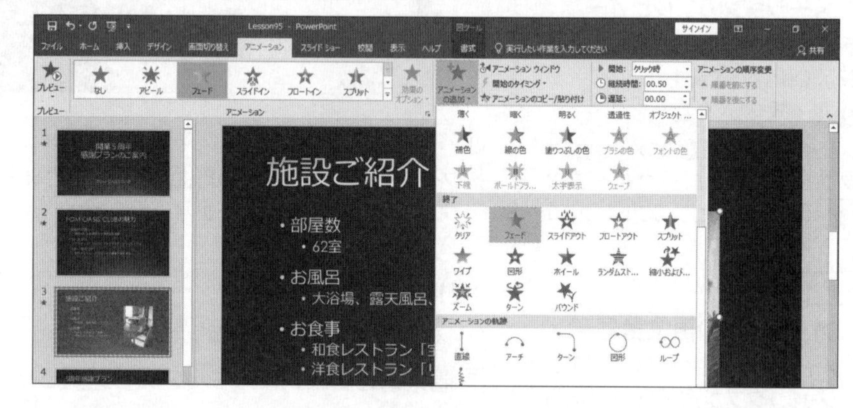

④図にアニメーションが追加されます。

※図にアニメーションの再生番号が追加されます。

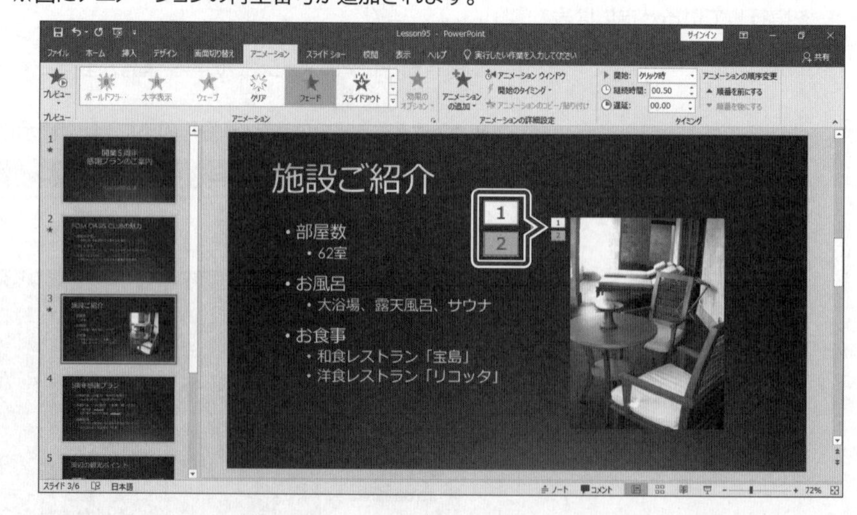

※スライド1からスライドショーを実行して、アニメーションを確認しておきましょう。

Point

アニメーションの追加

オブジェクトに複数のアニメーションを適用できます。

2019 365

◆オブジェクトを選択→《アニメーション》タブ→《アニメーションの詳細設定》グループの ★（アニメーションの追加）

Point

アニメーションのコピー

同じアニメーションを複数のオブジェクトに設定するときは、アニメーションをコピーすると効率的です。アニメーションをコピーするには、《アニメーション》タブ→《アニメーションの詳細設定》グループの アニメーションのコピー/貼り付け（アニメーションのコピー/貼り付け）を使います。ダブルクリックすると、連続コピーできます。

Point

アニメーションの解除

2019 365

◆オブジェクトを選択→《アニメーション》タブ→《アニメーション》グループの ▼（その他）→《なし》の《なし》

◆アニメーションの再生番号を選択→ Delete

5-2-2 3D要素にアニメーションを適用する

解説

■3Dモデルのアニメーションの設定

3Dモデルには、文字やオブジェクトと同様に、アニメーションを設定して動きを付けることができます。3Dモデルを挿入すると、**《アニメーション》**グループに3Dのアニメーションが追加されます。

2019 365 ◆《アニメーション》タブ→《アニメーション》グループの［▼］(その他)→《3D》

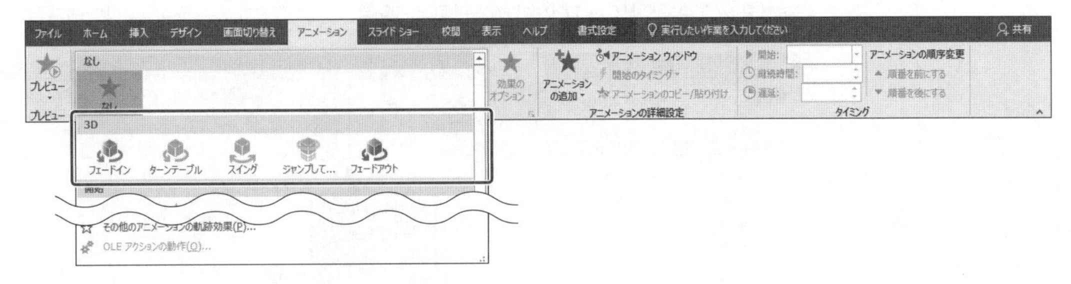

Lesson 96

プレゼンテーション「Lesson96」を開いておきましょう。

次の操作を行いましょう。

(1) スライド4の3Dモデル「サイコロ」に、3Dのアニメーション「ジャンプしてターン」を適用してください。

Lesson 96 Answer

(1)

① スライド4を選択します。

② 3Dモデルを選択します。

③ **《アニメーション》**タブ→**《アニメーション》**グループの［▼］(その他)→**《3D》**の**《ジャンプしてターン》**をクリックします。

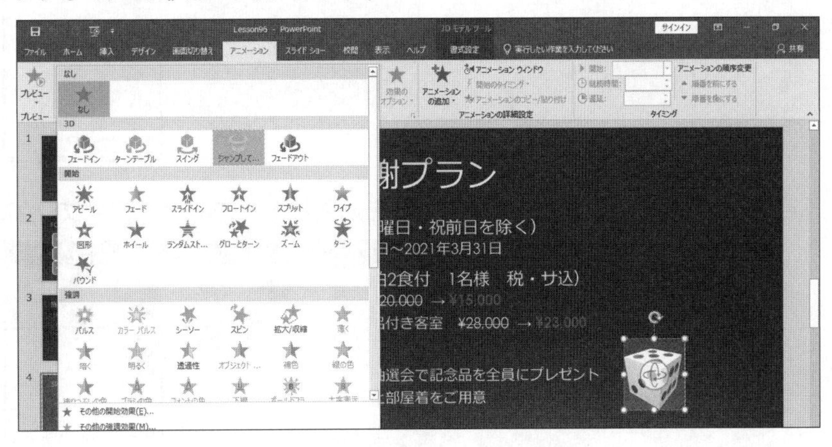

④ 3Dモデルにアニメーションが適用されます。

※3Dモデルにアニメーションの再生番号が表示されます。

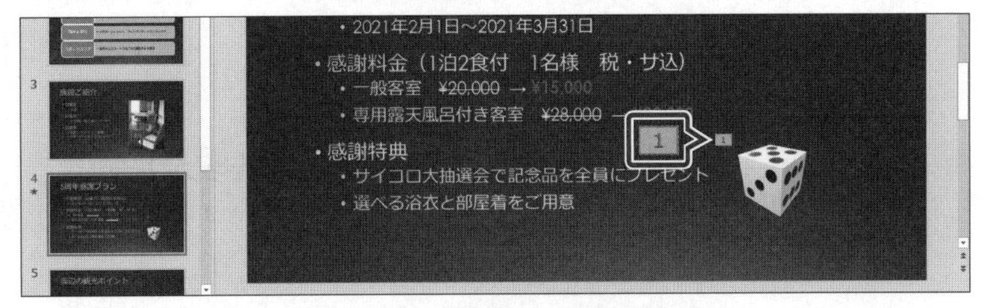

※スライドショーを実行して、アニメーションを確認しておきましょう。

5-2-3 アニメーションの効果を設定する

解説

■アニメーションの効果のオプションの設定

アニメーションの種類によって、動きをアレンジできるものがあります。例えば、下から出現する図形を上から出現するようにしたり、段落ごとに出現する箇条書きをすべて同時に出現するようにしたりできます。

2019 365 ◆《アニメーション》タブ→《アニメーション》グループのボタン

※ボタンの絵柄やドロップダウンの一覧は、適用しているアニメーションによって異なります。

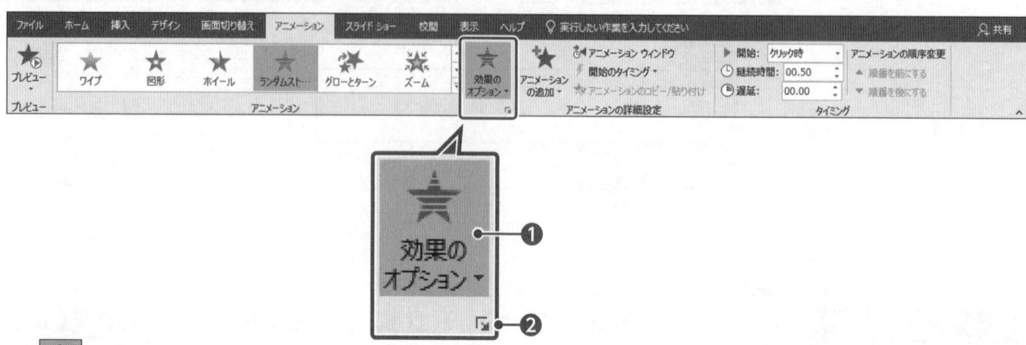

❶ (効果のオプション)

一覧から選択して、アニメーションの効果のオプションを設定します。アニメーションの種類によって、設定できる効果のオプションが異なります。

SmartArtグラフィックに「ランダムストライプ」を適用したときの効果のオプション

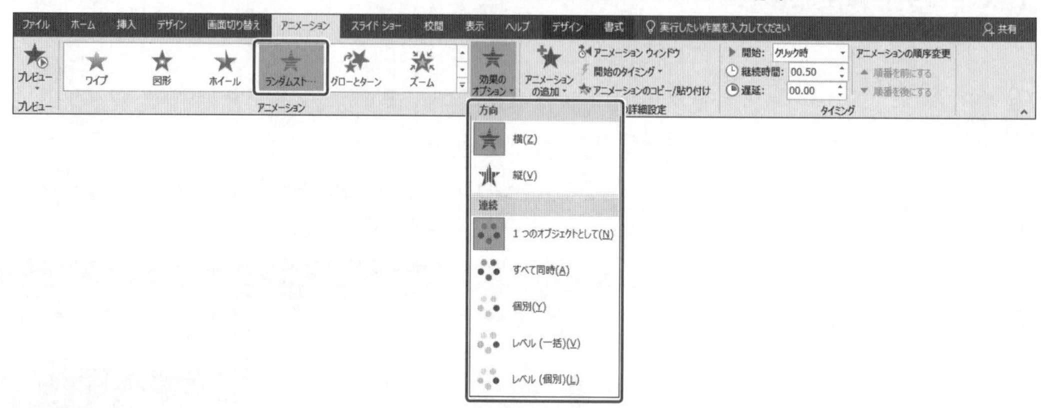

箇条書きに「ワイプ」を適用したときの効果のオプション

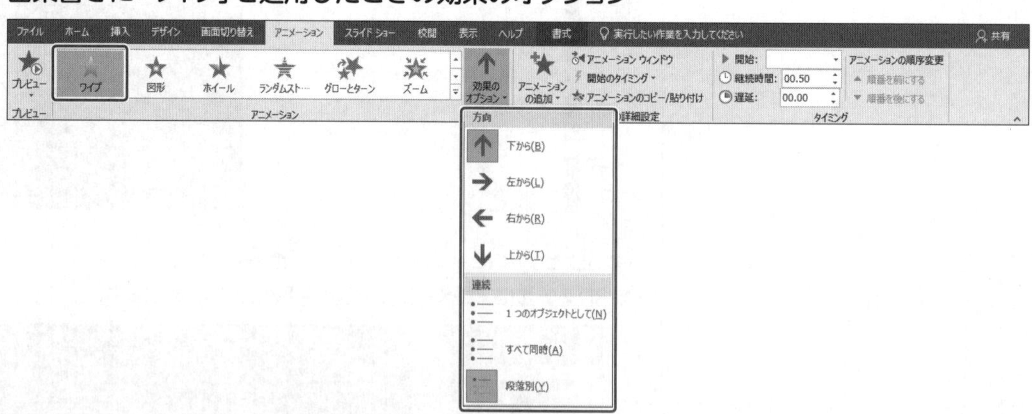

❷ (効果のその他のオプションを表示)

アニメーションにサウンド効果を付けて再生したり、再生後にアニメーションを色で塗りつぶしたりなど、詳細を設定できます。

Lesson 97

プレゼンテーション「Lesson97」を開いておきましょう。

次の操作を行いましょう。

(1) スライド2のSmartArtグラフィックに、開始のアニメーション「ランダムストライプ」を適用し、各図形が個別に表示されるように設定してください。

(2) スライド3の図に、開始のアニメーション「ズーム」を適用し、「カメラ」のサウンド効果を追加してください。

Lesson 97 Answer

(1)

①スライド2を選択します。

②SmartArtグラフィックを選択します。

③**《アニメーション》**タブ→**《アニメーション》**グループの（その他）→**《開始》**の**《ランダムストライプ》**をクリックします。

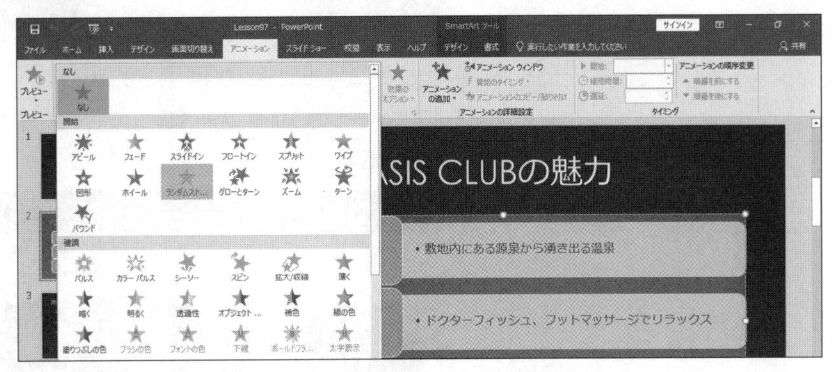

④SmartArtグラフィックにアニメーションが適用されます。

※（アニメーションのプレビュー）をクリックして、アニメーションを確認しておきましょう。

⑤**《アニメーション》**タブ→**《アニメーション》**グループの（効果のオプション）→**《連続》**の**《個別》**をクリックします。

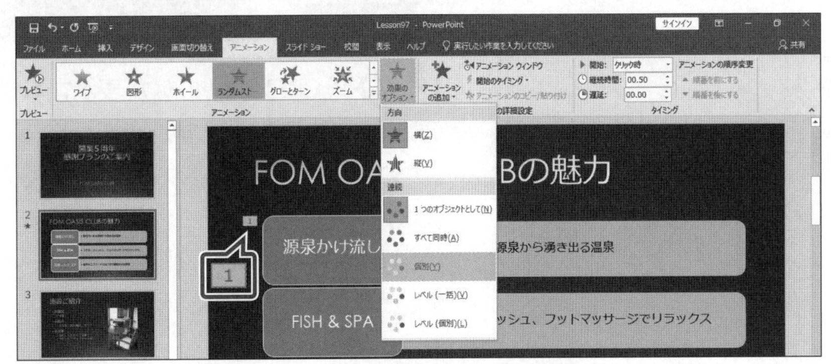

⑥アニメーションの効果のオプションが設定されます。

※SmartArtグラフィックのアニメーションの再生番号が変更されます。

※（アニメーションのプレビュー）をクリックして、変化を確認しておきましょう。

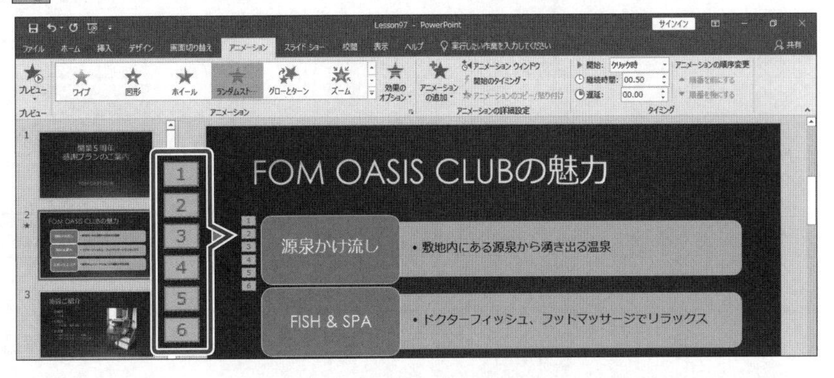

(2)

①スライド3を選択します。

②図を選択します。

③**《アニメーション》**タブ→**《アニメーション》**グループの［▼］(その他)→**《開始》**の**《ズーム》**をクリックします。

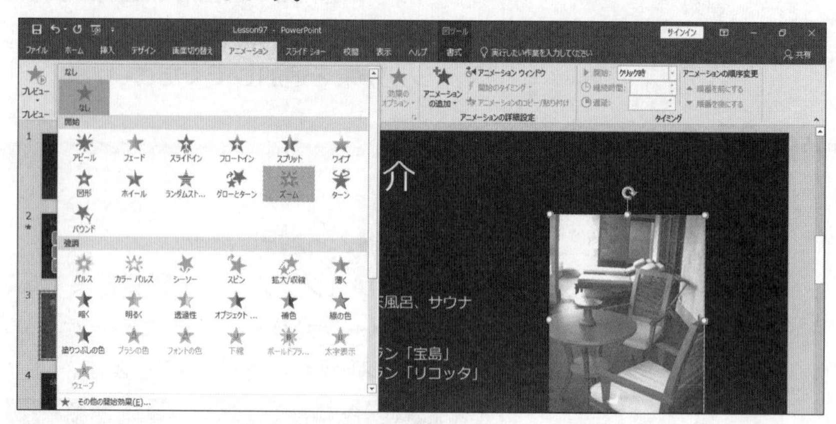

④図にアニメーションが適用されます。

⑤**《アニメーション》**タブ→**《アニメーション》**グループの［↘］(効果のその他のオプションを表示)をクリックします。

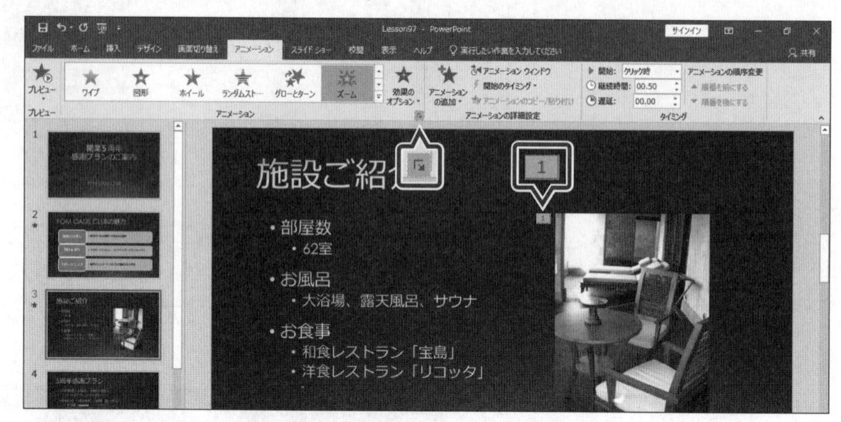

⑥**《ズーム》**ダイアログボックスが表示されます。

⑦**《効果》**タブを選択します。

⑧**《サウンド》**の［∨］をクリックし、一覧から**《カメラ》**を選択します。

⑨**《OK》**をクリックします。

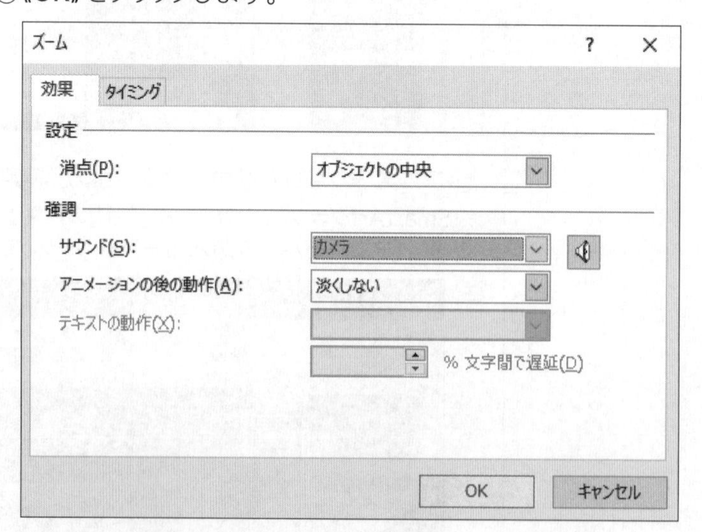

⑩アニメーションにサウンド効果が追加されます。

※スライドショーを実行して、アニメーションを確認しておきましょう。

5-2-4 アニメーションの軌道効果を設定する

解 説 ■アニメーションの軌跡効果の適用

アニメーションには、**「開始」「強調」「終了」**のほか、**「軌跡」**という種類が用意されています。軌跡を使うと、スライド上で文字やオブジェクトを移動することができます。例えば、直線にまっすぐ移動したり、図形の形状に合わせて移動したり、ユーザーが指定したルートで移動したりできます。

2019 365 ◆《アニメーション》タブ→《アニメーション》グループの［▼］(その他)

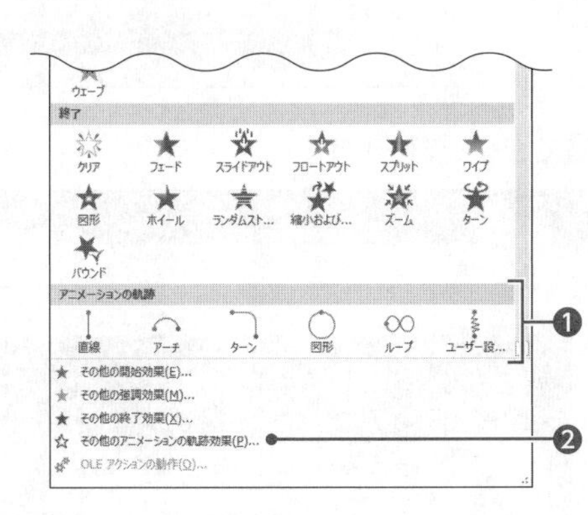

❶アニメーションの軌跡

文字やオブジェクトがスライド上を移動するアニメーションを設定できます。

《ユーザー設定パス》を選択すると、ユーザーがアニメーションの移動ルートを設定できます。

❷その他のアニメーションの軌跡効果

この一覧に表示されていないアニメーションの軌跡効果を選択できます。

Lesson 98

プレゼンテーション「Lesson98」を開いておきましょう。

次の操作を行いましょう。

(1) スライド6の図「歩く人」に、アニメーションの軌跡効果を適用してください。「田代駅」から「FOM OASIS CLUB」まで最短ルートで移動するように、ユーザー設定パスを適用します。

Lesson 98 Answer

(1)

①スライド6を選択します。

②図**「歩く人」**を選択します。

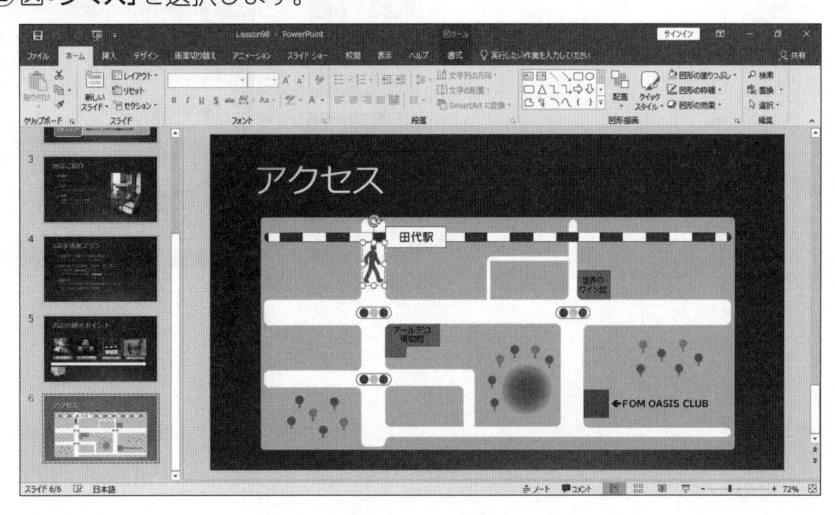

③《**アニメーション**》タブ→《**アニメーション**》グループの ▼（その他）→《**アニメーションの軌跡**》の《**ユーザー設定パス**》をクリックします。

※マウスポインターの形が＋に変わります。

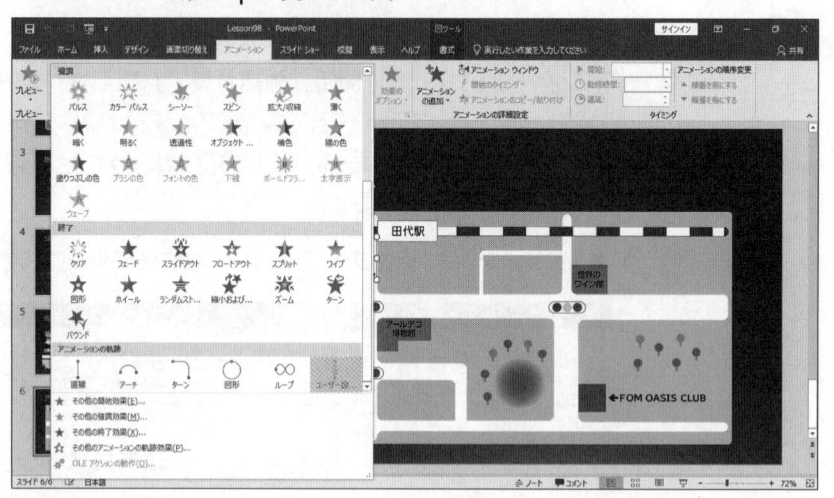

④図「**歩く人**」の位置でクリックします。

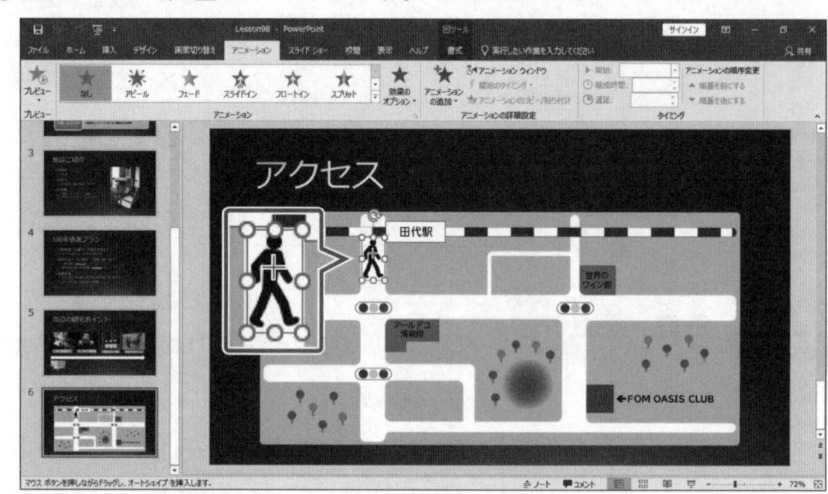

⑤1つ目の信号機の位置でクリックします。

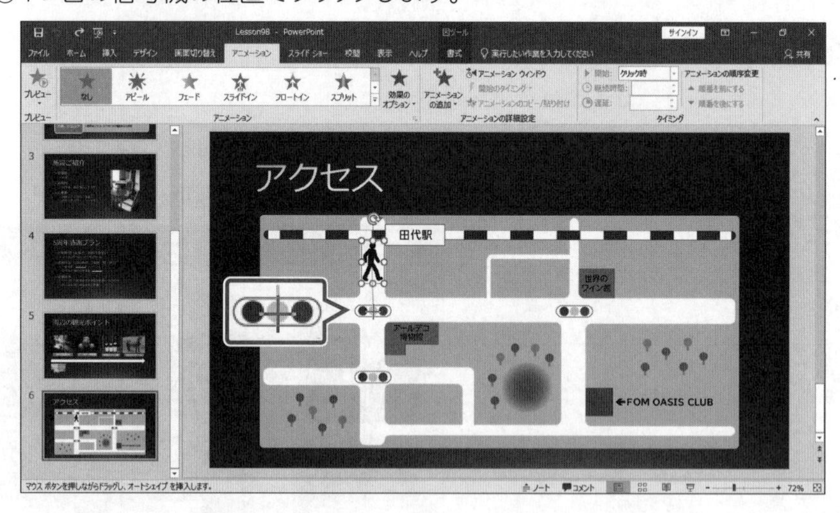

Point

ユーザー設定パス

ユーザーが設定する軌跡を「ユーザー設定パス」といいます。
直線のユーザー設定パスを適用するには、開始位置でクリックし、続けて経由位置をクリックし、最後に終了位置でダブルクリックします。

⑥2つ目の信号機の位置でクリックします。

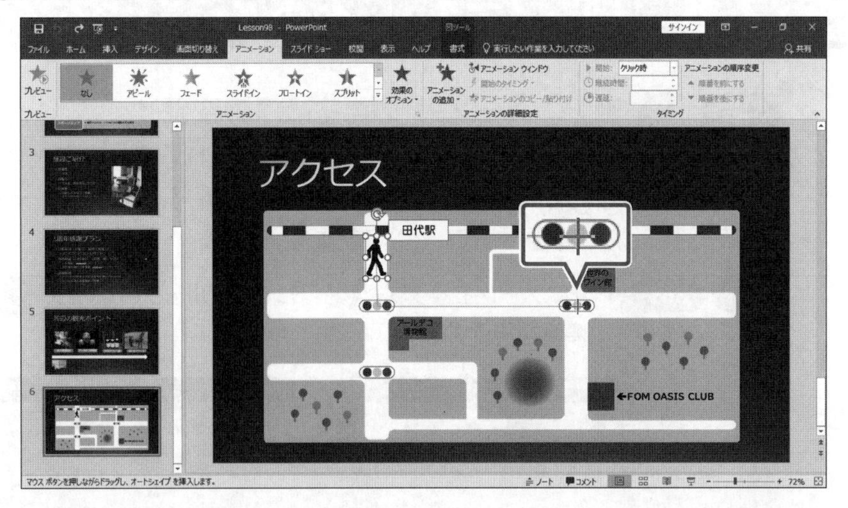

⑦「**FOM OASIS CLUB**」の建物の前でダブルクリックします。

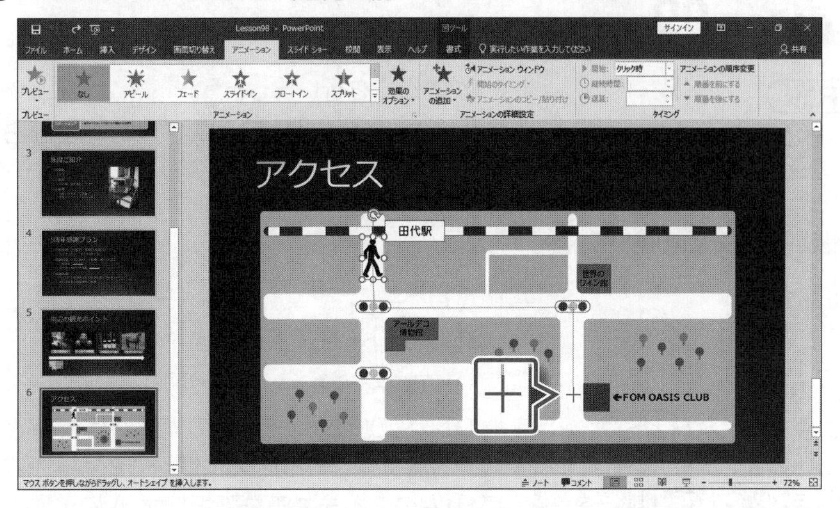

⑧図にアニメーションが適用されます。

※軌跡の開始位置が緑の▽、終了位置が赤の▽、ルートが点線で表示されます。

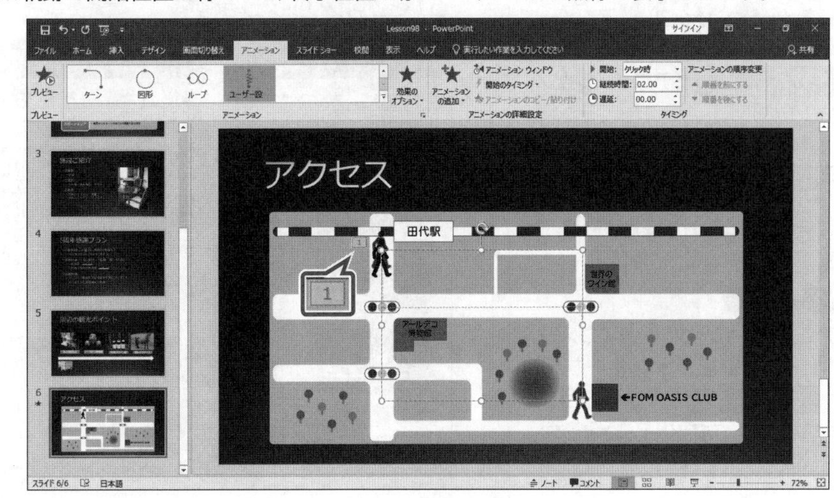

※スライドショーを実行して、アニメーションを確認しておきましょう。

Point

アニメーションの軌跡のサイズ変更

軌跡のサイズを変更するには、軌跡の周囲に表示される○（ハンドル）をドラッグします。

Point

ユーザー設定パスの編集

適用したユーザー設定パスは、あとから開始位置、経由位置、終了位置を調整できます。

2019 365

◆ユーザー設定パスを選択→《アニメーション》タブ→《アニメーション》グループの（効果のオプション）→《パス》の《頂点の編集》→■（ハンドル）をドラッグ

5-2-5 同じスライドにあるアニメーションの順序を並べ替える

解 説 ■アニメーションの再生順序の変更

アニメーションを適用すると表示される「1」や「2」などの番号は、アニメーションが再生される順序を示しています。この番号は、アニメーションを適用した順番で振られますが、変更することができます。

2019 365 ◆《アニメーション》タブ→《タイミング》グループの ▲順番を前にする (順番を前にする)/ ▼順番を後にする (順番を後にする)

Lesson 99

プレゼンテーション「Lesson99」を開いておきましょう。

Hint

スライド6の矢印には、あらかじめアニメーションが適用されています。

次の操作を行いましょう。

(1) スライド6の地図上の矢印が、上から順番に再生されるようにしてください。

Lesson 99 Answer

Point

アニメーションウィンドウ

アニメーションの再生順序は、アニメーションウィンドウで確認することもできます。

2019 365

◆《アニメーション》タブ→《アニメーションの詳細設定》グループの アニメーション ウィンドウ (アニメーションウィンドウ)

その他の方法

アニメーションの再生順序の変更

2019 365

◆《アニメーション》タブ→《アニメーションの詳細設定》グループの アニメーション ウィンドウ (アニメーションウィンドウ)→対象のアニメーションを選択→▲/▼

(1)

①スライド6を選択します。

②**《アニメーション》**タブを選択します。

③現在のアニメーションの再生番号を確認します。

※ ★ (アニメーションのプレビュー)をクリックして、アニメーションを確認しておきましょう。

④左の下向き矢印を選択します。

⑤**《アニメーション》**タブ→**《タイミング》**グループの ▲順番を前にする (順番を前にする)を2回クリックします。

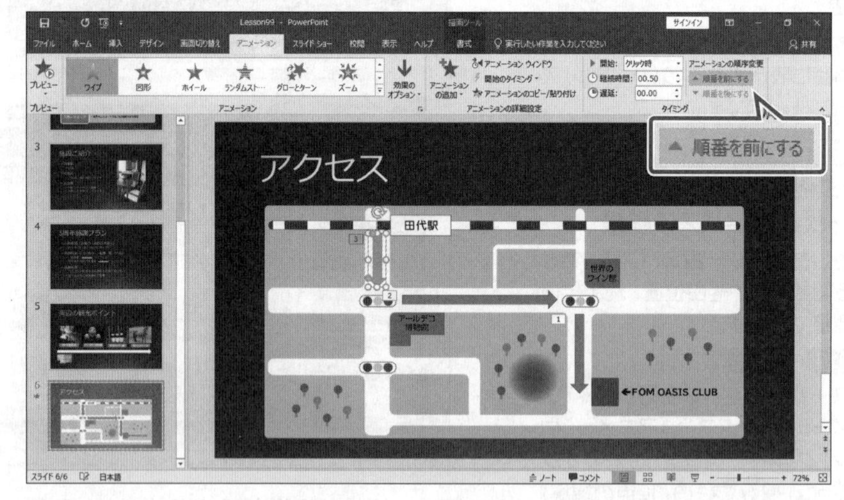

⑥左の下向き矢印の再生番号が「**1**」に変更されます。

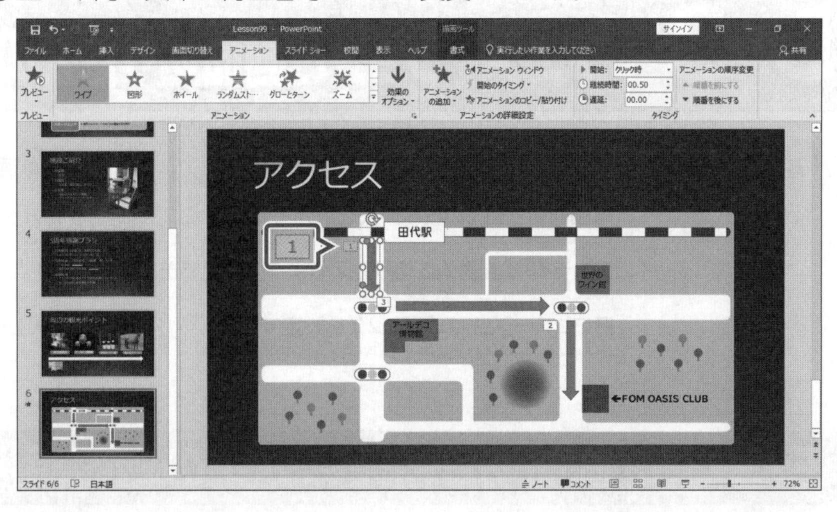

⑦中央の右向き矢印を選択します。

⑧**《アニメーション》**タブ→**《タイミング》**グループの ▲順番を前にする （順番を前にする）をクリックします。

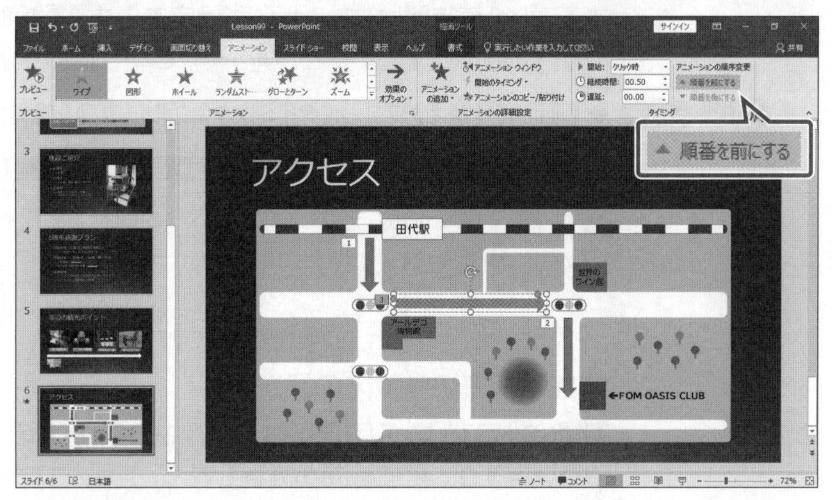

⑨中央の右向き矢印の再生番号が「**2**」に変更されます。

※アニメーションの再生番号が、上から順番に「1」「2」「3」になります。

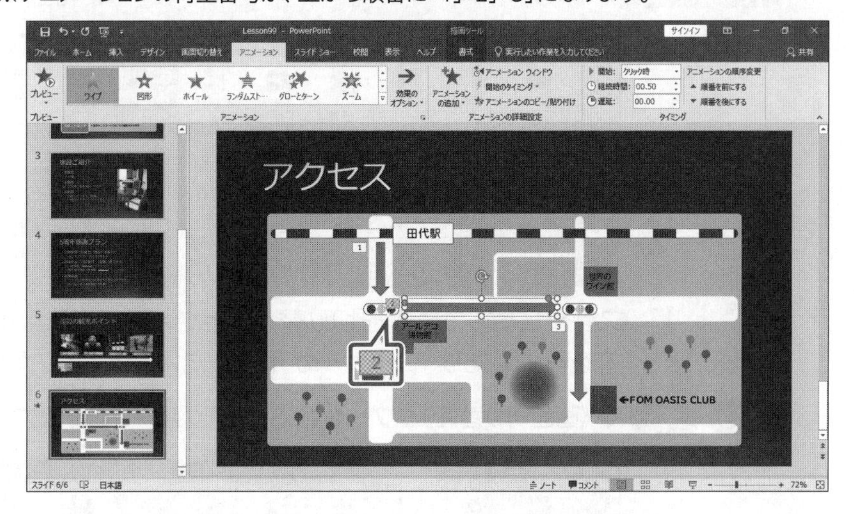

※スライドショーを実行して、アニメーションを確認しておきましょう。

5-3 アニメーションと画面切り替えのタイミングを設定する

☑ 理解度チェック

習得すべき機能	参照Lesson	学習前	学習後	試験直前
■画面切り替えの継続時間を設定できる。	➡Lesson100	☑	☑	☑
■スライドを自動的に切り替えるように設定できる。	➡Lesson100	☑	☑	☑
■アニメーションのタイミングを設定できる。	➡Lesson101	☑	☑	☑

5-3-1 画面切り替えの効果の継続時間を設定する

解 説

■画面切り替え効果の継続時間の設定

画面切り替え効果の**「継続時間」**とは、スライドショーで画面を切り替える時間のことです。この継続時間は、ユーザーが設定できます。短時間に設定すると、すばやく切り替わり、長時間に設定すると、ゆっくりと切り替わります。

2019 365 ◆《画面切り替え》タブ→《タイミング》グループの《期間》

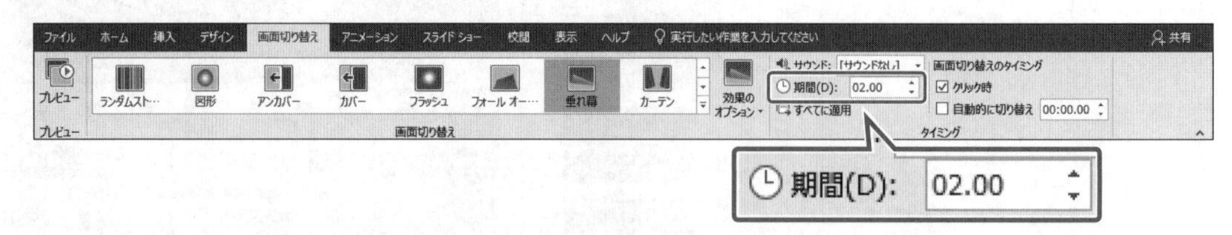

■自動画面切り替えの設定

初期の設定では、スライドショー実行中のスライドの切り替えは、クリックまたは Enter で行いますが、再生時間が経過したら、自動的に次のスライドに切り替わるように設定を変更できます。

2019 365 ◆《画面切り替え》タブ→《タイミング》グループの《☑自動的に切り替え》/《☑自動》

■画面切り替え効果のサウンドの設定

スライドショーで画面を切り替えるとき、PowerPointにあらかじめ用意されている効果音を再生したり、ユーザーが用意したオーディオファイルを再生したりできます。

2019 365 ◆《画面切り替え》タブ→《タイミング》グループの《サウンド》

Lesson 100

プレゼンテーション「Lesson100」を開いておきましょう。

次の操作を行いましょう。

(1) すべてのスライドに画面切り替え効果「垂れ幕」を適用し、サウンド「チャイム」を設定してください。画面切り替え効果の継続時間は「5秒」に設定します。

(2) すべてのスライドが、自動的にも切り替わるように設定してください。各スライドの再生時間は「7秒」に設定します。

Lesson 100 Answer

(1)

①**《画面切り替え》**タブ→**《画面切り替え》**グループの（その他）→**《はなやか》**の**《垂れ幕》**をクリックします。

②**《画面切り替え》**タブ→**《タイミング》**グループの**《サウンド》**の→**《チャイム》**をクリックします。

③**《画面切り替え》**タブ→**《タイミング》**グループの**《期間》**を**「05.00」**に設定します。

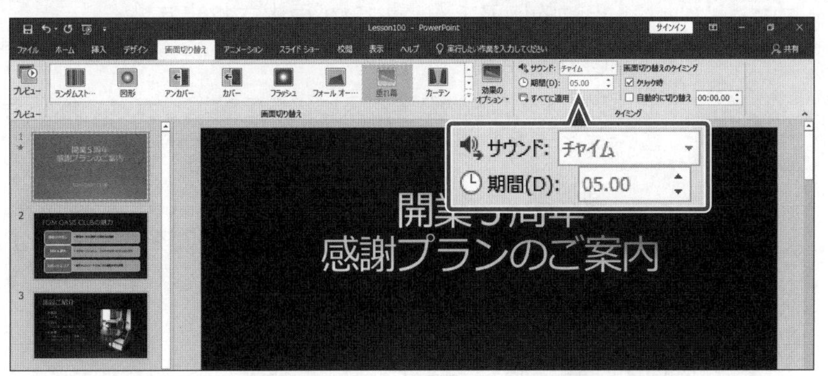

④**《画面切り替え》**タブ→**《タイミング》**グループの すべてに適用（すべてに適用）をクリックします。

⑤すべてのスライドに画面切り替え効果、サウンド、継続時間が設定されます。

※スライドショーを実行して、画面切り替え効果の継続時間を確認しておきましょう。

(2)

①**《画面切り替え》**タブ→**《タイミング》**グループの**《自動的に切り替え》**を☑にし、**「00:07.00」**に設定します。

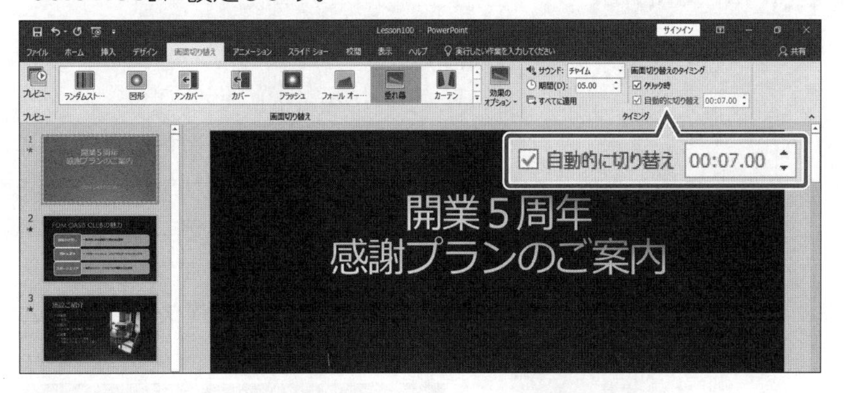

②**《画面切り替え》**タブ→**《タイミング》**グループの すべてに適用（すべてに適用）をクリックします。

③すべてのスライドが自動的に切り替わるように設定されます。

※スライドショーを実行して、すべてのスライドが自動的に切り替わることを確認しておきましょう。

Point

スライドの再生時間

スライド一覧表示で、各スライドの再生時間を確認できます。

5-3-2 アニメーションの開始と終了のオプションを設定する

解説

■アニメーションのタイミングの設定

初期の設定では、アニメーションはクリックまたは Enter で再生されますが、自動再生されるように設定を変更できます。また、アニメーションの再生スピードを調整したり、アニメーションの再生を遅らせたりすることもできます。

2019 365 ◆《アニメーション》タブ→《タイミング》グループ

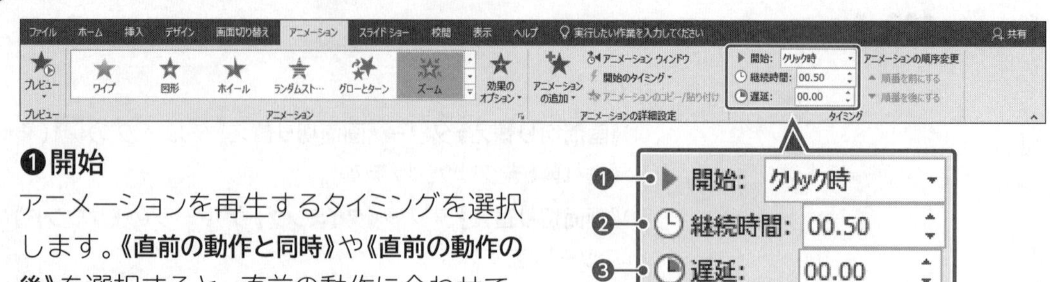

❶開始

アニメーションを再生するタイミングを選択します。**《直前の動作と同時》**や**《直前の動作の後》**を選択すると、直前の動作に合わせて、自動的にアニメーションが再生されます。

❷継続時間

アニメーションの再生スピードを設定します。継続時間を短くするとより速く再生され、長くするとよりゆっくり再生されます。

❸遅延

アニメーションの再生を遅らせる時間を設定します。設定した時間を経過すると、アニメーションが再生されます。

Lesson 101

プレゼンテーション「Lesson101」を開いておきましょう。

Hint

スライド5の図形と図には、あらかじめアニメーションが適用されています。

次の操作を行いましょう。

(1) スライド5の図形「森の洞窟風呂」が再生されたら、図「温泉写真」が自動的に再生されるように、アニメーションのタイミングを設定してください。

(2) スライド5の図形「緑ヶ丘ファーム」と図「馬写真」が同時に再生されるように、アニメーションのタイミングを設定してください。図形と図の再生時間は「7秒」に設定します。

Lesson 101 Answer

(1)

①スライド5を選択します。

②**《アニメーション》**タブを選択します。

③現在のアニメーションの再生番号を確認します。

※スライドショーを実行して、アニメーションを確認しておきましょう。

④図**「温泉写真」**を選択します。

⑤**《アニメーション》**タブ→**《タイミング》**グループの**《開始》**の ▾ →**《直前の動作の後》**を選択します。

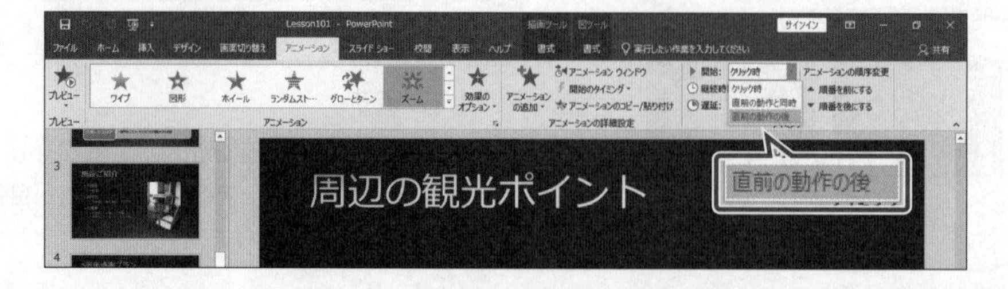

⑥図のアニメーションのタイミングが設定されます。
※図のアニメーションの再生番号が変更されます。
※スライドショーを実行して、アニメーションを確認しておきましょう。

(2)

①スライド5を選択します。
②図**「馬写真」**を選択します。
③**《アニメーション》**タブ→**《タイミング》**グループの**《開始》**の ▾ →**《直前の動作と同時》**を選択します。

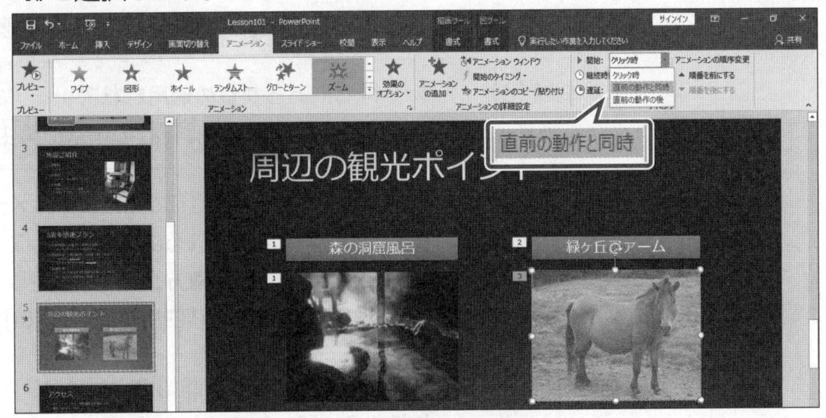

④図のアニメーションのタイミングが設定されます。
※図のアニメーションの再生番号が変更されます。

⑤図形**「緑ヶ丘ファーム」**を選択します。
⑥ Shift を押しながら、図**「馬写真」**を選択します。
※ Shift を使うと、複数のオブジェクトを選択できます。
⑦**《アニメーション》**タブ→**《タイミング》**グループの**《継続時間》**を**「07.00」**に設定します。

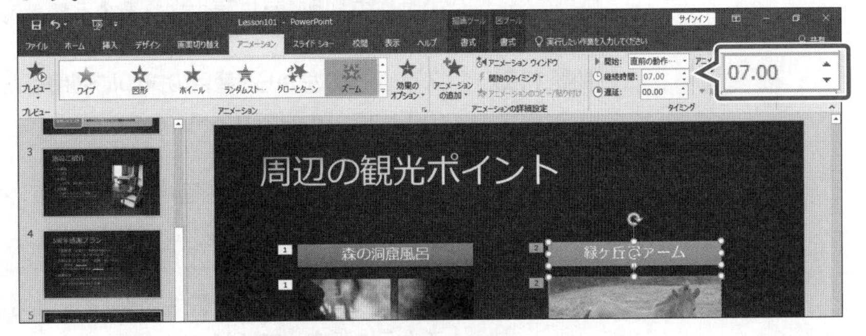

⑧アニメーションの再生時間が設定されます。
※スライドショーを実行して、アニメーションを確認しておきましょう。

Point

開始のタイミングの設定

スライド上の特定のオブジェクトをクリックするタイミングで、アニメーションを再生することもできます。

2019 365

◆アニメーションを適用したオブジェクトを選択→《アニメーション》タブ→《アニメーションの詳細設定》グループの 開始のタイミング (開始のタイミング)→《クリック時》→クリックするオブジェクトを選択

例：

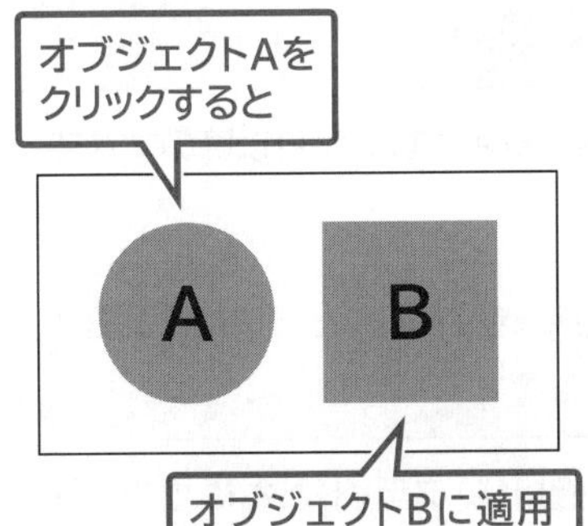

Exercise 確認問題

解答 ▶ P.255

Lesson 102

プレゼンテーション「Lesson102」を開いておきましょう。

次の操作を行いましょう。

	FOMトラベル株式会社で、注目のパッケージツアーをお客様に紹介するプレゼンテーションを作成します。
問題(1)	スライド2の箇条書きに、開始のアニメーション「スライドイン」を適用し、右から表示されるように設定してください。
問題(2)	スライド2の図形に、開始のアニメーション「スパイラルイン」を適用し、さらに、終了のアニメーション「スパイラルアウト」を追加してください。
問題(3)	スライド3にあらかじめ適用されているアニメーションが、図形「北京料理」「上海料理」「広東料理」「四川料理」の順番に再生されるように変更してください。
問題(4)	スライド3の図形「北方」に、開始のアニメーション「ズーム」を適用し、図形「北京料理」と同時に再生されるように設定してください。 同様に、図形「東方」「南方」「西方」に同じアニメーションを適用し、それぞれ図形「上海料理」「広東料理」「四川料理」と同時に再生されるように設定してください。
問題(5)	スライド4のグラフに、開始のアニメーション「ワイプ」を適用し、項目別に表示されるように設定してください。
問題(6)	スライド4に適用したアニメーションのうち、グラフエリアのアニメーションを削除し、データ系列のアニメーションだけが再生されるようにしてください。
問題(7)	スライド5の図に、アニメーションの軌跡効果「波線(正弦曲線)」を適用し、図がスライドの右端まで移動するように、軌跡のサイズを変更してください。
問題(8)	スライド5の図に適用したアニメーションの再生時間を「5秒」に設定してください。
問題(9)	スライド6の3Dモデルに、3Dのアニメーション「スイング」を適用してください。
問題(10)	スライド7の左から1番目の矢印に、強調のアニメーション「補色」を適用し、スライドと同時に再生されるように設定してください。
問題(11)	スライド7の左から2番目の矢印に、強調のアニメーション「補色」を適用し、直前の動作の「1秒後」に再生されるように設定してください。
問題(12)	スライド7の左から2番目の矢印に適用したアニメーションを、3番目以降のすべての矢印に、順番にコピーしてください。
問題(13)	すべてのスライドに、画面切り替え効果「カバー」を適用してください。画面切り替えの継続時間は「2秒」にします。
問題(14)	スライド7に、画面切り替え効果「ピールオフ」を適用し、スライドが右にめくられるように設定してください。

MOS PowerPoint 365&2019

確認問題 標準解答

Answer 確認問題 標準解答

●完成図

1枚目

2枚目

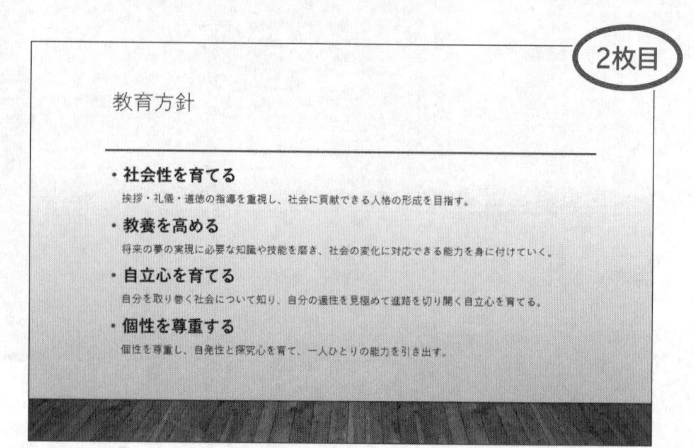

3枚目

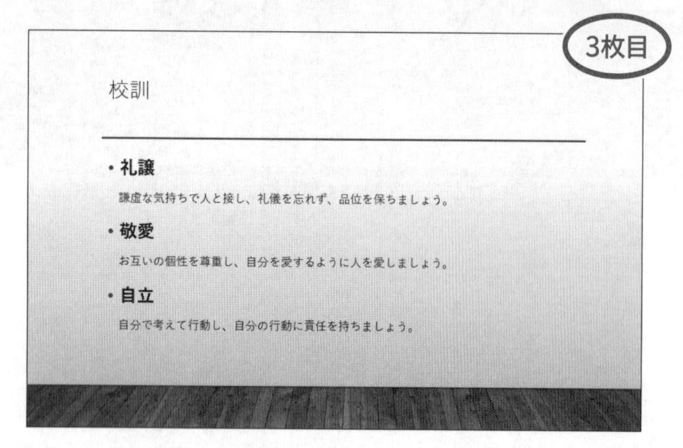

4枚目

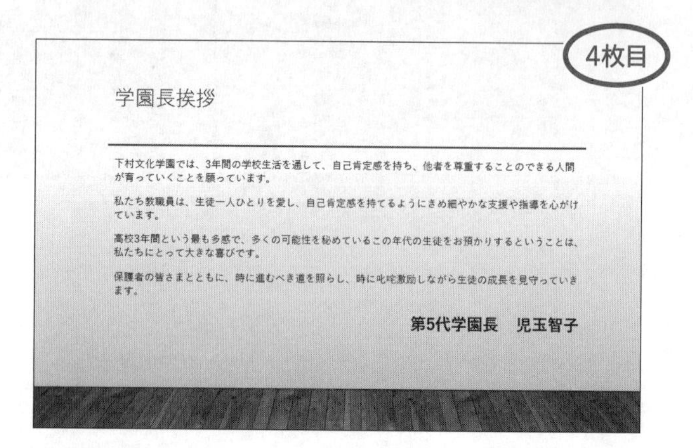

5枚目

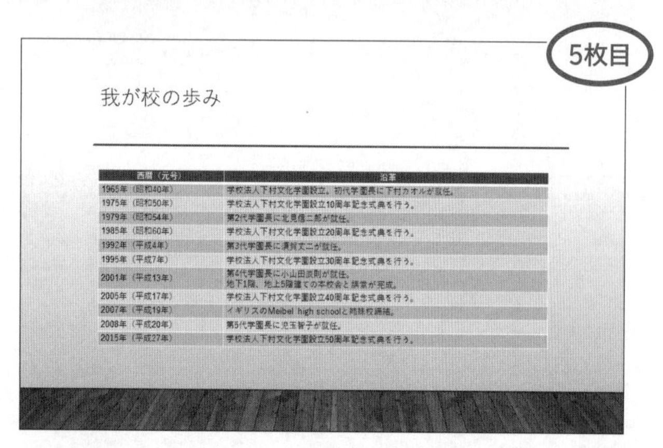

西暦（元号）	沿革
1965年（昭和40年）	学校法人下村文化学園設立。初代学園長に下村カオルが就任。
1975年（昭和50年）	学校法人下村文化学園設立10周年記念式典を行う。
1979年（昭和54年）	第2代学園長に北見信二郎が就任。
1985年（昭和60年）	学校法人下村文化学園設立20周年記念式典を行う。
1992年（平成4年）	第3代学園長に須賀文二が就任。
1995年（平成7年）	学校法人下村文化学園設立30周年記念式典を行う。
2001年（平成13年）	第4代学園長に小山田浩則が就任。 地下1階、地上5階建ての本校舎と講堂が完成。
2005年（平成17年）	学校法人下村文化学園設立40周年記念式典を行う。
2007年（平成19年）	イギリスのMeibel high schoolと姉妹校締結。
2008年（平成20年）	第5代学園長に児玉智子が就任。
2015年（平成27年）	学校法人下村文化学園設立50周年記念式典を行う。

6枚目

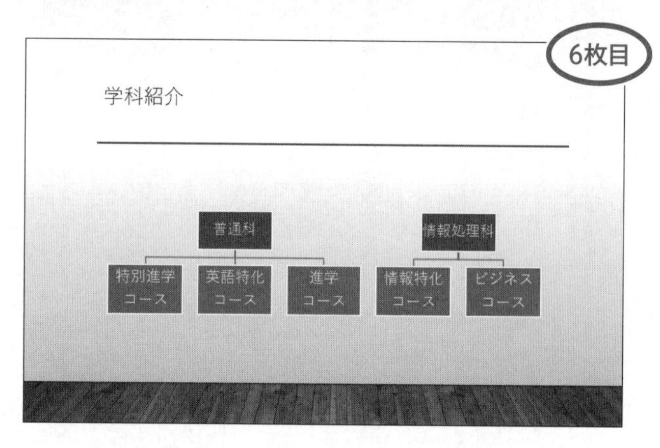

7枚目

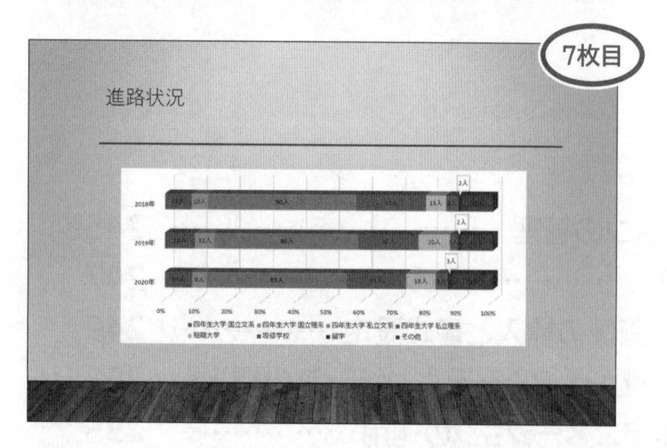

問題(1)

①《デザイン》タブ→《ユーザー設定》グループの（スライドのサイズ）→《ユーザー設定のスライドのサイズ》をクリックします。

②《スライドのサイズ指定》の をクリックし、一覧から《画面に合わせる（16：10）》を選択します。

③《OK》をクリックします。

④《サイズに合わせて調整》をクリックします。

問題(2)

①《表示》タブ→《マスター表示》グループの（スライドマスター表示）をクリックします。

②サムネイルの一覧から《タイトルとコンテンツ レイアウト：スライド2-6で使用される》（上から3番目）を選択します。

③《スライドマスター》タブ→《背景》グループの 背景のスタイル （背景のスタイル）→《スタイル1》をクリックします。

※スライドマスターを閉じておきましょう。

問題(3)

①《表示》タブ→《マスター表示》グループの（スライドマスター表示）をクリックします。

②サムネイルの一覧から《ギャラリー ノート：スライド1-7で使用される》（上から1番目）を選択します。

※お使いの環境によっては、《ギャラリー スライドマスター：スライド1-7で使用される》と表示されます。

③《マスターテキストの書式設定》の段落を選択します。

※お使いの環境によっては、《Edit Master text styles》と表示されます。

④《ホーム》タブ→《フォント》グループの B （太字）をクリックします。

⑤《ホーム》タブ→《フォント》グループの 15 （フォントサイズ）の →《20》をクリックします。

※スライドマスターを閉じておきましょう。

問題(4)

①《表示》タブ→《マスター表示》グループの（スライドマスター表示）をクリックします。

②サムネイルの一覧から《白紙 レイアウト：どのスライドでも使用されない》（上から8番目）を選択します。

③《スライドマスター》タブ→《マスターの編集》グループの（レイアウトの挿入）をクリックします。

④《スライドマスター》タブ→《マスターレイアウト》グループの（コンテンツ）の プレースホルダーの挿入 →《SmartArt》をクリックします。

⑤始点から終点までドラッグします。

⑥《スライドマスター》タブ→《マスターレイアウト》グループの（SmartArt）の プレースホルダーの挿入 →《テキスト》をクリックします。

⑦始点から終点までドラッグします。

⑧《スライドマスター》タブ→《マスターの編集》グループの 名前の変更 （名前の変更）をクリックします。

⑨《レイアウト名》に「図表とテキスト」と入力します。

⑩《名前の変更》をクリックします。

※スライドマスターを閉じておきましょう。

問題(5)

①《挿入》タブ→《テキスト》グループの（ヘッダーとフッター）をクリックします。

②《ノートと配布資料》タブを選択します。

③《ページ番号》を ☑ にします。

④《ヘッダー》を ☑ にし、「下村文化学園」と入力します。

⑤《すべてに適用》をクリックします。

問題(6)

①《校閲》タブ→《コメント》グループの（コメントの削除）の 削除 →《このプレゼンテーションからすべてのコメントを削除》をクリックします。

②《はい》をクリックします。

問題(7)

①《ファイル》タブを選択します。

②《情報》→《プロパティ》→《詳細プロパティ》をクリックします。

③《ファイルの概要》タブを選択します。

④《作成者》に「学生課」と入力します。

⑤《分類》に「学校案内」と入力します。

⑥《OK》をクリックします。

※ Esc を押して、標準表示に戻しておきましょう。

問題(8)

①《ファイル》タブを選択します。

②《情報》→《問題のチェック》→《アクセシビリティチェック》をクリックします。

③《エラー》の《代替テキストがありません》の「図2（スライド7）」をクリックします。

④「図2（スライド7）」の をクリックし、一覧から《おすすめアクション》の《説明を追加》を選択します。

⑤「進路状況」と入力します。

※《代替テキスト》作業ウィンドウと《アクセシビリティチェック》作業ウィンドウを閉じておきましょう。

問題(9)

①《ファイル》タブを選択します。

②《情報》→《プレゼンテーションの保護》→《最終版にする》をクリックします。

③メッセージを確認し、《OK》をクリックします。

④メッセージを確認し、《OK》をクリックします。

●完成図

1枚目

2枚目

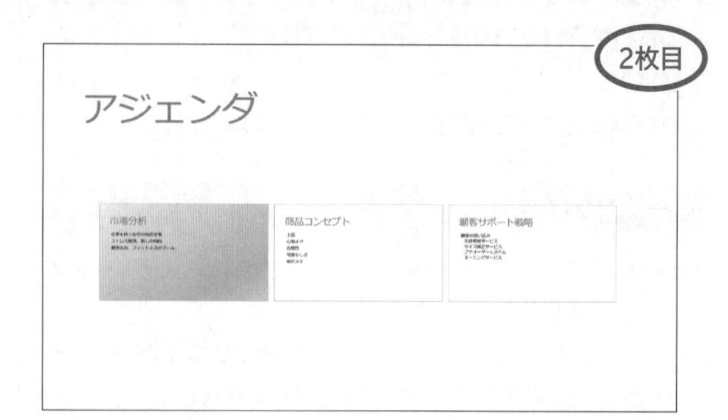

3枚目

市場分析

仕事を持つ女性の地位定着
ストレス解消、癒しの傾向
健康志向、フィットネスのブーム

4枚目

ターゲット分析

自分らしさ
　自分に似合うモノを知っている
　自分のスタイルを持っている
本物
　あれこれたくさんモノを買わない
　納得できるモノは高価でも購入する
　がんばる自分へのご褒美感覚で購入する
リラクゼーション
　仕事と休息を上手に切り分けている
　自分をいたわる商品に関心が高い
　ストレスの上手な解消法を探している

5枚目

商品コンセプト

上品
心地よさ
合理性
可愛らしさ
格好よさ

6枚目

セールスポイント

美シルエット
スウェード加工素材
形状記憶
遊び心小物
脱スポーツウェア

7枚目

アイテム・ラインナップ

インナー
　Tシャツ
　ハーフトップ
　ノースリーブ
　タンクトップ
アウター
　ブルゾン
　ジャケット
ボトム
　パンツ
　ハーフパンツ
　ショートパンツ

8枚目

値ごろ感調査結果

インナー
　¥9,000～¥18,000
アウター
　¥28,000～¥45,000
ボトム
　¥15,000～¥28,000

9枚目

顧客サポート戦略

顧客の囲い込み
会員情報サービス
サイズ補正サービス
プチオーダーシステム
ネーミングサービス

10枚目

ブランドイメージ戦略

専属モデルの起用によるブランドイメージの浸透
新シリーズ発表会
ファッション誌特集
全国拠点ファッションショー

問題(1)

①スライド1を選択します。
②《ホーム》タブ→《スライド》グループの(新しいスライド)の→《アウトラインからスライド》をクリックします。
③フォルダー「**Lesson49**」を開きます。
※《PC》→《ドキュメント》→「MOS-PowerPoint 365 2019(1)」→「Lesson49」を選択します。
④一覧から「**企画骨子**」を選択します。
⑤《**挿入**》をクリックします。
※お使いの環境によっては、エラーが発生してWord文書が挿入できない場合があります。その場合は、フォルダー「MOS-PowerPoint 365 2019(1)」にあるリッチテキスト「企画骨子(rtf)」を挿入してください。
⑥スライド2を選択します。
⑦ Shift を押しながら、スライド9を選択します。
⑧《**ホーム**》タブ→《**スライド**》グループの リセット (リセット)をクリックします。

問題(2)

①スライド9を選択します。
②スライド4の後ろにドラッグします。

問題(3)

①スライド8を選択します。
②《**ホーム**》タブ→《**スライド**》グループの セクション (セクション)→《**セクションの追加**》をクリックします。
③《**セクション名**》に「**販売戦略**」と入力します。
④《**名前の変更**》をクリックします。

問題(4)

①スライド2を選択します。
② Shift を押しながら、スライド3を選択します。
③《**デザイン**》タブ→《**ユーザー設定**》グループの(背景の書式設定)をクリックします。
④《**塗りつぶし**》の詳細を表示します。
※表示されていない場合は、《塗りつぶし》をクリックします。
⑤《**塗りつぶし(グラデーション)**》を◉にします。
⑥《**種類**》の▾をクリックし、一覧から《**線形**》を選択します。
⑦《**方向**》の(方向)をクリックし、一覧から《**斜め方向-左上から右下**》を選択します。
※《背景の書式設定》作業ウィンドウを閉じておきましょう。

問題(5)

①スライド4を選択します。
② Shift を押しながら、スライド5を選択します。
③《**ホーム**》タブ→《**スライド**》グループの レイアウト (スライドのレイアウト)→《**2つのコンテンツ**》をクリックします。

問題(6)

①スライド7を選択します。
②《**スライドショー**》タブ→《**設定**》グループの(非表示スライドに設定)をクリックします。

問題(7)

①スライド1を選択します。
②《**挿入**》タブ→《**リンク**》グループの(ズーム)→《**サマリーズーム**》をクリックします。
③《**サマリーズームの挿入**》ダイアログボックスが表示されます。
④スライド2とスライド4とスライド8を☑にします。
⑤《**挿入**》をクリックします。
⑥タイトルに「**アジェンダ**」と入力します。

問題(8)

①スライド1を選択します。
②《**挿入**》タブ→《**テキスト**》グループの(ヘッダーとフッター)をクリックします。
③《**スライド**》タブを選択します。
④《**日付と時刻**》を☑にします。
⑤《**固定**》を◉にし、「**2021/4/1**」と入力します。
⑥《**フッター**》を☑にし、「**商品企画部**」と入力します。
⑦《**適用**》をクリックします。

Answer　確認問題　標準解答

▶ Lesson 71

●完成図

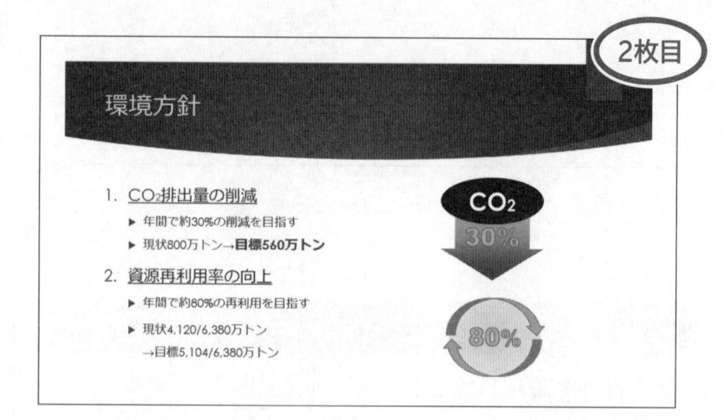

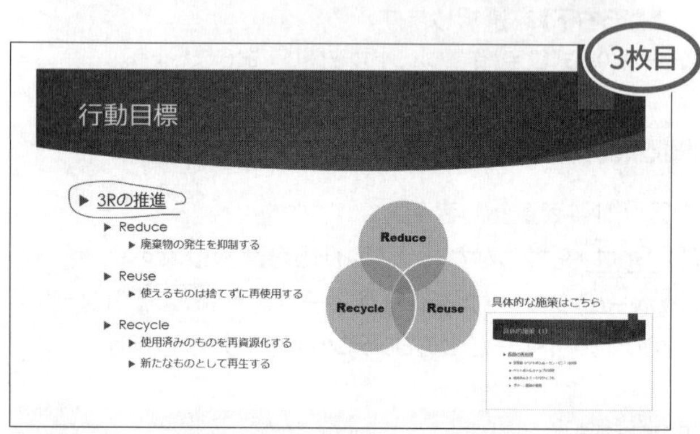

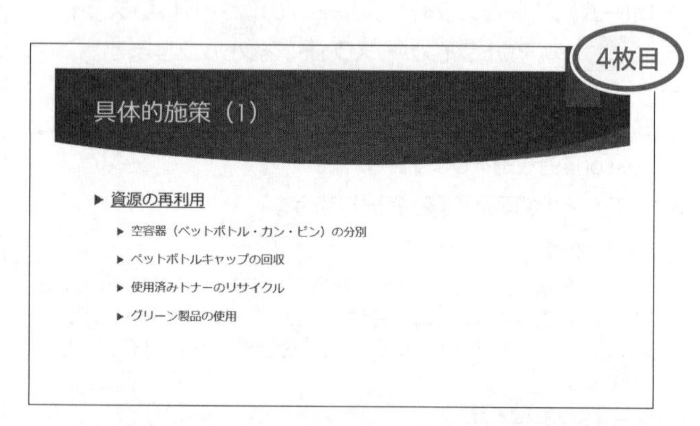

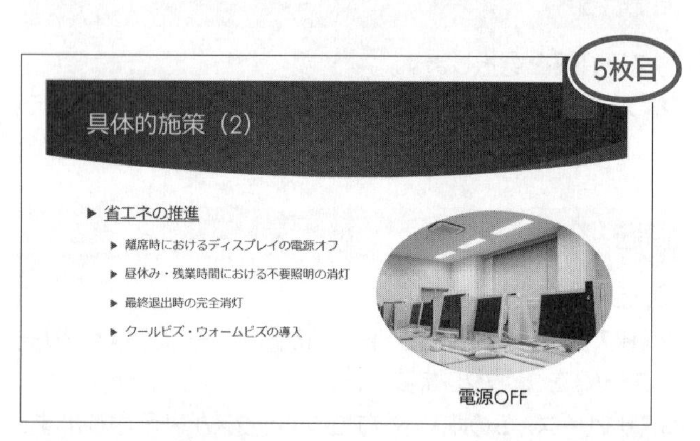

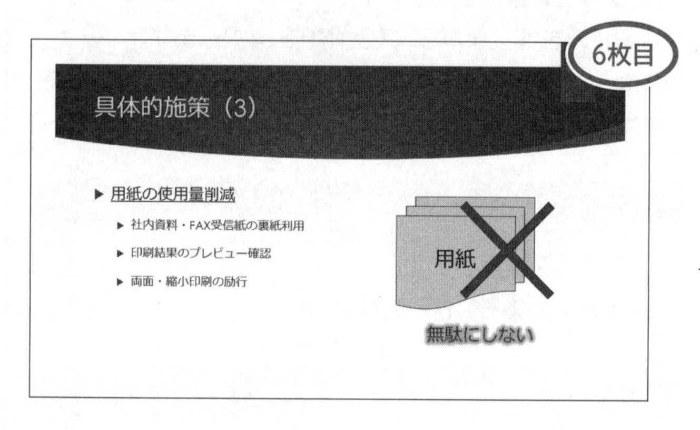

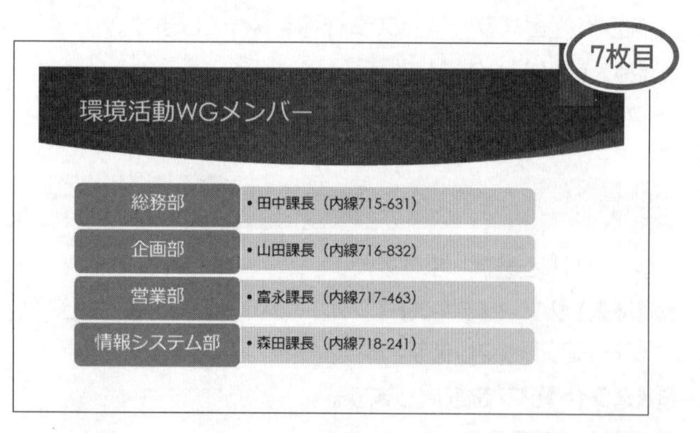

問題(1)

①スライド1を選択します。
②図形「**ECO2020**」を選択します。
③《**書式**》タブ→《**図形のスタイル**》グループの(その他)→《**テーマスタイル**》の《**光沢-オレンジ、アクセント2**》をクリックします。

問題(2)

①スライド1を選択します。
②図形「**ECO2020**」を選択します。
③《**書式**》タブ→《**サイズ**》グループの(図形の高さ)を「**4cm**」に設定します。
④《**書式**》タブ→《**サイズ**》グループの(図形の幅)を「**14cm**」に設定します。

問題(3)

①スライド2を選択します。
②「**CO_2排出量の削減**」の段落にカーソルを移動します。
※段落内であれば、どこでもかまいません。
③《**ホーム**》タブ→《**段落**》グループの(段落番号)の→《**箇条書きと段落番号**》をクリックします。
④《**段落番号**》タブを選択します。
⑤一覧から《**1.2.3.**》を選択します。
⑥《**サイズ**》を「**100**」%に設定します。
⑦《**OK**》をクリックします。
⑧「**資源再利用率の向上**」の段落にカーソルを移動します。
※段落内であれば、どこでもかまいません。
⑨ F4 を押します。

問題(4)

①スライド2を選択します。
②図形「**CO_2**」を選択します。
③ Shift を押しながら、図形「**30%**」を選択します。
④《**書式**》タブ→《**配置**》グループの 配置 (オブジェクトの配置)→《**左右中央揃え**》をクリックします。
⑤《**書式**》タブ→《**配置**》グループの グループ化 (オブジェクトのグループ化)→《**グループ化**》をクリックします。

問題(5)

①スライド3を選択します。
②《**挿入**》タブ→《**リンク**》グループの(ズーム)→《**スライドズーム**》をクリックします。
③《**4.具体的施策(1)**》を ✔ にします。
④《**挿入**》をクリックします。
⑤サムネイルを選択し、移動先にドラッグします。

問題(6)

①スライド4を選択します。
②「**使用済みトナーのリサイクル**」の後ろにカーソルを移動します。
③ Enter を押して、改行します。
④「**グリーン製品の使用**」と入力します。

問題(7)

①スライド5を選択します。
②図を選択します。
③《**書式**》タブ→《**サイズ**》グループの(トリミング)の→《**図形に合わせてトリミング**》→《**基本図形**》の(楕円)をクリックします。

問題(8)

①スライド5を選択します。
②図を選択します。
③《**書式**》タブ→《**アクセシビリティ**》グループの(代替テキストウィンドウを表示します)をクリックします。
④《**代替テキスト**》作業ウィンドウに「**パソコンのイメージ**」と入力します。
※《代替テキスト》作業ウィンドウを閉じておきましょう。

問題(9)

①スライド6を選択します。
②図形「**用紙**」を選択します。
③《**書式**》タブ→《**図形のスタイル**》グループの 図形の塗りつぶし (図形の塗りつぶし)→《**テクスチャ**》→《**再生紙**》をクリックします。

問題(10)

①スライド6を選択します。
②図形「**用紙**」を選択します。
③《**書式**》タブ→《**配置**》グループの 背面へ移動 (背面へ移動)の→《**最背面へ移動**》をクリックします。

問題(11)

①スライド6を選択します。
②テキストボックス「**無駄にしない**」を選択します。
③《**書式**》タブ→《**ワードアートのスタイル**》グループの(その他)→《**塗りつぶし:濃い赤、アクセントカラー1;影**》をクリックします。
④《**書式**》タブ→《**ワードアートのスタイル**》グループの(文字の効果)→《**光彩**》→《**光彩の種類**》の《**光彩:18pt;青緑、アクセントカラー5**》をクリックします。

問題(12)

①スライド1を選択します。
②**「環境活動ワーキンググループ」**を選択します。
③**《挿入》**タブ→**《リンク》**グループの (ハイパーリンクの追加)をクリックします。
④**《リンク先》**の**《このドキュメント内》**をクリックします。
⑤**《ドキュメント内の場所》**の一覧から**《最後のスライド》**を選択します。
※「7.環境活動WGメンバー」を選択してもかまいません。
⑥**《OK》**をクリックします。

問題(13)

①**《ファイル》**タブを選択します。
②**《オプション》**をクリックします。
③左側の一覧から**《リボンのユーザー設定》**を選択します。
④**《リボンのユーザー設定》**の をクリックし、一覧から**《メインタブ》**を選択します。
⑤**《描画》**を ✔ にします。
⑥**《OK》**をクリックします。
⑦スライド3を選択します。
⑧**《描画》**タブ→**《ペン》**グループの**《ペン：赤、0.5mm》**をクリックします。
⑨**「3Rの推進」**の周囲をドラッグします。
※ Esc を押して、インクの描画をオフにしておきましょう。
※《描画》タブを非表示にしておきましょう。

Answer 確認問題 標準解答

▶ Lesson 91

● 完成図

1枚目

2枚目

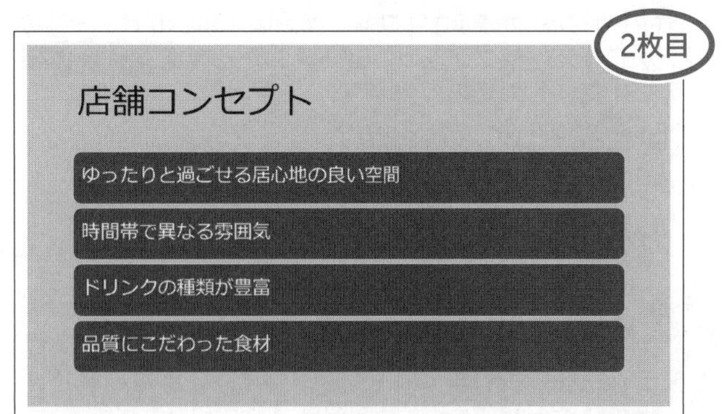

3枚目

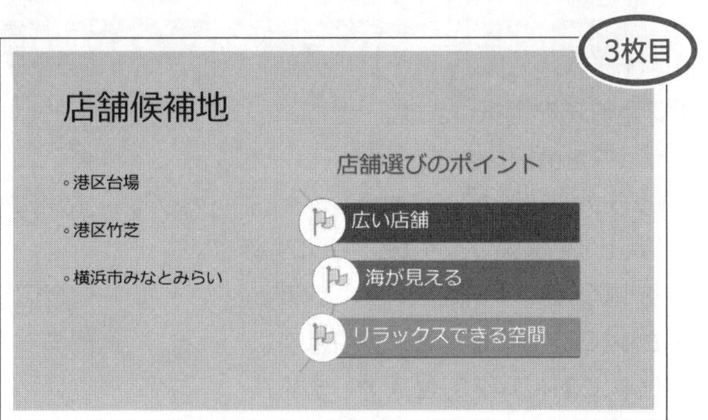

4枚目

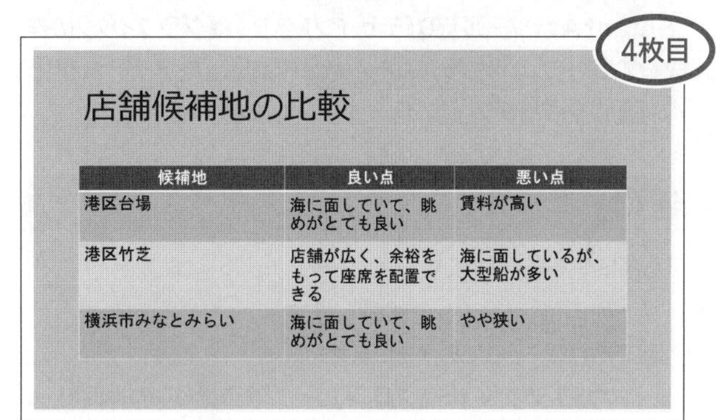

候補地	良い点	悪い点
港区台場	海に面していて、眺めがとても良い	賃料が高い
港区竹芝	店舗が広く、余裕をもって座席を配置できる	海に面しているが、大型船が多い
横浜市みなとみらい	海に面していて、眺めがとても良い	やや狭い

5枚目

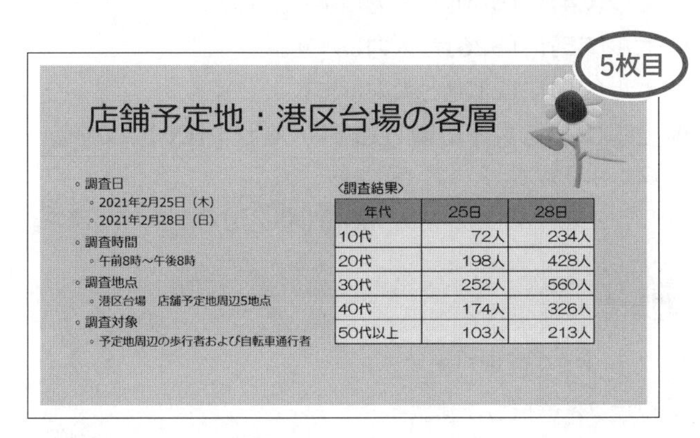

年代	25日	28日
10代	72人	234人
20代	198人	428人
30代	252人	560人
40代	174人	326人
50代以上	103人	213人

6枚目

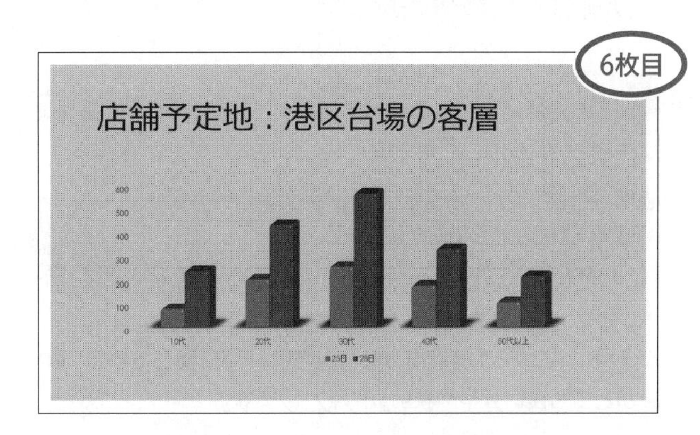

7枚目

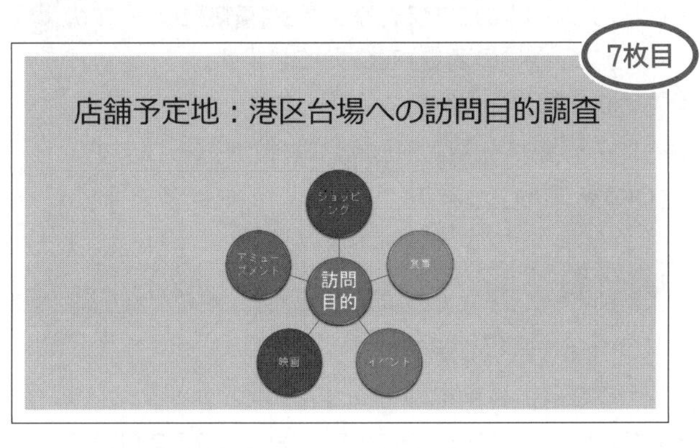

8枚目

店舗予定地：港区台場からの眺め

問題(1)

①スライド2を選択します。
②SmartArtグラフィックを選択します。
③テキストウィンドウの**「ゆったりと過ごせる居心地の良い空間」**の後ろにカーソルを移動します。
※テキストウィンドウが表示されていない場合は、《SmartArtツール》の《デザイン》タブ→《グラフィックの作成》グループの テキスト ウィンドウ(テキストウィンドウ)をクリックします。
④ Enter を押して、改行します。
⑤テキストウィンドウの2行目に**「時間帯で異なる雰囲気」**と入力します。

問題(2)

①スライド3を選択します。
②図形**「海が見える」**を選択します。
③**《SmartArtツール》**の**《デザイン》**タブ→**《グラフィックの作成》**グループの 1つ上のレベルへ移動 (選択したアイテムを上へ移動)をクリックします。

問題(3)

①スライド4を選択します。
②表の1列目にカーソルを移動します。
※1列目であれば、どこでもかまいません。
③**《レイアウト》**タブ→**《行と列》**グループの (表の削除)→**《列の削除》**をクリックします。

問題(4)

①スライド4を選択します。
②表の3行目にカーソルを移動します。
※3行目であれば、どこでもかまいません。
③**《レイアウト》**タブ→**《行と列》**グループの (下に行を挿入)をクリックします。
④4行目に左から**「横浜市みなとみらい」「海に面していて、眺めがとても良い」「やや狭い」**と入力します。

問題(5)

①スライド4を選択します。
②表を選択します。
③**《レイアウト》**タブ→**《表のサイズ》**グループの 幅: (幅)を**「28cm」**に設定します。

問題(6)

①スライド4を選択します。
②表を選択します。
③**《表ツール》**の**《デザイン》**タブ→**《表のスタイル》**グループの (その他)→**《中間》**の**《中間スタイル2-アクセント2》**をクリックします。

問題(7)

①スライド5を選択します。
②3Dモデルを選択します。
③**《書式設定》**タブ→**《サイズ》**グループの 高さ: (図形の高さ)を**「6.4cm」**に設定します。
④**《書式設定》**タブ→**《サイズ》**グループの 幅: (図形の幅)が**「6.6cm」**になっていることを確認します。
※高さを変更すると、自動的に幅も調整されます。

問題(8)

①スライド5を選択します。
②3Dモデルを選択します。
③**《書式設定》**タブ→**《3Dモデルビュー》**グループの (その他)→**《右上前面》**をクリックします。

問題(9)

①スライド6を選択します。
②グラフを選択します。
③**《グラフツール》**の**《デザイン》**タブ→**《データ》**グループの (データを編集します)をクリックします。
④セル**【C1】**に**「28日」**と入力します。
⑤セル**【C2】**に**「234」**と入力します。
⑥セル**【C3】**に**「428」**と入力します。
⑦セル**【C4】**に**「560」**と入力します。
⑧セル**【C5】**に**「326」**と入力します。
⑨セル**【C6】**に**「213」**と入力します。
⑩セル**【B6】**の右下の■(ハンドル)をセル**【C6】**までドラッグします。
⑪ワークシートのウィンドウの × (閉じる)をクリックします。

問題(10)

①スライド6を選択します。
②グラフを選択します。
③**《グラフツール》**の**《デザイン》**タブ→**《種類》**グループの  (グラフの種類の変更)をクリックします。
④左側の一覧から**《縦棒》**を選択します。
⑤右側の一覧から (3-D集合縦棒)を選択します。
⑥**《OK》**をクリックします。

問題(11)

①スライド6を選択します。
②グラフを選択します。
③**《グラフツール》**の**《デザイン》**タブ→**《グラフスタイル》**グループの (その他)→**《スタイル11》**をクリックします。
④**《グラフツール》**の**《デザイン》**タブ→**《グラフスタイル》**グループの (グラフクイックカラー)→**《カラフル》**の**《カラフルなパレット4》**をクリックします。

問題(12)

①スライド7を選択します。
②箇条書きのプレースホルダーを選択します。
③《ホーム》タブ→《段落》グループの SmartArt に変換 (SmartArtグラフィックに変換)→《その他のSmartArtグラフィック》をクリックします。
④左側の一覧から《集合関係》を選択します。
⑤中央の一覧から《基本放射》を選択します。
⑥《OK》をクリックします。

問題(13)

①スライド7を選択します。
②SmartArtグラフィックを選択します。
③《SmartArtツール》の《デザイン》タブ→《SmartArtのスタイル》グループの (その他)→《ドキュメントに最適なスタイル》の《光沢》をクリックします。
④《SmartArtツール》の《デザイン》タブ→《SmartArtのスタイル》グループの 色の変更 (色の変更)→《カラフル》の《カラフル-全アクセント》をクリックします。

問題(14)

①スライド8を選択します。
②コンテンツのプレースホルダーの (ビデオの挿入)をクリックします。
③《ファイルから》の《参照》をクリックします。
④フォルダー「Lesson91」を開きます。
※《PC》→《ドキュメント》→「MOS-PowerPoint 365 2019(1)」→「Lesson91」を選択します。
⑤一覧から「店舗予定地からの眺め」を選択します。
⑥《挿入》をクリックします。

問題(15)

①スライド8を選択します。
②ビデオを選択します。
③《再生》タブ→《編集》グループの《フェードイン》を「08.00」に設定します。
④《再生》タブ→《ビデオのオプション》グループの《開始》の →《自動》をクリックします。

Answer 確認問題 標準解答

●完成図

1枚目

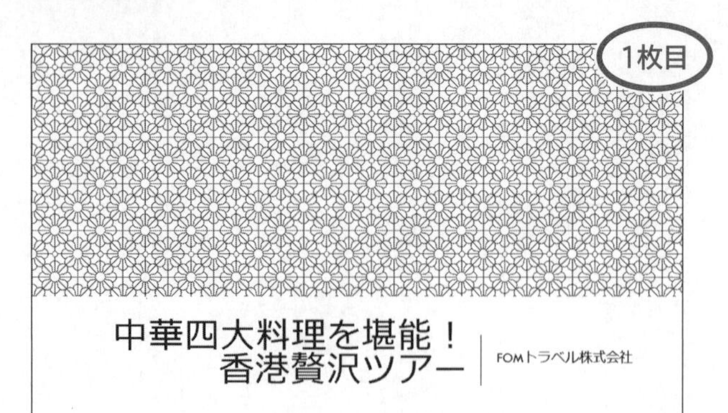

2枚目

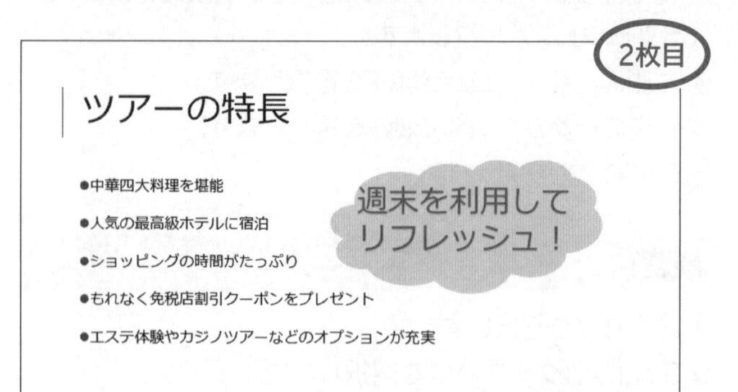

3枚目

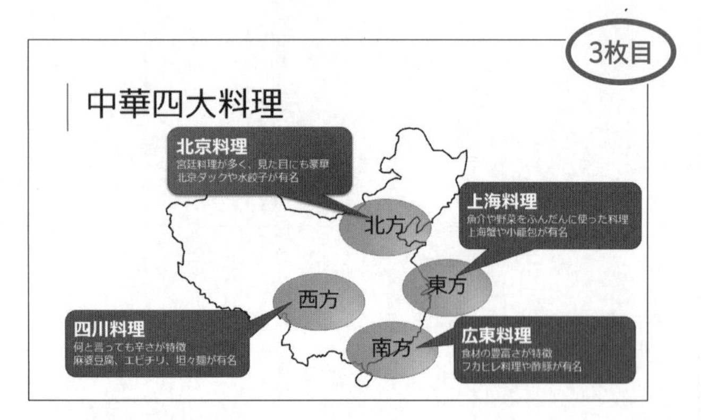

4枚目

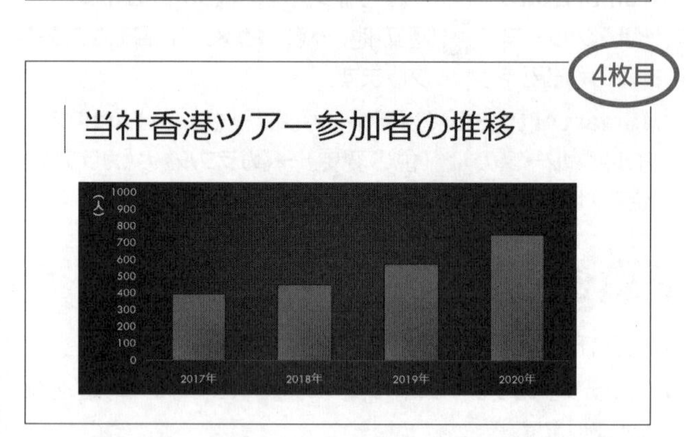

5枚目

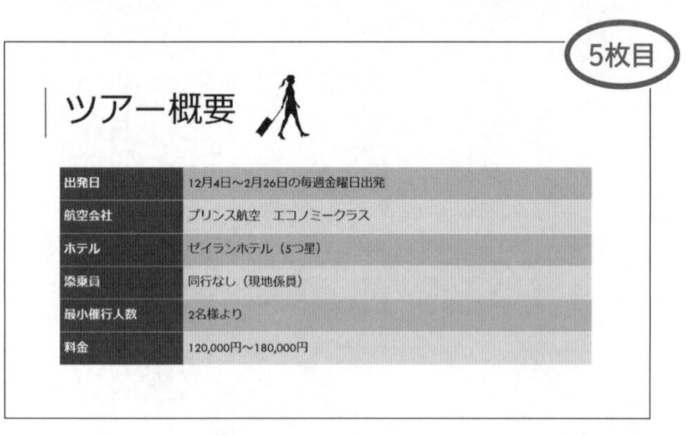

6枚目

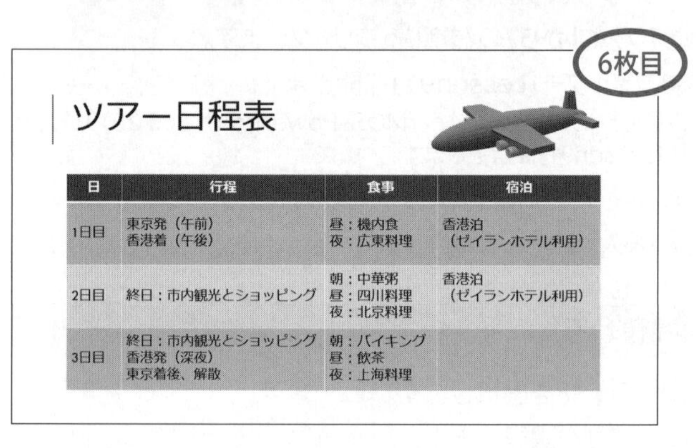

7枚目

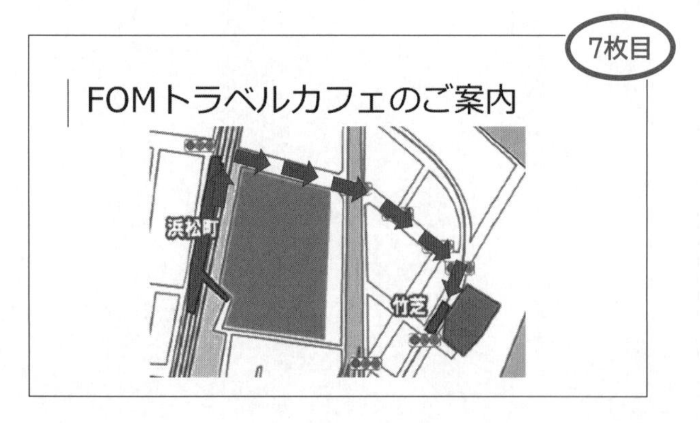

問題(1)

①スライド2を選択します。
②箇条書きのプレースホルダーを選択します。
③《アニメーション》タブ→《アニメーション》グループの(その他)→《開始》の《スライドイン》をクリックします。
④《アニメーション》タブ→《アニメーション》グループの(効果のオプション)→《方向》の《右から》をクリックします。

問題(2)

①スライド2を選択します。
②図形を選択します。
③《アニメーション》タブ→《アニメーション》グループの(その他)→《その他の開始効果》をクリックします。
④《はなやか》の《スパイラルイン》をクリックします。
⑤《OK》をクリックします。
⑥《アニメーション》タブ→《アニメーションの詳細設定》グループの(アニメーションの追加)→《その他の終了効果》をクリックします。
⑦《はなやか》の《スパイラルアウト》をクリックします。
⑧《OK》をクリックします。

問題(3)

①スライド3を選択します。
②《アニメーション》タブを選択します。
③現在のアニメーションの再生番号を確認します。
④図形**「四川料理」**を選択します。
⑤《アニメーション》タブ→《タイミング》グループの ▼ 順番を後にする (順番を後にする)をクリックします。

問題(4)

①スライド3を選択します。
②図形**「北方」**を選択します。
③《アニメーション》タブ→《アニメーション》グループの(その他)→《開始》の《ズーム》をクリックします。
④《アニメーション》タブ→《タイミング》グループの ▲ 順番を前にする (順番を前にする)を3回クリックします。
※図形「北方」の再生番号が「2」に変更されます。
⑤《アニメーション》タブ→《タイミング》グループの《開始》の→《直前の動作と同時》をクリックします。
⑥図形**「東方」**を選択します。
⑦《アニメーション》タブ→《アニメーション》グループの(その他)→《開始》の《ズーム》をクリックします。
⑧《アニメーション》タブ→《タイミング》グループの ▲ 順番を前にする (順番を前にする)を2回クリックします。
※図形「東方」の再生番号が「3」に変更されます。
⑨《アニメーション》タブ→《タイミング》グループの《開始》の→《直前の動作と同時》をクリックします。
⑩図形**「南方」**を選択します。
⑪《アニメーション》タブ→《アニメーション》グループの(その他)→《開始》の《ズーム》をクリックします。
⑫《アニメーション》タブ→《タイミング》グループの ▲ 順番を前にする (順番を前にする)をクリックします。
※図形「南方」の再生番号が「4」に変更されます。
⑬《アニメーション》タブ→《タイミング》グループの《開始》の→《直前の動作と同時》をクリックします。
⑭図形**「西方」**を選択します。
⑮《アニメーション》タブ→《アニメーション》グループの(その他)→《開始》の《ズーム》をクリックします。
⑯《アニメーション》タブ→《タイミング》グループの《開始》の→《直前の動作と同時》をクリックします。

問題(5)

①スライド4を選択します。
②グラフを選択します。
③《アニメーション》タブ→《アニメーション》グループの(その他)→《開始》の《ワイプ》をクリックします。
④《アニメーション》タブ→《アニメーション》グループの(効果のオプション)→《連続》の《項目別》をクリックします。

問題(6)

①スライド4を選択します。
②《アニメーション》タブを選択します。
③アニメーションの再生番号**「1」**を選択します。
④ Delete を押します。

問題(7)

①スライド5を選択します。
②図を選択します。
③《アニメーション》タブ→《アニメーション》グループの(その他)→《その他のアニメーションの軌跡効果》をクリックします。
④《線と曲線》の《波線(正弦曲線)》をクリックします。
⑤《OK》をクリックします。
⑥波線(正弦曲線)の軌跡が選択されていることを確認します。
⑦右側の○(ハンドル)を右方向にドラッグして、軌跡のサイズを変更します。

問題(8)

①スライド5を選択します。
②図を選択します。
③《アニメーション》タブ→《タイミング》グループの《継続時間》を**「05.00」**に設定します。

問題(9)

①スライド6を選択します。
②3Dモデルを選択します。
③**《アニメーション》**タブ→**《アニメーション》**グループの(その他)→**《3D》**の**《スイング》**をクリックします。

問題(10)

①スライド7を選択します。
②左から1番目の矢印を選択します。
③**《アニメーション》**タブ→**《アニメーション》**グループの(その他)→**《強調》**の**《補色》**をクリックします。
④**《アニメーション》**タブ→**《タイミング》**グループの**《開始》**の→**《直前の動作と同時》**をクリックします。

問題(11)

①スライド7を選択します。
②左から2番目の矢印を選択します。
③**《アニメーション》**タブ→**《アニメーション》**グループの(その他)→**《強調》**の**《補色》**をクリックします。
④**《アニメーション》**タブ→**《タイミング》**グループの**《開始》**の→**《直前の動作の後》**をクリックします。
⑤**《アニメーション》**タブ→**《タイミング》**グループの**《遅延》**を**「01.00」**に設定します。

問題(12)

①スライド7を選択します。
②左から2番目の矢印を選択します。
③**《アニメーション》**タブ→**《アニメーションの詳細設定》**グループの アニメーションのコピー/貼り付け (アニメーションのコピー/貼り付け)をダブルクリックします。
④左から3番目の矢印をクリックします。
⑤左から4～7番目の矢印を順番にクリックします。
⑥Escを押して、連続コピーを終了します。

問題(13)

①**《画面切り替え》**タブ→**《画面切り替え》**グループの(その他)→**《弱》**の**《カバー》**をクリックします。
②**《画面切り替え》**タブ→**《タイミング》**グループの**《期間》**を**「02.00」**に設定します。
③**《画面切り替え》**タブ→**《タイミング》**グループの すべてに適用 (すべてに適用)をクリックします。

問題(14)

①スライド7を選択します。
②**《画面切り替え》**タブ→**《画面切り替え》**グループの(その他)→**《はなやか》**の**《ピールオフ》**をクリックします。
③**《画面切り替え》**タブ→**《画面切り替え》**グループの 効果のオプション (効果のオプション)→**《右》**をクリックします。

MOS PowerPoint 365&2019

模擬試験プログラムの使い方

1 模擬試験プログラムの起動方法

模擬試験プログラムを起動しましょう。

①すべてのアプリを終了します。

※アプリを起動していると、模擬試験プログラムが正しく動作しない場合があります。

②デスクトップを表示します。

③ (スタート)→《MOS PowerPoint 365&2019》をクリックします。

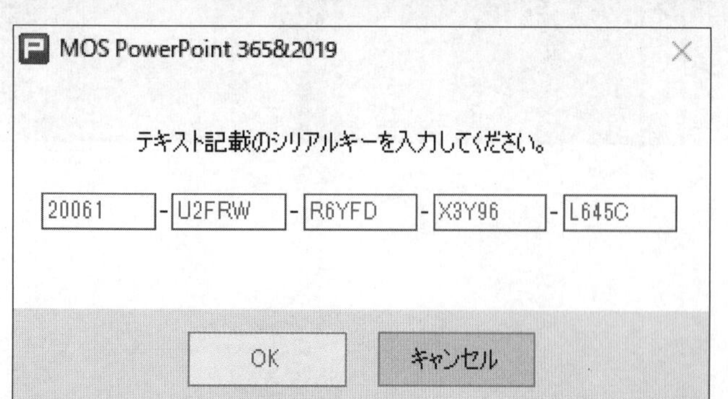

④《テキスト記載のシリアルキーを入力してください。》が表示されます。

⑤次のシリアルキーを半角で入力します。

20061-U2FRW-R6YFD-X3Y96-L645C

※シリアルキーは、模擬試験プログラムを初めて起動するときに、1回だけ入力します。

⑥《OK》をクリックします。

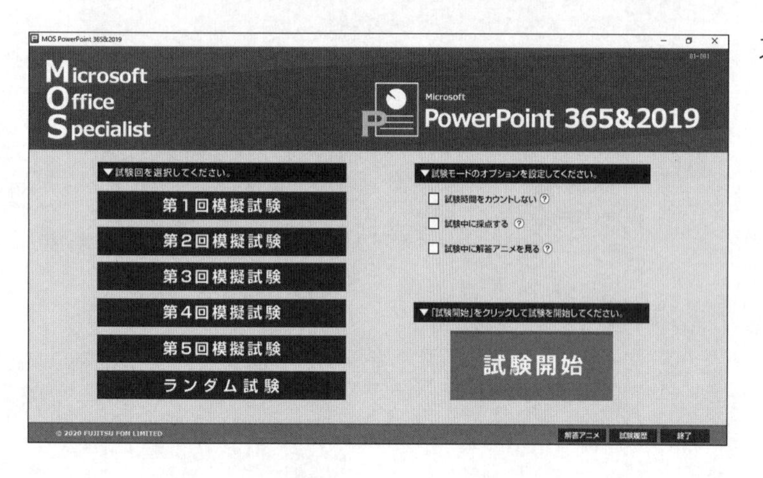

スタートメニューが表示されます。

2 模擬試験プログラムの学習方法

模擬試験プログラムを使って、模擬試験を実施する流れを確認しましょう。

❶ スタートメニューで試験回とオプションを選択する

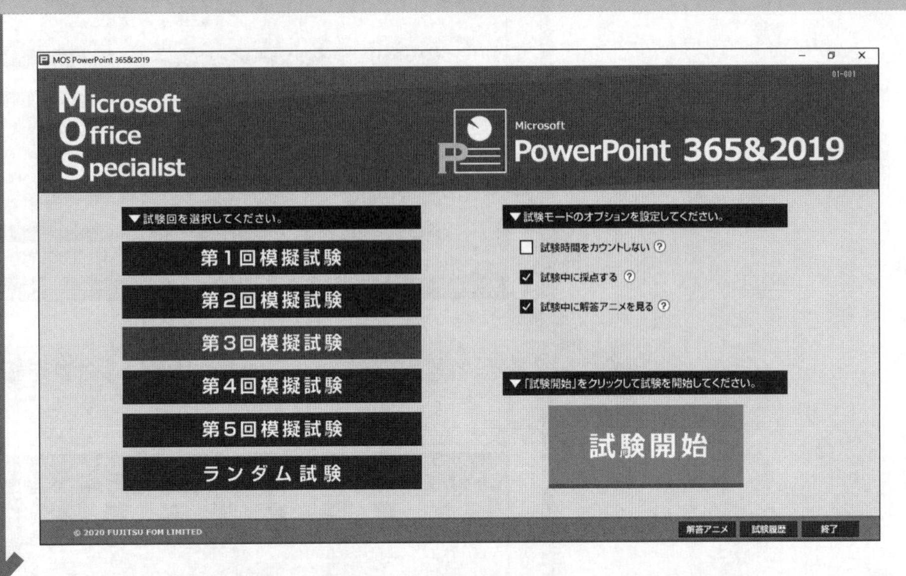

❷ 試験実施画面で問題に解答する

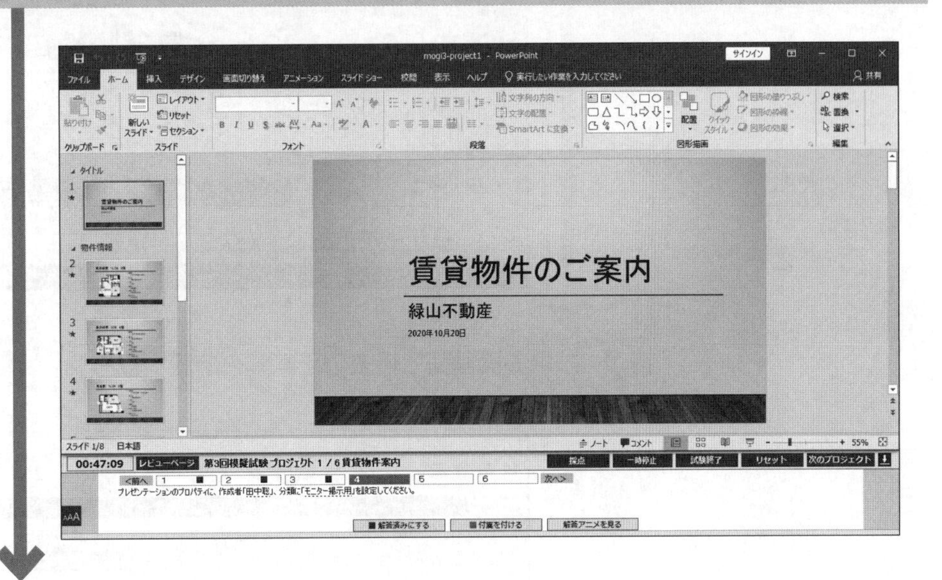

❸ 試験結果画面で採点結果や正答率を確認する

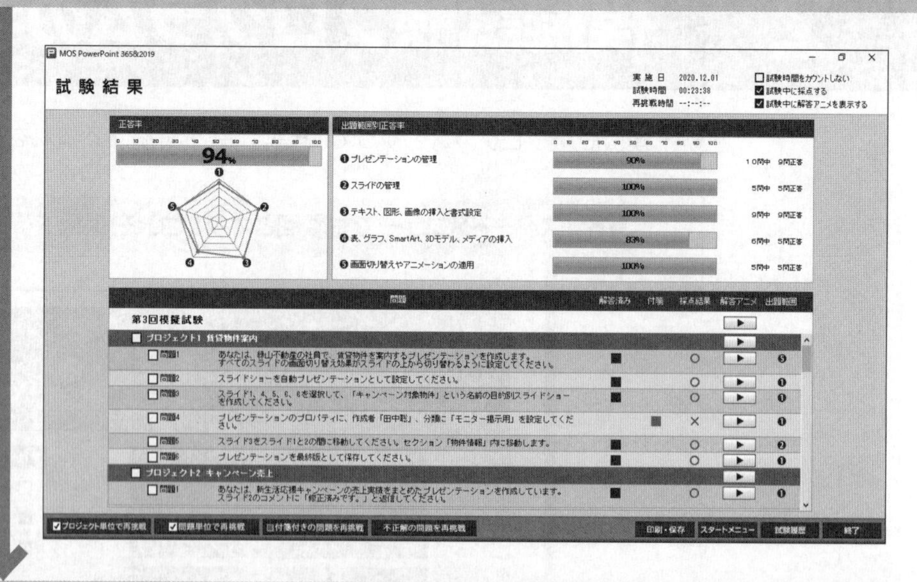

❹ 解答確認画面でアニメーションやナレーションを確認する

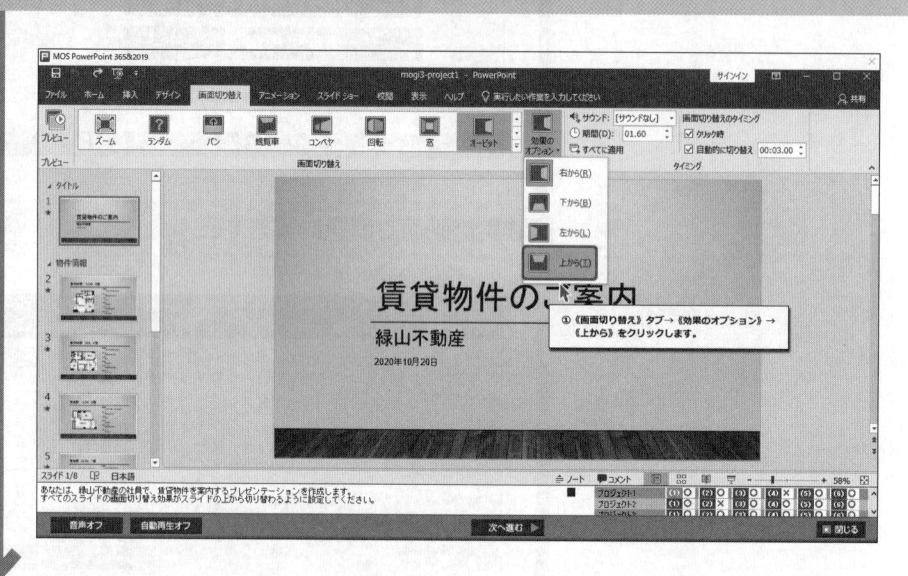

❺ 試験履歴画面で過去の正答率を確認する

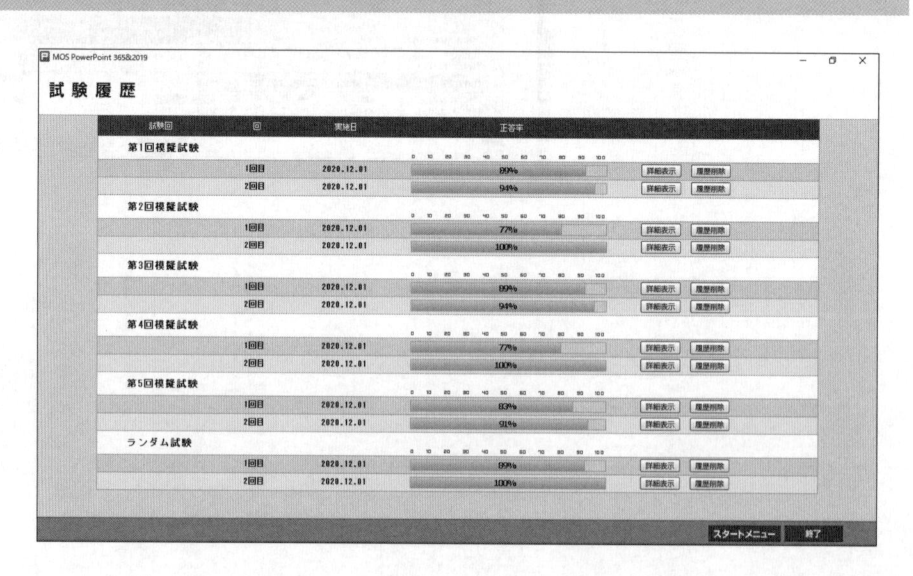

3 模擬試験プログラムの使い方

1 スタートメニュー

模擬試験プログラムを起動すると、スタートメニューが表示されます。
スタートメニューから実施する試験回を選択します。

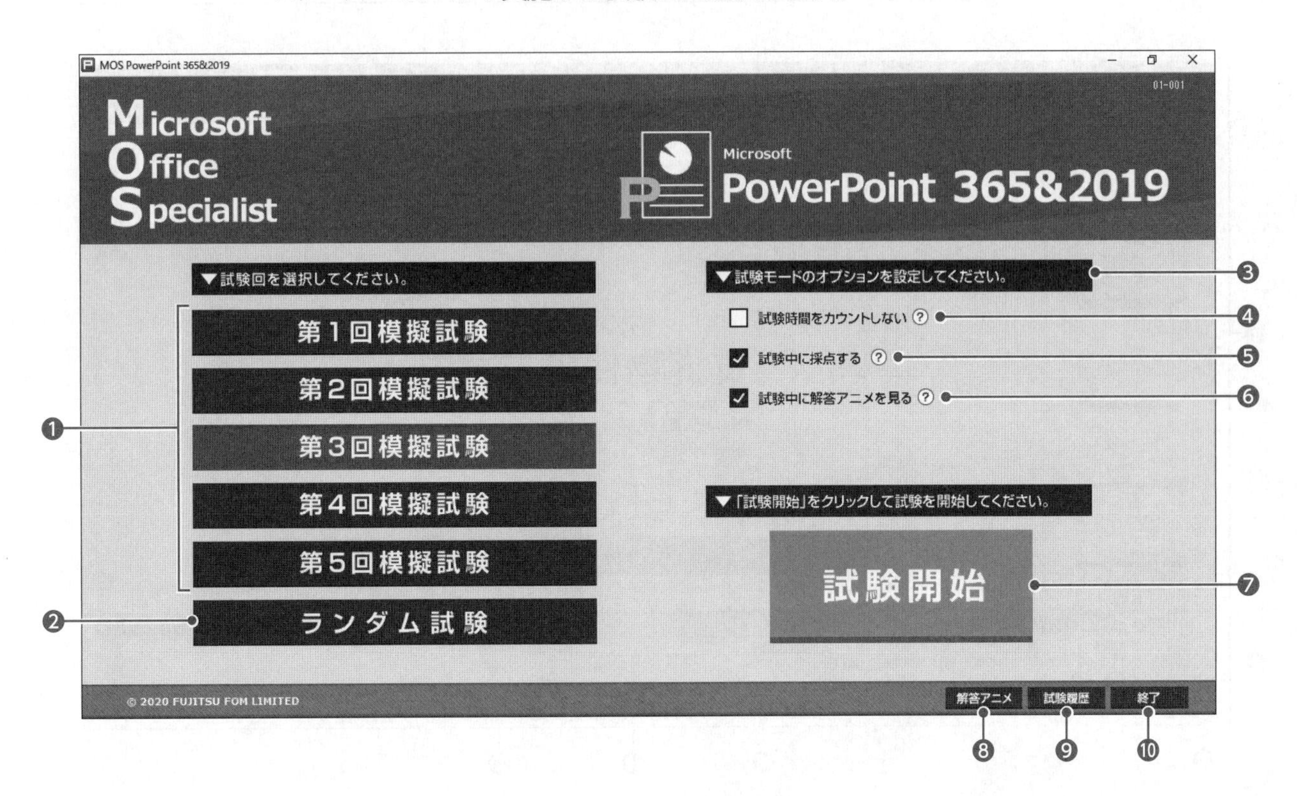

❶模擬試験
5回分の模擬試験から実施する試験を選択します。

❷ランダム試験
5回分の模擬試験のすべての問題の中からランダムに出題されます。

❸試験モードのオプション
試験モードのオプションを設定できます。?をポイントすると、説明が表示されます。

❹試験時間をカウントしない
☑にすると、試験時間をカウントしないで、試験を行うことができます。

❺試験中に採点する
☑にすると、試験中に問題ごとの採点結果を確認できます。

❻試験中に解答アニメを見る
☑にすると、試験中に標準解答のアニメーションとナレーションを確認できます。

❼試験開始
選択した試験回、設定したオプションで試験を開始します。

❽解答アニメ
選択した試験回の解答確認画面を表示します。

❾試験履歴
試験履歴画面を表示します。

❿終了
模擬試験プログラムを終了します。

2 試験実施画面

試験を開始すると、次のような画面が表示されます。

> **模擬試験プログラムの試験形式について**
> 模擬試験プログラムの試験実施画面や試験形式は、FOM出版が独自に開発したもので、本試験とは異なります。
> 模擬試験プログラムはアップデートする場合があります。
> ※本書の最新情報について、P.11に記載されているFOM出版のホームページにアクセスして確認してください。

❶PowerPointウィンドウ

PowerPointが起動し、ファイルが開かれます。指示に従って、解答の操作を行います。

❷問題ウィンドウ

開かれているファイルの問題が表示されます。問題には、ファイルに対して行う具体的な指示が記述されています。1ファイルにつき、1～7個程度の問題が用意されています。

❸タイマー

試験の残り時間が表示されます。制限時間経過後は、マイナス(－)で表示されます。

※スタートメニューで《試験時間をカウントしない》を☑にしている場合、タイマーは表示されません。

❹レビューページ

レビューページを表示します。ボタンは、試験中、常に表示されます。レビューページから、別のプロジェクトの問題に切り替えることができます。

※レビューページについては、P.266を参照してください。

❺試験回

選択している模擬試験の試験回が表示されます。

❻表示中のプロジェクト番号／全体のプロジェクト数

現在、表示されているプロジェクトの番号と全体のプロジェクト数が表示されます。

「プロジェクト」とは、操作を行うファイルのことです。1回分の試験につき、5～10個程度のプロジェクトが用意されています。

❼プロジェクト名

現在、表示されているプロジェクト名が表示されます。

※ディスプレイの拡大率を「100%」より大きくしている場合、プロジェクト名がすべて表示されないことがあります。

❽採点

現在、表示されているプロジェクトの正誤を判定します。試験を終了することなく、採点結果を確認できます。

※スタートメニューで《試験中に採点する》を☑にしている場合、《採点》ボタンは表示されます。

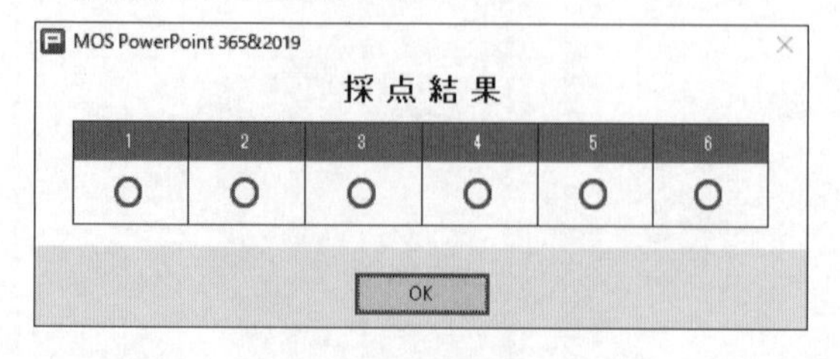

❾一時停止

タイマーが一時的に停止します。

※一時停止すると、一時停止中のダイアログボックスが表示されます。《再開》をクリックすると、一時停止が解除されます。

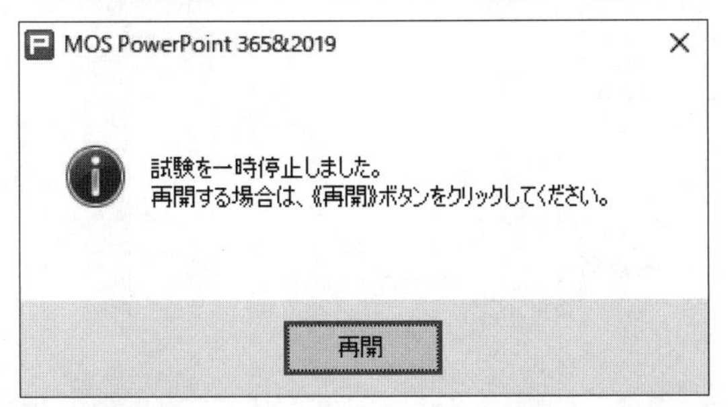

❿試験終了

試験を終了します。

※試験を終了すると、試験終了のダイアログボックスが表示されます。《採点して終了》をクリックすると、試験を採点して終了し、試験結果画面が表示されます。《採点せずに終了》をクリックすると、試験を採点せず終了し、スタートメニューに戻ります。採点せずに終了した場合は、試験結果は試験履歴に残りません。

⓫リセット

現在、表示されているプロジェクトに対して行った操作をすべてクリアし、ファイルを初期の状態に戻します。プロジェクトは最初からやり直すことができますが、経過した試験時間を元に戻すことはできません。

⓬次のプロジェクト

次のプロジェクトに進み、新たなファイルと問題文が表示されます。

⓭

問題ウィンドウを折りたたんで、PowerPointウィンドウを大きく表示します。問題ウィンドウを折りたたむと、から に切り替わります。クリックすると、問題ウィンドウが元のサイズに戻ります。

⓮

問題文の文字サイズを調整するスケールが表示されます。−や＋をクリックするか、をドラッグすると、文字サイズが変更されます。文字サイズは5段階で調整できます。

※問題文の文字サイズは、Ctrl＋＋またはCtrl＋−でも変更できます。

⓯前へ

プロジェクト内の前の問題に切り替えます。

⓰問題番号

問題番号をクリックして、問題の表示を切り替えます。現在、表示されている問題番号はオレンジ色で表示されます。

⓱次へ

プロジェクト内の次の問題に切り替えます。

⓲解答済みにする

現在、選択している問題を解答済みにします。クリックすると、問題番号の横に濃い灰色のマークが表示されます。解答済みマークの有無は、採点に影響しません。

⓳付箋を付ける

現在、選択されている問題に付箋を付けます。クリックすると、問題番号の横に緑色のマークが表示されます。付箋マークの有無は、採点に影響しません。

⓴解答アニメを見る

現在、選択している問題の標準解答のアニメーションを再生します。

※スタートメニューで《試験中に解答アニメを見る》を✓にしている場合、《解答アニメを見る》ボタンは表示されます。

試験終了

試験時間の50分が経過すると、次のようなメッセージが表示されます。
試験を続けるかどうかを選択します。

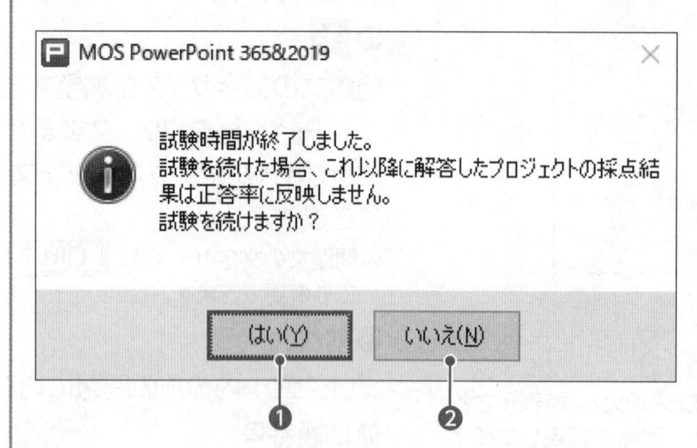

❶はい

試験時間を延長して、解答の操作を続けることができます。ただし、正答率に反映されるのは、時間内に解答したプロジェクトだけです。

❷いいえ

試試験を終了します。

※《いいえ》をクリックする前に、開いているダイアログボックスを閉じてください。

Point

問題文の文字のコピー

文字の入力が必要な問題の場合、問題文に下線が表示されます。下線部分をクリックすると、下線部分の文字がクリップボードにコピーされるので、PowerPointウィンドウ内に文字を貼り付けることができます。

問題文の文字をコピーして解答すると、入力の手間や入力ミスを防ぐことができます。

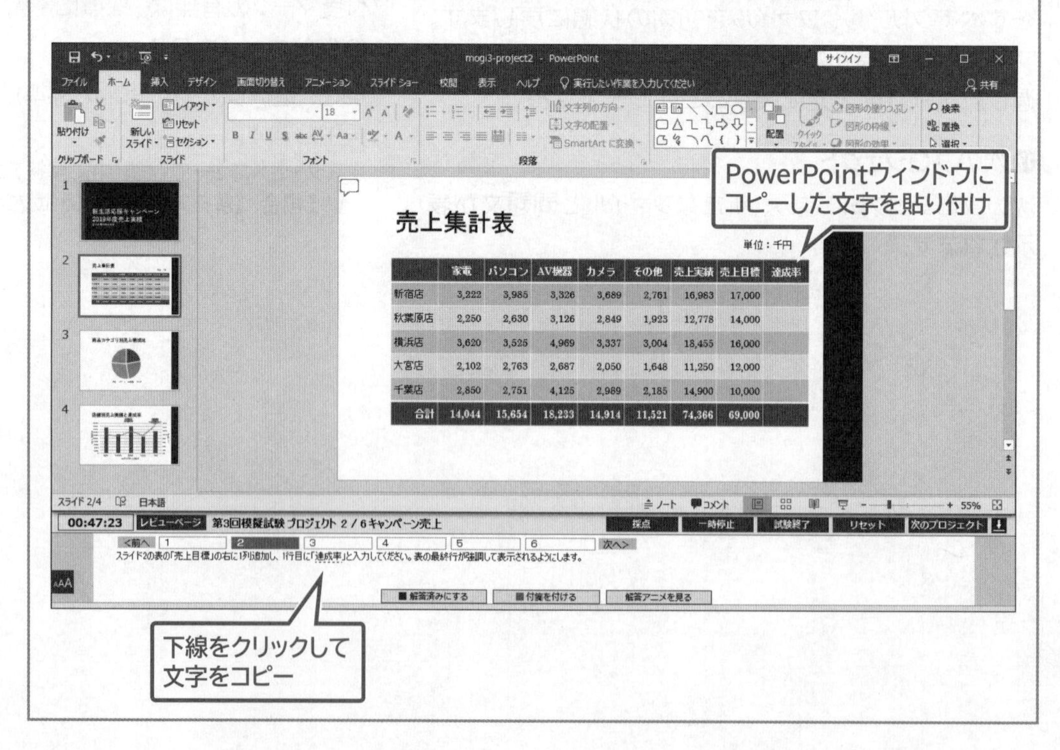

3 レビューページ

試験中に《**レビューページ**》のボタンをクリックすると、レビューページが表示されます。この画面で、付箋や解答済みのマークを一覧で確認できます。また、問題番号をクリックすると試験実施画面が表示され、解答の操作をやり直すこともできます。

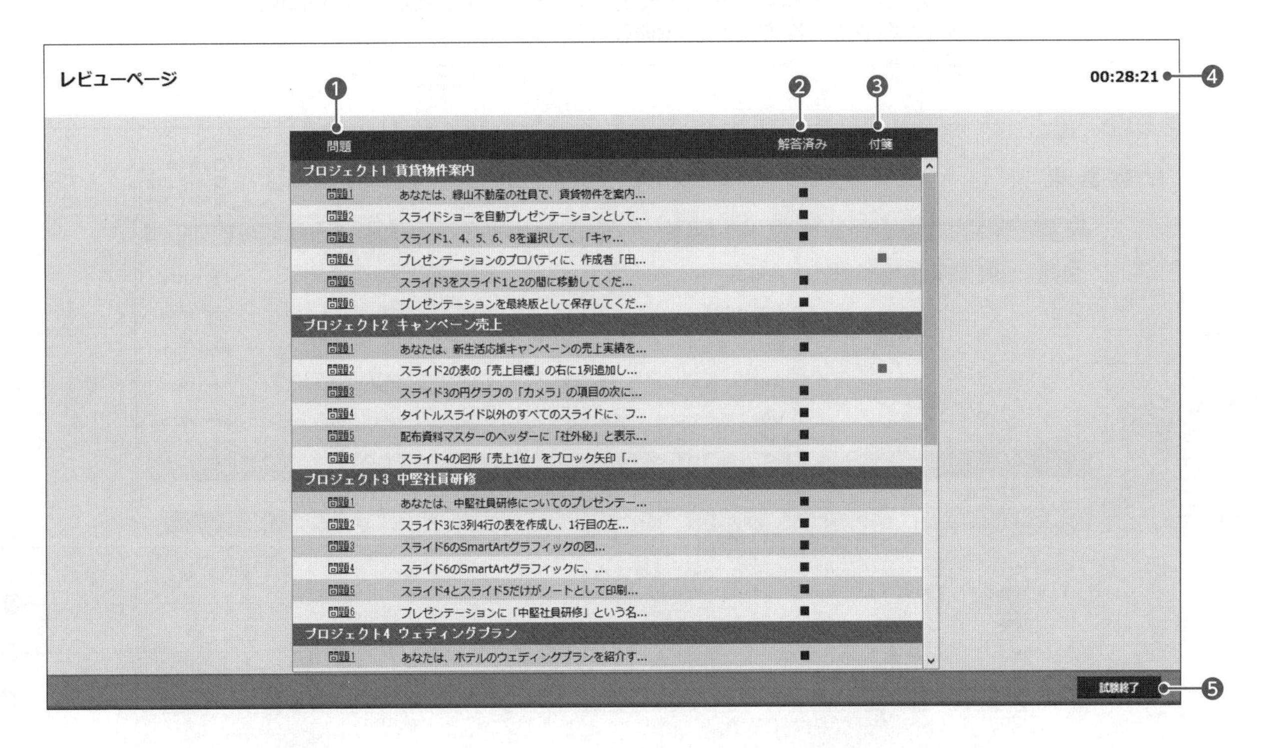

❶問題

プロジェクト番号と問題番号、問題文の先頭の文章が表示されます。
問題番号をクリックすると、その問題の試験実施画面が表示され、解答の操作をやり直すことができます。

❷解答済み

試験中に解答済みにした問題に、濃い灰色のマークが表示されます。

❸付箋

試験中に付箋を付けた問題に、緑色のマークが表示されます。

❹タイマー

試験の残り時間が表示されます。制限時間経過後は、マイナス(－)で表示されます。
※スタートメニューで《試験時間をカウントしない》を☑にしている場合、タイマーは表示されません。

❺試験終了

試験を終了します。
※試験を終了すると、試験終了のダイアログボックスが表示されます。《採点して終了》をクリックすると、試験を採点して終了し、試験結果画面が表示されます。《採点せずに終了》をクリックすると、試験を採点せず終了し、スタートメニューに戻ります。採点せずに終了した場合は、試験結果は試験履歴に残りません。

4 試験結果画面

試験を採点して終了すると、試験結果画面が表示されます。

模擬試験プログラムの採点方法について

模擬試験プログラムの試験結果画面や採点方法は、FOM出版が独自に開発したもので、本試験とは異なります。採点の基準や配点は公開されていません

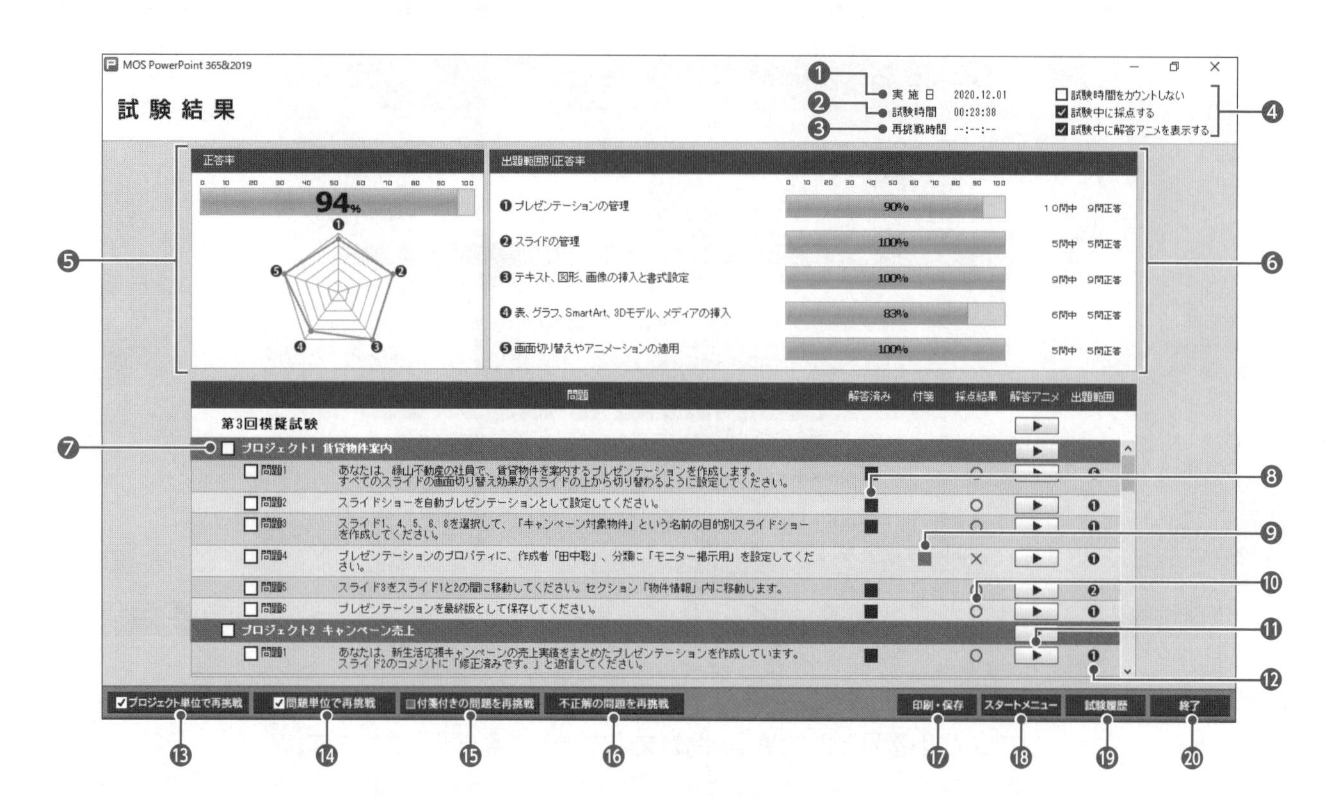

❶実施日

試験を実施した日付が表示されます。

❷試験時間

試験開始から試験終了までに要した時間が表示されます。

❸再挑戦時間

再挑戦に要した時間が表示されます。

❹試験モードのオプション

試験を実施するときに設定した試験モードのオプションが表示されます。

❺正答率

正答率が%で表示されます。

※試験時間を延長して解答した場合、時間内に解答したプロジェクトだけが正答率に反映されます。

❻出題範囲別正答率

出題範囲別の正答率が%で表示されます。

※試験時間を延長して解答した場合、時間内に解答したプロジェクトだけが正答率に反映されます。

❼チェックボックス

クリックすると、☑と☐を切り替えることができます。

※プロジェクト番号の左側にあるチェックボックスをクリックすると、プロジェクト内のすべての問題のチェックボックスをまとめて切り替えることができます。

❽解答済み

試験中に解答済みにした問題に、濃い灰色のマークが表示されます。

❾付箋

試験中に付箋を付けた問題に、緑色のマークが表示されます。

❿採点結果

採点結果が表示されます。

採点は問題ごとに行われ、「○」または「×」で表示されます。

※試験時間を延長して解答した問題や再挑戦で解答した問題は、「○」や「×」が灰色で表示されます。

⑪解答アニメ

[▶]をクリックすると、解答確認画面が表示され、標準解答のアニメーションとナレーションが再生されます。

⑫出題範囲

出題された問題の出題範囲の番号が表示されます。

⑬プロジェクト単位で再挑戦

チェックボックスが☑になっているプロジェクト、またはチェックボックスが☑になっている問題を含むプロジェクトを再挑戦できる画面に切り替わります。

⑭問題単位で再挑戦

チェックボックスが☑になっている問題を再挑戦できる画面に切り替わります。

⑮付箋付きの問題を再挑戦

付箋が付いている問題を再挑戦できる画面に切り替わります。

⑯不正解の問題を再挑戦

《採点結果》が「○」になっていない問題を再挑戦できる画面に切り替わります。

⑰印刷・保存

試験結果レポートを印刷したり、PDFファイルとして保存したりできます。また、試験結果をCSVファイルで保存することもできます。

⑱スタートメニュー

スタートメニューに戻ります。

⑲試験履歴

試験履歴画面に切り替わります。

⑳終了

模擬試験プログラムを終了します。

Point

試験結果レポート

《印刷・保存》ボタンをクリックすると、次のようなダイアログボックスが表示されます。
試験結果レポートやCSVファイルに出力する名前を入力して、印刷するか、PDFファイルとして保存するか、CSVファイルとして保存するかを選択します。
※名前の入力は省略してもかまいません。

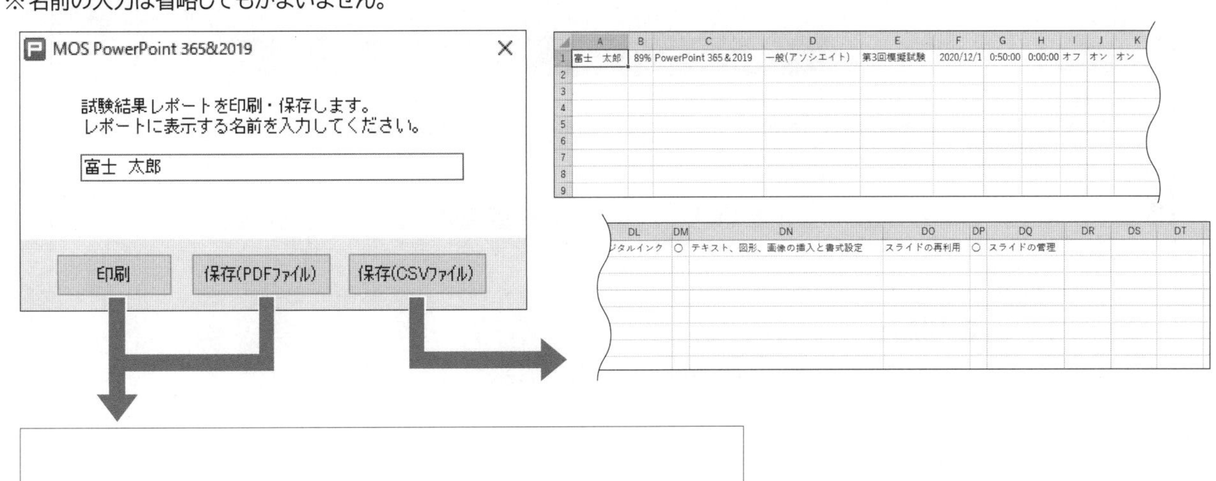

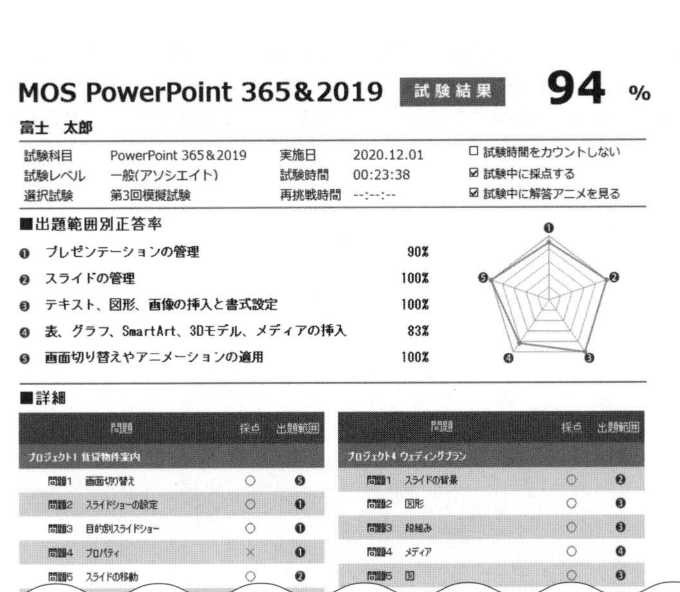

5 再挑戦画面

試験結果画面の**《プロジェクト単位で再挑戦》**、**《問題単位で再挑戦》**、**《付箋付きの問題を再挑戦》**、**《不正解の問題を再挑戦》**の各ボタンをクリックすると、問題に再挑戦できます。
この再挑戦画面では、試験実施前の初期の状態のファイルが表示されます。

1 プロジェクト単位で再挑戦

試験結果画面の**《プロジェクト単位で再挑戦》**のボタンをクリックすると、選択したプロジェクトに含まれるすべての問題に再挑戦できます。

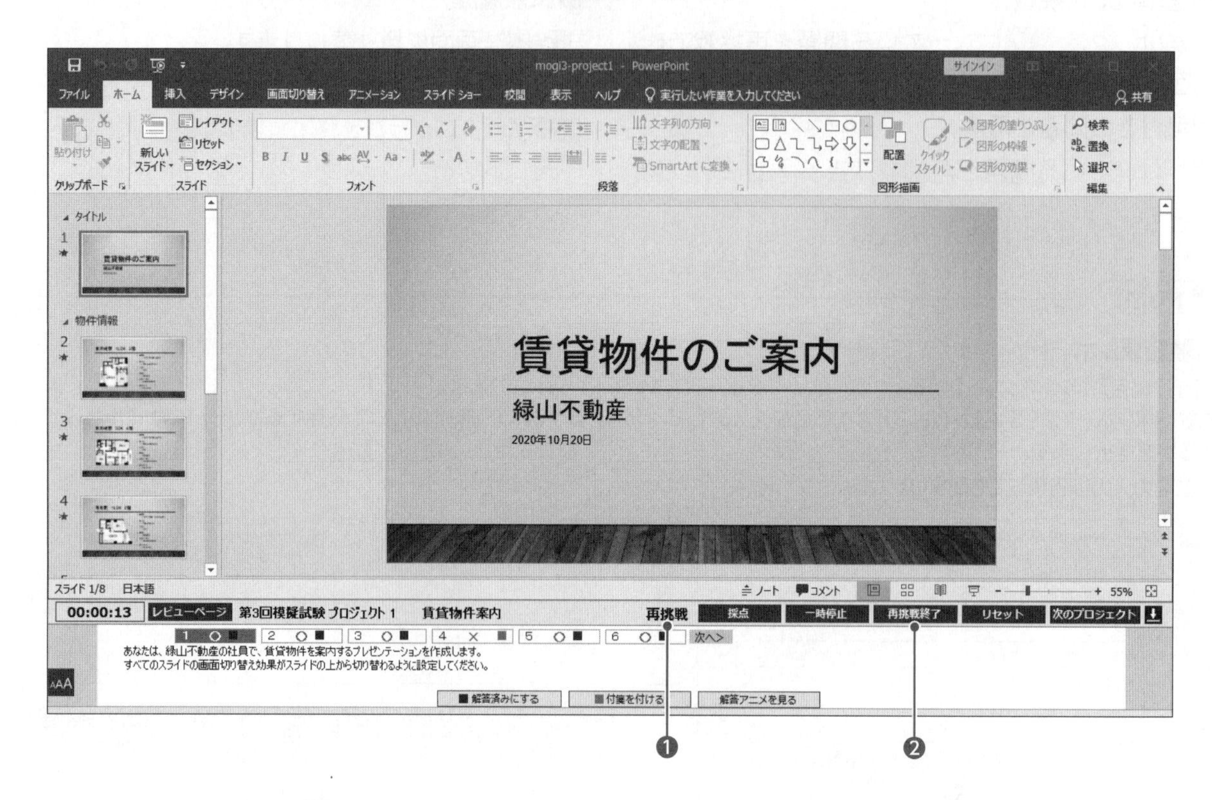

❶再挑戦

再挑戦モードの場合、**「再挑戦」**と表示されます。

❷再挑戦終了

再挑戦を終了します。

※再挑戦を終了すると、再挑戦終了のダイアログボックスが表示されます。《採点して終了》をクリックすると、試験を採点して終了し、試験結果画面に戻ります。《採点せずに終了》をクリックすると、試験を採点せず終了し、試験結果画面に戻ります。採点せずに終了した場合は、試験結果は試験結果画面に反映されません。

2 問題単位で再挑戦

試験結果画面の**《問題単位で再挑戦》**、**《付箋付きの問題を再挑戦》**、**《不正解の問題を再挑戦》**の各ボタンをクリックすると、選択した問題に再挑戦できます。

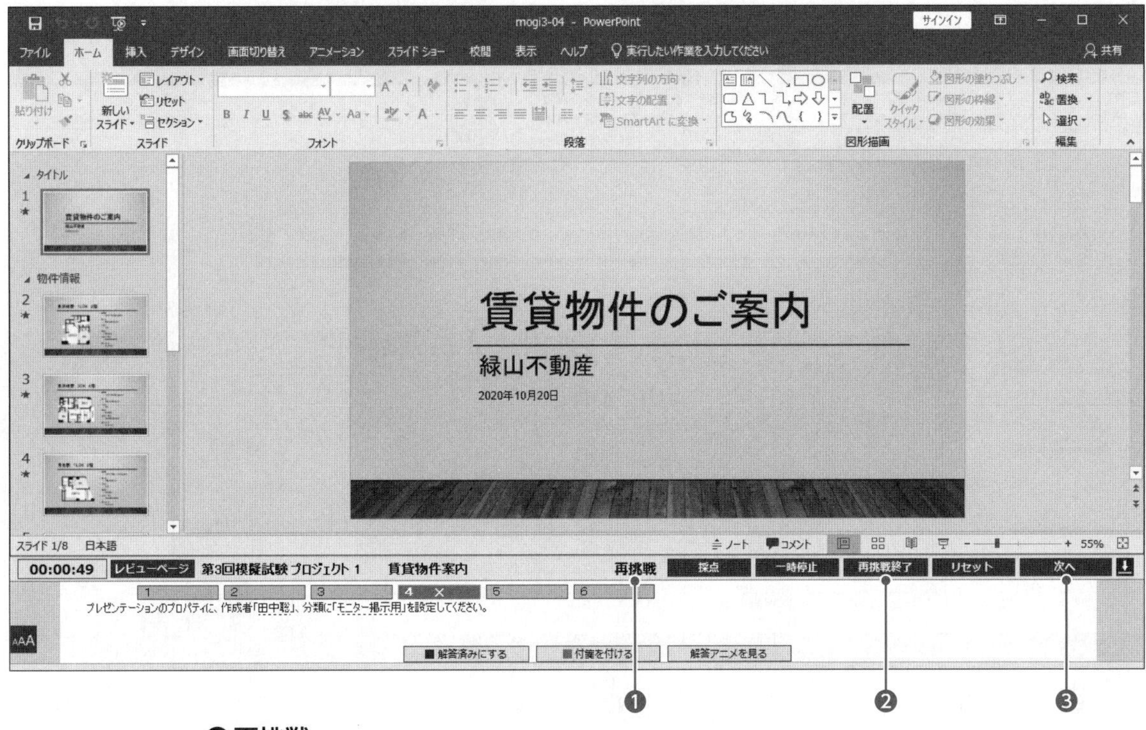

❶再挑戦

再挑戦モードの場合、**「再挑戦」**と表示されます。

❷再挑戦終了

再挑戦を終了します。

※再挑戦を終了すると、再挑戦終了のダイアログボックスが表示されます。《採点して終了》をクリックすると、試験を採点して終了し、試験結果画面に戻ります。《採点せずに終了》をクリックすると、試験を採点せず終了し、試験結果画面に戻ります。採点せずに終了した場合は、試験結果は試験結果画面に反映されません。

❸次へ

次の問題に切り替えます。

Point

問題単位で再挑戦中のレビューページ

問題単位で再挑戦しているときにレビューページを表示すると、選択した問題以外は灰色で表示されます。

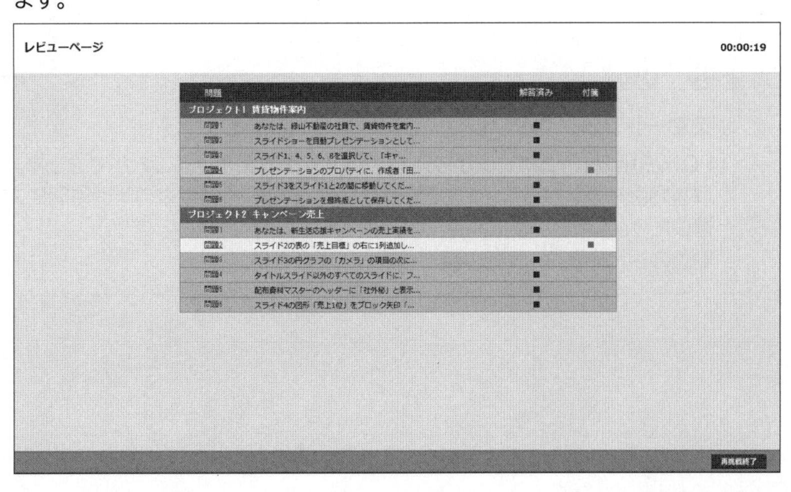

6 解答確認画面

解答確認画面では、標準解答をアニメーションとナレーションで確認できます。

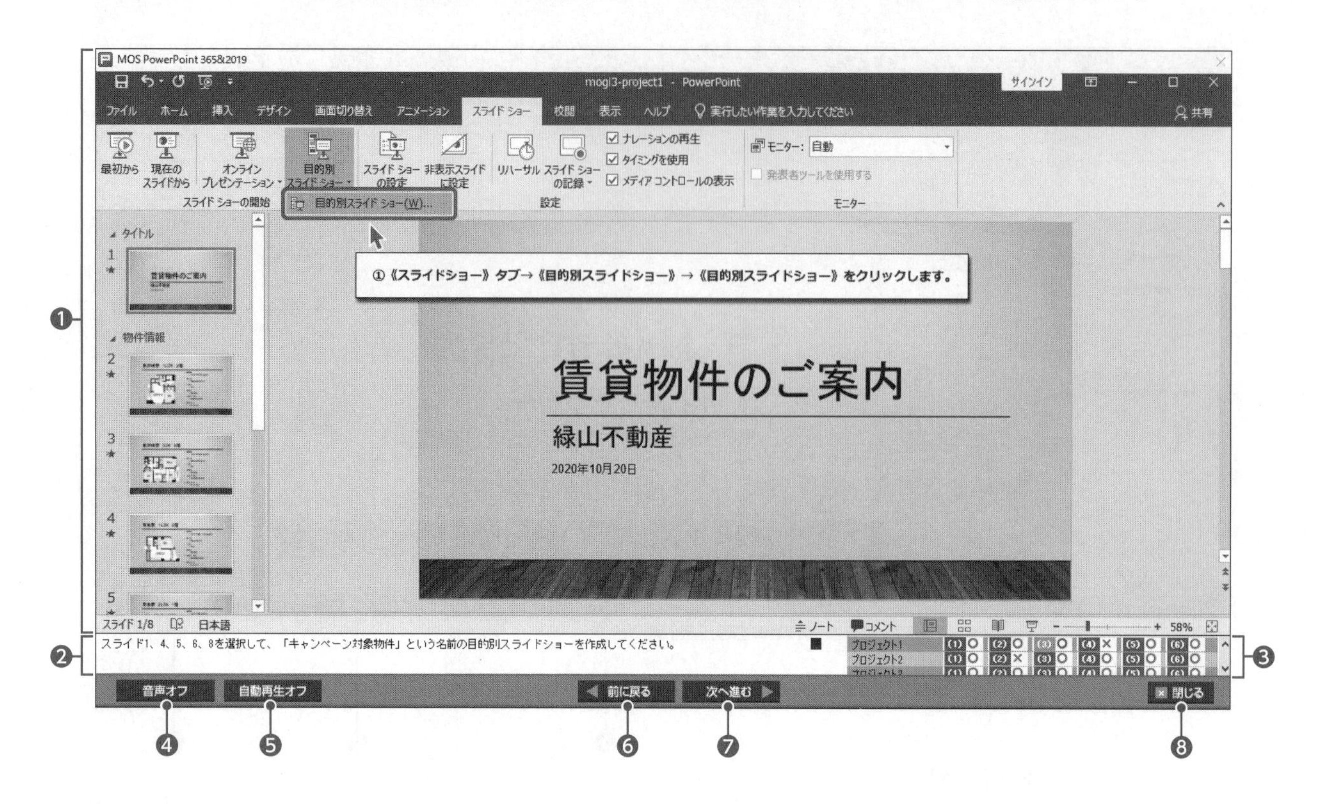

❶アニメーション

この領域にアニメーションが表示されます。

❷問題

再生中のアニメーションの問題が表示されます。

❸問題番号と採点結果

プロジェクトごとに問題番号と採点結果（「○」または「×」）が一覧で表示されます。問題番号をクリックすると、その問題の標準解答がアニメーションで再生されます。再生中の問題番号はオレンジ色で表示されます。

❹音声オフ

音声をオフにして、ナレーションを再生しないようにします。

※クリックするごとに、《音声オフ》と《音声オン》が切り替わります。

❺自動再生オフ

アニメーションの自動再生をオフにして、手動で切り替えるようにします。

※クリックするごとに、《自動再生オフ》と《自動再生オン》が切り替わります。

❻前に戻る

前の問題に戻って、再生します。

※［Back Space］や［←］で戻ることもできます。

❼次へ進む

次の問題に進んで、再生します。

※［Enter］や［→］で戻ることもできます。

❽閉じる

解答確認画面を終了します。

Point

スマートフォンやタブレットで標準解答を見る

FOM出版のホームページから模擬試験の解答動画を見ることができます。スマートフォンやタブレットで解答動画を見ながらパソコンで操作したり、通学・通勤電車の隙間時間にスマートフォンで操作手順を復習したり、活用範囲が広がります。

動画の視聴方法は、表紙の裏を参照してください。

7 試験履歴画面

試験履歴画面では、過去の正答率を確認できます。

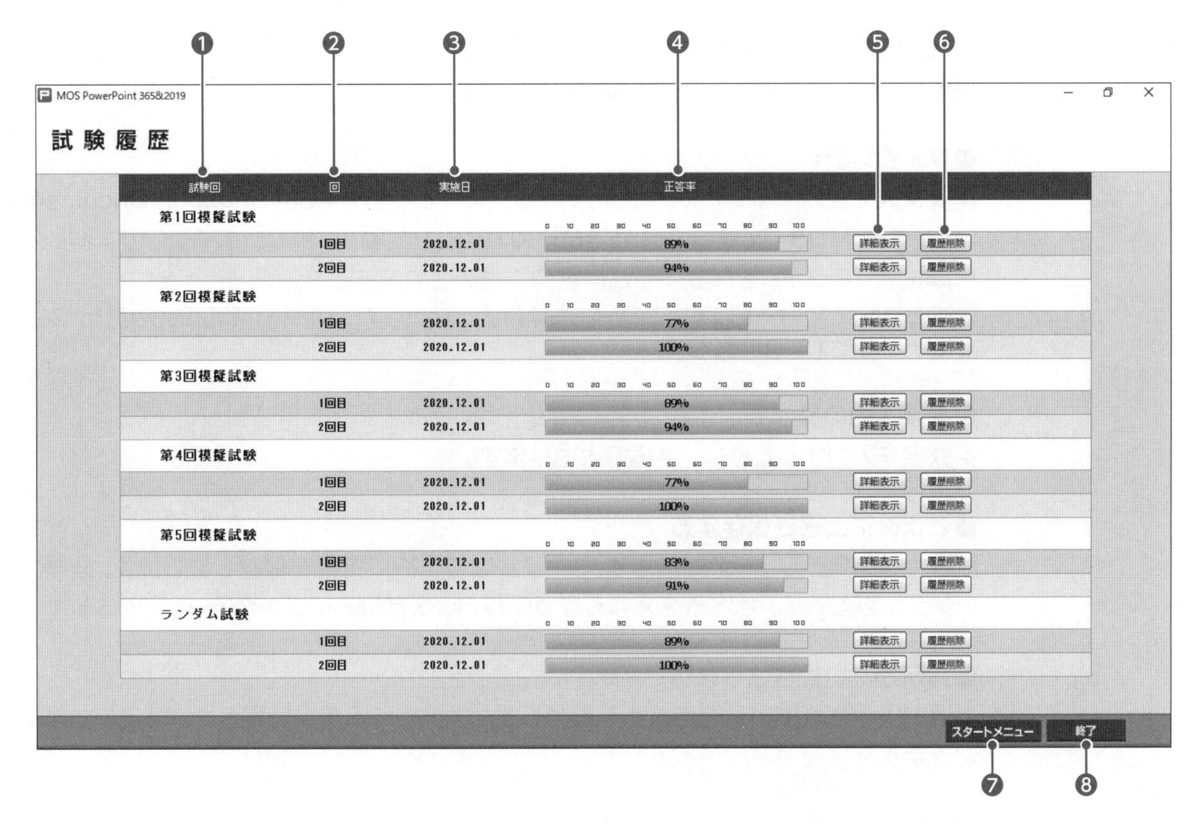

❶試験回

過去に実施した試験回が表示されます。

❷回数

試験を実施した回数が表示されます。試験履歴として記録されるのは、最も新しい10回分です。11回以上試験を実施した場合は、古いものから削除されます。

❸実施日

試験を実施した日付が表示されます。

❹正答率

過去に実施した試験の正答率が表示されます。

❺詳細表示

選択した回の試験結果画面に切り替わります。

❻履歴削除

選択した試験履歴を削除します。

❼スタートメニュー

スタートメニューに戻ります。

❽終了

模擬試験プログラムを終了します。

4 模擬試験プログラムの注意事項

模擬試験プログラムを使って学習する場合、次のような点に注意してください。
重要なので、学習の前に必ず読んでください。

●ファイル操作

模擬試験で使用するファイルは、デスクトップのフォルダー「**FOM Shuppan Documents**」のフォルダー「**MOS-PowerPoint 365 2019(2)**」に保存されています。このフォルダーは、模擬試験プログラムを起動すると自動的に作成されます。

※3Dモデルは、《PC》→《3Dオブジェクト》または《3D Objects》のフォルダー「MOS-PowerPoint 365 2019(2)」に保存されています。

●文字入力の操作

英数字を入力するときは、半角で入力します。

●こまめに上書き保存する

試験中の停電やフリーズに備えて、ファイルはこまめに上書き保存しましょう。模擬試験プログラムを強制終了せざるをえなくなった場合、保存済みのファイルは復元できます。

●指示がない操作はしない

問題で指示されている内容だけを操作します。特に指示がない場合は、既定のままにしておきます。

●試験中の採点

問題の内容によっては、試験中に《**採点**》を押したあと、採点結果が表示されるまでに時間がかかる場合があります。採点は試験時間に含まれないため、試験結果が表示されるまで、しばらくお待ちください。

●ダイアログボックスは閉じて、試験を終了する

次の問題に切り替えたり、試験を終了したりする前に、必ずダイアログボックスを閉じてください。

●入力中のデータは確定して、試験を終了する

データを入力したら、必ず確定してください。確定せずに試験を終了すると、正しく動作しなくなる可能性があります。

●電源が落ちたら

停電などで、模擬試験中にパソコンの電源が落ちてしまった場合、電源を入れてから、模擬試験プログラムを再起動してください。再起動することによって、試験環境が復元され、途中から試験を再開できる状態になります。

●パソコンが動かなくなったら

模擬試験プログラムがフリーズして動かなくなってしまった場合は強制終了して、パソコンを再起動してください。その後、通常の手順で模擬試験プログラムを起動してください。試験環境が復元され、途中から試験を再開できる状態になります。

※強制終了については、P.323を参照してください。

●試験開始後、Windowsの設定を変更しない

模擬試験プログラムの起動中にWindowsの設定を変更しないでください。設定を変更すると、正しく動作しなくなる可能性があります。

MOS PowerPoint 365&2019

模擬試験

模擬試験プログラムを使わずに学習される方へ
模擬試験プログラムを使わずに学習される場合は、データファイルの場所を自分がセットアップした場所に読み替えてください。

第1回 模擬試験 問題

プロジェクト1

理解度チェック

☑☑☑☑☑ **問題(1)** あなたは、FOMトラベル株式会社の社員で、新しいツアー内容を紹介するプレゼンテーションを作成しています。
スライド「ツアーの特長」の図形に図形のスタイル「光沢-オレンジ、アクセント5」のスタイルを適用し、幅を「14.24cm」に設定してください。

☑☑☑☑☑ **問題(2)** スライド「香港ツアー参加者の推移」のコンテンツのプレースホルダーに、スライド内の表のデータをもとに3-D集合縦棒グラフを挿入し、グラフタイトルと凡例を非表示にしてください。グラフのデータは、スライド内の表を利用しても、直接セルに入力してもかまいません。

☑☑☑☑☑ **問題(3)** スライド「ツアー日程表」の図形に面取りの効果「丸」を設定し、「340°」回転してください。

☑☑☑☑☑ **問題(4)** スライド「FOMトラベルカフェのご案内」のビデオの開始時間を「1.5秒」、終了時間を「10秒」に設定してください。

☑☑☑☑☑ **問題(5)** スライド「FOMトラベルカフェのご案内」の文字列「来店予約」にWebページ「https://www.fomtravelcafe.xx.xx/」を表示するハイパーリンクを挿入してください。

☑☑☑☑☑ **問題(6)** 配布資料として、1ページに3スライド表示したものが3部印刷されるように設定してください。1ページ目を3部印刷したあと、2ページ目が印刷されるようにします。

プロジェクト2

理解度チェック

☑☑☑☑☑ **問題(1)** あなたは、FOMシステム株式会社の社員で、顧客向けシステムを提案するプレゼンテーションを作成しています。
プレゼンテーションに新しいレイアウト「事例」を作成してください。新しいレイアウトはスライドマスターの一覧の最後に追加します。新しいレイアウトは、左側にSmartArtのプレースホルダー、右側にコンテンツのプレースホルダーを配置します。プレースホルダーのサイズは任意とします。

☑☑☑☑☑ **問題(2)** タイトルスライドに、「セクション2：システムの説明」、「セクション3：ご提案」にリンクするセクションズームを挿入してください。サムネイルは、タイトルの下側に横に並べて配置し、サブタイトルが表示されているグレーの領域とは重ならないようにします。

☑☑☑☑☑ **問題(3)** スライド5の「データセンター」にあるモニターのアニメーションのスポークを、「3スポーク」に変更してください。再生の継続時間は「1.5秒」にします。

☑☑☑☑☑ **問題(4)** スライド9とスライド10を非表示スライドに設定してください。

☑☑☑☑☑ **問題(5)** プレゼンテーションのプロパティに、キーワード「提案書」、コメント「スキル診断」を設定してください。

☑☑☑☑☑ **問題(6)** 《描画》タブを使って、スライド8の文字列「自由に」を、「蛍光ペン：ライム、6mm」で囲んでください。

プロジェクト3

理解度チェック

☑☑☑☑☑ **問題(1)** あなたは、「FLORIST DIANA」の店員で、1日体験レッスンを紹介するプレゼンテーションを作成しています。
スライド2の星の図形が右上から時計回りに表示されるように、アニメーションの順番を変更してください。

☑☑☑☑☑ **問題(2)** スライド3の箇条書きの行頭文字を、段落番号「1.2.3.」に変更してください。

☑☑☑☑☑ **問題(3)** すべてのスライドに画面切り替え効果「出現」を設定し、スライド3だけサウンド「チャイム」が再生されるようにしてください。

☑☑☑☑☑ **問題(4)** スライド4の表に、表のスタイル「中間スタイル2-アクセント2」を適用してください。最初の列は強調して表示します。

☑☑☑☑☑ **問題(5)** スライド5のレイアウトを「タイトルとコンテンツ」に変更してください。

☑☑☑☑☑ **問題(6)** スライド1に、デスクトップのフォルダー「FOM Shuppan Documents」のフォルダー「MOS-PowerPoint 365 2019(2)」のオーディオ「music」を挿入してください。オーディオのアイコンをクリックすると再生されるようにします。

プロジェクト4

理解度チェック

☑☑☑☑☑ **問題(1)** あなたは、FOMクッキングスクールで開催しているコースについて案内するプレゼンテーションを作成しています。
スライド「スクールの特長」のオーディオを、スライドを切り替えても1回だけ再生するように設定してください。再生は、2秒間かけてフェードアウトして終了するようにします。

☑☑☑☑☑ **問題(2)** スライド「コースのご案内」に、SmartArtグラフィック「カード型リスト」を挿入し、テキストウィンドウの上から「料理コース」「製菓コース」と入力してください。不要な図形は削除し、SmartArtグラフィックの配色は「カラフル-アクセント3から4」に変更します。

☑☑☑☑☑ **問題(3)** スライド「中華料理コース」の後ろに、デスクトップのフォルダー「FOM Shuppan Documents」のフォルダー「MOS-PowerPoint 365 2019(2)」のプレゼンテーション「製菓コース」のすべてのスライドを順番通りに挿入してください。

☑☑☑☑☑ **問題(4)** スライド「受講料」に6列3行の表を挿入してください。1行目の左から「コース」「回数」「有効期間」「基礎」「応用」「テーマ別」、2行目の左から「料理コース」「12回」「18か月」「45000円」「48000円」「50000円」、3行目の左から「製菓コース」「6回」「9か月」「18000円」「25000円」「30000円」と入力します。表は幅を「24cm」に設定し、スライドの左右中央に配置します。

☑☑☑☑☑ **問題(5)** スライド「お問い合わせ」の画像を縦横比「1:1」でトリミングし、図のスタイル「四角形、ぼかし」を設定してください。

☑☑☑☑☑ **問題(6)** 配布資料マスターのフッターに「入会のご案内」と表示されるように設定してください。

プロジェクト5

理解度チェック

問題(1) あなたは、保健センターの職員で、歯の健康について紹介するプレゼンテーションを作成しています。
スライド「歯周病を予防するには」の3Dモデルに「スイング」のアニメーションを設定してください。

問題(2) スライド「参考資料」のコメントを削除してください。

問題(3) スライド「参考資料」のグラフの種類を3-D円グラフに変更し、グラフスタイル「スタイル2」を適用してください。

問題(4) スライド「お問い合わせ」の画像に「線画」の効果、ぼかしのサイズ「7pt」を設定してください。

問題(5) スライド「歯ぐきの健康」からスライド「参考資料」までを含むセクション「解説」を作成してください。

プロジェクト6

理解度チェック

問題(1) あなたは、FOM社員研修センターの社員で、中堅社員向け経営戦略セミナー用のプレゼンテーションを作成しています。
プレゼンテーション内のセクション名を変更してください。セクション1は「タイトル」、セクション2は「SWOT分析」、セクション3は「ABC分析」にします。

問題(2) スライド「SWOT分析」を複製してください。複製したスライドはタイトルを「ABC分析」に修正し、スライド「ABC分析は重要度を決める分析手法」と同じセクションの先頭に移動します。

問題(3) スライド「SWOT分析は4つの英単語の頭文字」の箇条書きを、SmartArtグラフィック「縦方向箇条書きリスト」に変換してください。SmartArtグラフィックの配色は「カラフル-全アクセント」にします。

問題(4) スライド「ABC分析の例」のテキストボックス「全体の70%を…」に、影の効果の角度「30°」、文字列の色「赤、アクセント2」を設定してください。

問題(5) スライド「ABC分析の例」の点線と吹き出しのグループ化された図形に、強調のアニメーション「パルス」を設定してください。

問題(6) スライド「中堅社員向け　経営戦略セミナー」からスライド「SWOT分析手法」までを選択して、「SWOT分析」という名前の目的別スライドショーを作成してください。

第1回 模擬試験 標準解答

●プロジェクト1

問題(1)

①スライド2を選択します。
②図形を選択します。
③**《書式》**タブ→**《図形のスタイル》**グループの(その他)→**《テーマスタイル》**の**《光沢-オレンジ、アクセント5》**をクリックします。
④問題文の文字列「**14.24cm**」をクリックしてコピーします。
⑤**《書式》**タブ→**《サイズ》**グループの(図形の幅)を選択します。
⑥ Ctrl + V を押して文字列を貼り付けます。
※**《図形の幅》**に直接入力してもかまいません。
⑦ Enter を押します。

問題(2)

①スライド4を選択します。
②コンテンツのプレースホルダーの(グラフの挿入)をクリックします。
③左側の一覧から**《縦棒》**を選択します。
④右側の一覧から(3-D集合縦棒)を選択します。
⑤**《OK》**をクリックします。
⑥表を選択します。
⑦**《ホーム》**タブ→**《クリップボード》**グループの(コピー)をクリックします。
⑧ワークシートのセル**【A1】**を右クリックします。
⑨**《貼り付けのオプション》**の(貼り付け先の書式に合わせる)をクリックします。
⑩列番号**【C:D】**を選択します。
⑪選択した範囲を右クリックします。
⑫**《削除》**をクリックします。
⑬ワークシートのウィンドウの(閉じる)をクリックします。
⑭グラフを選択します。
⑮**《グラフツール》**の**《デザイン》**タブ→**《グラフのレイアウト》**グループの(グラフ要素を追加)→**《グラフタイトル》**→**《なし》**をクリックします。
⑯**《グラフツール》**の**《デザイン》**タブ→**《グラフのレイアウト》**グループの(グラフ要素を追加)→**《凡例》**→**《なし》**をクリックします。

問題(3)

①スライド6を選択します。
②図形を選択します。
③**《書式》**タブ→**《図形のスタイル》**グループの 図形の効果 (図形の効果)→**《面取り》**→**《面取り》**の**《丸》**をクリックします。
④**《書式》**タブ→**《配置》**グループの 回転 (オブジェクトの回転)→**《その他の回転オプション》**をクリックします。
⑤**《サイズ》**の詳細が表示されていることを確認します。
※表示されていない場合は、**《サイズ》**をクリックします。
⑥**《回転》**を「**340°**」に設定します。
※**《図形の書式設定》**作業ウィンドウを閉じておきましょう。

問題(4)

①スライド7を選択します。
②ビデオを選択します。
③**《再生》**タブ→**《編集》**グループの(ビデオのトリミング)をクリックします。
④**《開始時間》**を「**00:01.500**」に設定します。
⑤**《終了時間》**を「**00:10**」に設定します。
⑥**《OK》**をクリックします。

問題(5)

①スライド7を選択します。
②「**来店予約**」を選択します。
③**《挿入》**タブ→**《リンク》**グループの(ハイパーリンクの追加)をクリックします。
④**《リンク先》**の**《ファイル、Webページ》**を選択します。
⑤問題文の文字列「**https://www.fomtravelcafe.xx.xx/**」をクリックしてコピーします。
⑥**《アドレス》**にカーソルを移動します。
⑦ Ctrl + V を押して文字列を貼り付けます。
※**《アドレス》**に直接入力してもかまいません。
⑧**《OK》**をクリックします。

問題(6)

①**《ファイル》**タブを選択します。
②**《印刷》**をクリックします。
③**《部数》**を「**3**」に設定します。
④**《フルページサイズのスライド》**→**《配布資料》**の**《3スライド》**をクリックします。
⑤**《部単位で印刷》**→**《ページ単位で印刷》**をクリックします。

●プロジェクト2

問題(1)

①**《表示》**タブ→**《マスター表示》**グループの(スライドマスター表示)をクリックします。
②サムネイルの一覧の一番下のレイアウトを選択します。
③**《スライドマスター》**タブ→**《マスターの編集》**グループの(レイアウトの挿入)をクリックします。
④**《スライドマスター》**タブ→**《マスターレイアウト》**グループの(コンテンツ)の プレースホルダーの挿入 →**《SmartArt》**をクリックします。
⑤始点から終点までドラッグします。
⑥**《スライドマスター》**タブ→**《マスターレイアウト》**グループの(SmartArt)の プレースホルダーの挿入 →**《コンテンツ》**をクリックします。

⑦始点から終点までドラッグします。
⑧《**スライドマスター**》タブ→《**マスターの編集**》グループの 名前の変更 (名前の変更)をクリックします。
⑨問題文の文字列「**事例**」をクリックしてコピーします。
⑩《**レイアウト名**》の文字列を選択します。
⑪ Ctrl + V を押して文字列を貼り付けます。
※《レイアウト名》に直接入力してもかまいません。
⑫《**名前の変更**》をクリックします。
⑬《**スライドマスター**》タブ→《**閉じる**》グループの (マスター表示を閉じる)をクリックします。

問題(2)

①スライド1を選択します。
②《**挿入**》タブ→《**リンク**》グループの (ズーム)→《**セクションズーム**》をクリックします。
③「**セクション2:システムの説明**」と「**セクション3:ご提案**」を ✓ にします。
④《**挿入**》をクリックします。
⑤サムネイルをドラッグして移動します。

問題(3)

①スライド5を選択します。
②「**データセンター**」のモニターの図を選択します。
③《**アニメーション**》タブ→《**アニメーション**》グループの (効果のオプション)→《**3スポーク**》をクリックします。
④《**アニメーション**》タブ→《**タイミング**》グループの《**継続時間**》を「**01.50**」に設定します。

問題(4)

①スライド9を選択します。
② Shift を押しながら、スライド10を選択します。
③《**スライドショー**》タブ→《**設定**》グループの (非表示スライドに設定)をクリックします。

問題(5)

①《**ファイル**》タブを選択します。
②《**情報**》→《**プロパティ**》→《**詳細プロパティ**》をクリックします。
③《**ファイルの概要**》タブを選択します。
④問題文の文字列「**提案書**」をクリックしてコピーします。
⑤《**キーワード**》にカーソルを移動します。
⑥ Ctrl + V を押して文字列を貼り付けます。
※《キーワード》に直接入力してもかまいません。
⑦同様に、《**コメント**》に「**スキル診断**」を貼り付けます。
⑧《**OK**》をクリックします。
※ Esc を押して、標準表示に戻しておきましょう。

問題(6)

①スライド8を選択します。
②《**描画**》タブ→《**ペン**》グループの (蛍光ペン:黄、6mm)を選択し、 をクリックします。
※《描画》タブが表示されていない場合は、表示しておきましょう。
※《ペン》グループに《蛍光ペン:黄、6mm》が表示されていない場合は、《ペン》グループの (ペンの追加)→《蛍光ペン》をクリックします。
③《**太さ**》が「**6mm**」になっていることを確認します。
④《**色**》の《**ライム**》をクリックします。
⑤「**自由に**」の周囲を囲みます。
⑥ Esc を押します。

●プロジェクト3

問題(1)

①スライド2を選択します。
※アニメーションが再生される順番を確認しておきましょう。
②右上の星の図形を選択します。
③《**アニメーション**》タブ→《**タイミング**》グループの ▲順番を前にする (順番を前にする)をクリックします。

問題(2)

①スライド3を選択します。
②箇条書きのプレースホルダーを選択します。
③《**ホーム**》タブ→《**段落**》グループの (段落番号)の →《**1.2.3.**》をクリックします。

問題(3)

①《**画面切り替え**》タブ→《**画面切り替え**》グループの (その他)→《**弱**》の《**出現**》をクリックします。
②《**画面切り替え**》タブ→《**タイミング**》グループの すべてに適用 (すべてに適用)をクリックします。
③スライド3を選択します。
④《**画面切り替え**》タブ→《**タイミング**》グループの [サウンドなし] (サウンド)の →《**チャイム**》をクリックします。

問題(4)

①スライド4を選択します。
②表を選択します。
③《**表ツール**》の《**デザイン**》タブ→《**表のスタイル**》グループの (その他)→《**中間**》の《**中間スタイル2-アクセント2**》をクリックします。
④《**表ツール**》の《**デザイン**》タブ→《**表スタイルのオプション**》グループの《**最初の列**》を ✓ にします。

問題(5)

①スライド5を選択します。
②《**ホーム**》タブ→《**スライド**》グループの レイアウト (スライドのレイアウト)→《**タイトルとコンテンツ**》をクリックします。

問題(6)

①スライド1を選択します。
②《**挿入**》タブ→《**メディア**》グループの (オーディオの挿入)→《**このコンピューター上のオーディオ**》をクリックします。
③デスクトップのフォルダー「**FOM Shuppan Documents**」のフォルダー「**MOS-PowerPoint 365 2019(2)**」を開きます。
④一覧から「**music**」を選択します。
⑤《**挿入**》をクリックします。
⑥《**再生**》タブ→《**オーディオのオプション**》グループの《**開始**》の →《**クリック時**》をクリックします。

●プロジェクト4

問題(1)

①スライド2を選択します。
②オーディオのアイコンを選択します。
③《**再生**》タブ→《**オーディオのオプション**》グループの《**スライド切り替え後も再生**》を☑にします。
④《**再生**》タブ→《**編集**》グループの《**フェードアウト**》を「**02.00**」に設定します。

問題(2)

①スライド3を選択します。
②コンテンツのプレースホルダーの (SmartArtグラフィックの挿入)をクリックします。
③左側の一覧から《**リスト**》を選択します。
④中央の一覧から《**カード型リスト**》を選択します。
⑤《**OK**》をクリックします。
⑥問題文の文字列「**料理コース**」をクリックしてコピーします。
⑦テキストウィンドウの1行目にカーソルを移動します。
※テキストウィンドウが表示されていない場合は、《SmartArtツール》の《デザイン》タブ→《グラフィックの作成》グループの テキスト ウィンドウ (テキストウィンドウ)をクリックします。
⑧ Ctrl + V を押して文字列を貼り付けます。
※テキストウィンドウに直接入力してもかまいません。
⑨同様に、「**製菓コース**」を貼り付けます。
⑩「**製菓コース**」の後ろにカーソルが表示されていることを確認します。
⑪ Delete を3回押して、不要な行を削除します。
⑫《**SmartArtツール**》の《**デザイン**》タブ→《**SmartArtのスタイル**》グループの 色の変更 (色の変更)→《**カラフル**》の《**カラフル-アクセント3から4**》をクリックします。

問題(3)

①スライド6を選択します。
②《**ホーム**》タブ→《**スライド**》グループの 新しいスライド (新しいスライド)の 新しいスライド → 《**スライドの再利用**》をクリックします。
③《**挿入元**》の《**参照**》をクリックします。
④デスクトップのフォルダー「**FOM Shuppan Documents**」のフォルダー「**MOS-PowerPoint 365 2019(2)**」を開きます。
⑤一覧から「**製菓コース**」を選択します。
⑥《**開く**》をクリックします。
⑦スライド「**製菓コース**」をクリックします。
⑧スライド「**和菓子コース**」をクリックします。
⑨スライド「**洋菓子コース**」をクリックします。
※スライド7からスライド9が挿入されます。
※《スライドの再利用》作業ウィンドウを閉じておきましょう。

問題(4)

①スライド10を選択します。
②コンテンツのプレースホルダーの (表の挿入)をクリックします。
③《**列数**》を「**6**」に設定します。
④《**行数**》を「**3**」に設定します。
⑤《**OK**》をクリックします。
⑥問題文の文字列「**コース**」をクリックしてコピーします。
⑦表の1行1列目にカーソルを移動します。
⑧ Ctrl + V を押して文字列を貼り付けます。
※セルに直接入力してもかまいません。
⑨同様に、その他のセルに文字列を貼り付けます。
⑩表を選択します。
⑪《**レイアウト**》タブ→《**表のサイズ**》グループの 幅: (幅)を「**24cm**」に設定します。
⑫《**レイアウト**》タブ→《**配置**》グループの 配置 (オブジェクトの配置)→《**左右中央揃え**》をクリックします。

問題(5)

①スライド11を選択します。
②図を選択します。
③《**書式**》タブ→《**サイズ**》グループの トリミング (トリミング)の トリミング →《**縦横比**》→《**四角形**》の《**1:1**》をクリックします。
④図以外の場所をクリックします。
⑤図を選択します。
⑥《**書式**》タブ→《**図のスタイル**》グループの (その他)→《**四角形、ぼかし**》をクリックします。

問題(6)

①《**表示**》タブ→《**マスター表示**》グループの 配布資料マスター (配布資料マスター表示)をクリックします。
②問題文の文字列「**入会のご案内**」をクリックしてコピーします。
③フッターのプレースホルダーを選択します。
④ Ctrl + V を押して文字列を貼り付けます。
※プレースホルダーに直接入力してもかまいません。
⑤《**配布資料マスター**》タブ→《**閉じる**》グループの マスター表示を閉じる (マスター表示を閉じる)をクリックします。

●プロジェクト5

問題(1)

①スライド5を選択します。
②3Dモデルを選択します。
③《**アニメーション**》タブ→《**アニメーション**》グループの (その他)→《**3D**》の《**スイング**》をクリックします。

問題(2)

①スライド7を選択します。
② をクリックします。
③コメントをポイントします。
④ をクリックします。
※《コメント》作業ウィンドウを閉じておきましょう。

問題(3)

①スライド7を選択します。
②グラフを選択します。
③《**グラフツール**》の《**デザイン**》タブ→《**種類**》グループの グラフの種類の変更 (グラフの種類の変更)をクリックします。
④左側の一覧から《**円**》を選択します。

⑤右側の一覧から（3-D円）を選択します。
⑥**《OK》**をクリックします。
⑦**《グラフツール》**の**《デザイン》**タブ→**《グラフスタイル》**グループの（その他）→**《スタイル2》**をクリックします。

問題(4)

①スライド8を選択します。
②図を選択します。
③**《書式》**タブ→**《調整》**グループの アート効果（アート効果）→**《線画》**をクリックします。
④**《書式》**タブ→**《図のスタイル》**グループの 図の効果（図の効果）→**《ぼかし》**→**《ぼかしのオプション》**をクリックします。
⑤**《ぼかし》**の詳細が表示されていることを確認します。
※表示されていない場合は、《ぼかし》をクリックします。
⑥**《サイズ》**を**「7pt」**に設定します。
※《図の書式設定》作業ウィンドウを閉じておきましょう。

問題(5)

①スライド2を選択します。
②**《ホーム》**タブ→**《スライド》**グループの セクション（セクション）→**《セクションの追加》**をクリックします。
③問題文の文字列**「解説」**をクリックしてコピーします。
④**《セクション名》**の文字列を選択します。
⑤Ctrl＋Vを押して文字列を貼り付けます。
※《セクション名》に直接入力してもかまいません。
⑥**《名前の変更》**をクリックします。

●プロジェクト6

問題(1)

①スライド1の前の**《セクション1》**を選択します。
②**《ホーム》**タブ→**《スライド》**グループの セクション（セクション）→**《セクション名の変更》**をクリックします。
③問題文の文字列**「タイトル」**をクリックしてコピーします。
④**《セクション名》**の文字列を選択します。
⑤Ctrl＋Vを押して文字列を貼り付けます。
※《セクション名》に直接入力してもかまいません。
⑥**《名前の変更》**をクリックします。
⑦同様に、スライド2とスライド5の前のセクション名を変更します。

問題(2)

①スライド2を選択します。
②**《ホーム》**タブ→**《スライド》**グループの 新しいスライド（新しいスライド）の 新しいスライド →**《選択したスライドの複製》**をクリックします。
※スライド3が挿入されます。
③問題文の文字列**「ABC分析」**をクリックしてコピーします。
④複製したスライドのタイトルのプレースホルダーを選択します。
⑤Ctrl＋Vを押して文字列を貼り付けます。
※プレースホルダーに直接入力してもかまいません。
⑥スライド3をスライド6の前に移動します。

問題(3)

①スライド3を選択します。
②箇条書きのプレースホルダーを選択します。
③**《ホーム》**タブ→**《段落》**グループの SmartArt に変換（SmartArtグラフィックに変換）→**《縦方向箇条書きリスト》**をクリックします。
④**《SmartArtツール》**の**《デザイン》**タブ→**《SmartArtのスタイル》**グループの 色の変更（色の変更）→**《カラフル》**の**《カラフル-全アクセント》**をクリックします。

問題(4)

①スライド7を選択します。
②テキストボックス**「全体の70%を…」**を選択します。
③**《書式》**タブ→**《図形のスタイル》**グループの 図形の効果（図形の効果）→**《影》**→**《影のオプション》**をクリックします。
④**《影》**の詳細が表示されていることを確認します。
※表示されていない場合は、《影》をクリックします。
⑤**《角度》**を**「30°」**に設定します。
⑥**《ホーム》**タブ→**《フォント》**グループの（フォントの色）の →**《テーマの色》**の**《赤、アクセント2》**をクリックします。
※《図形の書式設定》作業ウィンドウを閉じておきましょう。

問題(5)

①スライド7を選択します。
②図形を選択します。
③**《アニメーション》**タブ→**《アニメーション》**グループの（その他）→**《強調》**の**《パルス》**をクリックします。

問題(6)

①**《スライドショー》**タブ→**《スライドショーの開始》**グループの 目的別スライドショー（目的別スライドショー）→**《目的別スライドショー》**をクリックします。
②**《新規作成》**をクリックします。
③問題文の文字列**「SWOT分析」**をクリックしてコピーします。
④**《スライドショーの名前》**の文字列を選択します。
⑤Ctrl＋Vを押して文字列を貼り付けます。
※《スライドショーの名前》に直接入力してもかまいません。
⑥**《プレゼンテーション中のスライド》**の一覧から**「1. 中堅社員向け　経営戦略セミナー」**を✓にします。
⑦同様に、その他のスライドを✓にします。
⑧**《追加》**をクリックします。
⑨**《OK》**をクリックします。
⑩**《閉じる》**をクリックします。

第2回 模擬試験 問題

プロジェクト1

理解度チェック		
☑☑☑☑☑	問題(1)	あなたは、FOMフィットネスセンターの社員で、会員数を増やすためのサービス強化施策についてプレゼンテーションを作成しています。 スライド1の「カスタマサポート室」の下の行に「安藤亮太」と追加してください。
☑☑☑☑☑	問題(2)	スライド1の3Dモデルのビューを「左上前面」に変更してください。
☑☑☑☑☑	問題(3)	スライド2の矢印の図形が、左から順番に表示されるように設定してください。左から1番目の矢印はスライドと同時に表示され、2番目と3番目の矢印は前の動作の1秒後に表示されるようにします。
☑☑☑☑☑	問題(4)	スライド3とスライド4のグラフにグラフスタイル「スタイル2」を適用し、凡例をグラフの右に表示してください。
☑☑☑☑☑	問題(5)	スライド5の矢印の図形の高さと幅を「4㎝」に変更し、光彩の効果「光彩：5pt；青、アクセントカラー1」を設定してください。
☑☑☑☑☑	問題(6)	スライド3とスライド4だけが印刷されるように設定してください。グレースケールで印刷されるようにします。

プロジェクト2

理解度チェック		
☑☑☑☑☑	問題(1)	あなたは、首都圏でカフェを経営するFOM CREATE CORPORATIONの社員で、新規店舗の概略を説明するプレゼンテーションを作成しています。 スライド「店舗候補地の比較」の表の「候補地」と「良い点」の間に1列追加してください。追加した列には、上から「店舗形態」「路面店」「テナント」「テナント」と入力します。
☑☑☑☑☑	問題(2)	スライド「港区台場への来訪目的」のSmartArtグラフィックの「ショッピング」と「イベント」の間に図形を追加し、「食事」と入力してください。
☑☑☑☑☑	問題(3)	タイトルスライド以外のすべてのスライドに、フッター「FCC企画室」を挿入してください。
☑☑☑☑☑	問題(4)	すべてのスライドに画面切り替え効果「スプリット」を設定してください。
☑☑☑☑☑	問題(5)	ノートマスターの本文のプレースホルダーをスライドイメージと同じ幅に変更し、スライドイメージと左端をそろえて配置してください。
☑☑☑☑☑	問題(6)	プレゼンテーションに挿入されているビデオを、標準(480p)で圧縮してください。

プロジェクト3

理解度チェック

☑☑☑☑☑	問題（1）	あなたは、もみじ山ふれあいの里のPR担当で、イベントを紹介するプレゼンテーションを作成しています。 スライド2の画像をスライドの左上に合わせてトリミングしてください。画像の位置とサイズは変更しないようにします。
☑☑☑☑☑	問題（2）	スライド3の3Dモデルに「ターンテーブル」のアニメーションを設定してください。アニメーションの方向を左方向に変更します。
☑☑☑☑☑	問題（3）	スライド4の図形の重なりが、上から「Stay」「Enjoy」「Study」となるように移動してください。
☑☑☑☑☑	問題（4）	最後のスライドの次に、デスクトップのフォルダー「FOM Shuppan Documents」のフォルダー「MOS-PowerPoint 365 2019（2）」の文書「イベント」のアウトラインを使用して、スライドを挿入してください。
☑☑☑☑☑	問題（5）	スライドマスター「インテグラル　ノート」（または「インテグラル　スライドマスター」）の背景を「ライム、アクセント2」で塗りつぶし、透明度を「80%」に設定してください。
☑☑☑☑☑	問題（6）	スライド5の前にセクションを追加してください。セクション名は「イベント」とします。

プロジェクト4

理解度チェック

☑☑☑☑☑	問題（1）	あなたは、手作りパン教室のFOM BAKING SCHOOLの広報担当で、教室案内のプレゼンテーションを作成しています。 スライド「手作りパン教室 ご案内」のサブタイトル「FOM BAKING SCHOOL」にワードアートのスタイル「塗りつぶし：茶、アクセントカラー3；面取り（シャープ）」を適用してください。
☑☑☑☑☑	問題（2）	タイトルスライドの次にサマリーズームのスライドを作成してください。スライド「ベーシックコース」とスライド「アレンジコース」だけにリンクし、タイトルスライドは含めないようにします。スライドのタイトルは「コース紹介」とします。
☑☑☑☑☑	問題（3）	スライド「入会キャンペーン」の「10%OFF」の下に図形「四角形：対角を丸める」を追加し、「親子レッスンも対象です。」と入力してください。
☑☑☑☑☑	問題（4）	スライドマスター「タイトル付きのコンテンツ」の箇条書きの第1レベルの行頭文字を、デスクトップのフォルダー「FOM Shuppan Documents」のフォルダー「MOS-PowerPoint 365 2019（2）」の図「リーフ」に変更してください。
☑☑☑☑☑	問題（5）	すべてのスライドの画面切り替え効果の継続時間を「2.5秒」に設定してください。
☑☑☑☑☑	問題（6）	すべてのスライドをノートとして部単位で2部印刷されるように設定してください。

プロジェクト5

理解度チェック		
☑ ☑ ☑ ☑ ☑	問題 (1)	あなたは、ボランティアグループに所属しており、今年度の活動を報告するプレゼンテーションを作成しています。 スライド2の箇条書きが、左からワイプして表示されるように設定してください。
☑ ☑ ☑ ☑ ☑	問題 (2)	スライド5に2列4行の表を作成し、1行目の左から「内訳」「人数」、2行目の左から「社会人」「18名」、3行目の左から「大学生」「22名」、4行目の左から「高校生」「10名」と入力してください。
☑ ☑ ☑ ☑ ☑	問題 (3)	最後のスライドの次に「タイトルのみ」のスライドを追加し、タイトルに「メンバー募集」と入力してください。
☑ ☑ ☑ ☑ ☑	問題 (4)	アクセシビリティチェックを実行し、代替テキストが設定されていない画像に、「つばめ」の代替テキストを設定してください。
☑ ☑ ☑ ☑ ☑	問題 (5)	ドキュメント検査を実行し、ドキュメントのプロパティと個人情報、スライド外のコンテンツを削除してください。ドキュメント検査の前にファイルを保存してくださいというメッセージが表示された場合は「はい」をクリックします。

プロジェクト6

理解度チェック		
☑ ☑ ☑ ☑ ☑	問題 (1)	あなたは、楓が丘地区の防災担当で、家庭の防災対策について説明するプレゼンテーションを作成しています。 スライド「防災の日の由来」の3段組みのテキストを2段組みに変更してください。
☑ ☑ ☑ ☑ ☑	問題 (2)	スライド「家庭でできる防災対策」のタイトル以外のすべての図形をグループ化してください。
☑ ☑ ☑ ☑ ☑	問題 (3)	スライド「食料・生活必需品の備蓄対策」のヘルメットの図に、アニメーションの軌跡「ターン」を設定してください。
☑ ☑ ☑ ☑ ☑	問題 (4)	スライド「楓が丘地区防災訓練」だけに、背景のパターン「対角ストライプ：右上がり」を設定してください。
☑ ☑ ☑ ☑ ☑	問題 (5)	スライドショーを出席者として閲覧し、保存済みのタイミングでスライドが切り替わるように設定してください。
☑ ☑ ☑ ☑ ☑	問題 (6)	スライド「家具の転倒対策」に、フォルダー「3Dオブジェクト」のフォルダー「MOS-PowerPoint 365 2019 (2)」の3Dモデル「furniture」を挿入し、箇条書きの右側に配置してください。 （フォルダー「3Dオブジェクト」がない場合は「3D Objects」から挿入します。）

第2回 模擬試験 標準解答

●プロジェクト1

問題(1)

①スライド1を選択します。
②問題文の文字列**「安藤亮太」**をクリックしてコピーします。
③**「カスタマサポート室」**の後ろにカーソルを移動します。
④[Enter]を押して、改行します。
⑤[Ctrl]+[V]を押して文字列を貼り付けます。
※テキストボックスに直接入力してもかまいません。

問題(2)

①スライド1を選択します。
②3Dモデルを選択します。
③**《書式設定》**タブ→**《3Dモデルビュー》**グループの(その他)→**《左上前面》**をクリックします。

問題(3)

①スライド2を選択します。
※アニメーションが再生される順番を確認しておきましょう。
②図形**「入会者数の伸び悩み」**を選択します。
③**《アニメーション》**タブ→**《タイミング》**グループの ▲順番を前にする (順番を前にする)をクリックします。
④**《アニメーション》**タブ→**《タイミング》**グループの**《開始》**の→**《直前の動作と同時》**をクリックします。
⑤図形**「退会者数の増加」**を選択します。
⑥**《アニメーション》**タブ→**《タイミング》**グループの ▲順番を前にする (順番を前にする)をクリックします。
⑦**《アニメーション》**タブ→**《タイミング》**グループの**《開始》**の→**《直前の動作の後》**をクリックします。
⑧**《アニメーション》**タブ→**《タイミング》**グループの**《遅延》**を**「01.00」**に設定します。
⑨**《アニメーション》**タブ→**《アニメーションのコピー/貼り付け》**をクリックします。
⑩図形**「会員数の著しい減少」**をクリックします。

問題(4)

①スライド3を選択します。
②グラフを選択します。
③**《グラフツール》**の**《デザイン》**タブ→**《グラフスタイル》**グループの(その他)→**《スタイル2》**をクリックします。
④**《グラフツール》**の**《デザイン》**タブ→**《グラフのレイアウト》**グループの(グラフ要素を追加)→**《凡例》**→**《右》**をクリックします。
⑤同様に、スライド4のグラフにグラフスタイルと凡例を設定します。

問題(5)

①スライド5を選択します。
②図形を選択します。
③**《書式》**タブ→**《サイズ》**グループの(図形の高さ)を**「4cm」**に設定します。
④**《書式》**タブ→**《サイズ》**グループの(図形の幅)が**「4cm」**になっていることを確認します。
⑤**《書式》**タブ→**《図形のスタイル》**グループの 図形の効果▾ (図形の効果)→**《光彩》**→**《光彩の種類》**の**《光彩：5pt；青、アクセントカラー1》**をクリックします。

問題(6)

①**《ファイル》**タブを選択します。
②**《印刷》**をクリックします。
③**《スライド指定》**に**「3-4」**と入力します。
④**《カラー》**→**《グレースケール》**をクリックします。

●プロジェクト2

問題(1)

①スライド3を選択します。
②表の1列目にカーソルを移動します。
※1列目であれば、どこでもかまいません。
③**《レイアウト》**タブ→**《行と列》**グループの(右に列を挿入)をクリックします。
④問題文の文字列**「店舗形態」**をクリックしてコピーします。
⑤1行2列目にカーソルを移動します。
⑥[Ctrl]+[V]を押して文字列を貼り付けます。
※セルに直接入力してもかまいません。
⑦同様に、その他のセルに文字列を貼り付けます。

問題(2)

①スライド6を選択します。
②SmartArtグラフィックを選択します。
③問題文の文字列**「食事」**をクリックしてコピーします。
④テキストウィンドウの**「ショッピング」**の後ろにカーソルを移動します。
※テキストウィンドウが表示されていない場合は、《SmartArtツール》の《デザイン》タブ→《グラフィックの作成》グループの テキスト ウィンドウ (テキストウィンドウ)をクリックします。
⑤[Enter]を押して、改行します。
⑥[Ctrl]+[V]を押して文字列を貼り付けます。
※テキストウィンドウに直接入力してもかまいません。

問題(3)

①**《挿入》**タブ→**《テキスト》**グループの(ヘッダーとフッター)をクリックします。

②《スライド》タブを選択します。
③問題文の文字列「**FCC企画室**」をクリックしてコピーします。
④《フッター》を☑にし、カーソルを移動します。
⑤ Ctrl + V を押して文字列を貼り付けます。
※《フッター》に直接入力してもかまいません。
⑥《タイトルスライドに表示しない》を☑にします。
⑦《すべてに適用》をクリックします。

問題(4)

①《画面切り替え》タブ→《画面切り替え》グループの▼(その他)→《弱》の《スプリット》をクリックします。
②《画面切り替え》タブ→《タイミング》グループの すべてに適用(すべてに適用)をクリックします。

問題(5)

①《表示》タブ→《マスター表示》グループの ノートマスター(ノートマスター表示)をクリックします。
②スライドイメージを選択します。
③《書式》タブ→《サイズ》グループの (図形の幅)が「**16.4cm**」になっていることを確認します。
④本文のプレースホルダーを選択します。
⑤《書式》タブ→《サイズ》グループの (図形の幅)を「**16.4cm**」に設定します。
⑥スライドイメージを選択します。
⑦ Shift を押しながら、本文のプレースホルダーを選択します。
⑧《書式》タブ→《配置》グループの (オブジェクトの配置)→《左揃え》をクリックします。
⑨《ノートマスター》タブ→《閉じる》グループの マスター表示を閉じる(マスター表示を閉じる)をクリックします。

問題(6)

①《ファイル》タブを選択します。
②《情報》→《メディアの圧縮》→《標準(480p)》をクリックします。
③《閉じる》をクリックします。

●プロジェクト3

問題(1)

①スライド2を選択します。
②図を選択します。
③《書式》タブ→《サイズ》グループの (トリミング)をクリックします。
④図の左上の ┏ をスライドの端まで、右下方向にドラッグします。
※図の左上が表示されていない場合は、スクロールして調整します。
※赤い点線が表示される位置で手を離します。
⑤図以外の場所をクリックします。

問題(2)

①スライド3を選択します。
②3Dモデルを選択します。
③《アニメーション》タブ→《アニメーション》グループの▼(その他)→《3D》の《ターンテーブル》をクリックします。
④《アニメーション》タブ→《アニメーション》グループの 効果のオプション(効果のオプション)→《方向》の《左》をクリックします。

問題(3)

①スライド4を選択します。
②図形「**Stay**」を選択します。
③《書式》タブ→《配置》グループの 前面へ移動(前面へ移動)の▼→《最前面へ移動》をクリックします。
④図形「**Study**」を選択します。
⑤《書式》タブ→《配置》グループの 背面へ移動(背面へ移動)をクリックします。

問題(4)

①スライド6を選択します。
②《ホーム》タブ→《スライド》グループの 新しいスライド(新しいスライド)の 新しいスライド→《アウトラインからスライド》をクリックします。
③デスクトップのフォルダー「**FOM Shuppan Documents**」のフォルダー「**MOS-PowerPoint 365 2019(2)**」を開きます。
④一覧から「**イベント**」を選択します。
⑤《挿入》をクリックします。
※スライド7からスライド11が挿入されます。
※お使いの環境によっては、エラーが発生してWord文書が挿入できない場合があります。その場合は、デスクトップのフォルダー「FOM Shuppan Documents」のフォルダー「MOS-PowerPoint 365 2019(2)」にあるリッチテキスト「イベント(rtf)」を挿入してください。

問題(5)

①《表示》タブ→《マスター表示》グループの スライドマスター(スライドマスター表示)をクリックします。
②サムネイルの一覧から《インテグラル　ノート:スライド1-11で使用される》(上から1番目)を選択します。
※お使いの環境によっては《インテグラル　スライドマスター:スライド1-11で使用される》と表示される場合があります。
③《スライドマスター》タブ→《背景》グループの 背景のスタイル(背景のスタイル)→《背景の書式設定》をクリックします。
④《塗りつぶし》の詳細が表示されていることを確認します。
※表示されていない場合は、《塗りつぶし》をクリックします。
⑤《塗りつぶし(単色)》を◉にします。
⑥ (塗りつぶしの色)→《テーマの色》の《ライム、アクセント2》をクリックします。
⑦《透明度》を「**80%**」に設定します。
⑧《スライドマスター》タブ→《閉じる》グループの マスター表示を閉じる(マスター表示を閉じる)をクリックします。
※《背景の書式設定》作業ウィンドウを閉じておきましょう。

問題(6)

①スライド5を選択します。
②《ホーム》タブ→《スライド》グループの セクション (セクション)→《セクションの追加》をクリックします。
③問題文の文字列「イベント」をクリックしてコピーします。
④《セクション名》の文字列を選択します。
⑤ Ctrl + V を押して文字列を貼り付けます。
※《セクション名》に直接入力してもかまいません。
⑥《名前の変更》をクリックします。

●プロジェクト4

問題(1)

①スライド1を選択します。
②サブタイトルのプレースホルダーを選択します。
③《書式》タブ→《ワードアートのスタイル》グループの (その他)→《塗りつぶし:茶、アクセントカラー3;面取り(シャープ)》をクリックします。

問題(2)

①《挿入》タブ→《リンク》グループの (ズーム)→《サマリーズーム》をクリックします。
②「1。手作りパン教室 ご案内」を □ にします。
③「2。ベーシックコース」「6。アレンジコース」を ✔ にします。
④《挿入》をクリックします。
⑤問題文の文字列「コース紹介」をクリックしてコピーします。
⑥タイトルのプレースホルダーを選択します。
⑦ Ctrl + V を押して文字列を貼り付けます。
※プレースホルダーに直接入力してもかまいません。

問題(3)

①スライド11を選択します。
②《挿入》タブ→《図》グループの (図形)→《四角形》の《四角形:対角を丸める》をクリックします。
③始点から終点までドラッグします。
④問題文の文字列「親子レッスンも対象です。」をクリックしてコピーします。
⑤図形を選択します。
⑥ Ctrl + V を押して文字列を貼り付けます。
※図形に直接入力してもかまいません。

問題(4)

①《表示》タブ→《マスター表示》グループの (スライドマスター表示)をクリックします。
②サムネイルの一覧から《タイトル付きのコンテンツレイアウト:スライド4-6,8-9で使用される》(上から6番目)を選択します。
③コンテンツのプレースホルダーの《マスターテキストの書式設定》の行にカーソルを移動します。
※《マスターテキストの書式設定》の行であればどこでもかまいません。
④《ホーム》タブ→《段落》グループの (箇条書き)の →《箇条書きと段落番号》をクリックします。
⑤《箇条書き》タブを選択します。
⑥《図》をクリックします。
⑦《ファイルから》をクリックします。
⑧デスクトップのフォルダー「FOM Shuppan Documents」のフォルダー「MOS-PowerPoint 365 2019(2)」を開きます。
⑨一覧から「リーフ」を選択します。
⑩《挿入》をクリックします。
⑪《スライドマスター》タブ→《閉じる》グループの (マスター表示を閉じる)をクリックします。

問題(5)

①《画面切り替え》タブ→《タイミング》グループの《期間》を「02.50」に設定します。
②《画面切り替え》タブ→《タイミング》グループの すべてに適用 (すべてに適用)をクリックします。

問題(6)

①《ファイル》タブを選択します。
②《印刷》をクリックします。
③《部数》を「2」に設定します。
④《すべてのスライドを印刷》になっていることを確認します。
⑤《フルページサイズのスライド》→《印刷レイアウト》の《ノート》をクリックします。
⑥《部単位で印刷》になっていることを確認します。

●プロジェクト5

問題(1)

①スライド2を選択します。
②箇条書きのプレースホルダーを選択します。
③《アニメーション》タブ→《アニメーション》グループの (その他)→《開始》の《ワイプ》をクリックします。
④《アニメーション》タブ→《アニメーション》グループの (効果のオプション)→《方向》の《左から》をクリックします。

問題(2)

①スライド5を選択します。
②コンテンツのプレースホルダーの (表の挿入)をクリックします。
③《列数》を「2」に設定します。
④《行数》を「4」に設定します。
⑤《OK》をクリックします。
⑥問題文の文字列「内訳」をクリックしてコピーします。
⑦表の1行1列目にカーソルを移動します。
⑧ Ctrl + V を押して文字列を貼り付けます。
※セルに直接入力してもかまいません。
⑨同様に、その他のセルに文字列を貼り付けます。

問題(3)

①スライド5を選択します。
②《ホーム》タブ→《スライド》グループの(新しいスライド)の→《タイトルのみ》をクリックします。
③問題文の文字列「メンバー募集」をクリックしてコピーします。
④タイトルのプレースホルダーを選択します。
⑤ Ctrl + V を押して文字列を貼り付けます。
※タイトルのプレースホルダーに直接入力してもかまいません。

問題(4)

①《ファイル》タブを選択します。
②《情報》→《問題のチェック》→《アクセシビリティチェック》をクリックします。
③《エラー》の《代替テキストがありません》の「図3(スライド5)」をクリックします。
④「図3(スライド5)」の《▼》をクリックし、《おすすめアクション》の一覧から《説明を追加》を選択します。
⑤問題文の文字列「つばめ」をクリックしてコピーします。
⑥代替テキストのボックスにカーソルを移動します。
⑦ Ctrl + V を押して文字列を貼り付けます。
※代替テキストのボックスに直接入力してもかまいません。
※《代替テキスト》作業ウィンドウと《アクセシビリティチェック》作業ウィンドウを閉じておきましょう。

問題(5)

①《ファイル》タブを選択します。
②《情報》→《問題のチェック》→《ドキュメント検査》をクリックします。
③《はい》をクリックします。
④《ドキュメントのプロパティと個人情報》を☑にします。
⑤《スライド外のコンテンツ》を☑にします。
⑥《検査》をクリックします。
⑦《ドキュメントのプロパティと個人情報》の《すべて削除》をクリックします。
⑧《スライド外のコンテンツ》の《すべて削除》をクリックします。
⑨《閉じる》をクリックします。

●プロジェクト6

問題(1)

①スライド2を選択します。
②箇条書きのプレースホルダーを選択します。
③《ホーム》タブ→《段落》グループの(段の追加または削除)→《2段組み》をクリックします。

問題(2)

①スライド3を選択します。
②すべての図形を囲むようにドラッグして選択します。
③《書式》タブ→《配置》グループの グループ化 (オブジェクトのグループ化)→《グループ化》をクリックします。

問題(3)

①スライド5を選択します。
②ヘルメットの図を選択します。
③《アニメーション》タブ→《アニメーション》グループの(その他)→《アニメーションの軌跡》の《ターン》をクリックします。

問題(4)

①スライド7を選択します。
②《デザイン》タブ→《ユーザー設定》グループの(背景の書式設定)をクリックします。
③《塗りつぶし》の詳細が表示されていることを確認します。
※表示されていない場合は、《塗りつぶし》をクリックします。
④《塗りつぶし(パターン)》を◉にします。
⑤《パターン》の《対角ストライプ:右上がり》をクリックします。
※《背景の書式設定》作業ウィンドウを閉じておきましょう。

問題(5)

①《スライドショー》タブ→《設定》グループの(スライドショーの設定)をクリックします。
②《種類》の《出席者として閲覧する(ウィンドウ表示)》を◉にします。
③《スライドの切り替え》の《保存済みのタイミング》を◉にします。
④《OK》をクリックします。

問題(6)

①スライド4を選択します。
②《挿入》タブ→《図》グループの(3Dモデル)の→《ファイルから》をクリックします。
③フォルダー「3Dオブジェクト」のフォルダー「MOS-PowerPoint 365 2019(2)」を開きます。
※お使いの環境によっては、フォルダー「3Dオブジェクト」が「3D Objects」と表示される場合があります。
④一覧から「furniture」を選択します。
⑤《挿入》をクリックします。
※お使いの環境によっては、エラーが発生することがあります。その場合は、Cドライブのフォルダー「FOM Shuppan Program」のフォルダー「MOS-PowerPoint 365 2019(2)」にある3Dモデル「furniture」を挿入してください。
⑥3Dモデルが箇条書きの右側に配置されていることを確認します。

第3回　模擬試験　問題

プロジェクト1

理解度チェック

☑☑☑☑☑ **問題(1)** あなたは、緑山不動産の社員で、賃貸物件を案内するプレゼンテーションを作成します。すべてのスライドの画面切り替え効果がスライドの上から切り替わるように設定してください。

☑☑☑☑☑ **問題(2)** スライドショーを自動プレゼンテーションとして設定してください。

☑☑☑☑☑ **問題(3)** スライド1、4、5、6、8を選択して、「キャンペーン対象物件」という名前の目的別スライドショーを作成してください。

☑☑☑☑☑ **問題(4)** プレゼンテーションのプロパティに、作成者「田中聡」、分類に「モニター掲示用」を設定してください。

☑☑☑☑☑ **問題(5)** スライド3をスライド1と2の間に移動してください。セクション「物件情報」内に移動します。

☑☑☑☑☑ **問題(6)** プレゼンテーションを最終版として保存してください。

プロジェクト2

理解度チェック

☑☑☑☑☑ **問題(1)** あなたは、新生活応援キャンペーンの売上実績をまとめたプレゼンテーションを作成しています。
スライド2のコメントに「修正済みです。」と返信してください。

☑☑☑☑☑ **問題(2)** スライド2の表の「売上目標」の右に1列追加し、1行目に「達成率」と入力してください。表の最終行が強調して表示されるようにします。

☑☑☑☑☑ **問題(3)** スライド3の円グラフの「カメラ」の項目の次に、項目「その他」、データ「11521」を追加してください。グラフにはグラフスタイル「スタイル8」を適用し、フォントサイズを「18ポイント」に設定します。

☑☑☑☑☑ **問題(4)** タイトルスライド以外のすべてのスライドに、フッター「富士山電気株式会社」を挿入してください。次に、スライドマスターを編集して、フッターの文字列を「縦書き」、文字の配置を「左揃え」に設定してください。

☑☑☑☑☑ **問題(5)** 配布資料マスターのヘッダーに「社外秘」と表示されるように設定してください。

☑☑☑☑☑ **問題(6)** スライド4の図形「売上1位」をブロック矢印「矢印：下」に変更してください。変更後、図形「達成率1位」とサイズをそろえてください。

プロジェクト3

理解度チェック

☑☑☑☑☑	問題(1)	あなたは、中堅社員研修についてのプレゼンテーションを作成しています。 スライド2の3つの図形を、一番左の図形の左端にそろえて配置してください。垂直方向の位置は変更しないようにします。
☑☑☑☑☑	問題(2)	スライド3に3列4行の表を作成し、1行目の左から「日程」「場所」「定員」、2行目の左から「9月23日」「本社大会議室」「20名」、3行目の左から「10月22日」「大阪支社第一会議室」「15名」、4行目の左から「11月19日」「本社大会議室」「20名」と入力してください。表内のフォントサイズは「24ポイント」、1行目の項目名はセル内で左右中央に配置します。
☑☑☑☑☑	問題(3)	スライド6のSmartArtグラフィックの図形「年間行動目標の作成」を図形「目標設定シートの作成」の上に移動してください。
☑☑☑☑☑	問題(4)	スライド6のSmartArtグラフィックに、開始のアニメーション「フロートイン」を適用してください。アニメーションの連続を「個別」に変更します。
☑☑☑☑☑	問題(5)	スライド4とスライド5だけがノートとして印刷されるように設定してください。印刷の向きは縦にします。
☑☑☑☑☑	問題(6)	プレゼンテーションに「中堅社員研修」という名前を付けて、デスクトップのフォルダー「FOM Shuppan Documents」のフォルダー「MOS-PowerPoint 365 2019(2)」にPDFファイルとして保存してください。発行後にファイルは開かないようにします。

プロジェクト4

理解度チェック

☑☑☑☑☑	問題(1)	あなたは、ホテルのウェディングプランを紹介するプレゼンテーションを作成しています。 スライド1の背景だけに、デスクトップのフォルダー「FOM Shuppan Documents」のフォルダー「MOS-PowerPoint 365 2019(2)」の画像「テーブル装花」を挿入してください。画像は透明度を「70%」に設定します。
☑☑☑☑☑	問題(2)	スライド2のハートの図形に図形のスタイル「グラデーション-赤、アクセント6」を適用し、図形の枠線の色を「赤、アクセント6、白+基本色80%」、枠線の太さを「6pt」に設定してください。
☑☑☑☑☑	問題(3)	スライド4の箇条書きを2段組みに設定してください。
☑☑☑☑☑	問題(4)	スライド5のビデオが、スライドショー実行中に自動的に再生され、再生が終了したら巻き戻るように設定してください。
☑☑☑☑☑	問題(5)	スライド6の画像に、図のスタイル「透視投影、影付き、白」を適用し、図の明るさを「+20%」、コントラストを「−20%」に変更してください。
☑☑☑☑☑	問題(6)	スライドショー実行中に、すべてのスライドが20秒経過すると自動的に次のスライドに切り替わるように設定してください。画面切り替えの継続時間は「1.5秒」にします。

プロジェクト5

理解度チェック

☑☑☑☑☑ 問題(1) あなたは、かえで英会話スクールの子供向けクラスの開設を提案するプレゼンテーションを作成しています。
配布資料として、1ページに4スライドずつ印刷されるように設定してください。印刷結果に表示されるスライドの順序は、縦方向に並ぶように設定し、タイトルスライドの下にスライド「子供向けクラスの開設にあたって」が表示されるようにします。

☑☑☑☑☑ 問題(2) スライド「クラスの開設案」に配置されている3つの四角形をグループ化してください。

☑☑☑☑☑ 問題(3) スライド「クラスの開設案」の後ろに、デスクトップのフォルダー「FOM Shuppan Documents」のフォルダー「MOS-PowerPoint 365 2019(2)」の文書「レッスン概要」のアウトラインを使用して、スライドを挿入してください。

☑☑☑☑☑ 問題(4) スライド「子供向けクラス開設のPRについて」の図「ABC」に、アニメーションの軌跡「台形」を設定してください。

☑☑☑☑☑ 問題(5) スライド「子供の英語教育調査の実施」に、フォルダー「3Dオブジェクト」のフォルダー「MOS-PowerPoint 365 2019(2)」の3Dモデル「book」を挿入し、スライドの右下の空いているスペースに配置してください。
(フォルダー「3Dオブジェクト」がない場合は「3D Objects」から挿入します。)

プロジェクト6

理解度チェック

☑☑☑☑☑ 問題(1) あなたは、FOM健康保険組合の組合員向けに、医療費の控除に関するプレゼンテーションを作成しています。
スライドのサイズを幅「29.7cm」、高さ「21cm」に変更してください。コンテンツのサイズはスライドに収まるように調整します。

☑☑☑☑☑ 問題(2) タイトルスライドにスライドズームを挿入して、スライド「申告の時期」へのリンクを設定してください。サムネイルは、タイトルの下側にある白い枠内に移動します。

☑☑☑☑☑ 問題(3) スライド「申告方法」の第2レベルの箇条書きの行頭文字を変更してください。デスクトップのフォルダー「FOM Shuppan Documents」のフォルダー「MOS-PowerPoint 365 2019(2)」の画像「マーク」を設定します。

☑☑☑☑☑ 問題(4) スライド「申告方法」の上の図形から表示されるように、アニメーションの順序を変更してください。

☑☑☑☑☑ 問題(5) 《描画》タブを使って、スライド「医療費控除とは」にあるテキストボックス「※家計を共にする…」内の文字列「合計が10万円」の下に、「ペン:赤、0.5mm」で線を描画してください。

☑☑☑☑☑ 問題(6) スライド「申告の時期」の後ろに、デスクトップのフォルダー「FOM Shuppan Documents」のフォルダー「MOS-PowerPoint 365 2019(2)」のプレゼンテーション「医療費控除の対象」のスライド2、3、4を順番に挿入してください。

第3回 模擬試験 標準解答

●プロジェクト1

問題(1)

①《**画面切り替え**》タブ→《**画面切り替え**》グループの（効果のオプション）→《**上から**》をクリックします。
②《**画面切り替え**》タブ→《**タイミング**》グループの すべてに適用（すべてに適用）をクリックします。

問題(2)

①《**スライドショー**》タブ→《**設定**》グループの（スライドショーの設定）をクリックします。
②《**種類**》の《**自動プレゼンテーション（フルスクリーン表示）**》を◉にします。
③《**OK**》をクリックします。

問題(3)

①《**スライドショー**》タブ→《**スライドショーの開始**》グループの（目的別スライドショー）→《**目的別スライドショー**》をクリックします。
②《**新規作成**》をクリックします。
③問題文の文字列「**キャンペーン対象物件**」をクリックしてコピーします。
④《**スライドショーの名前**》の文字列を選択します。
⑤【Ctrl】+【V】を押して文字列を貼り付けます。
※《スライドショーの名前》に直接入力してもかまいません。
⑥《**プレゼンテーション中のスライド**》の一覧から「**1. 賃貸物件のご案内**」を☑にします。
⑦同様に、スライド4、5、6、8を☑にします。
⑧《**追加**》をクリックします。
⑨《**OK**》をクリックします。
⑩《**閉じる**》をクリックします。

問題(4)

①《**ファイル**》タブを選択します。
②《**情報**》→《**プロパティ**》→《**詳細プロパティ**》をクリックします。
③《**ファイルの概要**》タブを選択します。
④問題文の文字列「**田中聡**」をクリックしてコピーします。
⑤《**作成者**》にカーソルを移動します。
⑥【Ctrl】+【V】を押して文字列を貼り付けます。
※《作成者》に直接入力してもかまいません。
⑦同様に、《**分類**》に「**モニター掲示用**」を貼り付けます。
※《分類》に直接入力してもかまいません。
⑧《**OK**》をクリックします。
※【Esc】を押して、標準表示に戻しておきましょう。

問題(5)

①スライド3を選択します。
②スライド2の上にドラッグします。

問題(6)

①《**ファイル**》タブを選択します。
②《**情報**》→《**プレゼンテーションの保護**》→《**最終版にする**》をクリックします。
③《**OK**》をクリックします。
④《**OK**》をクリックします。

●プロジェクト2

問題(1)

①スライド2を選択します。
②（コメント）をクリックします。
③問題文の文字列「**修正済みです。**」をクリックしてコピーします。
④《**返信**》をクリックします。
⑤【Ctrl】+【V】を押して文字列を貼り付けます。
※《返信》に直接入力してもかまいません。
⑥【Enter】を押します。
※《コメント》作業ウィンドウを閉じておきましょう。

問題(2)

①スライド2を選択します。
②表の8列目にカーソルを移動します。
※8列目であれば、どこでもかまいません。
③《**レイアウト**》タブ→《**行と列**》グループの（右に列を挿入）をクリックします。
④問題文の文字列「**達成率**」をクリックしてコピーします。
⑤1行9列目にカーソルを移動します。
⑥【Ctrl】+【V】を押して文字列を貼り付けます。
※セルに直接入力してもかまいません。
⑦《**表ツール**》の《**デザイン**》タブ→《**表スタイルのオプション**》グループの《**集計行**》を☑にします。

問題(3)

①スライド3を選択します。
②グラフを選択します。
③《**グラフツール**》の《**デザイン**》タブ→《**データ**》グループの（データを編集します）をクリックします。
④問題文の文字列「**その他**」をクリックしてコピーします。
⑤ワークシートのウィンドウのセル【**A6**】を選択します。
⑥【Ctrl】+【V】を押して文字列を貼り付けます。
※セルに直接入力してもかまいません。

⑦同様に、セル【B6】に「11521」を貼り付けます。
⑧ワークシートのウィンドウの × (閉じる)をクリックします。
⑨《グラフツール》の《デザイン》タブ→《グラフスタイル》グループの (その他)→《スタイル8》をクリックします。
⑩《ホーム》タブ→《フォント》グループの 12 (フォントサイズ)の →《18》をクリックします。

問題(4)

①《挿入》タブ→《テキスト》グループの (ヘッダーとフッター)をクリックします。
②《スライド》タブを選択します。
③問題文の文字列「富士山電気株式会社」をクリックしてコピーします。
④《フッター》を ✔ にし、カーソルを移動します。
⑤ Ctrl + V を押して文字列を貼り付けます。
※《フッター》に直接入力してもかまいません。
⑥《タイトルスライドに表示しない》を ✔ にします。
⑦《すべてに適用》をクリックします。
⑧《表示》タブ→《マスター表示》グループの (スライドマスター表示)をクリックします。
⑨サムネイルの一覧から《表示ノート：スライド1-4で使用される》(上から1番目)を選択します。
※お使いの環境によっては《表示スライドマスター：スライド1-4で使用される》と表示される場合があります。
⑩フッターのプレースホルダーを選択します。
⑪《ホーム》タブ→《段落》グループの 文字列の方向 (文字列の方向)→《縦書き》をクリックします。
⑫《ホーム》タブ→《段落》グループの 文字の配置 (文字の配置)→《左揃え》をクリックします。
⑬《スライドマスター》タブ→《閉じる》グループの (マスター表示を閉じる)をクリックします。

問題(5)

①《表示》タブ→《マスター表示》グループの (配布資料マスター表示)をクリックします。
②問題文の文字列「社外秘」をクリックしてコピーします。
③ヘッダーのプレースホルダーを選択します。
④ Ctrl + V を押して文字列を貼り付けます。
※ヘッダーのプレースホルダーに直接入力してもかまいません。
⑤《配布資料マスター》タブ→《閉じる》グループの (マスター表示を閉じる)をクリックします。

問題(6)

①スライド4を選択します。
②図形「売上1位」を選択します。
③《書式》タブ→《図形の挿入》グループの 図形の編集 (図形の編集)→《図形の変更》→《ブロック矢印》の (矢印：下)をクリックします。
④図形「達成率1位」を選択します。
⑤《書式》タブ→《サイズ》グループの (図形の高さ)が「2cm」になっていることを確認します。
⑥《書式》タブ→《サイズ》グループの (図形の幅)が「5cm」になっていることを確認します。
⑦図形「売上1位」を選択します。
⑧《書式》タブ→《サイズ》グループの (図形の高さ)を「2cm」に設定します。
⑨《書式》タブ→《サイズ》グループの (図形の幅)を「5cm」に設定します。

●プロジェクト3

問題(1)

①スライド2を選択します。
②図形「問題解決力」を選択します。
※グループ化された図形が選択されます。
③ Shift を押しながら、図形「企画創造力」「リーダーシップ」を選択します。
④《書式》タブ→《配置》グループの 配置 (オブジェクトの配置)→《左揃え》をクリックします。

問題(2)

①スライド3を選択します。
②コンテンツのプレースホルダーの (表の挿入)をクリックします。
③《列数》を「3」に設定します。
④《行数》を「4」に設定します。
⑤《OK》をクリックします。
⑥問題文の文字列「日程」をクリックしてコピーします。
⑦表の1行1列目にカーソルを移動します。
⑧ Ctrl + V を押して文字列を貼り付けます。
※セルに直接入力してもかまいません。
⑨同様に、その他のセルに文字列を貼り付けます。
⑩表を選択します。
⑪《ホーム》タブ→《フォント》グループの 18 (フォントサイズ)の →《24》をクリックします。
⑫表の1行目を選択します。
⑬《レイアウト》タブ→《配置》グループの (中央揃え)をクリックします。

問題(3)

①スライド6を選択します。
②図形「年間行動目標の作成」を選択します。
③《SmartArtツール》の《デザイン》タブ→《グラフィックの作成》グループの ↑1つ上のレベルへ移動 (選択したアイテムを上へ移動)をクリックします。

問題(4)

①スライド6を選択します。
②SmartArtグラフィックを選択します。
③《アニメーション》タブ→《アニメーション》グループの (その他)→《開始》の《フロートイン》をクリックします。
④《アニメーション》タブ→《アニメーション》グループの (効果のオプション)→《連続》の《個別》をクリックします。

問題(5)

①《ファイル》タブを選択します。
②《印刷》→《フルページサイズのスライド》→《印刷レイアウト》の《ノート》をクリックします。
③《スライド指定》に「4-5」と入力します。
④《横方向》→《縦方向》をクリックします。
※Escを押して、標準表示に戻しておきましょう。

問題(6)

①《ファイル》タブを選択します。
②《エクスポート》→《PDF/XPSドキュメントの作成》→《PDF/XPSの作成》をクリックします。
※お使いの環境によっては《エクスポート》が表示されていない場合があります。その場合は《その他》→《エクスポート》をクリックします。
③デスクトップのフォルダー「FOM Shuppan Documents」のフォルダー「MOS-PowerPoint 365 2019(2)」を開きます。
④問題文の文字列「中堅社員研修」をクリックしてコピーします。
⑤《ファイル名》の文字列を選択します。
⑥Ctrl+Vを押して文字列を貼り付けます。
※《ファイル名》に直接入力してもかまいません。
⑦《ファイルの種類》の▽をクリックし、一覧から《PDF》を選択します。
⑧《発行後にファイルを開く》を□にします。
⑨《発行》をクリックします。

●プロジェクト4

問題(1)

①スライド1を選択します。
②《デザイン》タブ→《ユーザー設定》グループの(背景の書式設定)をクリックします。
③《塗りつぶし》の詳細が表示されていることを確認します。
※表示されていない場合は、《塗りつぶし》をクリックします。
④《塗りつぶし(図またはテクスチャ)》を◉にします。
⑤《図の挿入元》の《ファイル》をクリックします。
※お使いの環境によっては《画像ソース》の《挿入する》と表示される場合があります。
⑥デスクトップのフォルダー「FOM Shuppan Documents」のフォルダー「MOS-PowerPoint 365 2019(2)」を開きます。
⑦一覧から「テーブル装花」を選択します。
⑧《挿入》をクリックします。
⑨《透明度》を「70%」に設定します。
※《背景の書式設定》作業ウィンドウを閉じておきましょう。

問題(2)

①スライド2を選択します。
②図形を選択します。
③《書式》タブ→《図形のスタイル》グループの▽(その他)→《テーマスタイル》の《グラデーション-赤、アクセント6》をクリックします。
④《書式》タブ→《図形のスタイル》グループの図形の枠線▼(図形の枠線)→《テーマの色》の《赤、アクセント6、白+基本色80%》をクリックします。
⑤《書式》タブ→《図形のスタイル》グループの図形の枠線▼(図形の枠線)→《太さ》→《6pt》をクリックします。

問題(3)

①スライド4を選択します。
②箇条書きのプレースホルダーを選択します。
③《ホーム》タブ→《段落》グループの☰▼(段の追加または削除)→《2段組み》をクリックします。

問題(4)

①スライド5を選択します。
②ビデオを選択します。
③《再生》タブ→《ビデオのオプション》グループの《開始》の▼→《自動》をクリックします。
④《再生》タブ→《ビデオのオプション》グループの《再生が終了したら巻き戻す》を☑にします。

問題(5)

①スライド6を選択します。
②図を選択します。
③《書式》タブ→《図のスタイル》グループの▽(その他)→《透視投影、影付き、白》をクリックします。
④《書式》タブ→《調整》グループの修整▼(修整)→《明るさ/コントラスト》の《明るさ:+20%　コントラスト:−20%》をクリックします。

問題(6)

①《画面切り替え》タブ→《タイミング》グループの《自動的に切り替え》を☑にし、「00:20.00」に設定します。
②《画面切り替え》タブ→《タイミング》グループの《期間》を「01.50」に設定します。
③《画面切り替え》タブ→《タイミング》グループのすべてに適用(すべてに適用)をクリックします。

●プロジェクト5

問題(1)

①《ファイル》タブを選択します。
②《印刷》→《フルページサイズのスライド》→《配布資料》の《4スライド(縦)》をクリックします。
※Escを押して、標準表示に戻しておきましょう。

問題(2)

①スライド3を選択します。
②図形「3歳クラス」を選択します。
③Shiftを押しながら、図形「4-5歳クラス」「小学校1-2年クラス」を選択します。
④《書式》タブ→《配置》グループのグループ化▼(オブジェクトのグループ化)→《グループ化》をクリックします。

問題(3)

①スライド3を選択します。
②《ホーム》タブ→《スライド》グループの(新しいスライド)の→《アウトラインからスライド》をクリックします。
③デスクトップのフォルダー「FOM Shuppan Documents」のフォルダー「MOS-PowerPoint 365 2019(2)」を開きます。
④一覧から「レッスン概要」を選択します。
⑤《挿入》をクリックします。
※スライド4からスライド6が挿入されます。
※お使いの環境によっては、エラーが発生してWord文書が挿入できない場合があります。その場合は、デスクトップのフォルダー「FOM Shuppan Documents」のフォルダー「MOS-PowerPoint 365 2019(2)」にあるリッチテキスト「レッスン概要(rtf)」を挿入してください。

問題(4)

①スライド11を選択します。
②図を選択します。
③《アニメーション》タブ→《アニメーション》グループの(その他)→《その他のアニメーションの軌跡効果》をクリックします。
④《ベーシック》の《台形》をクリックします。
⑤《OK》をクリックします。

問題(5)

①スライド7を選択します。
②《挿入》タブ→《図》グループの(3Dモデル)の→《ファイルから》をクリックします。
③フォルダー「3Dオブジェクト」のフォルダー「MOS-PowerPoint 365 2019(2)」を開きます。
※お使いの環境によっては、フォルダー「3Dオブジェクト」が「3D Objects」と表示される場合があります。
④一覧から「book」を選択します。
⑤《挿入》をクリックします。
※お使いの環境によっては、エラーが発生することがあります。その場合は、Cドライブのフォルダー「FOM Shuppan Program」のフォルダー「MOS-PowerPoint 365 2019(2)」にある3Dモデル「book」を挿入してください。
⑥3Dモデルをドラッグして移動します。

●プロジェクト6

問題(1)

①《デザイン》タブ→《ユーザー設定》グループの(スライドのサイズ)→《ユーザー設定のスライドのサイズ》をクリックします。
②《幅》を「29.7cm」に設定します。
③《高さ》を「21cm」に設定します。
④《OK》をクリックします。
⑤《サイズに合わせて調整》をクリックします。

問題(2)

①スライド1を選択します。
②《挿入》タブ→《リンク》グループの(ズーム)→《スライドズーム》をクリックします。
③「5。申告の時期」を☑にします。
④《挿入》をクリックします。
⑤サムネイルをドラッグして移動します。

問題(3)

①スライド4を選択します。
②第2レベルの箇条書きの行をすべて選択します。
③《ホーム》タブ→《段落》グループの(箇条書き)の→《箇条書きと段落番号》をクリックします。
④《箇条書き》タブを選択します。
⑤《図》をクリックします。
⑥《ファイルから》をクリックします。
⑦デスクトップのフォルダー「FOM Shuppan Documents」のフォルダー「MOS-PowerPoint 365 2019(2)」を開きます。
⑧一覧から「マーク」を選択します。
⑨《挿入》をクリックします。

問題(4)

①スライド4を選択します。
※アニメーションが再生される順番を確認しておきましょう。
②上の図形を選択します。
③《アニメーション》タブ→《タイミング》グループの ▲順番を前にする (順番を前にする)をクリックします。

問題(5)

①スライド2を選択します。
②《描画》タブ→《ペン》グループの(ペン:赤、0.5mm)をクリックします。
※《描画》タブが表示されていない場合は、表示しておきましょう。
※《ペン》グループに《ペン:赤、0.5mm》が表示されていない場合は、《ペン》グループの(ペンの追加)→《ペン》→《太さ》の「0.5mm」、《色》の《赤》をクリックします。
③「合計が10万円」の下側をドラッグします。
④Escを押します。

問題(6)

①スライド5を選択します。
②《ホーム》タブ→《スライド》グループの(新しいスライド)の→《スライドの再利用》をクリックします。
③《挿入元》の《参照》をクリックします。
④デスクトップのフォルダー「FOM Shuppan Documents」のフォルダー「MOS-PowerPoint 365 2019(2)」を開きます。
⑤一覧から「医療費控除の対象」を選択します。
⑥《開く》をクリックします。
⑦スライド「医療費控除の対象①」をクリックします。
⑧スライド「医療費控除の対象②」をクリックします。
⑨スライド「医療費控除の対象③」をクリックします。
※《スライドの再利用》作業ウィンドウを閉じておきましょう。

第4回 模擬試験 問題

プロジェクト1

理解度チェック

問題 (1) あなたは、FOMカルチャースクールの中国茶のおいしい飲み方セミナーのプレゼンテーションを作成しています。
スライド「中国茶の種類と入れ方」の左端の画像を楕円の図形に合わせてトリミングしてください。

問題 (2) スライドにガイドを表示し、水平方向のガイドを中心から下に「3.30」の位置に移動してください。次に、スライド「中国茶の種類と入れ方」の3つの画像の上位置がガイドに合うように移動してください。移動後、ガイドは非表示にします。

問題 (3) スライド「中国茶の産地」を非表示スライドに設定してください。

問題 (4) スライド「中国茶の入れ方のポイント」に、デスクトップのフォルダー「FOM Shuppan Documents」のフォルダー「MOS-PowerPoint 365 2019 (2)」の動画「tea」を挿入し、高さを「9cm」に設定してください。動画は表の右側に移動します。

問題 (5) スライド「おいしいお茶の入れ方 2」の箇条書きに、開始のアニメーション「ワイプ」が左方向から表示されるように設定してください。

問題 (6) スライド1、3、5、6、7、8を選択して、「短時間用」という名前の目的別スライドショーを作成してください。スライドの順番は、スライド「代表的な茶器」が2枚目に表示されるように変更します。

プロジェクト2

理解度チェック

問題 (1) あなたは、情報資産の管理についての社内勉強会用プレゼンテーションを作成しています。
スライド「有形資産」だけに、画面切り替え効果「変形」を設定してください。

問題 (2) スライド「情報資産台帳への記載」の箇条書きに最終行を追加し、「手順書の名称」と入力してください。

問題 (3) スライド「情報資産台帳への記載」の箇条書きの下側に、図形「四角形：角を丸くする」を挿入し、「常に最新の状態にすることが重要」と入力してください。図形には図形のスタイル「グラデーション-赤、アクセント2」を適用し、高さを「2cm」、幅を「24cm」に変更します。さらに、スライドの左右中央に配置してください。

問題 (4) スライド「情報資産のライフサイクル」の箇条書きをSmartArtグラフィック「連続性強調循環」に変換し、図形「保管・バックアップ」の後ろに図形「利用」を追加してください。

問題 (5) スライド「情報資産のライフサイクル」の後ろに、デスクトップのフォルダー「FOM Shuppan Documents」のフォルダー「MOS-PowerPoint 365 2019 (2)」の文書「ライフサイクルの詳細」のアウトラインを使用して、スライドを挿入してください。
挿入したスライドは書式をすべてリセットし、レイアウトを「タイトルとコンテンツ」に変更します。

問題 (6) スライド「可搬媒体の管理」にコメント「運用ルールの詳細を確認しておくこと」を挿入してください。

プロジェクト3

理解度チェック

問題(1)　あなたは、自然に親しむ会のイベント案内のプレゼンテーションを作成しています。
スライド2の3Dモデルのビューを「上前面」に変更してください。

問題(2)　スライド3の図形「歩行距離　約7km」に、図形のスタイル「光沢-オレンジ、アクセント2」を適用し、影の効果「オフセット：左下」を設定してください。

問題(3)　スライド4の上の画像が下の画像の前に表示されるように移動してください。

問題(4)　スライド5の表の「11月28日（土）」と「12月20日（日）」の間に1行追加してください。追加した行には、左から「12月13日（日）」「みなと市工場夜景バスツアー」と入力します。

問題(5)　アクセシビリティチェックを実行し、代替テキストが設定されていない画像に、「植物園」の代替テキストを設定してください。

問題(6)　スライドをグレースケールで表示し、スライド3の図形「歩行距離　約7km」を「反転させたグレースケール」に変更してください。変更後、スライドはカラー表示に戻します。

プロジェクト4

理解度チェック

問題(1)　あなたは、FOM教育大学のフォト川柳の会の会員を募集するプレゼンテーションを作成しています。
スライド「フォト川柳とは」の「作品例」に、デスクトップのフォルダー「FOM Shuppan Documents」のフォルダー「MOS-PowerPoint 365 2019 (2)」のプレゼンテーション「春夏秋冬の句」を表示するハイパーリンクを挿入してください。

問題(2)　スライド「フォト川柳とは」の「何気ない日常の中に新しい発見がある！」に、ワードアートのスタイル「塗りつぶし：濃い赤、アクセントカラー1；影」を適用し、影の距離を「10pt」に変更してください。

問題(3)　《描画》タブを使って、スライド「フォト川柳とは」の「写真＋川柳」を丸く囲んでいるインクを削除してください。波線のインクは削除しないようにします。

問題(4)　スライド「会員構成」のコンテンツのプレースホルダーに、スライド「会員数」の表の合計以外のデータをもとに積み上げ縦棒グラフを挿入してください。グラフタイトルは非表示にします。グラフのデータは、スライド内の表を利用しても、直接セルに入力してもかまいません。

問題(5)　スライド「1日の活動の流れ」のアニメーションの順序を、SmartArtグラフィック、吹き出しの順に変更してください。

問題(6)　スライド「年間活動予定」の表に、表のスタイル「中間スタイル2-アクセント1」を適用し、行方向の縞模様を解除してください。

プロジェクト5

理解度チェック

問題(1)　あなたは、株式会社FOMホールディングスのグループ概要を紹介するプレゼンテーションを作成しています。
スライド2のFoodの枠内にセクション「Food」へ、Fashionの枠内にセクション「Fashion」へリンクするセクションズームを挿入してください。

問題(2)　スライド3に、SmartArtグラフィック「ターゲットリスト」を挿入し、上からレベル1の項目として、「自然との調和」「自然なリズム」「自然の美」と入力してください。レベル2の項目はすべて削除し、SmartArtグラフィックの配色は「カラフル-アクセント3から4」に変更します。

問題(3)　最後のスライドの次に白紙のスライドを追加し、画像「グループロゴ」を挿入してください。画像の大きさと位置は問いません。

問題(4)　すべてのスライドの画面切り替えのタイミングをクリック時に設定し、サウンド「そよ風」が再生されるようにしてください。

問題(5)　スライドのサイズを「標準」に変更してください。コンテンツのサイズはスライドに収まるように調整します。スライドの書式はすべてリセットします。

プロジェクト6

理解度チェック

問題(1)　あなたは、あおい造形大学の生涯学習講座を紹介するプレゼンテーションを作成しています。
スライド「生涯学習とは」を、タイトルスライドの次に移動してください。

問題(2)　スライド「生涯学習とは」の図形に、開始のアニメーション「フロートイン」を適用し、アニメーションの再生時間を「1.5秒」に設定してください。

問題(3)　スライド「あおい造形大学の生涯学習講座」の箇条書きの行頭文字を「1.2.3.」に変更してください。

問題(4)　スライド「受講生の満足度②」のグラフに凡例マーカーなしのデータテーブルを表示してください。

問題(5)　ノートマスターのヘッダーに「あおい造形大学」と入力し、フォントサイズを「16ポイント」に設定してください。

問題(6)　プレゼンテーションに「生涯学習講座」という名前を付けて、デスクトップのフォルダー「FOM Shuppan Documents」のフォルダー「MOS-PowerPoint 365 2019(2)」にPDFファイルとして保存してください。発行後にファイルは開かないようにします。

第4回 模擬試験 標準解答

●プロジェクト1

問題(1)

①スライド2を選択します。
②左の図を選択します。
③**《書式》**タブ→**《サイズ》**グループの(トリミング)の→**《図形に合わせてトリミング》**→**《基本図形》**の(楕円)をクリックします。

問題(2)

①**《表示》**タブ→**《表示》**グループの**《ガイド》**を✓にします。
②水平方向のガイドを**「3.30」**の位置まで下方向にドラッグします。
③スライド2を選択します。
④[Shift]を押しながら、左の図を下方向にドラッグし、ガイドに合わせます。
⑤同様に、中央と右の図をガイドに合わせて移動します。
⑥**《表示》**タブ→**《表示》**グループの**《ガイド》**を□にします。

問題(3)

①スライド4を選択します。
②**《スライドショー》**タブ→**《設定》**グループの(非表示スライドに設定)をクリックします。

問題(4)

①スライド6を選択します。
②**《挿入》**タブ→**《メディア》**グループの(ビデオの挿入)→**《このコンピューター上のビデオ》**をクリックします。
③デスクトップのフォルダー**「FOM Shuppan Documents」**のフォルダー**「MOS-PowerPoint 365 2019(2)」**を開きます。
④一覧から**「tea」**を選択します。
⑤**《挿入》**をクリックします。
⑥**《書式》**タブ→**《サイズ》**グループの(ビデオの縦)を**「9cm」**に設定します。
⑦ビデオを表の右側にドラッグします。

問題(5)

①スライド8を選択します。
②箇条書きのプレースホルダーを選択します。
③**《アニメーション》**タブ→**《アニメーション》**グループの(その他)→**《開始》**の**《ワイプ》**をクリックします。
④**《アニメーション》**タブ→**《アニメーション》**グループの(効果のオプション)→**《方向》**の**《左から》**をクリックします。

問題(6)

①**《スライドショー》**タブ→**《スライドショーの開始》**グループの(目的別スライドショー)→**《目的別スライドショー》**をクリックします。
②**《新規作成》**をクリックします。
③問題文の文字列**「短時間用」**をクリックしてコピーします。
④**《スライドショーの名前》**の文字列を選択します。
⑤[Ctrl]+[V]を押して文字列を貼り付けます。
※《スライドショーの名前》に直接入力してもかまいません。
⑥**《プレゼンテーション中のスライド》**の一覧から**「1. 中国茶のおいしい飲み方」**を✓にします。
⑦同様に、スライド3、5、6、7、8を✓にします。
⑧**《追加》**をクリックします。
⑨**《目的別スライドショーのスライド》**の**「3. 代表的な茶器」**をクリックします。
⑩(上へ)をクリックします。
⑪**《OK》**をクリックします。
⑫**《閉じる》**をクリックします。

●プロジェクト2

問題(1)

①スライド3を選択します。
②**《画面切り替え》**タブ→**《画面切り替え》**グループの(その他)→**《弱》**の**《変形》**をクリックします。

問題(2)

①スライド6を選択します。
②問題文の文字列**「手順書の名称」**をクリックしてコピーします。
③**「保管場所、期間、廃棄」**の後ろにカーソルを移動します。
④[Enter]を押して、改行します。
⑤[Ctrl]+[V]を押して文字列を貼り付けます。
※最終行に直接入力してもかまいません。

問題(3)

①スライド6を選択します。
②**《挿入》**タブ→**《図》**グループの(図形)→**《四角形》**の(四角形:角を丸くする)をクリックします。
③始点から終点までドラッグします。
④問題文の文字列**「常に最新の状態にすることが重要」**をクリックしてコピーします。
⑤図形を選択します。
⑥[Ctrl]+[V]を押して文字列を貼り付けます。
※図形に直接入力してもかまいません。
⑦**《書式》**タブ→**《図形のスタイル》**グループの(その他)→**《テーマスタイル》**の**《グラデーション-赤、アクセント2》**をクリックします。

⑧《書式》タブ→《サイズ》グループの（図形の高さ）を「2cm」に設定します。

⑨《書式》タブ→《サイズ》グループの（図形の幅）を「24cm」に設定します。

⑩《書式》タブ→《配置》グループの 配置（オブジェクトの配置）→《左右中央揃え》をクリックします。

問題（4）

①スライド7を選択します。

②箇条書きのプレースホルダーを選択します。

③《ホーム》タブ→《段落》グループの SmartArt に変換（SmartArtグラフィックに変換）→《その他のSmartArtグラフィック》をクリックします。

④左側の一覧から《循環》を選択します。

⑤中央の一覧から《連続性強調循環》を選択します。

⑥《OK》をクリックします。

⑦問題文の文字列「利用」をクリックしてコピーします。

⑧テキストウィンドウの「保管・バックアップ」の後ろにカーソルを移動します。

※テキストウィンドウが表示されていない場合は、《SmartArtツール》の《デザイン》タブ→《グラフィックの作成》グループの テキスト ウィンドウ（テキストウィンドウ）をクリックします。

⑨ Enter を押して、改行します。

⑩ Ctrl ＋ V を押して文字列を貼り付けます。

※テキストウィンドウに直接入力してもかまいません。

問題（5）

①スライド7を選択します。

②《ホーム》タブ→《スライド》グループの（新しいスライド）の 新しいスライド →《アウトラインからスライド》をクリックします。

③デスクトップのフォルダー「FOM Shuppan Documents」のフォルダー「MOS-PowerPoint 365 2019（2）」を開きます。

④一覧から「ライフサイクルの詳細」を選択します。

⑤《挿入》をクリックします。

※スライド8が挿入されます。

※お使いの環境によっては、エラーが発生してWord文書が挿入できない場合があります。その場合は、デスクトップのフォルダー「FOM Shuppan Documents」のフォルダー「MOS-PowerPoint 365 2019（2）」にあるリッチテキスト「ライフサイクルの詳細（rtf）」を挿入してください。

⑥スライド8を選択します。

⑦《ホーム》タブ→《スライド》グループの リセット（リセット）をクリックします。

⑧《ホーム》タブ→《スライド》グループの レイアウト（スライドのレイアウト）→《タイトルとコンテンツ》をクリックします。

問題（6）

①スライド9を選択します。

②《校閲》タブ→《コメント》グループの（コメントの挿入）をクリックします。

③問題文の文字列「運用ルールの詳細を確認しておくこと」をクリックしてコピーします。

④コメント内にカーソルを移動します。

⑤ Ctrl ＋ V を押して文字列を貼り付けます。

※コメントに直接入力してもかまいません。

⑥ Enter を押します。

※《コメント》作業ウィンドウを閉じておきましょう。

●プロジェクト3

問題（1）

①スライド2を選択します。

②3Dモデルを選択します。

③《書式設定》タブ→《3Dモデルビュー》グループの（その他）→《上前面》をクリックします。

問題（2）

①スライド3を選択します。

②図形「歩行距離　約7km」を選択します。

③《書式》タブ→《図形のスタイル》グループの（その他）→《テーマスタイル》の《光沢-オレンジ、アクセント2》をクリックします。

④《書式》タブ→《図形のスタイル》グループの 図形の効果（図形の効果）→《影》→《外側》の《オフセット：左下》をクリックします。

問題（3）

①スライド4を選択します。

②上の図を選択します。

③《書式》タブ→《配置》グループの 前面へ移動（前面へ移動）をクリックします。

問題（4）

①スライド5を選択します。

②表の5行目にカーソルを移動します。

※5行目であれば、どこでもかまいません。

③《レイアウト》タブ→《行と列》グループの（下に行を挿入）をクリックします。

④問題文の文字列「12月13日（日）」をクリックしてコピーします。

⑤表の6行1列目のセルにカーソルを移動します。

⑥ Ctrl ＋ V を押して文字列を貼り付けます。

※セルに直接入力してもかまいません。

⑦同様に、「みなと市工場夜景バスツアー」を貼り付けます。

問題（5）

①《ファイル》タブを選択します。

②《情報》→《問題のチェック》→《アクセシビリティチェック》をクリックします。

③《エラー》の《代替テキストがありません》の「図3（スライド4）」をクリックします。

④「図3（スライド4）」の をクリックし、《おすすめアクション》の一覧から《説明を追加》を選択します。

⑤問題文の文字列「植物園」をクリックしてコピーします。

⑥代替テキストのボックスにカーソルを移動します。

⑦ Ctrl + V を押して文字列を貼り付けます。
※代替テキストのボックスに直接入力してもかまいません。
※《代替テキスト》作業ウィンドウと《アクセシビリティチェック》作業ウィンドウを閉じておきましょう。

問題(6)

①《表示》タブ→《カラー/グレースケール》グループの グレースケール (グレースケール)をクリックします。
②スライド3を選択します。
③図形「歩行距離　約7km」を選択します。
④《グレースケール》タブ→《選択したオブジェクトの変更》グループの (反転させたグレースケール)をクリックします。
⑤《グレースケール》タブ→《閉じる》グループの (カラー表示に戻る)をクリックします。

●プロジェクト4

問題(1)

①スライド2を選択します。
②「作品例」を選択します。
③《挿入》タブ→《リンク》グループの (ハイパーリンクの追加)をクリックします。
④《リンク先》の《ファイル、Webページ》を選択します。
⑤《検索先》が「MOS-PowerPoint 365 2019(2)」になっていることを確認します。
⑥一覧から「春夏秋冬の句」を選択します。
⑦《OK》をクリックします。

問題(2)

①スライド2を選択します。
②テキストボックス「何気ない日常の…」を選択します。
③《書式》タブ→《ワードアートのスタイル》グループの (その他)→《塗りつぶし:濃い赤、アクセントカラー1;影》をクリックします。
④《書式》タブ→《ワードアートのスタイル》グループの (文字の効果)→《影》→《影のオプション》をクリックします。
⑤《影》の詳細が表示されていることを確認します。
※表示されていない場合は、《影》をクリックします。
⑥《距離》を「10pt」に設定します。
※《図形の書式設定》作業ウィンドウを閉じておきましょう。

問題(3)

①スライド2を選択します。
②《描画》タブ→《ツール》グループの (消しゴム(ストローク))をクリックします。
※《描画》タブが表示されていない場合は、表示しておきましょう。
③丸く囲んでいるインクをクリックします。
④ Esc を押します。

問題(4)

①スライド5を選択します。
②コンテンツのプレースホルダーの (グラフの挿入)をクリックします。
③左側の一覧から《縦棒》を選択します。
④右側の一覧から (積み上げ縦棒)を選択します。
⑤《OK》をクリックします。
⑥スライド4を選択します。
⑦表の1行1列目から5行3列目までを選択します。
⑧《ホーム》タブ→《クリップボード》グループの (コピー)をクリックします。
⑨ワークシートのセル【A1】を右クリックします。
⑩《貼り付けのオプション》の (貼り付け先の書式に合わせる)をクリックします。
⑪列番号【D】を右クリックします。
⑫《削除》をクリックします。
⑬スライド5を選択します。
⑭ワークシートのウィンドウの (閉じる)をクリックします。
⑮グラフを選択します。
⑯《グラフツール》の《デザイン》タブ→ (グラフ要素を追加)→《グラフタイトル》→《なし》をクリックします。

問題(5)

①スライド6を選択します。
※アニメーションが再生される順番を確認しておきましょう。
②吹き出しの図形を選択します。
③《アニメーション》タブ→《タイミング》グループの 順番を後にする (順番を後にする)をクリックします。

問題(6)

①スライド7を選択します。
②表を選択します。
③《表ツール》の《デザイン》タブ→《表のスタイル》グループの (その他)→《中間》の《中間スタイル2-アクセント1》をクリックします。
④《表ツール》の《デザイン》タブ→《表スタイルのオプション》グループの《縞模様(行)》を☐にします。

●プロジェクト5

問題(1)

①スライド2を選択します。
②《挿入》タブ→《リンク》グループの (ズーム)→《セクションズーム》をクリックします。
③「セクション2:Food」と「セクション3:Fashion」を☑にします。
④《挿入》をクリックします。
⑤サムネイルをドラッグして枠内に移動します。

問題(2)

①スライド3を選択します。
②コンテンツのプレースホルダーの (SmartArtグラフィックの挿入)をクリックします。
③左側の一覧から《リスト》を選択します。

④中央の一覧から《ターゲットリスト》を選択します。
⑤《OK》をクリックします。
⑥問題文の文字列「**自然との調和**」をクリックしてコピーします。
⑦テキストウィンドウの1行目にカーソルを移動します。
※テキストウィンドウが表示されていない場合は、SmartArtグラフィックを選択し、《SmartArtツール》の《デザイン》タブ→《グラフィックの作成》グループの テキスト ウィンドウ （テキストウィンドウ）をクリックします。
⑧ Ctrl + V を押して文字列を貼り付けます。
※テキストウィンドウに直接入力してもかまいません。
⑨「**自然との調和**」の後ろにカーソルが表示されていることを確認します。
⑩ Delete を2回押して、不要な行を削除します。
⑪同様に、「**自然なリズム**」と「**自然の美**」を貼り付けて、不要な行を削除します。
⑫《**SmartArtツール**》の《**デザイン**》タブ→《**SmartArtのスタイル**》グループの （色の変更）→《**カラフル**》の《**カラフル-アクセント3から4**》をクリックします。

問題(3)

①スライド5を選択します。
②《**ホーム**》タブ→《**スライド**》グループの （新しいスライド）の 新しいスライド →《**白紙**》をクリックします。
③《**挿入**》タブ→《**画像**》グループの （図）をクリックします。
④デスクトップのフォルダー「**FOM Shuppan Documents**」のフォルダー「**MOS-PowerPoint 365 2019(2)**」を開きます。
⑤一覧から「**グループロゴ**」を選択します。
⑥《**挿入**》をクリックします。

問題(4)

①《**画面切り替え**》タブ→《**タイミング**》グループの《**クリック時**》を ✔ にします。
②《**画面切り替え**》タブ→《**タイミング**》グループの [サウンドなし] （サウンド）の →《**そよ風**》をクリックします。
③《**画面切り替え**》タブ→《**タイミング**》グループの すべてに適用 （すべてに適用）をクリックします。

問題(5)

①《**デザイン**》タブ→《**ユーザー設定**》グループの （スライドのサイズ）→《**標準(4:3)**》をクリックします。
②《**サイズに合わせて調整**》をクリックします。
③スライド1を選択します。
④ Shift を押しながら、スライド6を選択します。
⑤《**ホーム**》タブ→《**スライド**》グループの リセット （リセット）をクリックします。

●プロジェクト6

問題(1)

①スライド3を選択します。
②スライド1とスライド2の間にドラッグします。

問題(2)

①スライド2を選択します。
②図形を選択します。
③《**アニメーション**》タブ→《**アニメーション**》グループの （その他）→《**開始**》の《**フロートイン**》をクリックします。
④《**アニメーション**》タブ→《**タイミング**》グループの《**継続時間**》を「**01.50**」に設定します。

問題(3)

①スライド3を選択します。
②箇条書きの行をすべて選択します。
③《**ホーム**》タブ→《**段落**》グループの （段落番号）の →《**1.2.3.**》をクリックします。

問題(4)

①スライド8を選択します。
②グラフを選択します。
③《**グラフツール**》の《**デザイン**》タブ→《**グラフのレイアウト**》グループの （グラフ要素を追加）→《**データテーブル**》→《**凡例マーカーなし**》をクリックします。

問題(5)

①《**表示**》タブ→《**マスター表示**》グループの （ノートマスター表示）をクリックします。
②問題文の文字列「**あおい造形大学**」をクリックしてコピーします。
③ヘッダーのプレースホルダーを選択します。
④ Ctrl + V を押して文字列を貼り付けます。
※ヘッダーのプレースホルダーに直接入力してもかまいません。
⑤《**ホーム**》タブ→《**フォント**》グループの 12 （フォントサイズ）の →《**16**》をクリックします。
⑥《**ノートマスター**》タブ→《**閉じる**》グループの （マスター表示を閉じる）をクリックします。

問題(6)

①《**ファイル**》タブを選択します。
②《**エクスポート**》→《**PDF/XPSドキュメントの作成**》→《**PDF/XPSの作成**》をクリックします。
※お使いの環境によっては《エクスポート》が表示されていない場合があります。その場合は《その他》→《エクスポート》をクリックします。
③デスクトップのフォルダー「**FOM Shuppan Documents**」のフォルダー「**MOS-PowerPoint 365 2019(2)**」を開きます。
④問題文の文字列「**生涯学習講座**」をクリックしてコピーします。
⑤《**ファイル名**》の文字列を選択します。
⑥ Ctrl + V を押して文字列を貼り付けます。
※《ファイル名》に直接入力してもかまいません。
⑦《**ファイルの種類**》の をクリックし、一覧から《**PDF**》を選択します。
⑧《**発行後にファイルを開く**》を ☐ にします。
⑨《**発行**》をクリックします。

第5回 模擬試験 問題

プロジェクト1

理解度チェック		
☑☑☑☑☑	問題(1)	あなたは、学習塾の入塾希望者向け説明会用のプレゼンテーションを作成しています。 スライド「選べる3コース」の箇条書きを3段組みにし、段と段の間隔を「0.5cm」に設定してください。
☑☑☑☑☑	問題(2)	スライド「コース別開講科目」の表の「面接」の列を削除してください。次に、表の幅を「26.5cm」に変更してください。
☑☑☑☑☑	問題(3)	スライド「太平ゼミナール　人気の理由」の画像に設定されているアニメーションの方向を「縦」に変更してください。
☑☑☑☑☑	問題(4)	スライド「通塾者内訳」のグラフを100%積み上げ横棒グラフに変更し、凡例をグラフの下に表示してください。
☑☑☑☑☑	問題(5)	プレゼンテーション内のコメントをすべて非表示にしてください。
☑☑☑☑☑	問題(6)	セクション「コース紹介」のスライドだけが印刷されるように設定してください。

プロジェクト2

理解度チェック		
☑☑☑☑☑	問題(1)	あなたは、社内の環境活動ワーキンググループの活動報告を行うプレゼンテーションを作成しています。 スライド「具体的施策③」の矢印の図形とテキストボックス「リサイクル」の中心をそろえてください。
☑☑☑☑☑	問題(2)	スライド「具体的施策②」の画像の高さを「10cm」に設定し、箇条書きの右側に移動してください。
☑☑☑☑☑	問題(3)	スライド「具体的施策①」の図形「×」の枠線の太さを「3pt」に設定してください。
☑☑☑☑☑	問題(4)	スライドマスター「インテグラル　ノート」(または「インテグラル　スライドマスター」)に配置されているマスタータイトルの下側に、横線を挿入してください。横線はマスタータイトルのプレースホルダーの左側にある縦線の下端を始点とし、幅を「27cm」に設定します。さらに、横線の色を「青緑、アクセント3」に設定してください。
☑☑☑☑☑	問題(5)	タイトルスライドの次にサマリーズームのスライドを作成してください。スライド「環境方針」とスライド「環境活動WGメンバー」だけにリンクし、スライドのタイトルは「ECO2021環境活動」とします。
☑☑☑☑☑	問題(6)	スライド一覧表示に切り替えて、「具体的施策」の3枚のスライドが、「具体的施策①」「具体的施策②」「具体的施策③」の順になるように移動してください。操作後、表示モードはスライド一覧表示のままにします。

プロジェクト3

理解度チェック

☑☑☑☑☑	問題(1)	あなたは、ホームページ制作を提案するプレゼンテーションを作成しています。 スライド2のSmartArtグラフィックのレイアウトを「縦方向箇条書きリスト」に変更し、図形「アクセシビリティに準拠したページ作成」を「簡潔で使いやすい情報分類」の下に移動してください。
☑☑☑☑☑	問題(2)	スライド5の5つの図形を「矢印：五方向」に変更し、図形のスタイル「光沢-濃い緑、アクセント5」を適用してください。
☑☑☑☑☑	問題(3)	スライド6の背景をテクスチャ「新聞紙」に変更してください。
☑☑☑☑☑	問題(4)	すべてのスライドの画面切り替え効果の継続時間を「3.5秒」に設定してください。
☑☑☑☑☑	問題(5)	ドキュメント検査を実行し、コメント、ドキュメントのプロパティと個人情報を削除してください。他は削除しないようにします。ドキュメント検査の前にファイルを保存してくださいというメッセージが表示された場合は「はい」をクリックします。
	問題(6)	スライド2～4がノートとして印刷されるように設定してください。

プロジェクト4

理解度チェック

☑☑☑☑☑	問題(1)	あなたは、みなと図書館の館内で提供するお知らせのプレゼンテーションを作成しています。 タイトルスライドのスライドマスターだけに、背景のスタイル「スタイル2」を適用してください。
☑☑☑☑☑	問題(2)	スライド「今月の新着図書（一般）」とスライド「今月の新着図書（こども向け）」の順番を入れ替えてください。
☑☑☑☑☑	問題(3)	スライド「スタッフおすすめ図書」の画像に代替テキスト「おすすめ図書」を設定してください。
☑☑☑☑☑	問題(4)	プレゼンテーションに新しいレイアウト「スタッフおすすめコンテンツ」を作成してください。新しいレイアウトはスライドマスターの一覧の最後に追加します。新しいレイアウトは、タイトルの左下にテキストのプレースホルダー、右下にメディアのプレースホルダーを配置します。プレースホルダーのサイズは任意とします。
☑☑☑☑☑	問題(5)	すべてのスライドに設定されている画面切り替え効果「カバー」のバリエーションを右下からに変更してください。
☑☑☑☑☑	問題(6)	リハーサルを実施して、スライドショーの切り替えのタイミングを記録してください。切り替え時間は任意とします。

プロジェクト5

理解度チェック		
☑☑☑☑☑	問題(1)	あなたは、市民セミナーで使用する施設紹介のプレゼンテーションを作成しています。スライド「森の家　ご案内」の画像の幅が半分ぐらいになるように、画像の左側をトリミングしてください。画像には、図のスタイル「対角を切り取った四角形、白」を適用し、「パステル：滑らか」の効果を設定します。画像のサイズは変更しないようにします。
☑☑☑☑☑	問題(2)	スライド「施設概要」の表に「中間スタイル2-アクセント6」を適用してください。
☑☑☑☑☑	問題(3)	スライド「施設で行われること」の箇条書きテキストに、強調のアニメーション「パルス」を設定してください。
☑☑☑☑☑	問題(4)	スライド「4月～9月のイベント」を複製してください。複製したスライドは、スライド「4月～9月のイベント」の下に配置し、スライドのタイトルを「10月～3月のイベント」に修正します。表内のイベント情報は削除します。
☑☑☑☑☑	問題(5)	スライド「交通のご案内」のレイアウトを「テキストと図」に変更してください。図のプレースホルダーには、デスクトップのフォルダー「FOM Shuppan Documents」のフォルダー「MOS-PowerPoint 365 2019(2)」の画像「map」を挿入します。

プロジェクト6

理解度チェック		
☑☑☑☑☑	問題(1)	あなたは、新システムの社内研修用のプレゼンテーションを作成しています。 タイトルスライド以外のすべてのスライドに、スライド番号を表示してください。
☑☑☑☑☑	問題(2)	スライド8の前のセクション名を「注意点」に変更してください。
☑☑☑☑☑	問題(3)	スライド5のビデオをスライドショー実行中にクリックすると、全画面で再生されるように設定してください。
☑☑☑☑☑	問題(4)	スライド6に、デスクトップのフォルダー「FOM Shuppan Documents」のフォルダー「MOS-PowerPoint 365 2019(2)」のビデオ「torikeshi」を挿入し、左右の黒い部分が表示されないようにトリミングしてください。
☑☑☑☑☑	問題(5)	ファイルにフォントが埋め込まれるように、PowerPointの基本設定を変更してください。プレゼンテーションに使用されている文字だけを埋め込むようにします。
☑☑☑☑☑	問題(6)	配布資料として、1ページに2スライドずつ印刷されるように設定してください。

第5回 模擬試験 標準解答

●プロジェクト1

問題(1)

①スライド2を選択します。
②箇条書きのプレースホルダーを選択します。
③《ホーム》タブ→《段落》グループの(段の追加または削除)→《段組みの詳細設定》をクリックします。
④《数》を「3」に設定します。
⑤《間隔》を「0.5cm」に設定します。
⑥《OK》をクリックします。

問題(2)

①スライド3を選択します。
②表の7列目にカーソルを移動します。
※7列目であれば、どこでもかまいません。
③《レイアウト》タブ→《行と列》グループの(表の削除)→《列の削除》をクリックします。
④《レイアウト》タブ→《表のサイズ》グループの(幅)を「26.5cm」に設定します。

問題(3)

①スライド5を選択します。
②図を選択します。
③《アニメーション》タブ→《アニメーション》グループの(効果のオプション)→《縦》をクリックします。

問題(4)

①スライド6を選択します。
②グラフを選択します。
③《グラフツール》の《デザイン》タブ→《種類》グループの(グラフの種類の変更)をクリックします。
④左側の一覧から《横棒》を選択します。
⑤右側の一覧から(100%積み上げ横棒)を選択します。
⑥《OK》をクリックします。
⑦《グラフツール》の《デザイン》タブ→《グラフのレイアウト》グループの(グラフ要素を追加)→《凡例》→《下》をクリックします。

問題(5)

①《校閲》タブ→《コメント》グループの(コメントの表示)の→《コメントと注釈の表示》をクリックします。
※《コメントと注釈の表示》の前のチェックマークが非表示になります。

問題(6)

①《ファイル》タブを選択します。
②《印刷》→《すべてのスライドを印刷》→《セクション》の「コース紹介」をクリックします。
※「コース紹介」の前にチェックマークが表示されます。

●プロジェクト2

問題(1)

①スライド4を選択します。
②テキストボックス「リサイクル」を選択します。
③Shiftを押しながら、矢印の図形を選択します。
④《書式》タブ→《配置》グループの(オブジェクトの配置)→《左右中央揃え》をクリックします。
⑤《書式》タブ→《配置》グループの(オブジェクトの配置)→《上下中央揃え》をクリックします。

問題(2)

①スライド5を選択します。
②図を選択します。
③《書式》タブ→《サイズ》グループの(図形の高さ)を「10cm」に設定します。
④図を箇条書きの右側にドラッグします。

問題(3)

①スライド6を選択します。
②図形を選択します。
③《書式》タブ→《図形のスタイル》グループの(図形の枠線)→《太さ》→《3pt》をクリックします。

問題(4)

①《表示》タブ→《マスター表示》グループの(スライドマスター表示)をクリックします。
②サムネイルの一覧から《インテグラル　ノート:スライド1-7で使用される》(上から1番目)を選択します。
※お使いの環境によっては《インテグラル　スライドマスター:スライド1-7で使用される》と表示される場合があります。
③《挿入》タブ→《図》グループの(図形)→《線》の(線)をクリックします。
④Shiftを押しながら、始点から終点までドラッグします。
※縦線の下端をポイントすると、グレーの○(ハンドル)が表示されます。
⑤《書式》タブ→《サイズ》グループの(図形の幅)を「27cm」に設定します。
⑥《書式》タブ→《図形のスタイル》グループの(図形の枠線)→《テーマの色》の《青緑、アクセント3》をクリックします。
⑦《スライドマスター》タブ→《閉じる》グループの(マスター表示を閉じる)をクリックします。

問題(5)

①《挿入》タブ→《リンク》グループの(ズーム)→《サマリーズーム》をクリックします。
②「2.環境方針」と「7.環境活動WGメンバー」を✓にします。
③《挿入》をクリックします。
④問題文の文字列「ECO2021環境活動」をクリックしてコピーします。
⑤タイトルのプレースホルダーを選択します。
⑥Ctrl+Vを押して文字列を貼り付けます。
※プレースホルダーに直接入力してもかまいません。

問題(6)

①ステータスバーの(スライド一覧)をクリックします。
②スライド7を選択します。
③スライド4とスライド5の間にドラッグします。
④スライド7を選択します。
⑤スライド5とスライド6の間にドラッグします。

●プロジェクト3

問題(1)

①スライド2を選択します。
②SmartArtグラフィックを選択します。
③《SmartArtツール》の《デザイン》タブ→《レイアウト》グループの(その他)→《縦方向箇条書きリスト》をクリックします。
④図形「アクセシビリティに準拠したページ作成」を選択します。
⑤《SmartArtツール》の《デザイン》タブ→《グラフィックの作成》グループの 下へ移動 (選択したアイテムを下へ移動)をクリックします。

問題(2)

①スライド5を選択します。
②図形を選択します。
③Shiftを押しながら、残りの4つの図形を選択します。
④《書式》タブ→《図形の挿入》グループの 図形の編集 (図形の編集)→《図形の変更》→《ブロック矢印》の(矢印:五方向)をクリックします。
⑤《書式》タブ→《図形のスタイル》グループの(その他)→《テーマスタイル》の《光沢-濃い緑、アクセント5》をクリックします。

問題(3)

①スライド6を選択します。
②《デザイン》タブ→《ユーザー設定》グループの(背景の書式設定)をクリックします。
③《塗りつぶし》の詳細が表示されていることを確認します。
※表示されていない場合は、《塗りつぶし》をクリックします。
④《塗りつぶし(図またはテクスチャ)》を◉にします。
⑤(テクスチャ)をクリックします。
⑥《新聞紙》をクリックします。
※《背景の書式設定》作業ウィンドウを閉じておきましょう。

問題(4)

①《画面切り替え》タブ→《タイミング》グループの《期間》を「03.50」に設定します。
②《画面切り替え》タブ→《タイミング》グループの すべてに適用 (すべてに適用)をクリックします。

問題(5)

①《ファイル》タブを選択します。
②《情報》→《問題のチェック》→《ドキュメント検査》をクリックします。
③《はい》をクリックします。
④《コメント》を✓にします。
⑤《ドキュメントのプロパティと個人情報》を✓にします。
⑥《検査》をクリックします。
⑦《コメント》の《すべて削除》をクリックします。
⑧《ドキュメントのプロパティと個人情報》の《すべて削除》をクリックします。
⑨《閉じる》をクリックします。

問題(6)

①《ファイル》タブを選択します。
②《印刷》→《フルページサイズのスライド》→《印刷レイアウト》の《ノート》をクリックします。
③《スライド指定》に「2-4」と入力します。
※Escを押して、標準表示に戻しておきましょう。

●プロジェクト4

問題(1)

①《表示》タブ→《マスター表示》グループの(スライドマスター表示)をクリックします。
②サムネイルの一覧から《タイトルスライドレイアウト:スライド1で使用される》(上から2番目)を選択します。
③《スライドマスター》タブ→《背景》グループの 背景のスタイル (背景のスタイル)→《スタイル2》をクリックします。
④《スライドマスター》タブ→《閉じる》グループの(マスター表示を閉じる)をクリックします。

問題(2)

①スライド6を選択します。
②スライド7の下にドラッグします。

問題(3)

①スライド8を選択します。
②図を選択します。
③《書式》タブ→《アクセシビリティ》グループの(代替テキストウィンドウを表示します)をクリックします。

④問題文の文字列「**おすすめ図書**」をクリックしてコピーします。
⑤代替テキストのボックスにカーソルを移動します。
⑥ Ctrl + V を押して文字列を貼り付けます。
※代替テキストのボックスに直接入力してもかまいません。
※《代替テキスト》作業ウィンドウを閉じておきましょう。

問題(4)

①**《表示》**タブ→**《マスター表示》**グループの（スライドマスター表示）をクリックします。
②サムネイルの一覧の一番下のレイアウトを選択します。
③**《スライドマスター》**タブ→**《マスターの編集》**グループの（レイアウトの挿入）をクリックします。
④**《スライドマスター》**タブ→**《マスターレイアウト》**グループの（コンテンツ）の プレースホルダーの挿入 →**《テキスト》**をクリックします。
⑤始点から終点までドラッグします。
⑥**《スライドマスター》**タブ→**《マスターレイアウト》**グループの（テキスト）の プレースホルダーの挿入 →**《メディア》**をクリックします。
⑦始点から終点までドラッグします。
⑧**《スライドマスター》**タブ→**《マスターの編集》**グループの 名前の変更（名前の変更）をクリックします。
⑨問題文の文字列「**スタッフおすすめコンテンツ**」をクリックしてコピーします。
⑩**《レイアウト名》**の文字列を選択します。
⑪ Ctrl + V を押して文字列を貼り付けます。
※《レイアウト名》に直接入力してもかまいません。
⑫**《名前の変更》**をクリックします。
⑬**《スライドマスター》**タブ→**《閉じる》**グループの（マスター表示を閉じる）をクリックします。

問題(5)

①**《画面切り替え》**タブ→**《画面切り替え》**グループの（効果のオプション）→**《右下から》**をクリックします。
②**《画面切り替え》**タブ→**《タイミング》**グループの すべてに適用（すべてに適用）をクリックします。

問題(6)

①**《スライドショー》**タブ→**《設定》**グループの（リハーサル）をクリックします。
②任意の時間が経過したらクリックして、スライドショーを最後まで進めます。
③**《はい》**をクリックします。

●プロジェクト5

問題(1)

①スライド1を選択します。
②図を選択します。
③**《書式》**タブ→**《サイズ》**グループの（トリミング）をクリックします。
④図の左側の▌を右方向にドラッグします。
⑤図以外の場所をクリックします。
⑥図を選択します。
⑦**《書式》**タブ→**《図のスタイル》**グループの（その他）→**《対角を切り取った四角形、白》**をクリックします。
⑧**《書式》**タブ→**《調整》**グループの アート効果（アート効果）→**《パステル：滑らか》**をクリックします。

問題(2)

①スライド3を選択します。
②表を選択します。
③**《表ツール》**の**《デザイン》**タブ→**《表のスタイル》**グループの（その他）→**《中間》**の**《中間スタイル2-アクセント6》**をクリックします。

問題(3)

①スライド4を選択します。
②箇条書きのプレースホルダーを選択します。
③**《アニメーション》**タブ→**《アニメーション》**グループの（その他）→**《強調》**の**《パルス》**をクリックします。

問題(4)

①スライド5を選択します。
②**《ホーム》**タブ→**《スライド》**グループの（新しいスライド）の 新しいスライド →**《選択したスライドの複製》**をクリックします。
③スライド6を選択します。
④問題文の文字列「**10月～3月のイベント**」をクリックしてコピーします。
⑤タイトルのプレースホルダーを選択します。
⑥ Ctrl + V を押して文字列を貼り付けます。
※タイトルのプレースホルダーに直接入力してもかまいません。
⑦表の2行目～10行目を選択します。
⑧ Delete を押します。

問題(5)

①スライド7を選択します。
②**《ホーム》**タブ→**《スライド》**グループの レイアウト（スライドのレイアウト）→**《テキストと図》**をクリックします。
③図のプレースホルダーの（図）をクリックします。
④デスクトップのフォルダー「**FOM Shuppan Documents**」のフォルダー「**MOS-PowerPoint 365 2019(2)**」を開きます。
⑤一覧から「**map**」を選択します。
⑥**《挿入》**をクリックします。

●プロジェクト6

問題(1)

①**《挿入》**タブ→**《テキスト》**グループの（ヘッダーとフッター）をクリックします。
②**《スライド》**タブを選択します。

③《**スライド番号**》を☑にします。
④《**タイトルスライドに表示しない**》を☑にします。
⑤《**すべてに適用**》をクリックします。

問題(2)

①スライド8の前の《**タイトルなしのセクション**》を選択します。
②《**ホーム**》タブ→《**スライド**》グループの セクション (セクション)→《**セクション名の変更**》をクリックします。
③問題文の文字列「**注意点**」をクリックしてコピーします。
④《**セクション名**》の文字列を選択します。
⑤ Ctrl + V を押して文字列を貼り付けます。
※《セクション名》に直接入力してもかまいません。
⑥《**名前の変更**》をクリックします。

問題(3)

①スライド5を選択します。
②ビデオを選択します。
③《**再生**》タブ→《**ビデオのオプション**》グループの《**開始**》の ▾ →《**クリック時**》をクリックします。
④《**再生**》タブ→《**ビデオのオプション**》グループの《**全画面再生**》を☑にします。

問題(4)

①スライド6を選択します。
②コンテンツのプレースホルダーの (ビデオの挿入)をクリックします。
③《**ファイルから**》をクリックします。
※お使いの環境によっては《ファイルから》が表示されていない場合があります。その場合は④に進んでください。
④デスクトップのフォルダー「**FOM Shuppan Documents**」のフォルダー「**MOS-PowerPoint 365 2019(2)**」を開きます。
⑤一覧から「**torikeshi**」を選択します。
⑥《**挿入**》をクリックします。
⑦《**書式**》タブ→《**サイズ**》グループの (トリミング)をクリックします。
⑧ビデオの左側の▎を右方向にドラッグします。
⑨ビデオの右側の▎を左方向にドラッグします。
⑩ビデオ以外の場所をクリックします。

問題(5)

①《**ファイル**》タブを選択します。
②《**オプション**》をクリックします。
※お使いの環境によっては《オプション》が表示されていない場合があります。その場合は《その他》→《オプション》をクリックします。
③左側の一覧から《**保存**》を選択します。
④《**ファイルにフォントを埋め込む**》を☑にします。
⑤《**使用されている文字だけを埋め込む(ファイルサイズを縮小する場合)**》を◉にします。
⑥《**OK**》をクリックします。

問題(6)

①《**ファイル**》タブを選択します。
②《**印刷**》→《**フルページサイズのスライド**》→《**配布資料**》の《**2スライド**》をクリックします。
※ Esc を押して、標準表示に戻しておきましょう。

MOS PowerPoint 365&2019

MOS 365&2019 攻略ポイント

1 MOS 365&2019の試験形式

PowerPointの機能や操作方法をマスターするだけでなく、試験そのものについても理解を深めておきましょう。

1 マルチプロジェクト形式とは

MOS 365&2019は、**「マルチプロジェクト形式」**という試験形式で実施されます。
このマルチプロジェクト形式を図解で表現すると、次のようになります。

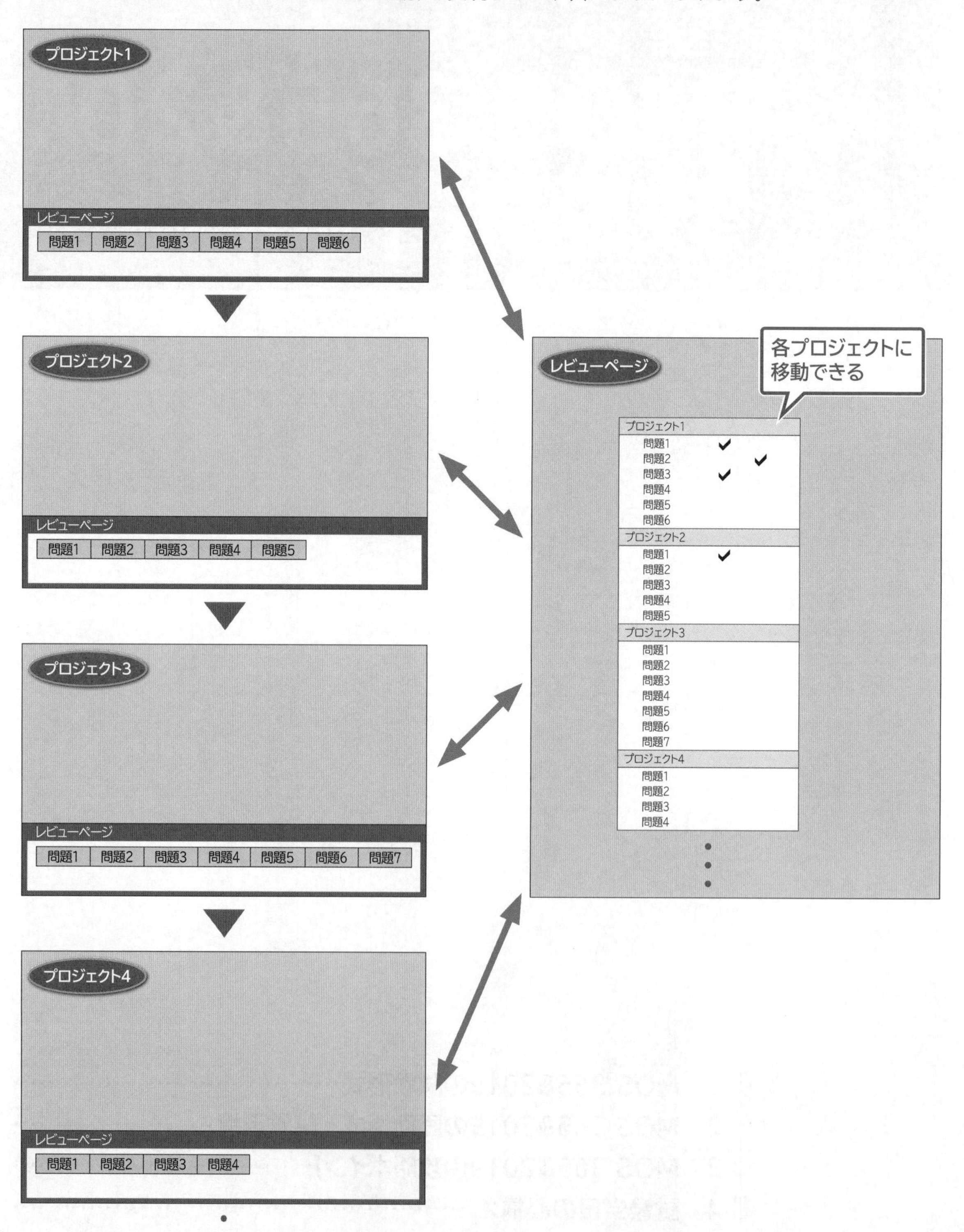

■プロジェクト

「マルチプロジェクト」の**「マルチ」**は“複数”という意味で、**「プロジェクト」**は“操作すべきファイル”を指しています。マルチプロジェクトは、言い換えると、“操作すべき複数のファイル”となります。

複数のファイルを操作して、すべて完成させていく試験、それがMOS 365&2019の試験形式です。

1回の試験で出題されるプロジェクト数、つまりファイル数は、5～10個程度です。各プロジェクトはそれぞれ独立しており、1つ目のプロジェクトで行った操作が、2つ目以降のプロジェクトに影響することはありません。

また、1つのプロジェクトには、1～7個程度の問題（タスク）が用意されています。問題には、ファイルに対してどのような操作を行うのか、具体的な指示が記述されています。

■レビューページ

すべてのプロジェクトから、**「レビューページ」**と呼ばれるプロジェクトの一覧に移動できます。レビューページから、未解答の問題や見直したい問題に戻ることができます。

2 MOS 365&2019の画面構成と試験環境

本試験の画面構成や試験環境について、あらかじめ不安や疑問を解消しておきましょう。

1 本試験の画面構成を確認しよう

MOS 365&2019の試験画面については、模擬試験プログラムと異なる部分をあらかじめ確認しましょう。
本試験は、次のような画面で行われます。

（株式会社オデッセイコミュニケーションズ提供）

❶アプリケーションウィンドウ

本試験では、アプリケーションウィンドウのサイズ変更や移動が可能です。
※模擬試験プログラムでは、サイズ変更や移動ができません。

❷試験パネル

本試験では、試験パネルのサイズ変更や移動が可能です。
※模擬試験プログラムでは、サイズ変更や移動ができません。

❸⚙

試験パネルの文字のサイズの変更や、電卓を表示できます。
※文字のサイズは、キーボードからも変更できます。
※模擬試験プログラムでは電卓を表示できません。

❹レビューページ

レビューページに移動できます。

※レビューページに移動する前に確認のメッセージが表示されます。

❺次のプロジェクト

次のプロジェクトに移動できます。

※次のプロジェクトに移動する前に確認のメッセージが表示されます。

❻

試験パネルを最小化します。

❼

アプリケーションウィンドウや試験パネルをサイズ変更したり移動したりした場合に、ウィンドウの配置を元に戻します。

※模擬試験プログラムには、この機能がありません。

❽解答済みにする

解答済みの問題にマークを付けることができます。レビューページで、マークの有無を確認できます。

❾あとで見直す

わからない問題や解答に自信がない問題に、マークを付けることができます。レビューページで、マークの有無を確認できるので、見直す際の目印になります。

※模擬試験プログラムでは、「付箋を付ける」がこの機能に相当します。

❿試験後にコメントする

コメントを残したい問題に、マークを付けることができます。試験中に気になる問題があれば、マークを付けておき、試験後にその問題に対するコメントを入力できます。試験主幹元のMicrosoftにコメントが配信されます。

※模擬試験プログラムには、この機能がありません。

本試験の画面について

本試験の画面は、試験システムの変更などで、予告なく変更される可能性があります。本試験を開始すると、問題が出題される前に試験に関する注意事項(チュートリアル)が表示されます。注意事項には、試験画面の操作方法や諸注意などが記載されているので、よく読んで不明な点があれば試験会場の試験官に確認しましょう。本試験の最新情報については、MOS公式サイト(https://mos.odyssey-com.co.jp/)をご確認ください。

2 本試験の実施環境を確認しよう

普段使い慣れている自分のパソコン環境と、試験のパソコン環境がどれくらい違うのか、あらかじめ確認しておきましょう。

●コンピューター

本試験では、原則的にデスクトップ型のパソコンが使われます。ノートブック型のパソコンは使われないので、普段ノートブック型を使っている人は注意が必要です。デスクトップ型とノートブック型では、矢印キーや Delete など一部のキーの配列が異なるので、慣れていないと使いにくいと感じるかもしれません。普段から本試験と同じ型のキーボードで練習するとよいでしょう。

●キーボード

本試験では、**「109型」**または**「106型」**のキーボードが使われます。自分のキーボードと比べて確認しておきましょう。

109型キーボード

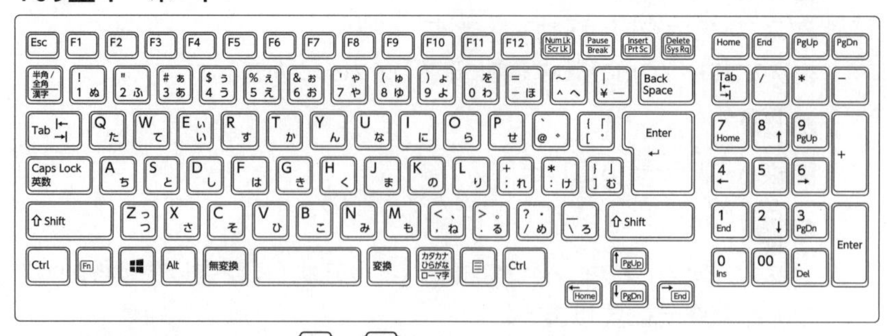

※「106型キーボード」には、[Windows]と[アプリケーション]のキーがありません。

●ディスプレイ

本試験では、17インチ以上のディスプレイ、**「1280×1024ピクセル」**以上の画面解像度が使われます。
画面解像度によって変わるのは、リボン内のボタンのサイズや配置です。例えば、**「1024×768ピクセル」**と**「1920×1200ピクセル」**で比較すると、次のようにボタンのサイズや配置が異なります。

1024×768ピクセル

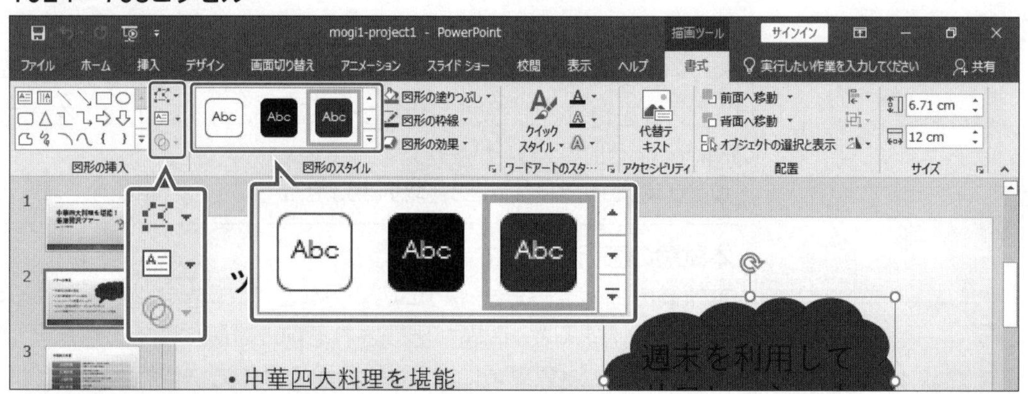

1920×1200ピクセル

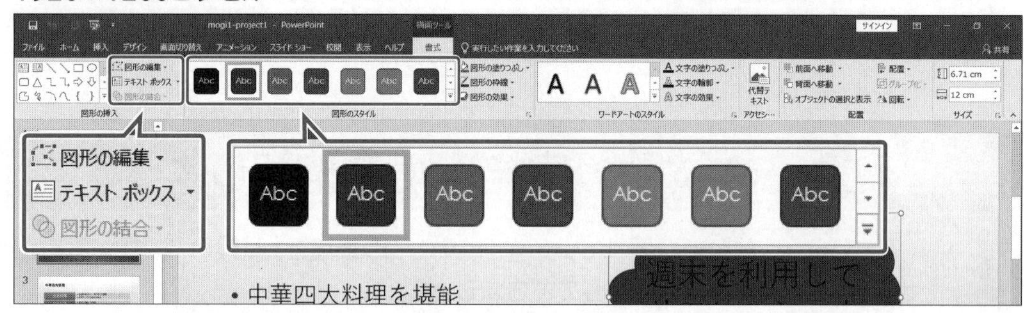

自分のパソコンと試験会場のパソコンの画面解像度が異なっても、ボタンの配置に大きな変わりはありません。ボタンのサイズが変わっても対処できるように、ボタンの大体の配置を覚えておくようにしましょう。

●日本語入力システム

本試験の日本語入力システムは、**「Microsoft IME」**が使われます。Windowsには、Microsoft IMEが標準で搭載されているため、多くの人が意識せずにMicrosoft IMEを使い、その入力方法に慣れているはずです。しかし、ATOKなどその他の日本語入力システムを使っている人は、入力方法が異なるので注意が必要です。普段から本試験と同じ日本語入力システムで練習するとよいでしょう。

3 MOS 365&2019の攻略ポイント

本試験に取り組む際に、どうすれば効果的に解答できるのか、どうすればうっかりミスをなくすことができるのかなど、気を付けたいポイントを確認しましょう。

1 全体のプロジェクト数と問題数を確認しよう

試験が始まったら、まず、全体のプロジェクト数と問題数を確認しましょう。
出題されるプロジェクト数は5～10個程度で、試験パターンによって変わります。また、レビューページを表示すると、プロジェクト内の問題数も確認できます。

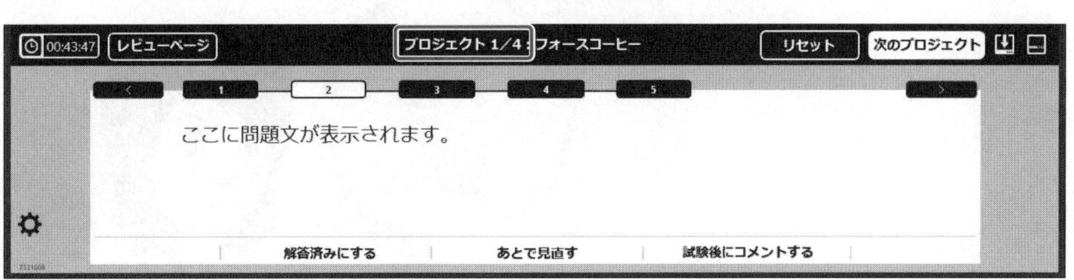

2 時間配分を考えよう

全体のプロジェクト数を確認したら、適切な時間配分を考えましょう。
タイマーにときどき目をやり、進み具合と残り時間を確認しながら進めましょう。

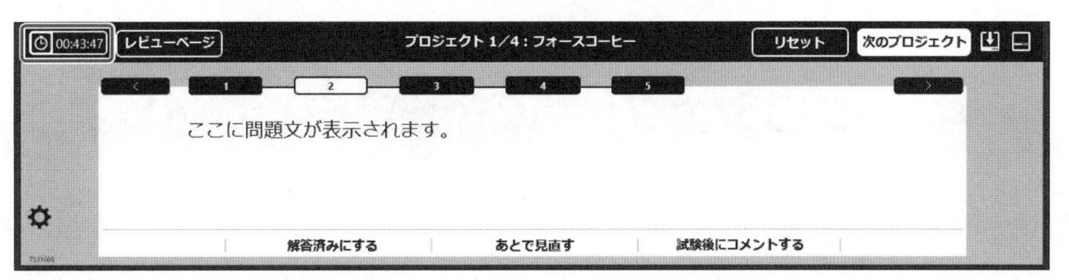

終盤の問題で焦らないために、40分前後ですべての問題に解答できるようにトレーニングしておくとよいでしょう。残った時間を見直しに充てるようにすると、気持ちが楽になります。

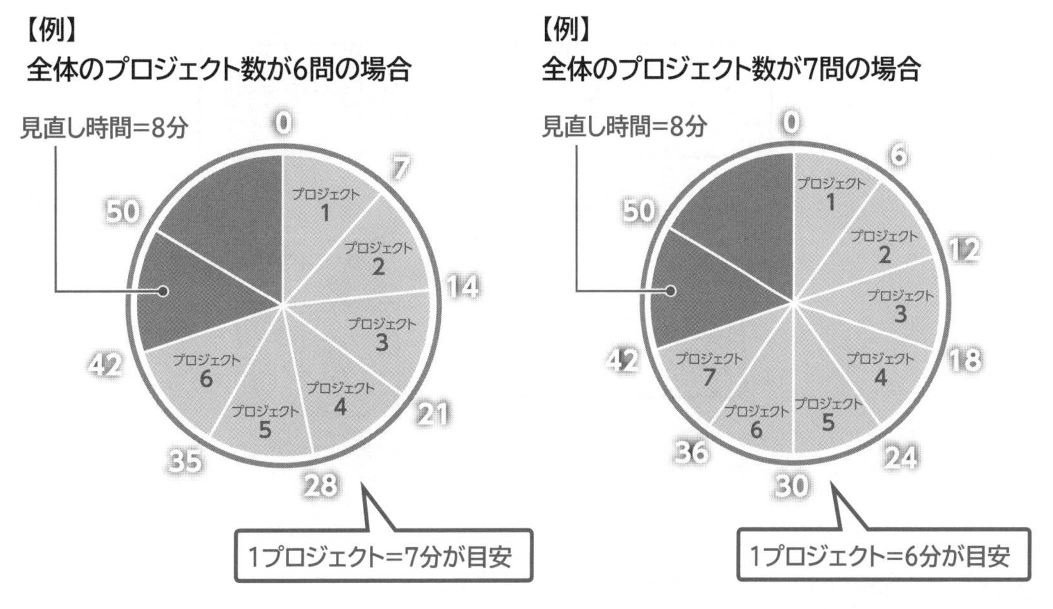

3 問題文をよく読もう

問題文をよく読み、指示されている操作だけを行います。
操作に精通していると過信している人は、問題文をよく読まずに先走ったり、指示されている以上の操作までしてしまったり、という過ちをおかしがちです。指示されていない余分な操作をしてはいけません。
また、コマンド名が明示されていない問題も出題されます。問題文をしっかり読んでどのコマンドを使うのか判断しましょう。
また、問題文の一部には下線の付いた文字列があります。この文字列はコピーすることができるので、入力が必要な問題では、積極的に利用するとよいでしょう。文字の入力ミスを防ぐことができるので、効率よく解答することができます。

4 プロジェクト間の行き来に注意しよう

問題ウィンドウには**《レビューページ》**のボタンがあり、クリックするとレビューページに移動できます。
例えば、**「プロジェクト1」**から**「プロジェクト2」**に移動した後に、**「プロジェクト1」**での操作ミスに気付いたときなどレビューページを使って**「プロジェクト1」**に戻り、操作をやり直すことが可能です。レビューページから前のプロジェクトに戻った場合、自分の解答済みのファイルが保持されています。

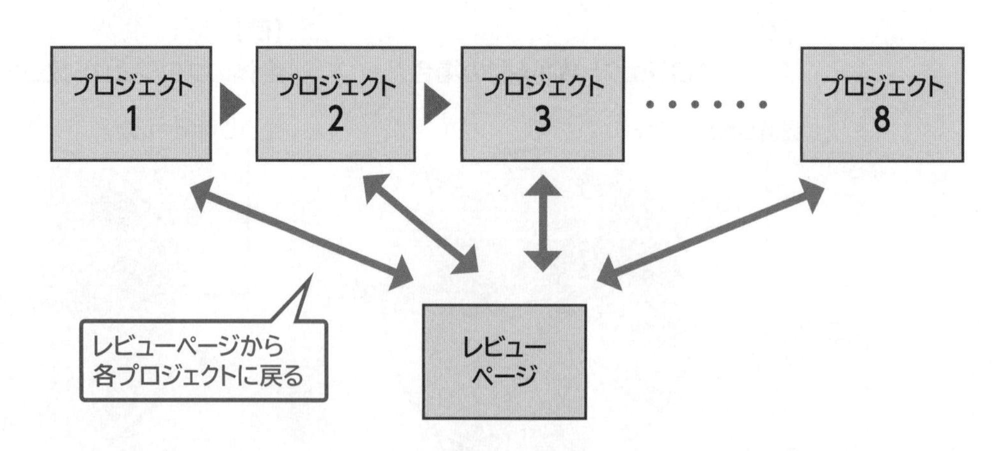

5 わかる問題から解答しよう

試験の最後にも、レビューページが表示されます。レビューページから各プロジェクトに戻ることができるので、わからない問題にはあとから取り組むようにしましょう。前半でわからない問題に時間をかけ過ぎると、後半で時間不足に陥ってしまいます。時間がなくなると、焦ってしまい、冷静に考えれば解ける問題にも対処できなくなります。わかる問題を一通り解いて確実に得点を積み上げましょう。
解答できなかった問題には**《あとで見直す》**のマークを付けておき、見直す際の目印にしましょう。

6 リセットに注意しよう

《リセット》をクリックすると、現在表示されているプロジェクトのファイルが初期状態に戻ります。プロジェクトに対して行ったすべての操作がクリアされるので、注意しましょう。
例えば、問題1と問題2を解答し、問題3で操作ミスをしてリセットすると、問題1や問題2の結果もクリアされます。問題1や問題2の結果を残しておきたい場合には、リセットしてはいけません。
直前の操作を取り消したい場合には、PowerPointの（元に戻す）を使うとよいでしょう。ただし、元に戻らない機能もあるので、頼りすぎるのは禁物です。

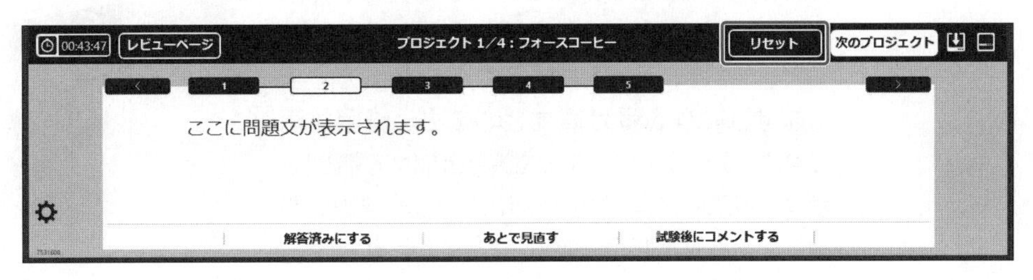

7 スライドの操作に注意しよう

PowerPointのプレゼンテーションは複数のスライドで構成されています。操作の対象となるスライドは、スライド番号やスライドのタイトルで指示されるので、異なるスライドで操作しないように気を付けましょう。スライドのタイトルは、サムネイルペインでスライドをポイントしたときに表示されるポップヒントで確認できます。
また、指示なくスライドを削除したり、追加したりなどすると、採点に影響が出る場合があります。指示されていない操作は行わないようにしましょう。

4 試験当日の心構え

本試験で緊張したり焦ったりして、本来の実力が発揮できなかった、という話がときどき聞かれます。本試験ではシーンと静まり返った会場に、キーボードをたたく音だけが響き渡り、思った以上に緊張したり焦ったりするものです。ここでは、試験当日に落ち着いて試験に臨むための心構えを解説します。

1 自分のペースで解答しよう

試験会場にはほかの受験者もいますが、他人は気にせず自分のペースで解答しましょう。
受験者の中にはキー入力がとても速い人、早々に試験を終えて退出する人など様々な人がいますが、他人のスピードで焦ることはありません。30分で試験を終了しても、50分で試験を終了しても採点結果に差はありません。自分のペースを大切にして、試験時間50分を上手に使いましょう。

2 試験日に合わせて体調を整えよう

試験日の体調には、くれぐれも注意しましょう。体の調子が悪くて受験できなかったり、体調不良のまま受験しなければならなかったりすると、それまでの努力が水の泡になってしまいます。試験を受け直すとしても、費用が再度発生してしまいます。試験に向けて無理をせず、計画的に学習を進めましょう。また、前日には十分な睡眠を取り、当日は食事も十分に摂りましょう。

3 早めに試験会場に行こう

事前に試験会場までの行き方や所要時間は調べておき、試験当日に焦ることのないようにしましょう。
受付時間を過ぎると入室禁止になるので、ギリギリの行動はよくありません。早めに試験会場に行って、受付の待合室でテキストを復習するくらいの時間的な余裕をみて行動しましょう。

MOS PowerPoint 365&2019

困ったときには

困ったときには

最新のQ&A情報について

最新のQ＆A情報については、FOM出版のホームページから「QAサポート」→「よくあるご質問」をご確認ください。

※FOM出版のホームページへのアクセスについては、P.11を参照してください。

Q&A　模擬試験プログラムのアップデート

1

本試験の画面が変更された場合やWindowsがアップデートされた場合などに、模擬試験プログラムの内容は変更されますか？

模擬試験プログラムはアップデートする可能性があります。最新情報については、FOM出版のホームページをご確認ください。

※FOM出版のホームページへのアクセスについては、P.11を参照してください。

Q&A　模擬試験プログラム起動時のメッセージと対処方法

2

模擬試験を開始しようとすると、メッセージが表示され、模擬試験プログラムが起動しません。どうしたらいいですか？

各メッセージと対処方法は次のとおりです。

メッセージ	対処方法
Accessが起動している場合、模擬試験を起動できません。 Accessを終了してから模擬試験プログラムを起動してください。	模擬試験プログラムを終了して、Accessを終了してください。 Accessが起動している場合、模擬試験プログラムを起動できません。
Adobe Readerが起動している場合、模擬試験を起動できません。 Adobe Readerを終了してから模擬試験プログラムを起動してください。	模擬試験プログラムを終了して、Adobe Readerを終了してください。Adobe Readerが起動している場合、模擬試験プログラムを起動できません。
Excelが起動している場合、模擬試験を起動できません。 Excelを終了してから模擬試験プログラムを起動してください。	模擬試験プログラムを終了して、Excelを終了してください。 Excelが起動している場合、模擬試験プログラムを起動できません。
OneDriveと同期していると、模擬試験プログラムが正常に動作しない可能性があります。 OneDriveの同期を一時停止してから模擬試験プログラムを起動してください。	デスクトップとOneDriveが同期している状態で、模擬試験プログラムを起動しようとすると、このメッセージが表示されます。 OneDriveの同期を一時停止してから模擬試験プログラムを起動してください。 ※OneDriveとの同期を停止する方法については、Q&A20を参照してください。
PowerPointが起動している場合、模擬試験を起動できません。 PowerPointを終了してから模擬試験プログラムを起動してください。	模擬試験プログラムを終了して、PowerPointを終了してください。 PowerPointが起動している場合、模擬試験プログラムを起動できません。

メッセージ	対処方法
Wordが起動している場合、模擬試験を起動できません。 Wordを終了してから模擬試験プログラムを起動してください。	模擬試験プログラムを終了して、Wordを終了してください。 Wordが起動している場合、模擬試験プログラムを起動できません。
XPSビューアーが起動している場合、模擬試験を起動できません。 XPSビューアーを終了してから模擬試験プログラムを起動してください。	模擬試験プログラムを終了して、XPSビューアーを終了してください。 XPSビューアーが起動している場合、模擬試験プログラムを起動できません。
ディスプレイの解像度が動作保障環境(1280×768px)より小さいためプログラムを起動できません。 ディスプレイの解像度を変更してから模擬試験プログラムを起動してください。	模擬試験プログラムを終了して、画面の解像度を「1280×768ピクセル」以上に設定してください。 ※画面の解像度については、Q&A16を参照してください。
テキスト記載のシリアルキーを入力してください。	模擬試験プログラムを初めて起動する場合に、このメッセージが表示されます。2回目以降に起動する際には表示されません。 ※模擬試験プログラムの起動については、P.259を参照してください。
パソコンにPowerPoint 2019またはMicrosoft 365がインストールされていないため、模擬試験を開始できません。プログラムを一旦終了して、PowerPoint 2019またはMicrosoft 365をパソコンにインストールしてください。	模擬試験プログラムを終了して、PowerPoint 2019/Microsoft 365をインストールしてください。 模擬試験を行うためには、PowerPoint 2019/Microsoft 365がパソコンにインストールされている必要があります。 PowerPoint 2013などのほかのバージョンのWordでは模擬試験を行うことはできません。 また、Office 2019/Microsoft 365のライセンス認証を済ませておく必要があります。 ※PowerPoint 2019/Microsoft 365がインストールされていないパソコンでも模擬試験プログラムの標準解答のアニメーションとナレーションは確認できます。
他のアプリケーションソフトが起動しています。 模擬試験プログラムを起動できますが、正常に動作しない可能性があります。 このまま処理を続けますか?	任意のアプリケーションが起動している状態で、模擬試験プログラムを起動しようとすると、このメッセージが表示されます。また、セキュリティソフトなどの監視プログラムが常に動作している状態でも、このメッセージが表示されることがあります。 《はい》をクリックすると、アプリケーション起動中でも模擬試験プログラムを起動できます。ただし、その場合には模擬試験プログラムが正しく動作しない可能性がありますので、ご注意ください。《いいえ》をクリックして、アプリケーションをすべて終了してから、模擬試験プログラムを起動することを推奨します。
保持していたシリアルキーが異なります。再入力してください。	初めて模擬試験プログラムを起動したときと、現在のネットワーク環境が異なる場合に表示される可能性があります。シリアルキーを再入力してください。 ※再入力しても起動しない場合は、シリアルキーを削除してください。シリアルキーの削除については、Q&A14を参照してください。
模擬試験プログラムは、すでに起動しています。模擬試験プログラムが起動していないか、または別のユーザーがサインインして模擬試験プログラムを起動していないかを確認してください。	すでに模擬試験プログラムを起動している場合に、このメッセージが表示されます。模擬試験プログラムが起動していないか、または別のユーザーがサインインして模擬試験プログラムを起動していないかを確認してください。1台のパソコンで同時に複数の模擬試験プログラムを起動することはできません。

※メッセージは五十音順に記載しています。

Q&A 模擬試験実施中のトラブル

模擬試験中にダイアログボックスを表示すると、問題ウィンドウのボタンや問題文が隠れて見えなくなります。どうしたらいいですか?

画面の解像度によって、問題ウィンドウのボタンや問題文が見えなくなる場合があります。ダイアログボックスのサイズや位置を変更して調整してください。

4 模擬試験の解答確認画面で音声が聞こえません。どうしたらいいですか？

次の内容を確認してください。

●音声ボタンがオフになっていませんか？

解答確認画面の表示が**《音声オン》**になっている場合は、クリックして**《音声オフ》**にします。

●音量がミュートになっていませんか？

タスクバーの音量を確認し、ミュートになっていないか確認します。

●スピーカーまたはヘッドホンが正しく接続されていますか？

音声を聞くには、スピーカーまたはヘッドホンが必要です。接続や電源を確認します。

5 標準解答どおりに操作しても正解にならない箇所があります。なぜですか？

模擬試験プログラムの動作確認は、2020年10月現在のPowerPoint 2019（16.0.10366.20016）またはMicrosoft 365（16.0.13231.20262）に基づいて行っています。自動アップデートによってPowerPoint 2019／Microsoft 365の機能が更新された場合には、模擬試験プログラムの採点が正しく行われない可能性があります。あらかじめご了承ください。

Officeのバージョンは、次の手順で確認します。

① PowerPointを起動し、プレゼンテーションを表示します。
② 《ファイル》タブを選択します。
③ 《アカウント》をクリックします。
④ 《PowerPointのバージョン情報》をクリックします。
⑤ 1行目の「Microsoft PowerPoint 2019MSO」の後ろに続くカッコ内の数字を確認します。

※本書の最新情報については、P.11に記載されているFOM出版のホームページにアクセスして確認してください。

6 模擬試験中に画面が動かなくなりました。どうしたらいいですか？

模擬試験プログラムとPowerPointを次の手順で強制終了します。

① Ctrl + Alt + Delete を押します。
② 《タスクマネージャー》をクリックします。
③ 一覧から《MOS PowerPoint 365＆2019》を選択します。
④ 《タスクの終了》をクリックします。
⑤ 一覧から《Microsoft PowerPoint》を選択します。
⑥ 《タスクの終了》をクリックします。

強制終了後、模擬試験プログラムを再起動すると、次のようなメッセージが表示されます。**《復元して起動》**をクリックすると、ファイルを最後に上書き保存したときの状態から試験を再開できます。また、試験の残り時間は、強制終了した時点からカウントが再開されます。

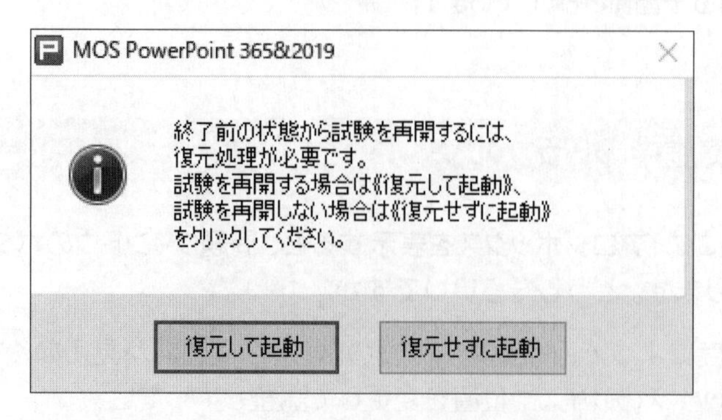

7 模擬試験プログラムを強制終了したら、デスクトップにフォルダー「FOM Shuppan Documents」が作成されていました。このフォルダーは何ですか？

模擬試験プログラムを起動すると、デスクトップに**「FOM Shuppan Documents」**というフォルダーが作成されます。模擬試験実行中は、そのフォルダーにファイルを保存したり、そのフォルダーからファイルを挿入したりします。模擬試験プログラムを終了すると、自動的にそのフォルダーも削除されますが、終了時にトラブルがあった場合や強制終了した場合などに、フォルダーを削除する処理が行われないことがあります。
このような場合は、模擬試験プログラムを一旦起動してから再度終了してください。

8 3Dモデルを挿入する問題で、フォルダー「FOM Shuppan Documents」のフォルダー「MOS PowerPoint 365 2019(2)」に3Dモデルが見つかりません。3Dモデルはどこに保存されていますか？

3Dモデルは、**《PC》**→**《3Dオブジェクト》**または**《3D Objects》**のフォルダー**「MOS-PowerPoint 365 2019(2)」**に保存されています。
ただし、お使いの環境によっては3Dモデルを挿入するときにエラーが発生することがあります。その場合は、Cドライブのフォルダー**「FOM Shuppan Program」**のフォルダー**「MOS-PowerPoint 365 2019(2)」**にある3Dモデルを挿入してください。

9 用紙サイズを設定する問題で、標準解答どおりに操作できません。標準解答どおりに操作しても正解になりません。どうしたらいいですか？

プリンターの種類によって印刷できる用紙サイズが異なるため、標準解答どおりに操作できなかったり、正解にならなかったりする場合があります。そのような場合には、**「Microsoft XPS Document Writer」**を通常使うプリンターに設定して操作してください。

次の手順で操作します。

① (スタート)をクリックします。
② (設定)をクリックします。
③《デバイス》をクリックします。
④ 左側の一覧から《プリンターとスキャナー》を選択します。
⑤《Windowsで通常使うプリンターを管理する》を☐にします。
⑥《プリンターとスキャナー》の一覧から「Microsoft XPS Document Writer」を選択します。
⑦《管理》をクリックします。
⑧《既定として設定する》をクリックします。

10 問題に「《描画》タブを使って」と指示がありますが、模擬試験中のPowerPointに《描画》タブが表示されていません。どうしたらいいですか？

お使いの環境によっては、模擬試験プログラムで**《描画》**タブが自動的に表示されない場合があります。その場合は、**《描画》**タブを表示して解答してください。**《描画》**タブは次の手順で表示します。

①《ファイル》タブを選択します。
②《オプション》をクリックします。
※《オプション》が表示されていない場合は、《その他》→《オプション》をクリックします。
③ 左側の一覧から《リボンのユーザー設定》を選択します。
④《リボンのユーザー設定》の▾をクリックし、一覧から《メインタブ》を選択します。
⑤《描画》を☑にします。
⑥《OK》をクリックします。

※《描画》タブの表示方法については、P.157も合わせて参照してください。

Q&A 模擬試験プログラムのアンインストール

11 模擬試験プログラムをアンインストールするには、どうしたらいいですか？

模擬試験プログラムは、次の手順でアンインストールします。

① (スタート)をクリックします。
② (設定)をクリックします。
③《アプリ》をクリックします。
④ 左側の一覧から《アプリと機能》を選択します。
⑤ 一覧から《MOS PowerPoint 365&2019》を選択します。
⑥《アンインストール》をクリックします。
⑦ メッセージに従って操作します。

模擬試験プログラムをインストールすると、プログラム以外に次のファイルも作成されます。これらのファイルは模擬試験プログラムをアンインストールしても削除されないため、手動で削除します。

その他のファイル	参照Q&A
「出題範囲1」から「出題範囲5」までの各Lessonで使用するデータファイル	Q&A12
模擬試験のデータファイル	Q&A12
模擬試験の履歴	Q&A13
シリアルキー	Q&A14

Q&A ファイルの削除

12 「出題範囲1」から「出題範囲5」の各Lessonで使用したファイルと、模擬試験のデータファイルを削除するにはどうしたらいいですか？

次の手順で削除します。

① タスクバーの (エクスプローラー)をクリックします。
②《ドキュメント》を表示します。
※CD-ROMのインストール時にデータファイルの保存先を変更した場合は、その場所を表示します。
③ フォルダー「MOS-PowerPoint 365 2019(1)」を右クリックします。
④《削除》をクリックします。
⑤ フォルダー「MOS-PowerPoint 365 2019(2)」を右クリックします。
⑥《削除》をクリックします。

13 模擬試験の履歴を削除するにはどうしたらいいですか？

パソコンに保存されている模擬試験の履歴は、次の手順で削除します。
模擬試験の履歴を管理しているフォルダーは、隠しフォルダーになっています。削除する前に隠しフォルダーを表示しておく必要があります。

① タスクバーの（エクスプローラー）をクリックします。
②《表示》タブ→《表示/非表示》グループの《隠しファイル》を☑にします。
③《PC》をクリックします。
④《ローカルディスク（C:）》をダブルクリックします。
⑤《ユーザー》をダブルクリックします。
⑥ ユーザー名のフォルダーをダブルクリックします。
⑦《AppData》をダブルクリックします。
⑧《Roaming》をダブルクリックします。
⑨《FOM Shuppan History》をダブルクリックします。
⑩ フォルダー「MOS-PowerPoint365&2019」を右クリックします。
⑪《削除》をクリックします。

※フォルダーを削除したあと、隠しフォルダーの表示を元の設定に戻しておきましょう。

14 模擬試験プログラムのシリアルキーを削除するにはどうしたらいいですか？

パソコンに保存されている模擬試験プログラムのシリアルキーは、次の手順で削除します。模擬試験プログラムのシリアルキーを管理しているファイルは、隠しファイルになっています。削除する前に隠しファイルを表示しておく必要があります。

① タスクバーの（エクスプローラー）をクリックします。
②《表示》タブ→《表示/非表示》グループの《隠しファイル》を☑にします。
③《PC》をクリックします。
④《ローカルディスク（C:）》をダブルクリックします。
⑤《ProgramData》をダブルクリックします。
⑥《FOM Shuppan Auth》をダブルクリックします。
⑦ フォルダー「MOS-PowerPoint365&2019」を右クリックします。
⑧《削除》をクリックします。

※ファイルを削除したあと、隠しファイルの表示を元の設定に戻しておきましょう。

Q&A パソコンの環境について

15 Office 2019／Microsoft 365を使っていますが、本書に記載されている操作手順のとおりに操作できない箇所や画面の表示が異なる箇所があります。なぜですか？

Office 2019やMicrosoft 365は自動アップデートによって、定期的に不具合が修正され、機能が向上する仕様となっています。そのため、アップデート後に、コマンドの名称が変更されたり、リボンに新しいボタンが追加されたりといった現象が発生する可能性があります。
本書に記載されている操作方法や模擬試験プログラムの動作確認は、2020年10月現在のPowerPoint 2019（16.0.10366.20016）またはMicrosoft 365（16.0.13231.20262）に基づいて行っています。自動アップデートによってPowerPointの機能が更新された場合には、本書の記載のとおりにならない、模擬試験プログラムの採点が正しく行われないなどの不整合が生じる可能性があります。あらかじめご了承ください。
※Officeのバージョンの確認については、Q&A5を参照してください。

16 画面の解像度はどうやって変更したらいいですか？

画面の解像度は、次の手順で変更します。

① デスクトップを右クリックします。
②《ディスプレイ設定》をクリックします。
③ 左側の一覧から《ディスプレイ》を選択します。
④《ディスプレイの解像度》のをクリックし、一覧から選択します。

17

パソコンにプリンターが接続されていません。このテキストを使って学習するのに何か支障がありますか？

パソコンにプリンターが物理的に接続されていなくてもかまいませんが、Windows上でプリンターが設定されている必要があります。接続するプリンターがない場合は、**「Microsoft XPS Document Writer」**を通常使うプリンターに設定して操作してください。

※「Microsoft XPS Document Writer」を通常使うプリンターに設定する方法は、Q&A9を参照してください。

18

パソコンにインストールされているOfficeが2019／Microsoft 365ではありません。他のバージョンのOfficeでも学習できますか？

他のバージョンのOfficeでは学習することはできません。

※模擬試験プログラムの標準解答のアニメーションとナレーションは確認できます。

19

パソコンに複数のバージョンのOfficeがインストールされています。模擬試験プログラムを使って学習するのに何か支障がありますか？

複数のバージョンのOfficeが同じパソコンにインストールされている環境では、模擬試験プログラムが正しく動作しない場合があります。Office 2019／Microsft 365以外のOfficeをアンインストールしてOffice 2019／Microsoft 365だけの環境にして模擬試験プログラムをご利用ください。

20

OneDriveの同期を一時停止するにはどうしたらいいですか？

OneDriveの同期を一時停止するには、次の手順で操作します。

① タスクバーの (OneDrive) をクリックします。
②《ヘルプと設定》→《同期の一時停止》をクリックします。
③ 一覧から停止する時間を選択します。

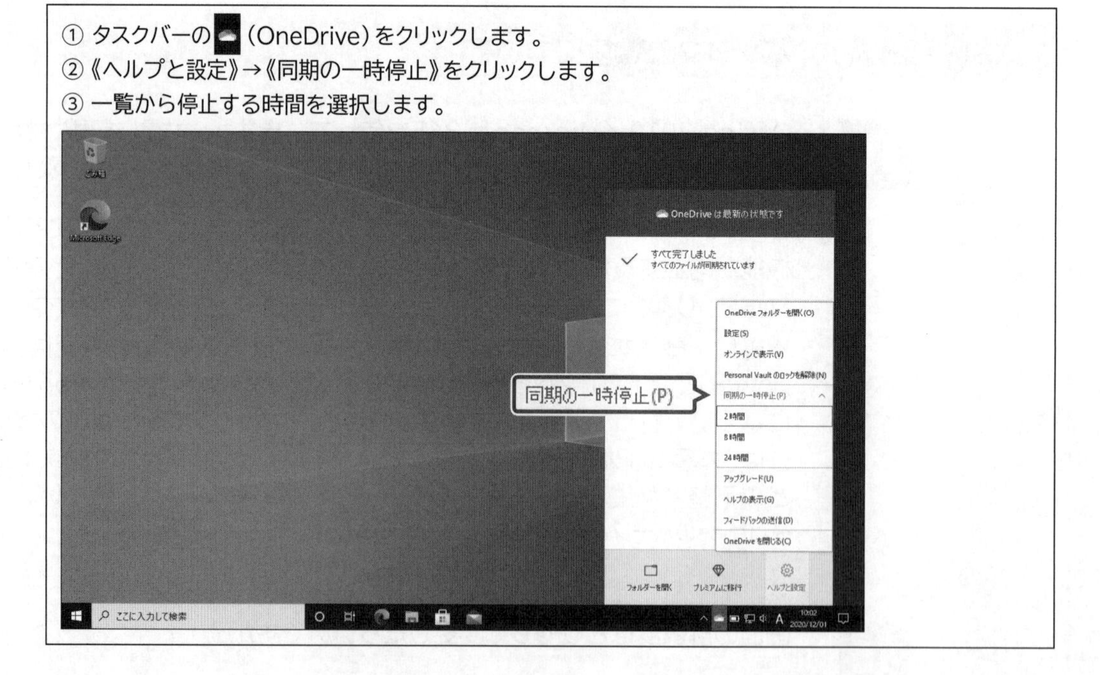

困ったときには

MOS PowerPoint 365&2019

索引

Index 索引

数字

E

M

P

S

W

あ

い

う

お

か

き

く

け

こ

さ

し

す

せ

そ

た

つ

て

と

の

は

ひ

ふ

へ

め

も

ゆ

よ

り

れ

ろ

わ

■CD-ROM使用許諾契約について

本書に添付されているCD-ROMをパソコンにセットアップする際、契約内容に関する次の画面が表示されます。お客様が同意される場合のみ本CD-ROMを使用することができます。よくお読みいただき、ご了承のうえ、お使いください。

使用許諾契約

この使用許諾契約(以下「本契約」とします)は、富士通エフ・オー・エム株式会社(以下「弊社」とします)とお客様との本製品の使用権許諾です。本契約の条項に同意されない場合、お客様は、本製品をご使用になることはできません。

1.(定義)
「本製品」とは、このCD-ROMに記憶されたコンピューター・プログラムおよび問題等のデータのすべてを含みます。

2.(使用許諾)
お客様は、本製品を同時に一台のコンピューター上でご使用になれます。

3.(著作権)
本製品の著作権は弊社及びその他著作権者に帰属し、著作権法その他の法律により保護されています。お客様は、本契約に定める以外の方法で本製品を使用することはできません。

4.(禁止事項)
本製品について、次の事項を禁止します。
①本製品の全部または一部を、第三者に譲渡、貸与および再使用許諾すること。
②本製品に表示されている著作権その他権利者の表示を削除したり、変更を加えたりすること。
③プログラムを改造またはリバースエンジニアリングすること。
④本製品を日本の輸出規制の対象である国に輸出すること。

5.(契約の解除および損害賠償)
お客様が本契約のいずれかの条項に違反したときは、弊社は本製品の使用の終了と、相当額の損害賠償額を請求させていただきます。

6.(限定補償および免責)
弊社のお客様に対する補償と責任は、次に記載する内容に限らせていただきます。
①本製品の格納されたCD-ROMの使用開始時に不具合があった場合は、使用開始後30日以内に弊社までご連絡ください。新しいCD-ROMと交換いたします。
②本製品に関する責任は上記①に限られるものとします。弊社及びその販売店や代理店並びに本製品に係わった者は、お客様が期待する成果を得るための本製品の導入、使用、及び使用結果より生じた直接的、間接的な損害から免れるものとします。

よくわかるマスター Microsoft® Office Specialist PowerPoint 365&2019 対策テキスト&問題集

(FPT2006)

2020年12月15日　初版発行
2024年 3 月25日　初版第14刷発行

著作／制作：富士通エフ・オー・エム株式会社

発行者：山下　秀二

発行所：FOM出版（富士通エフ・オー・エム株式会社）
〒212-0014 神奈川県川崎市幸区大宮町1番地5 JR川崎タワー
株式会社富士通ラーニングメディア内
https://www.fom.fujitsu.com/goods/

印刷／製本：株式会社サンヨー

表紙デザインシステム：株式会社アイロン・ママ

●本書に関するご質問は、ホームページまたはメールにてお寄せください。
<ホームページ>
上記ホームページ内の「FOM出版」から「QAサポート」にアクセスし、「QAフォームのご案内」からQAフォームを選択して、必要事項をご記入の上、送信してください。
<メール>
FOM-shuppan-QA@cs.jp.fujitsu.com
なお、次の点に関しては、あらかじめご了承ください。
・ご質問の内容によっては、回答に日数を要する場合があります。
・本書の範囲を超えるご質問にはお答えできません。　・電話やFAXによるご質問には一切応じておりません。